电工电子名家畅销书系

图解万用表使用从入门到精通

孙立群　编著

机械工业出版社

本书是一本使家电维修人员、企业电工和无线电爱好者快速掌握万用表使用方法的图书。本书由浅入深地介绍了典型指针万用表、数字万用表的功能与使用方法以及技巧，还分别介绍了使用指针万用表、数字万用表检测常用元器件好坏，使用万用表检修小家电、洗衣机、电冰箱、空调器、彩色电视机故障的方法与技巧。同时，还介绍了新型万用表特色功能的使用方法与技巧。

本书可指导家电、制冷维修人员和维修爱好者对使用万用表快速入门，逐渐精通，成为使用万用表的行家里手，还可帮助家电维修、制冷维修等从业人员进一步提高使用技能。

本书内容深入浅出、通俗易懂、图文并茂、覆盖面广，具有较强的实用性和可操作性，适合广大家电维修人员和电子爱好者阅读、参考，也可作为家电维修、制冷维修培训班的培训教材，还可以作为职业类学校的教学参考用书。

图书在版编目（CIP）数据

图解万用表使用从入门到精通/孙立群编著．—北京：机械工业出版社，2013.8（2023.1 重印）

（电工电子名家畅销书系）

ISBN 978-7-111-43579-2

Ⅰ.①图…　Ⅱ.①孙…　Ⅲ.①复用电表－使用方法－图解　Ⅳ.①TM938.107-64

中国版本图书馆 CIP 数据核字（2013）第 179392 号

机械工业出版社（北京市百万庄大街 22 号　邮政编码 100037）
策划编辑：张俊红　责任编辑：林　桢
版式设计：常天培　责任校对：张晓蓉
封面设计：路恩中　责任印制：常天培
北京机工印刷厂有限公司印刷
2023 年 1 月第 1 版第 7 次印刷
184mm×260mm・24 印张・1 插页・597 千字
标准书号：ISBN 978-7-111-43579-2
定价：49.80 元

电话服务　　网络服务
客服电话：010-88361066　机　工　官　网：www.cmpbook.com
010-88379833　机　工　官　博：weibo.com/cmp1952
010-68326294　金　书　网：www.golden-book.com
封底无防伪标均为盗版　机工教育服务网：www.cmpedu.com

出版说明

我国经济与科技的飞速发展，国家战略性新兴产业的稳步推进，对我国科技的创新发展和人才素质提出了更高的要求。同时，我国目前处在工业转型升级的重要战略机遇期，推进我国工业转型升级，促进工业化与信息化的深度融合，是我们应对国际金融危机、确保工业经济平稳较快发展的重要组成部分，而这同样对我们的人才素质与数量提出了更高的要求。

目前，人们日常生产生活的电气化、自动化、信息化程度越来越高，电工电子技术正广泛而深入地渗透到经济社会的各个行业，促进了众多的人口就业。但不可否认的客观现实是，很多初入行业的电工电子技术人员，基础知识相对薄弱，实践经验不够丰富，操作技能有待提高。党的十八大报告中明确提出“加强职业技能培训，提升劳动者就业创业能力，增强就业稳定性”。人力资源和社会保障部近期的统计监测却表明，目前我国很多地方的技术工人都处于严重短缺的状态，其中仅制造业高级技工的人才缺口就高达400多万人。

秉承机械工业出版社“服务国家经济社会和科技全面进步”的出版宗旨，60多年来我们在电工电子技术领域积累了大量的优秀作者资源，出版了大量的优秀畅销图书，受到广大读者的一致认可与欢迎。本着“提技能、促就业、惠民生”的出版理念，经过与领域内知名的优秀作者充分研讨，我们打造了“电工电子名家畅销书系”，涉及内容包括电工电子基础知识、电工技能入门与提高、电子技术入门与提高、自动化技术入门与提高、常用仪器仪表的使用以及家电维修实用技能等。

整合了强大的策划团队与作者团队资源，本丛书特色鲜明：①涵盖了电工、电子、家电、自动化入门等细分方向，适合多行业多领域的电工电子技术人员学习；②作者精挑细选，所有作者都是行业名家，编写的都是其最擅长的领域方向图书；③内容注重实用，讲解清晰透彻，表现形式丰富新颖；④以就业为导向，以技能为目标，很多内容都是作者多年亲身实践的看家本领；⑤由资深策划团队精心打磨并集中出版，通过多种方式宣传推广，便于读者及时了解图书信息，方便读者选购。

本丛书的出版得益于业内最顶尖的优秀作者的大力支持，大家经常为了图书的内容、表达等反复深入地沟通，并系统地查阅了大量的最新资料和标准，更新制作了大量的操作现场实景素材，在此也对各位电工电子名家的辛勤的劳动付出和卓有成效的工作表示感谢。同时，我们衷心希望本丛书的出版，能为广大电工电子技术领域的读者学习知识、开阔视野、提高技能、促进就业，提供切实有益的帮助。

作为电工电子图书出版领域的领跑者，我们深知对社会、对读者的重大责任，所以我们一直在努力。同时，我们衷心欢迎广大读者提出您的宝贵意见和建议，及时与我们联系沟通，以便为大家提供更多高品质的好书，联系信箱为 buptzjh@163. com。

机械工业出版社

前言

万用表是最常用的电工、电子测量仪表之一。正确、熟练地使用万用表不仅可以提高工作效率，而且还可以避免万用表的损坏。因此，为了帮助从事电工、家电维修、制冷设备维修等的从业人员掌握万用表的使用方法与技巧，我们编写了本书。

本书旨在介绍万用表的使用方法和技巧，指导维修人员和维修爱好者快速入门、逐步提高，最终成为使用万用表的行家里手。

万用表使用基础知识篇，介绍万用表的种类、特点、基本测量原理、技术指标和使用注意事项。

指针万用表使用从入门到精通篇，第一部分详细介绍了指针万用表的使用入门知识；第二部分介绍了用指针万用表电阻挡在路、非在路检测元器件从入门到精通内容，并且着重介绍了指针万用表电阻挡的触发功能；第三部分介绍了指针万用表直流电压挡、交流电压挡使用从入门到精通知识；第三部分属于特色内容，也是本书与其他万用表使用书籍的不同内容之一，介绍了新型指针万用表的通断测量挡、红外发光二极管检测挡的使用方法，学会本篇知识，就可以掌握指针万用表检测电子元器件和基本电路的方法与技能。

数字万用表使用从入门到精通篇，第一部分详细介绍了数字万用表的使用入门；第二部分介绍了用数字万用表电阻挡在路、非在路检测元器件从入门到精通的知识；第三部分内容介绍了数字万用表二极管挡（PN结压降测量挡）在路、非在路测量元器件从入门到精通的知识；第四部分介绍数字万用表通断测量挡在路测量、非在路测量元器件从入门到精通的知识；第五部分介绍数字万用表电容挡测量在路、非在路测量元器件从入门到精通的知识；第六部分介绍数字万用表的直流电压挡、交流电压挡、直流电流挡、交流电流挡及特色功能的使用方法从入门到精通的知识。学会本篇内容，可掌握数字万用表检测电子元器件和基本电路的方法与技能。

用万用表检修小家电从入门到精通篇，第一部分详细介绍了用万用表检修普通小家电从入门到精通的知识；第二部分介绍了用万用表检修电脑控制型小家电从入门到精通的知识。学会本篇内容，您就可以掌握用万用表检修小家电故障的方法与技能。

用万用表检修洗衣机、电冰箱、空调器从入门到精通篇，第一部分详细介绍了用万用表检修洗衣机从入门到精通的知识；第二部分介绍了用万用表检修电冰箱从入门到精通的知识；第三部分介绍了用万用表检修空调器从入门到精通的知识。学会本篇内容，您就可以掌握用万用表检修洗衣机、电冰箱、空调器故障的方法与技能。

万用表检修彩色电视机从入门到精通篇，第一部分详细介绍了用万用表检修 CRT 彩电从入门到精通的知识；第二部分介绍了用万用表检修液晶彩电从入门到精通的知识。学会本篇内容，您就可以掌握用万用表检修彩电故障的方法与技能。

本书力求做到深入浅出、点面结合、图文并茂、通俗易懂、好学实用。

参加本书编写的还有宿宇、邹存宝、李杰、张燕、赵宗军、陈鸿、王明举、乌洪祥、刘众、徐福全、王忠富、王书强、孙昊、张国富、邱东慧、李瑞梅、李佳琦、杨玉波、毛玉国、毕大伟等同志。

作 者

目录

用万用表检修小家电从入门到精通

万用表使用基础知识篇

第一章

万用表使用的基础知识

万用表也称多用表，是万用电表的简称，它具有多种测量功能，操作简单，且携带方便，已成为应用最广泛的电工、电子测量仪表之一。对于广大电工、家电维修、办公设备、通信设备、汽车维修等从业人员，尤其是电工、电子初学者和无线电爱好者来说，能够掌握万用表的使用方法和技巧，是快速判断元器件好坏、检测电气设备线路（或电路）是否正常的基础。因此，学习本章内容，您不仅可以了解如何选购万用表，而且会掌握万用表的基本原理、使用方法和注意事项等方面的知识。

第一节　万用表的分类、 测量原理

一、万用表的分类 

万用表种类较多，下面根据它的实物外形、显示方式和测量功能来进行分类。

1. 按实物外形分类

万用表按实物外形主要可以分为台式、手持式、钳式、笔式等多种，如图 1-1 所示。

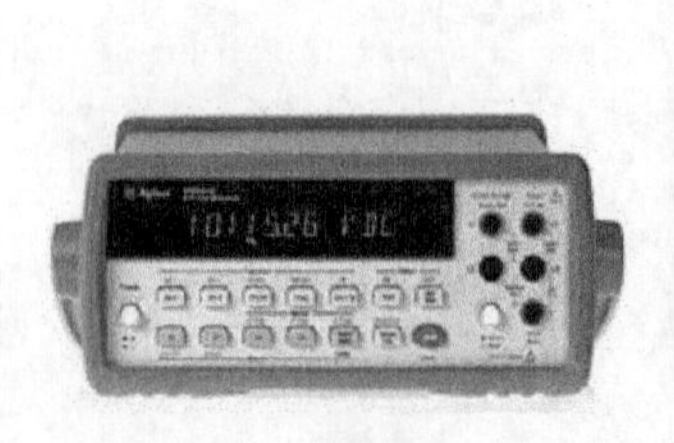

a）台式

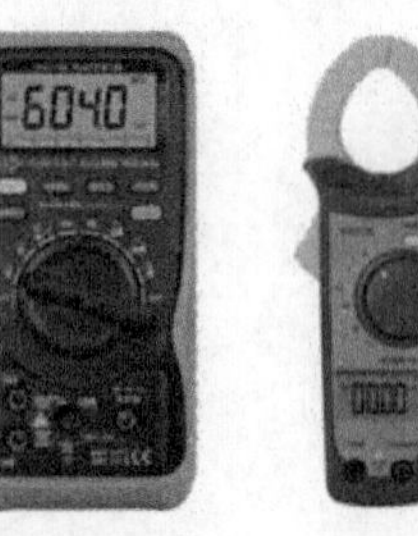

b）手持式

c）钳式

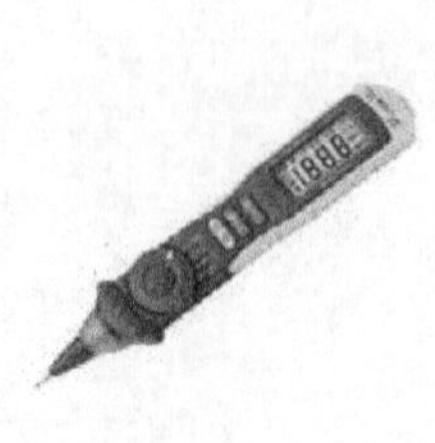

d）笔式

图 1-1　常见的万用表的实物外形

台式万用表属于高准确度万用表，多应用在科研、工厂、通信等专业性比较高的领域。

手持式万用表是目前最常用的万用表，广泛应用在电子、电工的相关领域。

钳式万用表也叫叉形万用表或卡式万用表，多应用在电工领域和普通制冷维修领域。

笔式万用表也叫袖珍万用表，它也多应用在电工领域和普通制冷维修领域。

2. 按显示方式分类

万用表按显示方式可分为表盘显示和显示屏显示两种。

（1）表盘显示方式

表盘显示方式还需要指针配合完成，所以此类万用表也叫指针万用表，并且此类万用表是通过机械系统完成的，所以也叫机械型万用表。目前，常见的指针万用表有 MF47、MF50、MF110、MF500 型等，如图 1-2 所示。

a）双旋钮

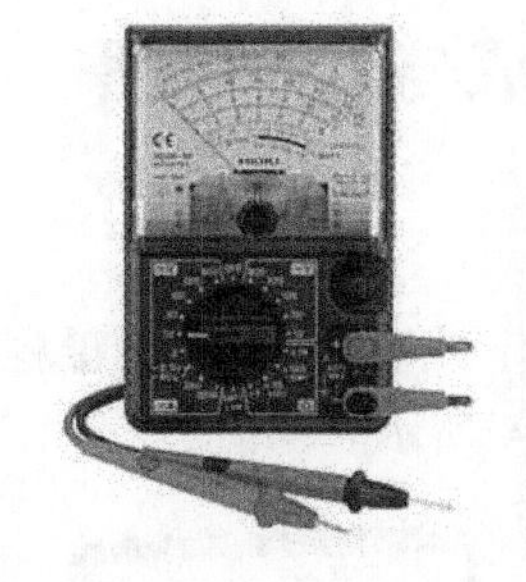

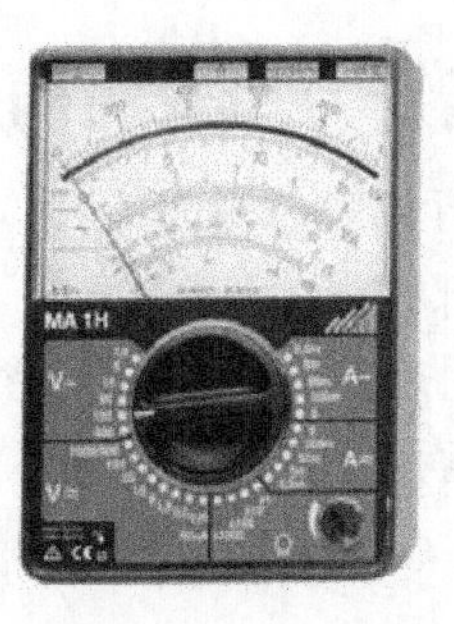

b）单旋钮

图 1-2 常见的表盘显示万用表实物外形

表盘显示方式的万用表根据功能转换旋钮（也称功能/量程开关或功能转换开关）又可分为单旋钮型万用表和双旋钮型万用表两类。常见的单旋钮型万用表有 MF30、MF47 等，而常见的双旋钮型指针万用表为 MF500 型万用表。

（2）显示屏显示方式

显示屏显示方式的万用表通过数字电路完成，所以此类万用表也叫数字万用表或数字多用表（DMM）。目前，常见的数字万用表有 DT9205、MS8228、UT171E 等。此类万用表按功能操作方式又可以分为旋钮操作方式和按键操作方式两类。常见的显示屏显示万用表如图 1-3 所示。

a）旋钮操作方式

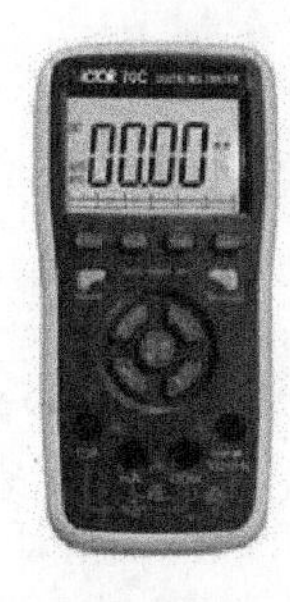

b）按键操作方式

图 1-3 常见的显示屏显示万用表实物外形

提示 数字万用表根据显示位数通常可分为 3 位半、4 位半、5 位半、6 位半等多种。另外，数字万用表还可以按照功能/量程开关的转换方式进行分类，可分为手动转换（MAN RANGZ），自动转换（AUTO RANGZ），自动/手动转换（AUTO/MAN RANGZ）三种。

3. 按测量功能分类

万用表按测量功能可分为普通型万用表和多功能型万用表两类。

（1）普通型万用表

普通型万用表只能测量电阻、电压、电流，所以也叫三用表，并且电流挡测量的电流容量较小，如常见的 MF500 就属于此类万用表。

（2）多功能型万用表

早期的多功能型万用表仅增加了大电流测量、晶体管放大倍数测量等功能，如 MF30 和部分型号的 MF47 型万用表。后期的多功能型万用表还增加了通路/断路测量功能、电容测量、电源欠电压（电池电量不足）提示功能、自动延迟关机功能，部分新型多功能型万用表还设置了行电压、音频电平、温度、电感量、频率测量和红外信号检测（遥控器检测）等功能，并且多功能型万用表的保护功能也越来越完善。

二、指针万用表的构成与工作原理 ★

1. 指针万用表的构成

（1）外部构成

指针万用表外部由外壳、磁电式表头、功能/量程转换开关、“Ω”调零旋钮、表笔插孔、晶体管插孔等构成，如图 1-4 所示。

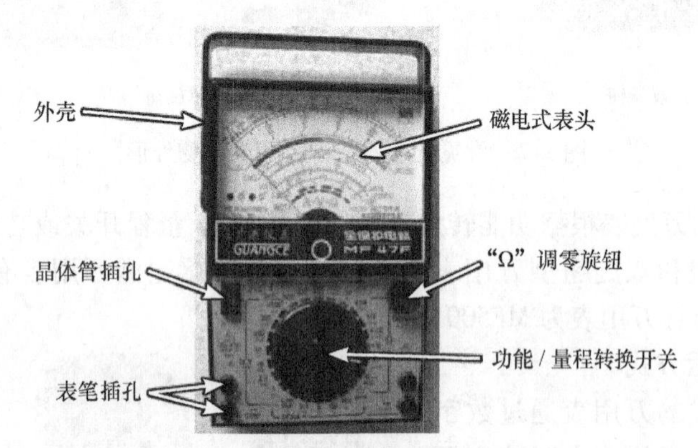

图 1-4　指针万用表的外部构成

（2）内部构成

指针万用表内部由磁电式表头、电路板、电池等构成，如图 1-5 所示。

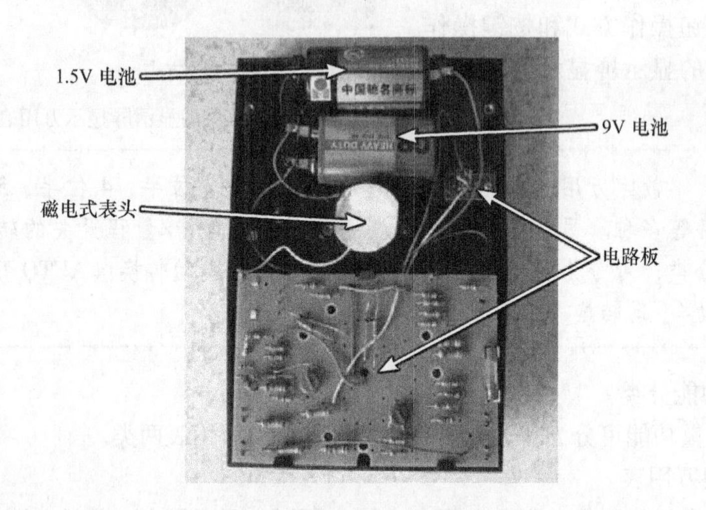

图 1-5　指针万用表的内部构成

1）表头　表头由电磁系统（磁铁、线圈、游丝）、表盘和指针（表针）构成，如图1-6所示。有微弱的电流通过线圈后，它就会产生磁场，控制指针从左侧向右侧偏转。电流越大，偏转角度也越大。因线圈采用线径较细的漆包线绕制，所以需要通过电阻降压限流为它供电，才能获得较大的量程范围和较多的测量功能。

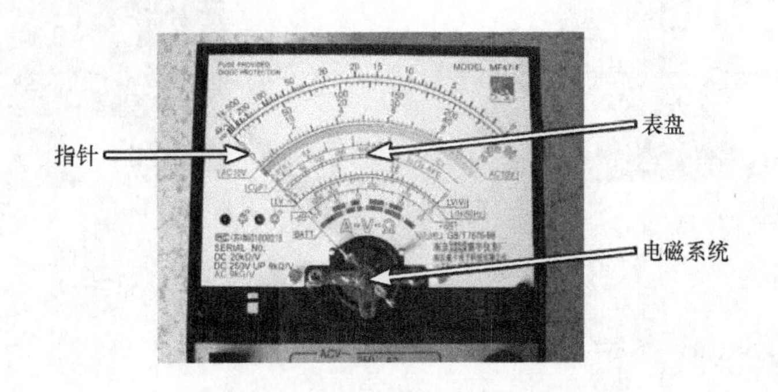

图 1-6　指针万用表表头的构成

2）表盘　表盘上有大量的符号和多条刻度线。图 1-7 是 MF500 型万用表的表盘。

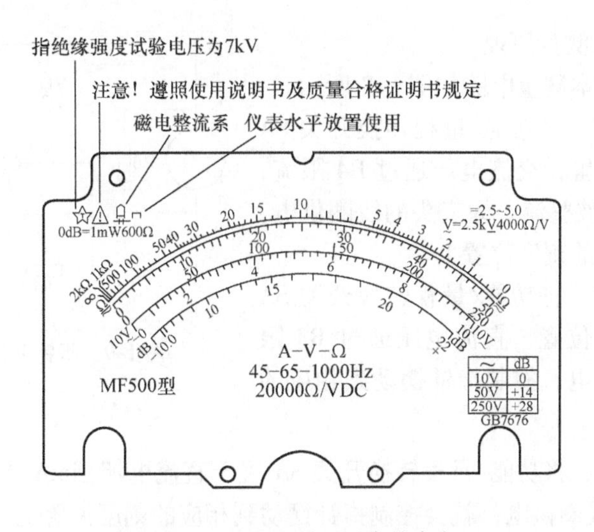

图 1-7　MF500 型万用表的表盘

第 1 条刻度线是电阻挡的读数。它的右端为“0”，左端为“无穷大（∞）”，所以读数要从右向左读，也就是指针越靠近右端，数值越小。

第 2 条刻度线是交流、直流电压及直流电流的读数，它的左端为“0”，右端为最大值，所以读数要从左向右读，也就是指针越靠近右端，数值越大。如果量程开关的位置不同，即使指针在同一位置，数值也是不同的。

第 3 条刻度线是为了提高 0～10V 交流电压读数准确度而设置的，它的左端为“0”，右端为 10V，所以读数要从左向右读，也就是指针越靠近右端，数值越大。

第 4 条刻度线是分贝的读数，它的左端为“－10dB”，右端为“＋22dB”，所以读数要从左向右读，也就是指针越靠近右端，数值越大。

3）电路板　电路板上不仅有大量的电阻、电容、电感等电子元器件，还安装了功能/量程转换开关，如图 1-8 所示。

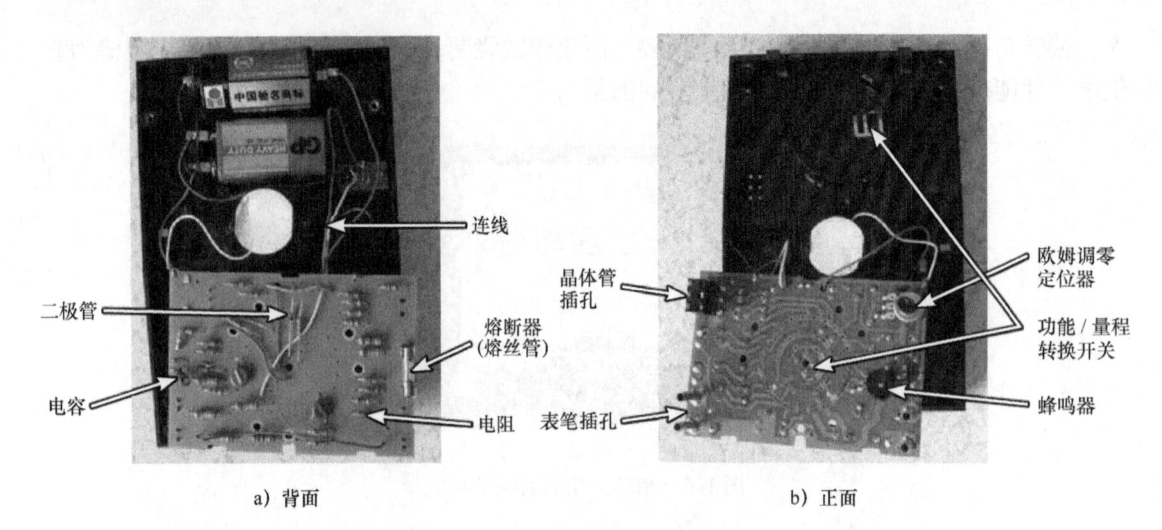

图 1-8　MF47F 型万用表电路板构成

2. 指针万用表的测量原理

指针万用表的基本测量电路如图 1-9 所示。

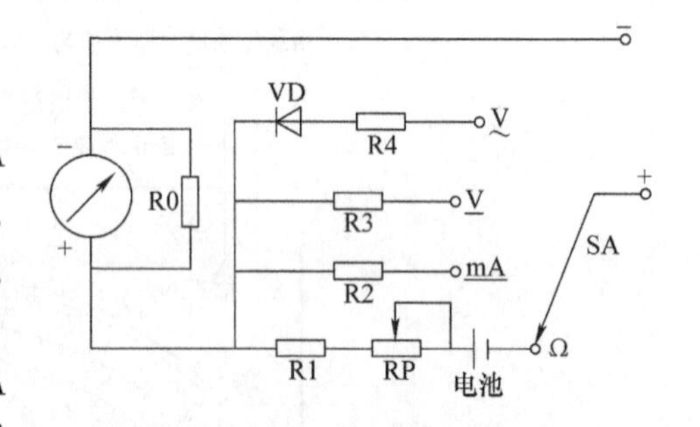

图 1-9　指针万用表的测量电路

测量交流电压时，将功能/量程转换开关 SA 置于交流电压挡的位置，交流电压通过 R4 限流，再通过二极管 VD 半波整流，为表头的线圈供电，控制指针摆动到相应的刻度位置上。

测量直流电压时，将功能/量程转换开关 SA 置于直流电压挡V的位置，直流电压通过 R3 限流，为表头的线圈供电，控制指针摆动到相应的刻度位置上。

测量直流电流时，将功能/量程转换开关 SA 置于直流电流挡mA的位置，直流电流通过 R2 限流，为表头的线圈供电，就会控制指针摆动到相应的刻度位置上。

测量电阻时，将功能/量程转换开关 SA 置于电阻挡的位置，此时表内的电池电流通过 Ω 挡调零电位器 RP、限流电阻 R1、表头线圈和被测电阻 R 构成的回路为表头的线圈供电，就会控制指针摆动到相应的刻度位置上。

由于被测电阻 R 的阻值不同，所以为表头线圈提供的电流是非线性的。因此，表盘上的刻度为了真实地反映出被测电阻的阻值，刻度线的排列是不均匀的。

三、数字万用表的构成与工作原理 

1. 数字万用表的构成

（1）外部构成

数字万用表外部由外壳、液晶显示屏、功能/量程转换开关、电源开关、表笔插孔、晶体管插孔、表笔等部分构成，如图 1-10 所示。

（2）内部构成

数字万用表内部由显示屏、电路板、功能/量程转换开关等构成。电路板实物如图 1-11

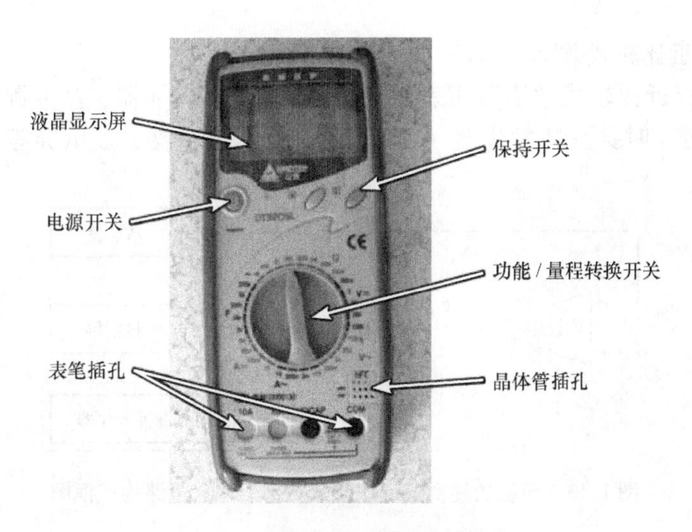

图 1-10 数字万用表的外部构成

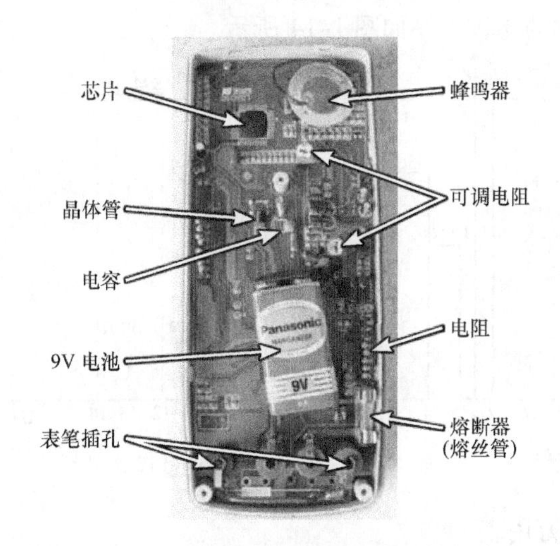

图 1-11 数字万用表的内部实物构成

所示，电路框图如图 1-12 所示。其中，输入电路、A－D 转换器属于模拟电路部分。而计数器、逻辑控制电路、时钟发生器、显示屏属于数字电路部分。

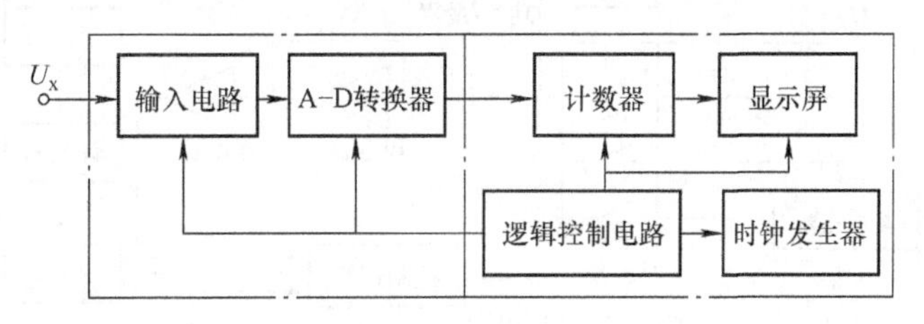

图 1-12 数字万用表的构成方框图

2. 数字万用表的测量原理

数字万用表按 A－D 转换器的不同可分为逐次逼近比较式、双积分式和复合式数字万用表三种。下面分别介绍它们的测量原理。

（1）逐次逼近比较式数字万用表

典型的逐次逼近比较式数字万用表由比较器、D－A 转换器、基准源（基准电压发生器）、脉冲分配器、时钟脉冲发生器（振荡器）、数码寄存器、显示屏等构成，如图 1-13 所示。

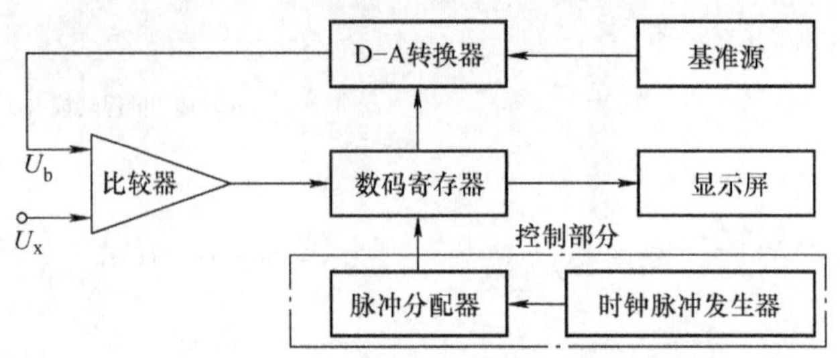

图 1-13　典型的逐次逼近比较式数字万用表电路构成框图

此类万用表在测量时，需要通过多次比较，才能完成检测信号的识别和处理，比如在测量 1.893V 电压值时，它的比较程序如图 1-14 所示。

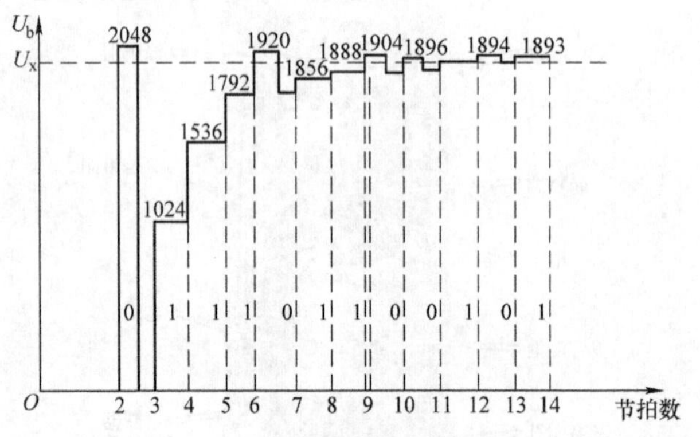

图 1-14　逐次逼近比较过程

（2）双积分式数字万用表

典型的双积分式数字万用表由积分器、零比较器、功能/量程转换开关、控制逻辑（CPU）、闸门、计数器、时钟脉冲（振荡器）、寄存器、译码器、显示屏等构成，如图 1-15 所示。

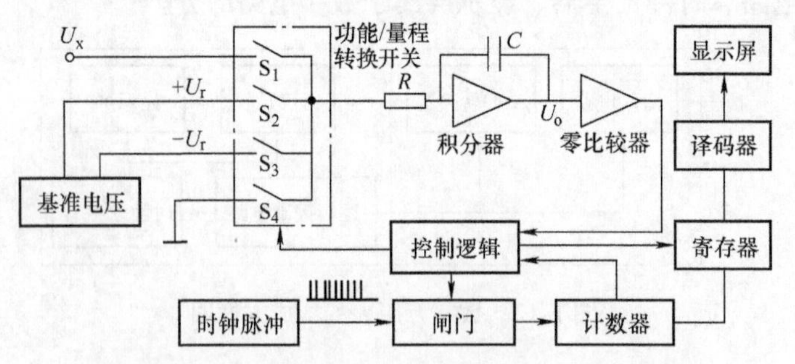

图 1-15　典型的双积分式数字万用表电路构成框图

此类万用表在测量时，需要通过准备阶段、取样阶段、比较阶段才能完成检测信号的识别和处理，它的信号处理原理如图 1-16 所示。

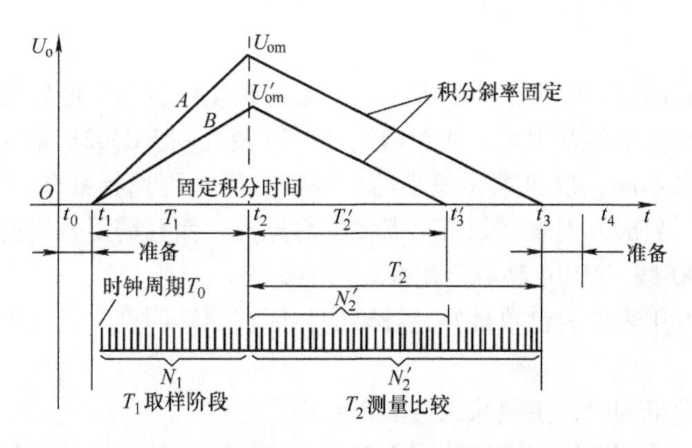

图1-16 双积分A-D转换器的处理过程

(3) 复合式数字万用表

典型的复合式数字万用表由信号调节器、A-D转换器、DC/DC变换器、时钟振荡器、功能/量程转换开关、逻辑控制电路(CPU)、计数器、显示屏等构成，如图1-17所示。由于此类万用表的功能全，目前的数字万用表多采用此类方式。

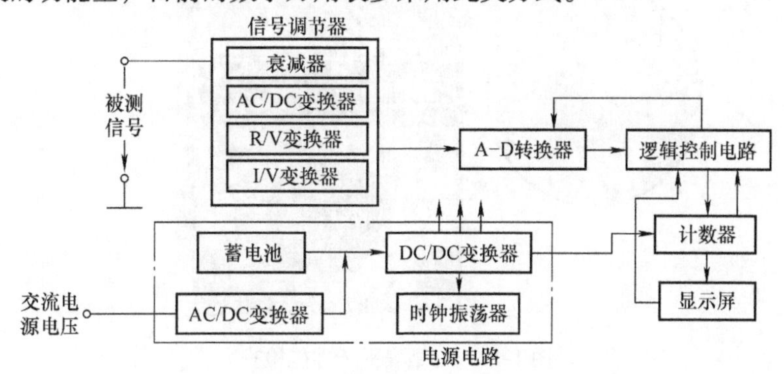

图1-17 典型的复合式数字万用表电路构成框图

第二节 指针万用表的特点、选购、注意事项

一、指针万用表的特点 

指针万用表的特点如下。

一是内部电路结构简单，成本较低，维护简单，过电流、过电压能力强。

二是灵敏度高，测量时可以快速显示测量结果，并且通过指针的摆动，就可以判断所测电压是否过电压，方便直观。

三是指针万用表输出电压较高，电流较大，测试晶闸管(曾称可控硅)、发光二极管、场效应晶体管、扬声器等元器件比较方便。

二、指针万用表的选购 

选购指针万用表时主要考虑以下几方面。

1. 外观

首先可根据需要选择万用表整体的大小，一般业余爱好者如果经常要带着万用表外出的话，可选择体积相对较小的万用表，如MF47、MF50及胜利VC3021等型万用表；如果对功能多少和准确度要求不高，仅要求体积小巧、携带方便，可选择袖珍型万用表，如MF110等型万用表或钳形、笔形万用表。如果不需要带着外出，而且需要较高的准确度，可选择体积较大的，如MF500型、MF14型等万用表。

选择外观时，万用表的表盘罩最好是玻璃的，因玻璃透明度好，而不会像塑料那样容易被磨花。

在检查机械传动机构时，主要从三方面来考虑。

一是平衡特性，即把万用表平着放、立着放，指针静止的位置差别越小越好，如图1-18所示。

图1-18　万用表平衡性能检查

> 提示　若指针在未使用时的位置不能在左侧的"0"位置，则需要调"0"。此时，用一字槽螺丝刀（规范名称为螺钉旋具，本书为适应读者习惯，沿用俗称）调节面板上的调零钮，使指针回到"0"位置上，如图1-19所示。

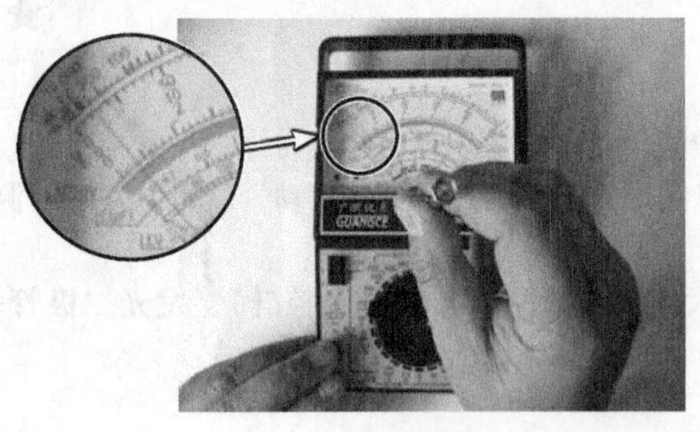

a）调整

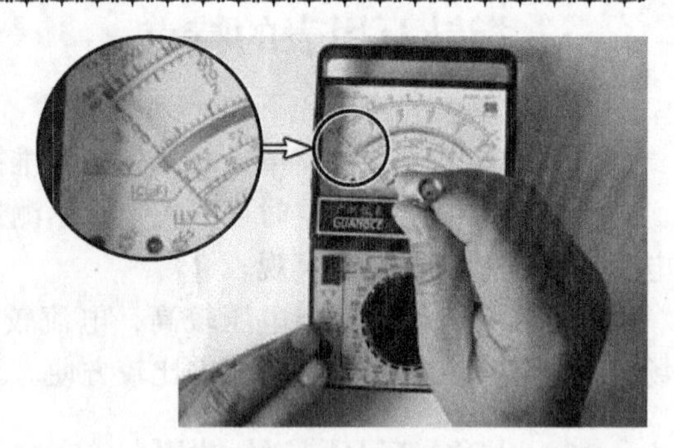

b）复"0"

图1-19　指针万用表指针复位的调整

二是阻尼特性，指针向右摆动时应平稳、缓慢。

三是旋转功能/量程转换开关时要清脆有力，定位要准确，如图 1-20 所示。

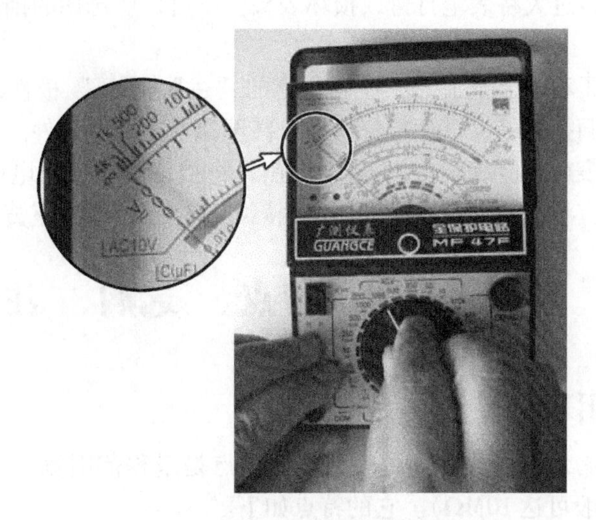

图 1-20　万用表功能/量程转换开关检查

2. 万用表的功能

通常讲，万用表的功能越多越好，但是在一般情况下，还是选择自己够用的功能就可以了。一般电工维修、制冷维修人员选择具有欧姆挡、直流/交流电压挡、直流/交流电流挡的万用表就可以了。如果搞家电、通讯维修，则要选择功能多一点的万用表，并且欧姆挡应设有 R×1、R×10、R×100、R×1k、R×10k 五个量程。另外，最好还能有测量晶体管的直流放大倍数 h_{FE} 挡和通断测量挡，这样使用起来会更方便些。

3. 万用表的准确度

在选择购买万用表时，检测万用表的准确度是十分必要的。选购时，应选购准确度高的万用表，最起码也要选择电阻挡、电压挡和电流挡准确度高的万用表。

在购买指针万用表时，可以借助测量已知量（如电阻、电容、电池电压、交流电压等）的方法，对需要购买的指针万用表的测量功能进行检测，确认性能优良后再购买。

三、使用指针万用表时的注意事项 

使用指针万用表时应注意的事项如下：

一是使用或携带时，不能摔、振到指针万用表，也不能被钳子等硬物碰撞到表盘罩，以免损坏万用表或其表盘。

二是应在无强磁场的条件下使用指针万用表，否则会导致测量误差过大。

三是在使用万用表测量较高的直流/交流电压过程中，不能用手去接触表笔的金属部分，以免被电击；在测量大阻值电阻时，也不能用手碰到表笔的金属部分，以免测量的阻值低于标称值。

四是测量电流与电压时不能旋错挡位，否则很容易损坏万用表。另外，也不能在测量的同时旋转功能/量程转换开关，尤其是在测量高电压或大电流时，更不能旋转，以免产生的电弧烧毁开关触点。如果需要切换挡位，应先拿开表笔，再旋转功能/量程转换开关，切换好挡位后再测量。

五是不清楚被测电压或电流值大小时，应先用最高挡，然后再根据测量的结果选择合适的挡位，以免指针偏转过大将表笔打弯或损坏表头。不过，所选用的挡位越接近被测值，测量的数值就越准确。

六是测量直流电压和直流电流时，注意表笔的“+”、“-”极性，不要接错。如果发现指针反转，应立即调换表笔，以免打弯指针，甚至损坏表头等元件。

七是使用完万用表后，应旋转功能/量程旋钮，将挡位置于交流电压的最高挡位。如果长期不使用万用表，应将电池取出来，以免电池漏液腐蚀表内电池座簧片等元件。

第三节　数字万用表的特点、选购、注意事项

一、数字万用表的特点 

与指针万用表相比，袖珍数字万用表的主要优点是量程范围宽、准确度高、测量速度快、输入阻抗高（一般可达10MΩ）。它的特点如下。

1. 采用数字化测量技术

数字万用表采用数字化测量技术，通过A-D转换器将被测的模拟量转换成数字量，最终以数字量输出。只要仪表不发生跳数现象，测量结果就是唯一的，既保证了读数的客观性与准确性，又符合人们的读数习惯，显示结果一目了然，它不会像指针万用表那样，出现人为的测量误差。

2. 液晶显示器

早期的数字万用表多采用字高12.5mm的液晶显示器（LCD）。目前的数字万用表为提高观察的清晰度，多采用字高18mm的大屏幕LCD，更有如DT940C、DT960T、DT970、DT980、DT9205型等数字万用表采用字高25mm（1in）的超大屏幕LCD。

新型数字万用表大多增加了功能标志符，如单位符号mV、V、kV、μA、mA、A、Ω、kΩ、MΩ、nS、kHz、pF、nF、μF，测量项目符号AC、DC、LOΩ、特殊符号LO BAT（低电压符号）、H（读数保持符号）、AUTO（自动量程符号）、×10（10倍乘符号）、·))（蜂鸣器符号）。

3. 测试功能多

数字万用表的测试功能要比指针万用表多很多，不仅可以测量直流电压（DCV）、交流电压（ACV）、直流电流（DCA）、交流电流（ACA）、电阻（Ω）、PN结导通压降（V_F）、晶体管共发射极电流放大倍数（h_{FE}），还可以测量电容量（C）、电导（S）、温度（T）、频率（f）、线路通断，并具有低功率法测电阻挡（LOΩ）。

新型数字万用表除了具有上述功能外，还有一些实用测试功能：自动关断电源（AUTO OFF POWER）、读数保持（HOLD）、逻辑测试（LOGIC）、真有效值测量（TRMS）、相对值测量（REL△）、液晶条图（LCD Bargraph）显示、峰值保持（PK HOLD）等。另外，部分数字万用表还能输出50Hz方波信号，可用作低频信号源。

提示 PN 结导通压降通常采用二极管符号，所以也被俗称为二极管测量挡。通断测量挡通常附加到 PN 结压降测量挡上或电阻挡上。为了便于使用，通断测量挡设置了蜂鸣器，所以也被俗称为蜂鸣器挡。

4. 测量范围宽

目前，新型数字万用表的测量范围比指针万用表宽了许多，如电阻挡（Ω）的测量范围为 0.01～20MΩ（或 200MΩ）；直流电压挡（DCV）的测量范围为 0.2～1000V；交流电压挡（ACV）的测量范围为 0.01～700V（或 750V）；频率挡（f）的测量范围为 10Hz～20kHz（或 200kHz）。

5. 准确度高

数字万用表的准确度（曾叫精度）远高于指针万用表。这是因为数字万用表的准确度是测量结果中系统误差和随机误差的综合，它表示测量结果与真值（标准值）的一致程度，反映测量误差的大小。一般情况下，准确度越高，测量误差就越小。反之亦反。

6. 分辨力高

指针万用表的分辨力是用其刻度最小分度（或按指针宽度和刻度宽度）来衡量的，而数字万用表的分辨力是其最低电压量程上末位一个字所对应的电压值。比如，指针万用表最低电压量程为 1V，按 50 格计算，其分辨力约为 0.02V（20mV），而 3 位半的数字万用表最低电压量程为 200mV，其分辨力则为 0.1mV。因此，数字万用表的电压分辨力远高于指针万用表的分辨力。

数字万用表的分辨力也可以用分辨率来表示。分辨率是指所能显示的最小数字（零除外）与最大数字之比，通常用百分数表示。比如，3 位半数字万用表可显示的最小数字为 1，最大数字为 1999，则分辨率为 1/1999≈0.05%。

提示 由于分辨力代表数字万用表对微小电量的“识别”能力，即“灵敏性”，所以不能将分辨力与准确度混为一谈。

7. 测量速率快

每秒钟内对被测电量的测量次数叫做测量速率（亦称取样速率），单位是“次/s”。它主要取决于数字万用表 A－D 转换器的转换速率。比如，4 位半数字万用表测量速率可达 20 次/s。测量速率随数字万用表的显示位数增加而增加，可达每秒几十次以上。

测量速率与准确度互相矛盾，也就是准确度越高，测量速率就越低。实际应用中，通常采用增设快速测量挡或通过降低显示位数来提高测量速率。由于后者几乎在不影响准确度的情况下，就可以大幅度提高测量速率，所以应用得比较普遍。

8. 输入阻抗很高

数字万用表的输入阻抗是指其处于工作状态下，表笔所接输入电路的等效阻抗。一般情况下，数字万用表的输入阻抗较大，保证在测量过程中，对被测电路的分流电流极小，从而不会影响被测电路（或信号源）的工作状态，以减小测量误差。

3 位半数字万用表直流电压（DCV）基本量程挡的输入电阻一般为 10MΩ；其他扩展量程，由于分压器的影响则有所降低，但也都在 $10^7\Omega$ 数量级。交流电压（ACV）挡受输入电容的影响，其输入阻抗明显低于直流电压（DCV）挡的，只适用于测量低频、中频的交流电压。而测量高频交流电压时，需安装配套的高频探头后，才能进行。

9. 集成度高

数字万用表均采用单片 A－D 转换器，外围电路比较简单，只需要少量辅助芯片以及其他元器件。近年来，业界不断开发出单片数字万用表专用芯片，采用一块芯片就可构成功能较完善的自动量程式数字万用表。

10. 微功耗

因数字万用表普遍采用 CMOS 大规模集成电路的 A－D 转换器，所以整机功耗极低。新型数字万用表的功耗仅为几十毫瓦，只需采用 9V 叠层电池供电即可。

11. 抗干扰能力强

噪声干扰大致分两类，一类是串模干扰，干扰电压与被测信号串联加至仪表的输入端；另一类是共模干扰，干扰电压是同时加于仪表的两个输入端。衡量仪表抗干扰能力的技术指标也有两个，即串模抑制比（SMRR）和共模抑制比（CMRR）。数字万用表的共模抑制比可达 86～120dB。

12. 过载能力强

数字万用表具有较完善的保护电路，过载能力强，使用过程中只要不超过规定的极限值，即使出现误操作，例如用电阻挡去测量 220V 交流电压，一般也不会损坏表内的大规模集成电路（A－D 转换器）。不过，使用时还应力求避免误操作，以免由于熔断器、功能/量程转换开关等元器件损坏而影响正常使用。

二、数字万用表的选购 

由于数字万用表的体积较小，所以选购数字万用表时，除了像选购指针万用表一样，考虑功能/量程转换开关的机械性能外，还要考虑准确度、分辨力、位数这些参数就可以了。

在购买数字万用表时，也和购买指针万用表一样，借助测量已知量（如电阻、电容、电池电压、交流电压等）的方法对需要购买的数字万用表的测量功能进行检测，确认性能优良后再购买。

三、使用数字万用表时的注意事项 

使用数字万用表时的应注意事项如下：

一是如果无法预先估计被测电压或电流的大小，则应先拨至最高量程挡测量一次，再根据实际情况逐渐把量程减小到合适位置。测量完毕，应将功能/量程转换开关拨到最高电压挡，并断开电源开关。

二是超过测量的量程范围时，显示屏上仅在最高位显示数字“1”或 OL，其他位均消失，这时应选择更高的量程。

三是测量电压时，应将数字万用表与被测电路并联。测电流时应与被测电路串联，测直流量时不必考虑正、负极性。

四是当误用交流电压挡去测量直流电压，或者误用直流电压挡去测量交流电压时，显示屏将显示“000”，或低位上的数字出现跳动。

五是测量时，不能将显示屏对着阳光直晒，这样不仅会导致测试的数值不清晰，而且会影响显示屏的使用寿命，并且不要将不使用的万用表在高温的环境中存放。

六是禁止在测量高电压（220V 以上）或大电流（0.5A 以上）期间旋转功能/量程转换开关的旋钮，以防止产生电弧，烧毁功能/量程转换开关的触点。

七是测量电容时，一是将电容插入专用的电容测试座中，而不要插入表笔插孔内；二是注意每次转换量程时都需要一定的复零时间，待复零结束后再插入待测的电容；三是测量大电容时，显示屏显示稳定的数值需要一定的时间。

提示 目前，新型万用表不再设置电容测量插孔，而直接用表笔接电容的引脚就可以测量电容的电容量。

八是显示屏显示“电池符号”、“BATT”或“LOW BAT”字符时，说明电池电压不足，需要更换电池。

指针万用表使用从入门到精通篇

本篇详细介绍了指针万用表的使用方法与技巧，这些无论是对于初学者，还是对于电子、电工从业人员都是极为重要的。

第二章
指针万用表电阻挡使用从入门到精通

指针万用表的电阻挡不仅可通过测量元器件的非在路阻值、在路阻值，判断元器件是否正常，而且在测量扬声器、蜂鸣器、红外发光二极管、晶闸管、光耦合器等特殊元器件时，还可以为它们提供导通电流，模拟它们的工作状态。

第一节　指针万用表电阻挡使用入门

一、安装表笔 

下面以常见的MF47F型指针万用表为例介绍指针万用表电阻挡的使用入门知识。如图2-1所示，MF47F型万用表的面板上有“+”、“-”、“5A”和“2500V”4个插孔，使用电阻挡测量时，应将红表笔（正表笔）插入“+”插孔内，将黑表笔（负表笔）插入“COM”或“—”插孔内，如图2-2所示。

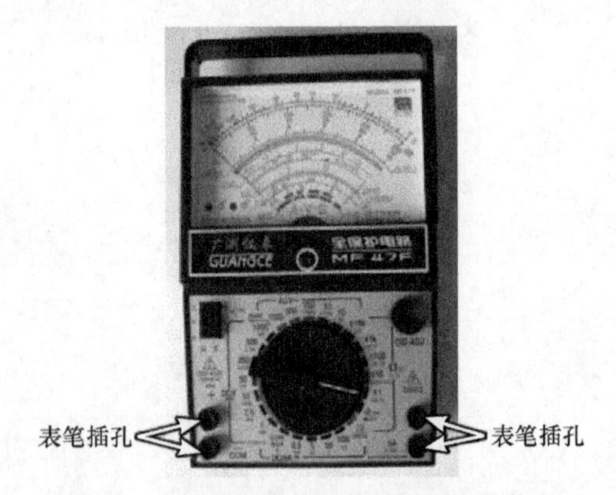

图2-1　MF47F型万用表面板上插孔位置

图2-2　MF47F型万用表使用电阻挡时表笔的安装

 **提示**　部分指针万用表的黑表笔的插孔用“*”做标记。

二、抓握表笔的方法 

抓握表笔通常有单手抓握和双手抓握两种方法。这两种抓握方法可根据测量环境和被测的元器件不同灵活使用。

1. 单手抓握

单手抓握就像抓握筷子一样，如图 2-3 所示。单手抓握表笔的优点是，一只手就可以进行测量，另一只手可以完成其他工作，但也存在测量过程中，表笔容易出现接触不良或滑脱，导致测量数据可能有误的情况。

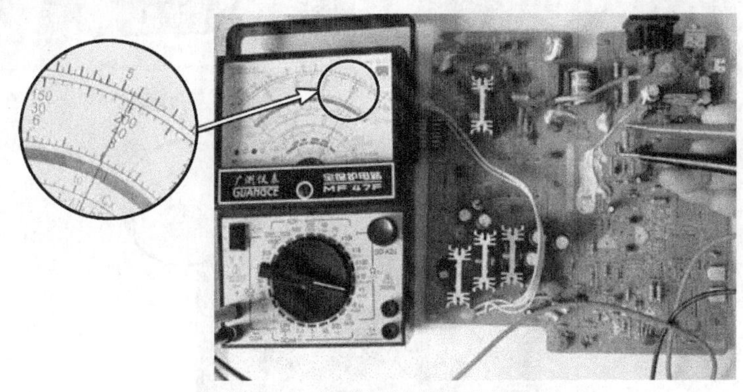

图 2-3　单手抓握表笔示意图

2. 双手抓握

双手抓握就是每只手各握一根表笔，如图 2-4 所示。双手抓握表笔的优点是，表笔不容易出现接触不良或滑脱的现象，测量数据的可靠性高。但也存在测量时不能做其他工作的问题。

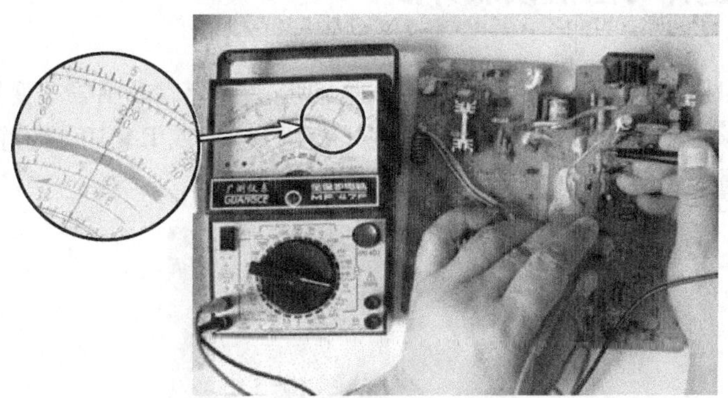

图 2-4　双手抓握表笔示意图

三、欧姆调零 ★

使用电阻挡测量前，应对接表笔，查看指针能否指在“0”的位置。若不能，如图 2-5a 所示，此时用手旋转面板上的“Ω”旋钮，使指针右旋到“0”的位置，如图 2-5b 所示。若变换电阻量程（挡位）时，需要再次进行调零。

 **提示**　若 R×1、R×10、R×100、R×1k 电阻挡不能调“0”，则应该检查万用表内的 1.5V 电池的容量是否不足，若 R×10k 挡不能调“0”，则应该检查万用表内的 9V 或 15V 电池的容量是否不足。

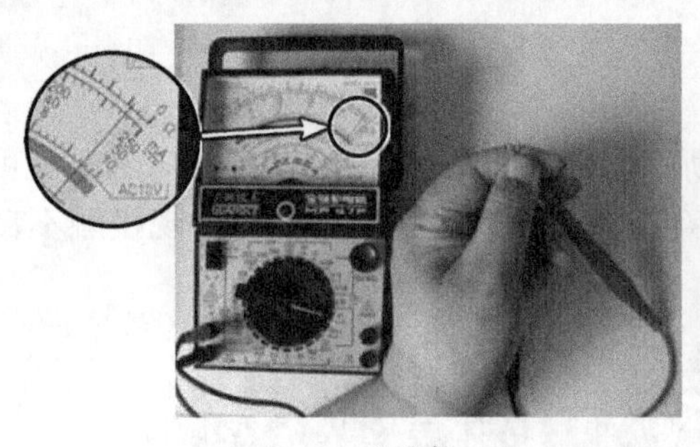

a) 偏离

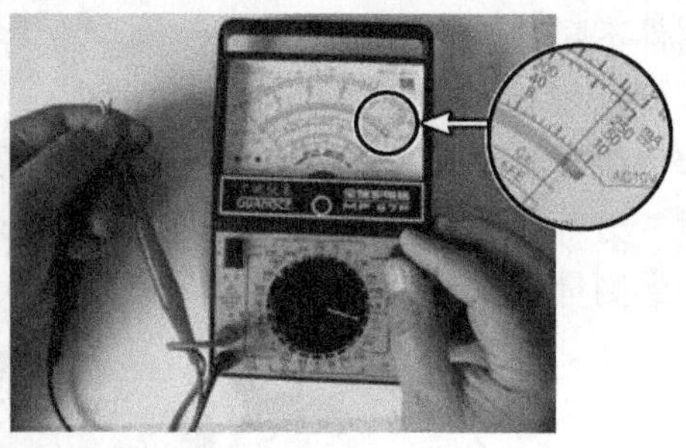

b) 调整

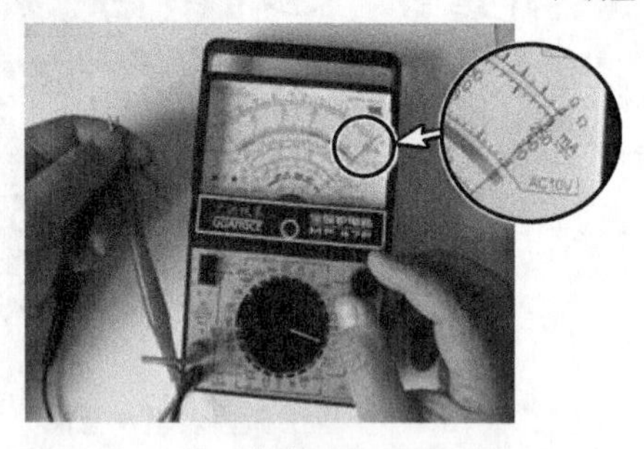

c) 复“0”

图 2-5　指针万用表的电阻挡调“0”

四、量程选择与阻值读取方法 ★

1. 量程选择

在路测量小阻值电阻、二极管、晶体管、场效应晶体管、晶闸管、变压器等元器件时，应采用 R×1、R×10 挡，旋转功能/量程转换开关到 R×1 或 R×10 的位置即可，如图 2-6 所示。而在路测量大阻值电阻时，应采用相应的挡位。

图 2-6　R×1 挡量程开关位置示意图

提示　电路中只有多个大阻值电阻串联时，才可以采用大阻值电阻挡对其进行在路测量。

2. 阻值的读取

若采用 R×1 挡测量未知电阻时，指针指示位置的数值，就是电阻的阻值；若采用 R×10 挡测量时，指针指示位置的数值，再乘以 10，就是被测电阻的阻值。以此类推，采用 R×100时，则指针指示的数值乘以 100，R×1k 挡测量的阻值则乘以 1000。

五、电阻挡在路测量时的注意事项 

一是，在采用电阻挡在路检测元器件是否正常时，必须要在断电的条件下进行，否则可能会导致被测元器件损坏，也可能会导致万用表损坏。

二是，若被测元件与晶体管、二极管、电阻、电感等元器件并联时，可能会导致检测的数值低于标称值，应通过非在路测量法进一步确认。

三是，在路测量开关电源热地部分的开关管等器件时，需要确认 300V 供电滤波电容是否存储电压，若存储较高的电压，需将存储的电压释放后，才能采用电阻挡在路测量开关管等器件，否则轻则会导致开关管或万用表损坏，重则会发生触电事故。

四是，不能误用电阻挡测量直流、交流电压，否则会导致万用表内的熔断器（熔丝管）或限流电阻熔断，甚至会导致表头损坏。

第二节 用指针万用表电阻挡在路测量元器件从入门到精通

电阻挡的在路测量就是通过测量电路板上电阻、熔断器、二极管、晶体管、晶闸管、场效应晶体管、变压器、电机、光耦合器、开关等元器件的阻值，判断它们是否正常的方法。掌握并合理地运用电阻挡在路测量元器件的方法，可使检修工作事半功倍，甚至使许多检修工作游刃有余。

一、电阻的在路测量 

电阻是一种可以阻止电流的电子元件，跟其他元器件并联时，电阻可以分流，跟其他元器件串联时，电阻可以分压。另外，电阻元件还包括半导体材料制成的电阻，它们的阻值会随着外界条件的变化而变化。电阻在电路中通常起分压限流、温度检测、过电压保护等作用。怀疑电路板上的电阻阻值增大或开路时，可采用指针万用表的电阻挡在路测量。电阻包括普通电阻和敏感电阻两部分。下面分别介绍它们的在路检测方法。

1. 普通电阻

(1) 识别

普通电阻在电路中通常用字母“R”表示，电路图形符号如图 2-7 所示，常见的普通电阻实物如图 2-8 所示。

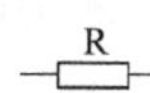

图 2-7 普通电阻在电路中的图形符号

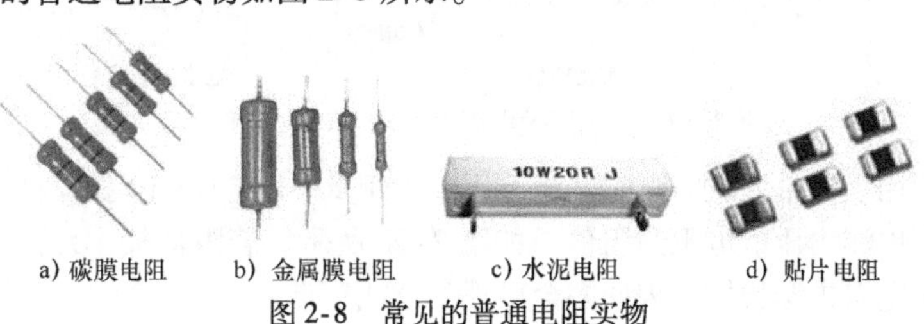

a) 碳膜电阻 b) 金属膜电阻 c) 水泥电阻 d) 贴片电阻

图 2-8 常见的普通电阻实物

（2）普通电阻的测量

怀疑电路板上的电阻发生阻值增大或开路现象时，可采用指针万用表电阻挡对其进行在路测量，判断其是否正常。

需要在路测量电路板上的10Ω限流电阻是否正常时，先将指针万用表置于R×1挡，万用表指示的位置是10，说明该电阻的阻值为10Ω，如图2-9a所示。若测量的数值过大，说明该电阻的阻值增大或开路。

需要在路测量电路板上的150Ω限流电阻是否正常时，先将指针万用表置于R×10挡，万用表指示的位置是15，说明该电阻的阻值为150Ω，如图2-9b所示。若测量的数值过大，说明该电阻的阻值增大或开路。

a)

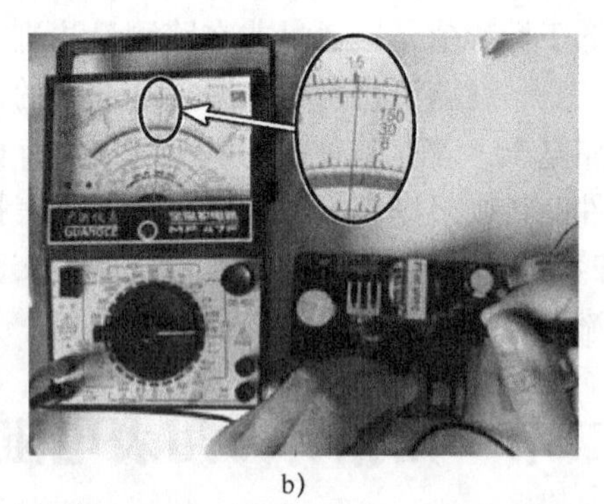

b)

图2-9　用指针万用表在路检测普通电阻

提示　若没有并联的元件或多个大阻值电阻串联时，大阻值电阻也可以采用在路电阻测量法判断它们是否正常。

2. 敏感电阻

电路中应用的敏感电阻主要有热敏电阻、压敏电阻、湿敏电阻、烟敏电阻等。其中，最常用的是压敏电阻、热敏电阻，下面介绍热敏电阻和压敏电阻的识别与检测。

（1）压敏电阻

压敏电阻（VSR）是一种非线性元件，当它两端压降超过标称值后其阻值会急剧变小。此类电阻主要用于市电过电压保护或防雷电保护。常见的压敏电阻实物和电路图形符号如图2-10所示。

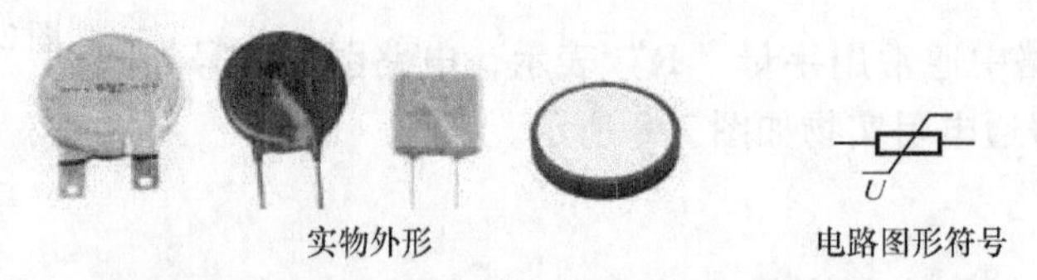

图2-10　常见压敏电阻的实物与电路图形符号

采用指针万用表测量压敏电阻时，将万用表置于R×1或R×10挡，两个表笔接压敏电阻的引脚，就可以测出压敏电阻的阻值，如图2-11所示。若阻值较小，说明它已损坏。一般情况下，压敏电阻击穿损坏后表面多会出现裂痕或黑点。

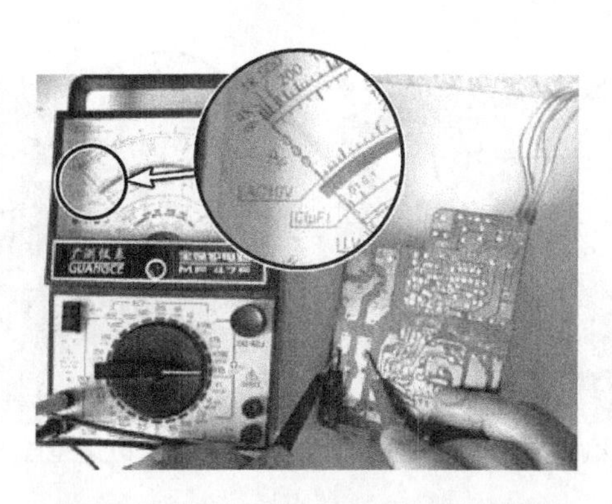

图 2-11　用指针万用表在路检测压敏电阻

注意　许多电子产品的压敏电阻与电源变压器的一次绕组并联，由于变压器的一次绕组的阻值较小，所以测量时应采用 R×1 挡测量或悬空压敏电阻的一个引脚后，通过测量它的非在路阻值来确认它是否正常，以免误判。

(2) 热敏电阻

热敏电阻就是在不同温度下阻值会发生变化的电阻。热敏电阻有正温度系数（PTC）和负温度系数（NTC）两种。所谓的正温度系数热敏电阻就是它的阻值随温度升高而增大；负温度系数热敏电阻的阻值随温度升高而减小。正温度系数热敏电阻主要应用在彩电、彩显的消磁电路或电冰箱压缩机起动回路。负温度系数的热敏电阻主要应用在供电限流回路或温度检测电路中。常见的热敏电阻外形如图 2-12 所示，电路图形符号如图2-13所示。

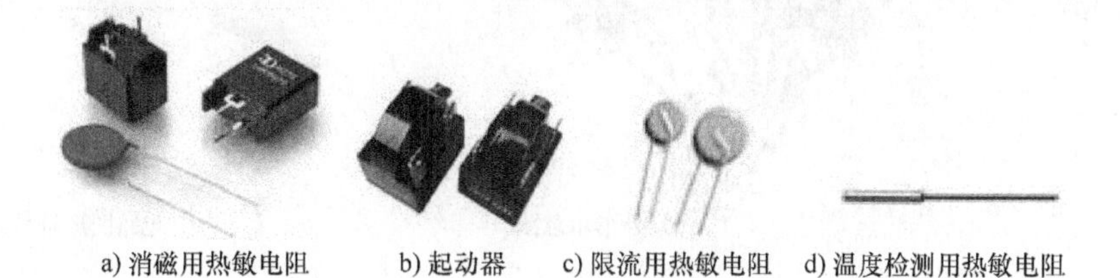

a) 消磁用热敏电阻　b) 起动器　c) 限流用热敏电阻　d) 温度检测用热敏电阻

图 2-12　常见的热敏电阻实物

检测热敏电阻通常需要在室温状态下和加热后分别检测它的阻值。确认被测的热敏电阻在室温时的阻值正常，则需要检测它的热敏性能，此时用电烙铁等工具为它加热后若阻值下降（负温度系数热敏电阻）或增大（正温度系数热敏电阻），说明它正常，否则说明它的热敏性能下降。下面以 12Ω 的彩电消磁用热敏电阻为例介绍正温度系数热敏电阻的检测方法。检测方法与步骤如图 2-14 所示。

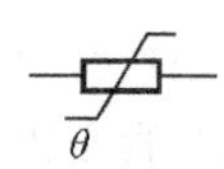

图 2-13　热敏电阻电路图形符号

首先，将万用表置于 R×1 挡，未加电前，检测该电阻的阻值为 12Ω，若阻值过大，说明它已损坏；确认未通电时的阻值正常，则为彩电通电 1min 后断电，再改用 R×1k 挡检测它的阻值能否增大到无穷大，若可以，说明它的正温度特性正常；若不能，说明它的热敏性能下降，需要更换。

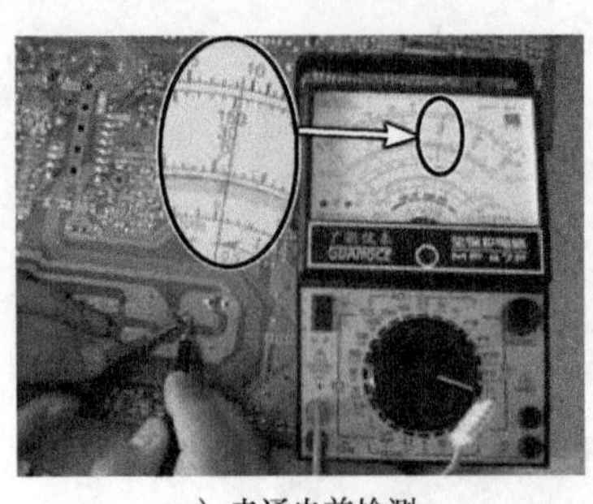
a）未通电前检测

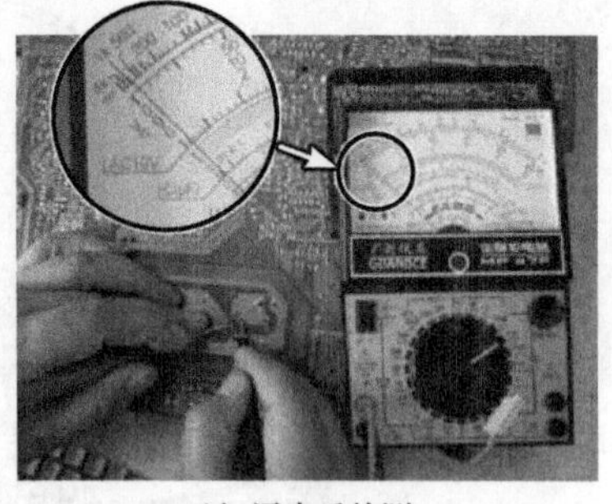
b）通电后检测

图 2-14 用指针万用表在路检测彩电消磁用热敏电阻

二、二极管的在路测量 ★

1. 整流二极管

（1）识别

整流二极管是利用硅、锗、砷化镓等半导体材料制成的，在电路中主要用作交流电压整流等。整流二极管按工作频率可以分为高频整流二极管（简称高频整流管）和低频整流二极管（简称低频整流管）两种；按封装结构可以分为塑料封装和金属封装两种。整流二极管的电路图形符号和常见的实物如图 2-15 所示。

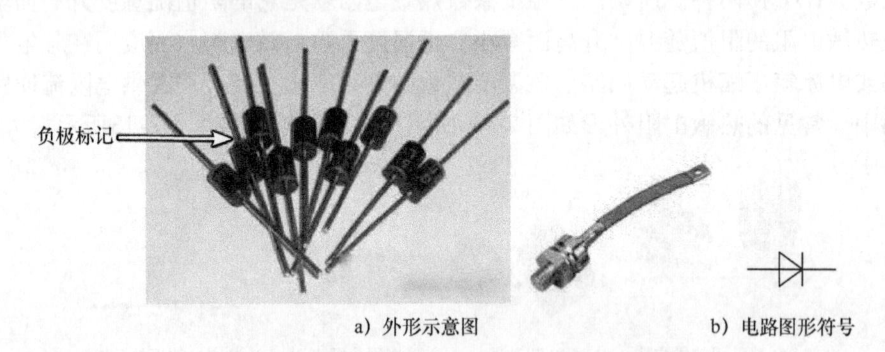

a）外形示意图　　b）电路图形符号

图 2-15 整流二极管实物与电路图形符号

（2）检测

采用指针万用表在路测量整流二极管是否正常时，应将万用表置于 R×1 挡，黑表笔接普通二极管正极、红表笔接负极，所测的正向电阻值为 17Ω 左右，如图 2-16a 所示；而高频整流管（快速恢复整流管）的正向电阻值也为 17Ω 左右，如图 2-16b 所示。而调换表笔所测它们的反向电阻值都应为无穷大，如图 2-16c 所示。若正向电阻值过大，说明被测二极管导通电阻过大或开路；若反向电阻值过小或为 0，说明该二极管漏电或击穿。

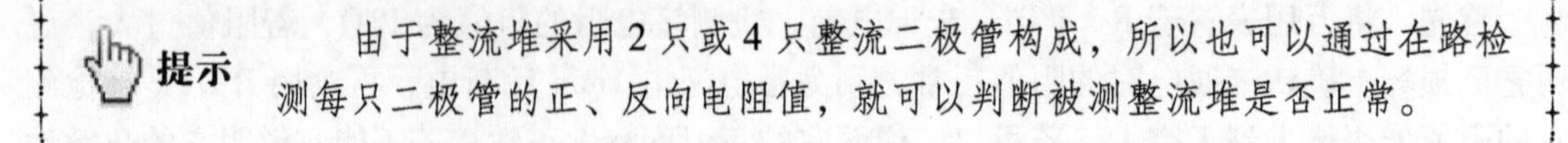
提示　由于整流堆采用 2 只或 4 只整流二极管构成，所以也可以通过在路检测每只二极管的正、反向电阻值，就可以判断被测整流堆是否正常。

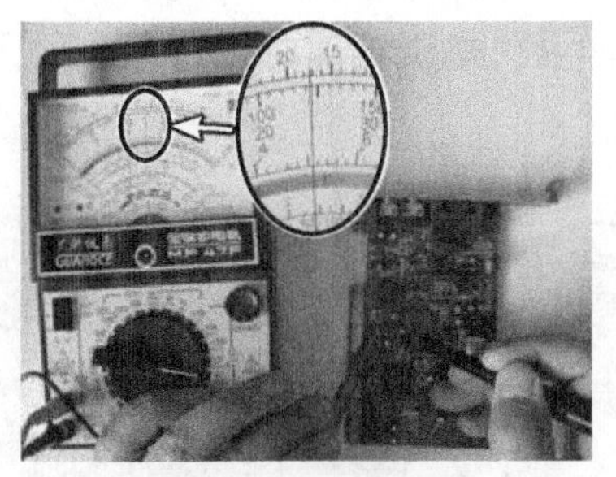
a）普通整流管的正向电阻

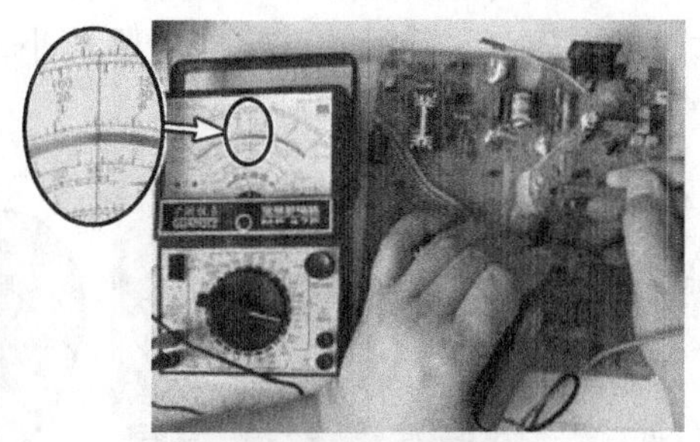
b）高频整流管的正向电阻

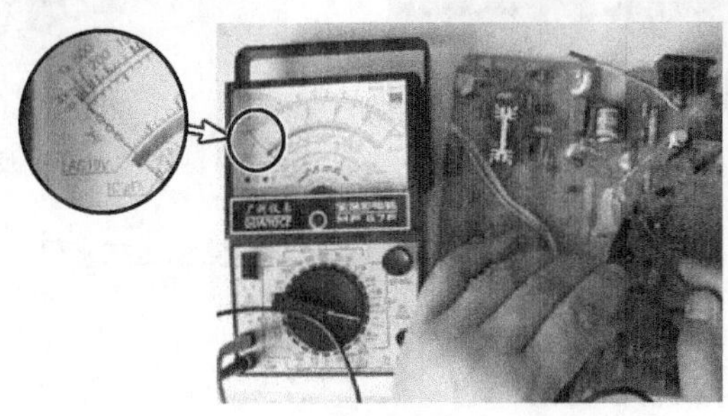
c）反向电阻

图 2-16　万用表在路检测整流二极管

2. 稳压二极管

（1）识别

稳压二极管又称齐纳二极管，简称稳压管，它是利用二极管的反向击穿特性来工作的。稳压管常用于基准电压形成电路和保护电路。稳压管也有塑料封装和金属封装两种结构。塑料封装的稳压管采用 2 引脚结构，而金属封装的稳压管有 2 引脚封装和 3 引脚封装两种结构。目前，稳压管多采用塑料封装，几乎不采用金属封装。稳压管的常见塑料封装的稳压管实物和电路图形符号如图 2-17 所示。

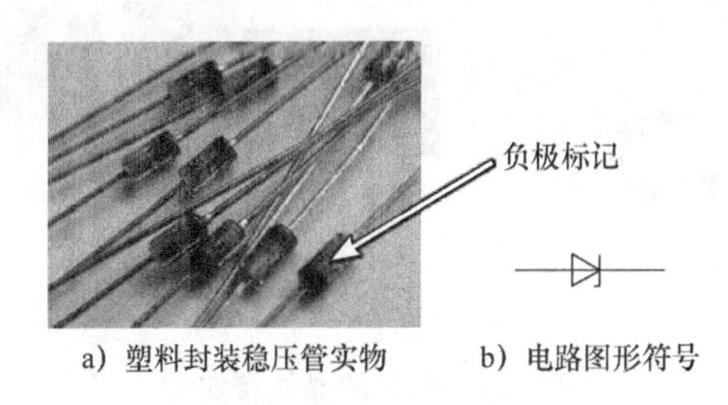

a）塑料封装稳压管实物　　b）电路图形符号

图 2-17　稳压管

 **提示**　3 引脚封装稳压管的其中一个引脚的一端与外壳相接，另一端接地。

（2）在路测量

在路测量稳压二极管时，将万用表置于 R ×1 挡，红表笔接稳压二极管的正极，黑表笔接它的负极，所测正向电阻值为20Ω左右，如图2-18a所示；调换表笔后测出的反向电阻值为无穷大，如图2-18b所示。若反向电阻值小，说明稳压管漏电或击穿；若正向电阻值大，说明稳压管开路或性能差。

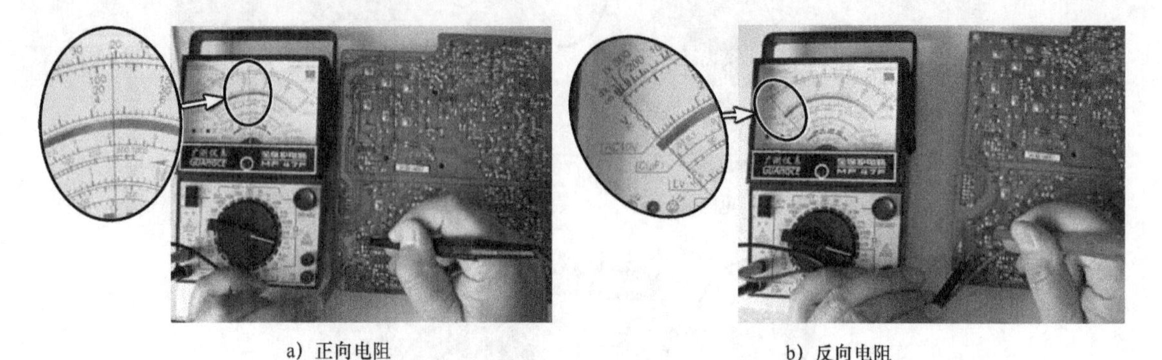

a）正向电阻　　b）反向电阻

图2-18　用指针万用表在路检测稳压二极管

三、晶体管的在路测量 ★

晶体管有普通晶体管和特殊晶体管两种。特殊晶体管包括带阻晶体管、达林顿晶体管、光敏晶体管等多种，下面介绍常见的普通晶体管、带阻晶体管的识别与检测方法。

1. 普通晶体管

（1）识别

普通晶体管在电路中通常用作放大与开关作用，放大器工作在晶体管的线性区域，开关电路中的晶体管工作在饱和区与截止区。通过设置晶体管电路不同的参数及外围电路，可以构成多种多样的电路。晶体管的三个电极分别为基极（Base，简称为b）、集电极（Collector，简称为c）与发射极（Emitter，简称为e）。常用的晶体管实物如图2-19所示。

a）金属封装　　b）塑料封装

图2-19　常见的晶体管实物

晶体管是在一块半导体基片上制作两个相距很近的PN结，两个PN结把整块半导体分成三部分，中间部分是基区，两侧部分是发射区和集电区，排列方式有PNP和NPN两种，从三个区引出相应的引脚，分别为基极b、发射极e和集电极c，如图2-20所示。

（2）检测

1）NPN型晶体管

使用指针万用表在路测量NPN型晶体管时，将它置于R×1挡，测试方法如图2-21所示。

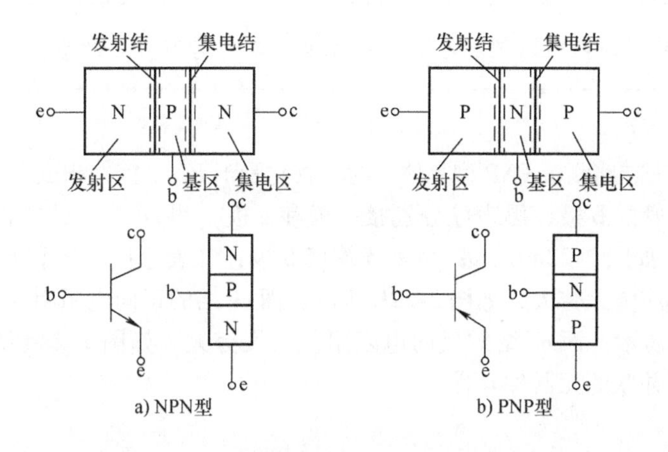

图 2-20　晶体管的构成和电路图形符号

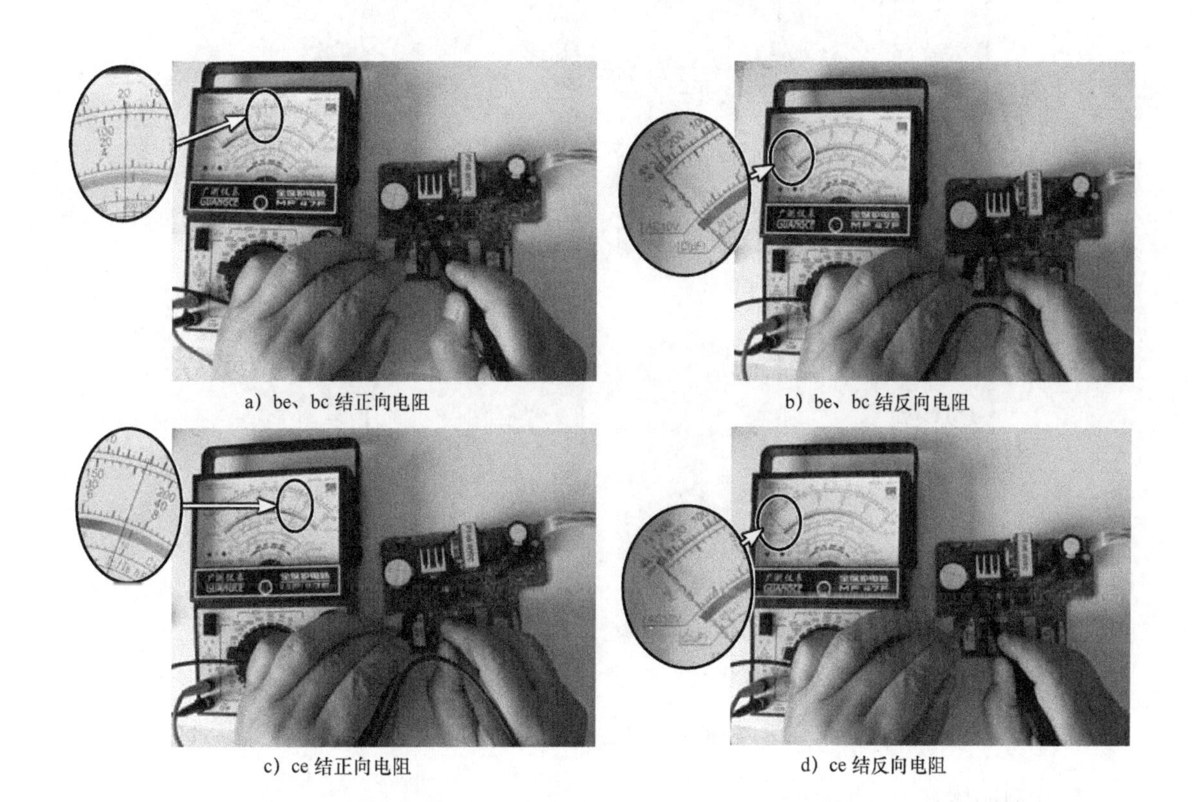

a）be、bc 结正向电阻

b）be、bc 结反向电阻

c）ce 结正向电阻

d）ce 结反向电阻

图 2-21　用指针万用表在路测量 NPN 型晶体管

首先，用黑表笔接晶体管的 b 极，红表笔分别接 e、c 极，所测的正向电阻阻值为 20Ω 左右，如图 2-21a 所示；调换表笔后，测反向电阻阻值为无穷大，如图 2-21b 所示。随后，用红表笔接 c 极，黑表笔接 e 极，测 c、e 极间的正向电阻阻值大于 7Ω，如图 2-21c 所示；调换表笔后，测得反向电阻阻值为无穷大，如图 2-21d 所示。若数值偏差较大，说明该晶体管或与它并联的元器件异常。

提示　ce结正向电阻阻值较小，说明是有元器件与其并联所致。

2）PNP型晶体管

使用指针万用表在路测量PNP型晶体管时，将它置于R×1挡，测试方法如图2-22所示。

红表笔接晶体管的b极，黑表笔分别接c极和e极，测be、bc结的正向电阻时，阻值都应为26Ω左右，如图2-22a所示；用黑表笔接b极，红表笔接c极和e极，测bc、be结的反向电阻阻值都应为无穷大，如图2-22b所示。而ce结的正向电阻阻值大于500Ω或为无穷大，如图2-22c所示；而ce结的反向电阻阻值为无穷大，如图2-22d所示。否则，说明被测晶体管或与它并联的元器件异常。

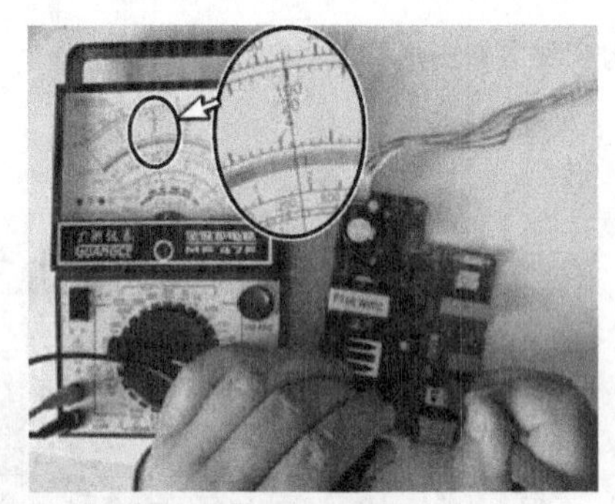

a）be、bc结正向电阻

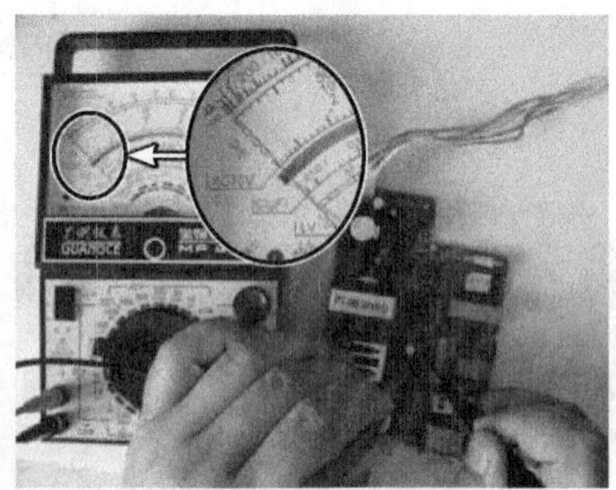

b）be、bc结反向电阻

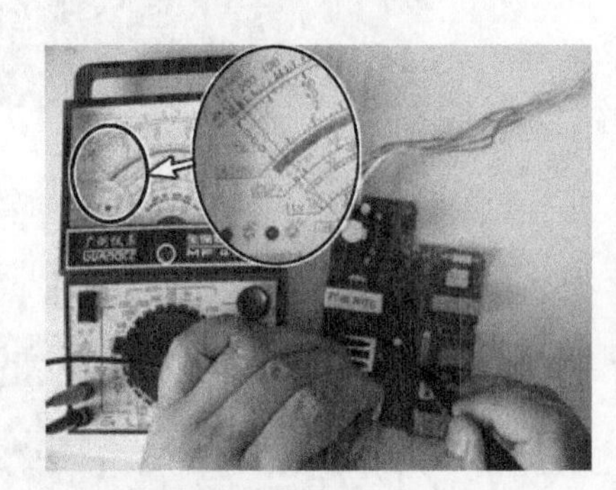

c）ce结正向电阻

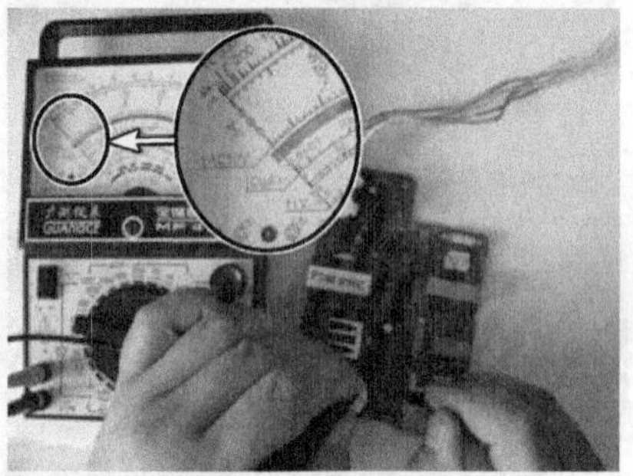

d）ce结反向电阻

图2-22　用指针万用表在路测量PNP型晶体管

2. 带阻晶体管

（1）识别

从外观上看，带阻晶体管与普通的小功率晶体管几乎相同，但内部构成却不同，其是由一个晶体管和一两只电阻构成的，如图2-23a所示。带阻晶体管在电路中多用字母VTR表示。不过，因带阻晶体管多应用在国外或合资的电子产品中，所以电路图形符号各不相同，如图2-23b所示。

带阻晶体管在电路中多被用作“开关”，管中内置的电阻决定它的饱和导通程度，基极电阻R越小，晶体管导通程度越强，ce结压降就越低，但该电阻不能太小，否则会影响开

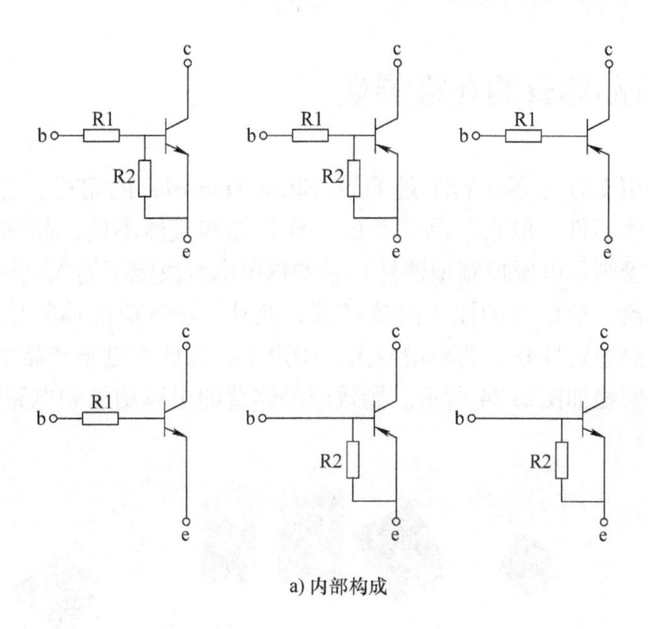

a) 内部构成

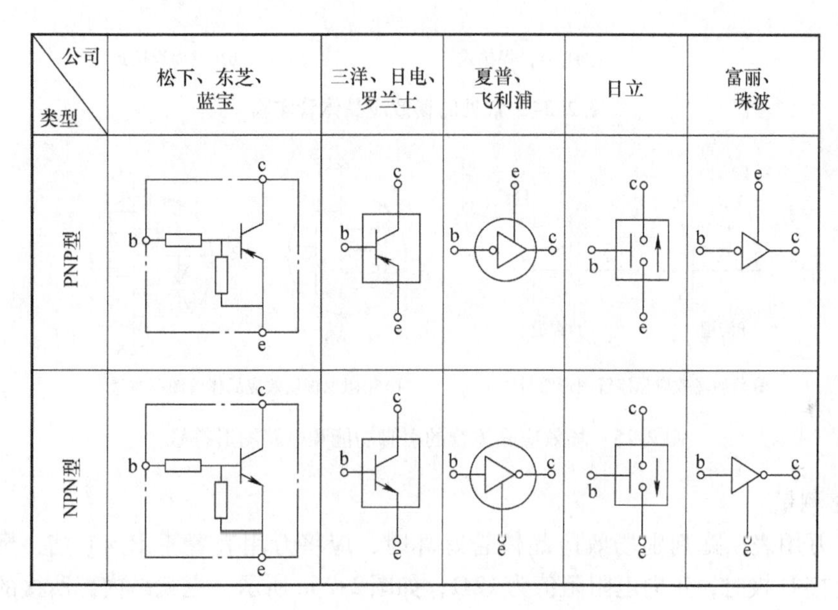

b) 几种常见的带阻三极管的电路符号

图 2-23　带阻晶体管的构成与电路图形符号

关速度。

（2）检测

带阻晶体管的检测方法与普通晶体管基本相同，不过在检测 bc 结的正向电阻时需要加上 R1 的阻值，而检测 be 结正向电阻阻值时需要加上 R1 的阻值，不过因 R2 并联在 be 结两端，所以实际检测的 be 结阻值有时会小于 bc 结阻值。另外，bc 结的反向电阻阻值为无穷大，但 be 结的反向电阻阻值为 R2 的阻值，所以阻值不再是无穷大。但它的 ce 结反向电阻阻值仍为无穷大。

四、场效应晶体管的在路测量 ★

1. 简介

场效应晶体管用 FET 表示，FET 是 Field Effect Transistor 的缩写。它是一种外形与普通晶体管相似的半导体器件。但它与晶体管的工作特性却截然不同，晶体管是电流控制型器件，而场效应晶体管则是电压控制型器件，它的输出电流决定于输入电压的大小，基本上不需要信号源提供电流，所以它的输入阻抗较高，此外，场效应晶体管比晶体管的开关速度快、高频特性好、热稳定性好、功率增益大、噪声小，因此在电子产品中得到广泛应用。常见的场效应晶体管实物如图 2-24 所示。场效应晶体管的引脚功能和电路图形符号如图 2-25 所示。

a) 直插焊接式　　b) 贴面焊接式

图 2-24　常见的场效应晶体管实物

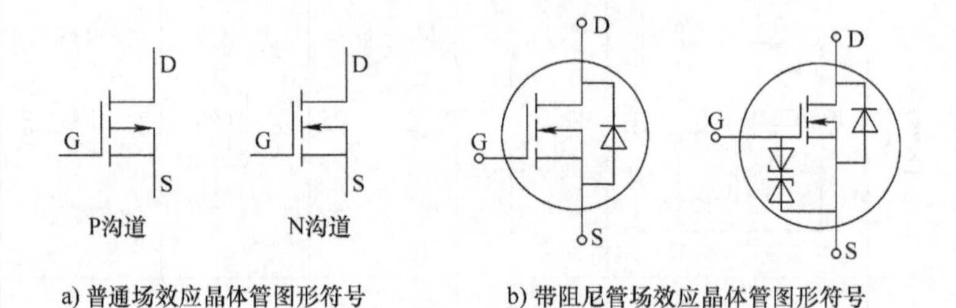

a) 普通场效应晶体管图形符号　　b) 带阻尼管场效应晶体管图形符号

图 2-25　场效应晶体管的引脚功能和电路图形符号

2. 在路测量

用指针万用表在路判别场效应晶体管好坏时，应将万用表置于 R ×1 挡，黑表笔接 S 极、红表笔接 D 极时，正向电阻阻值为 12Ω，如图 2-26a 所示，也就是内部所接的二极管的

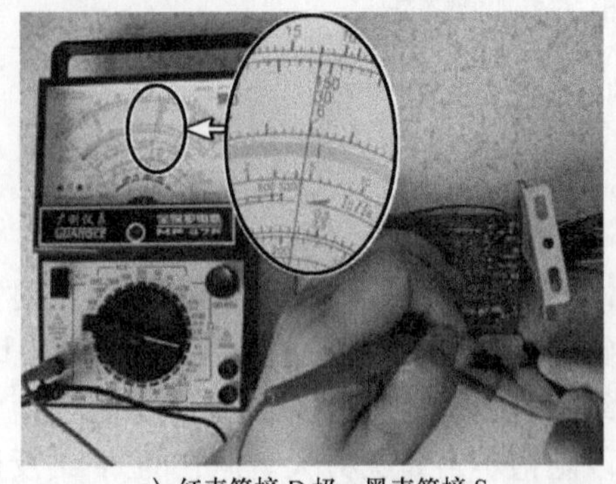

a) 红表笔接 D 极、黑表笔接 S

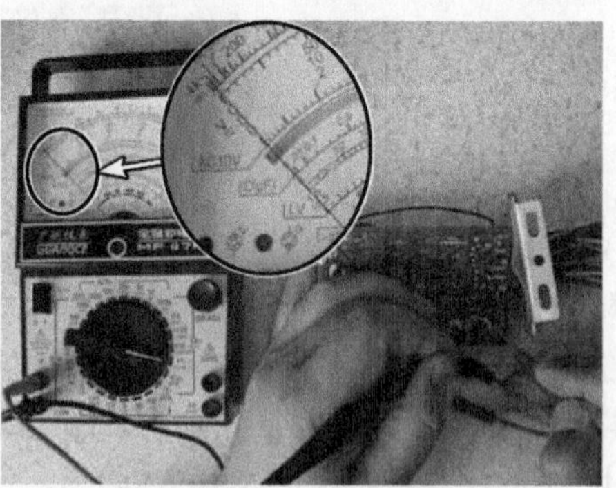

b) 其他极间正、反向电阻

图 2-26　场效应晶体管的在路测量

正向导通阻值；而黑表笔接 S 极、红表笔接 D 极时的反向电阻，以及其他极间的阻值都应为无穷大或较大，如图 2-26b 所示。若三个极间阻值较小，则说明被测的场效应晶体管击穿。而它的导通性能差或开路则需要采用非在路测量或代换法进行判断。

提示 有的电路在场效应晶体管的 G、S 极间安装了电阻，所以测量 G、S 极间阻值时不是无穷大，而是有一定的阻值。而有的电路在场效应晶体管的 G、S 极间安装了二极管或稳压管，所以测量 G、S 极间阻值时也会和测量 D、S 极间阻值一样呈现二极管的单向导通特性。

五、晶闸管的在路测量 

晶闸管是一种能够像闸门一样控制电流大小的半导体器件。晶闸管早期曾称为可控硅，它也是应用比较广泛的电子器件。常见的晶闸管实物如图 2-27 所示。目前常用的晶闸管是单向晶闸管和双向晶闸管，下面分别介绍它们的在路检测方法。

图 2-27 常见的晶闸管实物

1. 单向晶闸管

(1) 简介

单向晶闸管（Thyristor）曾叫单向可控硅，可控硅的英文名称是 Sicicon Controlled Rectifier，缩写为 SCR。由于单向晶闸管具有成本低、效率高、性能可靠等优点，所以被广泛应用在可控整流、交流调压、逆变电源等电路中。单向晶闸管由 PNPN 四层半导体构成，而它可等效为两个晶体管，它的三个管脚（电极）如下：G 为门极、A 为阳极、K 为阴极。单向晶闸管的结构、等效电路和电路图形符号如图 2-28 所示。

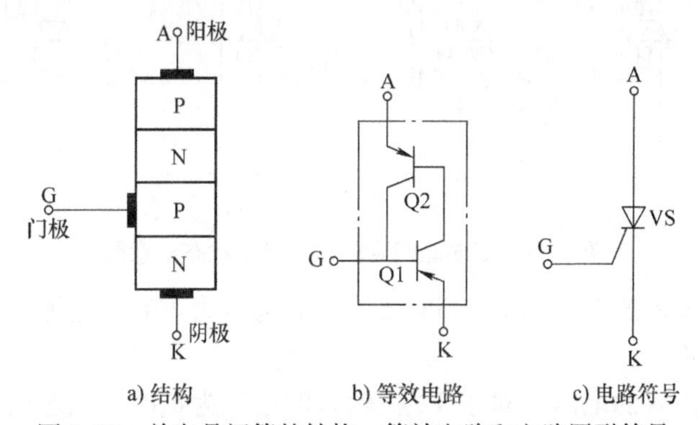

图 2-28 单向晶闸管的结构、等效电路和电路图形符号

(2) 检测

将指针万用表置于 R×1 挡，测单向晶闸管 G、K 极间的正向电阻阻值为 20Ω 左右，如

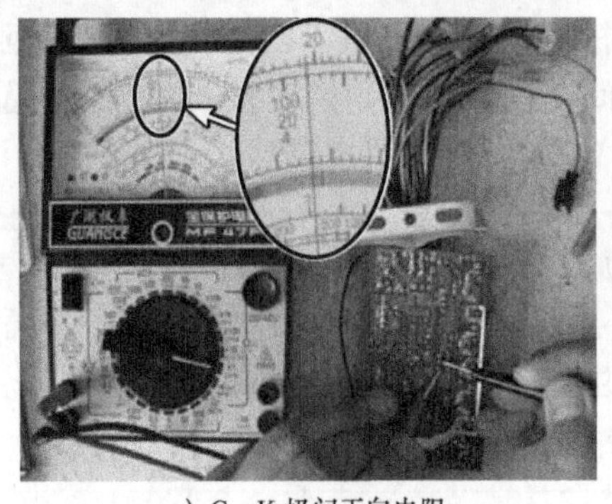

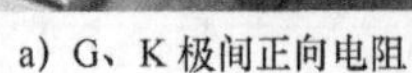

a) G、K 极间正向电阻

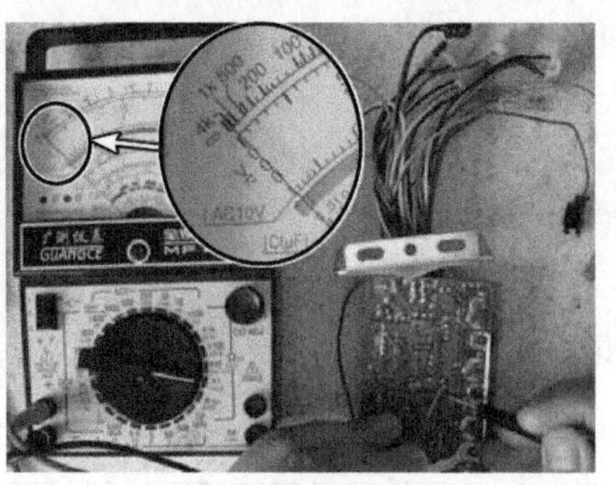

b) 其他极间正、反向电阻

图 2-29　用指针万用表在路测量单向晶闸管

图 2-29a 所示；G、K 极间的反向电阻阻值和其他引脚间的阻值都为无穷大，如图 2-29b 所示。若三个极间阻值较小，则说明被测的单向晶闸管击穿；若 G、K 极间阻值过大为无穷大，说明被测单向晶闸管导通性能差或开路。

2. 双向晶闸管

双向晶闸管曾叫双向可控硅，它的英文缩写为 TRIAC。由于双向晶闸管具有成本低、效率高、性能可靠等优点，所以被广泛应用在电动机调速、灯光控制等电路中。

（1）构成

双向晶闸管是由两个单向晶闸管反向并联组成的，所以它具有双向导通性能，即门极 G 输入触发电流后，无论 T1、T2 间的电压方向如何，它都能够导通。双向晶闸管的等效电路和电路图形符号如图 2-30 所示。

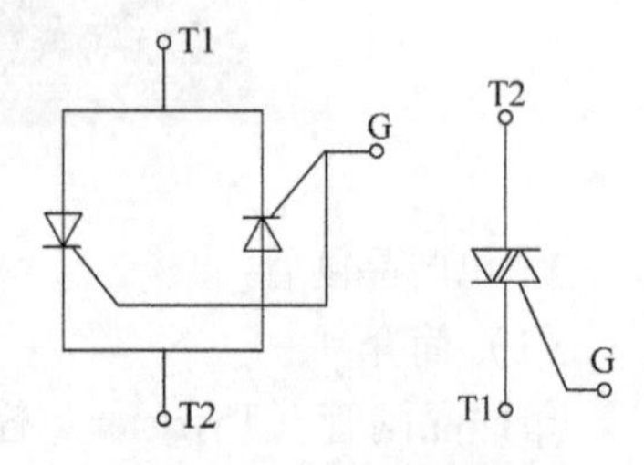

图 2-30　双向晶闸管的等效电路和电路图形符号

（2）导通方式

双向晶闸管与单向晶闸管的主要区别是可以双向导通，并且有四种导通方式，如图 2-31 所示。

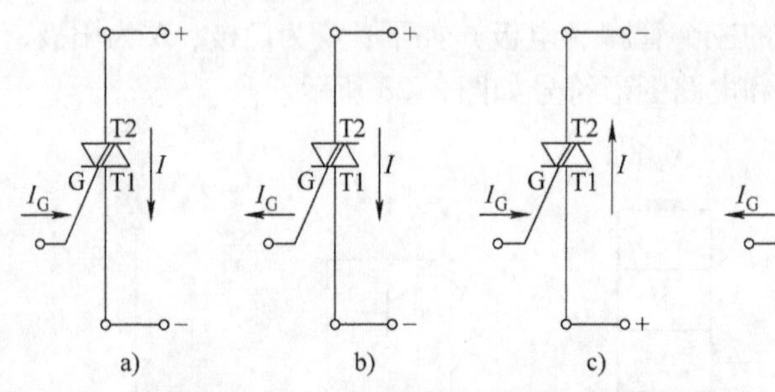

图 2-31　双向晶闸管的四种导通状态示意图

当 G 极、T2 极输入的电压相对于 T1 极输入的电压为正时，电流流动方向为 T2 到 T1，T2 为阳极、T1 为阴极。

当 G 极、T1 极输入的电压相对于 T2 极输入的电压为负时，电流流动方向为 T2 到 T1，T2 为阳极、T1 为阴极。

当 G 极、T1 极输入的电压相对于 T2 极输入的电压为正时，电流流动方向为 T1 到 T2，T1 为阳极、T2 为阴极。

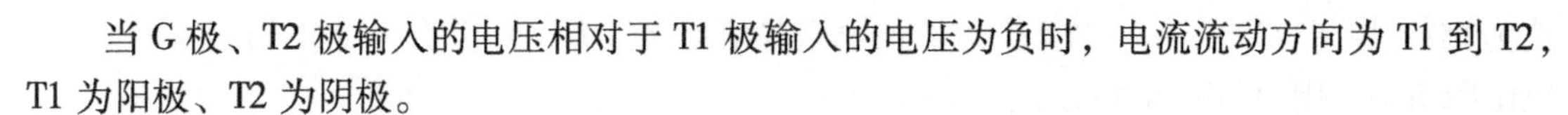

当G极、T2极输入的电压相对于T1极输入的电压为负时，电流流动方向为T1到T2，T1为阳极、T2为阴极。

（3）检测

将指针万用表置于R×1挡，测双向晶闸管的G和T1极间的正、反向电阻阻值为30Ω左右，其他极间电阻阻值都为无穷大，如图2-32所示。若两个或三个极间电阻阻值较小，则说明被测的双向晶闸管击穿。

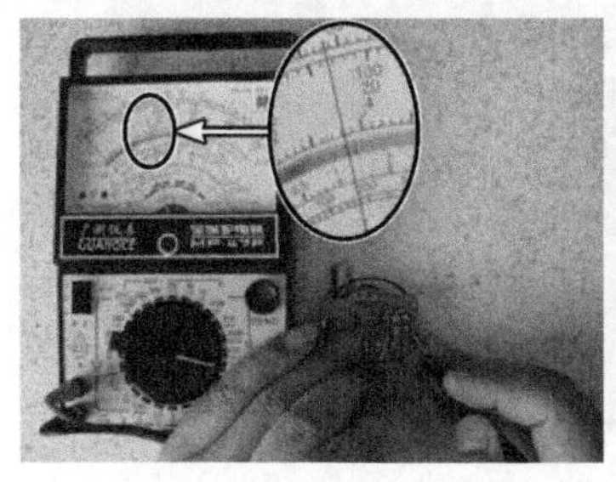
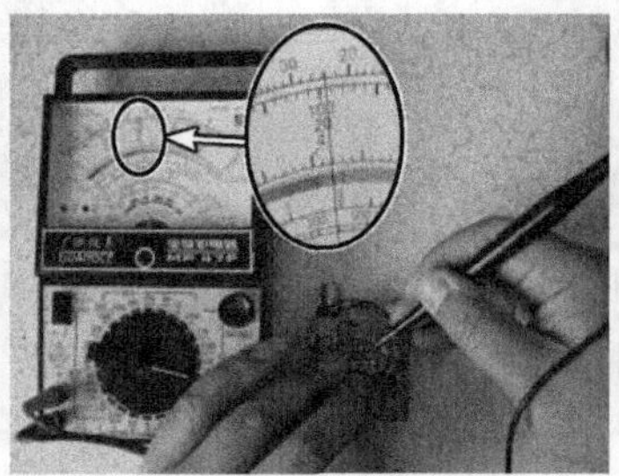
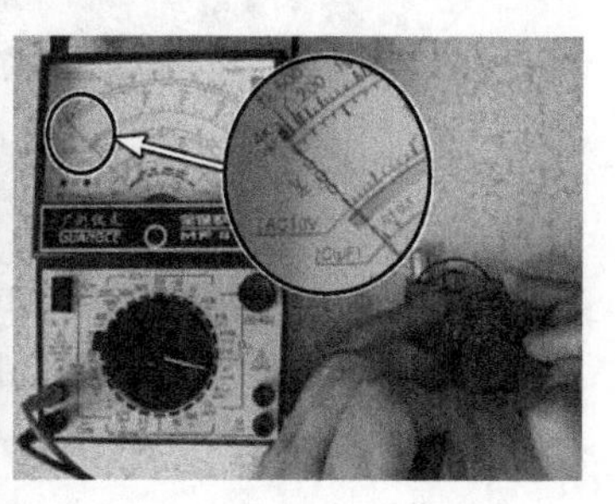

图2-32　用万用表在路测量双向晶闸管

六、变压器的在路测量 ★

1. 识别

变压器由铁心（或磁心）和绕组组成，绕组可以由一个或几个线圈串并联组成，其中接电源的绕组叫一次绕组，其余的绕组叫二次绕组。当一次绕组流过交流电流后，铁心（或磁心）就会产生交变磁通，使二次绕组中感应出电压（或电流）。变压器的电路图形符号如图2-33所示，常见的变压器实物如图2-34所示。

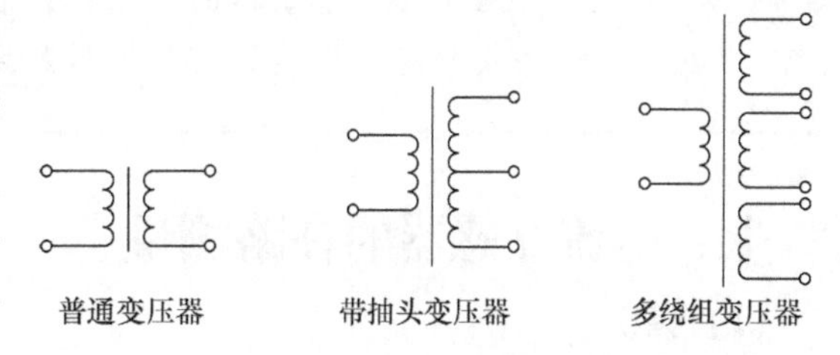

图2-33　变压器电路图形符号

图2-34　常见的变压器实物

2. 测量

由于开关变压器和普通变压器的检测方法相同，所以下面以普通变压器为例介绍变压器的在路检测方法。

一级、二次绕组阻值的测量。因普通变压器多为降压型变压器，所以它的一次绕组的电阻阻值较大，而它的二次绕组电阻阻值较小。将万用表置于R×10或R×100挡，测得一次绕组的电阻阻值为1.4kΩ，如图2-35a所示，改用R×1挡在路测量它的二次绕组的电阻阻值为5Ω，如图2-35b所示。若某个绕组的电阻阻值为无穷大，则说明此绕组有断路故障；若电阻阻值小，则说明有短路故障。

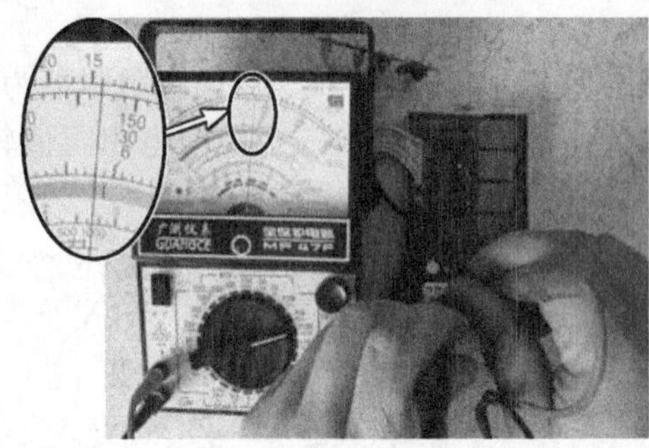

a）一次绕组的阻值

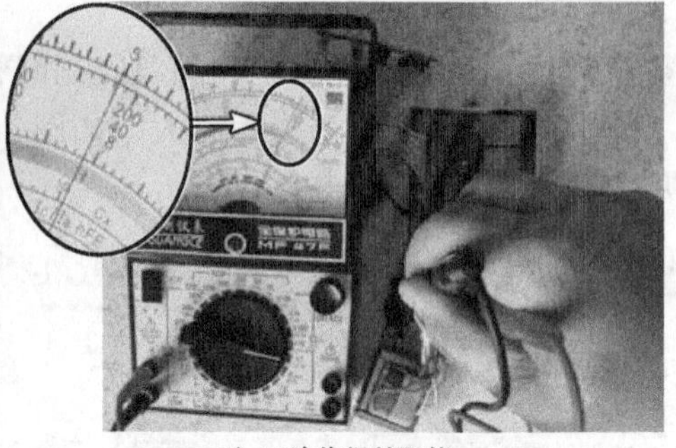

b）二次绕组的阻值

图2-35　用指针用万用表在路测量普通变压器一次、二次绕组电阻阻值

提示

变压器一次绕组开路或烧焦，说明市电电压升高或它内部与一次绕组串联的温度型熔断器开路。因此，检修变压器一次绕组开路或烧焦的故障时，应检查市电电压是否升高或它所接的整流滤波电路是否短路，以免更换后再次损坏。

对于安装熔断器的变压器，若手头没有此类变压器更换，可小心地拆开一次绕组，更换该熔断器后就可修复变压器。

七、电流互感器的在路测量 

（1）识别

电流互感器的作用是可以把数值较大的一次电流通过一定的电流比转换为数值较小的二次电流，用来进行保护、检测等用途。如电流比为10/1的电流互感器，可以把实际为10A的电流转变为1A的检测电流。

电流互感器的结构较为简单，由相互绝缘的一次绕组、二次绕组、铁心及构架、接线端子（引脚）等构成，如图2-36所示。其电路图形符号与变压器相同，工作原理与变压器也基本相同，一次绕组的匝数（N_1）较少，直接串联于市电供电回路中，二次绕组的匝数（N_2）较多，与检测电路串联形成闭合回路。一次绕组通过电流时，二次绕组产生按比例减小的电流。该电流通过检测电路形成检测信号。

图2-36　电流互感器外形

注意

当电流互感器的二次回路开路时，一次回路的电流会成为励磁电流，将导致磁通和二次回路电压大大超过正常值而危及人身或设备安全，所以电流互感器二次回路中不允许安装熔断器，也不允许运行期间，在未经旁路措施的情况下，就拆卸电流表及继电器等元件，以免发生意外或事故。

(2) 检测

由于电流互感器的一次绕组匝数极少，所以用 R×1 挡测量一次绕组电阻阻值为 0，如图 2-37a 所示。用 R×1 挡在路检测它的二次绕组电阻阻值为 60Ω 左右，如图 2-37b 所示。

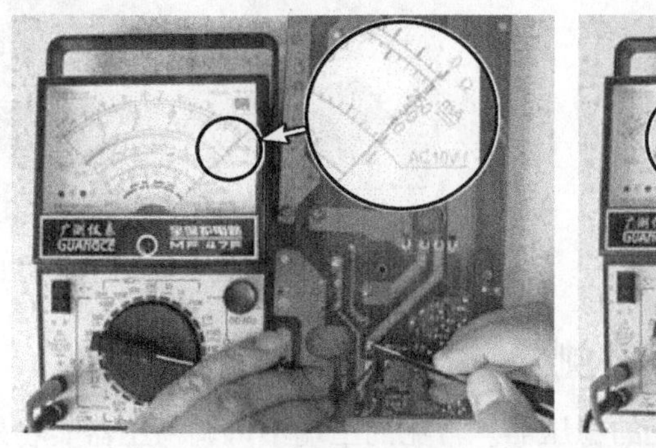

a) 一次绕组

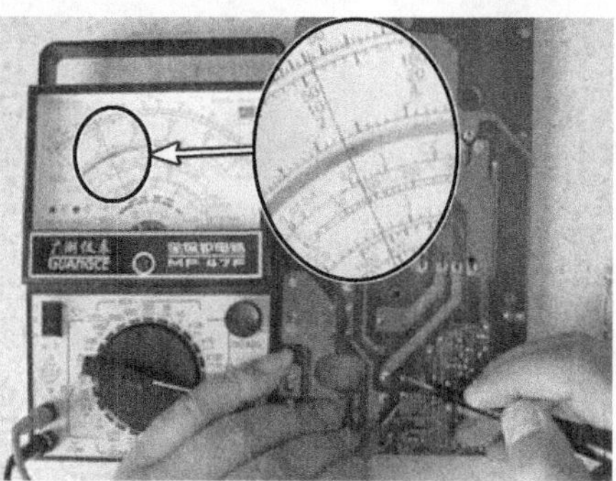

b) 二次绕组

图 2-37 电磁炉电流互感器的在路测量

> **提示** 由于电流互感器的二次绕组不仅接检测电路，而且并联了电阻，所测部分电路测得的互感器二次绕组电阻的阻值实际为该电阻的阻值。因此，需要确认二次绕组是否开路还需要悬空它的引脚后再测量。

八、蜂鸣片/扬声器的在路测量 

1. 简介

蜂鸣片是压电陶瓷蜂鸣片的简称，它也是一种电声转换器件。压电陶瓷蜂鸣片由锆钛酸铅或铌镁酸铅压电陶瓷材料制成。蜂鸣片有裸露式和密封式两种。所谓的裸露式就是可以看到构成的蜂鸣器，而密封式是将蜂鸣片安装在一个密封的塑料壳内。常见的蜂鸣片实物如图 2-38 所示。

由于蜂鸣片具有体积小、成本低、重量轻、可靠性高、功耗低、声响度高（最高可达到 120dB）等特点，所以它广泛应用在家电产品、办公设备、通信设备等电子产品中。

>  **提示** 目前，在家用电器中多将带有外壳的蜂鸣片称为“蜂鸣器”。

2. 测量

将指针万用表置于 R×1 挡，用红表笔接音圈（线圈）的一个接线端子上，用黑表笔点触另一个接线端子，若指针摆动且蜂鸣器能够发出“咔咔”的声音，说明蜂鸣器正常，如图 2-39 所示。否则，说明蜂鸣器异常或引线开路。

> **提示** 由于指针万用表 R×1 挡的电流较大，所以用它测量蜂鸣器的电阻阻值时，它会发出“咔咔”声。这样，使蜂鸣器的检测变得更直观准确。
>
> 另外，扬声器的在路检测与蜂鸣器相同。也可以参考图 2-39 所示的方法进行测量。

a）裸露式

b）密封式

图 2-38　蜂鸣片实物

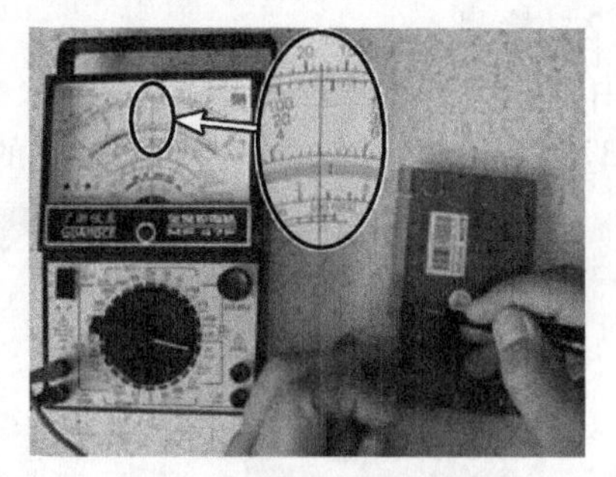

图 2-39　用指针万用表在路检测密封型蜂鸣器

九、三端不可调稳压器的在路测量

三端不可调稳压器是目前应用最广泛的稳压器。常见的三端不可调稳压器实物外形与引脚功能如图 2-40 所示。

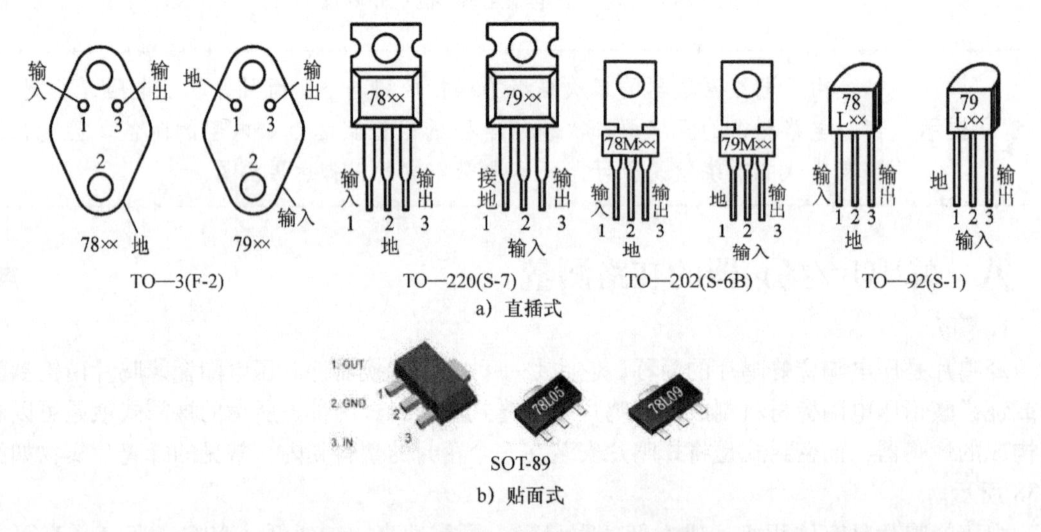

a）直插式

b）贴面式

图 2-40　三端不可调稳压器的实物外形

1. 分类

三端不可调稳压器按输出电压极性可以分为 78 × ×系列和 79 × ×系列两大类。其中，78 × ×系列稳压器输出的是正电压，而 79 × ×系列稳压器输出的是负电压。

三端不可调稳压器按输出电压可分为 10 种，以 78 × ×系列稳压器为例介绍，包括 7805（5V）、7806（6V）、7808（8V）、7809（9V）、7810（10V）、7812（12V）、7815（15V）、7818（18V）、7820（20V）、7824（24V）。

三端不可调稳压器按输出电流可分为多种，电流大小与型号内的字母有关，稳压器最大输出电流与字母的关系见表 2-1。

表 2-1　稳压器最大输出电流与字母的关系

字母	L	N	M	无字母	T	H	P
最大电流/A	0.1	0.3	0.5	1.5	3	5	10

由表 2-1 可知，常见的 L78M05 就是最大电流为 500mA 的 5V 稳压器；而常见的 KA7812 就是最大电流为 1.5A 的 12V 稳压器。

2. 78××系列三端稳压器的构成及工作原理

78××系列三端稳压器由启动电路（恒流源）、取样电路、基准电路、误差放大器、调整管、保护电路等构成，如图 2-41 所示。

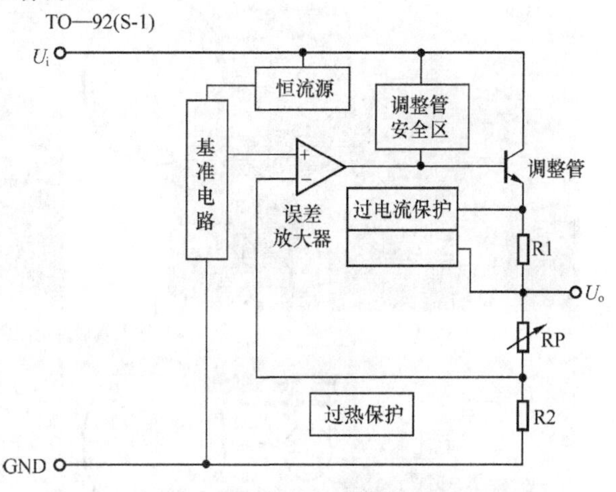

图 2-41 78××系列三端稳压器电路构成框图

如图 2-41 所示，当 78××系列三端稳压器输入端 U_i 有正常的供电电压输入后，该电压不仅加到调整管的 c 极，而且通过恒流源为基准电路供电，由基准电路产生基准电压，再通过误差放大器为调整管的 b 极提供基准电压，使调整管的 e 极输出电压，该电压由 R1 限流，再通过输出端子输出标称电压 U_o。

当输入电压升高或负载变轻而引起输出电压 U_o 升高时，通过取样电阻 RP、R2 取样后的电压增大。该电压加到误差放大器的反相输入端，与同相输入端输入的参考电压比较后，为调整管的 b 极提供的电压降低，调整管的 e 极输出电压因 b 极输入电压降低而下降，最终使 U_o 下降到规定值，实现稳压控制。当 U_o 下降时，稳压控制过程相反。

当负载异常引起调整管过电流，被过电流保护电路检测后，使调整管停止工作，以免调整管因过电流而损坏，实现了过电流保护。另外，调整管过电流时，温度会大幅度升高，被芯片内的过热保护电路检测后，也会使调整管停止工作，避免了调整管过热损坏，实现了过热保护。

3. 79××系列三端稳压器的构成与工作原理

79××系列三端稳压器的构成和 78××系列稳压器基本相同，如图 2-42 所示。

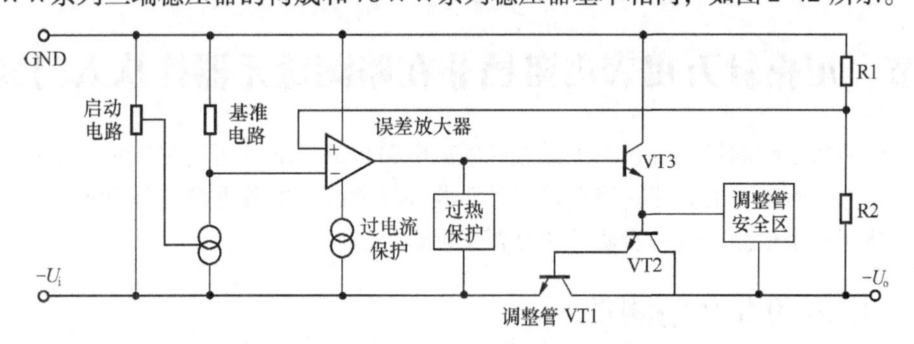

图 2-42 79××系列三端稳压器电路构成框图

如图 2-42 所示，79××系列三端稳压器的工作原理和 78××系列稳压器一样，区别就是它采用的负电压供电和负电压输出方式。

4. 检测

下面以常见的 7805 稳压器为例进行介绍，将万用表置于 R×1 或 R×10 挡，黑表笔和红表笔分别接7805的输入端、测量输出端对地电阻阻值，如图2-43所示。若阻值过小，则说明稳压器异常。

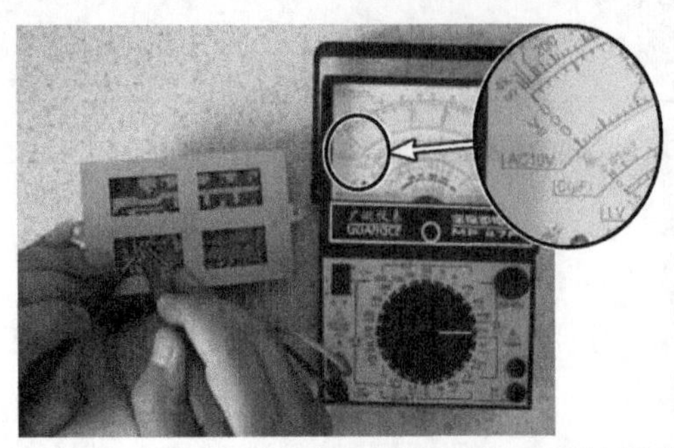
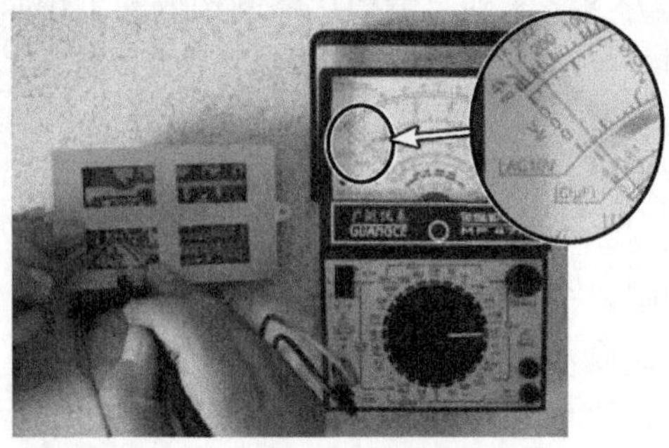

a）输入端对地电阻阻值

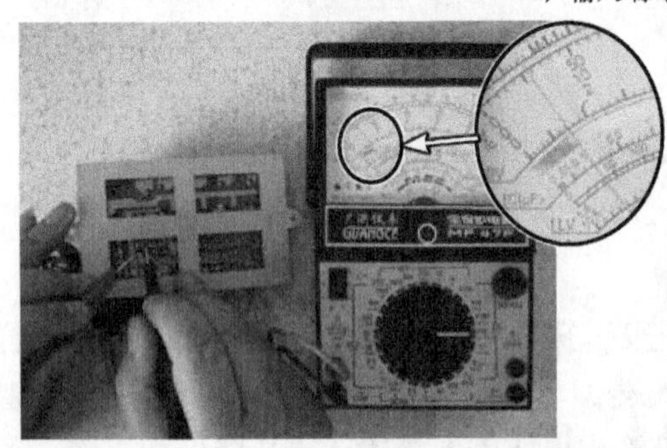
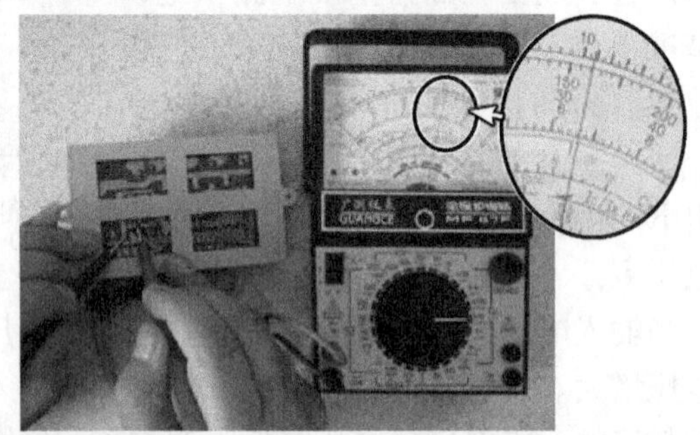

b）输出端对地电阻阻值

图2-43　7805三端稳压器的测量

提示　由于负载不同，所以不同电路的稳压器输入端、输出端的对地电阻阻值可能不同。因此，怀疑稳压器异常时还要结合电压测量、温度检测、代换法进行判断。

第三节　用指针万用表电阻挡非在路测量元器件从入门到精通

电阻挡的非在路测量就是在电子元器件脱离电路板的情况下通过测量元器件的电阻阻值来判断元器件是否正常的方法。当在路测量元器件异常或对准备更换的备用元器件电阻都要采用非在路测量来检测，进一步确认它是否正常。

一、电阻的非在路测量 

1. 普通电阻的非在路测量

下面分别介绍用R×1、R×10、R×100、R×10k挡非在路测量电阻的方法。

测量6.8Ω电阻时，先将万用表置于R×1挡，再对其进行“Ω”调零后，把两个表笔接在被测电阻两个引脚上，若指针停留在电阻挡刻度6.8的位置，说明被测电阻阻值为6.8Ω，如图2-44a所示。若所测值大于标称值，说明该电阻的阻值增大或开路。

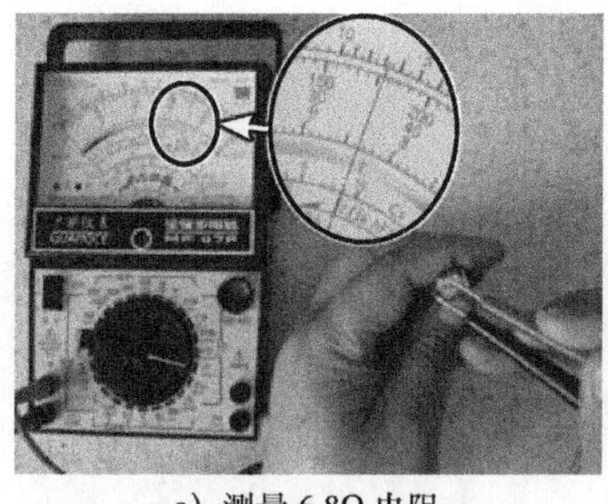
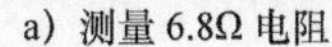
a）测量 6.8Ω 电阻

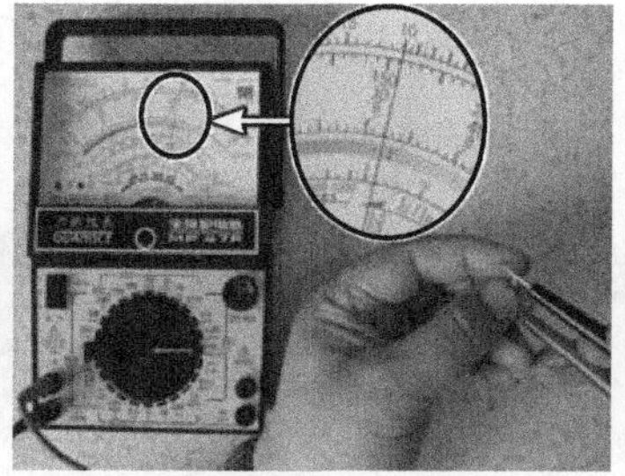
b）测量 1000Ω 电阻

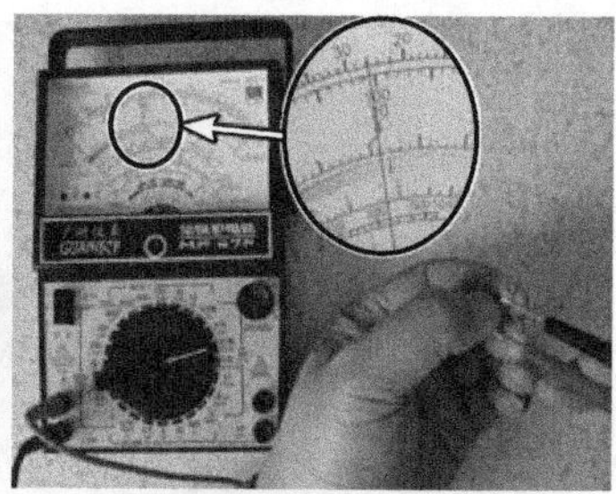
c）测量 2.7kΩ 电阻

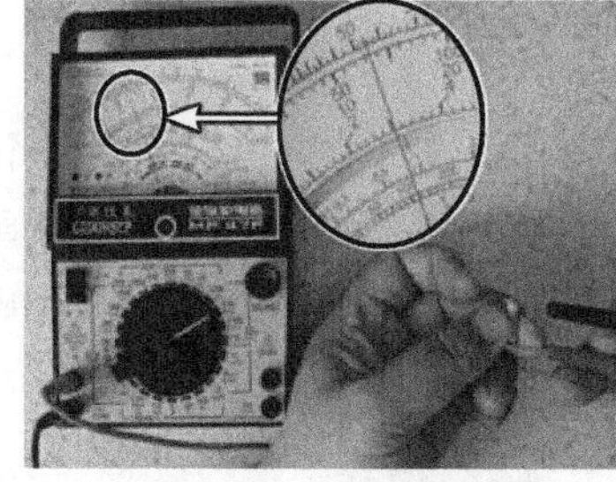
d）测量 39kΩ 电阻

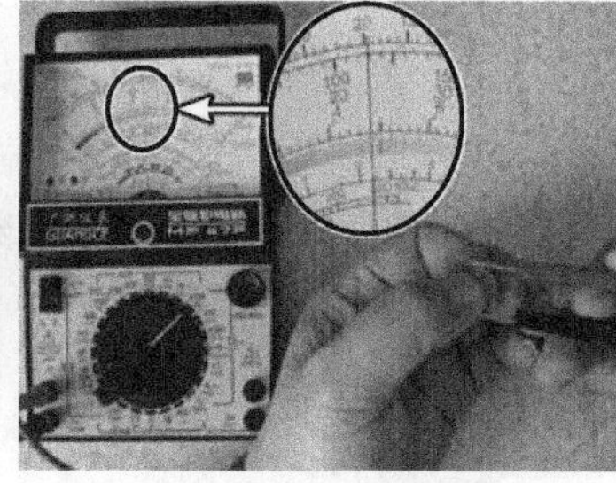
e）测量 200kΩ 电阻

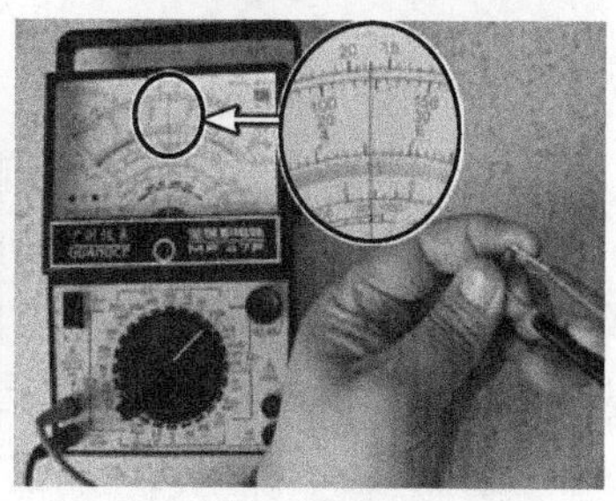
f）错误的测量方法

图 2-44　普通电阻的非在路测量

测量 100Ω 电阻时，先将万用表置于 R×10 挡，再对其进行“Ω”调零后，把两个表笔接在被测电阻两个引脚上，若指针停留在电阻挡刻度 10 的位置，说明被测电阻阻值为 100Ω，如图 2-44b 所示。若所测值大于标称值，说明该电阻的阻值增大或开路。

测量 2. 7kΩ 电阻时，先将万用表置于 R×100 挡，再对其进行“Ω”调零后，把两个表笔接在被测电阻两个引脚上，若指针停留在电阻挡刻度 27 的位置，说明被测电阻阻值为 2. 7kΩ，如图 2-44c 所示。若所测值大于标称值，说明该电阻的阻值增大或开路。

测量 39 kΩ 电阻时，先将万用表置于 R×1k 挡，再对其进行“Ω”调零后，把两个表笔接在被测电阻两个引脚上，若指针停留在电阻挡刻度 39 的位置，说明被测电阻阻值为 39kΩ，如图 2-44d 所示。若所测值大于标称值，说明该电阻的阻值增大或开路。

测量 200kΩ 电阻时，先将万用表置于 R×10k 挡，再对其进行“Ω”调零后，把两个表笔接在被测电阻两个引脚上，若指针停留在电阻挡刻度 20 的位置，说明被测电阻阻值为 200kΩ，如图 2-44e 所示。若所测值大于标称值，说明该电阻的阻值增大或开路。

注意　固定电阻一般不会出现阻值变小的现象。测量大阻值电阻，尤其是阻值超过几十千欧的电阻时，不能用手同时接触被测电阻的两个引脚，以免人体的电阻与被测电阻并联后，导致测量的数据低于正常值，为 170kΩ 左右，如图 2-44f 所示。另外，若被测电阻的引脚严重氧化，应在测量前用刀片、锉刀等工具将氧化层清理干净，以免误判。

2. 可调电阻的非在路测量

（1）简介

可调电阻就是旋转它的滑动端时它的阻值是变化的。若通过螺丝刀等工具进行调整的可调电阻就被称为可调电阻或微调电阻，而通过旋钮进行阻值调整的则称为电位器。可调电阻在电路中通常用 VR 或 RP 表示，常见的可调电阻（电位器）实物和电路符号如图 2-45 所示。

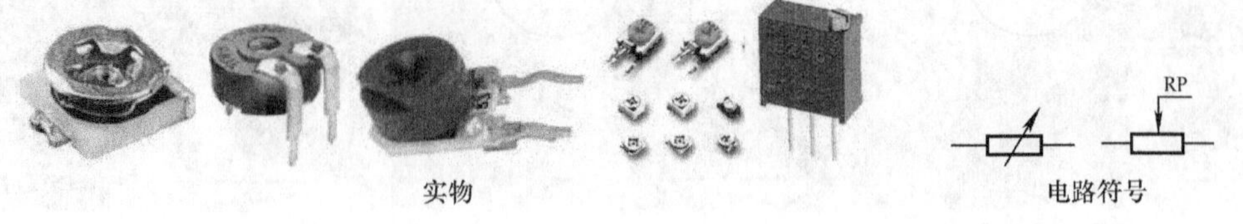

图 2-45　常见的可调电阻实物与电路符号

（2）测量

首先测两个固定端间的阻值等于标称值，再分别测固定端与可调端间的阻值，并且两个固定端与可调端间阻值的和等于两个固定端间的阻值，说明该电阻正常；若阻值大于标称值或不稳定，说明该电阻变值或接触不良。下面以 4.7kΩ 的可调电阻为例介绍可调电阻的测量方法，测量步骤如图 2-46 所示。

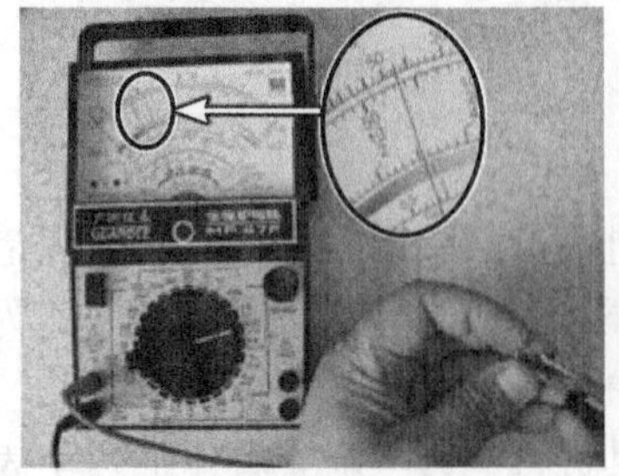

a）两个固定端间阻值

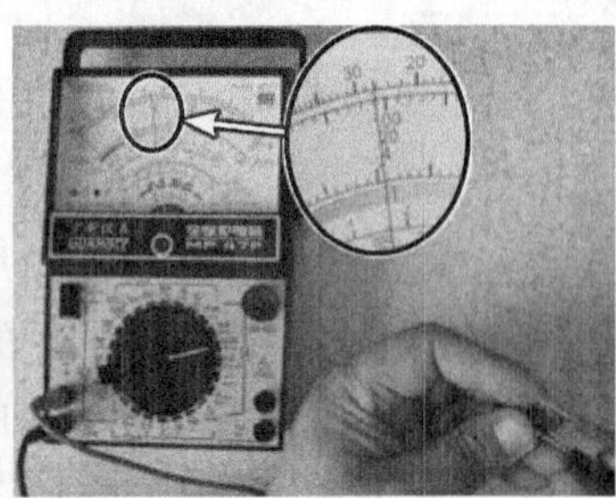

b）可调端与固定端 a 的阻值

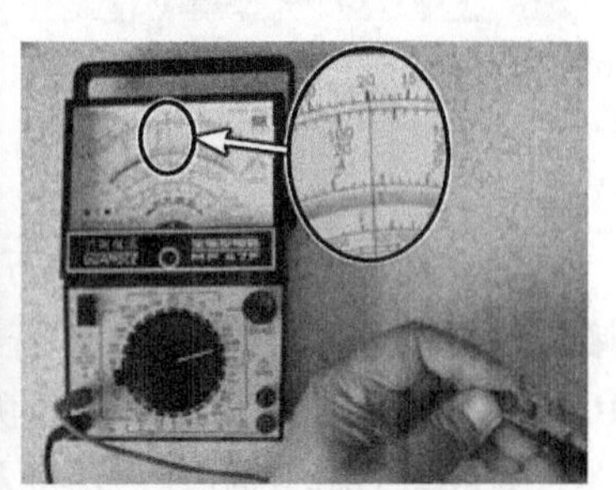

c）可调端与固定端 b 的阻值

图 2-46　可调电阻的非在路测量

注意　可调电阻损坏后主要会出现开路、阻值增大、阻值变小、接触不良或引脚脱焊的现象。可调电阻氧化是接触不良和阻值不稳定的主要原因。

3. 压敏电阻的非在路测量

由于压敏电阻正常时的阻值为无穷大，所以测量前应将指针万用表置于 R×10k 挡，两个表笔接压敏电阻的引脚，指针不摆动，说明被测压敏电阻的阻值为无穷大，如图 2-47 所示。若阻值不为无穷大，说明它已损坏。一般情况下，压敏电阻击穿损坏后表面多会出现裂痕或黑点。

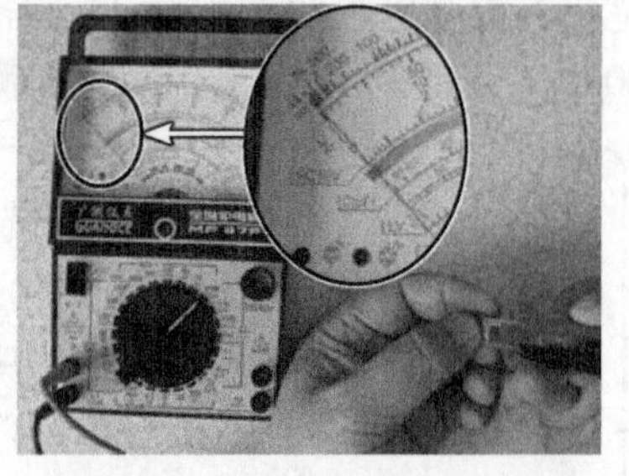

图 2-47　压敏电阻的非在路测量

4. 空调器温度传感器的非在路测量

注意　不同品牌的空调器温度传感器采用的负温度系数热敏电阻的阻值可能有所不同，使用中要加以区别。

（1）空调室内环境温度传感器的测量

室温状态下，用 R×1k 挡测量的该传感器的阻值为 22kΩ，确认室温状态下的阻值正常后，将其放入盛有热水的玻璃杯内为它加热，再测量它的阻值迅速减小为 8.5kΩ，如图2-48所示。若室温下阻值过大或过小，并且加热后阻值不能正常减小，则说明它损坏。

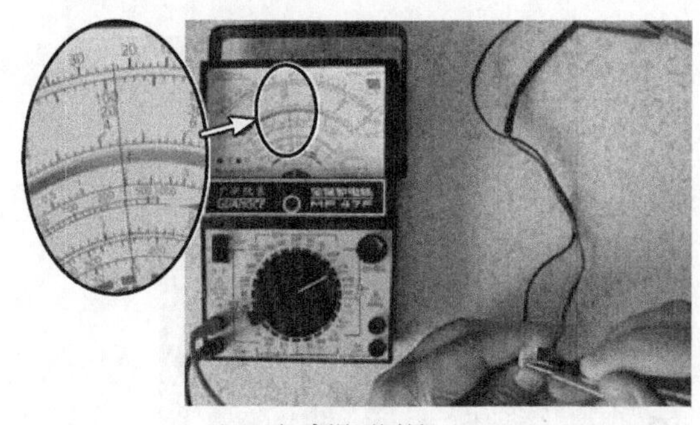

a）室温下测量

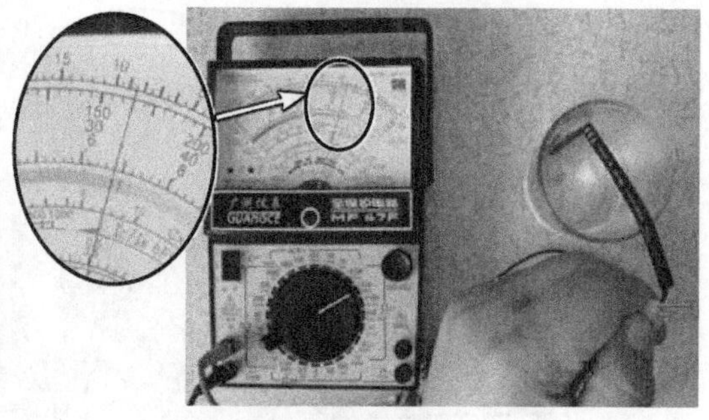

b）加热后测量

图 2-48　空调器室内环境温度传感器的非在路测量

（2）空调室内盘管温度传感器的测量

室温状态下，用 R×1k 挡测量的该传感器的阻值为 10kΩ，确认室温状态下的阻值正常后，将其放入盛有热水的玻璃杯内为它加热，再测量它的阻值迅速减小为 5.5k 左右，如图 2-49 所示。若室温下阻值过大或过小，并且加热后阻值不能正常减小，则说明它损坏。

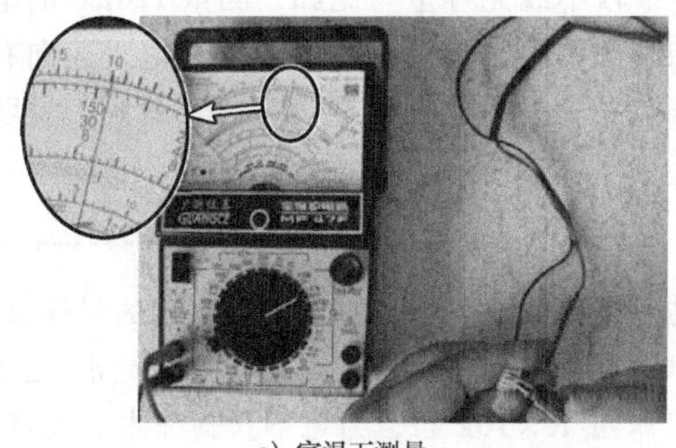

a）室温下测量

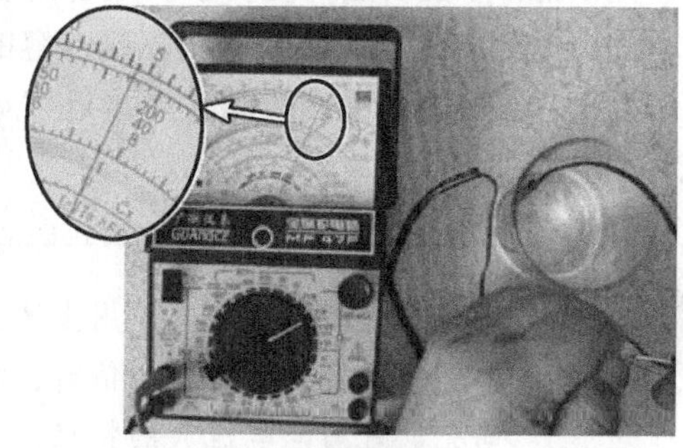

b）加热后测量

图 2-49　空调器室内盘管温度传感器的非在路测量

二、电容的非在路测量 ★

1. 电容的作用

电容在电路中主要的作用是滤波、耦合、延时等，它在电路中通常用字母“C”表示。电容在电路中的符号如图2-50所示。

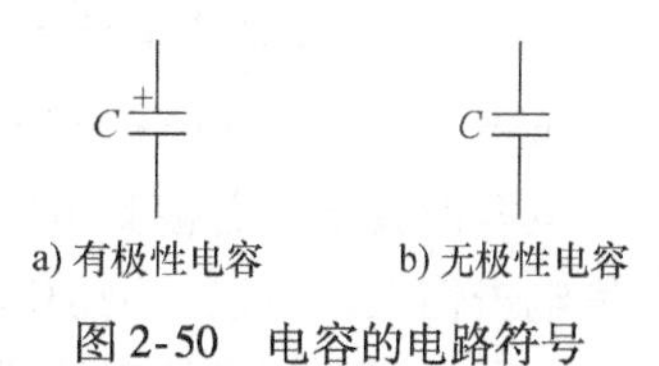

a) 有极性电容　　b) 无极性电容

图 2-50　电容的电路符号

2. 电容的特点

与电阻相比，电容的性能相对复杂一点。它的主要特点是：电容两端的电压不能突变。就像一个水缸一样，要将它装满需要一段时间，要将它全部倒空也需要一段时间。电容的这个特性对以后我们分析电路很有用。在电路中电容有通交流，隔直流；通高频，阻低频的功能。

3. 电容的测量

采用指针万用表测量电容的容量时，需要使用电阻挡。检测电容的方法如图 2-51 所示。

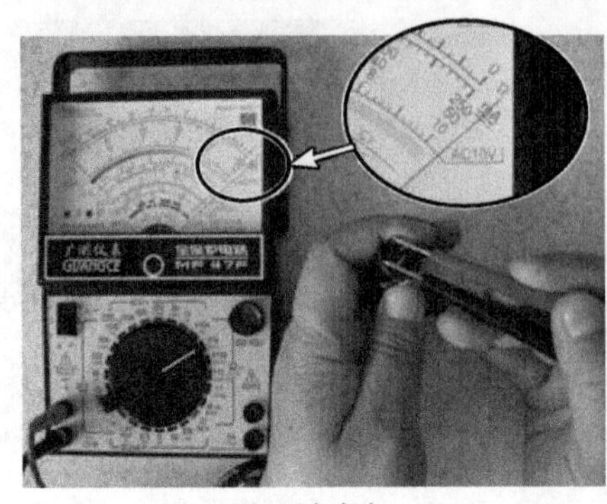

a）正向充电

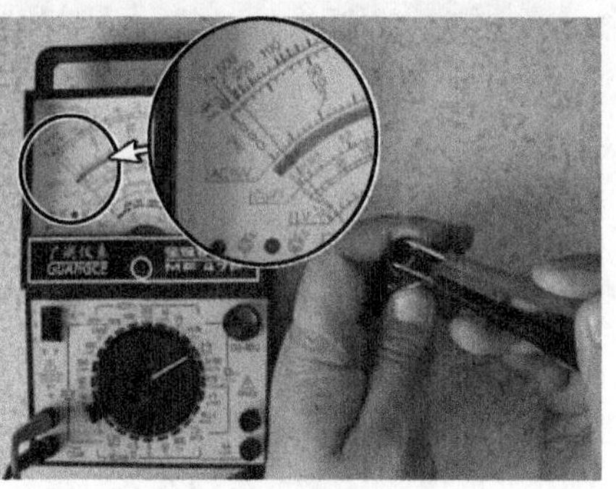

b）反向放电

图 2-51　电容的非在路测量

采用电阻挡检测电容时，应根据电容容量大小来选择万用表电阻挡的大小。首先，为存电的电容放电后，将红、黑表笔分别接在电容两个引脚上，通过指针的偏转角度来判断电容是否正常。若指针快速向右偏转，然后慢慢向左退回原位，一般来说电容是好的。如果指针摆起后不再回转，说明电容已击穿。如果指针右摆后逐渐停留在某一位置，则说明该电容已漏电；如果指针不能右摆，说明被测电容的容量较小或无容量。比如，测量 120μF 的电容时，首先选择 R×1k 挡，用两个表笔接电容的两个引脚时，指针因电容被充电迅速向右偏转，随后电容因放电而慢慢回到左侧接近“∞”的位置，说明该电容正常。否则，说明被测电容漏电。

方法与技巧

有些漏电的电容，用上述方法不易准确判断出好坏。当电容的耐压值大于万用表内电池电压值时，根据电解电容器正向充电时漏电电流小，反向充电时漏电电流大的特点，可采用 R×10k 挡，为电容反向充电，观察指针停留位置是否稳定，即反向漏电电流是否恒定，由此判断电容是否正常的准确性较高。比如，黑表笔接电容的负极，红表笔接电容的正极时，指针迅速向右偏转，然后逐渐退至某个位置（多为∞的位置）停留不动，则说明被测的电容正常；若指针停留在 50～200k 内的某一位置或停留后又逐渐慢慢向右移动，说明该电容已漏电。

电容的放电。若被测电容存储电压时，不仅容易损坏万用表、电容表等检测仪器，而且容易电击伤人，所以检测前应先将它存储的电压放掉。维修时，通常采用两种方法为电容放电：一种是用万用表的表笔或螺丝刀的金属部位短接电容的两个引脚，将存储的电压直接放掉，如图 2-52a 所示，这样放电虽然时间短，但在电容存储电压较高时会产生较强的放电火花，并且可能会导致大容量的高压电容损坏；另一种是用电烙铁或 100W 白炽灯（灯泡）的插头与电容的引脚相接，利用电烙铁或白炽灯的内阻将电压释放，如图 2-52b 所示，这样可减小放电电流，但在电容存储电压较高时放电时间较长。

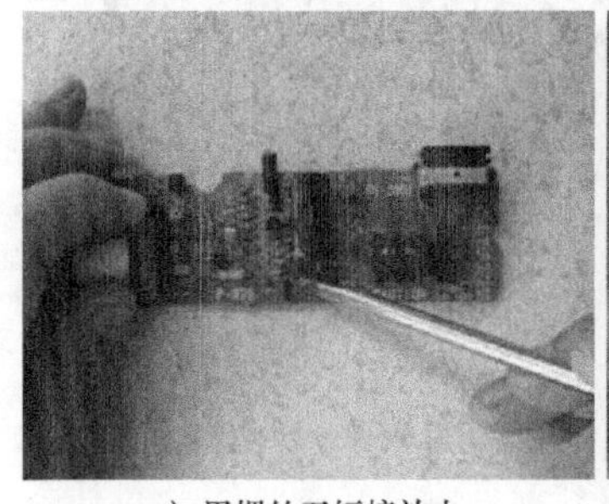
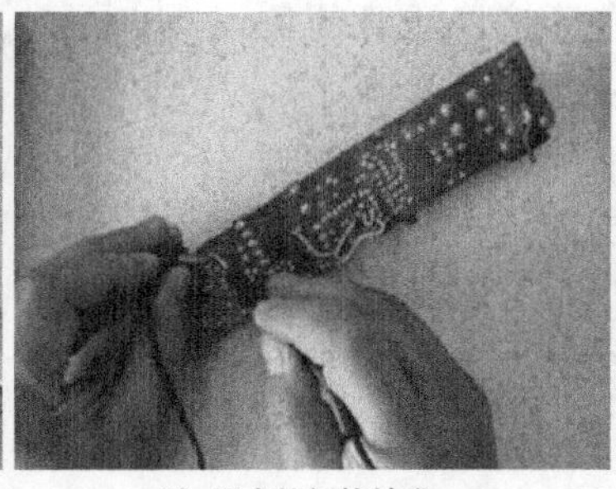
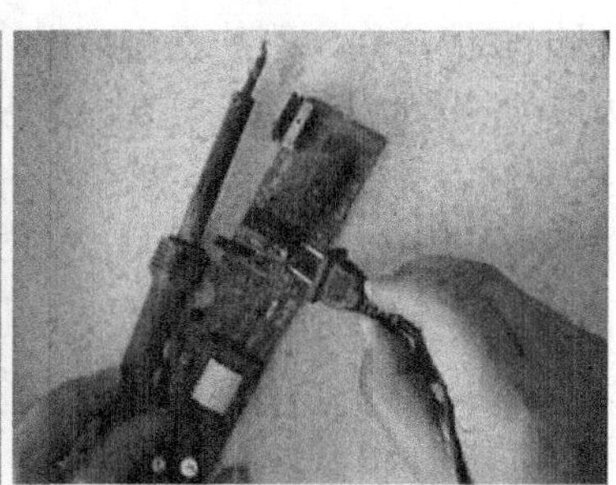

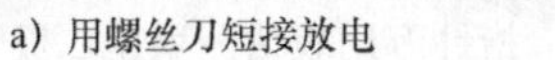
a）用螺丝刀短接放电　　b）用表笔短接放电　　c）用电烙铁内阻放电

图 2-52　电容的放电

三、二极管的非在路测量 ★

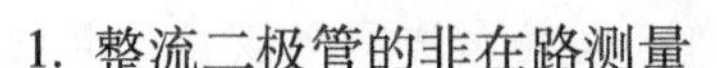

1. 整流二极管的非在路测量

若在路测量后怀疑被测的普通二极管损坏或新购买整流普通二极管时，则需要进行非在路测量，测量方法如图 2-53 所示。

首先，将万用表置于 R×1k 档，用黑表笔接二极管 1N4001 的正极、红表笔接它的负极，所测得正向电阻值为 6kΩ 左右，如图 2-53a 所示，说明被测的是普通整流管；用黑表笔接二极管 RU2 的正极、红表笔接它的负极，若正向电阻值为 4.8kΩ 左右，说明被测的是高频整流管，如图 2-53b 所示。随后，将万用表置于 R×10k 挡，调换表笔，测量它们的反向电阻值都应为无穷大，如图 2-53c 所示。若正向电阻值过大或为无穷大，说明该二极管导通电阻大或开路；若反向电阻值过小或为 0，说明该二极管漏电或击穿。

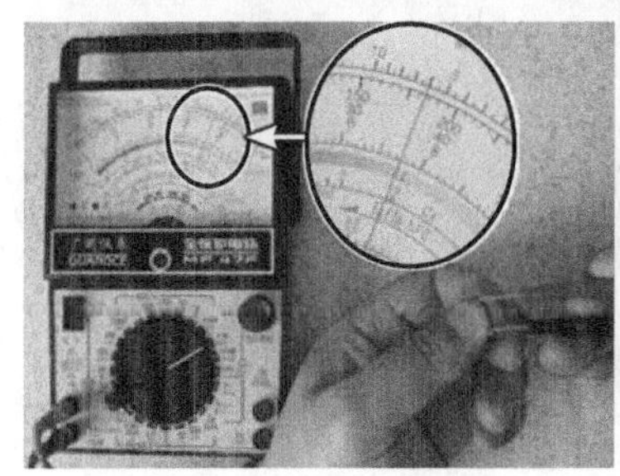

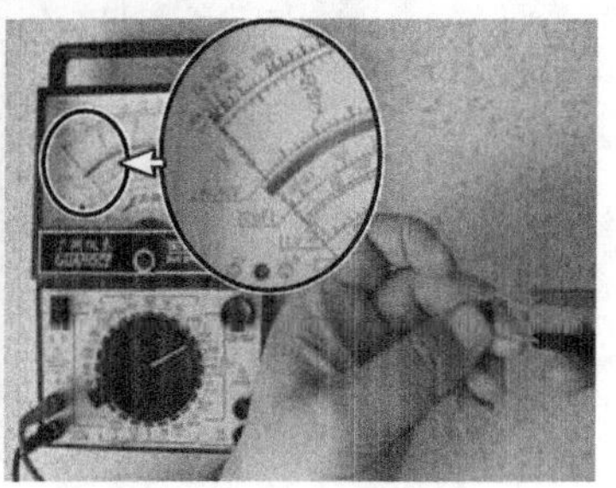

a）1N4001 的正向电阻　　b）RU2 的正向电阻　　c）反向电阻

图 2-53　整流二极管的非在路测量

提示

若二极管表面的负极标记不清晰时，也可以通过测量确认正、负极，先用红、黑色表笔任意测量二极管两个引脚间的阻值，出现阻值较小的一次时，说明黑表笔接的是正极。

另外，整流堆也是由 2 只或 4 只二极管构成的，所以只要通过检测每个二极管的正、反向电阻阻值就可以确认它是否正常。

2. 稳压二极管的非在路测量

将万用表置于 R×10k 挡，并将指针调零后，用红表笔接稳压管的正极，黑表笔接稳压管的负极，当指针摆到一定位置时，从万用表直流 10V 挡的刻度上读出其稳定数据。估测的数值为 10V 减去刻度上的数值，再乘以 1.5 即可。比如，测量 12.7V 稳压管时，指针停留在 1.5V 的位置，这样，(10－1.5)×1.5V＝12.75V，说明被测的稳压管的稳压值大约为 12.75V，如图 2-54 所示。

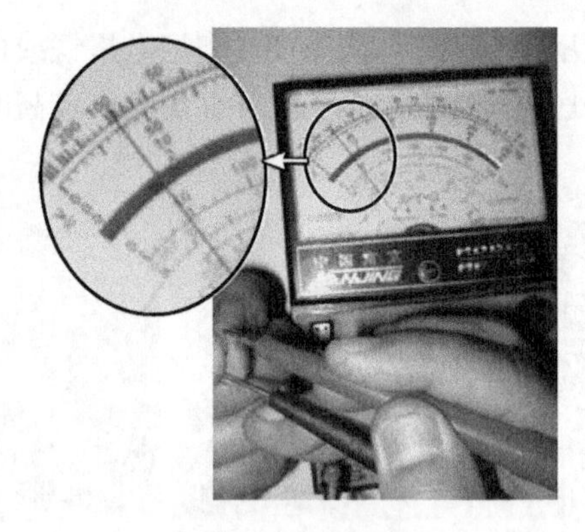

图 2-54　指针万用表估测稳压二极管的稳压值

提示　若被测的稳压管的稳压值高于万用表 R×10k 挡电池电压值（9V 或 15V），则被测的稳压管不能被反向击穿导通，也就无法测出该稳压管的反向电阻阻值。

3. 高压整流堆的非在路测量

高压整流堆由若干个整流管的管芯组成，所以测量时应该反向电阻阻值都应为无穷大，而正向阻值也多为无穷大，下面以微波炉使用的高压整流堆（高压整流二极管）为例介绍高压整流堆的检测方法。首先，将指针万用表置于 R×10k 挡，测量正向电阻时，有 150k 左右的阻值，而反向阻值为无穷大，如图 2-55 所示。

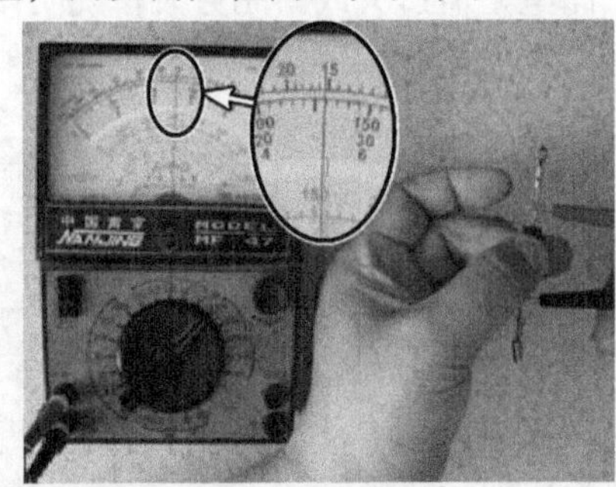

a）正向阻值

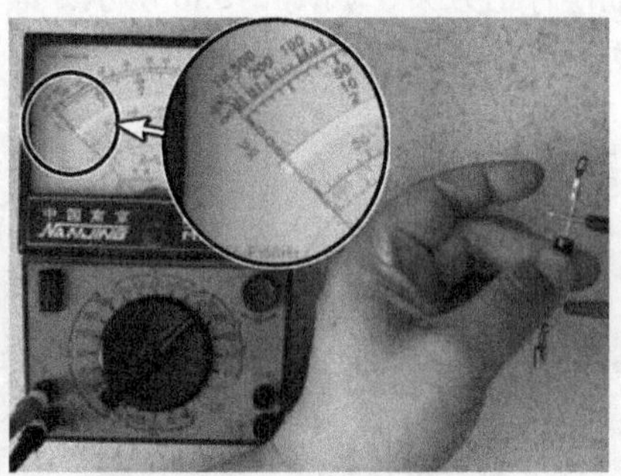

b）反向阻值

图 2-55　高压整流堆的非在路测量

4. 双基极二极管的非在路测量

（1）简介

双基极二极管也叫单结晶体管（UJT），它是一种只有一个 PN 结的三个电极半导体器件。由于双基极二极管具有负阻的电气性能，所以它和较少的元器件就可以构成的阶梯波发生器、自激多谐振荡器、定时器等脉冲电路。双基极二极管的构成与等效电路如图 2-56 所示，它的实物和电路符号如图 2-57 所示。

（2）测量

采用指针万用表测量双基极二极管时，应先将稳压器置于 R×1k 挡，测量方法如图 2-58 所示。

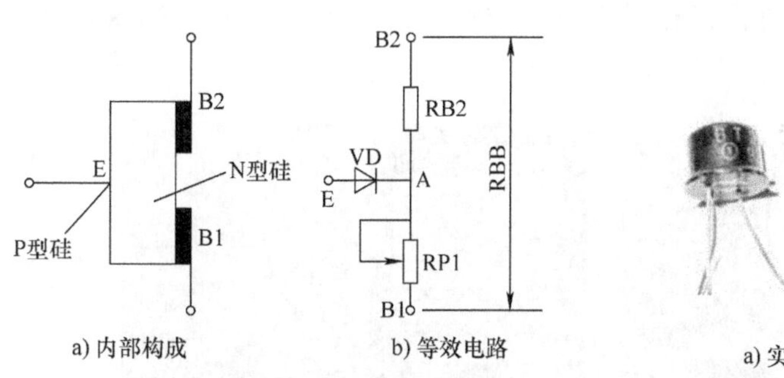

a) 内部构成　　b) 等效电路

图 2-56　双基极二极管内部构成与等效电路

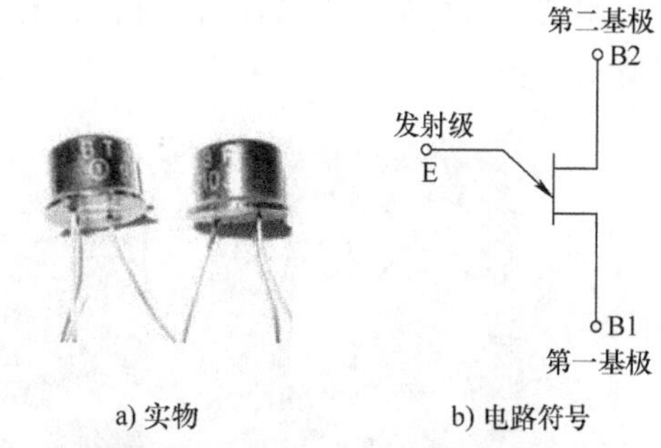

a) 实物　　b) 电路符号

图 2-57　双基极二极管的实物与电路符号

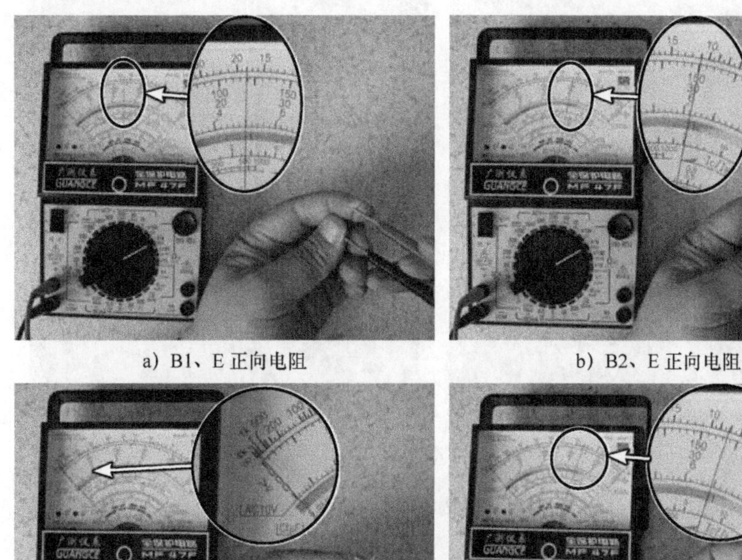
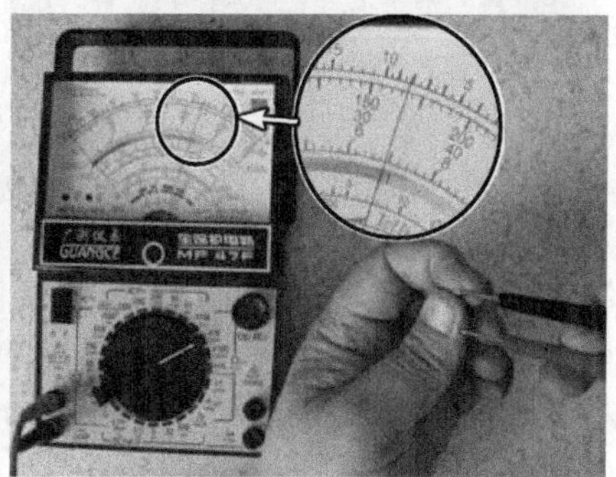
a) B1、E 正向电阻　　b) B2、E 正向电阻

c) 反向电阻的测量　　d) B1、B2 正向电阻

图 2-58　双基极二极管检测

首先，将黑表笔接双基极二极管 BT33F 的 E 极，红表笔接它的 B1 极，测得的正向电阻阻值为 18kΩ 左右；红表笔接它的 B2 极时，测得的正向电阻阻值为 11kΩ 左右；将红表笔接 E 极，黑表笔分别接两个基极，测它的反向电阻阻值都应为无穷大。而两个基极间的阻值 8kΩ。

四、晶体管的非在路测量 

1. 普通晶体管的非在路测量

(1) 管型和引脚（电极）的判别

 提示　日本产晶体管（如 2SA1015、2SC1815、2SD2553）的基极都在一侧，而国产晶体管（如 3DG12、3DD15、3DK4）的中间脚是基极。

采用指针万用表判别晶体管的管型和引脚时，应将它置于 R×1k 挡，测量步骤如图 2-59所示。

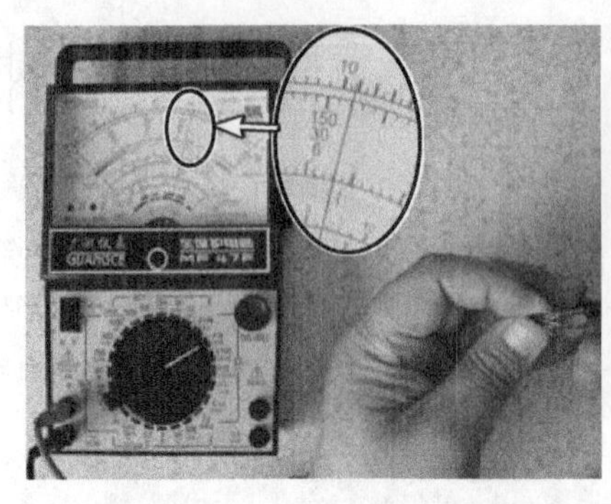

a）NPN 型晶体管

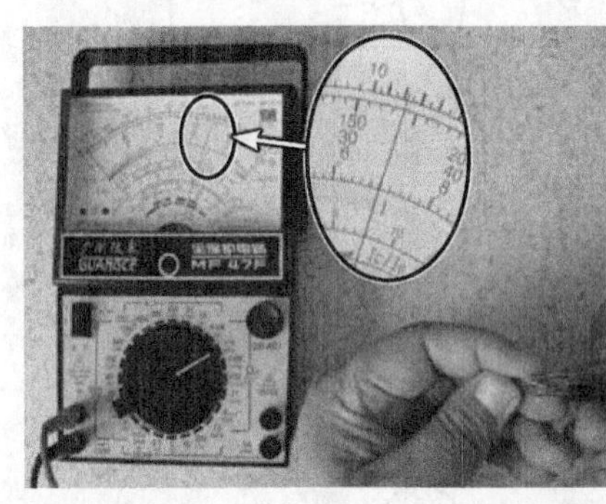
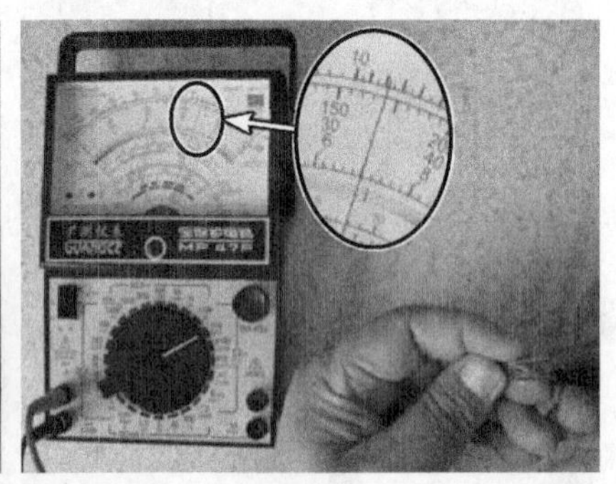

b）PNP 型晶体管

图 2-59 用指针万用表判别普通晶体管的管型与引脚

黑表笔接假设的基极，红表笔接另两个引脚，若测得的正向阻值为 9kΩ 左右，则说明假设的基极正确，并且被判别的晶体管是 NPN 型晶体管，如图 2-59a 所示。红表笔接基极、黑表笔接另两个引脚，测正向阻值为 4kΩ 左右，则说明红表笔接的引脚是基极，并且被检测的晶体管是 PNP 型晶体管，如图 2-59b 所示。

（2）晶体管好坏的判别

由于 NPN、PNP 型晶体管的测量方法相同，下面以检测 NPN 型晶体管为例进行介绍。

使用指针万用表非在路检测 NPN 型晶体管时，应先将它置于 R×1k 挡，黑表笔接晶体管的 b 极，红表笔分别接 c 极和 e 极，所测得 be、bc 结的正向电阻阻值都应为 9kΩ 左右，如图 2-60a、b 所示；用红表笔接 b 极，黑表笔接 c 极和 e 极，测 be、bc 结反向电阻阻值都应该是无穷大，如图 2-60c、d 所示；ce 结正向、反向电阻阻值都为无穷大，如图 2-60e、f 所示。

提示 若正向导通电阻大，说明被测晶体管导通性能差或开路；若反向导通电阻小，说明被测晶体管漏电或击穿。为了提高检测的准确性，测量 NPN 型晶体管的反向电阻时也可以采用 R×10k 挡。

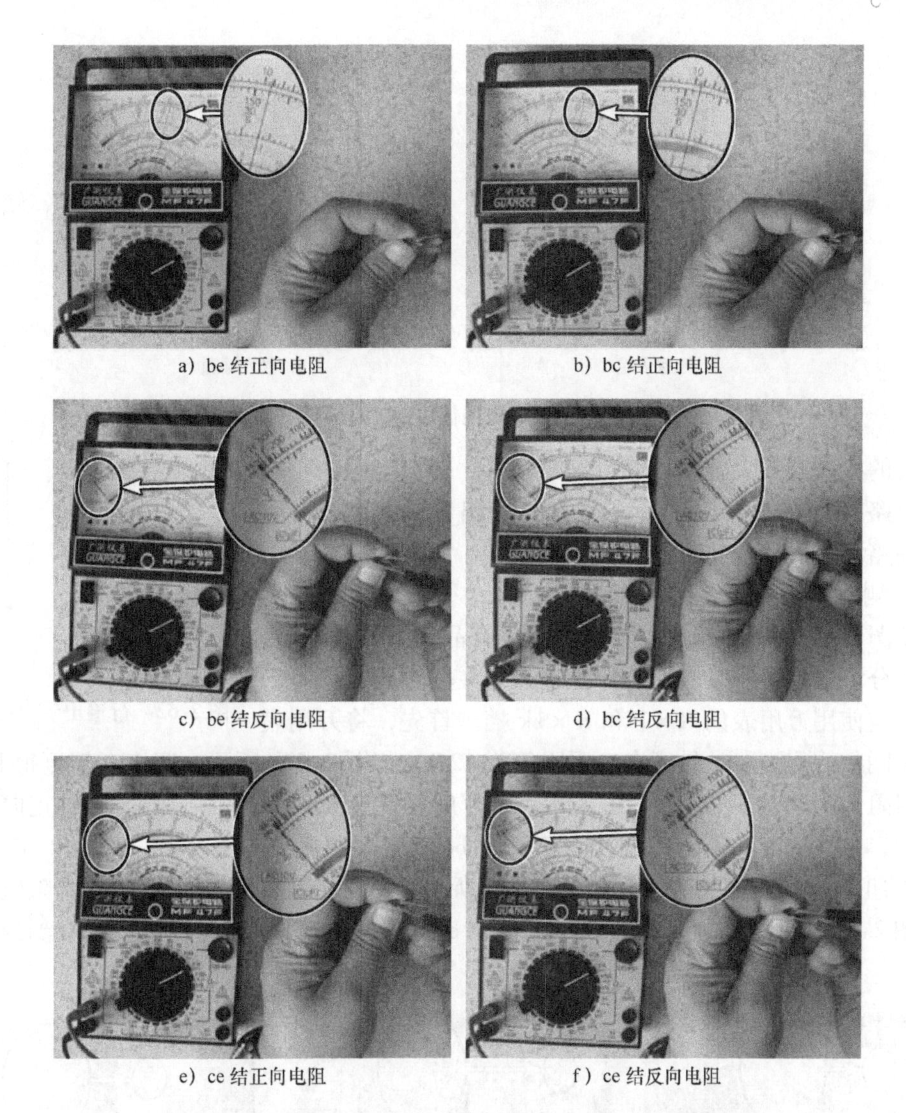

a）be 结正向电阻　　b）bc 结正向电阻

c）be 结反向电阻　　d）bc 结反向电阻

e）ce 结正向电阻　　f）ce 结反向电阻

图 2-60　用指针万用表非在路判断 NPN 型晶体管的好坏

（3）晶体管放大倍数的估测

MF500 等早期的指针万用表没有设置晶体管放大倍数测量功能，所以使用电阻挡进行估测。

使用电阻挡估测 NPN 型晶体管的放大倍数时，应先将它置于 R×10k 挡，黑表笔接晶体管的 c 极，红表笔 e 极，如图 2-61a 所示；将手的食指沾湿后，短接 c、e 极，指针会向右摆动，说明晶体管导通，如图 2-61b 所示。指针摆动幅度越大，说明放大倍数就越大。

2. 彩电、彩显行输出管的非在路测量

（1）识别

行输出管是彩色电视机、彩色显示器行输出电路采用的一种大功率晶体管，它的实物外形与普通大功率晶体管一样。行输出管从内部结构上分为两种：一种是不带阻尼二极管和分流电阻；另一种是带阻尼二极管和分流电阻的大功率晶体管。其中，不带阻尼二极管和分流电阻的行输出管和普通晶体管的检测是一样的，而带阻尼二极管和分流电阻的行输出管与普

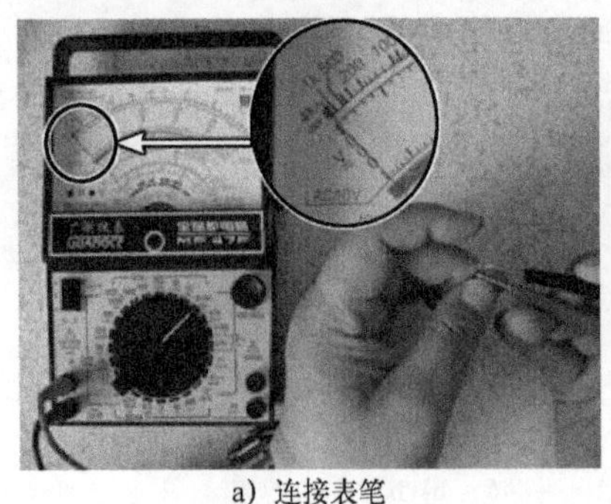

a）连接表笔

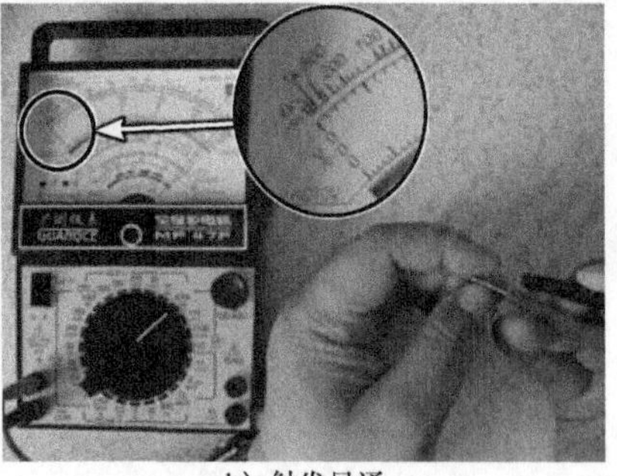

b）触发导通

图 2-61 用指针万用表电阻挡估测 NPN 型晶体管的放大倍数

通晶体管的检测有较大区别。带阻尼二极管、分流电阻的行输出管的电路符号如图 2-62 所示。怀疑行输出管异常时，可首先进行在路测量，初步判断它是否正常。

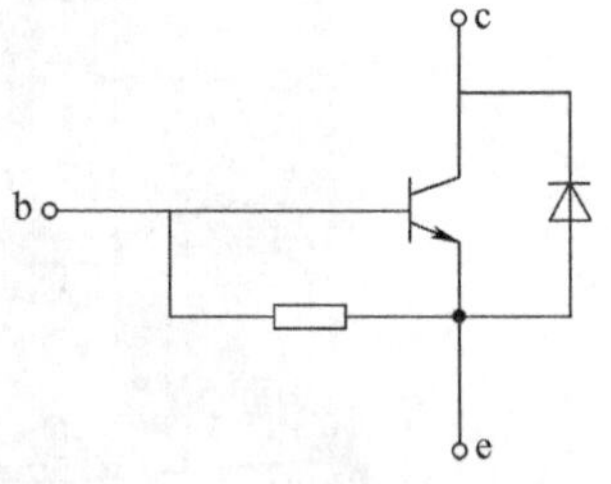

图 2-62 行输出管电路符号

（2）测量

由于图 2-62 所示的行输出管内部不仅有晶体管和二极管，而且还有分流电阻，所以使用指针万用表非在路判别行输出管好坏时，应使用万用表的 R×1 和 R×1k 挡。首先，将万用表置于 R×1 挡，所测得 be 结正向电阻阻值为 12Ω，如图 2-63a 所示；调换表笔测得 be 结的反向电阻阻值为 39Ω，如图 2-63b 所示。将万用表置于 R×1k 挡，所测的 bc 结正向电阻阻值为 4kΩ，如图 2-63c 所示；调换表笔测量 bc 反向电阻阻值为无穷大，如图 2-63d 所示。测 ce 结的正向电阻阻值为 4kΩ，如图 2-63e 所示；调换表笔测得 ce 结反向电阻阻值为无穷大，如图 2-63f 所示。若测量 b、c 极间和 c、e 极间的阻值不正常时，则说明被测的行输出管损坏。

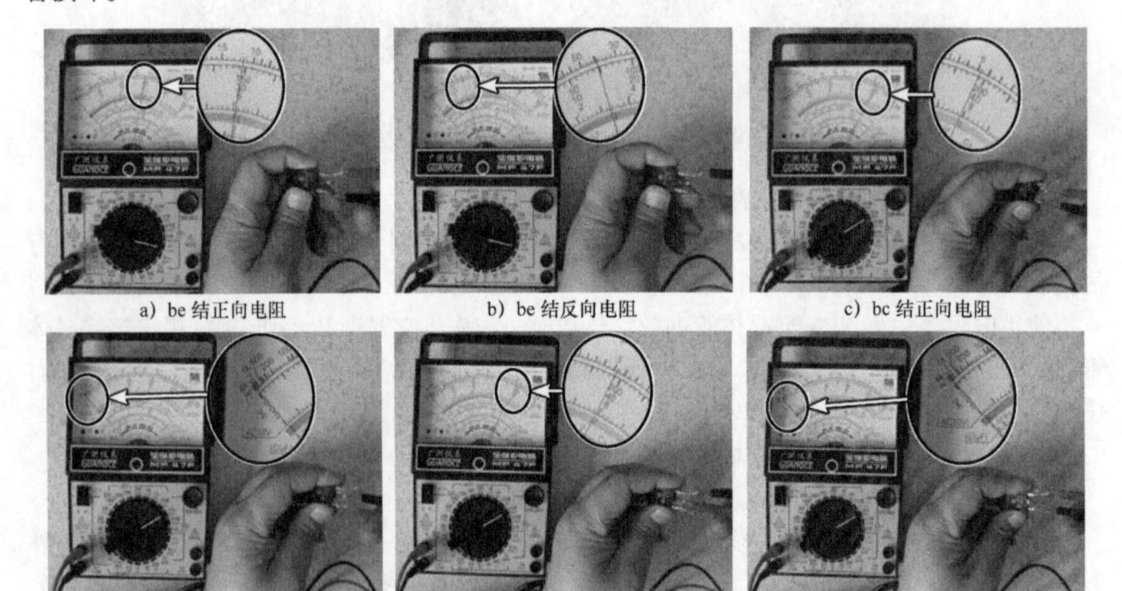

a）be 结正向电阻　b）be 结反向电阻　c）bc 结正向电阻

d）bc 结反向电阻　e）ce 结正向电阻　f）ce 结反向电阻

图 2-63 行输出管的非在路测量

> **提示** 被测的行输出管 D1557 不仅 be 结并联了泄放电阻，而且 ce 结并联了阻尼二极管，所以图 2-63b 所测的数值是泄放电阻的阻值，ce 结的正向电阻就是阻尼二极管的导通电阻。

3. 达林顿管的非在路测量

达林顿管是一种复合晶体管，多由两只晶体管构成。其中，第一只晶体管的发射极直接接在第二只晶体管的基极，引出 b、c、e 三个管脚。由于达林顿管的放大倍数是级联晶体管放大倍数的乘积，所以可达到几百、几千，甚至更高。

(1) 特点与构成

达林顿管按功率可分为小功率达林顿管和大功率达林顿管两种；按封装结构可分为塑料封装和金属封装两种；按结构可分为 NPN 型和 PNP 型两种。

小功率达林顿管内部仅由两只晶体管构成，并且无电阻、二极管构成的保护电路。常见的小功率达林顿管实物外形和电路符号如图 2-64 所示。

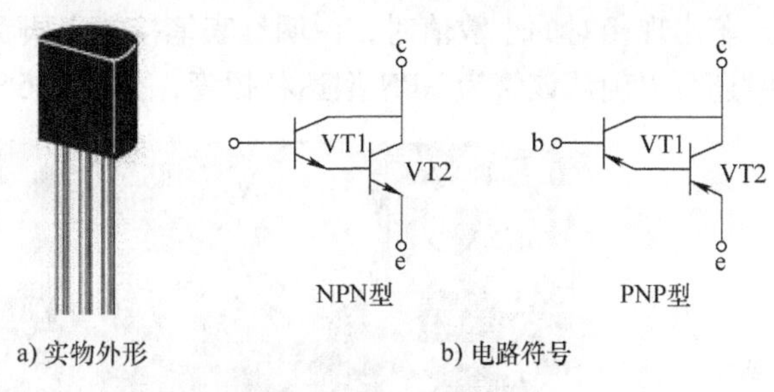

图 2-64　小功率达林顿管

由于大功率达林顿管内大功率晶体管的温度较高，容易引起达林顿管的热稳定性能下降，这不仅容易导致大功率达林顿管误导通，而且容易导致它损坏。因此，大功率达林顿管在内部设置了过电流保护电路。常见的大功率达林顿管的实物和内部结构如图2-65所示。

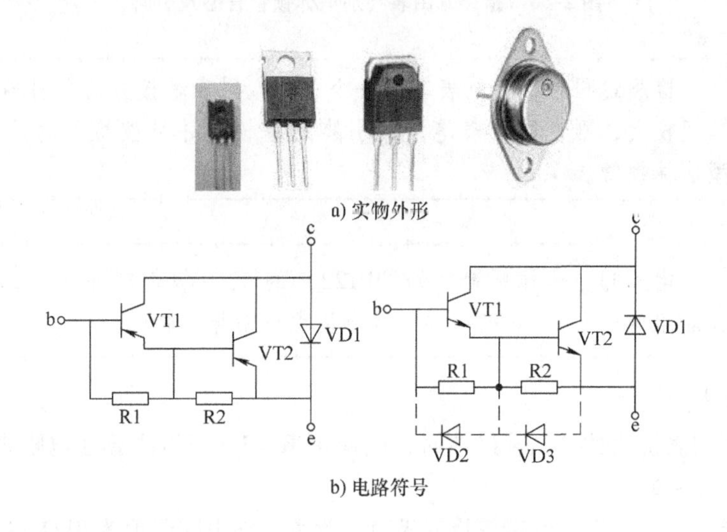

图 2-65　大功率达林顿管

参见图 2-65b，晶体管 VT1 和 VT2 的发射结上还并联了泄放电阻 R1、R2。R1 和 R2 的作用是为漏电流提供泄放回路。因 VT1 的基极漏电流较小，所以 R1 可以选择阻值为几千欧姆的电阻，VT2 的漏电流较小，所以 R2 选择几十欧姆的电阻。另外，VT2 的 ce 结上并联了一只钳位二极管 VD1。当线圈等感性负载停止工作后，会在 VT2 的 c 极上产生峰值很高的反向电动势。该电动势通过 VD1 泄放到电源，从而避免了 VT2 被过高的反向电压击穿，实现了过电压保护。

（2）万用表判别达林顿管的管型、引脚

> **提示** 由于达林顿管的 b、c 极间仅有一个 PN 结，所以 b、c 极间应为单向导电特性，而 be 结上有两个 PN 结，所以正向导通电阻大。通过该特点就可以很快确认引脚功能。

采用指针万用表判别管型和基极时，首先将万用表置于 R×1k 挡，黑表笔接假设的基极，红表笔接另两个引脚时阻值为 8kΩ 左右，则说明黑表笔接的是基极，接着测另两个引脚，若出现相对的小数值时，说明红表笔接的引脚为集电极，黑表笔所接的引脚为发射极，同时还可以确认该管为 NPN 型达林顿管，如图 2-66 所示。

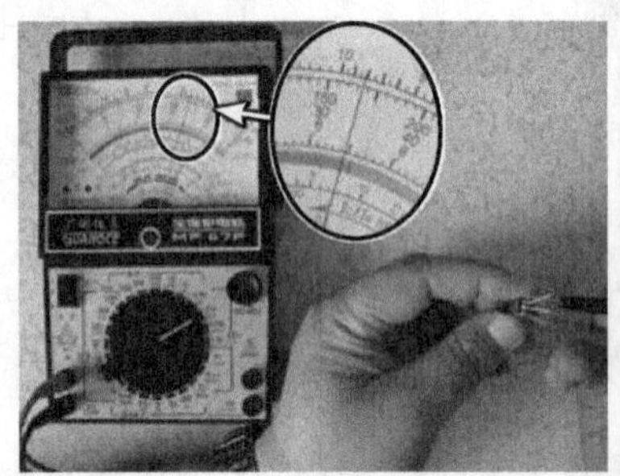
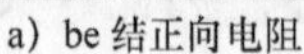
a）be 结正向电阻

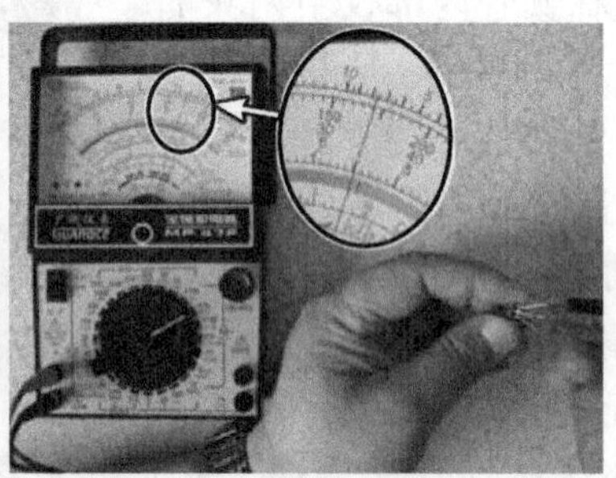
b）bc 结正向电阻

图 2-66　指针万用表判别达林顿管管型及引脚

> **提示** 检测过程中，若红表笔接一个引脚，黑表笔接另两个引脚时指针摆动幅度较大，则说明红表笔接的引脚是基极，并且被检测的晶体管是 PNP 型达林顿管。

> **提示** 由于部分达林顿管（如 TIP122）的 c、e 极内部并联了二极管，所以检测阻值时与 c、e 极一样，也会呈现单向导电特性。

（3）好坏的检测

采用指针万用表检测达林顿管好坏时，应使用 R×1k 挡检测导通电阻来完成，下面以 2SD1640 为例进行介绍。

首先，用黑表笔接 b 极，红表笔接 e 极时，测得正向电阻阻值为 8kΩ 左右，如图 2-67a 所示；黑表笔接 b 极、红表笔接 c 极时，测得正向电阻阻值为 7kΩ，如图 2-67b 所示。调换表笔后，测得 be、bc 结反向电阻阻值为无穷大，如图 2-67c、d 所示。黑表笔接 e 极、红表笔接 c 极时，测得正向电阻阻值为 7kΩ 左右，如图 2-67e 所示；调换表笔后，测得 ce 结的反向电阻阻值为无穷大，如图 2-67f 所示。

> **提示** 由于TIP122是大功率达林顿管，它的be结内并联了泄放电阻，所以使用指针万用表检测它的be结反向电阻时有6.2kΩ左右的阻值，使用数字万用表的二极管挡并不能测出该电阻的阻值，显示屏显示的数值是无穷大，而换用20kΩ电阻挡检测就可以测出该泄放电阻的阻值。

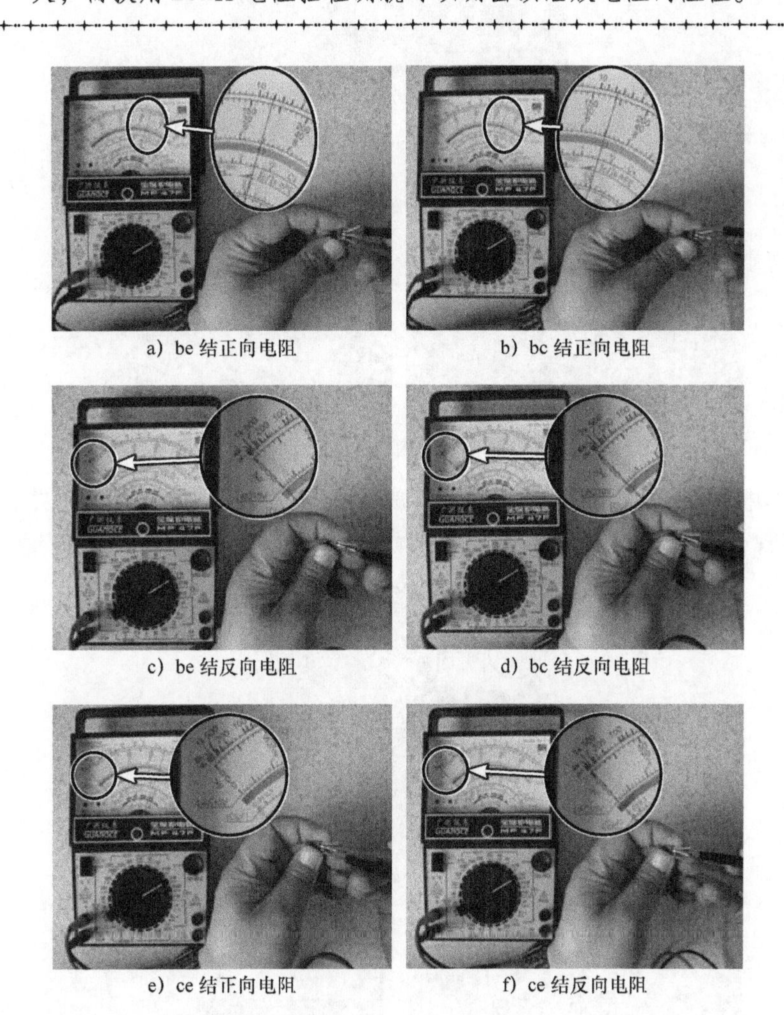

a) be结正向电阻　b) bc结正向电阻

c) be结反向电阻　d) bc结反向电阻

e) ce结正向电阻　f) ce结反向电阻

图2-67 指针万用表判别达林顿管的好坏

五、大功率场效应晶体管非在路测量 ★

1. 引脚的判别

使用指针万用表触发大功率场效应晶体管的方法和步骤如图2-68所示。

首先，将指针万用表置于R×10k挡，黑表笔接D极，红表笔接S极，阻值应大于500kΩ，如图2-68a所示；此时，红表笔仍接S极，用手指点G极或用黑表笔将D、G极短接后，D、S极间的阻值应迅速变小，如图2-68b所示；手指离开后，D、S极间的阻值仍保持较小，说明该管被触发导通，并且该管为N沟道场效应晶体管，如图2-68c所示。经前面操作后，D、S极间阻值仍为无穷大，说明该管没有被触发导通，此时用黑表笔接S极，红

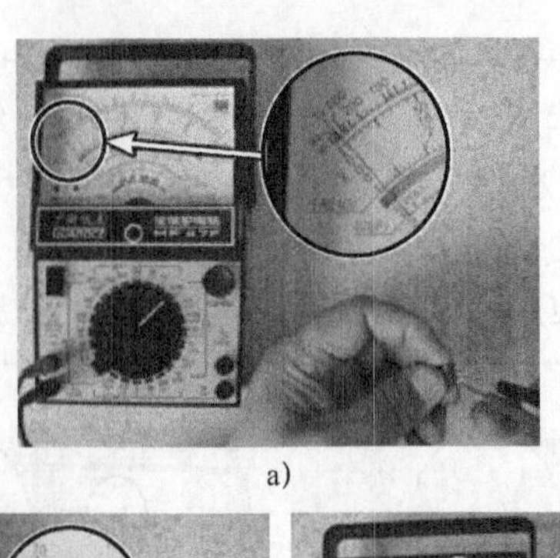

a)

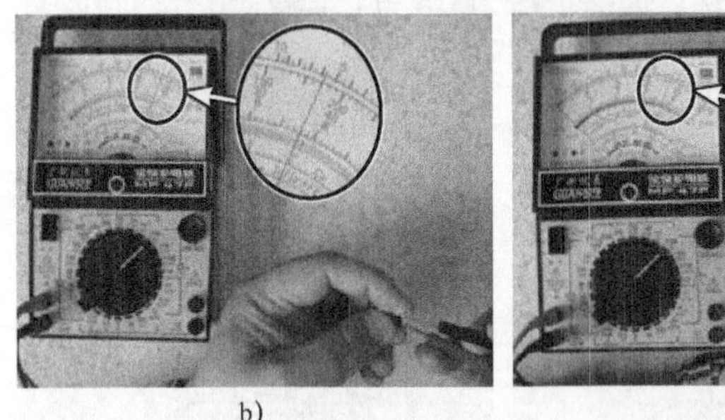

b) c)

图 2-68 用指针万用表触发 N 沟道场效应晶体管

表笔短接 D、G 极后，再测 D、S 极阻值迅速减小，说明该管被触发导通，并且该管为 P 沟道场效应晶体管，如图 2-69 所示。

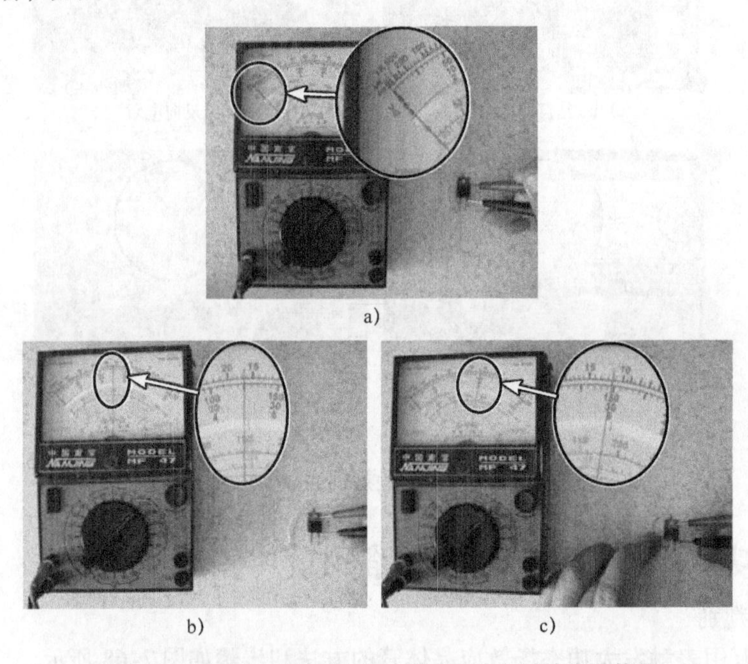

a)

b) c)

图 2-69 用指针万用表触发 P 沟道大功率场效应晶体管

提示 部分场效应晶体管在测量 G、S 极间阻值时就会触发其导通。用表笔同时短接场效应晶体管的 3 个引脚后，就可以使其恢复截止（见图 2-70）。

2. 测量

对于内置二极管的场效应晶体管，在正常时，除了漏极与源极的正向电阻阻值较小外，其余各引脚之间（G 与 D、G 与 S）的正、反向电阻阻值均应为无穷大。若测得某两极之间的阻值接近 0Ω，则说明该管已击穿损坏。确认被测管子的阻值正常后，再按图 2-68 和图 2-69 所示的方法对其进行触发，若能够触发导通，说明管子正常，否则说明它已损坏或性能下降。

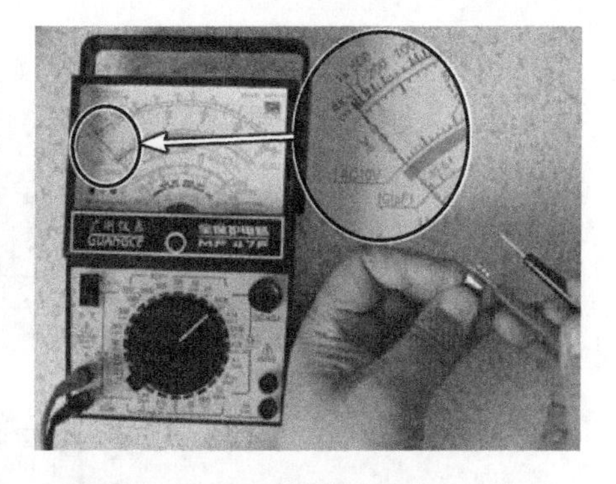

图 2-70　触发后场效应晶体管的截止

 **提示**　对于没有内置二极管的场效应晶体管，三个极间的正、反向电阻阻值都应为无穷大。

六、晶闸管的非在路测量 

1. 单向晶闸管的非在路测量

（1）引脚（电极）、好坏的判别

由于单向晶闸管的 G 极与 K 极之间仅有一个 PN 结，所以这两个引脚间具有单向导通特性，而其他引脚间的阻值应为无穷大。判别时，先将指针万用表置于 R×1k 挡，任意测单向晶闸管两个引脚的阻值，测试时指针指示的数值为 10kΩ 左右时，说明黑表笔接的引脚为 G 极，红表笔接的是 K 极，剩下的引脚为 A 极，如图 2-71 所示。

若极间阻值过小或 G、K 极间不能呈现单向导通特性，则说明被测的单向晶闸管损坏。

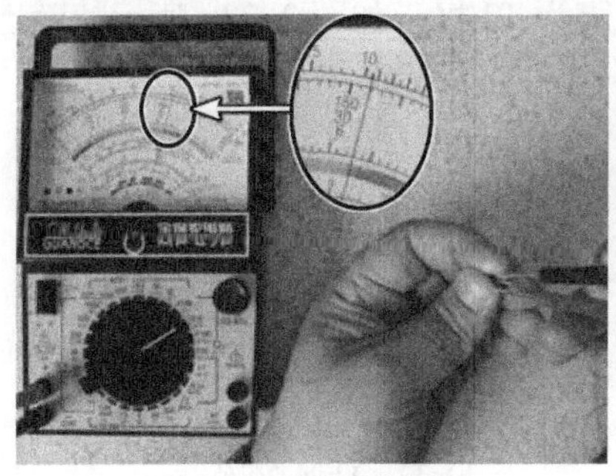

a）G、K 极间正向电阻

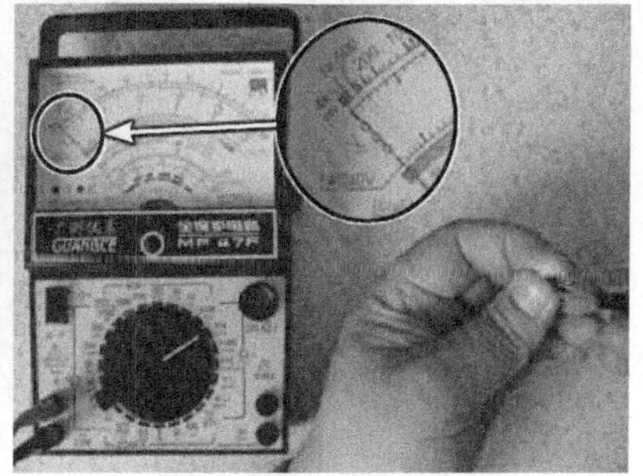

b）其他极间正、反向电阻

图 2-71　单向晶闸管的引脚判别

（2）单向晶闸管触发能力的判别

平时情况下，多使用指针万用表检测单向晶闸管的触发能力。使用指针万用表检测单向晶闸管的触发能力时，应将指针万用表置于 R×1 挡，检测方法如图 2-72 所示。

将红表笔接 K 极，黑表笔接 A 极，阻值为无穷大，说明晶闸管截止，如图 2-72a 所示；此时用黑表笔瞬间短接 A、G 极，为 G 极提供触发电压，如图 2-72b 所示；随后测 A、K 极之间的阻值为 20Ω 左右，说明晶闸管被触发导通并能够维持导通状态。否则，说明该晶闸管损坏。

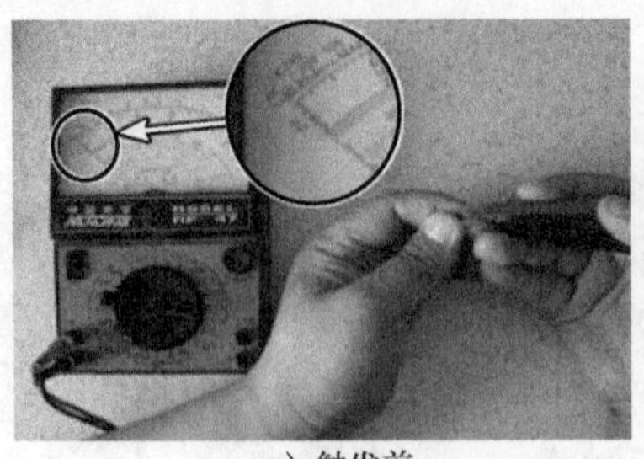
a）触发前

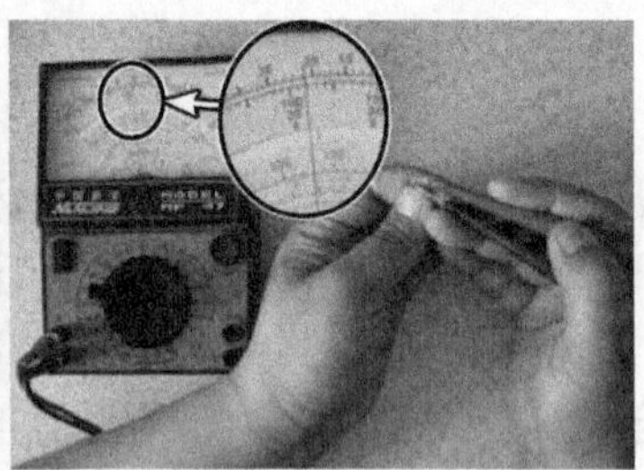
b）触发

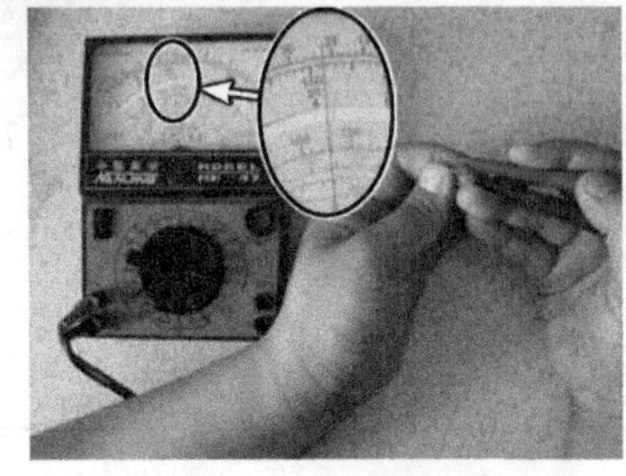
c）触发后

图 2-72　单向晶闸管的触发能力的测量

> **提示**　若触发大功率单向晶闸管时，不仅需要将万用表置于 R×1 挡，而且需要在一个表笔上串接1 节或2 节1.5V 电池，通过加大触发电流来提高触发能力。

2. 双向晶闸管的非在路测量

采用指针万用表对双向晶闸管的引脚进行识别或对其好坏进行检测时，先将指针型万用表置于 R×1Ω 挡，任意测双向晶闸管两个引脚的阻值，当一组的阻值为 30Ω 左右时，说明这两个引脚的特性为 G 极和 T1 极，剩下的引脚为 T2 极，如图 2-73a 所示；随后，假设 T1

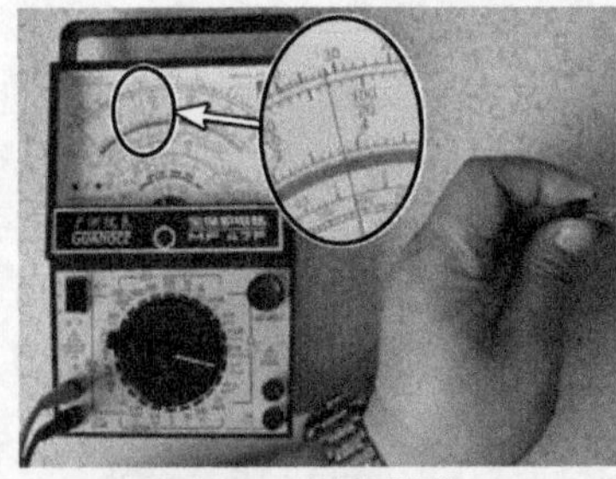
a）T1、G 极间阻值

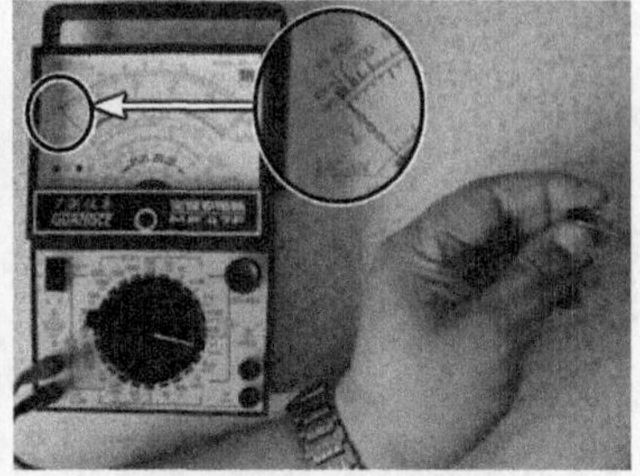
b）T2、T1 间的阻值

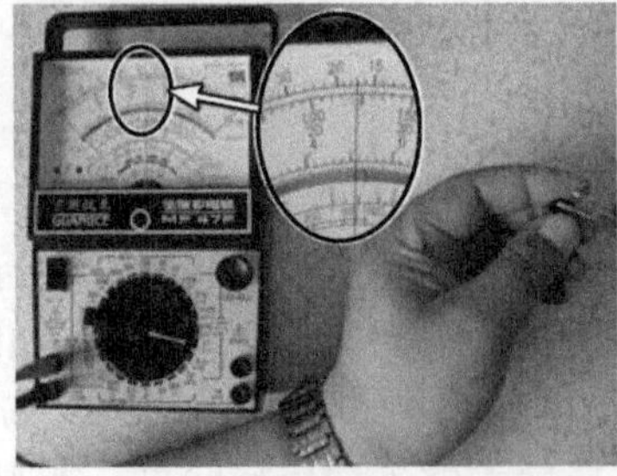
c）触发

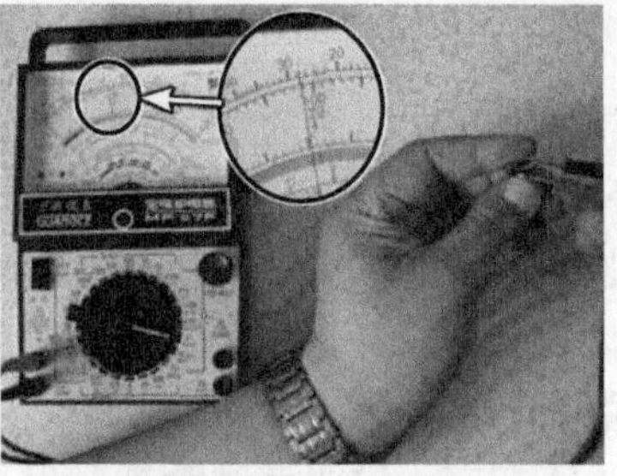
d）导通后的 T1、T2 间的阻值

图 2-73　双向晶闸管好坏及触发能力的测量

和G极中的任意一脚为T1，将黑表笔接T1，红表笔接T2极，此时的阻值为无穷大，说明晶闸管截止，如图2-73b所示；用表笔瞬间短接T2、G极，为G极提供触发电压，如果阻值由无穷大变为28Ω左右，说明晶闸管被触发导通并维持导通，如图2-73c、d所示。调换表笔重复上述操作，结果相同时，说明假定正确。若调换表笔操作时，阻值仅能在短时间内为几十欧姆，随后增大，则说明晶闸管不能维持导通，假定的G极实际为T1极，而假定的T1极为G极；若被测管不能触发导通，说明触发电流小或被测管异常。

七、IGBT的非在路测量

1. 简介

IGBT由场效应晶体管和大功率双极型晶体管构成，IGBT将场效应晶体管的开关速度快、高频特性好、热稳定性好、功率增益大及噪声小等优点与双极型大功率三极管的大电流低导通电阻特性集于一体，是性能较高的高速、高压半导体功率器件。它具有的特点：一是电流密度大，是场效应晶体管的数十倍；二是输入阻抗高，栅极驱动功率极小，驱动电路简单；三是低导通电阻，在给定芯片尺寸和BV_{ceo}的情况下，其导通电阻R_{ce}低于场效应晶体管的R_{ds}的10%；四是击穿电压高，安全工作区大，在瞬态功率较大时不容易损坏；五是开关速度快，关断时间短，耐压为1～1.8kV的IGBT的关断时间约为1.2μs，而耐压为600V的IGBT的关断时间约为0.2μs，仅为双极型三极管的10%左右，接近功率型场效应晶体管，并且开关频率达到100kHz，开关损耗仅为双极型晶体管的30%。因此，IGBT克服了功率型场效应晶体管在高压大电流下出现导通电阻大、输出功率下降、发热严重的缺陷。因此，IGBT广泛应用在电磁炉、变频器等电子产品中。它的实物外形和电路符号如图2-74所示。

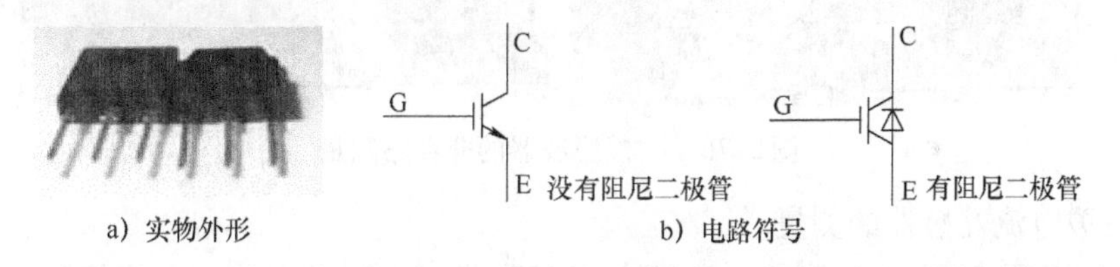

a）实物外形　　b）电路符号

图2-74　IGBT管

参见图2-74b，IGBT的G极和场效应晶体管一样，是栅极或门极，C、E极和普通三极管一样，C极是集电极，E极是发射极。

2. 测量

在路检测后怀疑IGBT异常或购买IGBT时需要采用指针万用表对IGBT采用非在路检测时，将万用表置于R×1k挡。由于IGBT有带阻尼二极管和不带阻尼二极管两种，不带阻尼二极管的IGBT三个极间的阻值都是无穷大，而带阻尼二极管的IGBT测量时，可以测出阻尼二极管的单向导通特性。下面以检测带阻尼二极管的FGA25N120为例介绍IGBT的检测方法。

检测时，先将指针万用表置于R×1k挡，任意测IGBT两个引脚的阻值，测试时指针指示的数值为4kΩ左右时，说明黑表笔接的引脚为E极，红表笔接的是C极，剩下的引脚为G极，如图2-75所示。

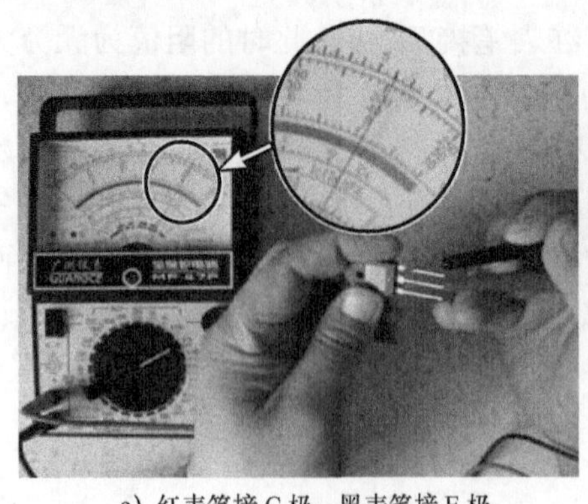

a）红表笔接 C 极、黑表笔接 E 极　　b）其他极间阻值

图 2-75　IGBT 的非在路测量

八、互感器的非在路测量 

1. 共模滤波器的非在路测量

确认共模滤波器的外观正常后，可采用万用表测量线圈是否正常，将万用表置于 R×1 挡，测两个线圈的阻值应相同，如图 2-76 所示。若阻值过大，说明电感开路。

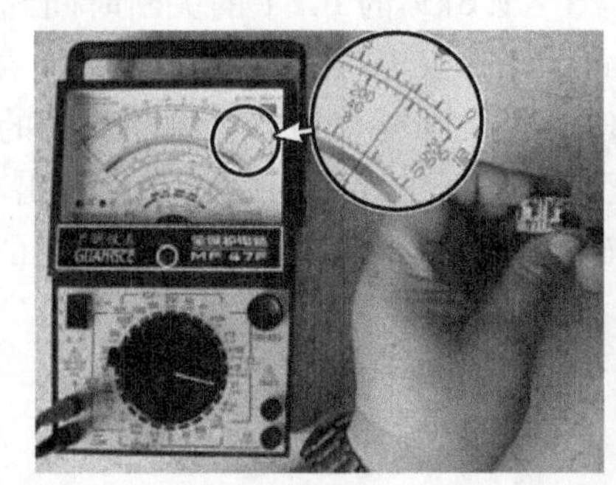

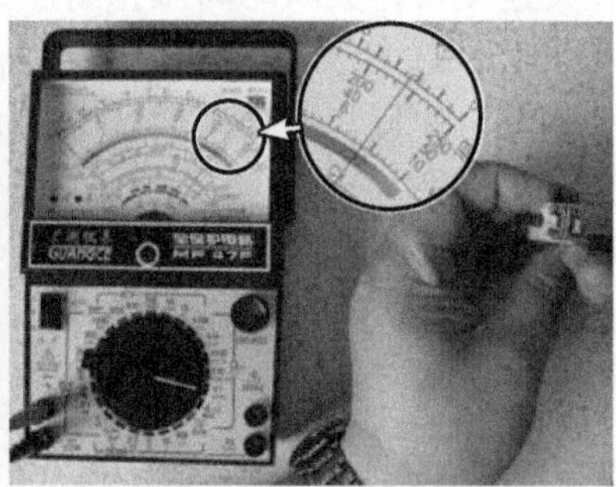

图 2-76　共模滤波器的非在路测量

2. 电磁炉电流互感器的测量

采用指针万用表 R×1 挡测量电磁炉电流互感器时，测量它的一次绕组阻值近于 0，如图 2-77a 所示，二次绕组阻值为 60Ω 左右，如图 2-77b 所示。若阻值差异过大，则说明过电流互感器异常。

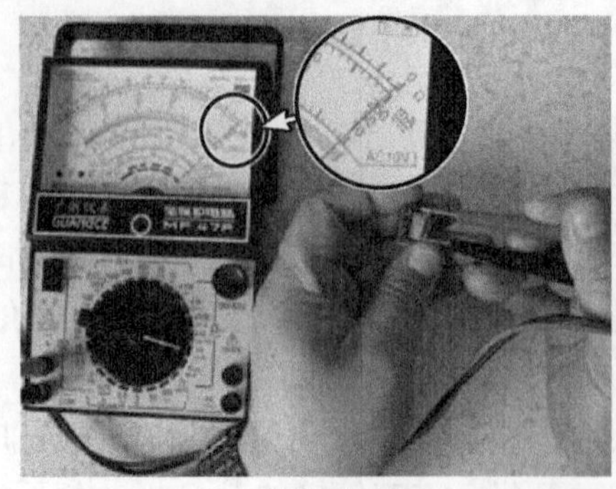

a）一次绕组的阻值　　b）二次绕组的阻值

图 2-77　电磁炉电流互感器的非在路测量

九、变压器的非在路测量 ★

1. 电源变压器的非在路测量

下面以空调器通用板的电源变压器为例介绍普通电源变压器的测量。因一次绕组电流小，漆包线的匝数多且线径细，使得它的直流电阻较大，所以采用 R×100 挡测量，阻值为 1.4kΩ，如图 2-78a 所示。而二次绕组虽然输出电压低，但电流大，所以二次绕组的漆包线的线径较粗且匝数少，阻值较小，所以采用 R×1 挡测量，阻值为 5Ω，如图 2-78b 所示。若一次绕组的阻值为无穷大，则说明一次绕组开路。

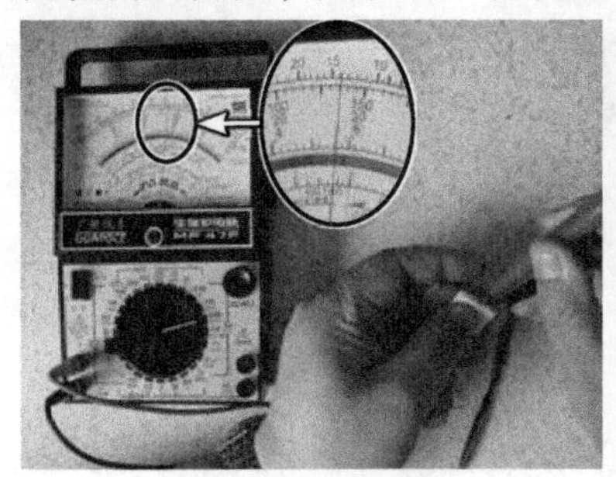

a）一次绕组的阻值

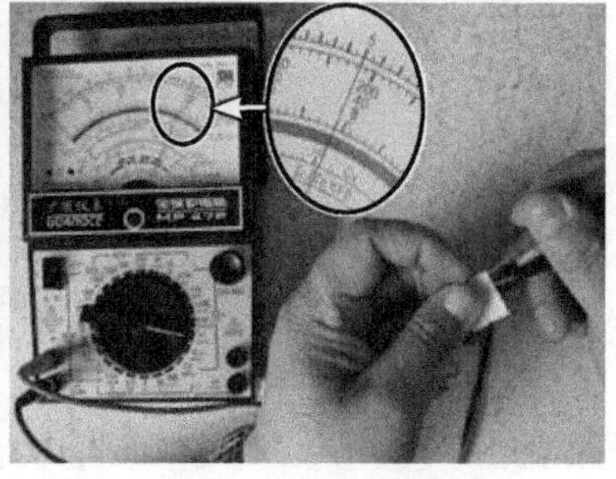

b）二次绕组的阻值

图 2-78　电源变压器的测量

2. 开关变压器的非在路测量

用万用表的 R×1 挡测量开关变压器每个绕组的阻值，正常时阻值较小，如图 2-79 所示。若阻值过大或为无穷大，说明绕组开路；若阻值时大时小，说明绕组接触不良。

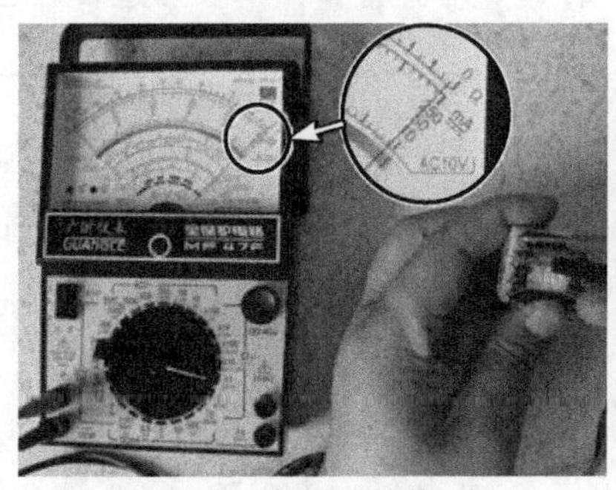

a）一次绕组的阻值

b）二次绕组的阻值

图 2-79　开关变压器的非在路测量

提示　开关变压器的故障率较低，但有时也会出现绕组匝间短路或绕组引脚根部漆包线开路的现象。

方法与技巧　由于用万用表很难确认绕组匝间短路，所以最好采用同型号的高频变压器代换检查；引脚根部的铜线开路时，多会导致开关电源没有一种电压输出，这种情况可直接更换或拆开变压器后接好开路的部位。

十、扬声器的非在路测量 

1. 简介

扬声器俗称喇叭，是一种十分常用的电声换能器件。是音响、电视机、收音机、放音机、复读机等电子产品中的主要器件。在电路中常用字母 B 或 BL 表示，常见的扬声器实物与电路符号如图 2-80 所示。

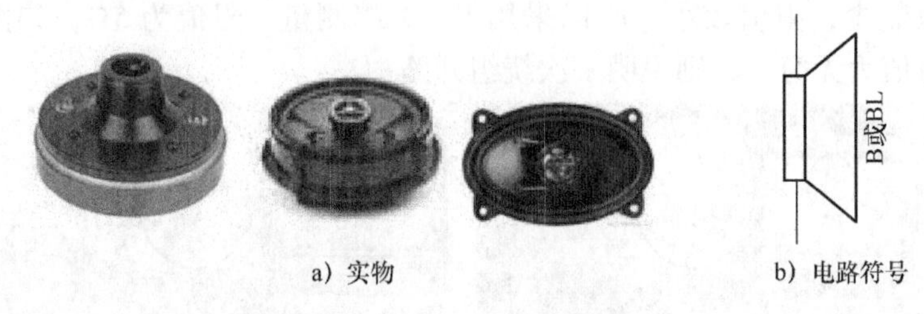

a）实物　　b）电路符号

图 2-80　扬声器的电路符号

2. 测量

将指针万用表置于 R ×1 挡，用红表笔接音圈（线圈）的一个接线端子上，用黑表笔点击另一个接线端子，若扬声器能够发出“咔咔”的声音，并且指针摆动，说明扬声器正常，如图 2-81 所示。否则，说明扬声器的音圈或引线开路。

> **提示**　由于指针万用表 R ×1 挡的电流较大，所以用它测量扬声器音圈的阻值时扬声器能发出“咔咔”声。这样，使扬声器的检测变得更直观准确。

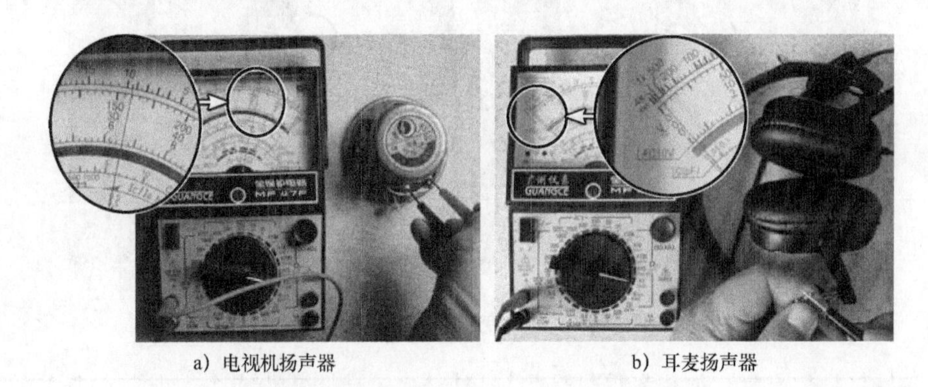

a）电视机扬声器　　b）耳麦扬声器

图 2-81　指针万用表非在路测量扬声器

十一、电加热器的非在路测量 

1. 电饭锅加热器的测量

（1）电饭锅加热器通断的测量

采用指针万用表测量电饭锅电加热器（发热盘）时，将万用表置于 R ×1 挡，两个表笔接在接线柱上，就可以测出加热器的阻值为 60Ω 左右，如图 2-82a 所示。若阻值为无穷大，则说明它已开路。

（2）电饭锅加热器绝缘性能的测量

测量加热器的绝缘性能时，将指针万用表置于 R×10k 挡，一个表笔接电加热器的引出脚，另一个表笔接在电加热器的外壳上，正常时阻值应为无穷大，如图 2-82b 所示。否则说明它已漏电。

a）通断测量

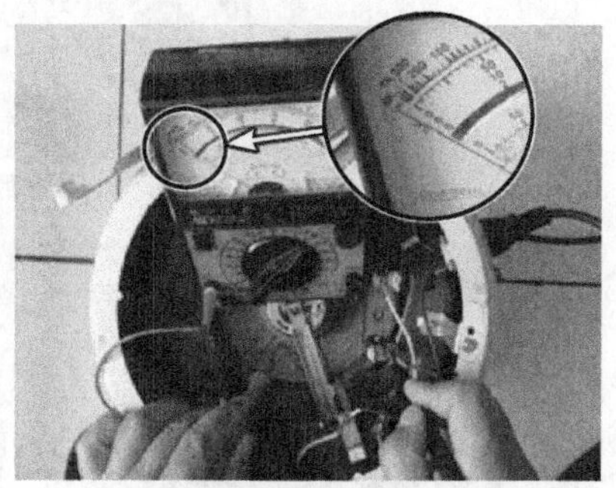

b）绝缘性能的检测

图 2-82　电饭锅电加热器的测量

2. 加热环的测量

确认加热环的外观和接线端子正常后，将万用表置于 R×1 挡，两个表笔接在接线端子上，测得的阻值为 36Ω，说明它正常，如图 2-83 所示。若阻值为无穷大，则说明它已开路。

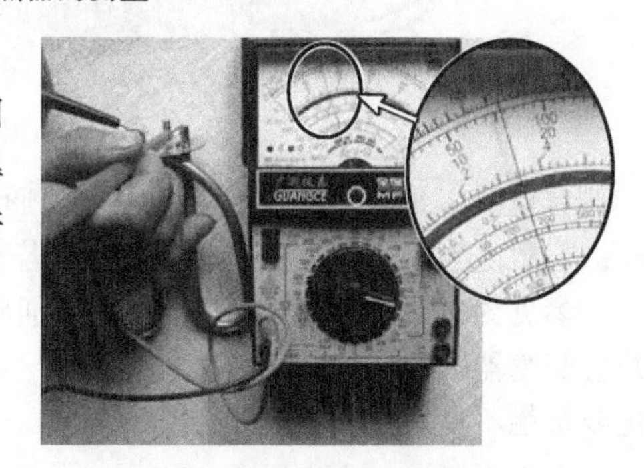

图 2-83　电加热器导通电阻的检测

提示　测量它的绝缘电阻时，先将万用表置于 R×10k 挡，也是一个表笔接线端子，另一个表笔接加热器的外壳，阻值应为无穷大，若有阻值，则说明它已漏电。

十二、电磁继电器的非在路测量 

下面以 ZD－3FF 型 12V 直流电磁继电器为例介绍继电器的检测方法，如图 2-84 所示。

1. 未加电测量

将指针万用表置于 R×10 挡，将两表笔分别接到继电器线圈的两引脚，测量线圈的阻值为 390Ω，若阻值与标称值基本相同，表明线圈良好，如图 2-84a 所示；若阻值为∞，说明线圈开路；若阻值小，则说明线圈短路。但是，通过万用表测量线圈的阻值很难判断线圈是否匝间短路。

提示　继电器的型号不一样，其线圈电阻的阻值也不一样，通过测量线圈的直流电阻，只能初步判断继电器是否正常。

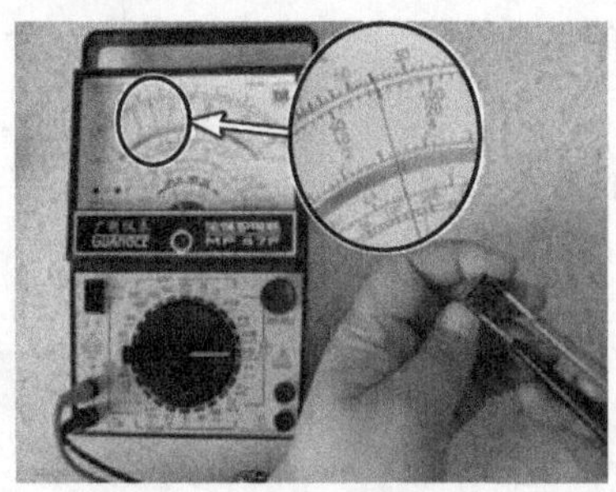

a）线圈的测量

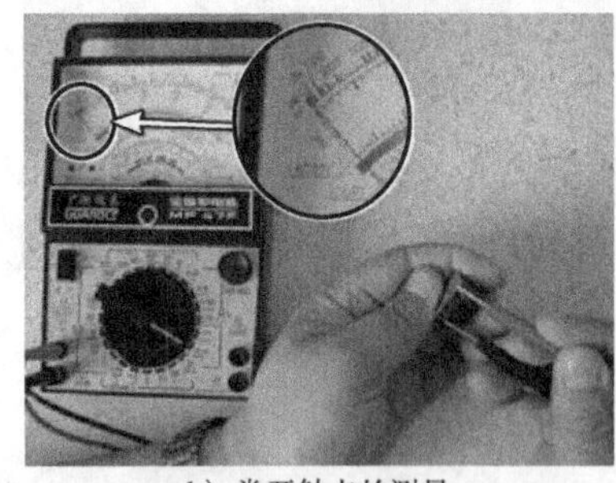

b）常开触点的测量

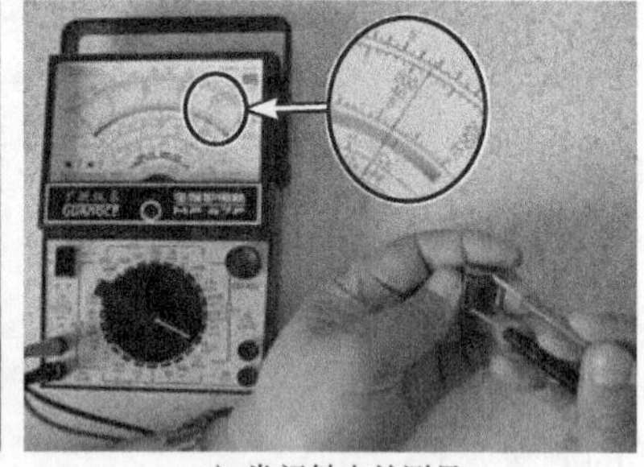

c）常闭触点的测量

图 2-84　电磁继电器的好坏判断

参见图 2-84b，将指针万用表置于通断测量挡，表笔接常开触点两引脚间的阻值应为∞；若阻值为 0，说明常开触点粘连；若有一定的阻值，说明内部漏电。

参见图 2-84c，将指针万用表置于通断测量挡，表笔接常闭触点两引脚间的阻值应为 0，并且蜂鸣器鸣叫；若阻值较大，蜂鸣器不鸣叫，说明常闭触点开路；若阻值大，说明触点碳化或接触不良。

提示　若万用表没有通断测量功能，应使用 R×1 挡测量触点引脚间的阻值，就可以确认触点是否正常。

2. 加电测量

参见图 2-85，用直流稳压电源为继电器的线圈供电，使衔铁动作，将常闭触点转为断开，而将常开触点转为闭合，再检测触点引脚的阻值，阻值正好与未加电时的测量结果相反，说明该继电器触点转换正常。否则，说明该继电器损坏。

十三、光耦合器的非在路测量 

光耦合器又称光耦，它属于较新型的电子产品，已经广泛应用在彩色电视机、彩色显示器、计算机、音视频等各种控制电路中。常见的光耦合器有 4 脚直插和 6 脚两种，典型实物和电路符号如图 2-86 所示。

光耦合器通常由一只发光二极管和一只光敏晶体管构成。当发光二极管流过导通电流后开始发光，光敏晶体管受到光照后导通，这样通过控制发光二极管导通电流的大小，改变其发光的强弱就可以控制光敏晶体管的导通程度，所以它属于一种具有隔离传输性能的器件。

1. 引脚的判别

用万用表 R×1k 挡测量，当出现图 2-87a 所示的 20kΩ 左右阻值时，说明黑表笔接的引

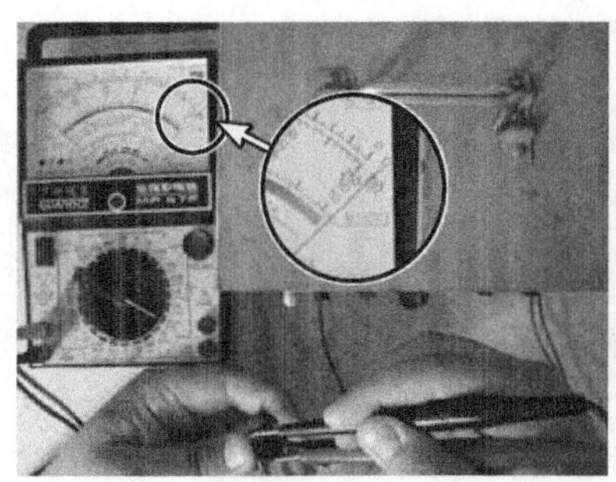

常闭触点闭合

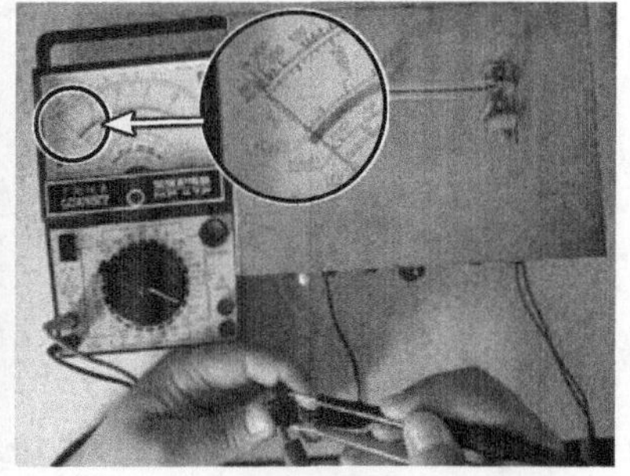

常开触点断开

a）继电器线圈没有供电

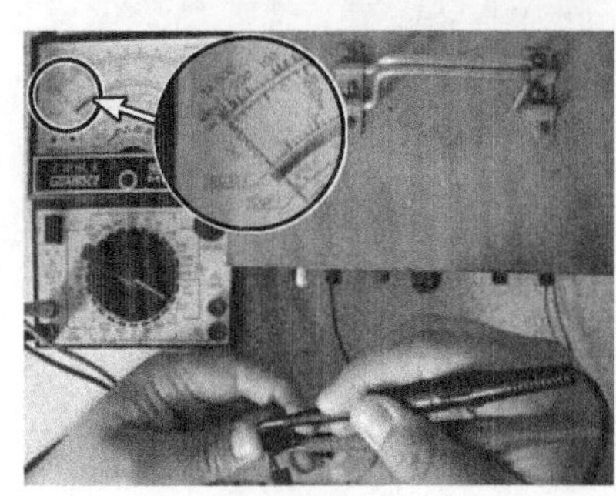

常闭触点断开

常开触点吸合

b）继电器的线圈有供电

图 2-85　电磁继电器触点转换的测量

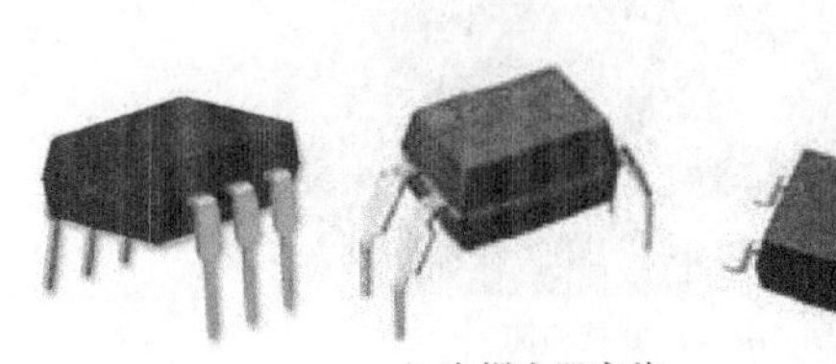

a）光耦合器实物

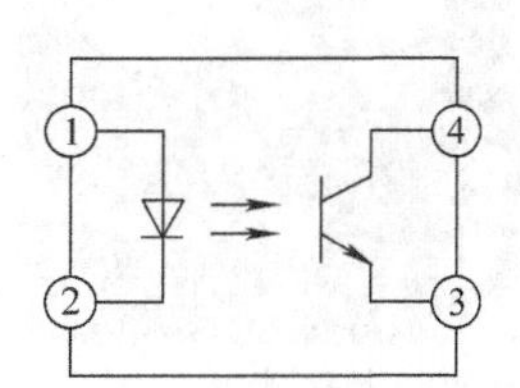

b）电路符号

图 2-86　光耦合器

脚是发光二极管的正极，红表笔接的是发光二极管负极；调换表笔，测它的反向电阻值应为无穷大，如图 2-87b 所示。而光敏晶体管 ce 结的正、反向电阻值都应为无穷大，如图 2-87c 所示。若发光二极管的正向电阻大，说明导通电阻大；若发光二极管的反向电阻或光敏晶体管的 ce 结电阻小，说明发光二极管或光敏晶体管漏电。

2. 光电效应的检测

检测光耦合器的光电效应时需要采用两块指针万用表或指针万用表、数字万用表各一块，测试方法如图 2-88 所示。

将数字万用表置于二极管挡，表笔接在光敏晶体管的 C、E 极上，再将指针万用表置于 R×1 挡，黑表笔接发光二极管的正极、红表笔接发光二极管的负极，此时数字万用表显示屏显示的导通压降值为 0.093，表笔不动，将指针万用表置于 R×10 挡后，导通压降值增大为 0.174。这说明，增大指针万用表的挡位，使流过发光二极管的电流减小后，光敏晶体管的导通程度可以减弱，也就可以说明被测试的光耦合器 PC123 的光电效应正常。

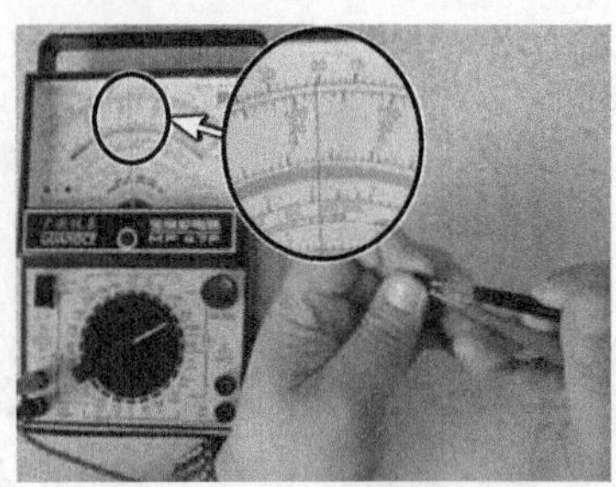

a）发光二极管正向电阻

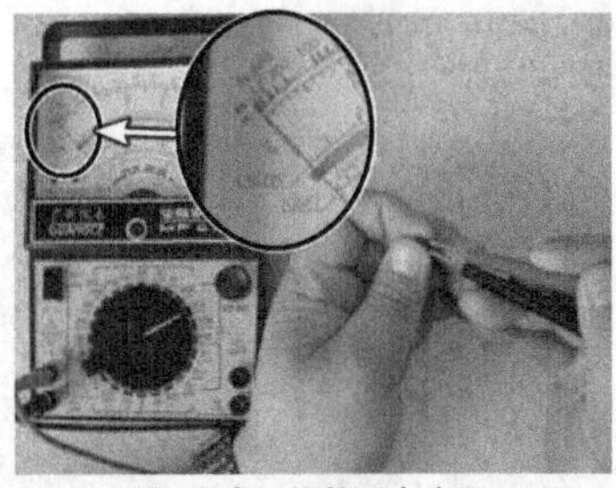

b）发光二极管反向电阻

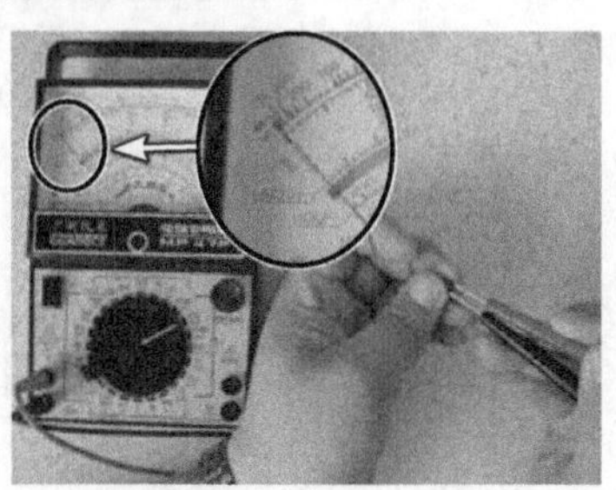

c）光敏晶体管 ce 结正、反向电阻

图 2-87　光耦合器的引脚判别

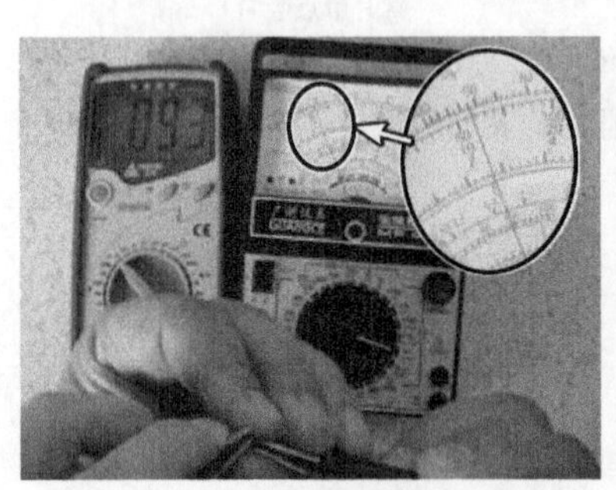

a）R×1 挡检测

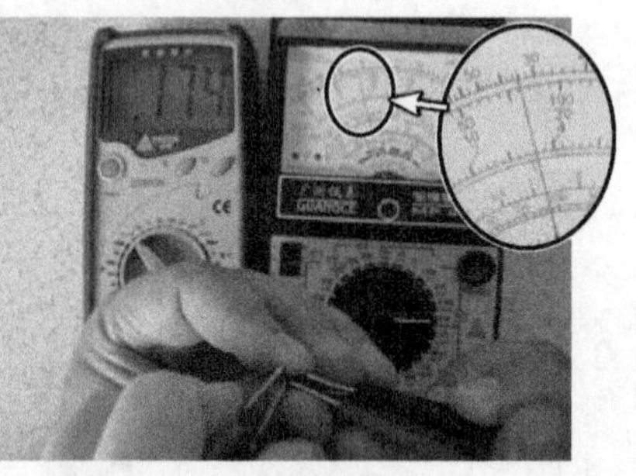

b）R×10 挡检测

图 2-88　万用表检测光耦合器的光电效应

提示　在使用 R×1、R×10 挡为发光二极管提供电流时，光敏晶体管的导通程度与万用表内的电池容量成正比，也就是指针万用表的电池容量下降后，会导致数字万用表检测的数值增大。

方法与技巧　若没有指针万用表，也可以将一节 5 号电池负极与一只 1kΩ 可调电阻串联后，为光耦合器的发光二极管供电，再调整可调电阻的阻值，为发光二极管提供的电流由小到大时，若光敏晶体管的 ce 结导通压降（ce 结内阻）可以随之变小，则说明被测的光耦合器正常。

十四、光电开关的非在路测量 ★

1. 识别

光电开关是通过把光强度的变化转换成电信号的变化来实现控制的。光电开关主要应用在录像机、复印机、打印机等电子产品内。常见的光电开关实物如图2-89所示。

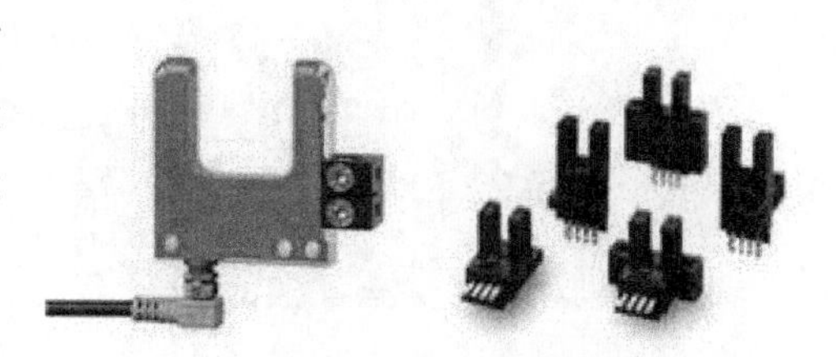

图2-89 光电开关

2. 引脚的判别

由于发光二极管具有二极管的单向导通特性，所以测量只要发现两个引脚的阻值为单向导通特性，则说明这一侧是发光二极管，另一侧为光敏晶体管的引脚。用万用表的R×1k挡测发光二极管的正向电阻阻值为20kΩ左右，反向电阻阻值为无穷大。而光敏晶体管C、E极间的正、反向电阻阻值都应为无穷大，如图2-90所示。若光发射管的正向电阻阻值大，说明导通电阻大；若发光二极管的反向电阻阻值或光敏晶体管的ce结电阻阻值小，说明光发射管或光敏晶体管漏电。

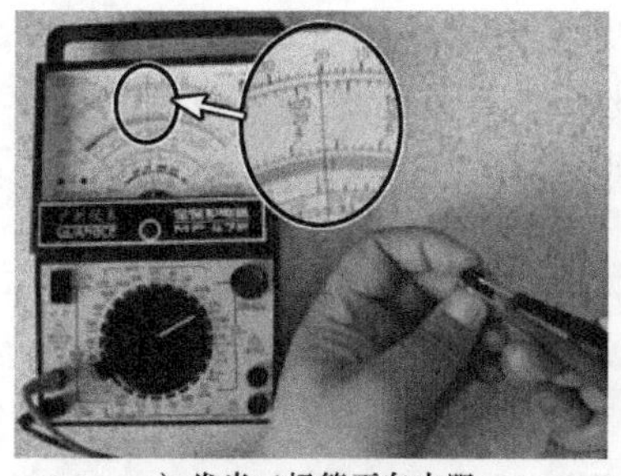

a）发光二极管正向电阻

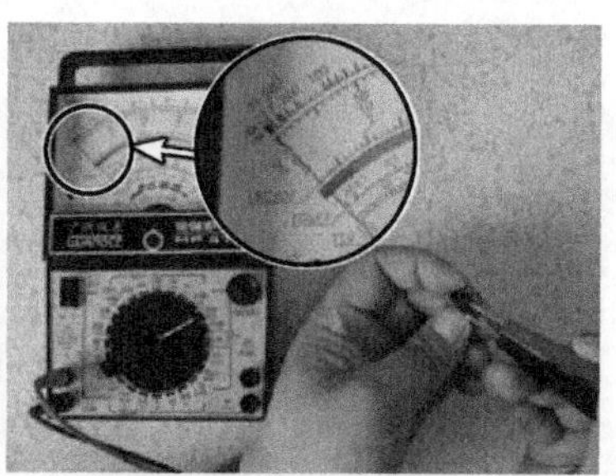

b）发光二极管反向电阻

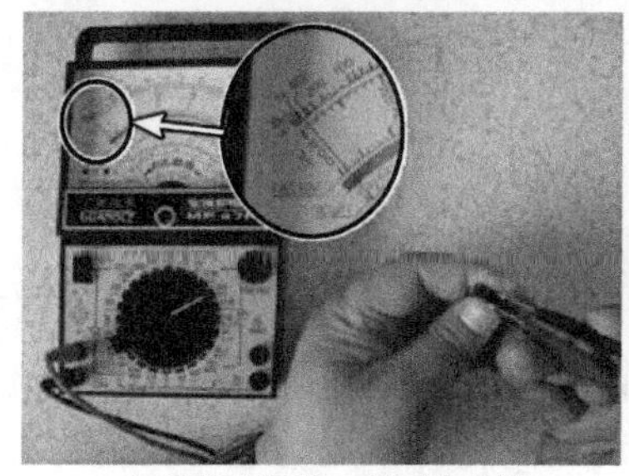

c）光敏晶体管ce结正向电阻

d）光敏晶体管ce结反向电阻

图2-90 光电开关的引脚判别

3. 光电效应的检测

检测光电开关的光电效应时需要采用两块指针万用表或指针万用表、数字万用表各一块，测试方法如图2-91所示。

将数字万用表置于二极管挡，表笔接在光接收管的C、E极上，再将指针万用表置于R×1挡，黑表笔接光发射管的正极、红表笔接光发射管的负极，为光发射管（发光二极管）提供导通电流，使其发光，致使光接收管因受光照而导通，此时显示屏显示的导通压降值为0.146，表笔不动，将指针万用表置于R×10挡后，显示屏显示的导通压降值增

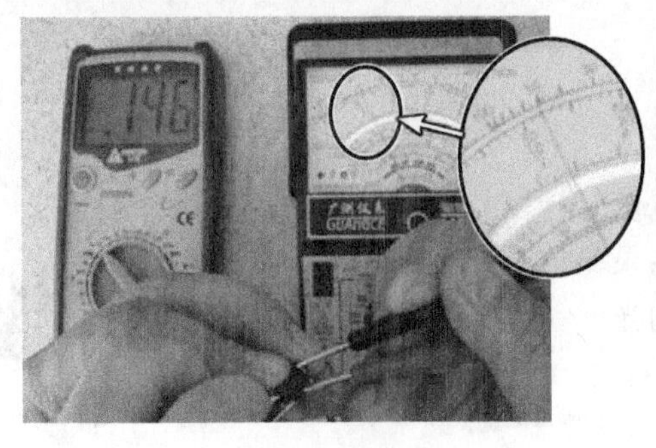

a) R×1 挡检测

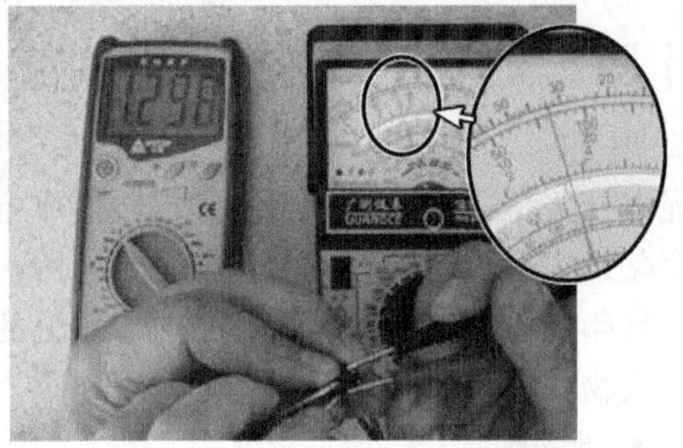

b) R×10 挡检测

图 2-91　万用表检测光电开关的光电效应

大为 1.298。这说明在增大指针万用表的挡位，使流过光发射管的电流减小后，光接收管的导通程度减小，被测试的光电开关的光电效应正常。值得一提的是，测试过程中，若将不透光的物体放在光电开关的槽中间，光接收管的阻值会变为无穷大，说明光接收管在无光照时能截止。

提示　在使用 R×1、R×10 挡为光发射管提供电流时，光发射管的导通程度与万用表内的电池容量成正比，也就是指针万用表的电池容量下降后，会导致数字万用表检测的数值增大。

方法与技巧　若没有指针万用表，也可以将一节 5 号电池串联一只 1k 的可调电阻后，为光发射管供电，再调整可调电阻的阻值，为光发射管提供的电流由小到大时，若光接收管的 ce 结导通压降（ce 结电阻）可以随之变小，则说明被测光电开关是正常的。

十五、电动机的非在路测量 

电动机通俗称马达，在电路中用字母“M”（旧标准用“D”）表示。它的作用就是将电能转换为机械能。根据电动机工作电源的不同，可分为直流电动机和交流电动机；电动机按结构及工作原理可分为同步电动机和异步电动机两种。常见的电动机主要有单相交流异步电动机、单相串励电动机、永磁直流电动机。

1. 单相交流异步电动机

单相交流异步电动机具有结构简单、成本低，价格便宜等优点，所以被电风扇、吸油烟机、洗碗机等小家电采用。

(1) 构成

单相交流异步电动机主要由定子、转子两部分构成，如图 2-92 所示。

定子又由定子铁心和定子绕组构成，定子绕组一般有两个，一个是主绕组（或称为运行绕组），另一个是副绕组（或称为起动绕组）。在电动机内部主、副绕组的一个端子连接在一起，再通过导线引出，通常称为公告端，用 C 表示；运行绕组的另一个端的引出线，通常用 M 表示；起动绕组引出线用 C 表示，如图 2-93 所示。

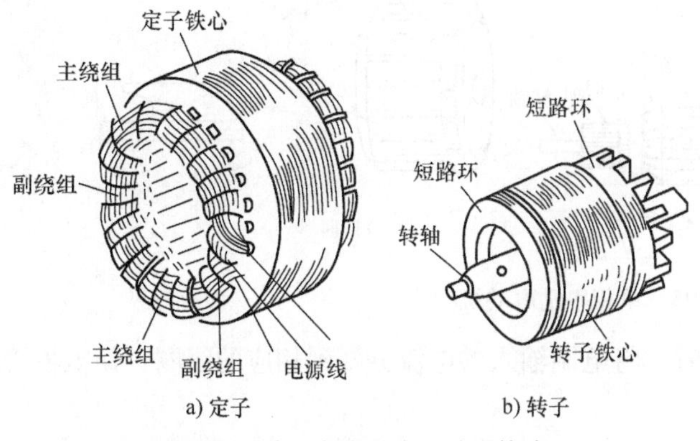

a) 定子　b) 转子

图 2-92　单相交流异步电动机构成

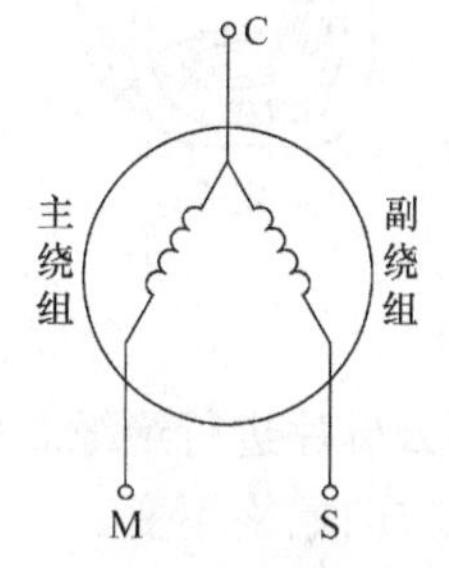

图 2-93　单相交流异步电动机引出线示意图

（2）工作原理

为了确保单相能够起动运转，需要通过电容分相或电阻（阻抗）分相的方法，使副绕组输入电流相位超前主绕组输入电流 90°。通常情况下，电容分相比电阻分相效果好，它的副绕组与主绕组电流之间的相位差要。电容分相电动机是在副绕组的输入回路中串联一只电容，如图 2-94a 所示。电阻分相电动机是在副绕组的输入回路中串联一只电阻，如图 2-94b 所示。

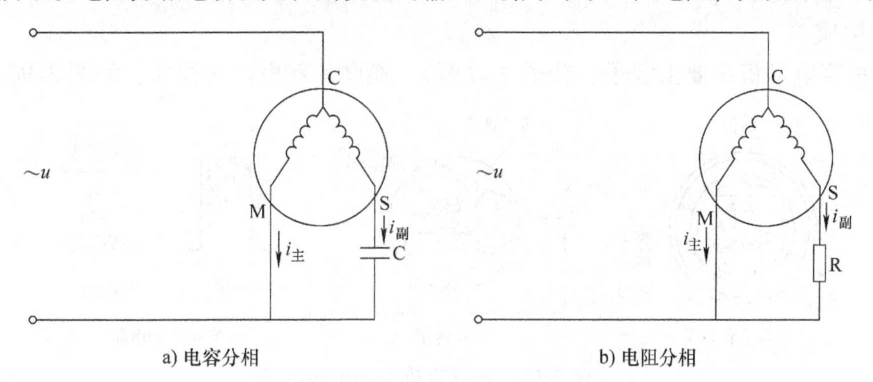

a) 电容分相　b) 电阻分相

图 2-94　电动机分相示意图

2. 单相串励电动机

单相串励电动机又称为交流、直流两用电动机。这种电动机的转速可以超过 20000r/min，所以广泛应用在吸尘器、豆浆机、绞肉机等小家电上。

（1）构成

单相串励电动机主要由定子、转子（电枢）、换向片、电刷等构成，如图 2-95 所示。

定子由定子铁心和定子绕组（励磁绕组）组成。小功率单相串励电动机的定子铁心都为凸极式，励磁绕组套在凸极上。

转子由电枢铁心、电枢绕组和换向器、转轴等构成。电枢绕组由高强度漆包线绕制，它嵌放在转子铁心的槽内，电枢绕组的每个线圈有首、尾两个引出线，彼此之间及与换向片间通过有规律的连接，使电枢绕组形成一个闭合回路。

换向器由换向片、云母片和塑料支架组成。在塑料支架上安装一圈铜质换向片，换向片

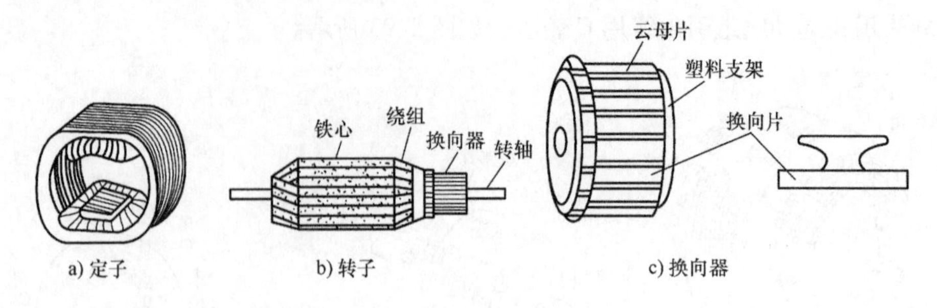

图 2-95　单相串励电动机构成

之间用云母片进行绝缘。换向器转动时，将电刷输入的电流分配到相应的线圈，使电枢受到的转矩方向始终不变。

（2）工作原理

单相串励电动机的励磁绕组与电枢绕组是串联的，使用它们输入的电流完全相同。当电流方向变化时，在励磁绕组产生的磁场方向变化的同时，电枢绕组电流也反向，使电枢绕组受到转矩方向不变，从而使电动机运转。

3. 永磁式直流电动机

永磁直流电动机是采用直流供电的电动机，这种电动机广泛应用在电动玩具、剃须刀、电动按摩棒等家电上。

（1）构成

永磁直流电动机主要由定子、转子（电枢）、换向片和电刷等构成，如图 2-96 所示。

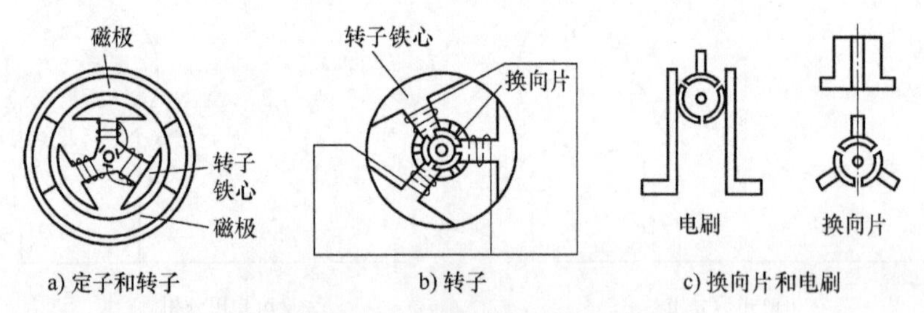

图 2-96　永磁直流电动机构成

（2）工作原理

永磁直流电动机的定子上安装了永久磁铁（磁钢、磁极），由它构成主磁极 N 和 S，在转子上安装了电枢铁心和绕组，绕组的两端接换向器的铜片，再通过铜片与电刷相接，如图2-97所示。由于控制器输出的驱动电压加到电刷正、负极，所以当换向器的条状铜片交替与电刷的正、负极接触时，绕组就能通过换向器得到交替变化的导通电流，从而使绕组产生不同方向的电动势，从而产生交变磁场，吸引转子旋转。

电动机绕组两端电压越高，使磁场强度增大，转子转动的转矩也越大，电动机的转速也就越快，反之亦反。因此，通过调整绕组两端所加电压大小就可实现电动机转速的调整。而改变绕组的供电方向可改变电动机旋转方向。

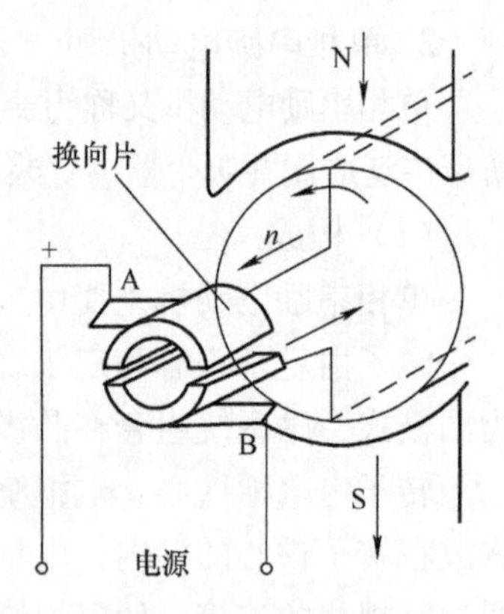

图 2-97　永磁直流电动机工作原理示意图

4. 电动机的测量

(1) 吸油烟机的检测

下面以杭州老板 YYHS－135 型油烟换气双速电动机为例介绍吸油烟机风扇电动机的测量方法。

1) 慢速绕组通断的检测

首先，将指针万用表置于 R×10 挡，两个表笔分别接绕组两个接线端子，表盘上指示的数值就是该绕组的阻值，如图 2-98 所示。若阻值为无穷大，则说明它已开路；若阻值过小，说明绕组短路。

 **提示** 不同功率电动机的阻值是不同的。电动机的绕组短路后，不仅会导致电动机出现转动无力、噪声大等异常现象，而且电动机外壳会发热，甚至会发出焦味。

a) 运行＋起动

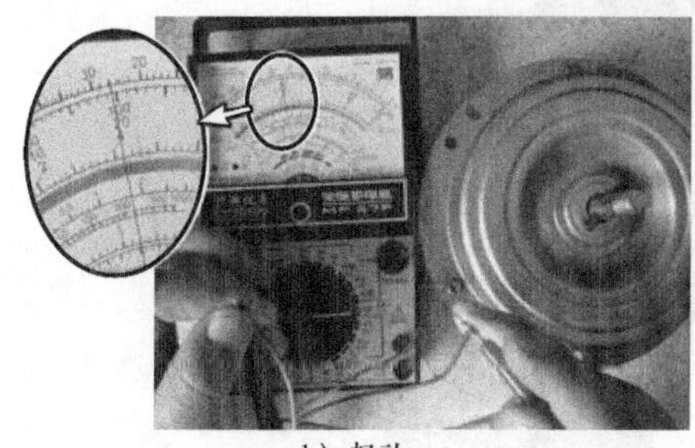

b) 起动

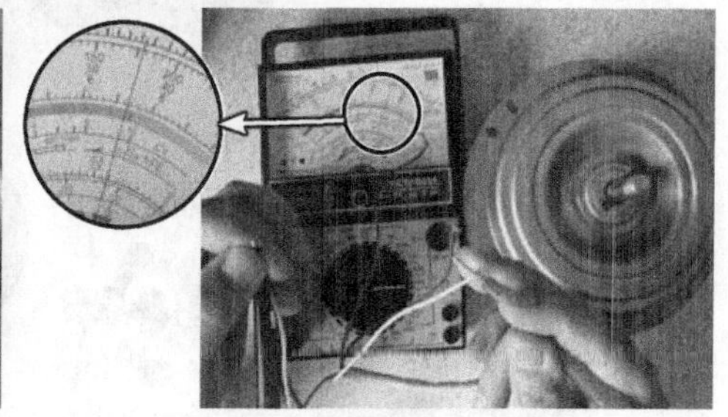

c) 运行

图 2-98 吸油烟机电动机慢速绕组的检测

2) 快速绕组通断的检测

由于快速绕组和慢速绕组是采用抽头方式安装，所以只要测量快速绕组的红色引线和蓝线之间的阻值是否正常，基本可以确认快速绕组是否正常。首先，将指针万用表置于 R×10 挡，两个表笔分别接绕组两个接线端子，表盘上指示的数值就是该绕组的阻值，如图 2-99 所示。若阻值为无穷大，则说明它已开路；若阻值过小，说明绕组短路。

3) 绕组是否漏电的检测

将指针万用表置于 R×10k 挡，一个表笔接电动机的绕组引出线，另一个表笔接在电动机的外壳上，阻值应为无穷大，如图 2-100 所示。否则说明它已漏电。

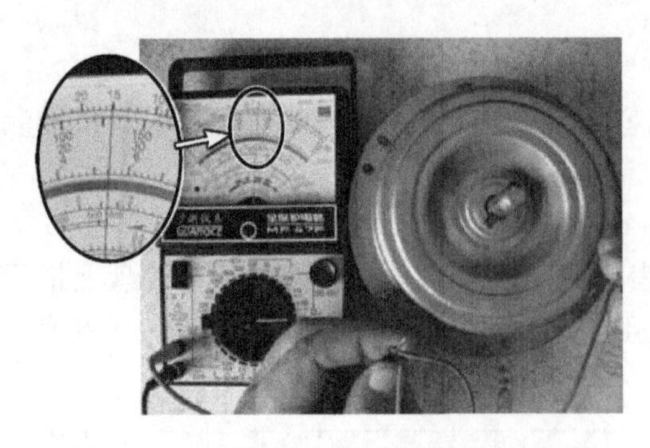

图 2-99　吸油烟机电动机快速绕组的检测

图 2-100　用指针万用表电阻挡测量吸油烟机电动机绕组的绝缘性能

(2) 洗衣机洗涤电动机的检测

1) 电动机绕组的检测

用万用表的 R×1 挡或 R×10 挡测量它的接线端子间的阻值，如图 2-101 所示。若阻值为无穷大，则说明它已开路；若阻值过小，则说明绕组短路。

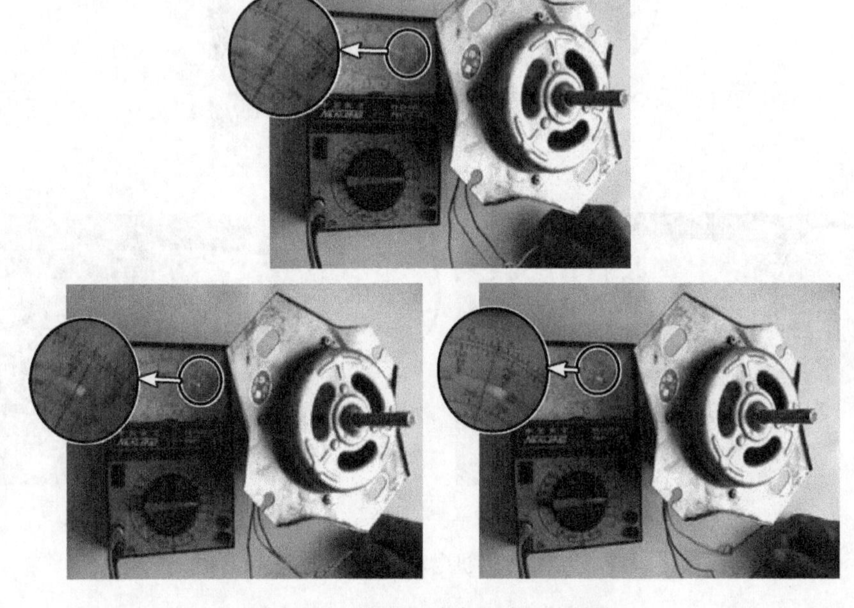

图 2-101　洗衣机洗涤电动机的测量

2) 电动机绝缘性能的检测

将指针万用表置于 R×10k 挡或将数字万用表置于 20M 挡，一个表笔接电动机的绕组引出线，另一个表笔接在电动机的外壳上，正常时阻值应为无穷大，否则说明它已漏电。

提示　由于洗涤衣物时，需要洗涤电动机带动波轮正向、反向交替运转，所以洗涤电动机的主、副绕组的阻值完全相同。

（3）电冰箱压缩机的检测

1）绕组阻值的检测

将指针万用表置于 R×10 挡，用万用表电阻挡测量外壳接线柱间阻值（绕组的阻值）来判断，正常时起动绕组 CS、运行绕组 MC 的阻值之和等于 MS 间的阻值，如图 2-102 所示。若阻值过大或为无穷大，说明绕组开路；若阻值偏小，说明绕组匝间短路。

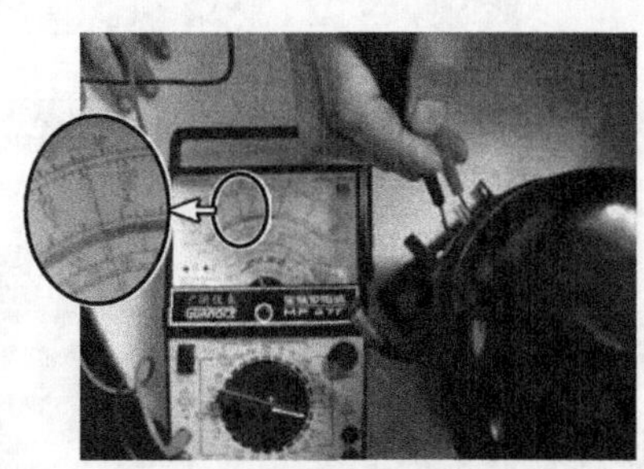

a）运作 + 起动绕组阻值

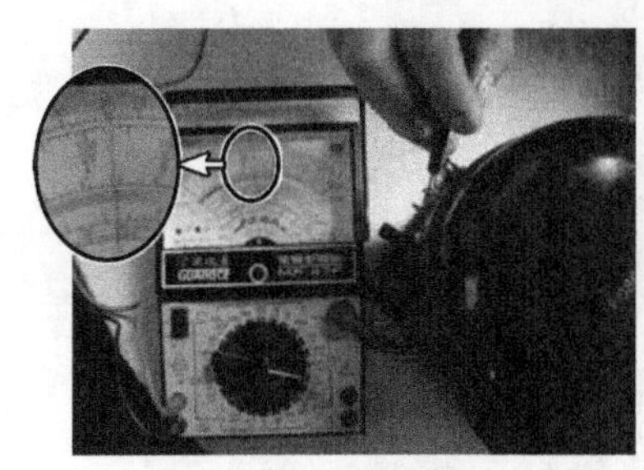

b）起动绕组阻值

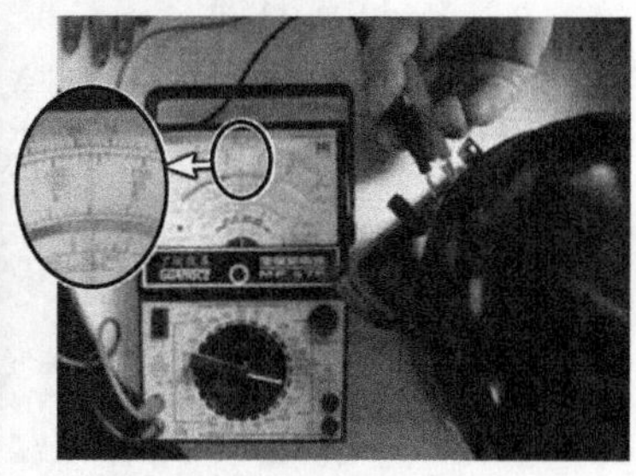

c）运行绕组阻值

图 2-102　电冰箱压缩机的非在路测量

2）电动机绝缘性能的检测

将指针万用表置于 R×10k 挡，测量压缩机绕组接线柱与外壳间的阻值，正常时阻值应为无穷大，否则说明有漏电现象。

（4）空调室外风扇电动机的检测

1）绕组通断的检测

采用指针万用表测量电阻绕组通断时，可使用 R×10 电阻挡，两个表笔分别接绕组两个接线端子，所测的数值就是该绕组的阻值，如图 2-103 所示。若阻值为无穷大，则说明它已开路；若阻值过小，说明绕组短路。

2）绕组是否漏电的检测

将指针万用表置于 R×10k 挡，一个表笔接电动机的绕组引出线，另一个表笔接在电动机的外壳上，正常时阻值应为无穷大，如图 2-104 所示。否则，说明它已漏电。

（5）室内风扇电动机的检测

1）绕组通断的检测

将指针万用表置于 R×10 挡，两个表笔分别接绕组两个接线端子，所测的数值就是该绕组的阻值，如图 2-105 所示。若阻值为无穷大，则说明它已开路；若阻值过小，说明绕组短路。

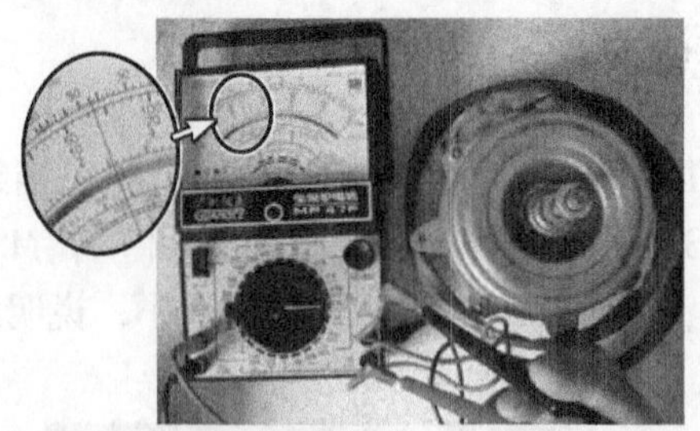

a）运行绕组 + 起动绕组

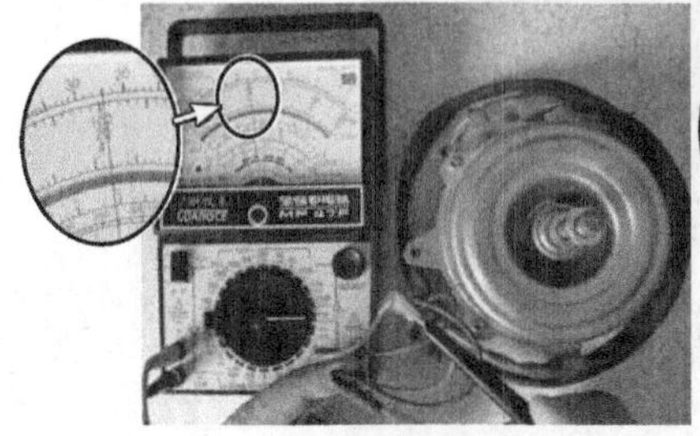

b）起动绕组

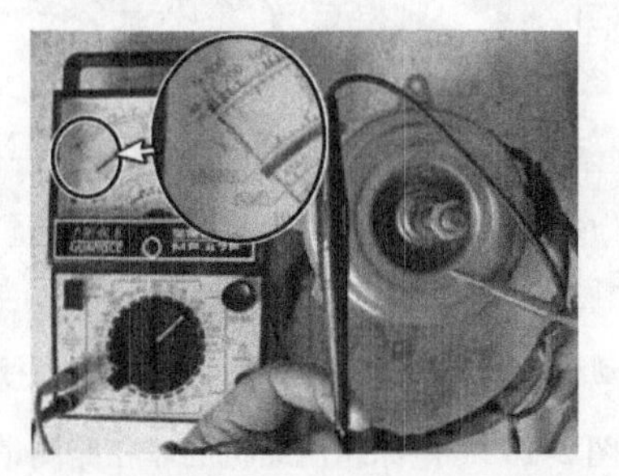

c）运行绕组

图 2-103　万用表检测室外风扇电动机的绕组阻值

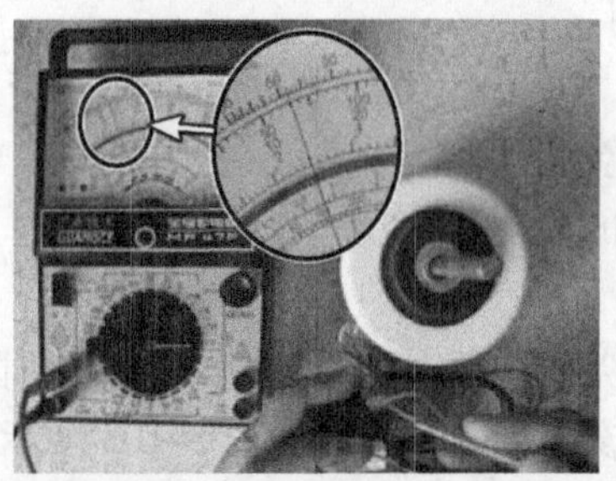

图 2-104　万用表检测室外风扇电动机的绕组绝缘性能

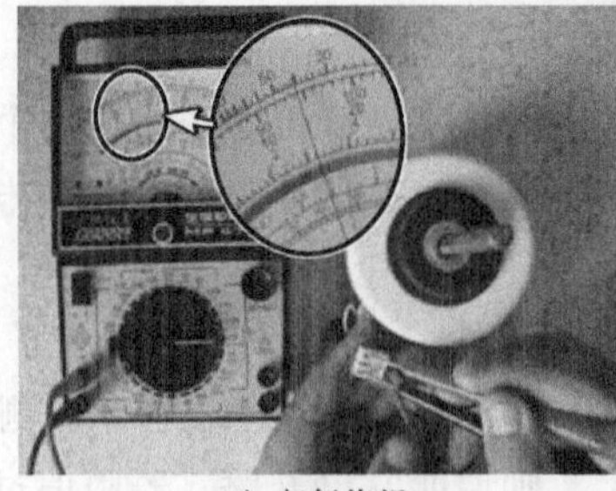

a）起动绕组

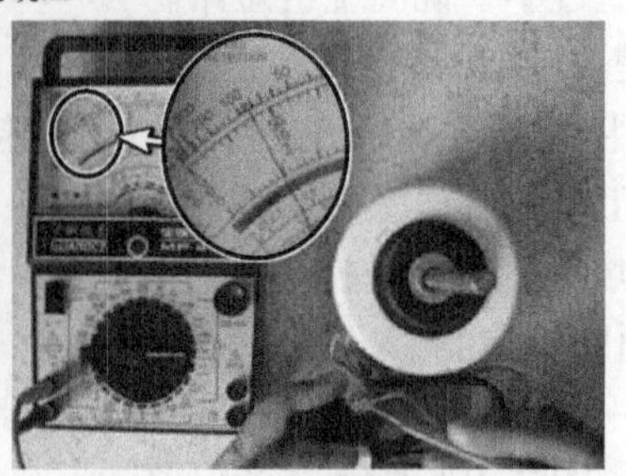

b）起行绕组　　c）运行 + 起动绕组

图 2-105　万用表检测室内风扇电动机绕组的阻值

2）绕组是否漏电的检测

将指针万用表置于 R ×10k 挡，一个表笔接电动机的绕组引出线，另一个表笔接在电动机的外壳上，正常时阻值应为无穷大，如图 2-106 所示。否则，说明它已漏电。

十六、彩色显像管的非在路测量 

（1）灯丝通断的测量

将指针万用表置于 R ×1 挡，两个表笔接在灯丝的两个引脚上，所测阻值应为 7Ω 左右，如图 2-107 所示。若测得阻值偏离较大，甚至为无穷大，说明显像管灯丝损坏。

图 2-106　万用表检测室内风扇电动机的绕组绝缘性能

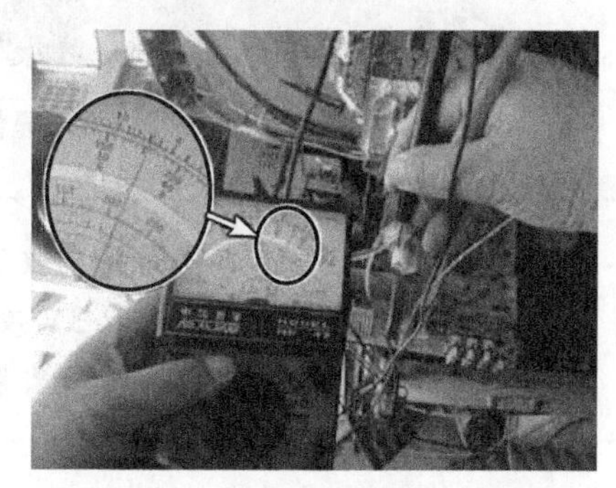

图 2-107　显像管灯丝的非在路测量

注意　由于彩电的显像管灯丝供电几乎都是由行输出变压器提供的，所以显像管灯丝与行输出变压器的灯丝供电绕组是并联的，若不拔下管座测量灯丝的阻值是无法判断是否开路的。

提示　由于新型彩色显示器的显像管灯丝供电几乎都是采用直流供电方式，所以测量显像管灯丝的阻值时不需要拔下管座，直接在电路板上测量就可以的。但若阻值较大，则需要拔下管座进行测量，以免管座损坏引起误判。不过，这种情况是很少见的。

（2）阴极发射能力的测量

阴极发射能力对于显像管是极为重要的，当显像管的阴极发射能力下降后，会出现刚开机时亮度偏暗、图像暗淡，增大亮度时聚焦变差，热机后会有所好转的故障。若是某一个阴极或某两个阴极老化时，则会造成开机后偏色、失去白平衡，而热机后恢复正常的现象。

参见图 2-108，第一步，拔掉显像管管座；第二步，将一只 6.3V 变压器的二级绕组通过引线接在该管座的灯丝供电引脚上；第三步，为变压器输入 220V 市电电压，使变压器产生 6.3V 交流电压，为显像管灯丝提供工作电压，显像管的灯丝进入预热状态。预热几分钟后，将万用表置于 R ×1k 挡，用黑表笔接栅极、红表笔接某一阴极，正常时电阻值应为 1 ~ 5kΩ。若测得某阴极与栅极之间的电阻值在 5 ~ 10kΩ 之间，则说明显像管有不同程度老化，但仍可以继续使用；若测得该电阻值大于 10kΩ，则说明显像管已严重老化，需要进行激活处理或更换。

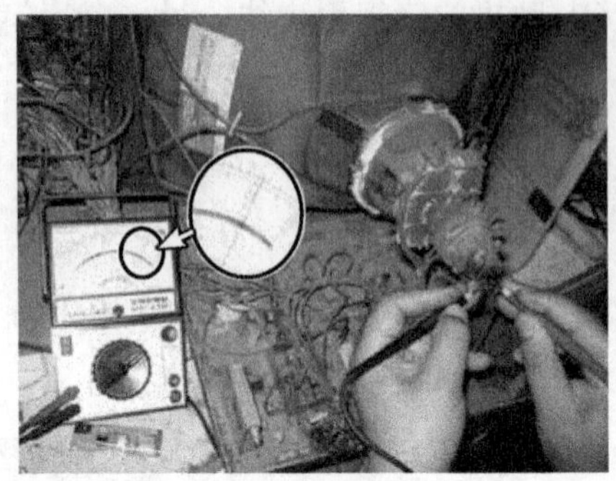
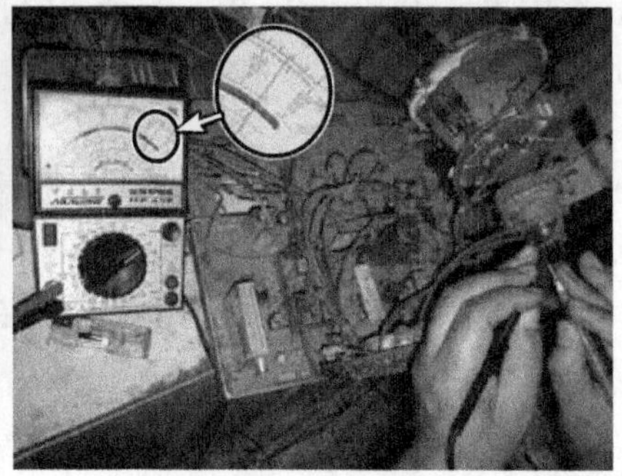

图 2-108　显像管阴极发射能力的测量

提示　若手头有相同的显像管管座，最好为显像管安装一个新管座，将稳压器或变压器输出的6.3V交流电压通过导线加到管座上的灯丝供电脚上，这样可以避免短路等现象发生。

第 三 章
指针万用表电压挡使用从入门到精通

第一节　指针万用表直流电压挡使用从入门到精通

直流电压测量挡通过测量元器件或单元电路的直流电压值，来判断元器件或电路件是否正常。下面以典型的 MF47 – F 型万用表为例介绍指针万用表的直流电压测量挡使用方法从入门到精通。

一、直流电压测量挡的使用方法 

1. 安装表笔

需要测量 1000V 以内的直流电压时，先将黑表笔（负表笔）插入“ – ”插孔内，将红表笔（正表笔）插入“ + ”插孔内，如图 3-1a 所示。需要测量超过 1000 ~ 2500V 范围内的高电压时，则需要将红表笔插入 2500V 的插孔内，如图 3-1b 所示。

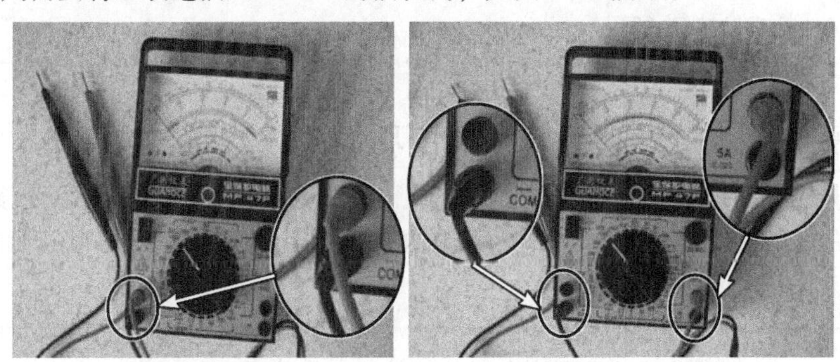

a）测量 1000V 内电压　　b）测量 1000 ~ 2500V 电压

图 3-1　指针万用表直流电压挡的表笔安装位置

2. 挡位选择

需要测量直流电压时，要先根据电压的高低选择好直流电压挡位，若被测电压低于 2. 5V，则选择 2. 5V 直流电压挡；若被测电压为 2. 5 ~ 10V，则选择 10V 直流电压挡；若被测电压的范围为 10 ~ 50V，选择 50V 直流电压挡，以此类推，只有选择正确的测量档位，让指针摆到刻度盘的 1/3 ~ 2/3 的范围内，不仅可以测得准确的电压值，而且更便于读取电压值。

3. 电压值的读取

采用 2. 5V 直流电压挡测量 1. 5V 电池时，指针停留在 250 刻度线的 152 的位置，如图 3-2a 所示，所测数值为 152 ÷ 100 = 1. 52，说明该电池的电压为 1. 52V，如图 3-2b 所示。再比如，测量直流电源输出的10V电压时，首先选择直流50V电压挡，此时指针停留在50刻度线的15的位置，所测数值为15×1=15，说明该电源输出的电压为15V，如图3-2c所示。

a）选择电压挡位

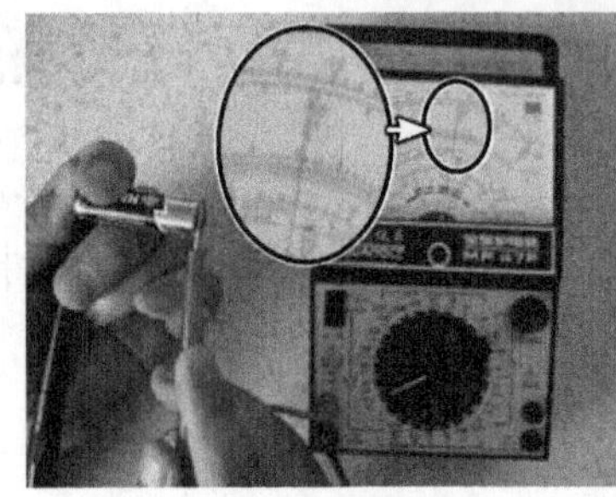

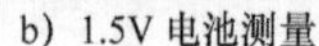

b）1.5V电池测量

c）稳压器输出电压测量

图3-2　指针万用表的直流电压挡使用

> **提示**　由于该直流电源未设置稳压电路，所以10V电压挡位输出的空载电压可以达到15V。

二、使用直流电压挡时的注意事项 

一是测量时，必须是黑表笔接在公共地端（或低电位），红表笔接被测电路的高电位端。若表笔的极性接反，必然会导致指针向左摆动（反转），不仅容易导致指针撞弯，而且还可能损坏表头。

> **提示**　若不能确认被测点电压的极性，可先将黑表笔接在公共接地上，用红表笔点击被测点，若指针反转，说明被测点是负电位，需要调换表笔，才能继续测量；若指针向右摆动，说明被测点是正电位，可继续测量。

二是在不能确认被测直流电压范围时，应先选择较高的直流电压挡位，观察指针的摆动位置后再调整到合适的挡位，让指针摆到刻度盘的1/3～2/3的范围内比较理想。

三是在测量较高电压时不能转换量程，必须在表笔脱离电路后才能转换量程，以免量程开关的触点被大电流烧蚀。

四是测量开关电源输出电压，若开关电源稳压电路异常导致输出电压升高，在测量时发现电压升高，应迅速切断电源，以免负载过电压损坏或导致表头过电压损坏。

五是测量彩电行输出管集电极上的直流电压时，应在断电的情况下接好表笔（黑表笔接地，红表笔接行输出管集电极上），再为彩电通电，测量电压，以免在开机情况下，红表笔接行输出管集电极时，因较高的反峰电压而产生拉弧或测量数值可能不准确等异常现象。

三、三端不可调稳压器的测量 

检测三端不可调稳压器时，可采用电阻测量法和电压测量法两种方法。而实际测量中，一般都采用电压测量法。下面以三端稳压器 78L05 为例进行介绍，测量过程如图 3-3 所示。

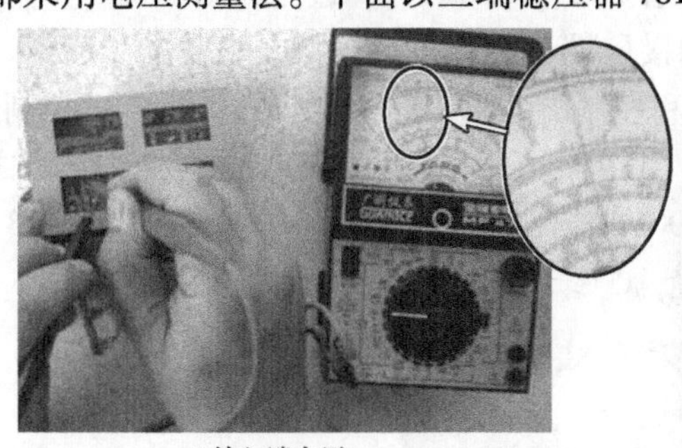

a) 输入端电压

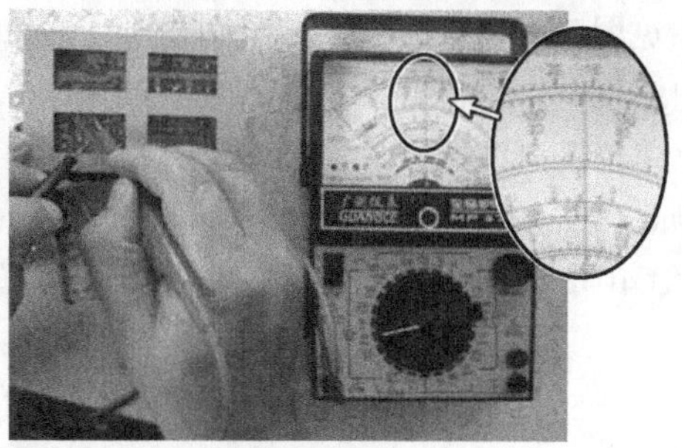

b) 输出端电压

图 3-3　三端稳压器 78L05 输出电压的测量

为该电路板输入市电电压，使 5V 电源工作后，用 5V 直流电压挡测 78L05 的供电端与接地端之间的电压为 15V，如图 3-3a 所示；确认输入电压正常后，改用 10V 直流电压挡测输出端与接地端间的电压为 5V，如图 3-3b 所示，说明该稳压器正常。若输入端电压正常，而输出端电压异常，则为稳压器异常。

 **提示**　若稳压器空载电压正常，而接上负载时，输出电压下降，说明负载过电流或稳压器带载能力差，这种情况对于缺乏经验的人员最好采用代换法进行判断，以免误判。

四、三端可调稳压器的测量 

三端不可调稳压器的测量可采用电阻测量法和电压测量法两种方法。而实际测量中，一般都采用电压测量法。下面以三端稳压器 LM317 为例进行介绍，测量电路如图 3-4 所示。

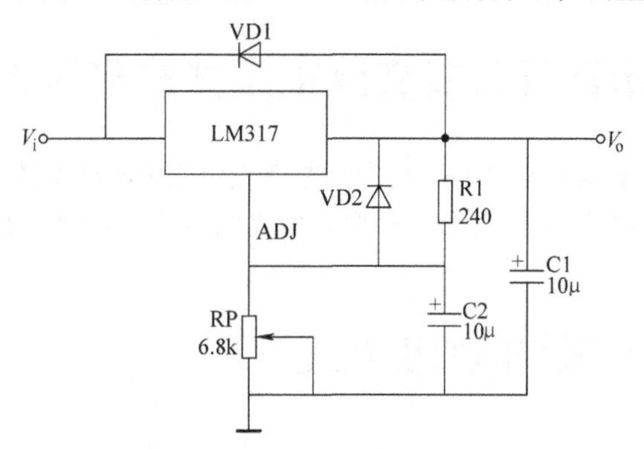

图 3-4　三端稳压器 LM317 的检测电路

将可调电阻 RP 左旋到头，使 ADJ 端子电压为 0 时，用数字万用表或指针万用表的电压挡测量滤波电容 C1 两端电压应低于 1.25V，随后慢慢向右旋转 RP，使 C2 两端电压逐渐升高时，C1 两端电压也应逐渐升高，最高电压能够达到 37V。否则，说明 LM317 异常。

五、四端稳压器的输出电压测量 

四端稳压器属于受控型稳压器，它的测量可采用电阻测量法和电压测量法两种方法。而实际测量中，通常采用电压测量法。下面以典型的 PQ3RD23 为例进行介绍。

参见图 3-5，将 PQ3RD23 的供电端①脚和接地端③脚通过导线接在直流电源的正、负电压输出端子上，再将一只 10kΩ 电阻接在①脚和控制端④脚上，为④脚提供高电平控制信号。随后，将稳压电源调在 8V 直流电压输出挡上，用 10V 电压挡测 PQ3RD23 的①脚与③脚之间的电压为 8.07V，测它的④脚、③脚间电压为 8.06V，测它的输出端②脚与③脚间电压为 3.28V，说明 PQ3RD23 正常。若②脚无电压输出，在确认①脚和④脚电压正常后，则说明它损坏。

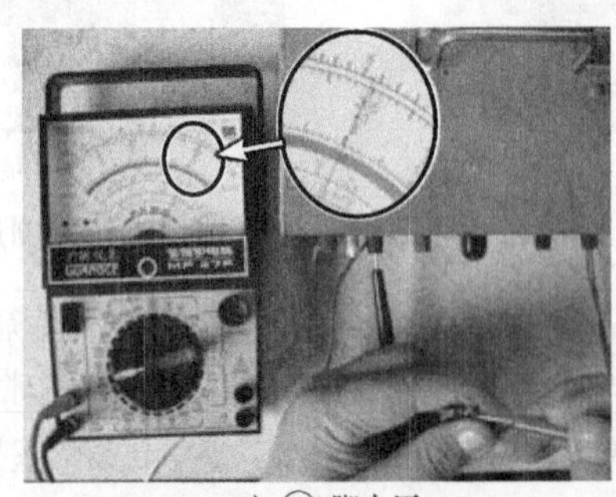

a）① 脚电压

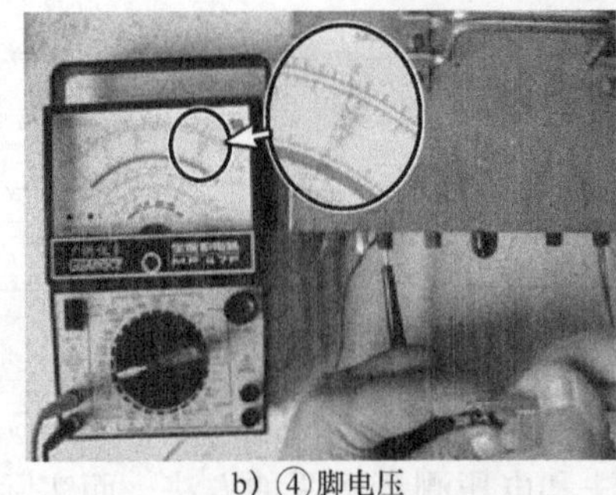

b）④脚电压　　c）②脚电压

图 3-5　指针万用表电压挡测量四端稳压器 PQ3RD23

第二节　指针万用表交流电压挡使用从入门到精通

指针万用表的交流电压测量挡通过测量元器件或单元电路的交流电压值，判断元器件或电路件是否正常。下面以典型的 MF47－F 型万用表为例介绍指针万用表的交流电压测量挡使用方法从入门到精通。

一、交流电压测量挡的使用方法 

1. 安装表笔

测量不足 1000V 的交流电压时，先将黑表笔（负表笔）插入“－”插孔内，将红表笔

（正表笔）插入“+”插孔内，如图3-6a所示；若需要测量超过1000V，但低于2500V的交流电压时，需要将表笔插入2500V的插孔，如图3-6b所示。

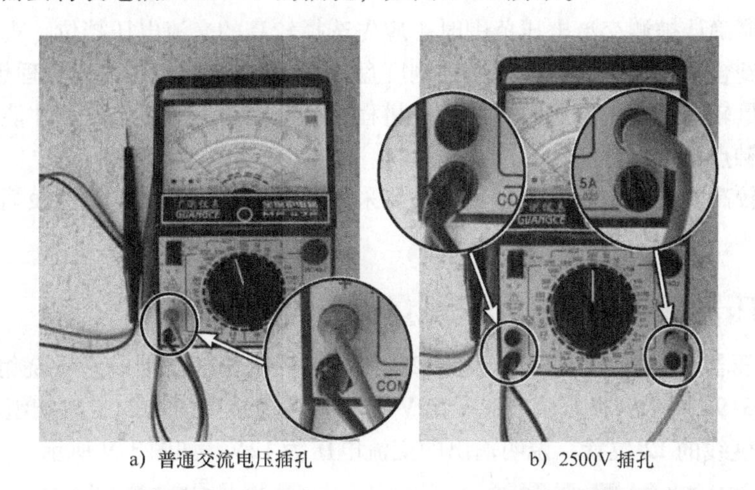

a）普通交流电压插孔　　b）2500V插孔

图3-6　指针万用表的直流电压挡表笔安装位置

2. 挡位选择与读取数值

测量交流电压时，只要根据被测电压的高低选择好量程即可，而不必考虑表笔的极性，如图3-7所示。比如，采用250V交流电压挡测量220V市电电压时，指针摆到225的位置，说明被测电压为225V，如图3-8a所示；而采用500V交流电压挡测量220V市电电压时，指针摆到22.5的位置，再乘以10，则说明被测电压为225V，如图3-8b所示。

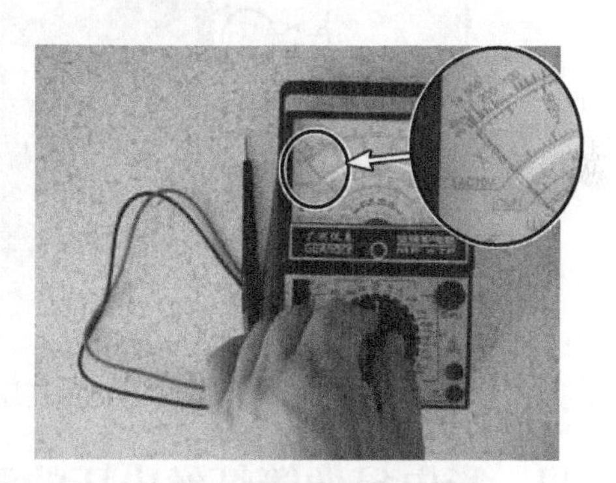

图3-7　交流电压挡位选择

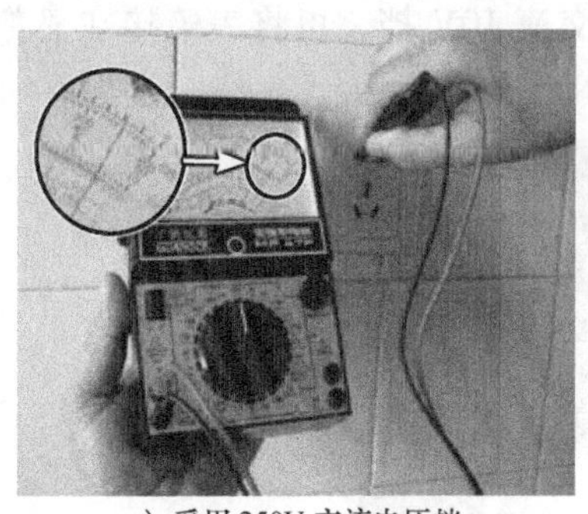

a）采用250V交流电压挡

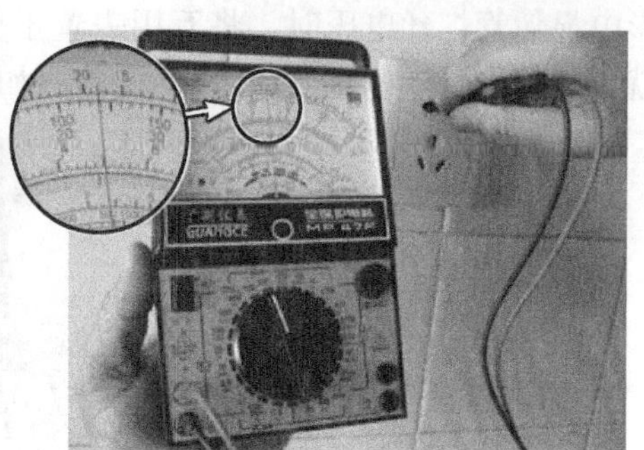

b）采用500V交流电压挡

图3-8　指针万用表的交流电压挡使用

提示　使用2500V电压挡时，应该采用250V的刻度线读取数值，指针摆到的位置再乘以10，就是所测的电压值。

二、使用交流电压挡时的注意事项 

一是在不能确认被测交流电压范围时，应先选择较高的交流电压挡位，观察指针的摆动位置后再调整到合适的挡位，让指针摆到刻度盘的1/3～2/3的范围内比较理想。

二是在测量较高的交流电压时不能转换量程，必须在表笔脱离电路后才能转换量程，以免量程开关的触点被大电流烧蚀。

三是测量较高的交流电压时，尽可能不要采用两只手同时测量，以免表笔漏电而发生漏电等事故。

三、变压器输入/输出电压测量 

测15V变压器时，将万用表置于交流250V挡，为电源变压器的一次绕组输入220V市电电压，如图3-9a所示；将万用表置于50V挡，将表笔接变压器的二次绕组输出线时，指针摆到50V刻度线的12位置，说明输出的交流电压为12V，如图3-9所示。

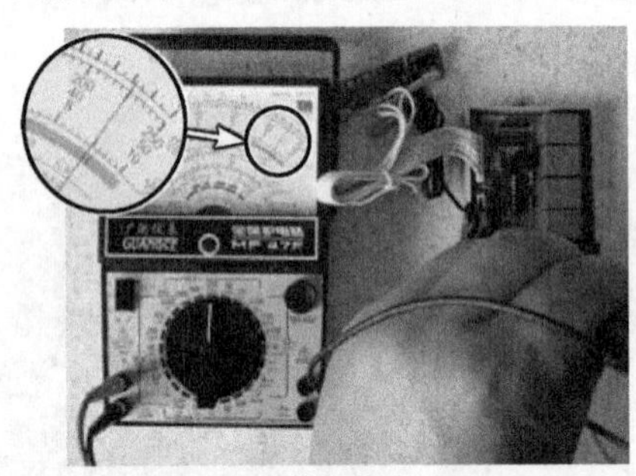

a）输入电压

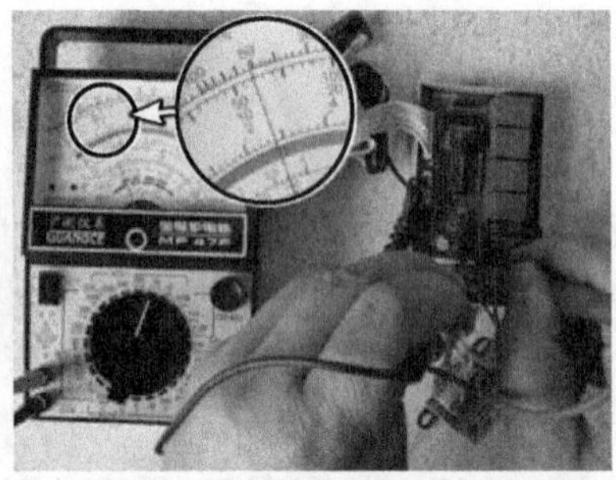

b）输出电压

图3-9 电源变压器输入/输出电压的测量

四、彩电显像管灯丝电压的测量 

测量彩电显像管灯丝电压时，将万用表置于交流10V挡，再将表笔接在显像管灯丝的引脚上，就可以测出灯丝电压值为4.1V左右，如图3-10所示。

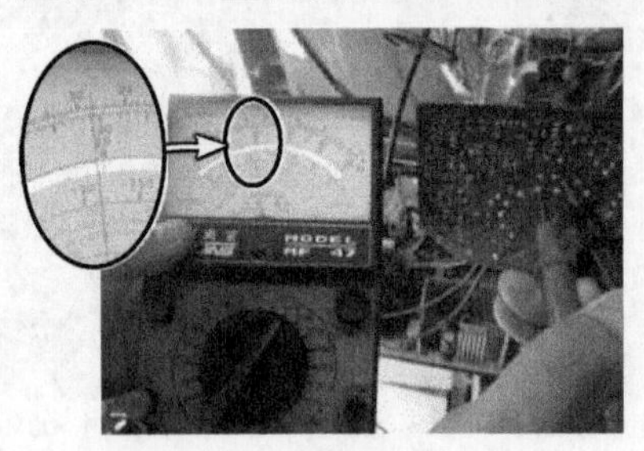

图3-10 显像管灯丝电压测量

提示 由于被测彩电的显像管灯丝供电由行输出变压器提供，使用该电压属于高频脉冲电压，因此采用指针万用表检测后，输出电压较正常值27V（V_{pp}）低许多。

第四章

指针万用表其他功能挡使用从入门到精通

第一节　指针万用表通断挡使用从入门到精通

目前，许多新型指针万用表设置了通断测量功能挡（俗称蜂鸣挡），不仅方便测量线路通断，而且便于测量熔断器、开关、电感等元器件是否正常。下面以典型的 MF47 - F 型万用表为例介绍指针万用表的通断测量挡使用方法从入门到精通。

提示　若使用的指针万用表没有通断测量功能，应采用 R×1 挡测量。

一、通断测量挡的使用方法 

和使用电阻挡一样，先将红表笔（正表笔）插入“+”插孔内，将黑表笔（负表笔）插入“COM”或“-”插孔内，随后对其进行欧姆调零。

需要对线路和开关等器件进行检测时，用两个表笔接在线路或元器件两端，若线路或开关等元器件是断路或电阻较大，则蜂鸣器不能鸣叫；若线路或元器件是接通的，则蜂鸣器鸣叫，并且指针右摆。蜂鸣器鸣叫的音量与被测线路或元器件电阻成反比。

二、使用通断挡时的注意事项 

通断挡的注意事项和电阻挡基本相同，不再介绍。

三、熔断器的测量 

熔断器俗称保险丝、保险管，它起过电流保护功能，所以安装在电气设备供电回路的最前面。当负载因过电流或过热，并且达到熔断器标称值后它自动熔断，切断供电回路，避免故障进一步扩大，实现过电流保护。熔断器在电路中通常用 F、FU、FUSE、BA 等表示，它的电路图形符号如图 4-1 所示。

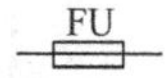

FU

图 4-1　熔断器的电路图形符号

1. 分类

熔断器按工作性质分有过电流熔断器和过热熔断器两种；按封装结构可分为玻璃熔断器、陶瓷熔断器和塑料熔断器等多种；按电压高低可分为高压熔断器和低压熔断器两种；按能否复位分为不可恢复型熔断器和可恢复型熔断器两种；按动作时间可分为普通熔断器、快速熔断器和延时熔断器三种。下面主要介绍按动作时间分的三种。

（1）普通熔断器

普通熔断器最常见的是玻璃熔断器，它是由熔体（熔丝）、玻璃壳、金属帽（电极）构成的保护元件。普通熔断器根据熔体的额定电流不同，有0.5A、0.75A、1A、1.25A、1.5A、2A、3A、5A、8A、10A、15A、20A等几十种规格。常见的普通熔断器实物如图4-2所示。

（2）延时型熔断器

延时型熔断器也叫延迟型熔断器、延迟保险管，它的构成和普通熔断器基本相同，不同的是它采用的熔体具有延时性，它的熔体常用高熔点金属与低熔点金属复合而成，既有抗脉冲的延时功能，又有过电流快速熔断的特点，从外观上看它的熔体的中间部位突起或熔体采用螺旋结构，如图4-3所示。延时熔断器主要应用在彩色电视机、彩色显示器内。

图4-2　普通熔断器实物

图4-3　延时型熔断器实物

（3）温度熔断器

温度熔断器也叫超温熔断器、过热熔断器或温度熔丝等，常见的超温熔断器如图4-4所示。温度熔断器早期主要应用在电饭锅、饮水机等电加热器设备内，现在还应用在空调器、变压器等产品内。

图4-4　温度熔断器实物

温度熔断器的作用就是当它检测到的温度达到标称值后，它内部的熔体自动熔断，切断发热源的供电电路，使发热源停止工作，实现超温保护。

2. 测量

将指针万用表置于通断测量挡，将两个表笔接在它的两个引脚上，若表针不摆动且蜂鸣器不鸣叫，说明熔断器开路；若表针摆动到0且蜂鸣器鸣叫，说明熔断器正常，如图4-5所示。

a）在路

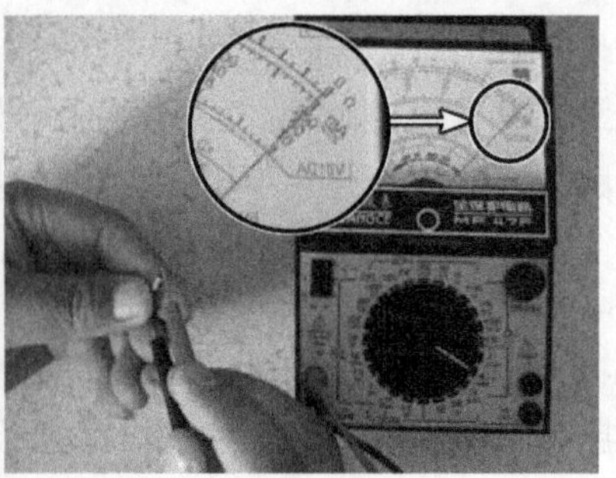

b）非在路

图4-5　用指针万用表通断测量挡检测熔断器

四、机械开关的测量 

1. 识别

开关主要的功能是用于接通、断开和切换电路。早期电路上的机械开关用 K 或 SB 表示，现在电路上多用 S 或 SX 表示。常见的开关实物与电路图形符号如图 4-6 所示。下面以清除开关为例介绍采用指针万用表测量开关的检测方法。

a）实物　　b）电路图形符号

图 4-6　开关实物与电路图形符号

2. 测量

将指针万用表置于通断测量挡，将两个表笔接在它的引脚上，在未按压开关时，指针不摆动且蜂鸣器不鸣叫，说明触点处于断开状态；按压开关后使它的触点接通，指针摆动到 0 且蜂鸣器鸣叫，如图 4-7 所示。否则，说明开关损坏。

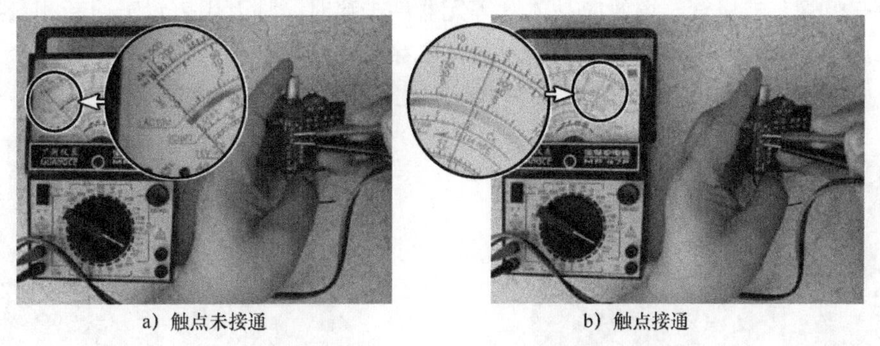

a）触点未接通　　b）触点接通

图 4-7　用指针万用表通断测量挡检测机械开关

五、干簧管的非在路测量 

干簧管是一种特殊的磁敏开关。典型的干簧管实物和电路图形符号如图 4-8 所示。

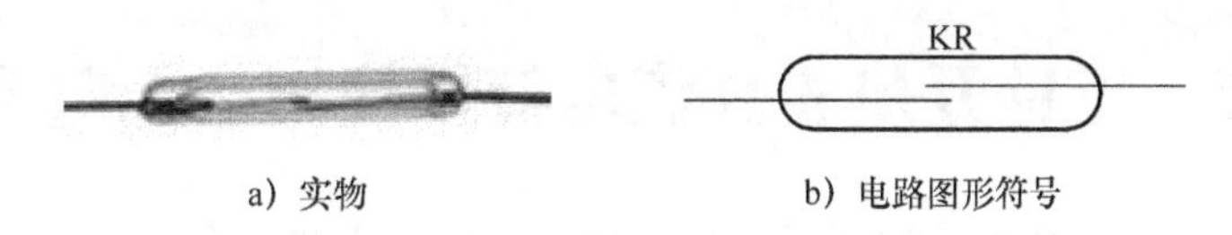

a）实物　　b）电路图形符号

图 4-8　干簧管典型实物与电路图形符号

下面以常开式两端干簧管为例介绍用指针万用表非在路测量方法。首先，将万用表置于通断测量挡，两根表笔分别接干簧管的两根引线，此时的指针不摆动，蜂鸣器不鸣叫，说明触点断开，如图 4-9a 所示。当把干簧管靠近磁铁，万用表的指针摆动，并且蜂鸣器鸣叫，说明触点闭合，如图 4-9b 所示。否则，说明干簧管损坏。

六、线路通断的测量 

检测线路板的线路是否正常时，将指针万用表置于通断测量挡，将两个表笔接在需要测

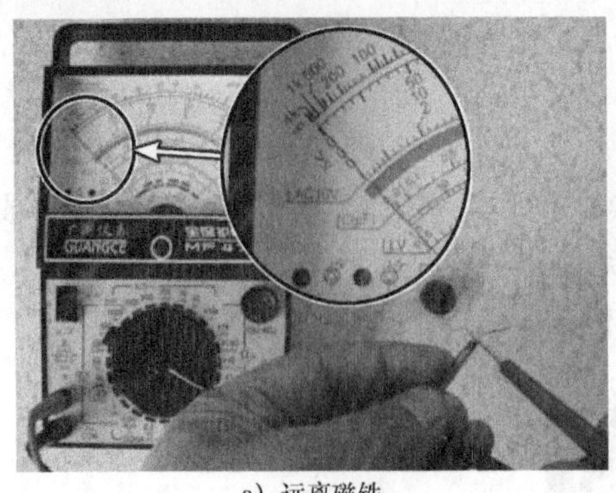

a）远离磁铁

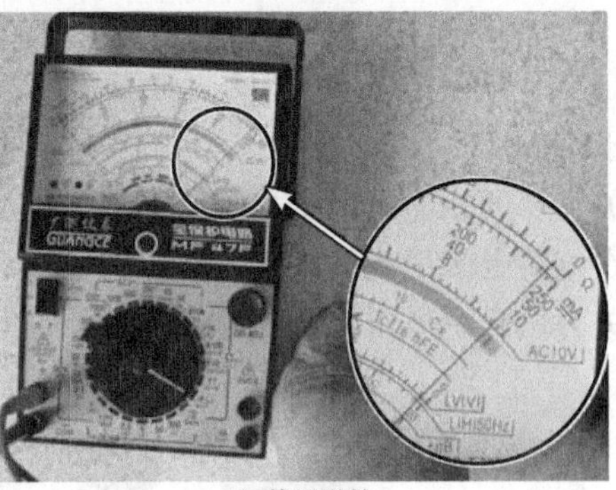

b）接近磁铁

图4-9　指针万用表通断挡非在路测量干簧管

量的线路两端元器件的焊点上，若指针摆动到0且蜂鸣器鸣叫，说明线路正常，如图4-10所示；若指针不摆动且蜂鸣器不鸣叫，说明线路开路；若时叫时停，说明线路接触不良。

七、击穿元器件的在路测量 

怀疑三极管、二极管、场效应晶体管等元器件击穿时，将万用表置于通断测量挡，对所怀疑的元器件进行在路检测，若被测的元器件击穿，则指针摆到0位置或近于0，并且蜂鸣器鸣叫，如图4-11所示，说明被测元器件或与其并联的元器件异常。

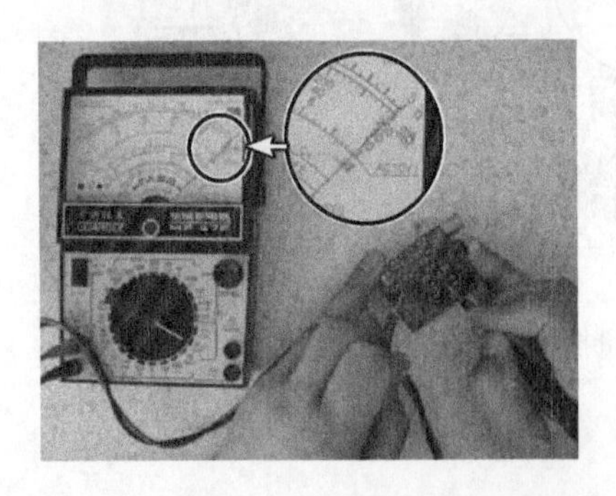

图4-10　用指针万用表通断挡测量线路

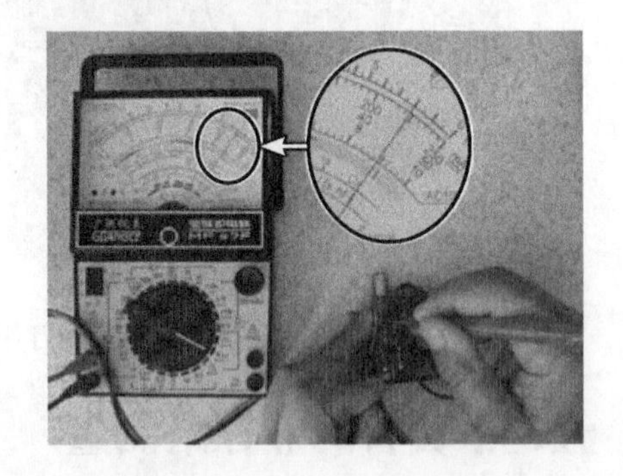

图4-11　用指针万用表通断挡检测击穿的元器件

第二节　指针万用表直流电流挡使用从入门到精通

指针万用表的直流电压测量挡通过测量元器件或单元电路的直流电流值，判断元器件或电路件是否正常的主要方法。下面以典型的MF47－F型万用表为例介绍指针万用表的直流电流测量挡使用方法从入门到精通。

提示　大部分指针万用表一般没有测量交流电流的功能，部分新型指针万用表才具有交流电流测量功能。它的使用方法和直流电流测量挡使用方法基本相同，只不过是将表笔串联在交流电路中。测量时不必区分表笔极性。

一、表笔安装与挡位选择 

测量的直流电流不足500mA时，将黑表笔（负表笔）插入“－”插孔内，将红表笔（正表笔）插入“＋”插孔内，如图4-12a所示。若需要测量大于500mA，但低于5A的大电流时，则需要将正表笔插入5A的插孔内，如图4-12b所示。

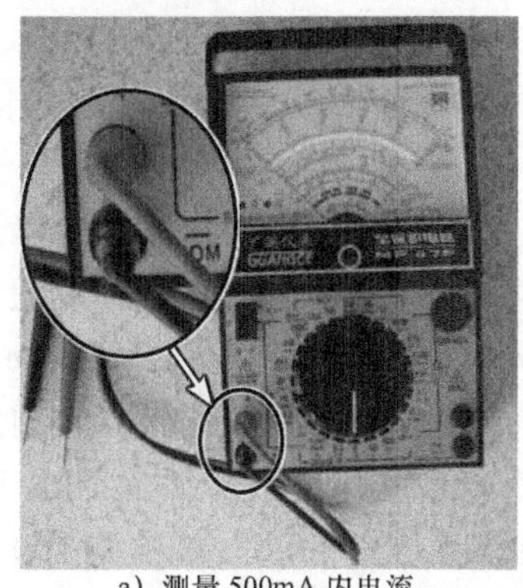

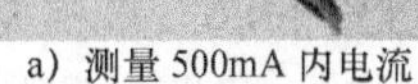

a）测量500mA内电流

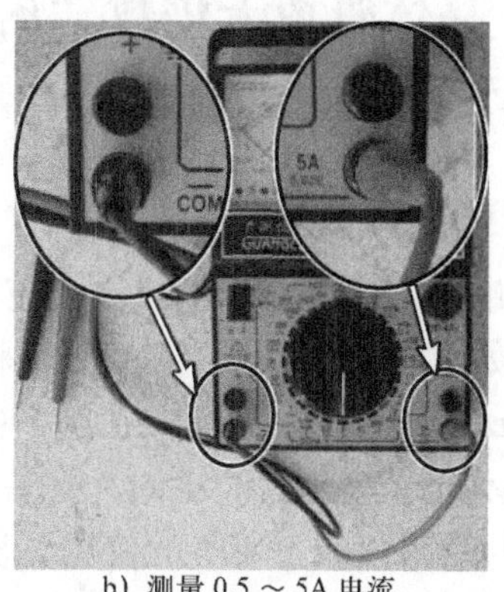

b）测量0.5～5A电流

图4-12 指针万用表的表笔安装位置

二、使用直流电流挡时的注意事项 

一是测量时，表笔必须串联在电路中，不能并联在电路内，以免电流过大导致指针撞弯，甚至导致表头过电流损坏。

二是注意表笔极性，红表笔接被测电路的高电位侧，黑表笔接在电位低侧。若极性接反，必然会导致指针向左摆动（反转），不仅容易导致指针撞弯，而且还可能损坏表头。

三是在不能确认被测直流电流范围时，应先选择较高的直流电流挡位，观察指针的摆动位置后再调整到合适的挡位，让指针摆到刻度盘的1/3～2/3的范围内比较理想。

三、直流电流挡的使用方法 

比如，测量一个指示灯电路的直流电流时，先选择5mA的直流电流挡位，如图4-13a所示；随后表笔串入电路，打开直流电源，为指示灯电路提供12V直流电压后，表笔摆到50mA刻度线上12的位置，则回路的直流电流为12除以10，等于1.2mA，如图4-13b所示。

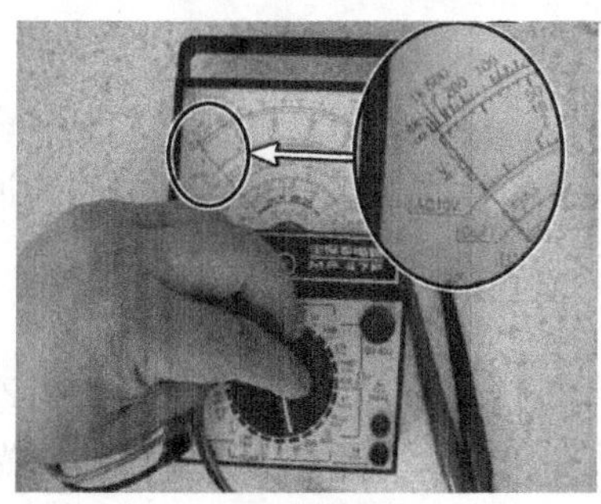

a）挡位选择

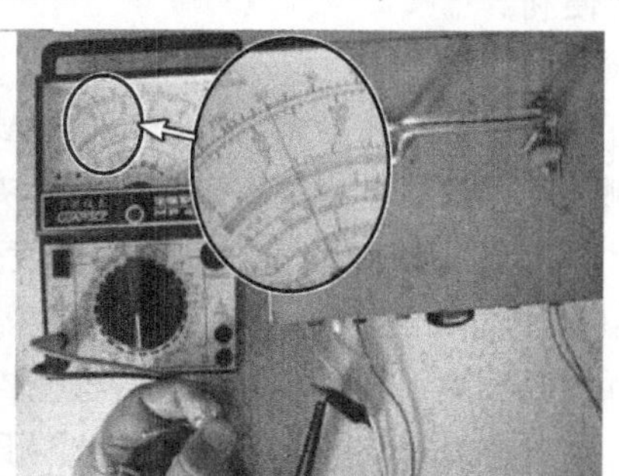

b）电流测试

图4-13 指针万用表的直流电压挡使用

第三节　指针万用表“h_{FE}”、红外发光二极管挡使用从入门到精通

一、测量晶体管放大倍数“h_{FE}” 

下面以 MF47F 型万用表为例介绍使用指针万用表测量三极管的放大倍数。测量方法如下。

第一步，表笔分别插入普通插孔（“+”、“-”插孔）内，并将量程开关置于 R×10（h_{FE}）位置，如图 4-14a 所示；第二步，短接表笔的探针并调节“Ω”旋钮，使指针指示在 0 的刻度线上，如图 4-14b 所示；第三步，将 NPN 型或 PNP 型晶体管 b、c、e 引脚对应插入面板上的 b、c、e 插孔内，指针就会偏转并停留在某一刻度，指针偏转的角度越大，说明被测晶体管的放大倍数就越大。比如，将晶体管 2SC1815 的引脚插入 NPN 型放大倍数测量孔内，表针摆到 h_{FE} 刻度线上 400 的位置，说明该晶体管的放大倍数是 400，如图 4-14c 所示。若测试的结果异常，在确认晶体管插入的引脚准确时，说明被测晶体管异常。

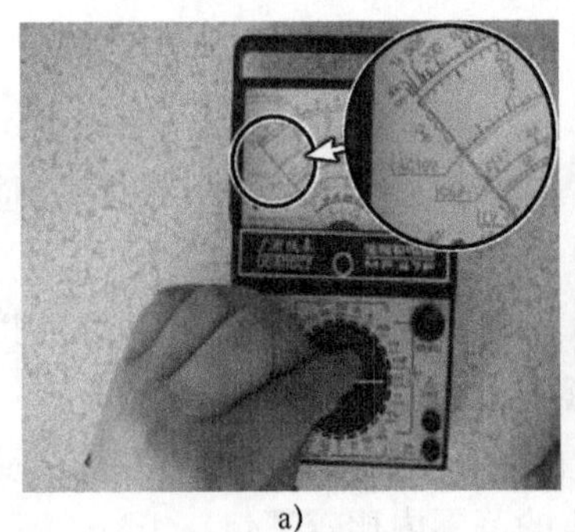

a)

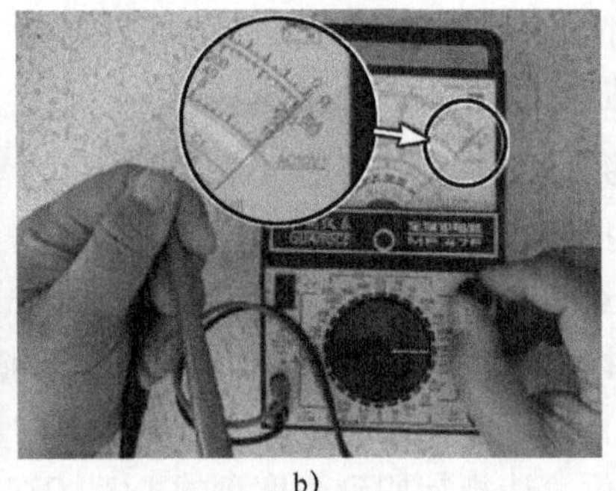

b)

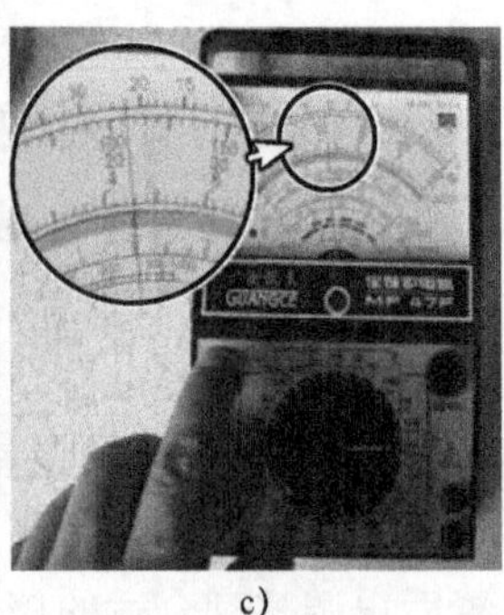

c)

图 4-14　指针万用表的 h_{FE} 挡使用

二、测量遥控器/红外发光二极管 

新型的 MF47F 等万用表上具有红外发光二极管测量功能，这给检测遥控器和红外发光二极管带来了便利。

1. 检测遥控器

将指针万用表置于红外发光二极管检测 DATA 挡位上，再将遥控器的发射窗口对准表头上的红外检测管上，按遥控器的按键时，若表头上的接收二极管会闪烁发光，说明被测的遥控器基本正常，如图 4-15 所示。若不能闪烁发光，说明被测的遥控器异常。

2. 检测红外发光二极管

将指针万用表表置于红外发光二极管检测挡位上，再将红外发光二极管对准表头上的红外检测管上，随后把另一块 MF47 型万用表置于 R×1 挡，用黑表笔接红外发光二极管的正极，用红表笔接它的负极，正常时表头上的接收二极管会闪烁发光，如图 4-16 所示。若不能闪烁发光，说明被测的红外发光二极管异常。

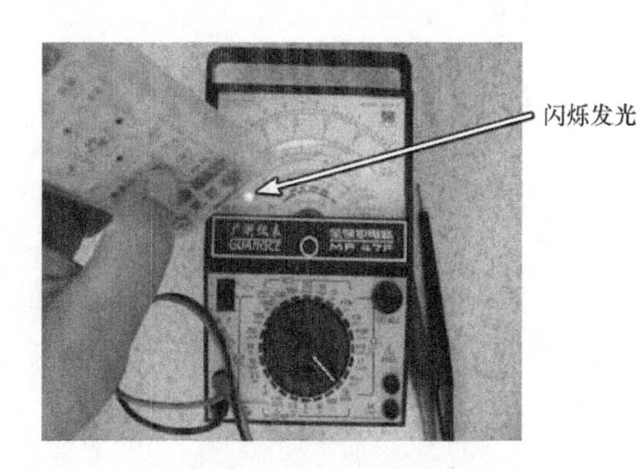

图 4-15 遥控器的检测

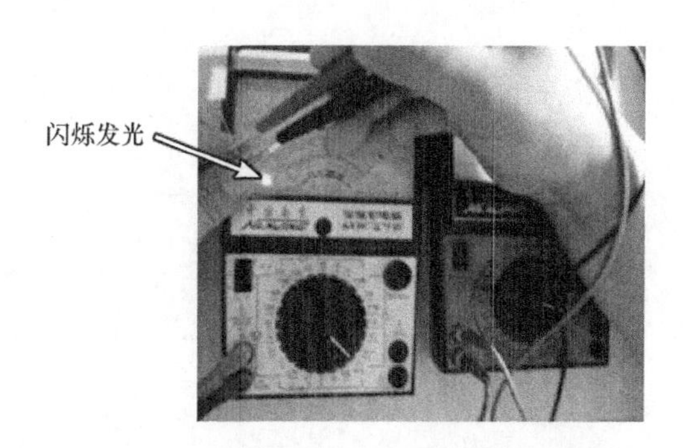

图 4-16 红外发光二极管检测挡的使用

数字万用表使用从入门到精通篇

本篇详细介绍了数字万用表的基本测量功能与使用技巧，这些无论是对于初学者，还是对于电子产品维修人员都是极为重要的。

第五章

数字万用表电阻挡使用从入门到精通

数字万用表的电阻挡不仅可通过测量元器件的非在路阻值、在路阻值，判断元器件是否正常，而且在测量扬声器、晶闸管、光耦合器等特殊元器件时还可以为其提供导通电流，模拟它们的工作状态。

第一节 数字万用表电阻挡使用入门

一、安装表笔 

下面以常见的DT9205L型数字万用表为例介绍数字万用表电阻挡使用的入门知识。如图5-1所示，DT9205L的面板上有“10A”、“mA”、“VΩCAP”和“COM”4个插孔，使用电阻挡测量时，应将红表笔（正表笔）插入“VΩCAP”插孔内，将黑表笔（负表笔）插入“COM”或插孔内，如图5-2所示。

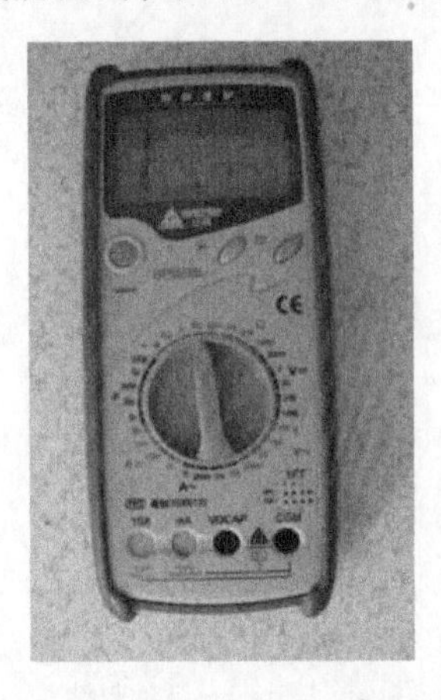

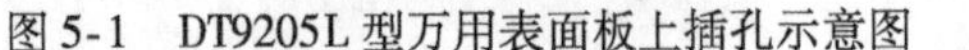

图5-1 DT9205L型万用表面板上插孔示意图

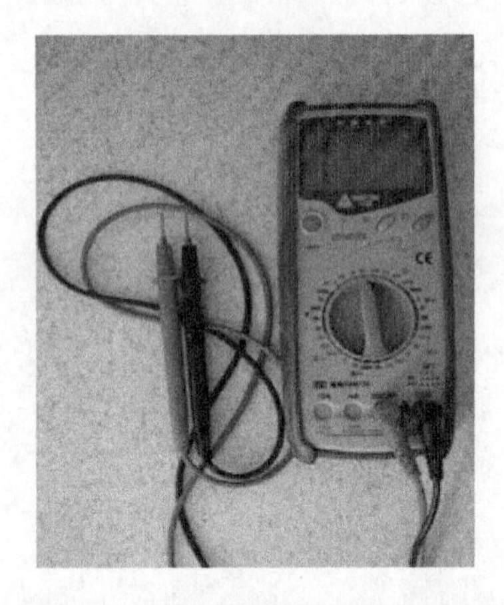

图5-2 DT9205L型万用表使用电阻挡时表笔的安装

> **提示** 部分数字万用表的红表笔的插孔用“+”做标记。

二、抓握表笔的方法 

抓握数字万用表的表笔与指针万用表一样，也有单手抓握和双手抓握两种方法。可参考指针万用表电阻挡使用入门部分。

三、量程选择与阻值读取方法 

测量电阻时，插好表笔并将量程开关拨至Ω挡的合适量程，如图5-3a所示。如果被测电阻值超出所选择量程的测量范围，显示屏显示的数值为“1”，这时应选择更高的量程。比如，用20k电阻挡测量56kΩ电阻时，显示屏显示的数值为1，说明该挡位量程不够，如图5-3b所示；将旋钮旋置200k挡时，显示屏显示56.1的数值，如图5-3c所示。

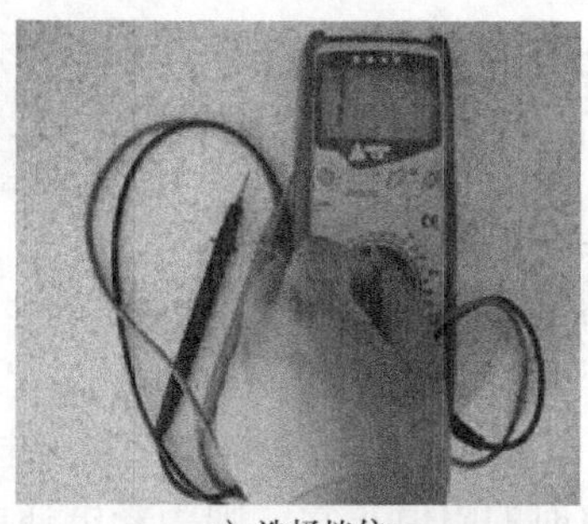

a）选择挡位

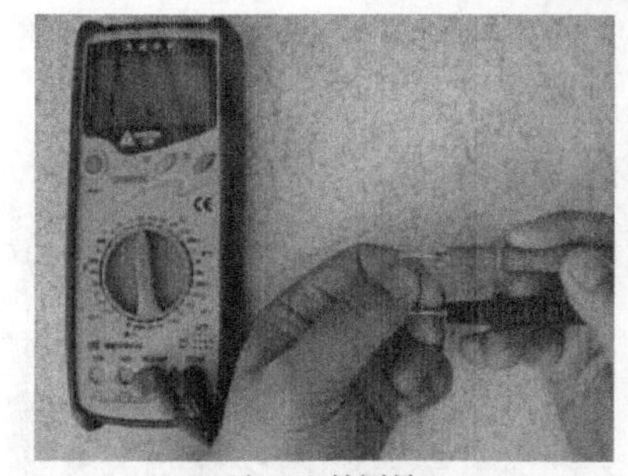

b）20k挡测量

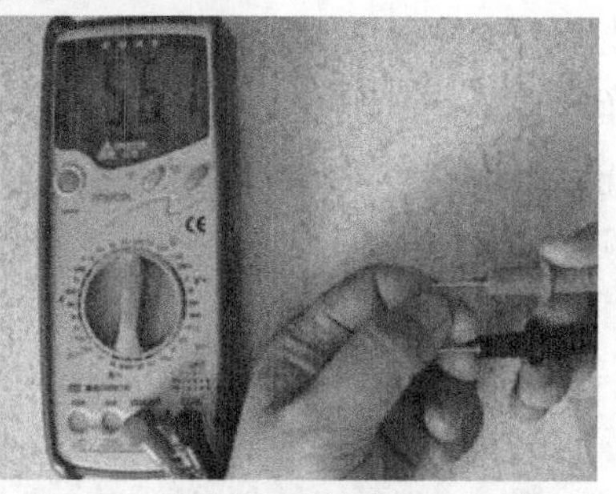

c）200k挡测量

图5-3　数字万用表电阻挡量程选择与数值读取

四、电阻挡在路测量时的注意事项 

一是采用电阻挡在路检测元器件是否正常时，必须要在断电的条件下进行，否则可能会导致被测元器件损坏，也可能会导致万用表损坏。

二是若被测元器件与电阻、电感等元器件并联时，可能会导致检测的数值较小，因此数值误差较大时还需通过非在路测量法进一步确认。

三是在路测量开关电源热地部分的开关管等元器件时，需要确认300V供电滤波电容是否存储电压，若存储较高的电压，需将存储的电压释放后，才能采用电阻挡在路测量开关管等元器件，否则轻则会导致开关管或万用表损坏，重则会发生触电事故。

第二节　数字万用表电阻挡在路测量元器件从入门到精通

下面以DT9205L型数字万用表为例介绍电阻挡在路测量电阻等元器件的在路阻值，判断元器件是否正常的方法与技巧。

一、普通电阻的在路测量 ★

怀疑电路板上的电阻阻值增大或电阻开路时，可采用数字万用表的电阻挡在路测量。下面以33Ω/2W电阻为例进行介绍。首先，将数字万用表置于200Ω电阻挡，检测该电阻的阻值为33.3Ω，如图5-4所示。若阻值过大，说明电阻异常。

图5-4　数字万用表在路检测普通电阻

二、热敏电阻的在路测量 ★

怀疑电路板上的热敏电阻阻值增大或减小时，可采用数字万用表的电阻挡在路测量。下面以12Ω的彩电消磁电阻为例介绍正温度系数热敏电阻的检测方法。检测方法与步骤如图5-5所示。

首先，将万用表置于200Ω电阻挡，未加电前，检测该电阻的阻值为12.4Ω，若阻值过大，说明它已损坏；确认未通电时的阻值正常，则为彩电通电1min后断电，拔掉消磁线圈测它的阻值能否增大到无穷大，若可以，说明它的正温度特性基本正常；若不能，说明它的热敏性能下降，需要更换。

a）未通电前检测

b）通电后检测

图5-5　用数字万用表在路检测彩电消磁电阻

三、压敏电阻的在路测量

将万用表置于200MΩ电阻挡，两个表笔接压敏电阻的引脚，就可以测出压敏电阻的阻值，如图5-6所示。

图5-6　数字万用表在路测量压敏电阻

提示　由于压敏两端并联了滤波电容，所以初始检测时因电容充电会有一定的阻值，待充电结束后，阻值应为无穷大。若阻值较小，说明它已损坏。一般情况下，压敏电阻击穿损坏后表面多会出现裂痕或黑点。另外，许多电气设备的压敏电阻与电源变压器的一次绕组并联，由于变压器的一次绕组的阻值较小，所以检测时应采用 2k 电阻挡检测或悬空压敏电阻的一个引脚电阻后，通过检测它的非在路阻值来确认它是否正常，以免误判。

四、电磁炉电流互感器的在路测量 

由于电流互感器的绕组的阻值较小，所以可以用数字万用表的 200Ω 电阻挡进行测量。下面以典型的电磁炉为例进行介绍，其一次绕组的阻值为 1.2Ω（实际是 0），二次绕组的电阻阻值为 65.8Ω，如图 5-7 所示。

a）一次绕组

b）二次绕组

图 5-7　用数字万用表在路测量电流互感器

五、彩显显像管灯丝的在路测量 ★

测量彩显显像管灯丝电阻比较方便，只要测量其供电电源滤波电容两端阻值即可，将数字万用表置于 200Ω 挡，两个表笔接在灯丝电源滤波的两引脚上，屏幕显示的数字为 6.5 左右，说明显像管灯丝阻值为 6.5Ω 左右，如图 5-8 所示。若测得阻值偏离较大，甚至为无穷大，说明显像管灯丝断路。

图 5-8　彩显显像管灯丝的在路测量

提示　由于新型彩显的显像管灯丝供电几乎都是采用直流供电方式，所以测量显像管灯丝的阻值时不需要拔下管座，直接在电路板上测量就可以的。但若阻值较大，则需要拔下管座进行测量，以免管座损坏引起误判。不过，这种情况是很少见的。而测量彩电显像管灯丝时必须要拔下管座或断开灯丝供电线路后测量。

第三节　数字万用表电阻挡非在路测量元器件从入门到精通

电阻挡的非在路测量就是通过直接测量元器件阻值，判断元器件是否正常的方法。当在路测量阻值不正常或对准备更换的备用电阻都要采用非在路的方式测量。下面以 DT9205L 型数字万用表为例介绍电阻挡在路测量电阻等元器件的非在路阻值，判断元器件是否正常的方法与技巧。

一、普通电阻的非在路测量 

当在路检测阻值异常或对准备更换的备用电阻都需要进行非在路检测它的阻值是否正常，检测方法如图 5-9a 所示。

首先选择合适的电阻挡位，随后将万用表的表笔接在被测电阻两端，若检测的阻值与标称值相同，说明该电阻正常；若阻值大于标称值，说明该电阻的阻值增大或开路。固定电阻一般不会出现阻值变小的现象。

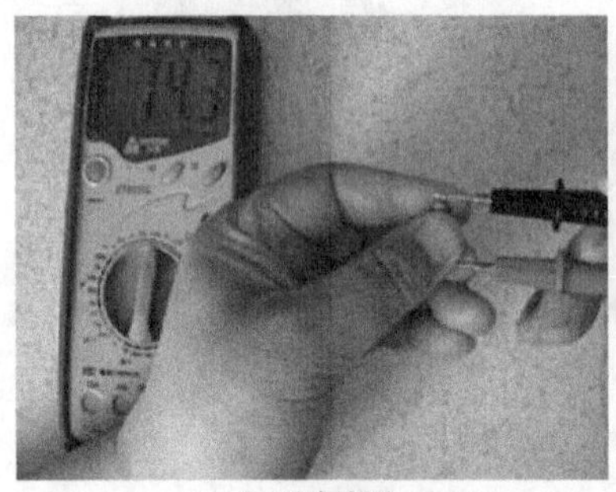

a）正确检测

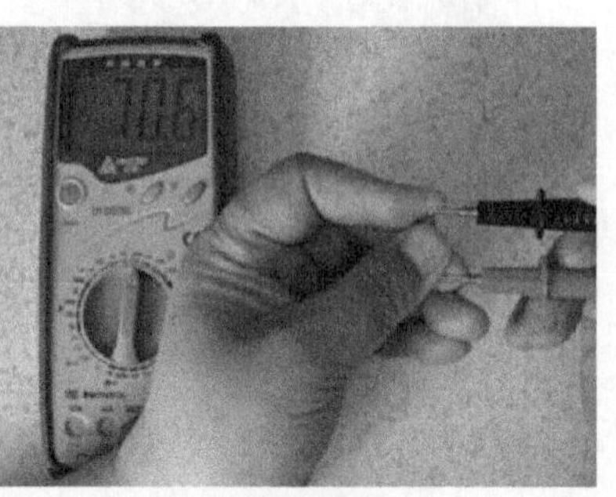

b）错误检测

图 5-9　万用表非在路检测普通电阻

> **注意**　检测大阻值电阻，尤其是阻值超过几十千欧的电阻时，不能用手同时接触被测电阻的两个引脚，以免人体的电阻与被测电阻并联后，导致检测的数据低于正常值。当手指接触图 5-9a 所示电阻的引脚后，阻值就会减小，如图 5-9b 所示。另外，若被测电阻的引脚严重氧化，应在检测前用刀片、锉刀等工具将氧化层清理干净，以免误判。

二、可调电阻的非在路测量 

首先测两个固定端间的阻值等于标称值，再分别测固定端与可调端间的阻值，并且两个固定端与可调端间阻值的和等于两个固定端间的阻值，说明该电阻正常；若阻值大于标称值或不稳定，说明该电阻变值或接触不良。下面以 4.7kΩ 可调电阻为例介绍可调电阻的检测方法。

参见图 5-10，首先测两个固定脚间的阻值等于标称值，如图 5-10a 所示；随后，再分别测固定脚与可调脚间的阻值，如图 5-10b、c 所示。若两个固定脚与可调脚之间的阻值相

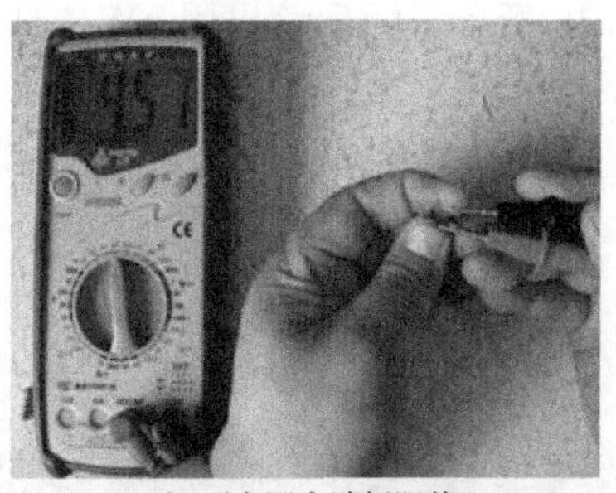

a）两个固定端间阻值

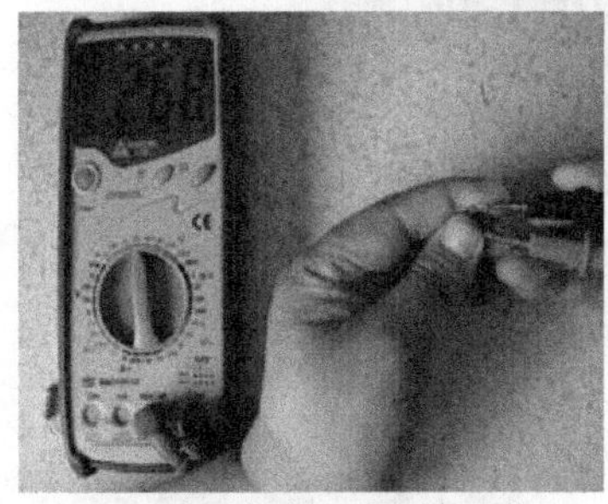

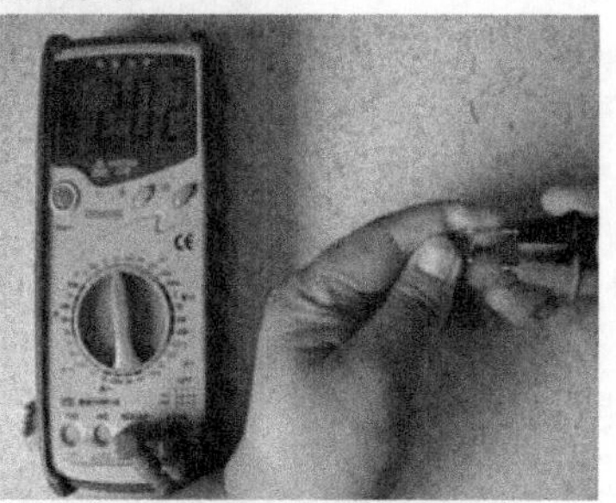

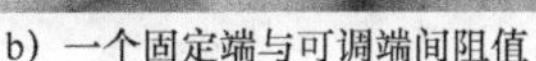

b）一个固定端与可调端间阻值　　c）另一个固定端与可调端间阻值

图 5-10　数字万用表电阻挡检测可调电阻

加后等于两个固定脚间的阻值，说明该电阻正常；若阻值大于正常值或不稳定，说明该电阻变值或接触不良。

提示　可调电阻损坏后主要会出现开路、阻值增大、阻值变小、接触不良或引脚脱焊的现象。可调电阻氧化是接触不良和阻值不稳定的主要原因。

三、压敏电阻的非在路测量 

在路测量压敏电阻的阻值异常或购买压敏电阻时，则需要非在路测量确认是否正常。首先，将万用表置于200MΩ 电阻挡，两个表笔接压敏电阻的引脚，若阻值为无穷大，则说明被测电阻正常，否则，说明被测电阻异常，如图 5-11 所示。

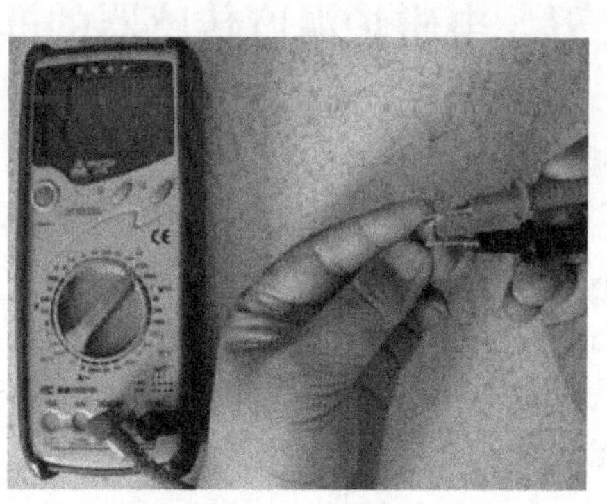

图 5-11　数字万用表非在路测量压敏电阻

四、彩电消磁电阻的非在路测量 

下面以 12Ω 的彩电消磁电阻为例介绍正温度系数热敏电阻的非在路测量方法。

室温状态下，将万用表置于 200Ω 挡，测量该电阻的阻值为 13Ω，如图 5-12a 所示。若阻值偏离正常值过多，则说明它损坏。确认室温状态下的阻值正常后，用电烙铁为它加热，使它表面的温度升高，如图5-12b所示。随后，再用2M挡测量它的阻值迅速增大，接近无穷大，说明它的热敏性能正常，如图5-12c所示。否则，说明它的热敏性能下降，需要更换。

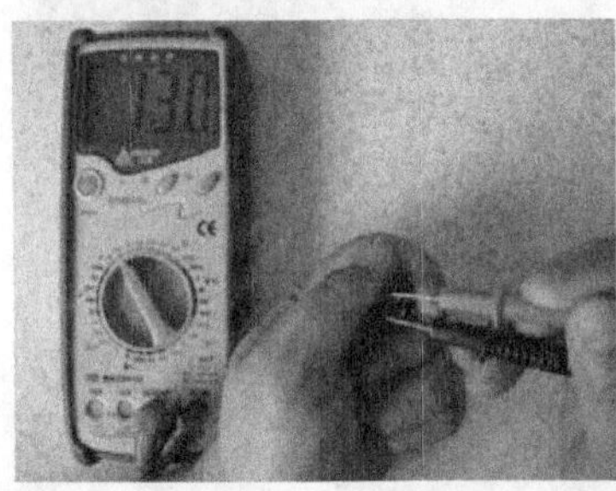

a）室温下检测

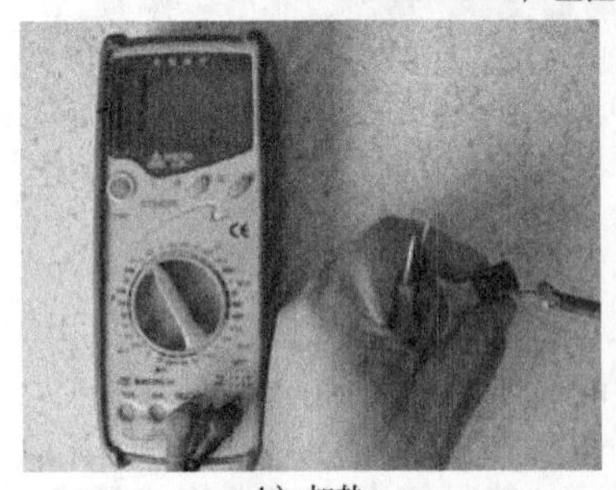

b）加热

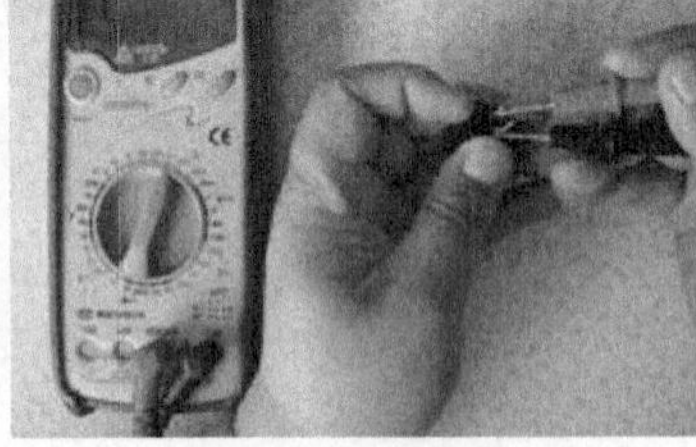

c）加热后检测

图5-12　数字万用表非在路测量彩电消磁电阻

提示　电冰箱采用的PTC型起动器也是正温度系数的热敏电阻，也可以采用该方法确认它是否正常。

五、电磁炉温度传感器的非在路测量

下面以电磁炉功率管温度传感器（负温度系数热敏电阻）为例介绍电磁炉温度传感器的测量方法。

室温状态下，用200k电阻挡测量该热敏电阻的阻值为57.7k，如图5-13a所示，说明它基本正常。在室温状态下，若阻值过小，说明它漏电；若阻值过大，说明它开路。确认室温状态下的阻值正常后，用电烙铁为其加热，使其表面温度升高，如图5-13b所示。加热后，测量其阻值迅速减小为46.4kΩ，如图5-13c所示，说明它的热敏性能正常。若加热后阻值不能下降，说明它的热敏性能变差。

注意　不同品牌的电磁炉功率管温度传感器采用的负温度系数热敏电阻的阻值不尽相同，更换时要注意，不要换错。

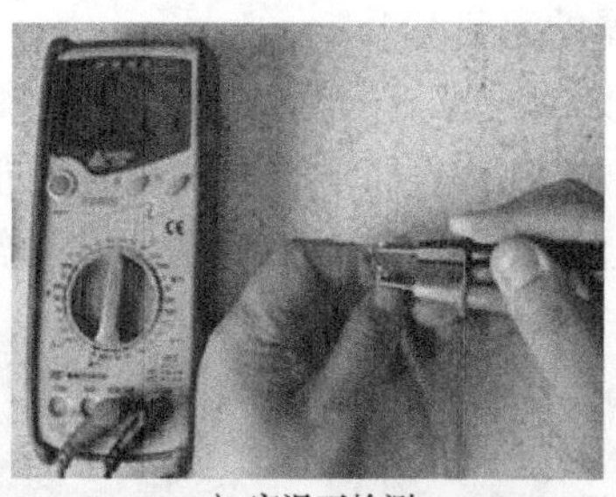

a）室温下检测

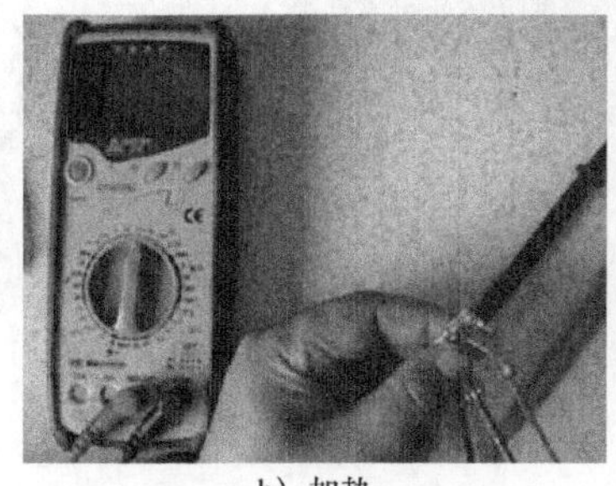

b）加热

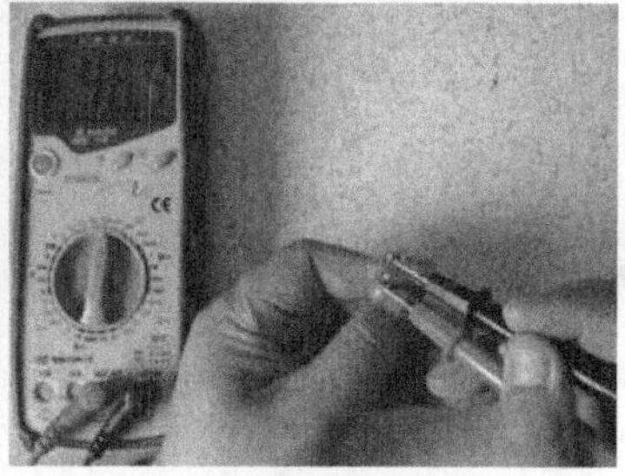

c）加热后检测

图 5-13　数字万用表非在路测量电磁炉功率管温度传感器

六、空调器温度传感器的非在路测量 

提示　不同品牌空调器的温度传感器采用的负温度系数热敏电阻的阻值可能有所不同，使用中要加以区别。

1. 空调室内环境温度传感器的测量

在室温状态下，用 200k 挡测量的该传感器的阻值为 23.1kΩ，如图 5-14a 所示，说明该电阻基本正常。若阻值偏离过大，说明该电阻异常。

确认该电阻在室温状态下的阻值正常后，将其放入盛有热水的玻璃杯内为其加热，再测量其阻值迅速减小为 8.21kΩ，如图 5-14b 所示，说明它的热敏性能基本正常。否则，说明它的热敏性能变差。

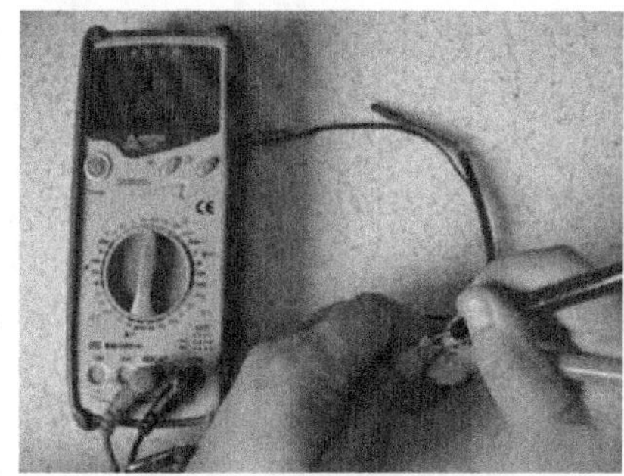

a）室温下测量

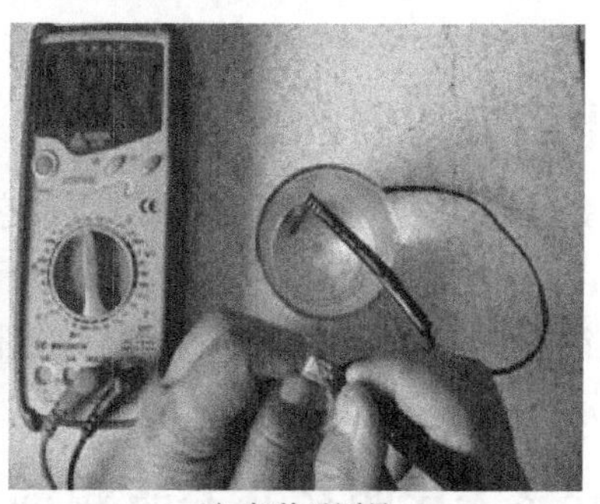

b）加热后测量

图 5-14　空调器室内环境温度传感器的非在路测量

2. 空调室内盘管温度传感器的测量

在室温状态下，用200k挡测量的该传感器的阻值为9.8kΩ，确认室温状态下的阻值正常后，将其放入盛有热水的玻璃杯内为其加热，再测量其阻值迅速减小为6.83kΩ，如图5-15所示。若室温下阻值过大或过小，并且加热后阻值不能正常减小，则说明它已损坏。

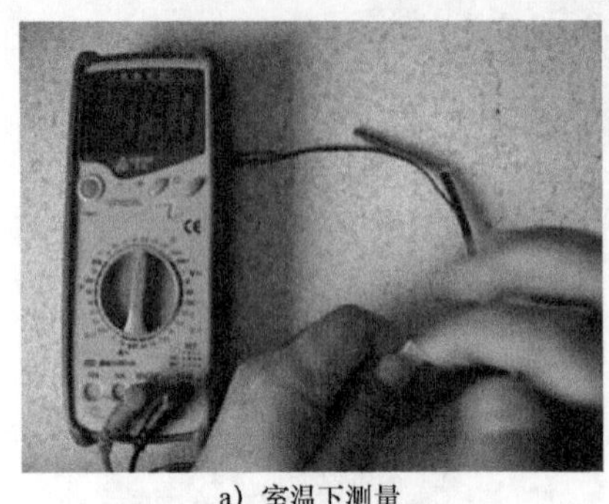

a）室温下测量　　b）加热后测量

图5-15　空调器室内盘管温度传感器的非在路测量

3. 空调室外盘管温度传感器的测量

室温状态下，用R×1k挡测量的该传感器的阻值为50kΩ，如图5-16a所示；确认室温状态下的阻值正常后，将其放入盛有热水的玻璃杯内为其加热，再测量其阻值迅速减小为27kΩ，如图5-16b所示。若室温下阻值过大或过小，并且加热后阻值不能正常减小，则说明它已损坏。

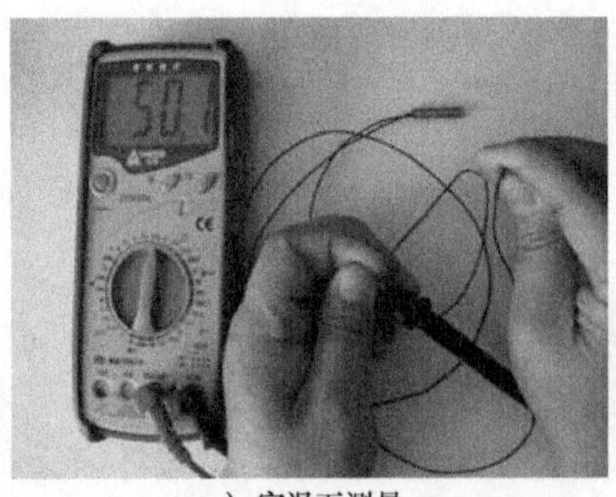

a）室温下测量

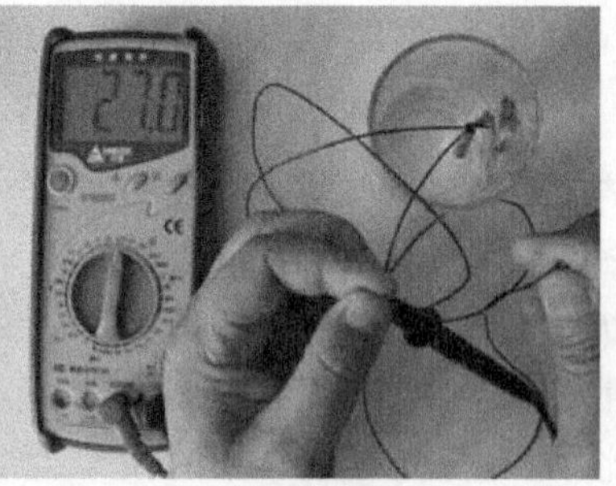

b）加热后测量

图5-16　空调器室外盘管温度传感器的非在路测量

七、电源变压器的非在路测量 

因普通变压器多为降压型变压器，所以它的一次绕组的阻值较大，而它的二次绕组阻值较小。下面以空调通用电路板变压器为例进行介绍。

用2k挡测它的一次绕组非在路阻值如图5-17a所示，用200Ω挡测量二次绕组阻值如图5-17b所示。若某个绕组的阻值为无穷大，则说明此绕组有断路性故障。

八、开关变压器的非在路测量 

用万用表200Ω或二极管挡测开关变压器测每个绕组的阻值，正常时阻值较小，如图

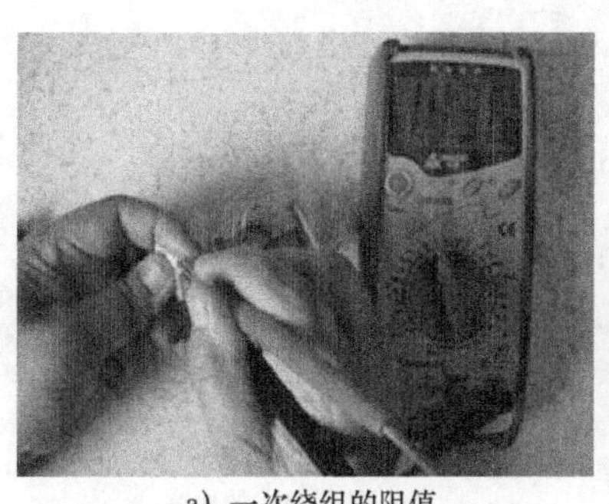

a）一次绕组的阻值

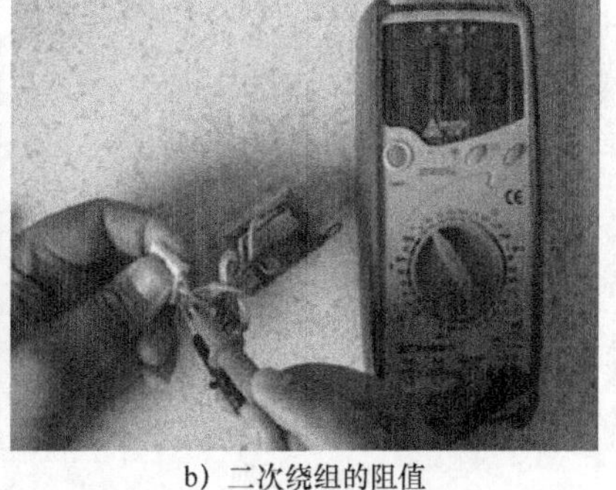

b）二次绕组的阻值

图 5-17　用万用表非在路测量普通变压器一次、二次绕组阻值

5-18所示。若阻值过大或无穷大，说明绕组开路；若阻值时大时小，说明绕组接触不良。

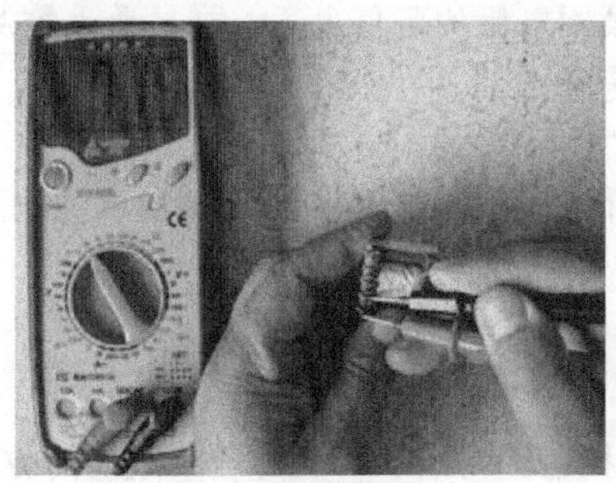

a）一次绕组

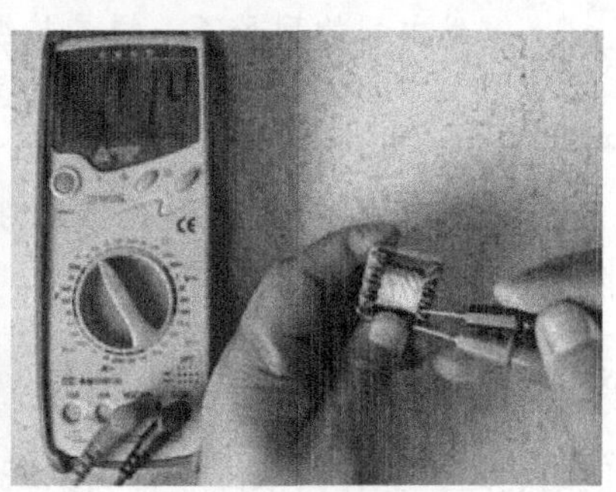

b）二次绕组

图 5-18　开关变压器的非在路测量

提示　开关变压器的故障率较低，但有时也会出现绕组匝间短路或绕组引脚根部漆包线开路的现象。

方法与技巧　由于用万用表很难确认绕组匝间短路，所以最好采用同型号的高频变压器代换检查；引脚根部的铜线开路时，多会导致开关电源没有一种电压输出，这种情况可直接更换或拆开变压器后接好开路的部位。

九、电磁继电器的非在路测量 

下面以常见的 12V 直流电磁继电器为例介绍电磁继电器的检测方法。

未加电检测。将数字万用表置于 2k 挡，将两表笔分别接到继电器线圈的两引脚，检测线圈的阻值为 398Ω，如图 5-19a 所示。若阻值与标称值基本相同，表明线圈良好；若阻值为∞，说明线圈开路；若阻值过小，则说明线圈短路。但是，通过万用表检测线圈的阻值很难判断线圈是否匝间短路的。

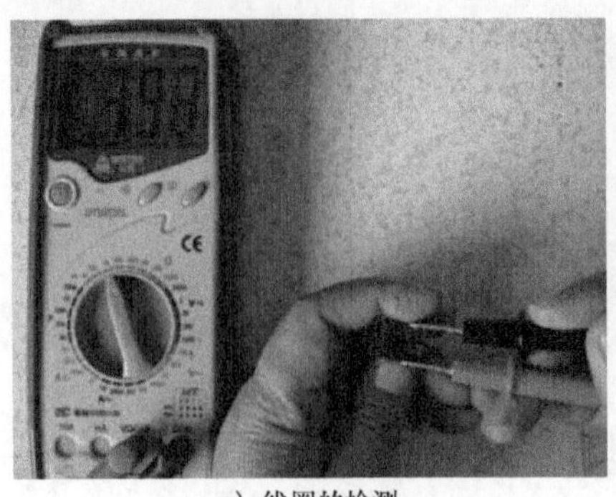

a）线圈的检测

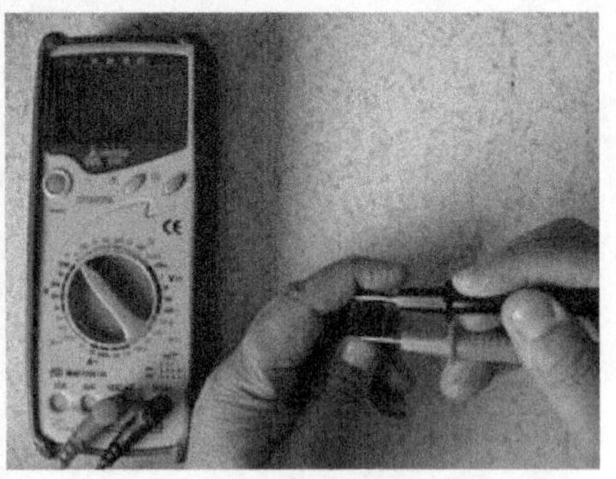

b）常开触点的检测

图 5-19　数字万用表电阻挡非在路检测电磁继电器

提示　继电器的型号不一样，其线圈电阻的阻值也不一样，通过检测线圈的直流电阻，可初步判断继电器是否正常。

参见图 5-19b，将万用表置于 2k 挡或通断测量挡，表笔接到常开触点两引脚间的阻值应为∞；若阻值为 0，说明触点粘连。

十、遥控接收器的非在路测量

维修不能进行遥控操作的故障时，确认遥控器正常后，可通过测量阻值的方法判断遥控接收器是否正常。测量方法如图 5-20 所示。

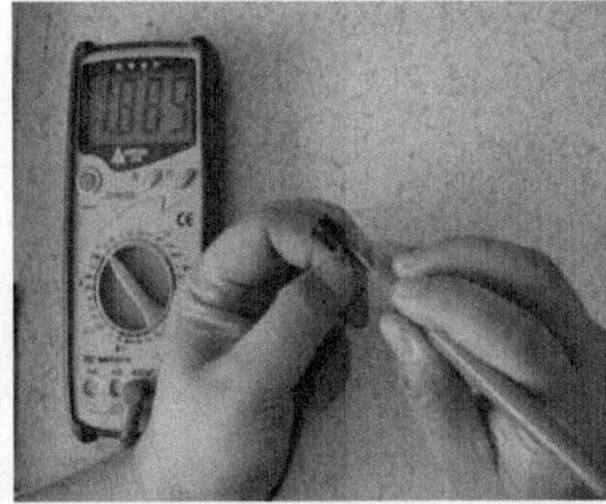

a）黑表笔接地端，红表笔接 5V 供电端

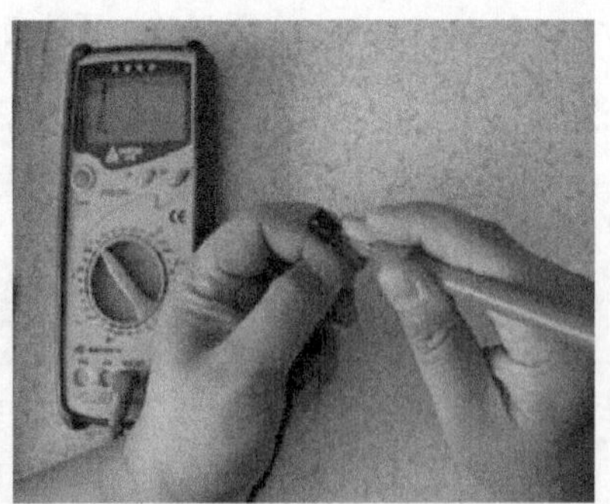

b）黑表笔接地端，红表笔接信号输出端

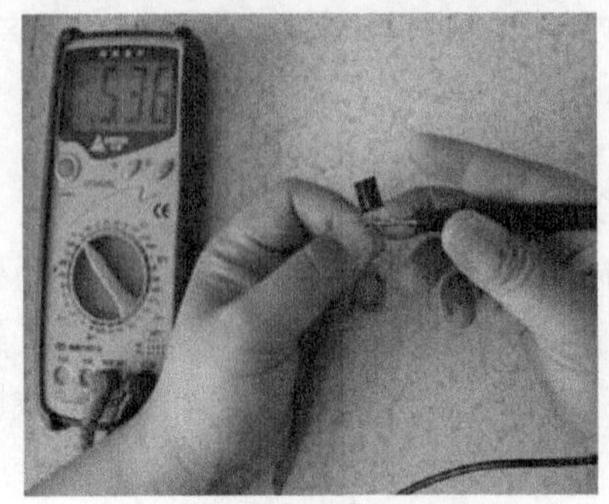

c）红表笔接地端，黑表笔接 5V 供电端

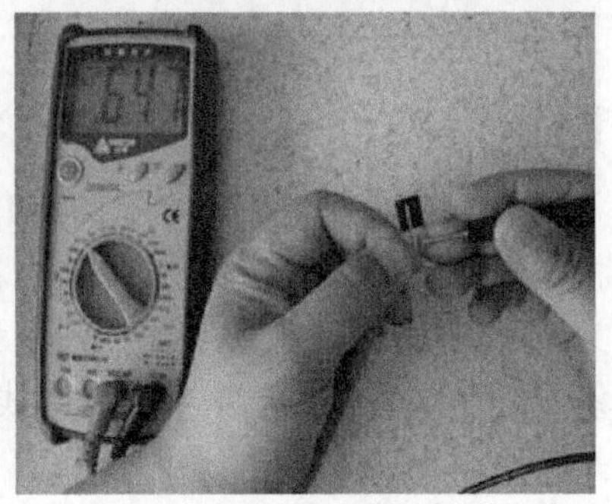

d）红表笔接地端，黑表笔接信号输出端

图 5-20　万用表检测遥控接收器

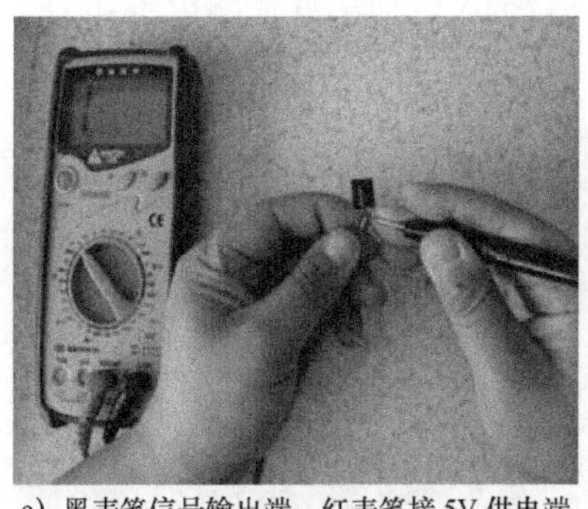
e）黑表笔信号输出端，红表笔接5V供电端

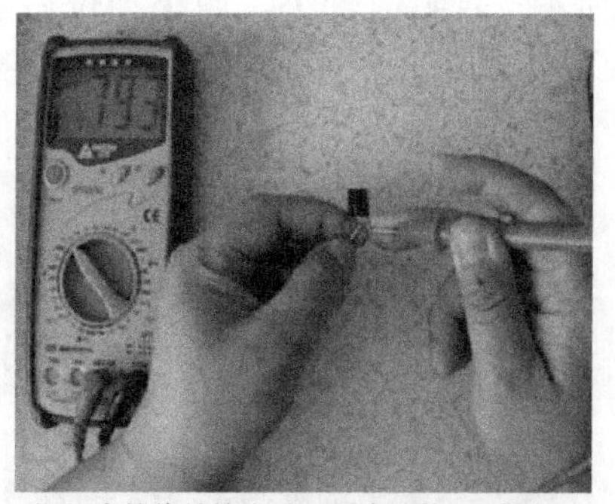
f）红表笔信号输出端，黑表笔接5V供电端

图5-20　万用表检测遥控接收器（续）

十一、磁控管的非在路测量 ★

1. 灯丝的检测

将数字万用表置于200Ω挡，用两个表笔测磁控管灯丝两个引脚间的阻值，正常时显示屏显示的数值为0.07，如图5-21所示。若阻值过大或无穷大，说明灯丝不良或开路。

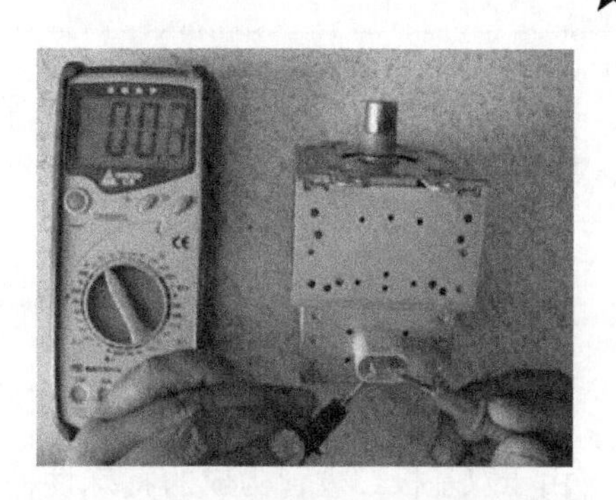
图5-21　万用表电阻挡非在路检测磁控管灯丝

2. 绝缘性能的检测

采用数字万用表测量绝缘性能时应采用200MΩ挡，而采用指针万用表测量时，应置于R×10k挡。

（1）灯丝与外壳的绝缘性能检测

将万用表置于200MΩ挡，测磁控管灯丝引脚、外壳间的电阻，正常时阻值应为无穷大，如图5-22a所示；若阻值较小，调小挡位后阻值仍小，则说明有漏电或击穿，如图5-22b所示。

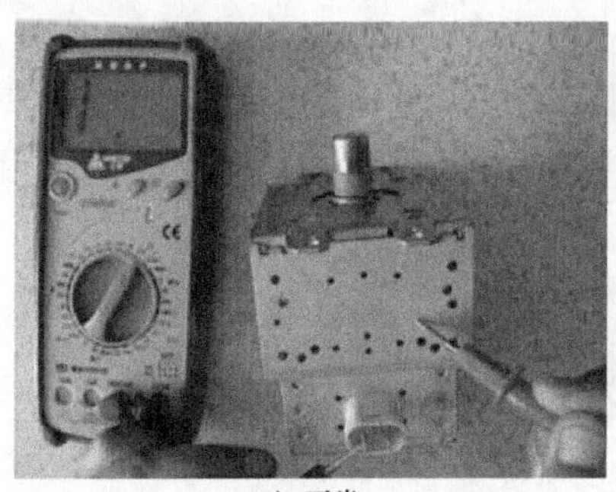
a）正常

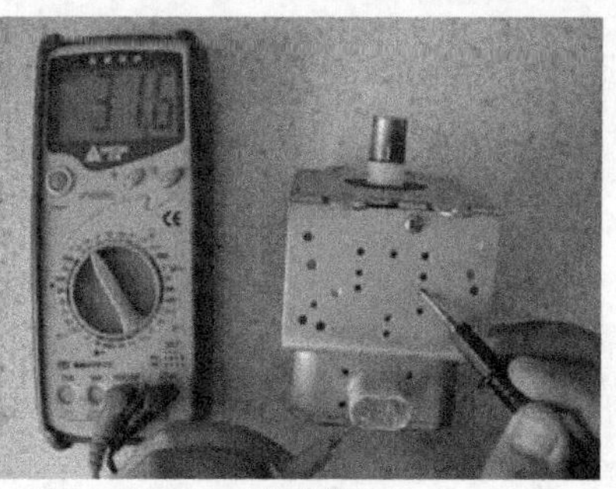
b）击穿

图5-22　万用表检测磁控管灯丝绝缘性能

（2）天线与外壳的绝缘性能检测

将万用表置于200MΩ挡，测磁控管天线引脚、外壳间的电阻，正常时阻值应为无穷大，

如图5-23a所示；若阻值较小，调小挡位后阻值仍小，则说明有漏电或击穿，如图5-23b所示。

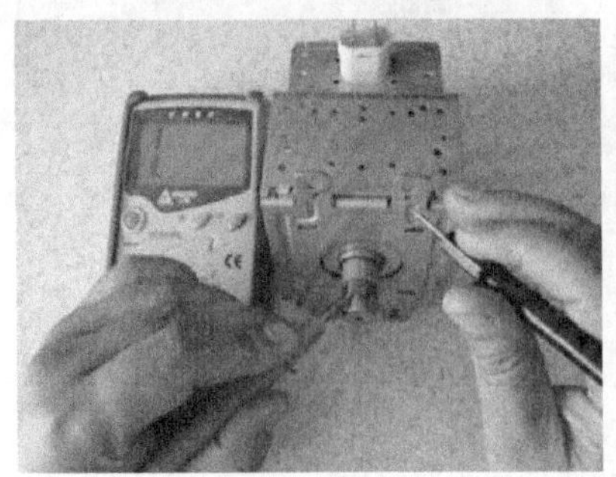
a）正常

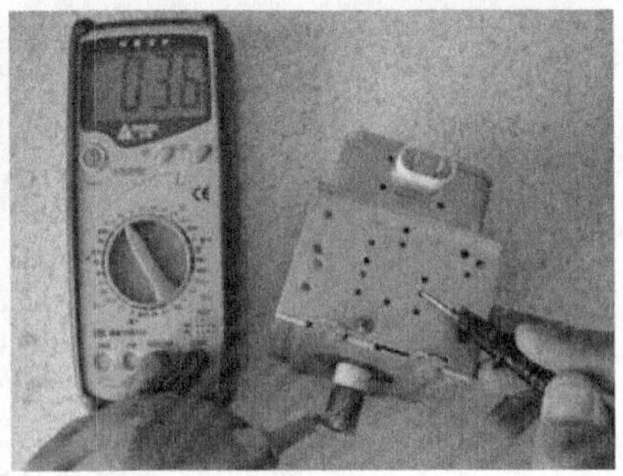
b）击穿

图5-23　万用表检测磁控管天线绝缘性能

提示　若磁控管的阻值正常。怀疑它的性能不良时，最好采用代换法进行判断。磁控管损坏后，要应检查高压熔断器、高压电容、高压二极管和高压变压器是否正常。

十二、双基极二极管的非在路测量

由于双基极二极管构成的特殊性，所以使用数字万用表测试双基极二极管时，应采用20kΩ挡进行测量，检测方法如图5-24所示。

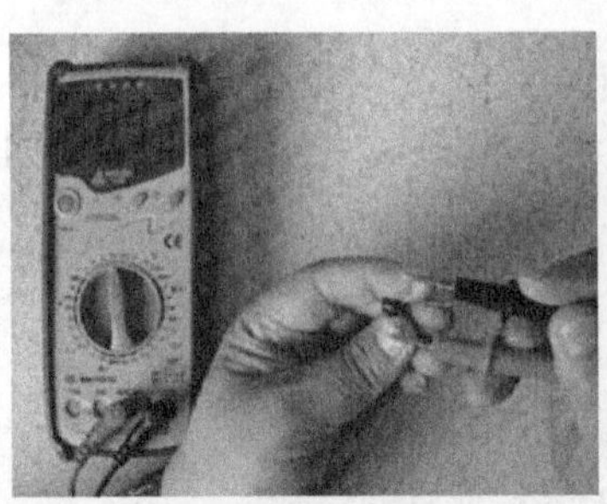
a）B1、E正向电阻

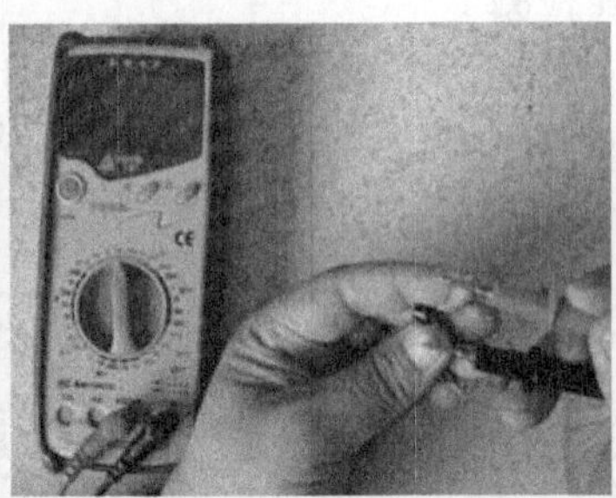
b）B1、E反向电阻

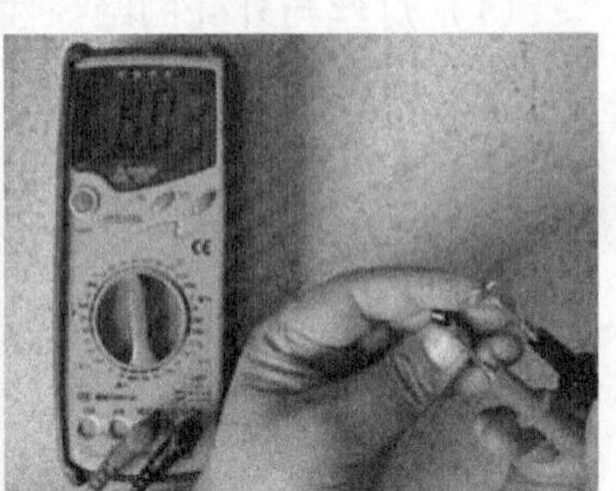
c）B2、E正向电阻

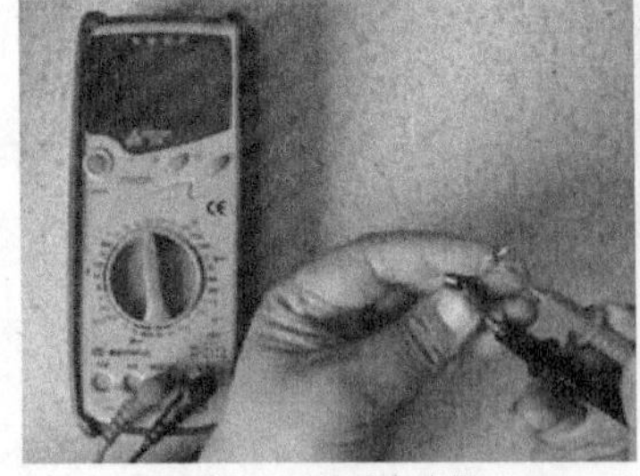
d）B2、E反向电阻

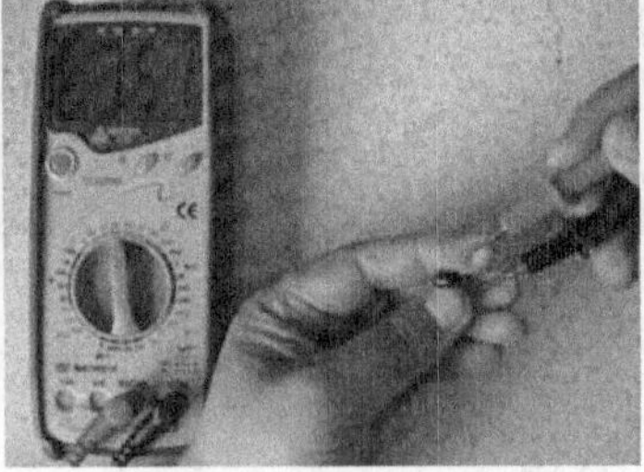
e）B1、B2正向电阻

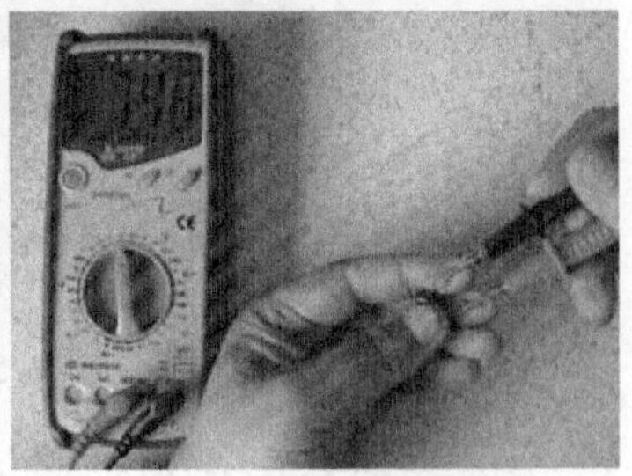
f）B1、B2反向电阻

图5-24　用数字万用表非在路检测双基极二极管

首先，将红表笔接双基极二极管 BT33F 的 E 极，黑表笔接它的 B1 极，测得的正向阻值为 11.51kΩ 左右；调换表笔后，测得的反向阻值为无穷大。红表笔接 B2 极时，黑表笔接 E 极时，测得的正向阻值为 8.85kΩ 左右；调换表笔后，反向阻值为无穷大。而两个基极间的正、反向电阻值基本相同，为 8.1kΩ 左右。

> **提示** 许多双基极二极管的引脚排列通过外观就可以确认，BT31 ~ BT33 等型号的双基极二极管的引脚位置如图 5-25 所示。

十三、电流互感器的非在路测量 ★

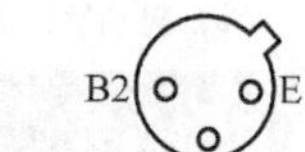

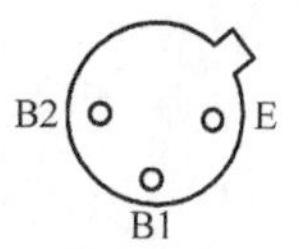

图 5-25　BT31 ~ BT33 等双基极二极管的引脚排列

由于电磁炉、空调器等电子设备用的电流互感器基本相同，下面以电磁炉用电流互感器为例介绍电流互感器的检测方法。

将数字万用表置于 200Ω 电阻挡，表笔接在一次、二次绕组的引脚上，就可以测量绕组的阻值，如图 5-26 所示。

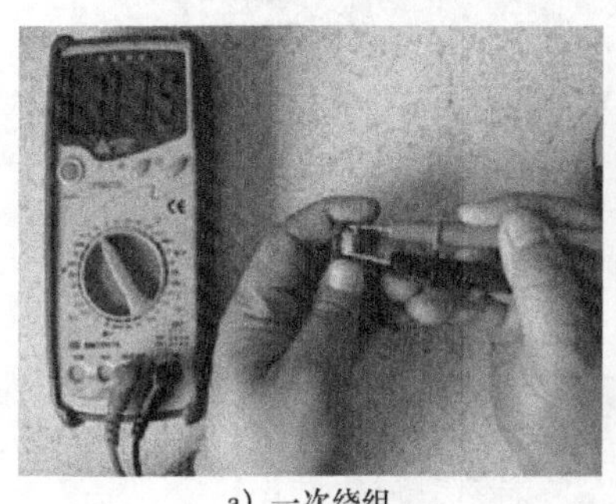

a）一次绕组

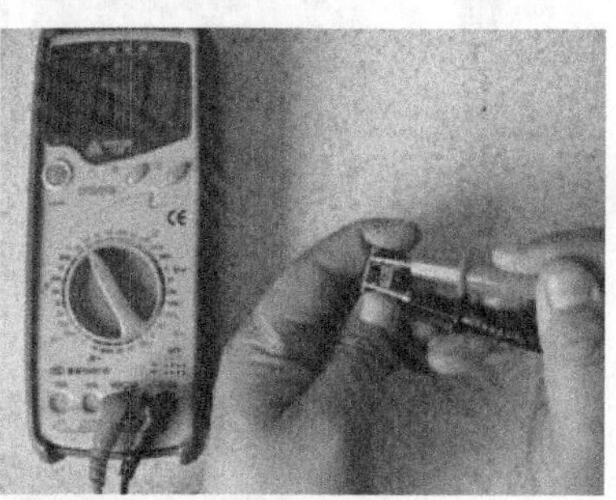

b）二次绕组

图 5-26　用万用表非在路检测电流互感器

十四、电冰箱压缩机的非在路测量 

参见图 5-27a ~ 图 5-27c，将数字万用表置于 200Ω 电阻挡，用万用表电阻挡测外壳接线柱间阻值（绕组的阻值）来判断，正常时起动绕组 CS、运行绕组 MC 的阻值之和等于 MS 间的阻值。若阻值为无穷大或过大，说明绕组开路；若阻值偏小，说明绕组匝间短路。若采用指针万用表测量绕组阻值时，应采用 R×1 挡。

参见图 5-27d，将数字万用表置于 20MΩ 电阻挡，测压缩机绕组接线柱与外壳间的电阻，正常时的阻值应为无穷大。若有一定的阻值，说明压缩机发生漏电故障。采用指针万用表测量绝缘强度时，应采用 R×10k 挡。

十五、空调器压缩机的非在路测量 

将数字万用表置于 200Ω 电阻挡，表笔分别接压缩机电动机绕组的 3 颗引线，就可以测出压缩机电动机绕组的阻值，如图 5-28 所示。

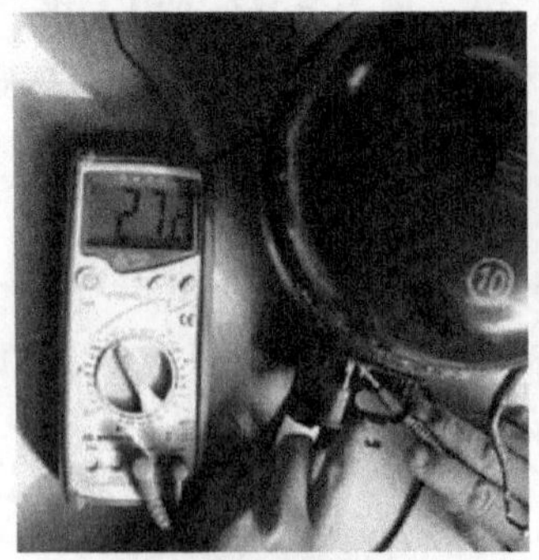

a）起动绕组阻值

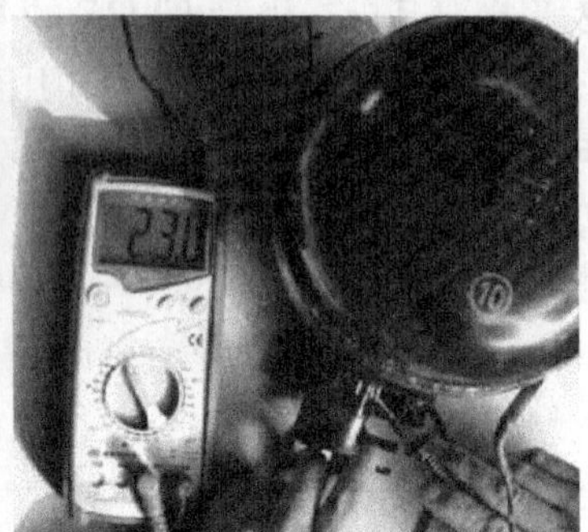

b）运行绕组阻值

c）运作+起动绕组阻值

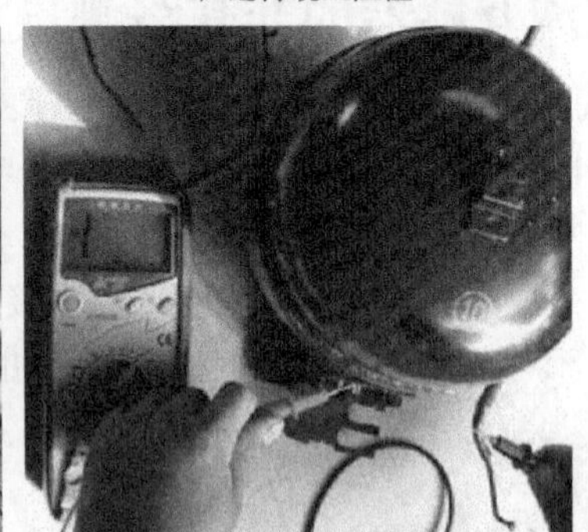

d）压缩机绝缘性能的检测

图 5-27　万用表非在路检测压缩机

a）运行绕组

b）起动绕组

c）运行绕组+起动绕组

图 5-28　压缩机检测电动机绕组

**提示** 压缩机功率不同时，压缩机电动机绕组的阻值不同。

十六、空调器室外风扇电动机的非在路测量 ★

空调器的室外风扇电动机多采用轴流电动机。下面介绍它的测量方法。

1. 绕组通断的检测

采用数字万用表测量电动机绕组通断时，可使用2kΩ电阻挡，两个表笔分别接绕组两个接线端子，显示屏显示的数值就是该绕组的阻值，如图5-29所示。若阻值为无穷大，则说明它已开路；若阻值过小，说明绕组短路。

a）运行绕组+起动绕组

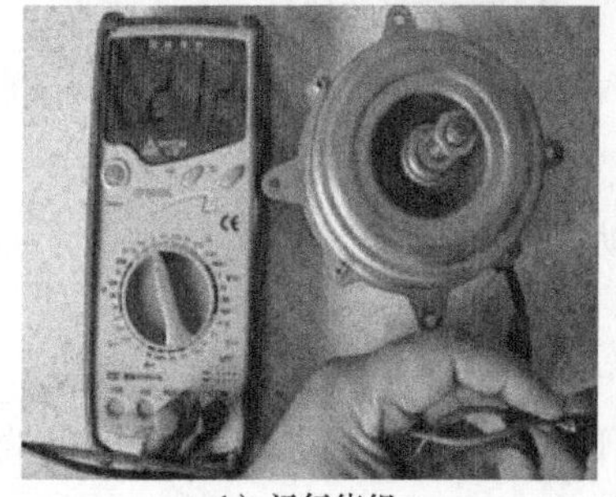

b）运行绕组

c）起动绕组

图5-29 万用表检测室外风扇电动机的绕组阻值

2. 绕组是否漏电的检测

将数字万用表置于200MΩ挡，一个表笔接电动机的绕组引出线，另一个表笔接在电动机的外壳上，正常时阻值应为无穷大，如图5-30所示。否则说明它已漏电。

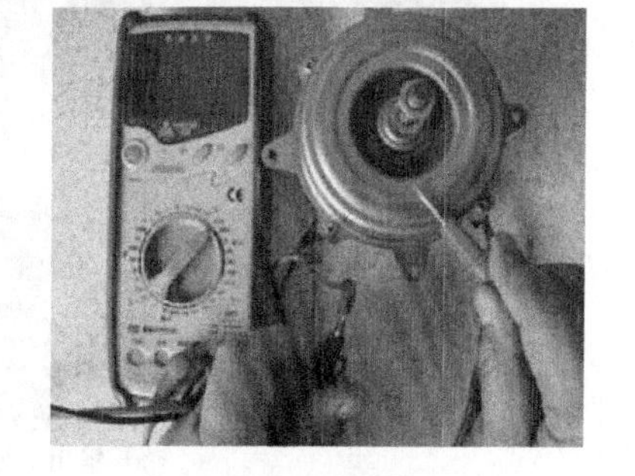

图5-30 万用表检测室外风扇电动机的绕组绝缘性能

十七、空调器室内风扇电动机的非在路测量 ★

室内机风扇电动机多采用贯流风扇电动机，所以下面以贯流风扇电动机为例介绍室内风扇电动机

的非在路检测方法。

1. 电动机绕组通断的检测

将数字万用表置于 2kΩ 挡，两个表笔分别接绕组两个接线端子，显示屏显示的数值就是该绕组的阻值，如图 5-31 所示。若阻值为无穷大，则说明它已开路；若阻值过小，说明绕组短路。

a）运行绕组

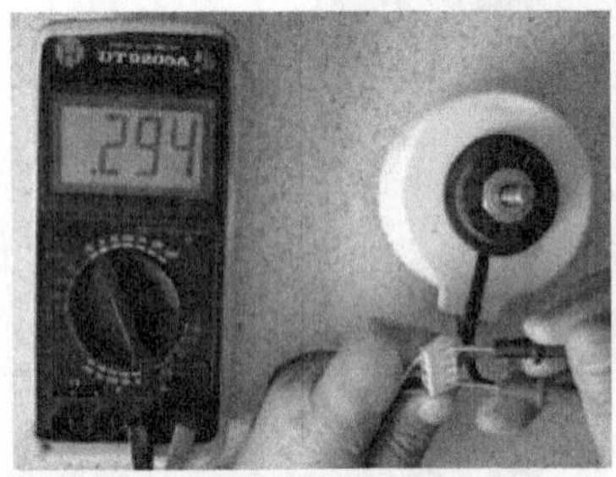

b）起动绕组

c）运行 + 起动绕组

图 5-31　轴流电动机的检测示意图

2. 速度传感器的检测

将数字万用表置于 PN 结压降测量（二极管挡），将表笔接在信号输出端、电源端与接地端的引脚上，所测的导通压降值如图 5-32 所示。

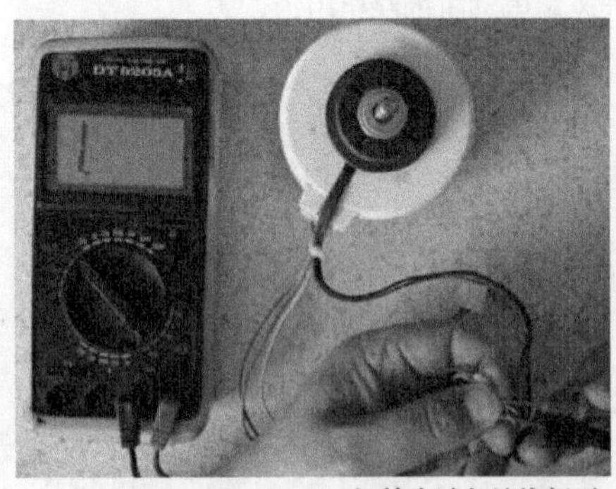

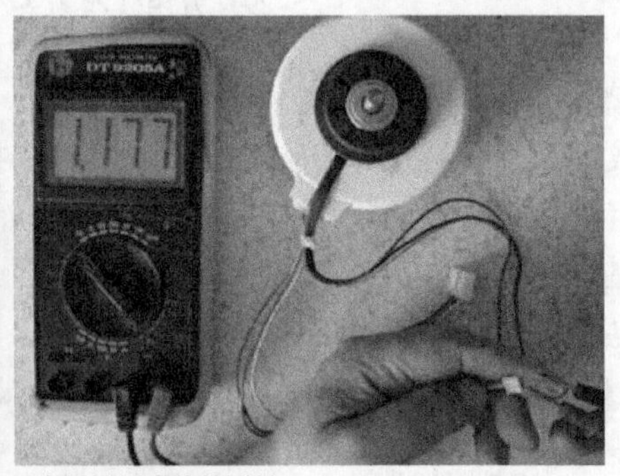

a）输出端与地线间正、反向导通压降值的测量

图 5-32　万用表检测贯流电动机

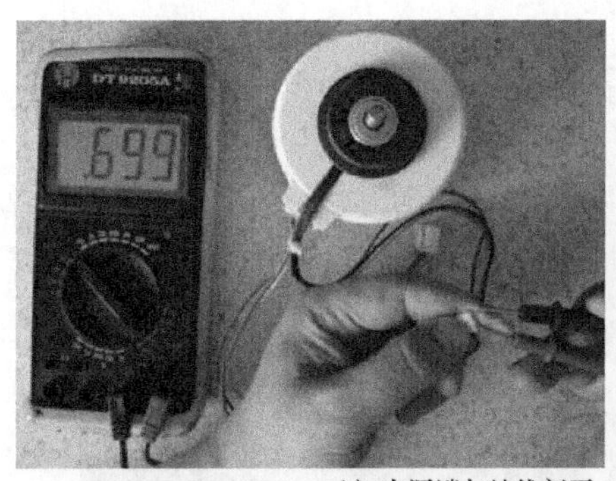

b）电源端与地线间正、反向导通压降值的测量

c）电源端与输出端间导通压降值的测量

图 5-32　万用表检测贯流电动机（续）

十八、空调器摆风电动机的非在路测量 

空调室内机的摆风电动机也叫导风电动机，该电动机采用的多是步进电动机。步进电动机是将脉冲信号转变为角位移或线位移的开环控制元件。由于步进电动机在非超载的情况下，它的转速、停止的位置只取决于脉冲信号的频率，而不受负载变化的影响。因此，许多室内机的摆风电动机采用步进电动机。空调器采用的步进电动机如图 5-33 所示。步进电动机通常有 5 根引出线，其中红线为 12V 电源线，其他 4 根是脉冲驱动信号输入线。

1. 工作原理

如图 5-34 所示，空调器的电脑板通过 A、B、C、D 四个端子为步进电动机的绕组输入不同的相序驱动信号后，绕组产生的磁场可以驱动转子正转或反转，而改变驱动信号的频率时可改变电动机的转速，频率高时电动机转速快，频率低时电动机转速慢。

图 5-33　典型步进电动机实物示意图

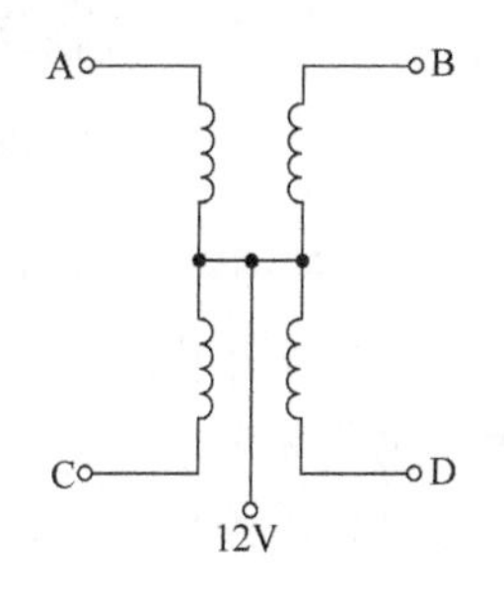

图 5-34　步进电动机绕组连接示意图

2. 检测

由于同步电动机的4个绕组的阻值相同，所以仅介绍一个绕组的阻值和两个绕组间阻值的检测方法。

如图5-35a所示，一只表笔接在红线（电源线）上，另一只表笔接某个绕组的信号输入线，就可以测出单一绕组的阻值。

如图5-35b所示，将表笔接在两颗信号线（非红线）上，就可以测出两个绕组的阻值。

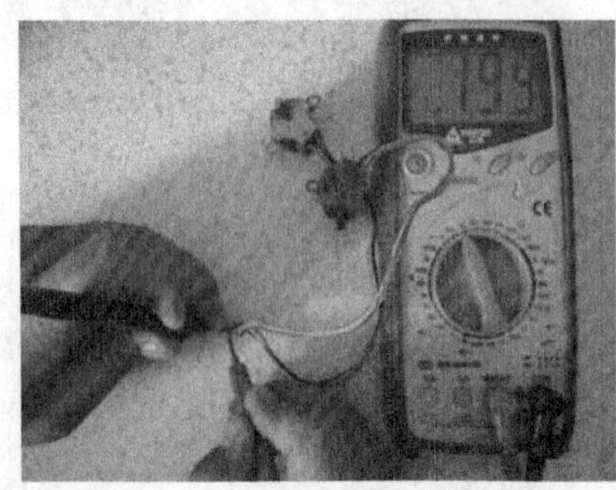

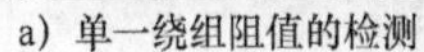
a）单一绕组阻值的检测

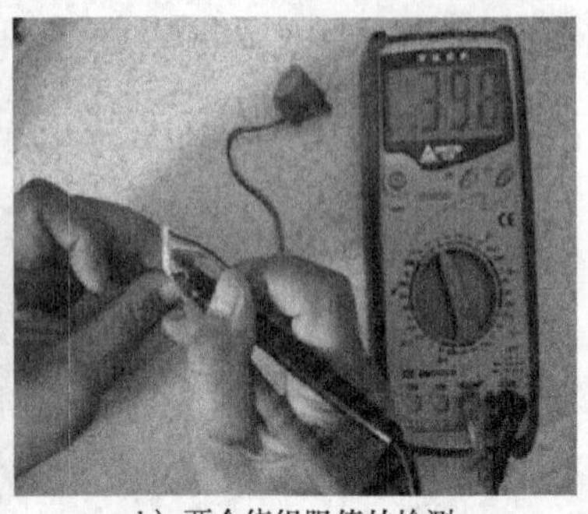

b）两个绕组阻值的检测

图5-35　万用表非在路检测同步电动机

十九、电磁炉线盘的非在路测量 

检测电磁炉线盘（谐振线圈）时，将万用表置于200Ω挡，表笔接在线圈的两个引脚上，就可以测出线圈的阻值，如图5-36所示。若阻值过大，说明线圈开路；若阻值过小，说明线圈短路。而匝间短路用万用表的电阻挡一般测不出来，最好采用代换法进行判断。

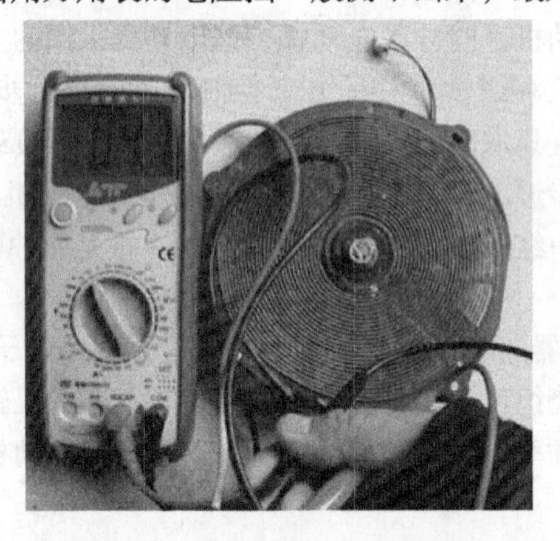

图5-36　谐振线圈的非在路测量

提示　虽然检测时，数字万用表显示的数值是1.3，但实际的阻值是0。这也是数字万用表的缺陷之一，数字万用表即使测量导线时，也会显示一定数值。另外，打火的谐振线圈多有变色或损伤的痕迹。

注意 更换谐振线圈时不仅要采用相同参数的谐振线圈更换，而且引出线要连接正确，否则不仅可能会影响加热速度，而且可能会产生检锅不正常等故障。

二十、洗衣机洗涤电动机的非在路测量 ★

1. 识别

波轮普通洗衣机洗涤电动机是为了完成洗涤任务而设置的。洗涤电动机多采用4脚固定方式。波轮双桶洗衣机采用的典型单相异步电动机实物和电路图形符号如图5-37所示。而它的安装位置如图5-38所示。

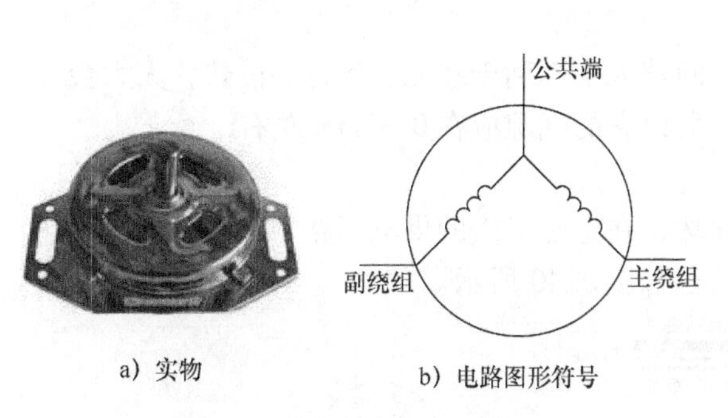

图5-37 波轮普通洗衣机电动机

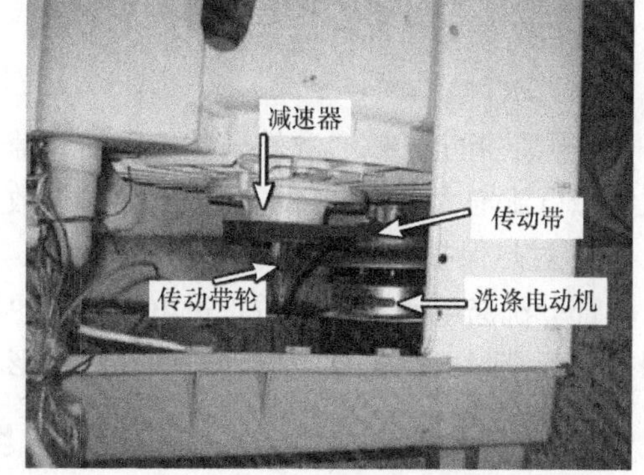

图5-38 洗涤电动机的安装位置

2. 构成

由于洗涤衣物时，需要洗涤电动机带动波轮正向、反向交替运转，所以洗涤电动机主、副绕组的参数完全相同。洗涤电动机由定子、转子、端盖、轴承和风扇（扇叶）构成，如图5-39所示。

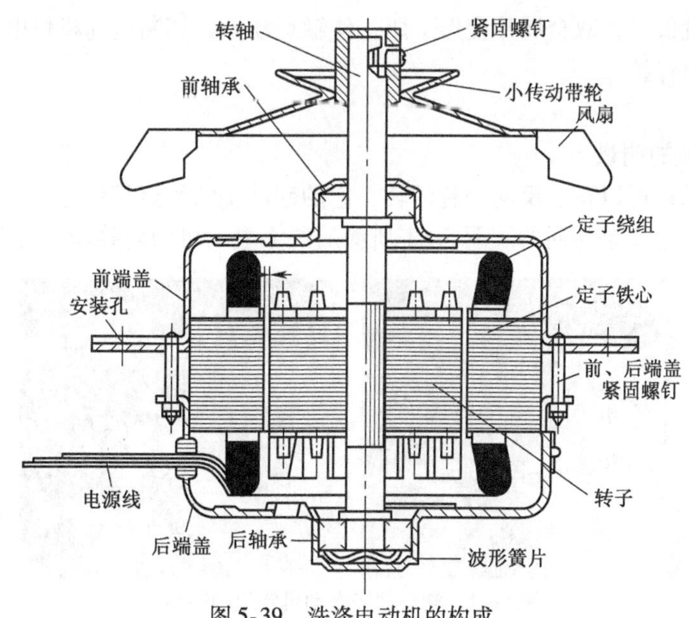

图5-39 洗涤电动机的构成

（1）定子

定子由定子铁心、定子绕组两部分构成。定子铁心由0.5mm厚的硅钢片经冲压后，再叠加而成，其内壁上有24个均匀的槽口，用于嵌入主、副绕组。

（2）转子

转子由转子铁心、转子绕组和转轴三部分构成。转轴铁心也由硅钢片冲压后，再叠加而成，其外壁上多有30或34个均匀的斜槽口，槽内注入铝液，形成笼式转子绕组。而转轴用45#不锈钢精制而成，插入转子铁心的中心。

（3）端盖

前后端盖由铸铝或铸铁压制而成，它们中间安装轴承，用于支撑转子，前、后端盖采用螺栓紧固。为了便于散热，前、后端盖上有散热孔，并将小传动轮的底部铸成风扇的扇叶，对电动机的绕组等部件进行强制散热。

（4）气隙

气隙是指定子铁心和转子铁心间的间隙，间隙太小不利于装配、运行和散热，太大会导致励磁电流增大，降低了电动机的功率因数，所以它的气隙应在0.35mm左右。

3. 过热保护

部分洗涤电动机为了防止过电流、过热损坏，在定子绕组的供电回路中串入了一只过热保护器。密封式保护器及电动机的电路图形符号如图5-40所示。

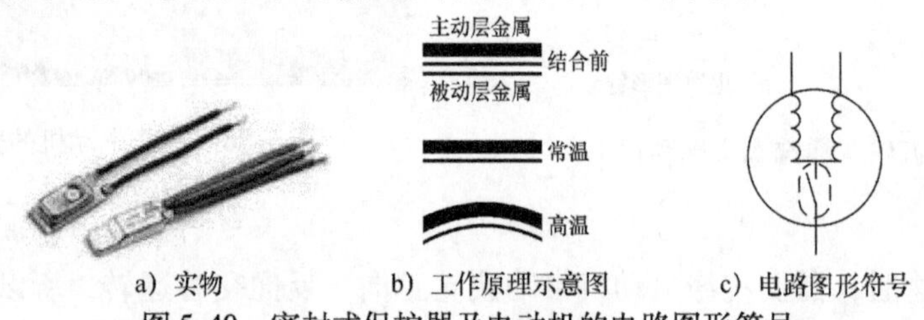

a）实物　　b）工作原理示意图　　c）电路图形符号

图5-40　密封式保护器及电动机的电路图形符号

电动机运转正常情况下，过热保护器检测到的温度较低时，触点闭合。当过热保护器检测的温度达到设置值后，双金属片变形下压，使触点断开，切断电动机供电回路，电动机停止运转，实现过热保护。

4. 测量

（1）绕组阻值的测量

由于洗涤电动机可以正、反向交替运转，它的起动绕组和运行绕组是一样的，所以它的起动、运行绕组的阻值是相同的。图5-41所测的洗涤电动机的公共端子与运行绕组的阻值

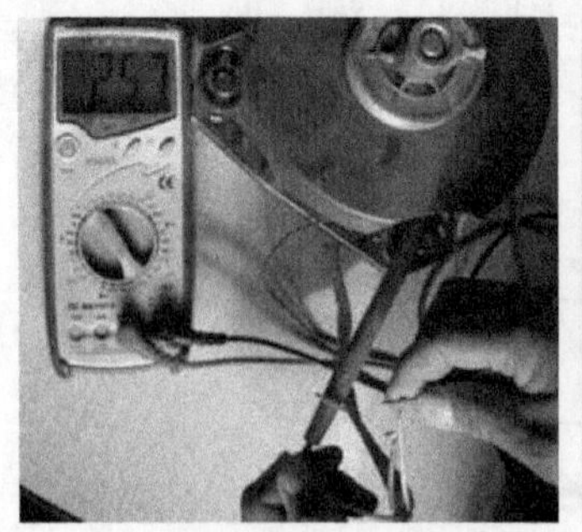

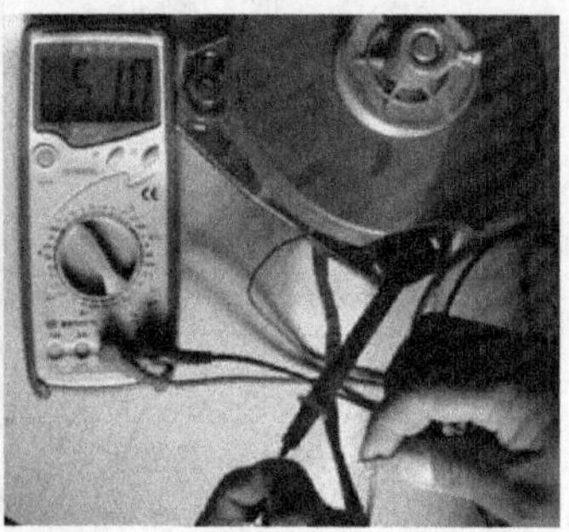

图5-41　测量洗涤电动机绕组的阻值

为25.7Ω，而两个运行绕组的阻值为51Ω。若阻值为无穷大，则说明它已开路；若阻值过小，说明绕组短路。

（2）绝缘电阻的测量

将数字万用表置于20MΩ电阻挡，一个表笔接电动机的绕组引出线，另一个表笔接在电动机的外壳上，正常时阻值应为无穷大（显示屏显示的字符为1），如图5-42所示，否则说明它已漏电。若采用指针万用表测量，应将它置于R×10k挡。

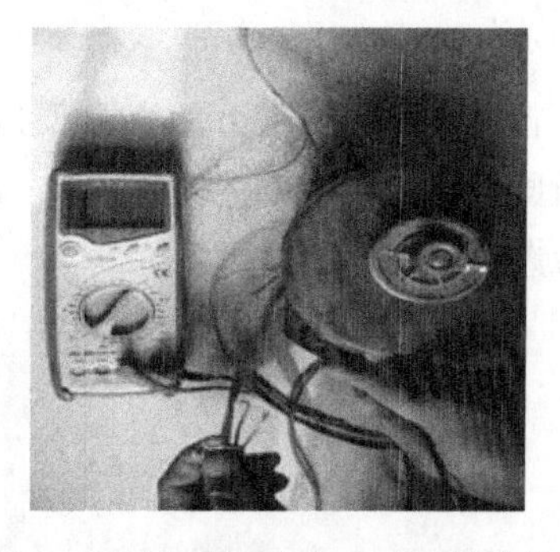

图5-42 万用表检测洗涤电动机的绝缘性能

二十一、脱水电动机的非在路测量 ★

1. 识别

波轮普通洗衣机的脱水电动机就是完成脱水任务而设置的，它也采用单相异步电动机。由于脱水电动机功率小，所以它的体积要小，并且脱水电动机多采用3脚固定方式。波轮双桶洗衣机采用的脱水电动机的实物与安装位置如图5-43所示。

a）实物

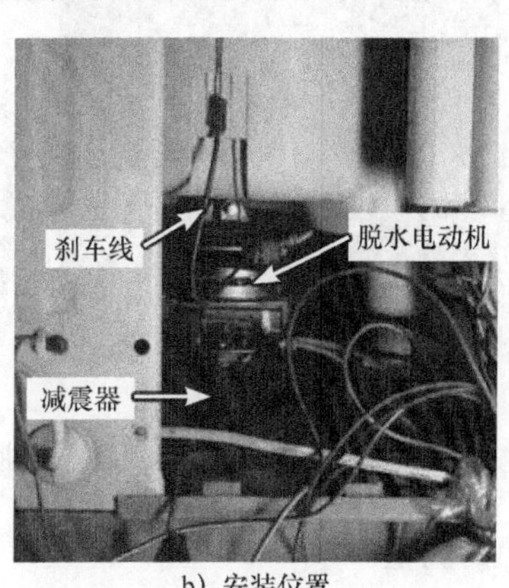

b）安装位置

图5-43 波轮普通洗衣机的脱水电动机

2. 故障与检修

（1）典型故障

脱水电动机的故障与洗涤电动机一样，不同的是，脱水电动机的故障率高一些。这是由于脱水电动机与脱水桶直接连接，所以在脱水桶的密封圈老化后，就会有大量的水流到脱水电动机上，导致它的绕组受湿而引起匝间短路。因此，许多情况下，脱水电动机异常后，会有漏电或有绝缘漆的焦味。

（2）检修方法

检测波轮普通洗衣机的脱水电动机时，首先查看它的接头有无锈蚀和松动现象，若有，修复或更换；若外观正常，再采用温度法和阻值测量法进行判断。

3. 测量

下面介绍万用表检测脱水电动机的方法。由于脱水（甩干）时，脱水电动机只需要带动甩干桶单向运转，所以脱水电动机的副绕组的阻值要大于运行绕组的阻值。

(1) 绕组阻值

首先，将用数字万用表置于200Ω电阻挡，将两个表笔接在绕组的引线上，就可以测量绕组间的阻值，如图5-44所示。若阻值为无穷大，则说明它已开路。若阻值过小，说明绕组短路。

a) 运行绕组

b) 起动绕组

c) 运行+起动绕组

图5-44 数字万用表测量脱水电动机绕组阻值

(2) 绝缘电阻的测量

参见图5-45，将数字万用表置于20MΩ电阻挡，一个表笔接电动机的绕组引出线，另一个表笔接在电动机的外壳上，正常时阻值应为无穷大（显示屏显示的数字为1），否则说明它已漏电。若采用指针万用表测量，应将它置于R×10k挡。

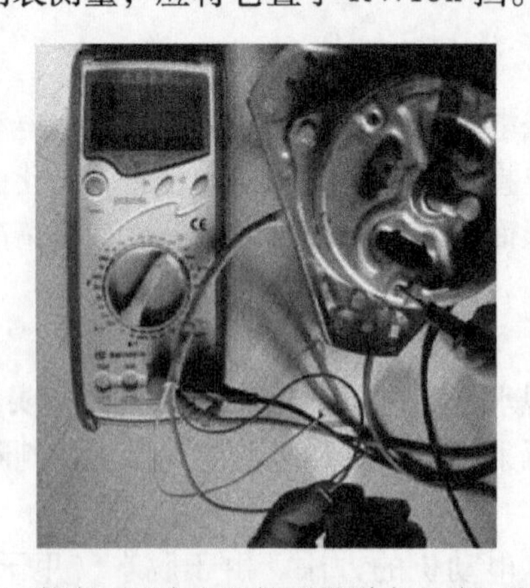

图5-45 数字万用表电阻挡测量脱水电动机绝缘电阻

> **注意** 有的脱水电动机漏电后会导致脱水桶带电，所以使用、维修时要注意安全，以免发生危险。

二十二、普通定时器的非在路测量 

洗涤定时器主要应用在普通洗衣机、消毒柜、电风扇、饮水机、微波炉上。常见的普通定时器如图 5-46 所示。

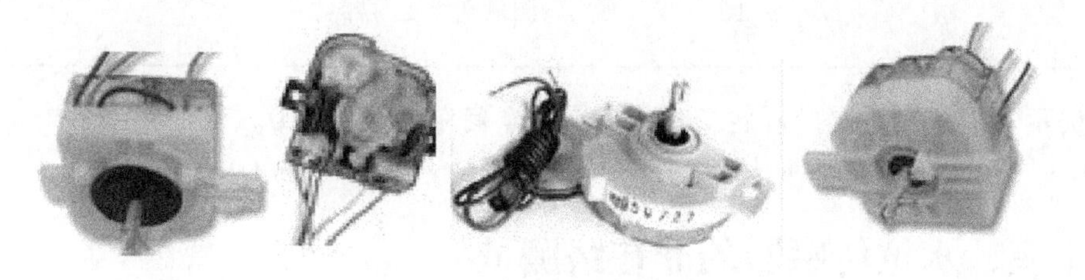

图 5-46　普通定时器实物

1. 工作原理

下面以洗衣机用为例进行介绍。洗衣机采用的定时器有两种工作方式，洗涤定时器的触点在工作期间是交替接通的，脱水定时器的触点在工作期间是连续接通的。下面以图 5-47 所示电路为例介绍洗涤定时器电路的工作原理。

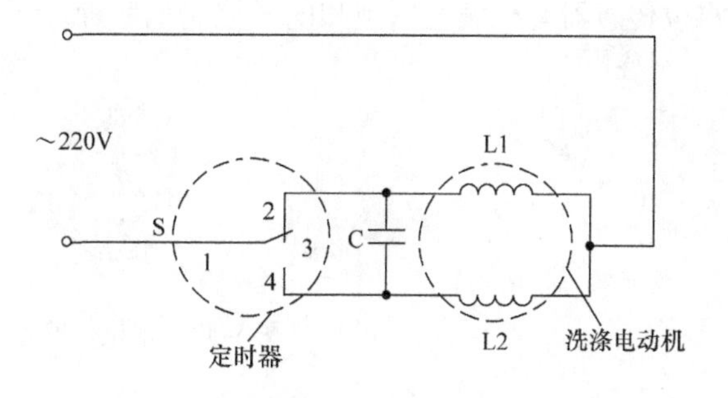

图 5-47　普通双桶洗衣机洗涤定时电路

为了实现对电动机运转方向的控制，洗涤电动机的供电需要通过定时器提供。当定时器 S 内的触点 1、2 接通后，绕组 L2 与运转电容 C 串联而作为副绕组，绕组 L1 作为主绕组，在 C 的作用下，使流过 L2 的电流超前 L1 的相位 90°，于是 L1、L2 形成两相旋转磁场，驱动转子正向运转；当触点 1、3 接通后，绕组因没有供电不能产生磁场，电动机停转；S 内的触点 1、4 接通后，L1 与 C 串联而作为副绕组，L2 作为主绕组，在 C 的作用下，使流过 L1 的电流超前 L2 的相位 90°，于是 L1、L2 形成两相旋转磁场，驱动转子反向运转。这样，通过定时器的控制，电动机按正转、停止、反转的周期运转，带动波轮完成衣物的洗涤。

2. 检测

旋转定时器的旋钮后，用数字万用表的通断测量挡测量触点端子的数值能否交替为 0 和 1，如图 5-48 所示。若始终为 0，说明触点粘连；若始终为无穷大，说明定时器的触点不能吸合。

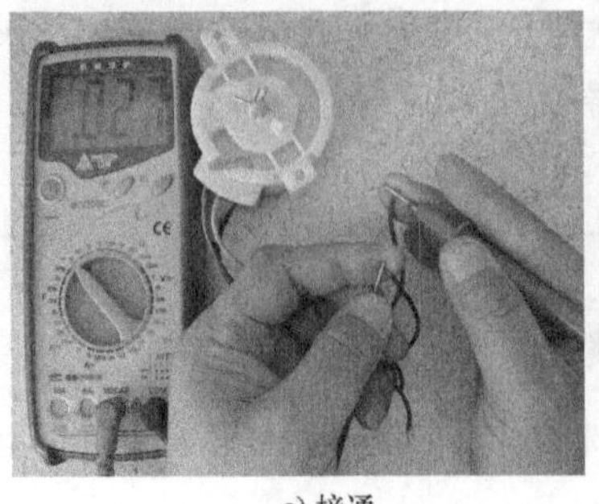

a) 接通

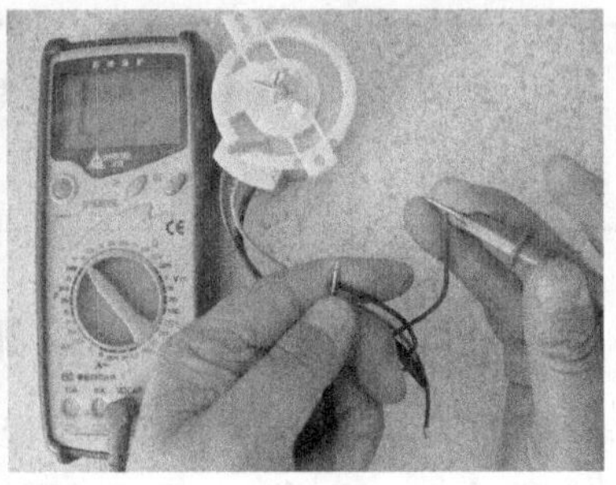

b) 断开

图 5-48　万用表测量洗涤定时器

提示　　脱水定时器在工作期间，触点间阻值始终为 0。

二十三、水位传感器的非在路测量 ★

水位传感器也叫水位开关、压力开关，它的功能就是检测水位的高低。下面以洗衣机水位传感器为例进行介绍。洗衣机采用的典型水位传感器如图 5-49 所示。全自动洗衣机采用的水位传感器有机械控制型和电子控制型两种。下面分别进行介绍。

图 5-49　水位传感器实物示意图

1. 机械水位传感器

波轮全自动洗衣机的水位传感器由气室、橡胶膜、杠杆、塑料盘、触点、小压簧、凸轮和调整螺钉等构成，如图 5-50 所示。

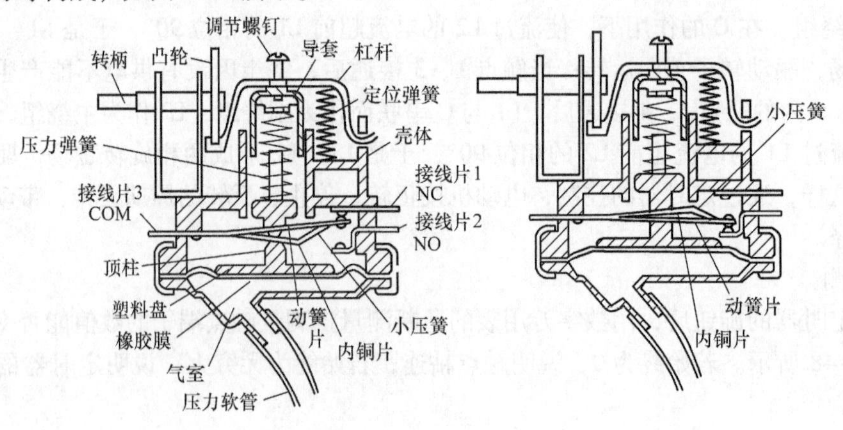

图 5-50　机械水位传感器结构、工作原理示意图

（1）工作原理

参见图5-50，气室、橡胶膜、塑料盘、顶柱等组成气压传感装置。当盛水桶开始注水时，水位开关的气室被封闭，随着水位的升高，气室的压强逐渐增大，橡胶膜随之向上鼓起，通过塑料盘使顶柱向上抬起，推动动簧片的内铜片向上移动，压力弹簧被逐渐压缩。当达到设定的水位后，气室的压强达到设置值，使内铜片向上移动到设置位置，于是动簧片在小压簧的拉动下，脱离触点NC，而与触点NO接通，产生的水位检测信号送给控制系统后，控制系统使进水电磁阀关闭，进水结束。

排水时，当下降到设定的水位后，气室的压强降到设置值，橡胶膜产生的推力下降，而压力弹簧产生的弹力通过顶柱使内铜片向下移动。当内铜片移动到设置位置时，在小压簧的拉动下，脱离触点NO，而与触点NC接通。不过，水位开关的内铜片与触点NC接通，并不说明水被排完，通常还要延续一段时间才能将水排完，所以水位开关接通NC触点后，需要延迟一段时间后才能为电动机供电，洗衣机才能进入脱水状态，以免电动机带水超负荷运转。

（2）检测

1）通断测量法检查

检修不能进水或不能脱水故障时，用万用表的通断测量挡测水位开关的公共端COM端与NC端通断时，若蜂鸣器不能鸣叫，说明触点没有接通；进水后不能洗涤，用万用表的通断测量挡测COM端与NO端通断时，若蜂鸣器不能鸣叫，说明触点没有接通。检测过程中，蜂鸣器有时鸣叫，有时不能鸣叫，则说明触点接触不良。若敲击水位开关的外壳时，接触不良现象会发生变化。

提示 若COM端与NO端始终接通时，一个原因是触点粘连；另一个原因是水位开关的气压传感装置漏气。触点粘连主要是老化等原因所致。气压传感室漏气的原因主要由于洗衣机脱水时会产生较大的振动，导致气室嘴和压力软管连接处容易漏水。另外，水位开关内部的橡胶膜异常也是产生漏气的主要原因。

方法与技巧 水位开关内部的橡胶膜异常产生漏气故障时，需要更换水位开关来排除故障。而软管处漏水时，可重新把软管插好，再用管夹夹紧，同时还应将连接处的软管固定，以免再次损坏。

2）短路法检查

用导线短接水位开关的公共端COM端与NC端后，能够进水，则说明水位开关异常；用导线短接COM端与NO端后，能够洗涤，则说明水位开关异常。否则，说明其他器件或线路异常。

3）吹气法检查

将数字万用表置于通断测量挡，把它的两个表笔接在COM和NO端子上，将嘴对准软管接口部位后吹气，若能听到开关内发出“咔嗒”的响声，并且蜂鸣器鸣叫，说明水位开关基本正常；若有“咔嗒”声，但显示的数值忽大忽小，说明触点接触不良；若不能发出

“咔嗒”声，而晃动水位开关时能发出响声，说明开关内有元器件脱落。

2. 电子水位传感器

电子水位传感器由膜板、铁心、线圈、弹簧和外壳构成，如图5-51所示。

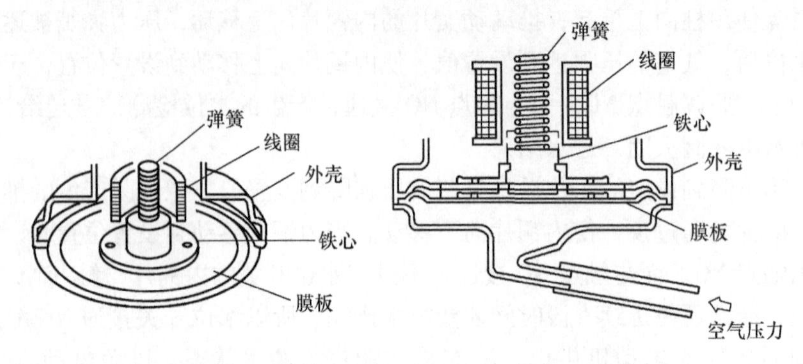

图5-51　电子水位传感器构成、工作原理示意图

（1）工作原理

电子水位传感器与机械水位传感器的工作原理基本相同，但主要不同之处是，它不是靠触点通断来传递水位是否到位的信息，而是通过空气压力推动铁心在线圈内移动，使铁心与线圈产生的振荡频率发生变化，这个变化的振荡频率被微处理器识别后，就可以确认水位的高低，不仅可实现进水、排水功能的控制，而且还可以实现进水超时、排水超时和溢水故障的检测。

（2）检测

怀疑电子水位传感器异常时，可在注水的同时测水位传感器输出端子上的振荡频率信号，若频率信号变化正常，则说明传感器正常，否则说明传感器异常，需要维修或更换。电子水位传感器的检测方法如图5-52所示。

图5-52　万用表检测电子水位传感器

二十四、进水电磁阀的非在路测量 ★

进水电磁阀也叫进水阀、注水阀，它不仅应用在洗衣机、饮水机、洗碗机、电热水器和电淋浴器等家电设备上，而且还应用在许多工业设备上。它由电磁铁和进水阀两部分构成。洗衣机常用的进水电磁阀实物与安装位置如图5-53所示。

a) 实物

b) 安装位置

图5-53　洗衣机使用的进水电磁阀

1. 构成

波轮全自动洗衣机使用的进水电磁阀由线圈、铁心、阀体、橡胶膜、隔水套、小弹簧、控制腔、橡胶塞、过滤网、阀盘、减压圈、泄压孔、加压针孔等构成，如图 5-54 所示。

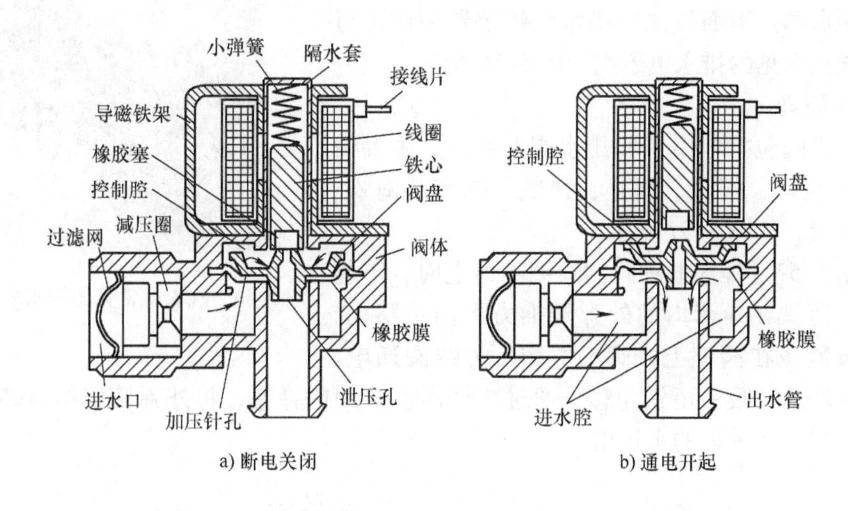

a) 断电关闭　　b) 通电开起

图 5-54　洗衣机进水电磁阀的构成及工作示意图

2. 原理

如图 5-54 所示，进水电磁阀的线圈不通电时，不能产生磁场，此时铁心在小弹簧推力和自身重量的作用下下压，使橡胶塞堵住泄压孔，此时，从进水孔流入的自来水再经加压针孔进入控制腔，使控制腔内的水压逐渐增大，将阀盘和橡胶膜紧压在出水管的管口上，关闭阀门。因此，这种电磁阀要求自来水的水压不能低于 3×10^4Pa，否则可能会导致阀门密封不严，引起漏水。为线圈通电，使其产生磁场后，克服小弹簧推力和铁心的自身重量，将铁心吸起，橡胶塞随之上移，泄压孔被打开，此时，控制腔内的水通过泄压孔流入出水管，使控制腔内的水压逐渐减小，致使阀盘和橡胶膜上移，打开阀门。这样，通过进水口流入的自来水就可以经过出水管流入盛水桶，实现注水功能。

3. 进水电磁阀的检测

需要通过测量进水电磁阀的线圈阻值判断线圈是否正常时，将数字万用表置于 20kΩ 挡，两个表笔接在线圈的引脚上，显示屏显示的数值为 4.42，说明它的阻值为 4.42kΩ，如图 5-55 所示；若阻值为无穷大，说明线圈开路；如阻值过小，说明线圈短路。

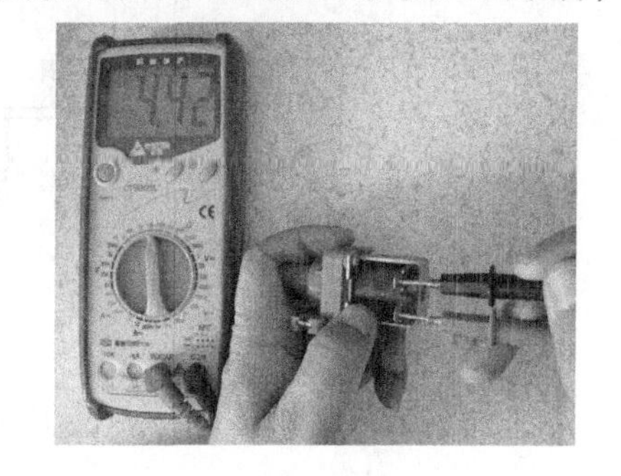

图 5-55　洗衣机进水电磁阀的检测示意图

提示　不同的进水电磁阀的线圈阻值有所不同，但阻值多为 3.5～5kΩ。

二十五、排水电磁阀的非在路测量

排水电磁阀的作用就是为洗衣机排水。所以人们也称它为排水阀。下面以洗衣机水位传感器为例进行介绍。洗衣机常见的排水电磁阀如图 5-56 所示。

图 5-56　洗衣机常见的排水电磁阀实物

1. 工作原理

排水电磁阀包括电磁铁和排水阀两部分，主要由电磁铁、排水口、阀盖、阀座、弹簧、挡套、衔铁、橡胶阀等构成，如图 5-57 所示。

参见图 5-57，排水电磁阀的线圈不通电时，不能产生磁场，衔铁在导套内的外弹簧推力下向右移动，使橡胶阀被紧压在阀座上，阀门关闭。为线圈通电，使其产生磁场后，吸引衔铁左移，通过拉杆向左拉动内弹簧，将外弹簧压缩后使橡胶阀左移，打开阀门，将桶内的水排出。

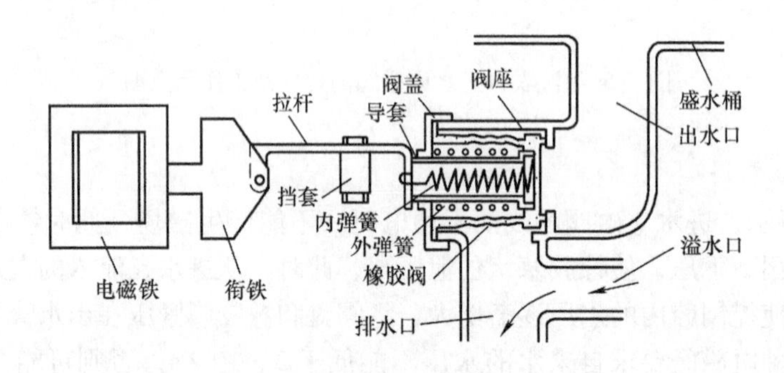

a) 洗涤、漂洗状态(电磁铁断电)

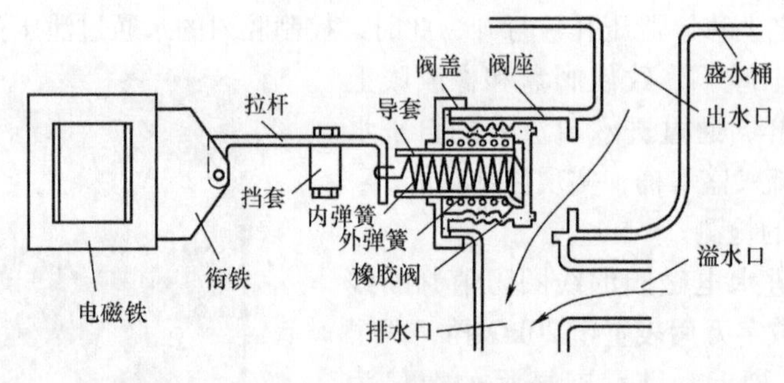

b) 排水、脱水状态(电磁铁通电)

图 5-57　洗衣机排水电磁阀结构及工作示意图

提示　目前，许多洗衣机采用的是直流电磁铁，需要通过 4 个二极管构成的桥式整流堆将 220V 市电电压整流后，产生直流电压，才能为它的线圈供电。

2. 排水电磁阀的检测

为脱水电磁阀的线圈通电、断电，若不能听到阀芯吸合、释放所发出“咔嗒”的声音，则说明该电磁阀的线圈损坏或阀芯未工作。维修时，也可以测量线圈的阻值判断线圈是否正常。如图 5-58 所示，将数字万用表置于电阻/电压自动挡，两个表笔接在线圈的引脚上，显示屏显示的阻值为 91.9Ω；若阻值过大或为无穷大，说明线圈开路；如阻值过小，说明线圈短路。

图 5-58 万用表检测洗衣机进水电磁阀

**提示** 不同的脱水电磁阀的线圈阻值有所不同，维修时要加以区别。

二十六、排水牵引器的非在路测量 

1. 识别

排水牵引器（排水电动机）的功能与排水电磁阀的作用是一样的，洗衣机使用的排水牵引器实物如图 5-59 所示。

a) 实物

b) 安装位置

图 5-59 洗衣机使用的排水牵引器实物

2. 测量

下面介绍两种自动洗衣机的排水牵引器（排水泵电动机）的测量方法，如图 5-60 所示。

将数字万用表置于 20kΩ 电阻挡，两个表笔接在一种典型牵引器的供电端子上，显示屏显示的 9.17 的数值就是该牵引器电动机的阻值，如图 5-60a 所示；将数字万用表置于电阻/电压自动挡，两个表笔接在另一种典型牵引器的供电端子上，显示屏显示的 12.24 的数值就是该牵引器电动机的阻值，如图 5-60b 所示。

若阻值为无穷大，说明线圈开路；如阻值过小，说明线圈短路。

图 5-60　两种典型的洗衣机排水牵引器的测量

方法与技巧　正常的牵引器，在它的供电端子有供电电压时，电动机应该转动；若不能听到电动机转动的声音，则说明该牵引器的电动机未工作。

二十七、交流接触器的非在路测量 ★

交流接触器是根据电磁感应原理做成的广泛用作电力自动控制的开关，它主要应用在三相电空调器的供电系统。常见的交流接触器的实物如图 5-61 所示。

1. 构成和特点

交流接触器由线圈、铁心、主触点、辅助触点（图中未画出）、接线端子等构成，如图 5-62 所示。主触点用来控制 380V 供电回路的通断，辅助触点来执行控制指令。主触点一般只有常开功能，而辅助触点通常由两对常开和常闭功能的触点构成。

图 5-61　交流接触器

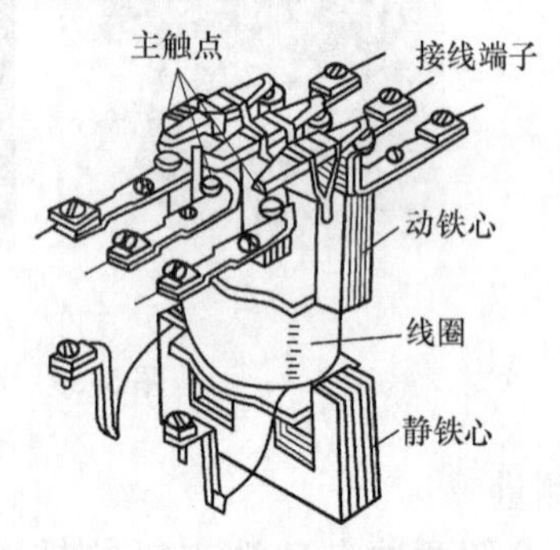

图 5-62　交流接触器构成

交流接触器的触点由银钨合金制成，具有良好的导电性和耐高温烧蚀性。交流接触器的铁心由动铁心和静铁心两部分构成，静铁心是固定的，在它上面套上线圈，为线圈供电后，线圈和铁心产生的磁场将动、静铁心吸合，从而控制主触点吸合，压缩机得到供电开始工作。当交流接触器的线圈断电后，动铁心依靠弹簧复位，使主触点断开，压缩机停止工作。

提示 为了使磁力稳定，铁心的吸合面安装了短路环。20A 以上的交流接触器需要设置灭弧罩，利用它产生的电磁力，快速拉断电弧，避免触点被弧光烧蚀损坏，实现了触点的保护。

2. 工作原理

图 5-63 是典型的三相电空调器的室外机电气接线图。室外机 6 位端子板上的 R 为 R 相相线，S 为 S 相相线，T 为 T 相相线，N 为零线，而两侧的都是接地线。其中，S 相、R 相、T 相相线不仅输入到交流接触器的三个输入端子上，而且送到相序板。当相序板检测 R、S、T 三相电相序正确并将该信息送给室内机电脑板后，室内机电脑板输出压缩机运转指令，通过供电控制电路为交流接触器线圈提供 220V 交流电压，使交流接触器的 3 对触点闭合，三相电加到压缩机 U、V、W 的三个端子上，压缩机电动机获得供电后开始运转。

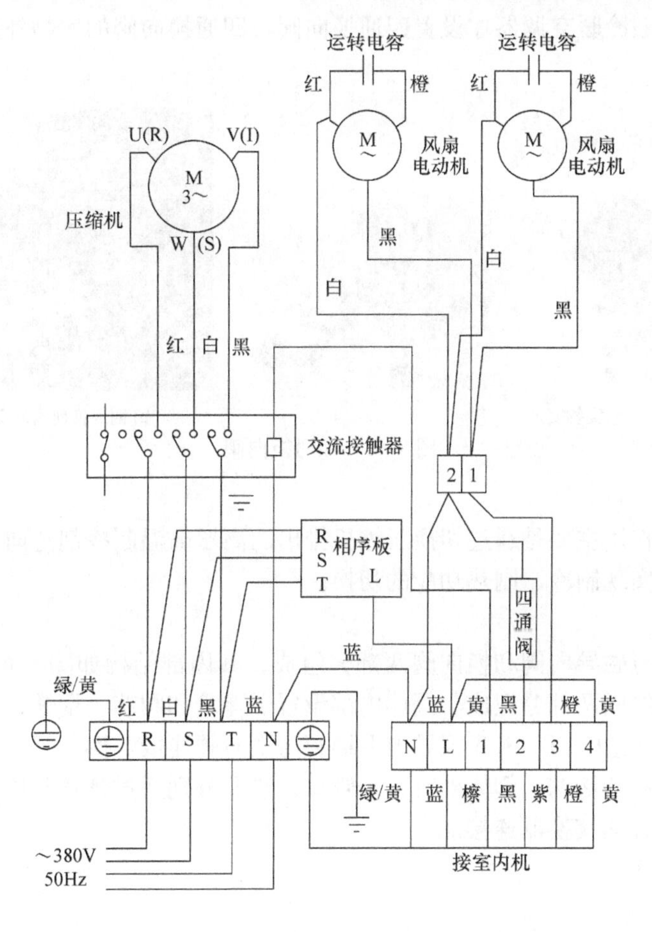

图 5-63　典型三相电空调器室外机电气图

3. 检测

交流接触器异常后，一是触点不能吸合，使压缩机不工作；二是触点接触不良使压缩机等器件有时能工作，有时不能工作。

交流接触器工作异常一个原因是自身故障，另一个是线圈的供电电路异常。对于触点不能吸合的故障，用数字万用表的交流电压挡测线圈两端有无220V的供电，若没有供电，查供电电路；若有供电，说明交流接触器的线圈或触点部分异常。确认供电正常后，测交流接触器线圈的阻值是否正常，若阻值为无穷大，说明线圈开路；若阻值为500Ω左右，如图5-64所示，说明触点或控制部分异常。

图5-64　万用表检测交流接触器的阻值

二十八、四通换向阀的非在路测量 ★

四通换向阀也称为四通电磁阀、四通阀，它们都是四通换向电磁阀的简称。只有热泵型、电热辅助热泵型冷暖空调器才设置四通换向阀，四通换向阀的实物外形及其安装位置如图5-65所示。

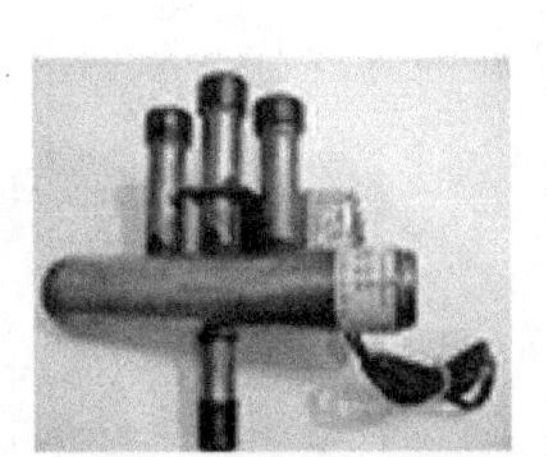

a) 实物变形

b) 四通换向阀的安装位置

图5-65　四通换向阀

1. 作用

四通换向阀的作用主要是通过切换压缩机排出的高压高温制冷剂走向，改变室内、室外热交换器的功能，实现制冷、制热功能的切换。

2. 构成

四通换向阀由电磁导向阀和换向阀两部分组成，其内部结构如图5-66所示。其中，导向阀由阀体和电磁线圈两部分组成。阀体内部设置了弹簧和阀芯、衔铁，阀体外部有C、D、E 3个阀孔，它们通过C、D、E 3根导向毛细管与换向阀连接。换向阀的阀体内设一个半圆形滑块和两个带小孔的活塞，阀体外有4个管口，它们分别通过管路与压缩机排气管，吸气管，以及室内、室外热交换器连接。

3. 四通阀的检测

（1）触摸法检测

对于四通电磁阀可采用摸它左右两端毛细管温度进行判断，若两根毛细管都烫手，说明换向阀换向损坏，而正常时是一根热、一根凉。

（2）供电检测

还可以采用交流电压挡测量线圈两端电压的方法进行判断，为四通换向阀的线圈加驱动电压后，若不能听到导向阀内的衔铁发出“咔嗒”的动作声，说明线圈异常，或换向阀损

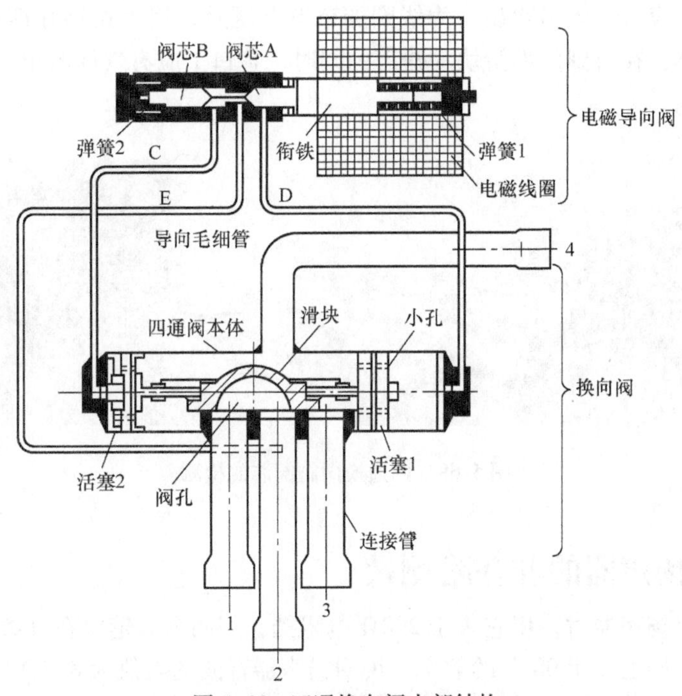

图 5-66　四通换向阀内部结构

坏，或系统发生堵塞，或制冷剂严重泄漏。另外，通电后若线圈过热，说明线圈有匝间短路的现象。

通过截止阀泄放制冷剂时，系统内能够排出大量的制冷剂，说明故障毛细管或过滤器堵塞或四通换向阀损坏。否则，说明制冷剂泄露。对于四通换向阀的准确判断，可在拆卸四通换向阀后进一步检测来确认。

注意　拆卸或安装四通换向阀时，必须要利用湿毛巾为它散热降温，以免阀体受热变形，影响空调器正常工作。

方法与技巧　部分维修人员在拆卸四通换向阀时，先焊开与其连接的管路，将四通换向阀的阀体浸入一个装有水的容器内，再焊开与四通换向阀管口连接的管路。这种拆卸方法对四通换向阀几乎没有伤害，但比较麻烦。

（3）线圈的检测

测量四通阀线圈通断时采用 2kΩ 电阻挡，四通阀线圈的阻值为 1.458kΩ 左右，说明线圈正常，如图 5-67 所示。若阻值过大，说明线圈开路；若阻值过小，说明线圈短路。

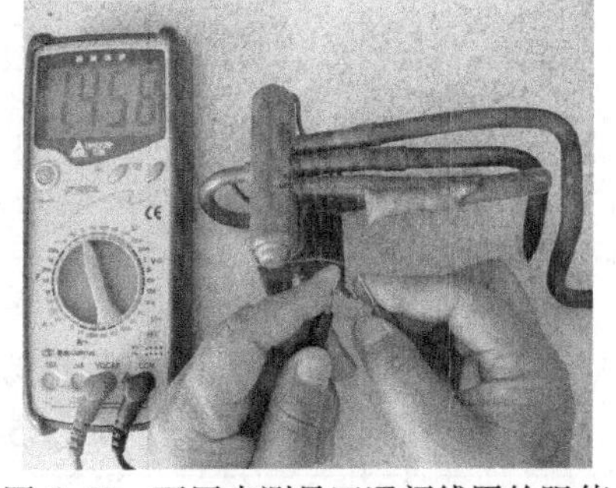

图 5-67　万用表测量四通阀线圈的阻值

（4）阀芯的检测

如图 5-68 所示，在不为四通阀加市电电压的情况下，用手指堵住四通阀的管口 1、2，由管口 4

吹入气体，管口3应有气体出吹出；为线圈加市电电压后，用手指堵住四通阀管口2和3，由管口4吹入气体，在听到内部滑块动作声的同时，管口1应有气体吹出。否则，说明四通阀的阀芯不能换向。

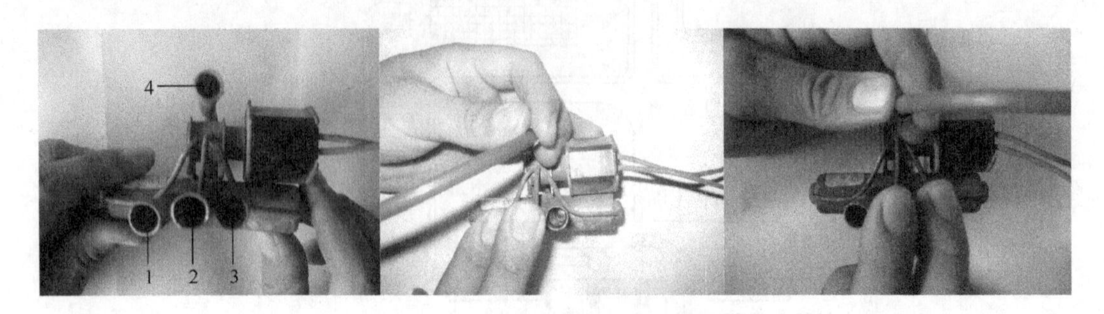

图5-68　四通换向阀阀芯的检测

二十九、扬声器的非在路测量 

采用数字测量扬声器时，将它置于200Ω电阻挡，用两个表笔接在（线圈）的两个接线端子上，此时显示屏上显示08.7的数字，说明扬声器音圈的阻值为8.7Ω，说明扬声器基本正常，如图5-69所示。若显示屏显示的数字为1，则说明音圈或其引出线开路。

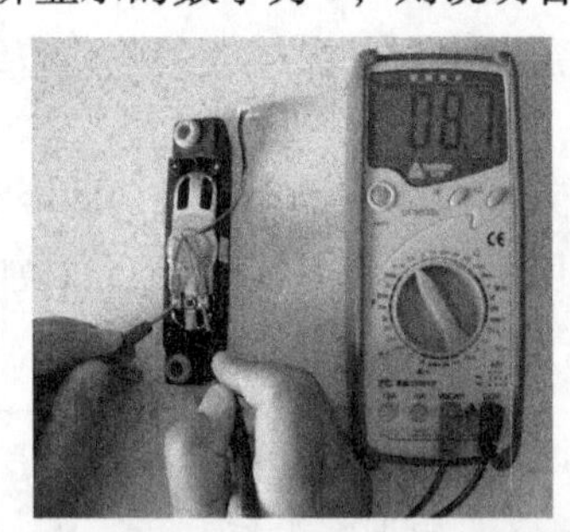

图5-69　数字万用表非在路测量扬声器

提示　由于数字万用表电阻挡的电流较小，所以用数字万用表测量扬声器音圈的阻值时仅显示数值，而扬声器不能发出“咔咔”声。因此，该方法不能测出音圈是否出现匝间短路的故障。

三十、显像管灯丝的非在路测量 

用万用表200Ω电阻挡测量灯丝两引脚的直流电阻值，阻值应为5.4Ω左右，如图5-70a所示。若测得阻值偏离较大，甚至为无穷大，说明显像管灯丝断路。

提示　由于彩电显像管的灯丝由行输出变压器的供电绕组直接供电，若不拔下管座，所测的阻值为行输出变压器供电绕组的阻值，而不能确认显像管灯丝是否开路，如图5-70b所示。

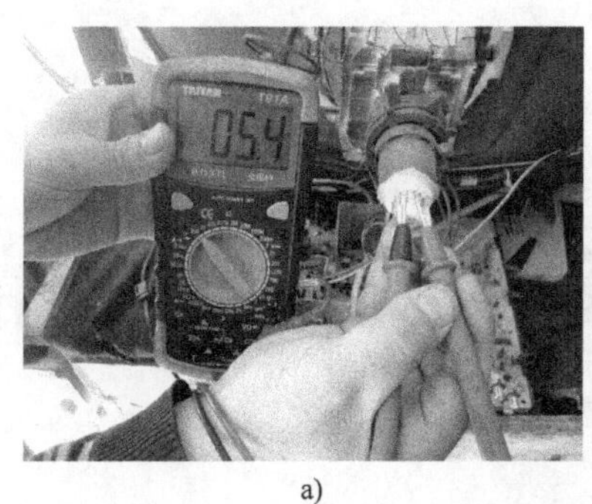

a)

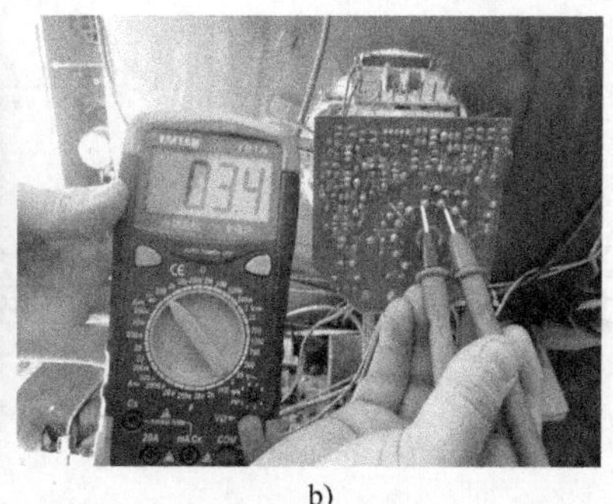

b)

图 5-70 彩电显像管灯丝的非在路测量

三十一、显像管阴极发射能力的非在路测量 

将稳压器或变压器输出的 6.3V 交流电压通过导线加到管座上的灯丝供电脚上，这样可以避免短路等现象发生。另外，若采用数字万用表 20kΩ 电阻挡测量时，显示屏显示的数值如图 5-71 所示。

图 5-71 显像管阴极发射能力的测量

提示 数字万用表测量的数值会低于指针万用表测量的数值。测量时，拔掉显像管管座，为显像管安装一个新管座，再将一只 6.3V 变压器的二次绕组接在该管座的灯丝供电引脚上，单独为显像管灯丝提供 6.3V 工作电压，使显像管的灯丝进入预热状态。

第六章
数字万用表二极管挡使用快速精通

数字万用表的二极管测量挡（PN结压降测量挡）可通过测量晶体管、二极管、场效应晶体管等器件的非在路导通压降、在路导通压降，判断器件是否正常。

第一节　数字万用表二极管挡使用入门

一、二极管挡的使用方法 

使用二极管挡时，将功能/量程开关拨至二极管的符号位置，红表笔插入VΩCAP插孔，黑表笔插入COM孔，如图6-1所示。

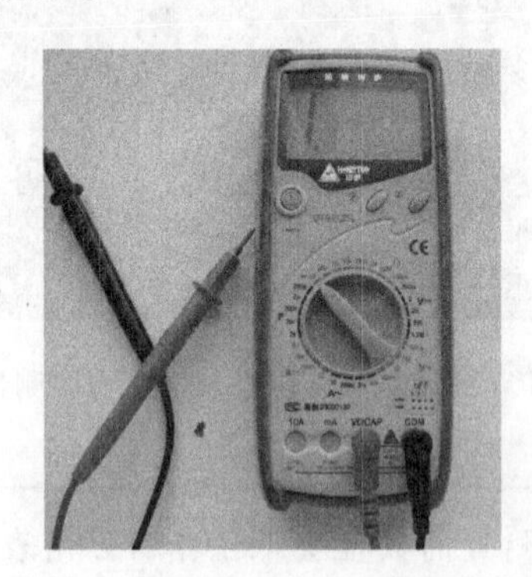

图6-1　数字万用表二极管挡设置

> **提示**　需要测量二极管的正向导通压降时，需要红表笔接被测二极管的正极，黑表笔接二极管的负极，反之测量的是二极管的反向压降。
>
> 另外，正向导通压降就相当于指针万用表所测的正向导通电阻，而反向压降就相当于指针万用表所测的反向电阻。

二、二极管挡在路测量的注意事项 

一是，采用电阻挡在路检测元器件是否正常时，必须要在断电的条件下进行，否则可能会导致被测元器件损坏，也可能会导致万用表损坏。

二是，若被测元器件与三极管、二极管、电阻、电感等元器件并联时，可能会导致检测的数值低于标称值，应通过非在路测量法进一步确认。

三是，在路测量开关电源热地部分的开关管等元器件时，需要确认300V供电滤波电容是否存储电压，若存储较高的电压，需将存储的电压释放后，才能采用二极管挡在路测量开关管等元件，以免扩大故障或发生触电事故。

第二节　二极管挡在路测量元器件从入门到精通

二极管挡的在路测量就是通过测量二极管、三极管、场效应晶体管的导通压降，判断元器件是否正常的方法。

一、整流二极管的在路测量 

首先，将万用表置于PN结压降检测挡（二极管挡），再将红表笔接二极管的正极、黑表笔接二极管的负极时，所测得的正向导通压降值为0.581，如图6-2a所示，说明被测的整流二极管是普通整流二极管；若测得正向导通压降为0.486，如图6-2b所示，说明被测的二极管是高频整流二极管。无论是何种整流二极管，调换表笔后检测它们的反向导通压降时，显示的数值为1，表明反向导通压降为无穷大，说明被测整流二极管正常。若正向导通压降大，说明二极管导通性能差；若反向导通压降值小，说明二极管漏电或击穿。

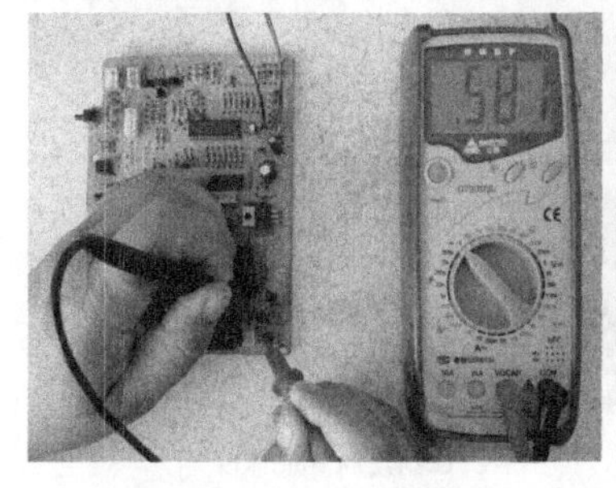

a) 普通整流管正向导通压降

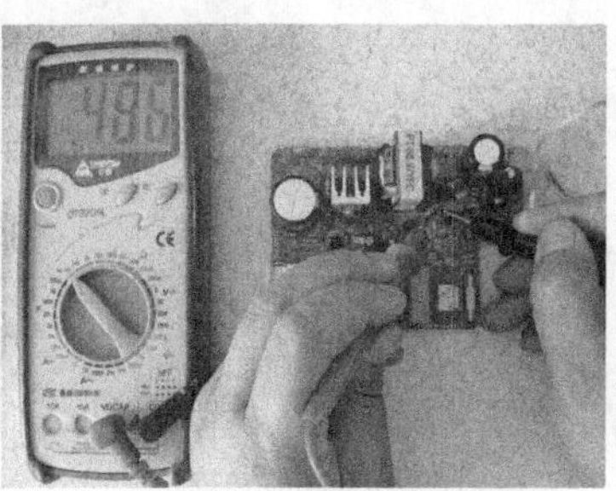

b) 高频整流管正向导通压降

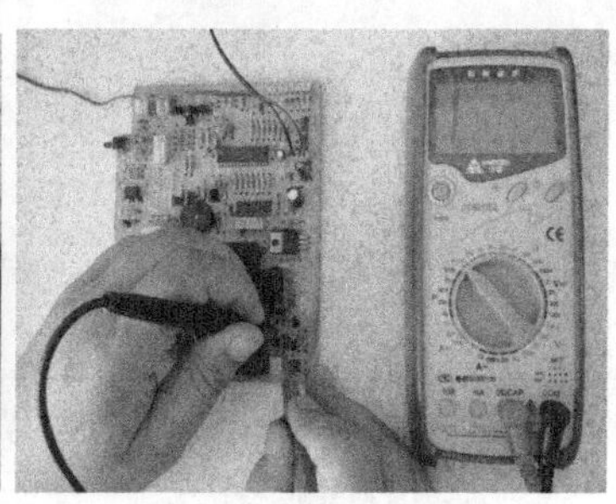

c) 反相导通压降的检测

图6-2　整流二极管的在路测量

> **提示**　由于半桥整流堆和全桥整流堆分别是由2只和4只二极管构成的，所以可通过检测每只二极管的正、反向导通压降值就可以判断它是否正常。二极管击穿时，蜂鸣器会鸣叫。

二、普通晶体管的在路测量 

1. NPN型晶体管

使用数字万用表在路判断NPN型晶体管的好坏时，应使用PN结压降检测挡（二极管挡）检测它的导通压降是否正常，测试方法如图6-3所示。

首先，将红表笔接晶体管的b极，黑表笔接e极，测be结的正向导通压降时，显示屏显示的数字为0.713左右；调换表笔后检测时，屏幕显示的数字为1，说明be结的反向导通压降值为无穷大。其次，将红表笔接晶体管的 b 极，黑表笔接 c 极，测 bc 结的正向导通压降时，显示屏显示的数字为0.713 左右；调换表笔检测时，屏幕显示的数字为1，说明 bc 结的反向导通压降为无穷大。最后，测 ce 结的正向导通压降时，显示屏显示的数字为 1.374 左右；调换表笔后检测，屏幕显示的数字为1，说明 ce 结的反向导通压降值为无穷大。

> **提示** 若正向导通压降大，说明晶体管导通性能差或开路；若反向导通压降小，说明晶体管漏电或击穿。晶体管击穿时，万用表上的蜂鸣器会发出鸣叫声。

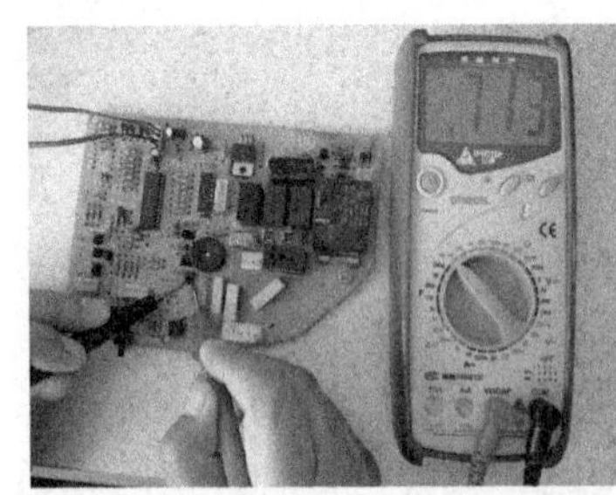

a) be结正向导通压降

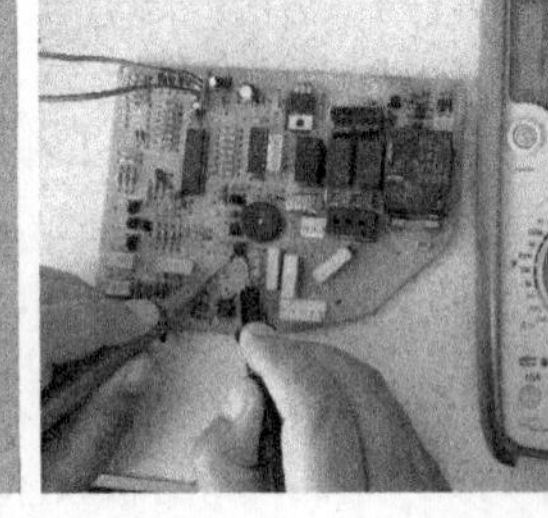

b) be结反向导通压降

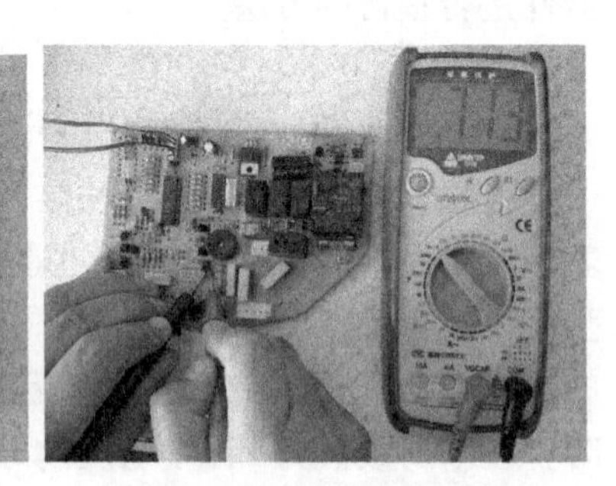

c) bc结正向导通压降

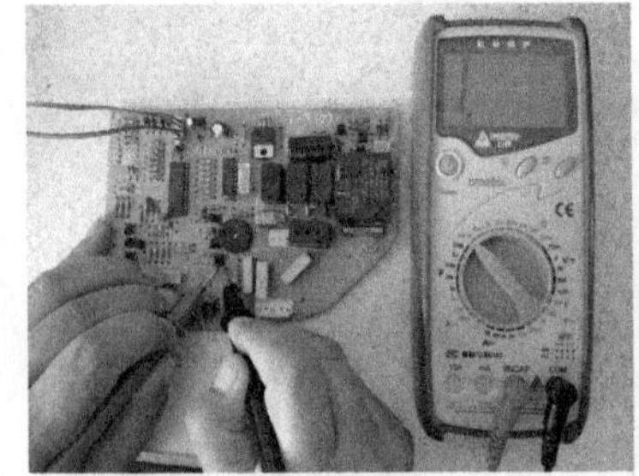

d) bc结反向导通压降

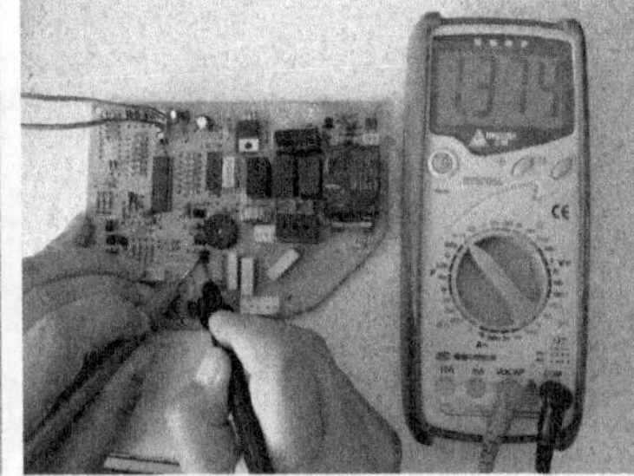

e) ce结正向导通压降

f) ce结反向导通压降

图 6-3　数字万用表在路检测 NPN 型晶体管

2. PNP 型晶体管

使用数字万用表在路判断 PNP 型晶体管好坏时，可使用二极管挡通过检测它的导通压降来完成，下面以常见的 9012 为例介绍测试方法，如图 6-4 所示。

黑表笔接晶体管的 b 极，红表笔分别接 c 极和 e 极，所测的正向导通压降值都应为 0.72 左右；用红表笔接 b 极，黑表笔接 c、e 极时，荧光屏显示的数字为 1，说明它们的反向导通压降值都为无穷大；c、e 极间的正向导通压降为 1.246 左右，反向导通压降值为无穷大。

> **提示** 若正向导通压降大，说明晶体管导通性能差或开路；若反向导通压降小，说明晶体管漏电或击穿。晶体管击穿时，万用表上的蜂鸣器会发出鸣叫声。

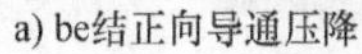
a) be结正向导通压降

b) be结反向导通压降

c) be结正向导通压降

d) bc结反向导通压降

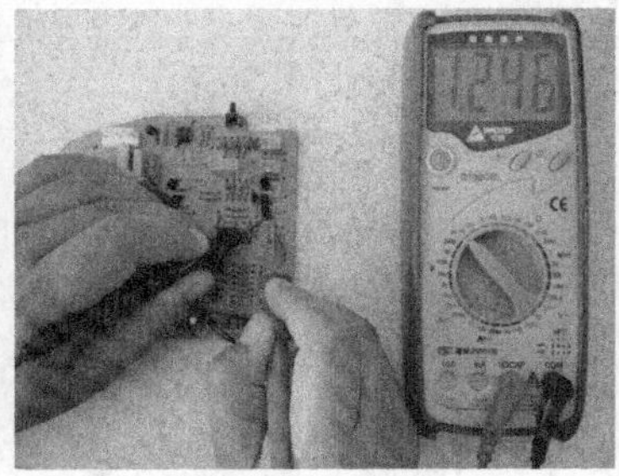

e) ce结正向导通压降

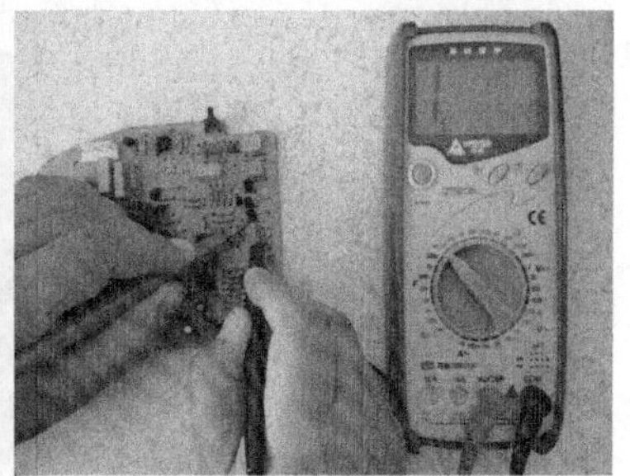

f) ce结反向导通压降

图 6-4　用数字万用表在路检测 PNP 型晶体管

三、行输出管的在路测量 

检修彩电、彩显行输出电路，怀疑行输出管异常时，可首先进行在路测量，初步判断它是否正常。使用数字万用表在路测行输出管时，应使用二极管挡，测量步骤如图 6-5 所示。

提示

因行输出管的 be 结与行激励变压器的二次绕组并联，所以在路测它的 be 结的正、反向导通压降值都为 0。另外，由于行输出管的 ce 结上并联了阻尼二极管，所以测量它的 c、e 极间正、反向压降值时，也就是阻尼二极管的正、反向导通压降值。

红表笔接 b 极，黑表笔接 c 极，测 bc 结的正向导通压降值为 0.460；黑表笔接 b 极，红表笔接 c 极，测 be 结的反向导通压降值时，显示屏显示 1，说明反向导通压降值为无穷大。用红表笔接 e 极，黑表笔接 c 极，测 ce 结的正向导通压降值为 0.460；用黑表笔接 e 极，红表笔接 c 极，测 ce 结的反向导通压降值为无穷大。若测量数值偏差较大，则说明该行输出管或与其并联的元器件异常。

提示　行输出管击穿时，万用表上的蜂鸣器会发出鸣叫声。

a) bc结正向电阻

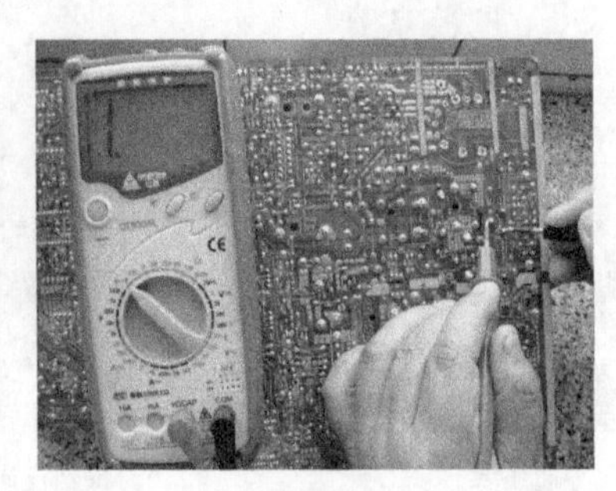

b) bc结反向电阻

c) ce结正向电阻

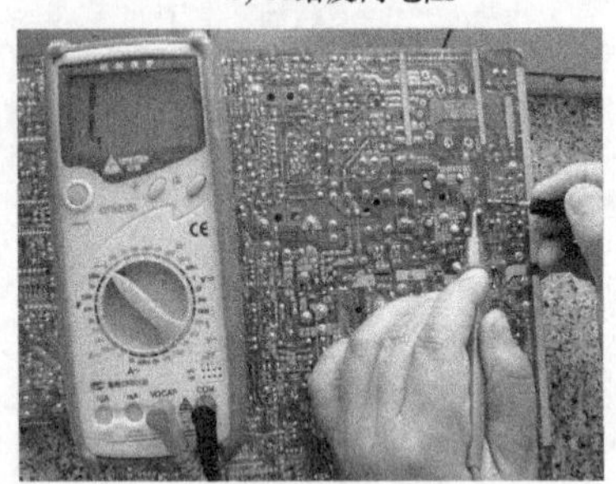

d) ce结反向电阻

图 6-5　行输出管的在路测量

四、晶闸管的在路测量 

怀疑电路板上的晶闸管异常时，可利用万用表的二极管挡在路测量它的三个极间的导通压降进行判断，测量方法和数值如图 6-6 所示。测量时，若导通压降值过大或过小，则需要对其进行非在路测量，确认它是否正常。

a) 红表笔接T1极、黑表笔接T2极

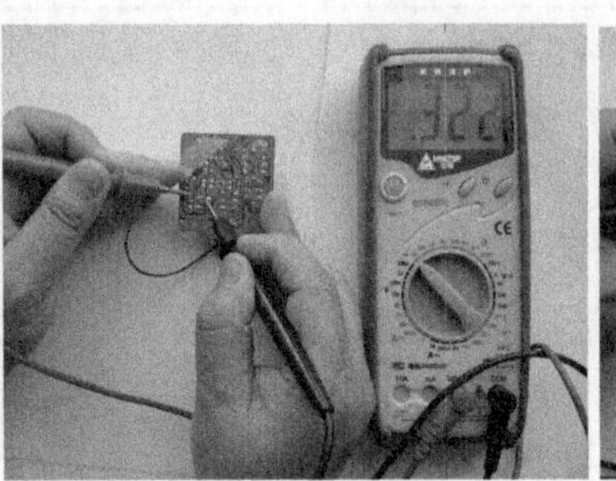

b) 红表笔接T2极、黑表笔接T1极

c) 其他极间

图 6-6　双向晶闸管的在路测量

五、场效应晶体管的在路测量 

怀疑电路板上的场效应晶体管异常时，可利用万用表的二极管挡在路测量它的三个极间的阻值进行判断，测量方法如图 6-7 所示。

a) S、D极间正向导通压降

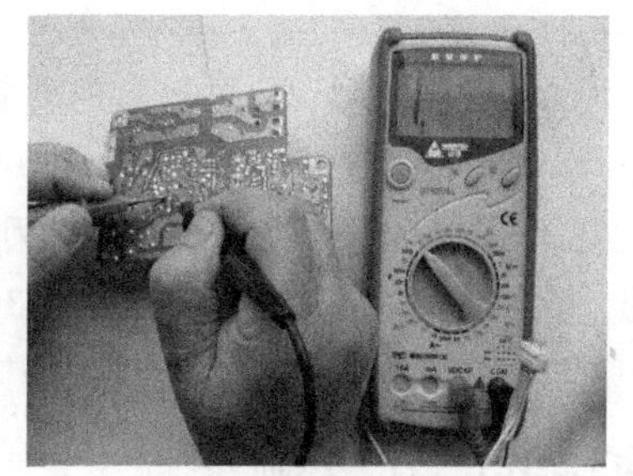
b) 其他极间导通压降

图 6-7　场效应晶体管的在路测量

提示　由于 D、S 极内置了阻尼二极管，所以测量它的 D、S 极间电阻的阻值和测量二极管一样。若三个极间的阻值都不正常，说明被测的场效应管异常；若 G、S 极间导通压降异常，多为并联的元器件异常。

六、IGBT 的在路测量 

怀疑电路板上的 IGBT 异常时，可利用万用表的二极管挡在路测量它的三个极间的阻值进行判断，测量方法如图 6-8 所示。

a) 红表笔接G极、黑表笔接E极

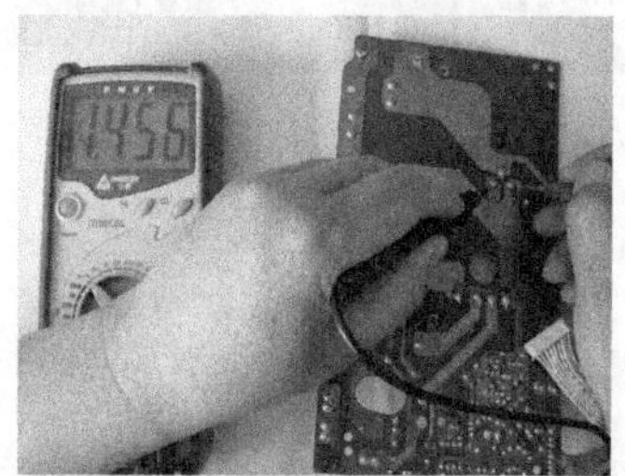
b) 红表笔接E极、黑表笔接G极

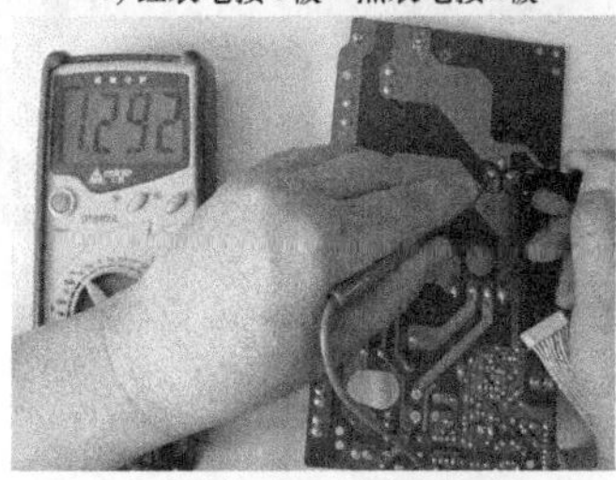
c) 红表笔接G极、黑表笔接C极

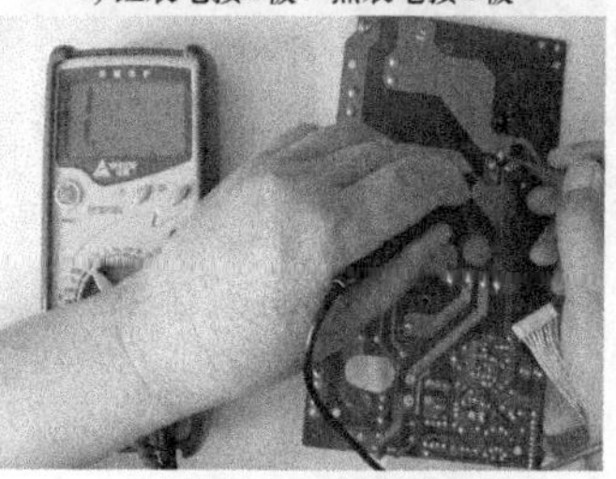
d) 红表笔接C极、黑表笔接G极

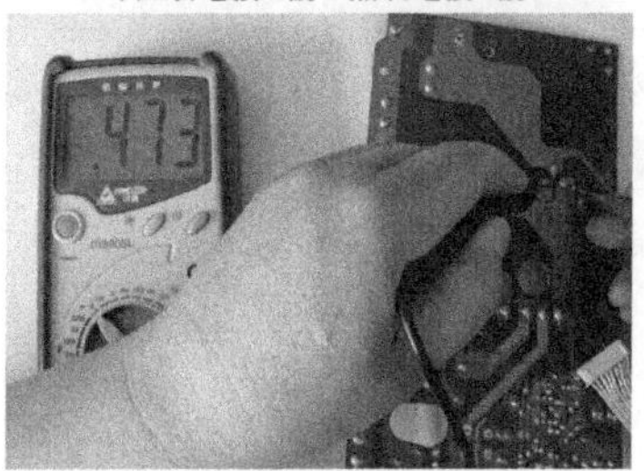
e) 红表笔接E极、黑表笔接C极

f) 红表笔接C极、黑表笔接E极

图 6-8　IGBT 的在路测量

> **提示** 由于GT40Q321内置阻尼二极管，所以测量它的C、E极间电阻的阻值和测量二极管一样。而测量不含阻尼二极管的IGBT时，它的三个极间电阻均应为无穷大。若三个极间的阻值都不正常，说明功率管异常；若C、E两个极间阻值异常，说明300V供电的滤波电容异常。

七、光耦合器的在路测量 

怀疑电路板上的光耦合器异常时，可利用万用表的二极管挡在路测量它的发光二极管、光敏晶体管的极间导通压降进行判断，测量方法如图6-9所示。

a) ①、②脚间的正向电阻

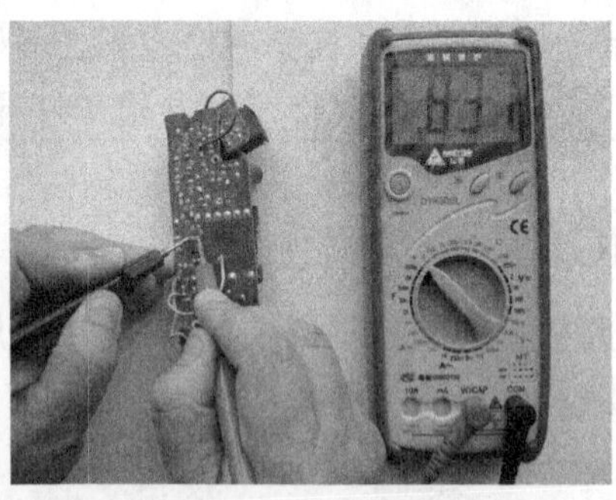

b) ①、②脚间的反向电阻

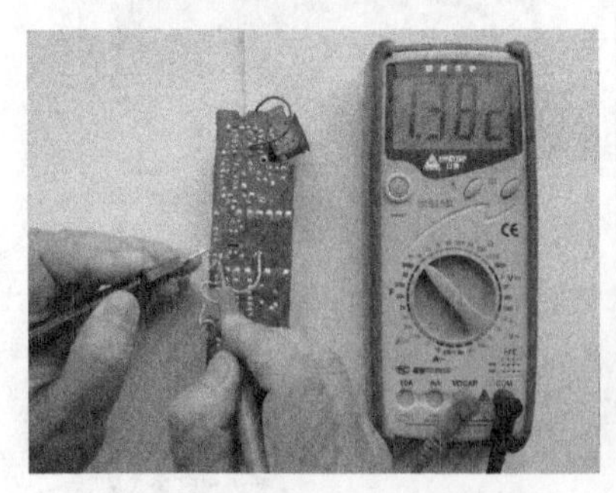

c) ③、④脚间的正向电阻

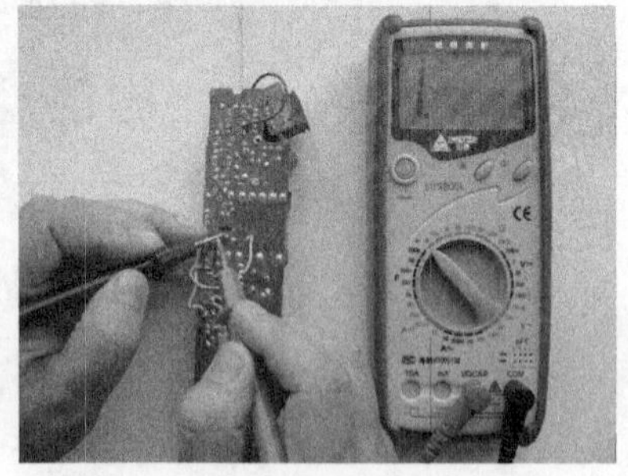

d) ③、④脚的反向电阻

图6-9　光耦合器的在路测量

> **提示** 由于①、②脚两端并联了电阻，所以①、②脚的阻值是该电阻与其他元器件的并联值，因此在路测量只能作为初步判断，需要确认它是否正常还需要测量它的光电效应或采用代换法进行判断。

八、发光二极管的在路测量 

首先，将数字万用表置于导通压降检测挡（二极管挡），把红表笔接发光二极管的正极，黑表笔接负极，此时显示屏显示1.744左右的导通压降值，而且被测的发光管可以发光，如图6-10所示，说明被测的发光二极管正常，若不能发光，并且导通压降过大或过小，则说明该发光二极管或与其并联的元器件异常。

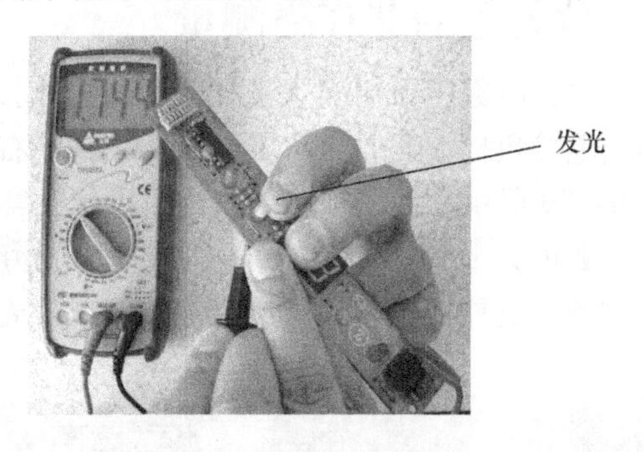

图 6-10 万用表二极管挡在路测量发光二极管

第三节 数字万用表二极管挡非在路测量元器件从入门到精通

二极管挡（PN 结压降测量挡）的非在路测量就是通过测量二极管、晶体管、场效应晶体管的导通压降，判断元器件是否正常的方法。

一、整流二极管的非在路测量 

在路测量整流二极管时，将数字万用表置于二极管挡，普通整流管的正向导通压降为 0.55 左右，如图 6-11a 所示；高频整流管的正向导通压降为 0.429 左右，如图 6-11b 所示。调换表笔后，测量它们的反向导通压降为无穷大，如图 6-11c 所示。若正向导通压降大或反向导通压降小，则说明被测的二极管损坏。

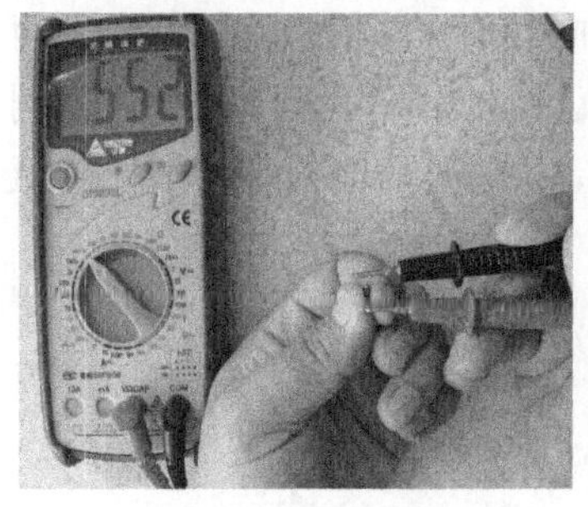

a) 普通整流管正向导通压降

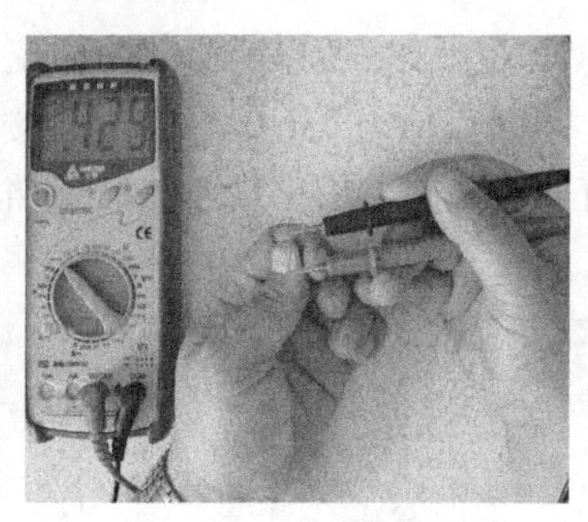

b) 高频整流管导通压降

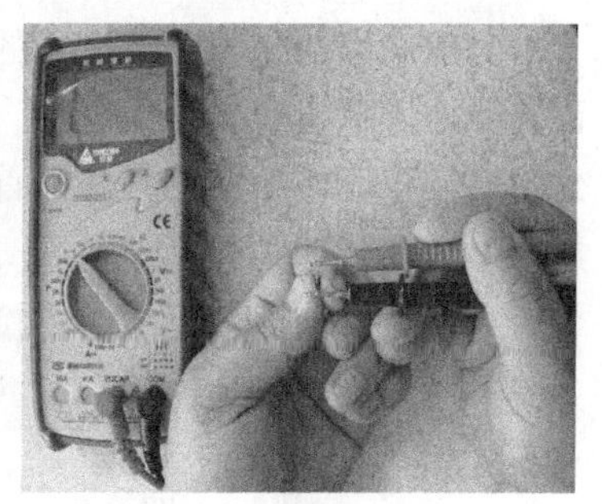

c) 反向导通压降

图 6-11 数字万用表非在路检测整流二极管

提示 若二极管表面的标记不清晰时，也可以通过测量确认正、负极，先用红、黑表笔任意测量二极管两个引脚间的阻值，出现阻值较小的一次时，说明红表笔接的是正极。

另外，半桥、全桥整流堆分别是采用 2 只和 4 只二极管构成的，所以检测时只需要测量每个二极管是否正常就可以确认它们是否正常。

二、发光二极管/数码管的非在路测量 

非在路测量发光二极管时，将数字万用表置于导通压降检测挡（二极管挡），把红表笔接发光二极管的正极，黑表笔接负极，此时显示屏显示 1.799 左右的导通压降值，而且被测的发光管可以发光，如图 6-12a 所示，说明被测的发光二极管正常。此时，调换表笔后发光管不能发光，显示屏显示的数值为 1，说明反向导通压降变为无穷大，如图 6-12b 所示，说明被测的发光二极管是正常的。若检测时，导通压降值异常或发光二极管不能发光，则说明被测的发光二极管损坏。

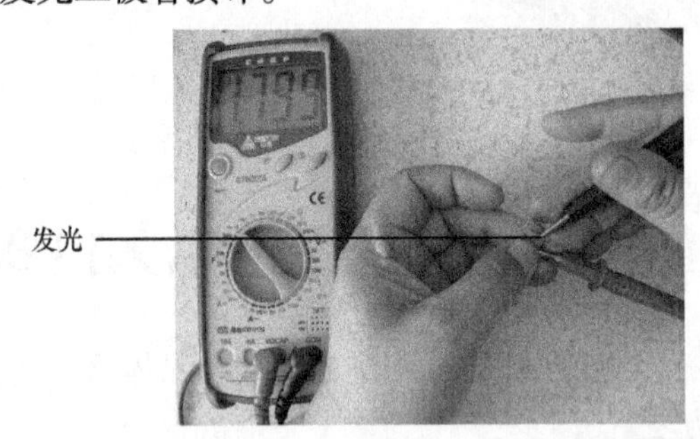

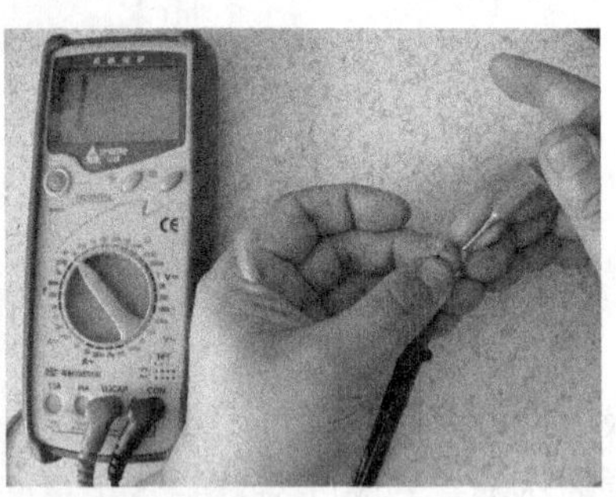

图 6-12　万用表电阻挡非在路检测发光二极管

提示　数码管也是由发光二极管构成的，所以通过检测不发光笔段的发光二极管，就可以确认是数码管异常，还是驱动电路异常。

三、高压硅堆的非在路测量 

高压硅堆由若干个整流管的管芯组成，所以测量时应该反向导通压降值应为无穷大，而正向导通压降值也多为无穷大，下面以微波炉使用的高压整流堆（高压整流二极管）为例介绍高压整流堆的检测方法。首先，该将万用表置于二极管挡，测得的正、反向导通压降值都为无穷大，如图 6-13 所示。

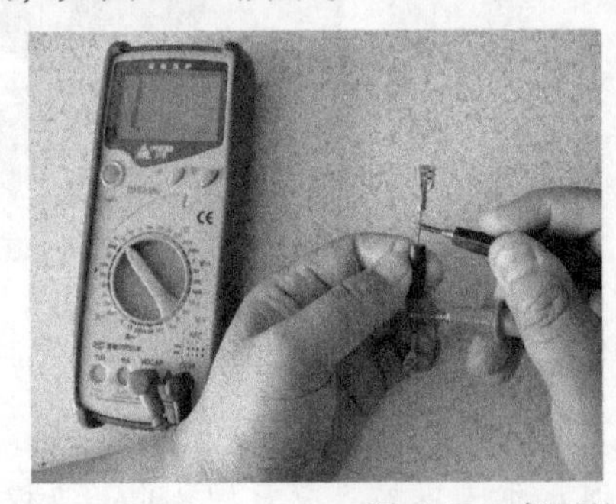

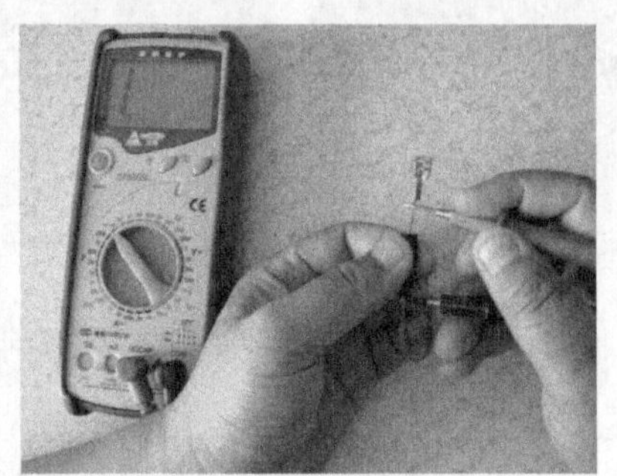

图 6-13　高压整流堆的非在路测量

四、晶体管的非在路测量 

1. 管型与引脚的判别

采用数字万用表判断晶体管的管型和引脚时，应将它置于二极管挡。

（1）NPN 型晶体管的判别

首先假设晶体管的第 1 个引脚为基极，用红表笔接晶体管假设的基极，再用黑表笔分别接另两个脚，若测得的导通压降值都为 0.656、0.657 左右，说明假设的 1 脚的确是基极，并且该管为 NPN 型晶体管，如图 6-14 所示。否则，再次假设基极，按上述方法继续判断。

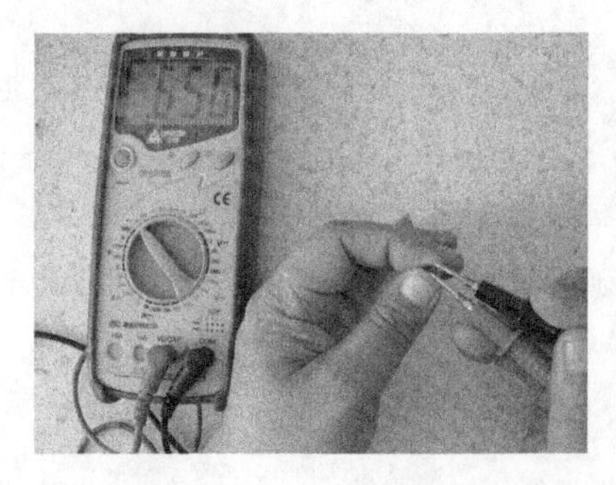
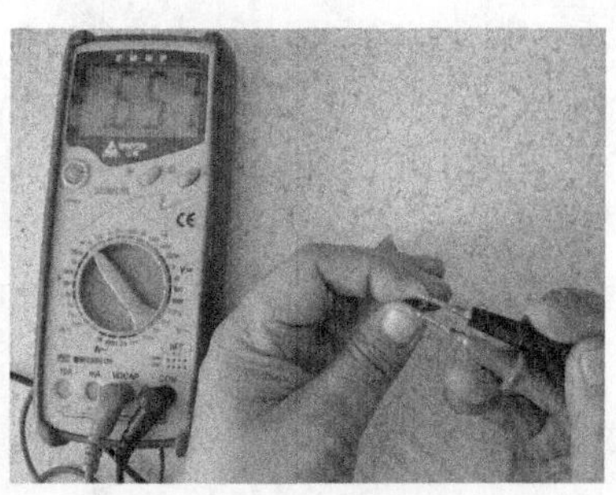

图 6-14　用万用表二极管挡判别 NPN 型晶体管的引脚

（2）PNP 型晶体管的判别

若黑表笔接第 1 个引脚，用红表笔接另外两个引脚，若显示屏显示的导通压降值为 0.676 和 0.631 左右，说明该管是 PNP 型晶体管，并且假设的 1 脚就是基极，如图 6-15 所示。否则，再次假设基极，按上述方法继续判断。

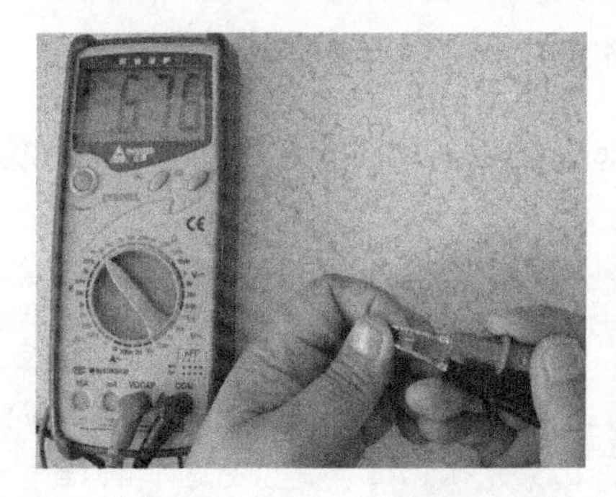
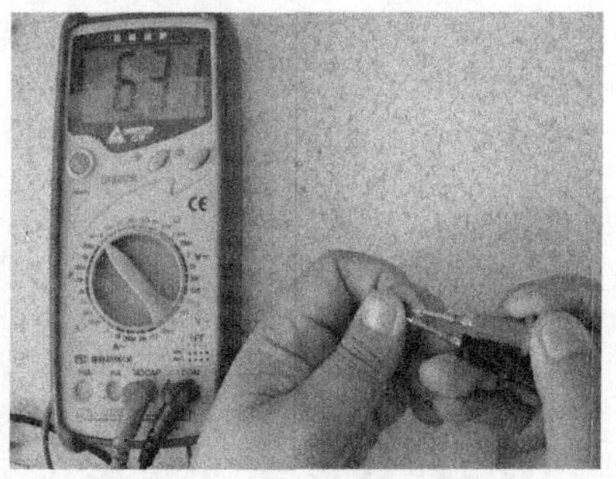

图 6-15　数字万用表判别 PNP 型晶体管的引脚

2. 好坏的判别

当在路测量晶体管异常或购买晶体管时，则需要进行非在路测量，确认它们是否正常。

（1）NPN 型晶体管

使用数字万用表的二极管挡非在路判断 NPN 型晶体管好坏时，将红表笔接晶体管的 b 极，黑表笔分别接 e 极和 c 极，正向导通压降分别为 0.654、0.643，如图 6-16a、b 所示；用黑表笔接 b 极，红表笔接 c、e 极，测得 bc、be 结的反向导通压降值都为无穷大，如图 6-16c、d 所示；而 c、e 极间的正、反向导通压降值都应为无穷大，如图 6-16e、f 所示。

（2）PNP 型晶体管

采用数字万用表判断 PNP 型晶体管好坏时，将数字万用表置于二极管挡，黑表笔接晶体管的 b 极，红表笔分别接 e 极和 c 极，测 be、bc 结的正向导通压降值分别为 0.674 和 0.631，如图 6-17a、b 所示；用红表笔接 b 极，黑表笔接 c、e 极，测得 bc、be 结的反向导

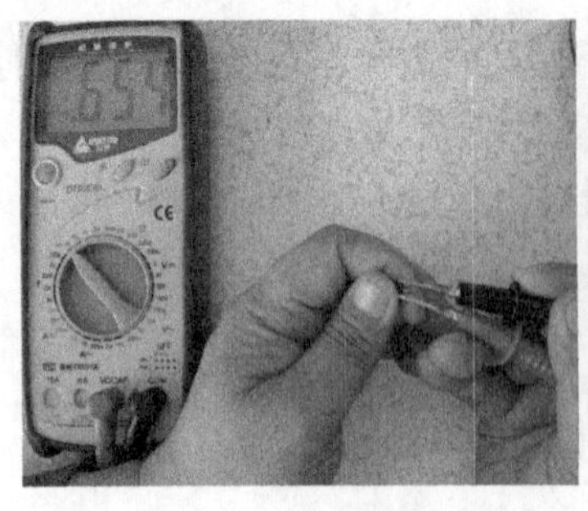

a) be结正向导通压降

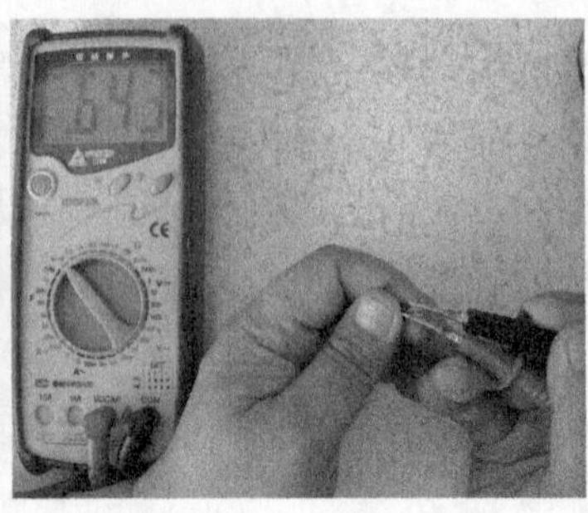

b)bc结正向导通压降

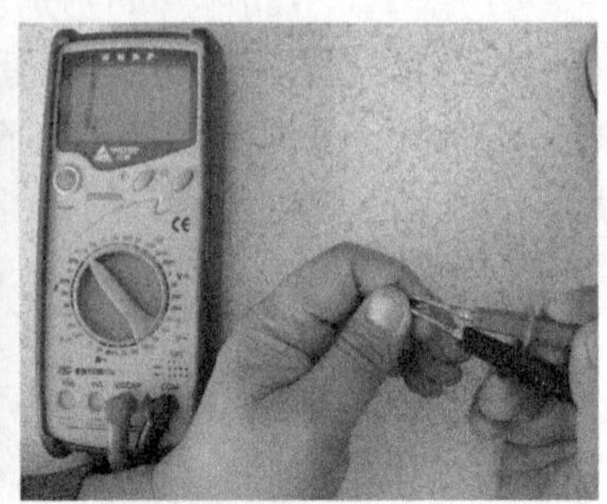

c) be结反向导通压降

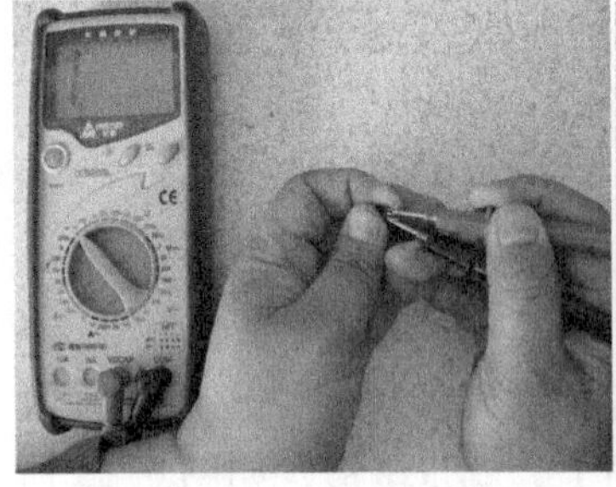

d) bc结反向导通压降

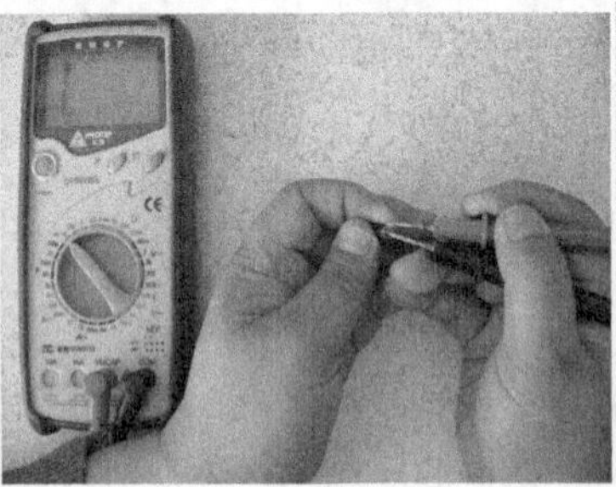

e) ce结正向导通压降

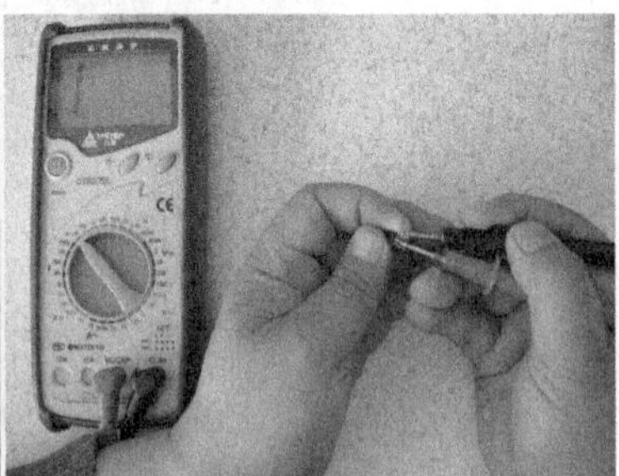

f) ce结反向导通压降

图 6-16　数字万用表非在路判断 NPN 型晶体管的好坏

通压降值为无穷大，如图 6-17c、d 所示；测 ce 结的正、反向导通压降时也为无穷大，如图 6-17e、f 所示。

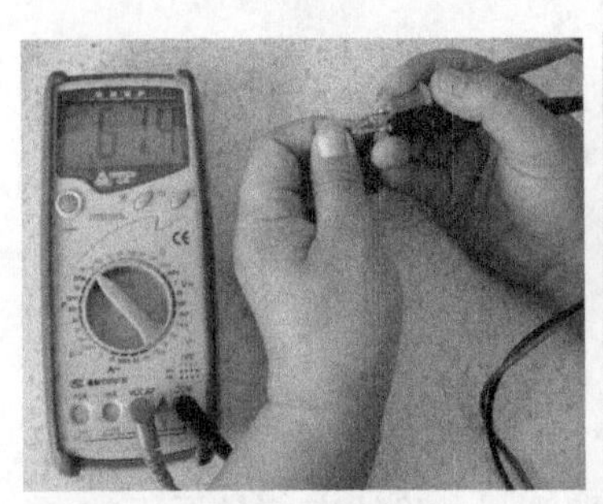

a) be结正向导通压降

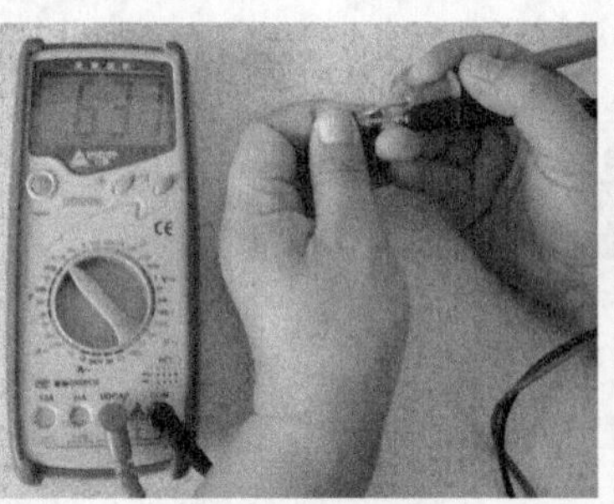

b) bc结正向导通压降

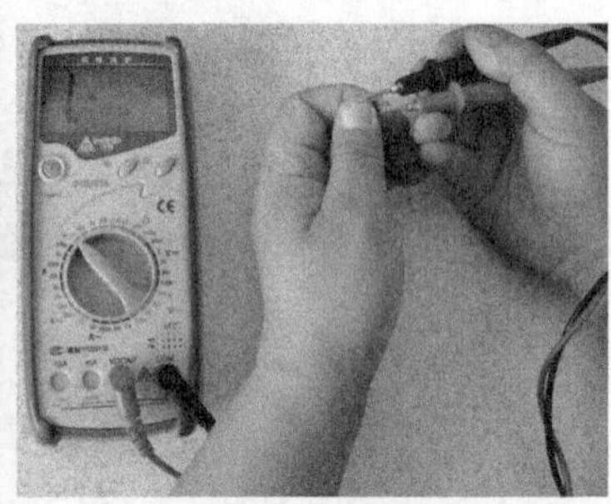

c) bc结反向导通压降

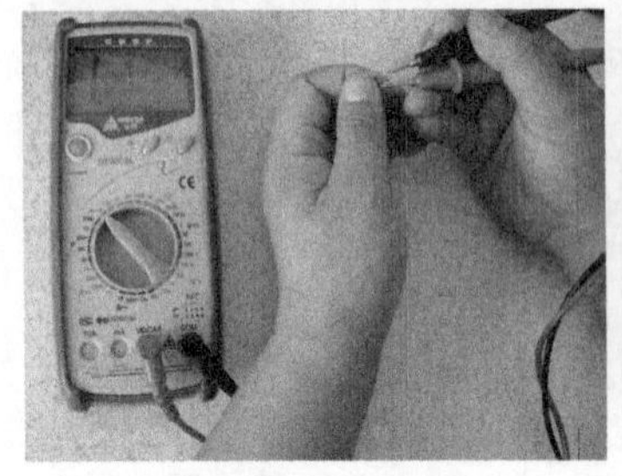

d) be结反向导通压降

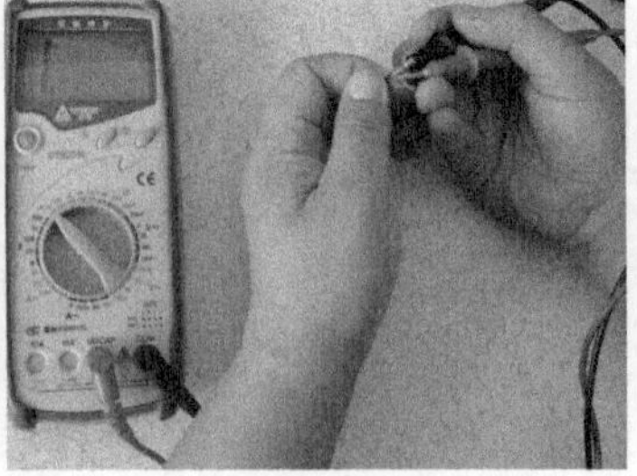

e) ce结正向导通压降

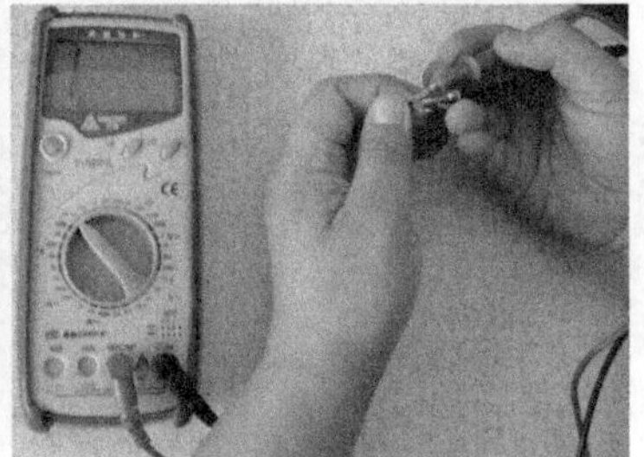

f) ce结反向导通压降

图 6-17　数字万用表非在路判断 PNP 型晶体管的好坏

 **提示** 部分 PNP 型晶体管 ce 结的正向导通压降值在 1.85 左右。

五、彩电行输出管的非在路测量 

采用数字万用表非在路测量行输出管时，应使用 200Ω 挡和二极管挡进行测量。首先，用 200Ω 挡测量 b、e 极间的正向、反向电阻值为 42.4，如图 6-18a、b 所示；再将万用表置于二极管挡，红表笔接 b 极，黑表笔接 c 极，测 bc 结的正向导通压降值为 0.466，如图 6-18c 所示；黑表笔接 b 极，红表笔接 c 极时显示的数字为 1，说明 bc 结的反向导通压降值为无穷大，如图 6-18d 所示；用红表笔接 e 极，黑表笔接 c 极，测量 ce 结的正向导通压降值时为 0.486，如图 6-18e 所示；黑表笔接 e 极，红表笔接 c 极，所测的反向导通压降值为无穷大，如图 6-18f 所示。若数值偏差较大，则说明被测的行输出管损坏。

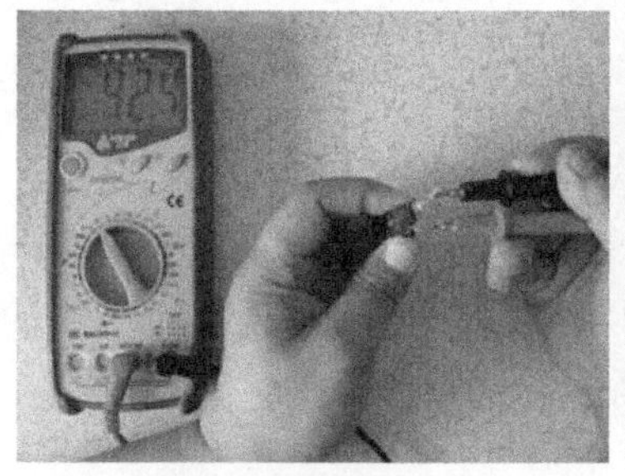

a) be结正向电阻

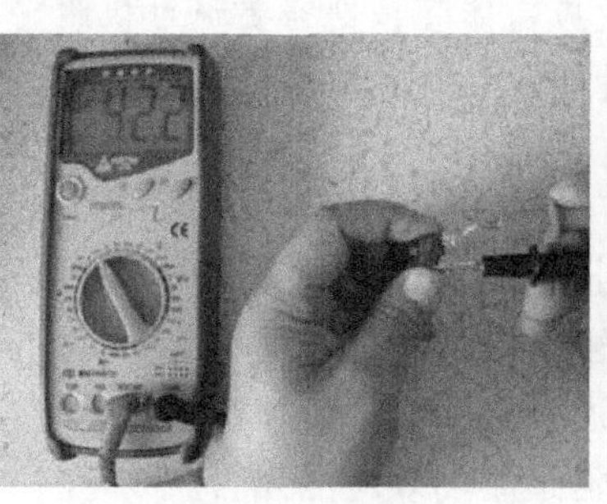

b) be结反向电阻

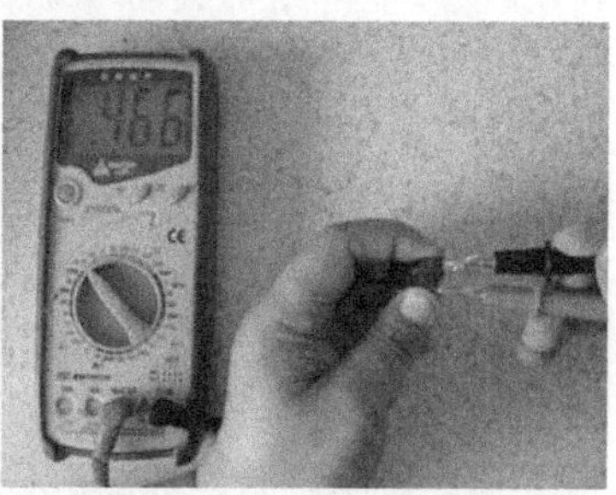

c) bc结正向导通压降

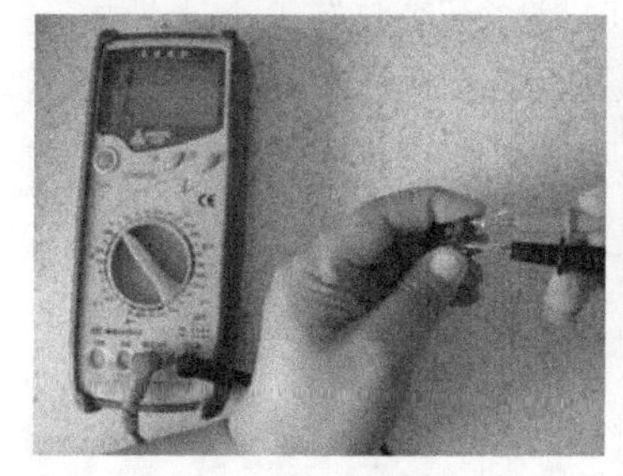

d) bc结反向导通压降

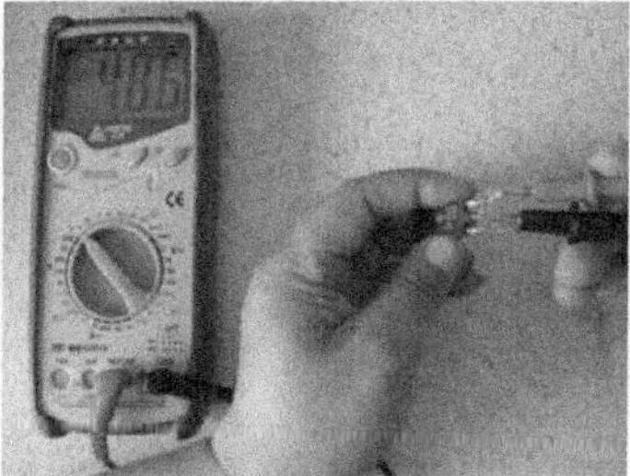

e) ce结正向导通压降

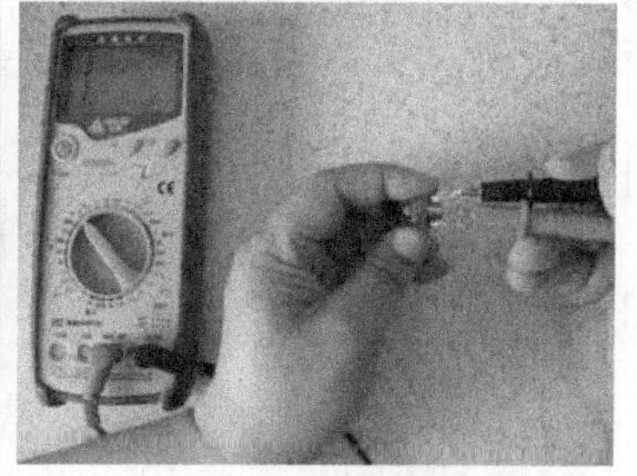

f) ce结反向导通压降

图 6-18 万用表非在路检测行输出管

提示 由于 be 结上并联了分流电阻，所以测量 be 结的正、反向电阻时也就是测量了分流电阻的阻值。而不同的行输出管并联的分流电阻的阻值不尽相同，多为 20～47Ω。

六、场效应晶体管的非在路测量 

1. 引脚的判别

由于大功率绝缘栅型场效应晶体管的 D、S 极间并联了一只二极管，所以采用数字万用表检测D、S极间的正、反向导通压降时，当出现0.511左右的电压值，则说明红表笔接的是S极（N沟道型场效应晶体管）或漏极D（P沟道型场效应晶体管），黑表笔接的引脚是D极（N沟道型场效应晶体管）或S极（P沟道型场效应晶体管），而余下的引脚为G极，如图6-19所示。

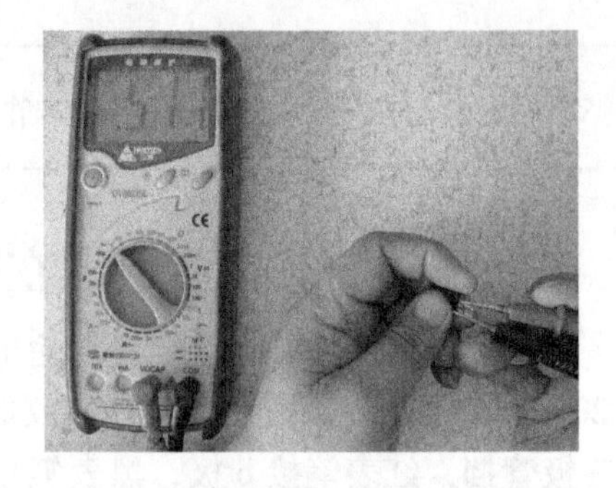

图6-19　大功率型场效应晶体管引脚的判别

2. 引脚与好坏的判别

> **提示**　即使识别出大功率场效应晶体管的D、S极，也不能完全确定它是N沟道场效应晶体管，还是P沟道场效应晶体管，并且对于没有内置二极管的大功率场效应晶体管，则需要通过检测它的触发性能来进一步确认它的管型和引脚功能，以及它是否正常。

首先，将数字万用表置于二极管挡，黑表笔接S极，红表笔接D极，显示屏显示的数字为1，说明场效应晶体管截止，如图6-20a所示。此时，黑表笔依然接S极，用红表笔将D、G极短接后，为G极提供触发电压，如图6-20b所示；再测D、S极间的阻值，阻值应迅速变小，说明该管被触发导通，并且该管为N沟道场效应晶体管，如图6-20c所示。若不能导通，说明该管异常或是P沟道型场效应晶体管。

> **提示**　由于数字万用表的触发电流较小，所以有时进行多次触发也不能将场效应晶体管触发导通。遇到这种情况，应该采用指针万用表触发或采用代换法进行判断。
>
> 场效应晶体管被触发导通后，用表笔的金属部位将触发后的场效应晶体管的三个引脚短接，就可以使该管恢复截止。

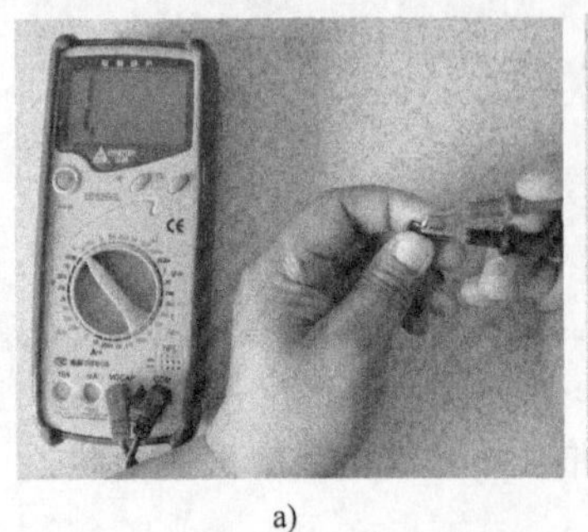

a)

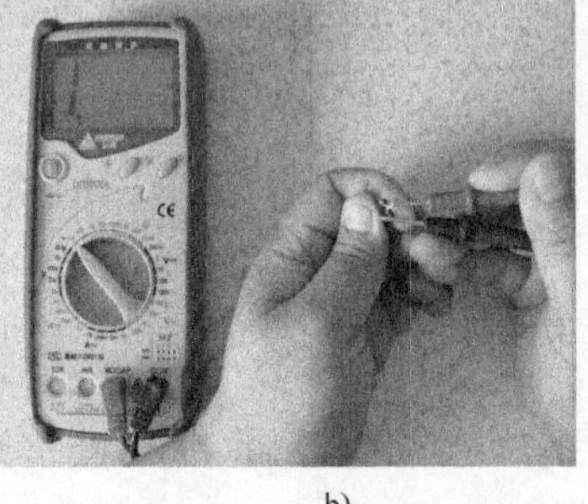

b)

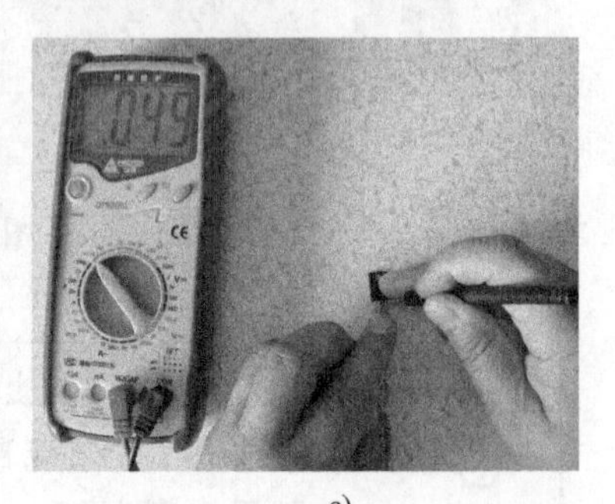

c)

图6-20　N沟道大功率型场效应晶体管的触发导通

七、单向晶闸管的非在路测量 

1. 引脚的判别

由于单向晶闸管的G极与K极之间仅有一个PN结，所以这两个引脚间具有单向导通特性，而其他引脚间的阻值应为无穷大。

将数字万用表置于二极管挡，任意测单向晶闸管两个引脚的导通压降值，测试中出现 0.657 的数值时，说明红表笔接的引脚为 G 极，黑表笔接的是 K 极，剩下的引脚为 A 极，如图 6-21 所示。

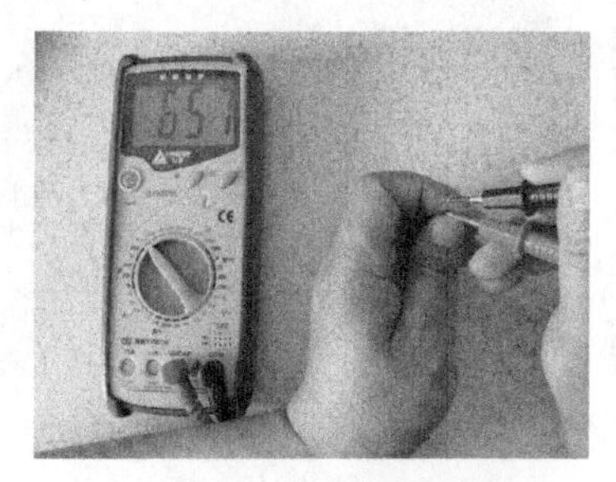

a) G、K极间正向导通压降

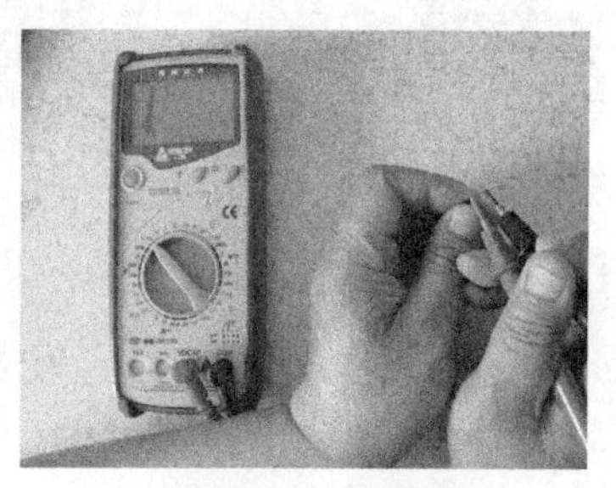

b) 其他极间导通压降

图 6-21　单向晶闸管引脚的判别

2. 触发能力的判别

使用数字万用表检测单向晶闸管的触发能力时，需要将万用表置于二极管挡，检测方法如图 6-22 所示。

将黑表笔接 K 极，红表笔接 A 极，显示的数值为 1，说明它处于截止状态，此时用红表笔瞬间短接 A、G 极，随后测 A、K 极之间的导通压降迅速变为 0.661 左右，说明晶闸管被触发导通并能够维持导通状态。否则，说明该晶闸管损坏。

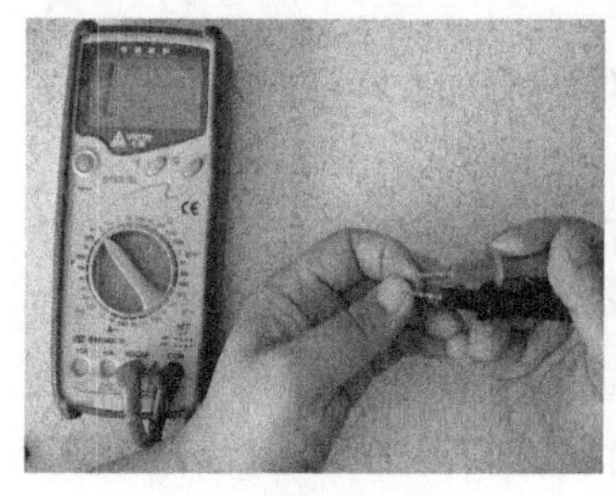

a) 触发前

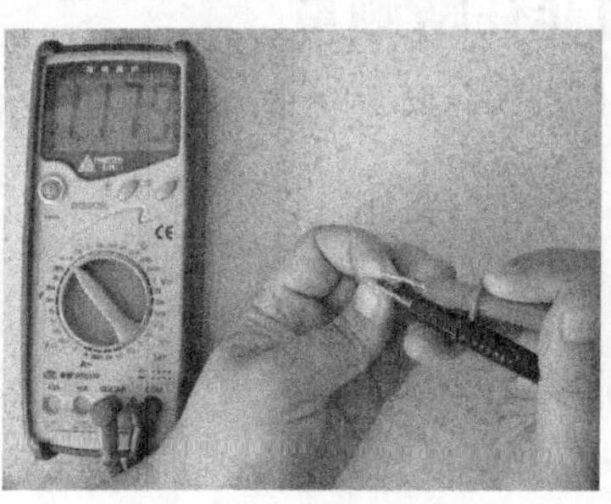

b) 触发

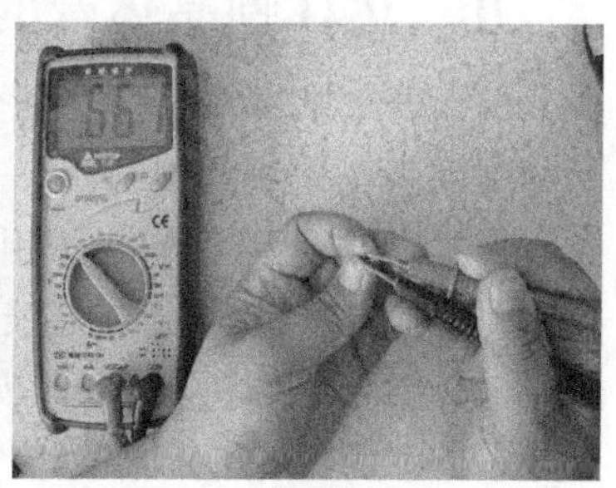

c) 触发后

图 6-22　数字万用表检测单向晶闸管的触发能力

提示　由于数字万用表的触发电流较小，所以一般情况下，数字万用表只能触发功率小的单向晶闸管导通，而很难触发功率大的晶闸管使其导通，通常功率大的晶闸管需要采用指针万用表触发。

八、IGBT 的非在路测量 

在路检测后怀疑 IGBT 异常或购买 IGBT 时需要对 IGBT 采用非在路检测。下面以常见的 GT40Q321 为例进行介绍。由于 GT40Q321 内置阻尼二极管，所以测量它的 C、E 极间的正向导通压降为0.464，如图6-23a所示；C、E极间的反向导通压降或其他极间的正、反向导通压降都为无穷大，如图6-23b所示。

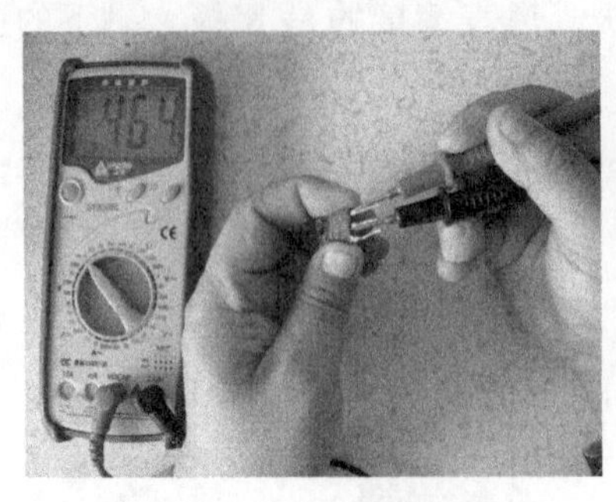

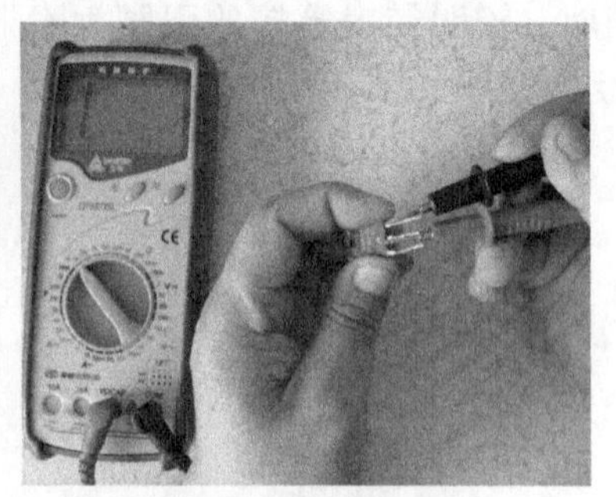

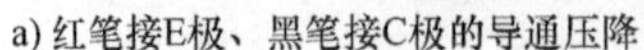

a) 红笔接E极、黑笔接C极的导通压降　　b) 其他极间的导通压降

图6-23　用万用表非在路检测IGBT

提示　测量不含阻尼二极管的IGBT时，它的三个极间电阻均应为无穷大。若三个极间的阻值都不正常，说明功率管异常；若C、E两个极间阻值异常，说明外接元器件异常。部分资料介绍N沟道型场效应晶体管和大功率双极型三极管构成的IGBT也可采用和N沟道型场效应晶体管一样的触发导通方法进行测试，实际验证该方法行不通。

九、达林顿晶体管的非在路测量 

下面以常见的TIP122为例介绍达林顿晶体管引脚、管型的判别，以及好坏的检测。

1. 引脚与管型的判别

首先假设TIP122的一个引脚为基极，随后将万用表置于PN结压降测量挡（二极管挡），用红表笔接在假设的基极上，再用黑表笔分别接另外两个引脚。若显示屏显示的导通压降值分别为0.827、0.634，如图6-24所示，说明假设的引脚就是基极，并且数值小时黑表笔接的引脚为集电极，数值大时黑表笔所接的引脚为发射极，同时还可以确认该管为NPN型达林顿晶体管。

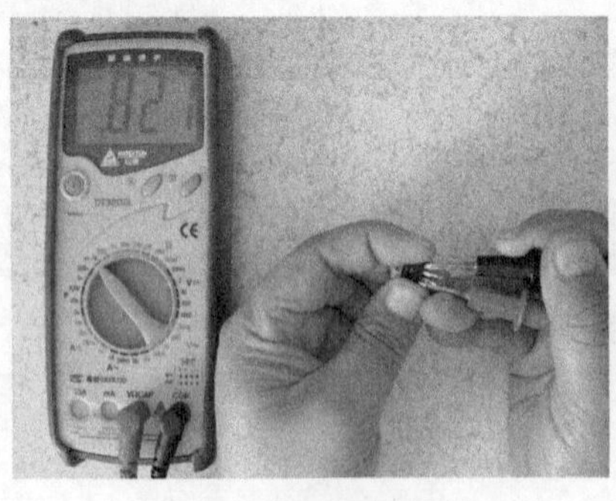

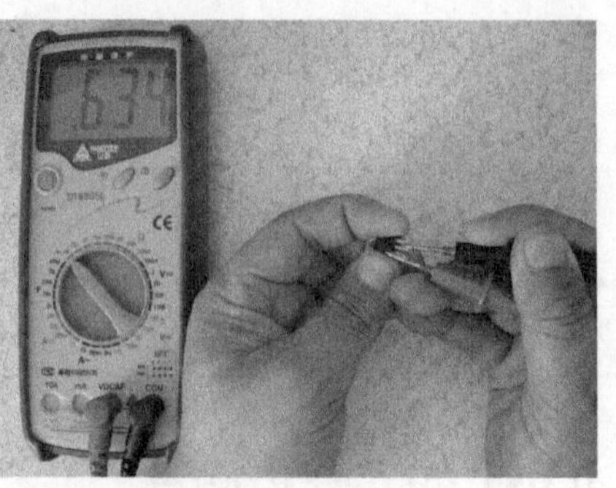

a) be结正向导通压降　　b) bc结正向导通压降

图6-24　数字万用表判别中功率达林顿晶体管管型及引脚

 **提示** 检测过程中，若黑表笔接一个引脚，红表笔接另两个引脚时，显示屏显示的数据符合前面的数值，则说明黑表笔接的是基极，并且被检测的晶体管是PNP型达林顿晶体管。

2. 好坏的判别

使用数字万用表判别达林顿晶体管好坏时，应采用PN结压降测量挡（二极管挡）检测它的导通压降来完成。

用红表笔接b极，黑表笔接e极时，检测be结的正向导通压降为0.829，如图6-25a所示；调换表笔后测be结的反向导通压降为无穷大，如图6-25b所示；测bc结正向导通压降值为0.637，如图6-25c所示；调换表笔后测bc结的反向导通压降值为无穷大，如图6-27d所示；黑表笔接c极、红表笔接e极时，测ce结的正向导通压降值为0.553，如图6-25e所示；调换表笔后测ce结的反向导通压降值为无穷大，如图6-25f所示。

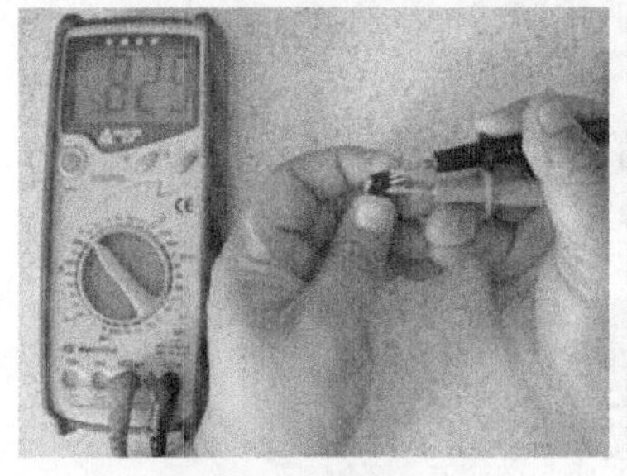
a) be结正向导通压降

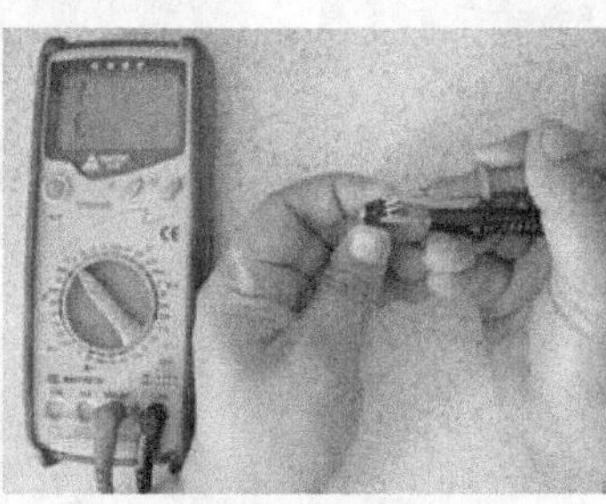
b) be结反向导通压降

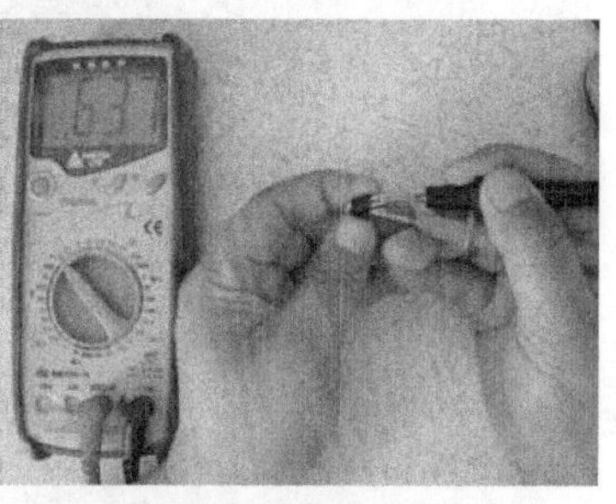
c) bc结正向导通压降

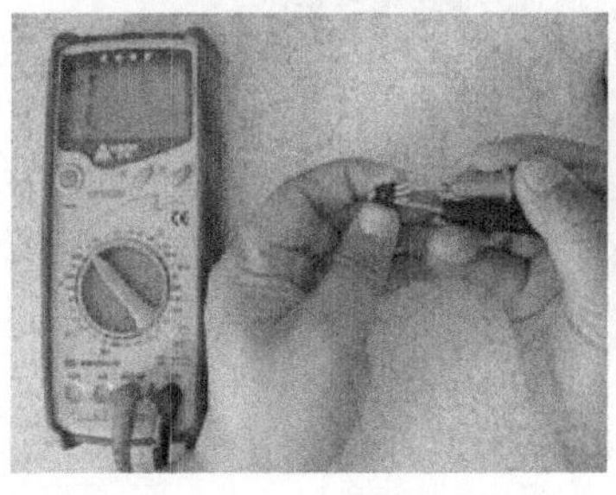
d) bc结反向导通压降

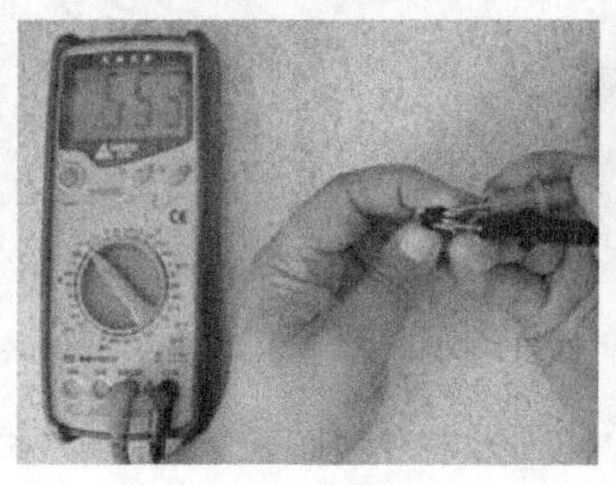
e) ce结正向导通压降

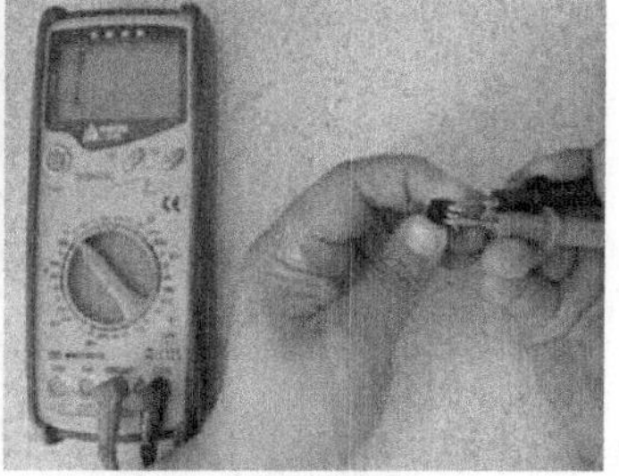
f) ce结反向导通压降

图6-25 数字万用表判别达林顿晶体管的好坏

提示 由于部分达林顿晶体管（如TIP122）的c、e极内部并联了二极管，所以测量阻值时与b、c极一样，也会呈现单向导电特性。

十、光耦合器的非在路测量 

下面以4脚的光耦合器PC123为例介绍用数字万用表的二极管挡、指针万用表的电阻挡测量光耦合器的方法与技巧。

1. 引脚、穿透电流的检测

用数字万用表的二极管挡或指针万用表的电阻挡测量，就可以判断出光耦合器的引脚和穿透电流的大小，如图6-26所示。

由于发光二极管具有二极管的单向导通特性，所以测量时只要发现两个引脚有导通压降值，则说明这一侧是发光二极管，并且红表笔接的引脚是①脚，另一侧为光敏晶体管的引脚。

一般情况下，发光二极管的正向导通压降为1.048左右，调换表笔后显示的数值为1，说明它的反向导通压降值为无穷大。而光敏晶体管C、E极间的正、反向导通压降值都应为无穷大。若发光二极管的正向导通压降值大，说明它的导通性能下降；若发光二极管的反向导通压降小或光敏晶体管的C、E极间的导通压降值小，说明发光二极管或光敏晶体管漏电。

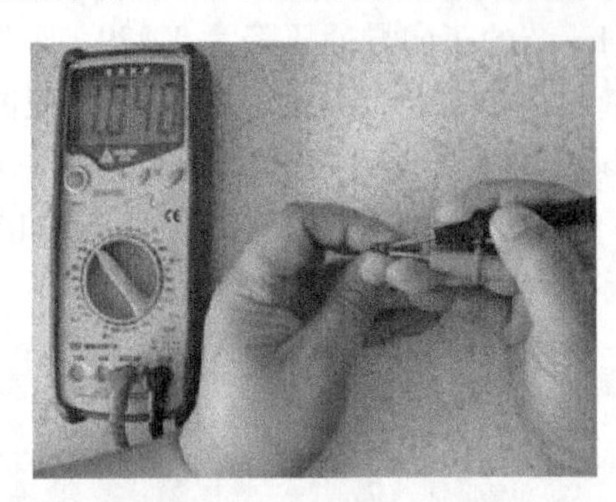

a) 发光二极管正向导通压降

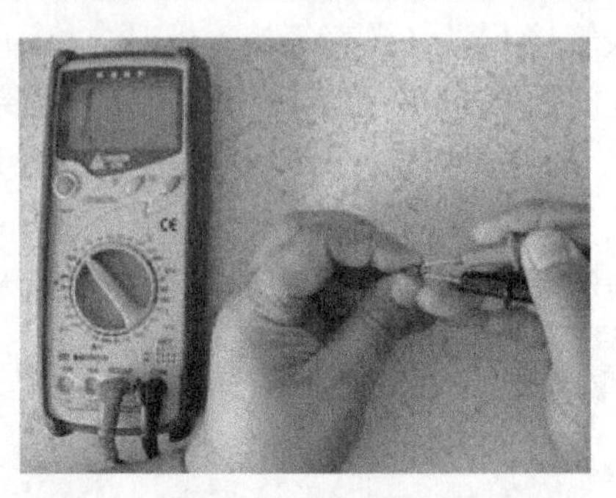

b) 发光二极管反向导通压降

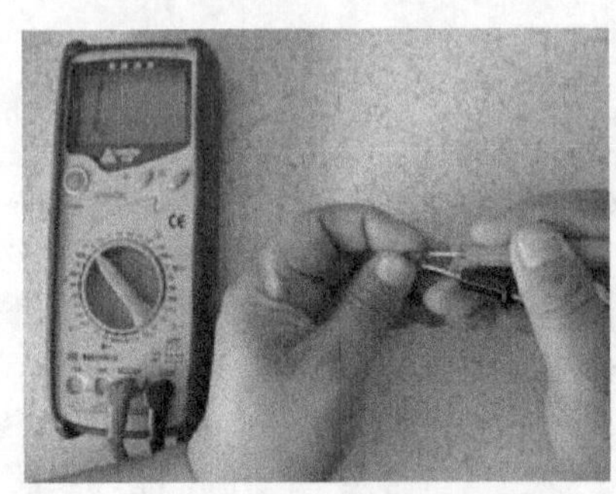

c) 光敏晶体管ce结正向导通压降

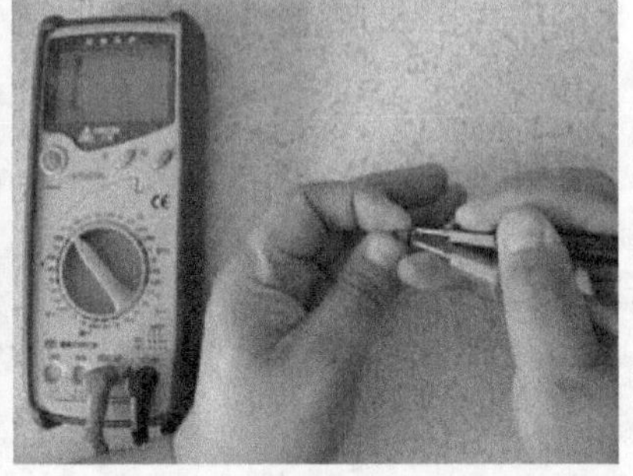

d) 光敏晶体管ce结反向导通压降

图6-26　万用表判别光耦合器引脚和穿透电流

2. 光电效应的检测

检测光耦合器的光电效应见第二章相关内容，不再介绍。

十一、光电开关的非在路测量 

1. 引脚、穿透电流的判别

用数字万用表的导通压降测量挡（二极管挡）或指针万用表的电阻挡测量，就可以判断出光电开关的引脚和穿透电流的大小，如图6-27所示。

由于光发射管（发光二极管）具有二极管的单向导通特性，所以测量时只要发现两个引脚有导通压降值，则说明这一侧是光发射管，并且红色表笔接的引脚是光发射管的正极，另一侧为光接收管的引脚。

一般情况下，光发射管的正向导通压降为1.041左右，调换表笔后，显示的数值为1，说明反向导通压降值为无穷大。而光接收管c、e极间的正、反向导通压降值都应为无穷大。

若光发射管的正向导通压降值大，说明它的导通性能下降；若光发射管的反向导通压降值小或光接收管的 c、e 极间的导通压降值小，说明发光二极管或光接收管漏电。

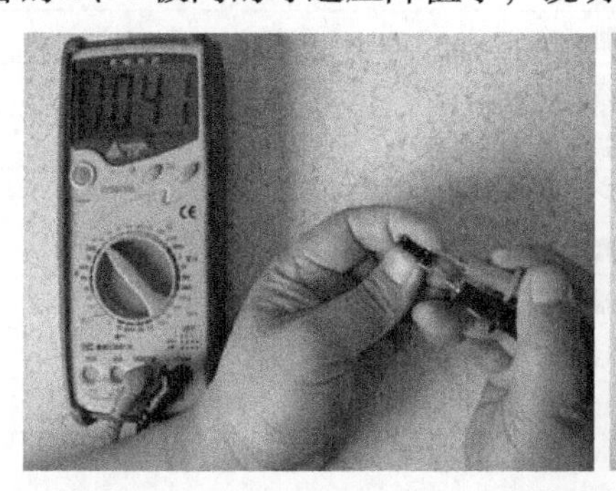
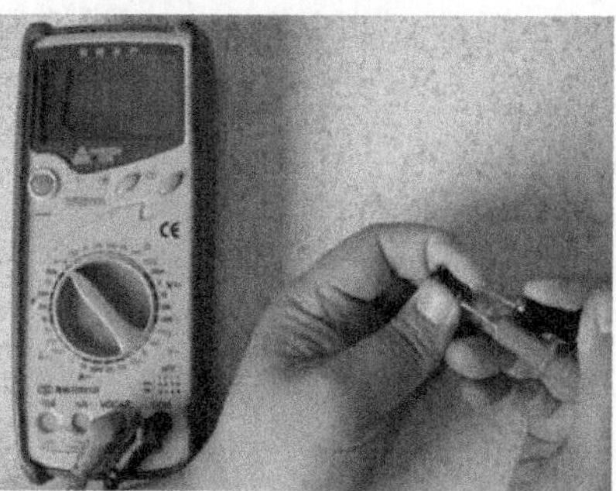

a) 光发射管的检测

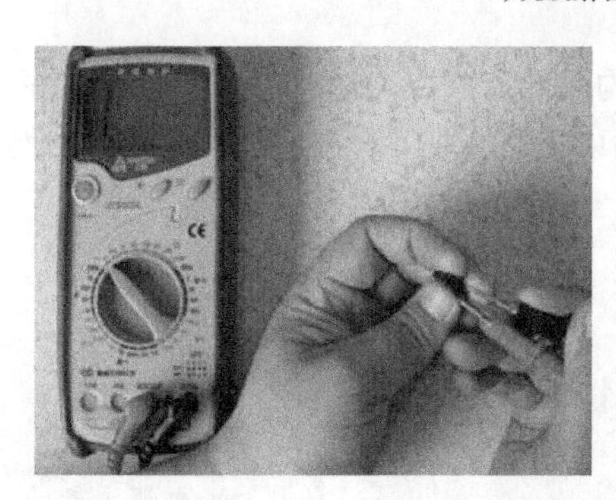
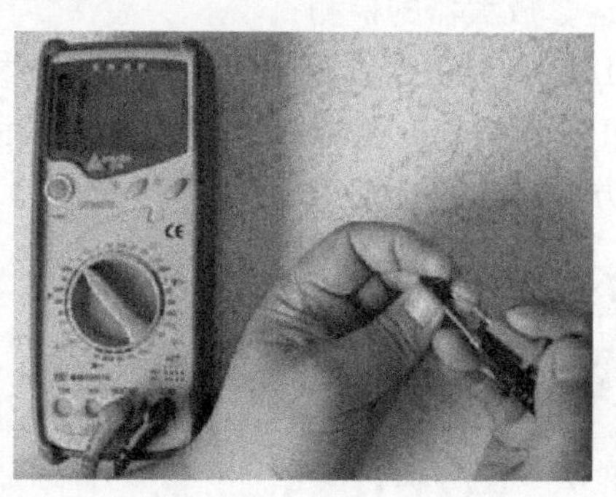

b) 光接收管的检测

图 6-27　万用表判别光电开关的引脚和穿透电流

2. 光电效应的检测

检测光电开关的光电效应见第二章相关内容，不再介绍。

十二、LM358/LM324/LM339/LM393 

LM358、LM324、LM339、LM393 等芯片的构成和工作原理基本相同，下面以双电压运算放大器 LM358 为例介绍它们的检测方法。

1. 识别

LM358 内设两个完全相同的运算放大器及运算补偿电路，采用差分输入方式。它有 DIP—8 双列直插 8 脚和 SOP—8（SMP）双列扁平两种封装形式。它的外形和内部构成如图 6-28 所示，它的引脚功能见表 6-1。

a) 外形示意图

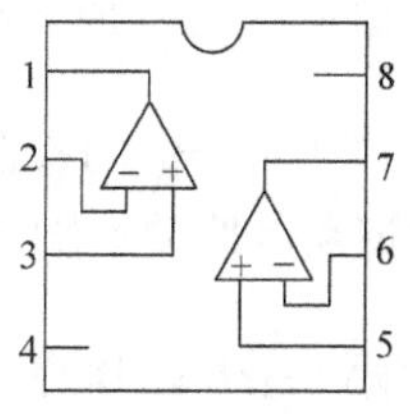

b) 构成框图

图 6-28　LM358

表 6-1 LM358 的引脚功能

脚　位	脚　名	功　能
1	OUT 1	运算放大器 1 输出
2	Input1 （-）	运算放大器 1 反相输入端
3	Input1 （+）	运算放大器 1 同相输入端
4	GND	接地
5	Input2 （+）	运算放大器 2 同相输入端
6	Input2 （-）	运算放大器 2 反相输入端
7	OUT 2	运算放大器 2 输出
8	VCC	供电

2. 检测

（1）运算放大器的检测

由于 LM358 是由两个相同的运算放大器构成的，所以它的两个运行放大器的相同功能引脚对地正、反向导通压降值基本相同，下面以①、②、③脚内的运算放大器为例介绍放大器的测试方法，如图 6-29 所示。

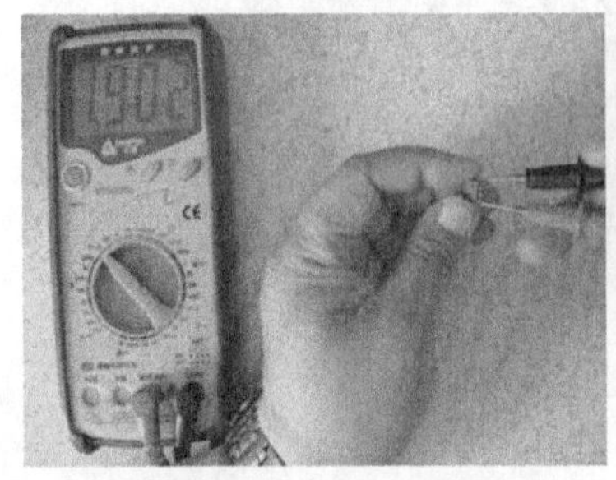

a) 红表笔接①脚、黑表笔接④脚

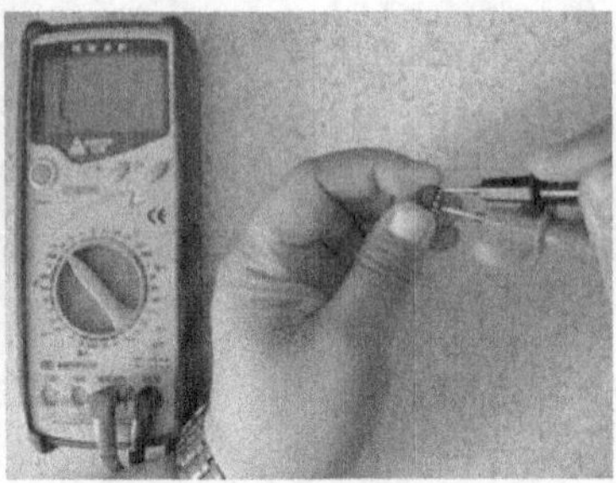

b) 红表笔接②脚、黑表笔接④脚

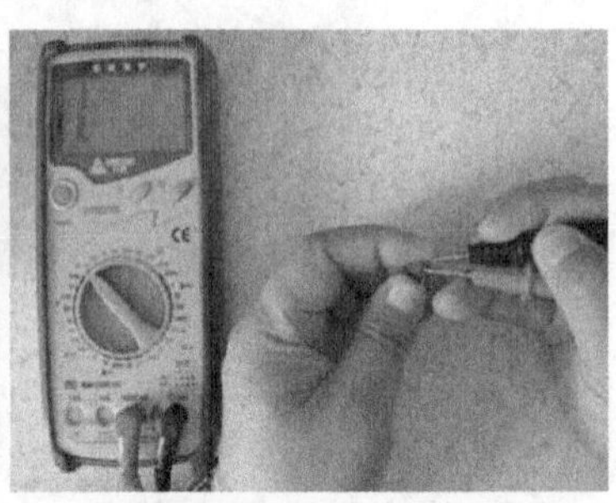

c) 红表笔接③脚、黑表笔接④脚

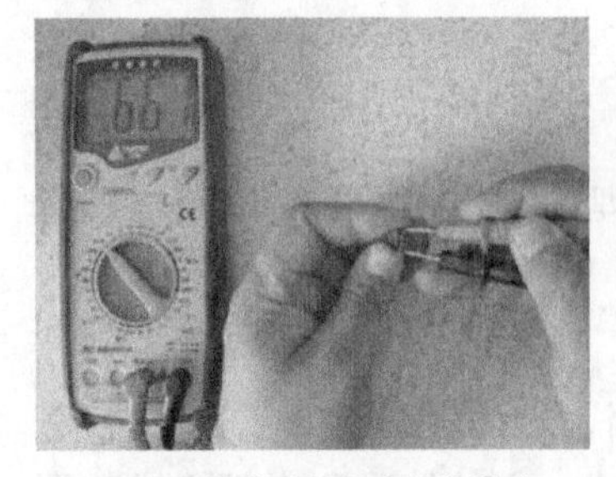

d) 黑表笔接①脚、红表笔接④脚

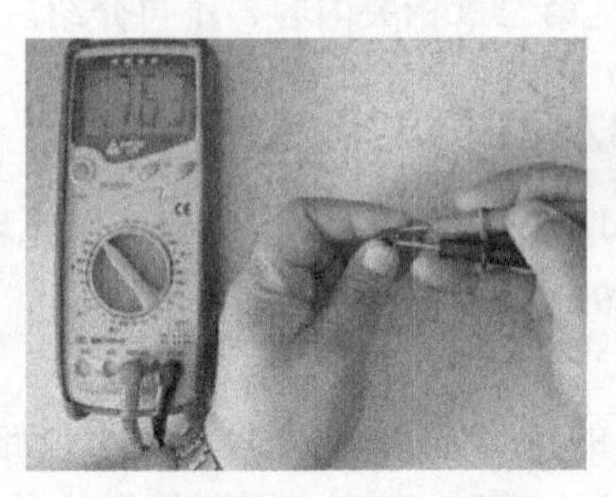

e) 黑表笔接②脚、红表笔接④脚

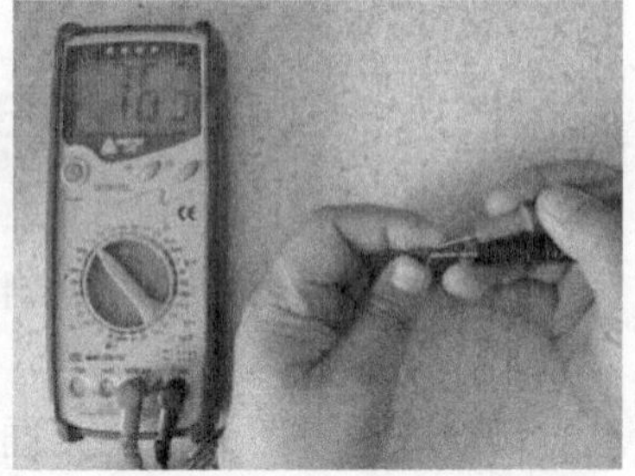

f) 黑表笔接③脚、红表笔接④脚

图 6-29　万用表二极管挡测量 LM358 的运算放大器

（2）供电端子对地导通压降值的检测

LM358 的供电端⑧脚和接地端④脚间的正、反向导通压降值如图 6-30 所示。

十三、ULN2003/μPA2003 /MC1413/TD62003AP/KID65004 ★

1. 识别

ULN2003/μPA2003//MC1413/TD62003AP/KID65004 是由 7 个非门电路构成的，它的输

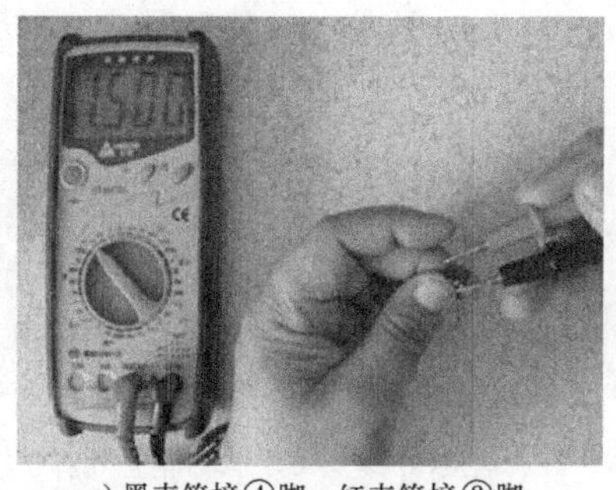

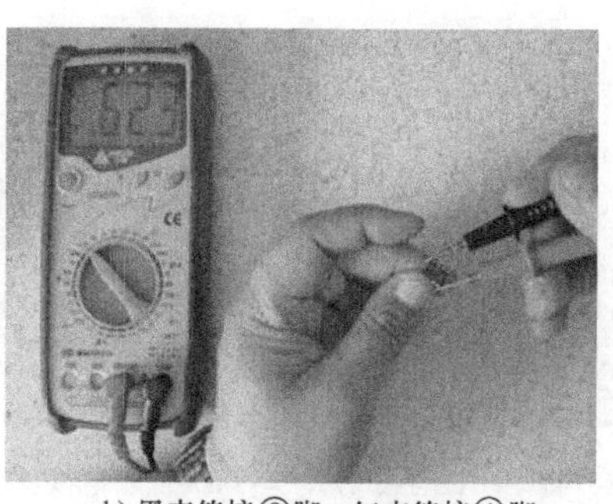

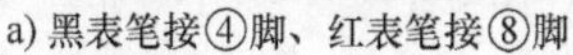

a) 黑表笔接④脚、红表笔接⑧脚　　b) 黑表笔接⑧脚、红表笔接④脚

图 6-30　LM358 的供电端子对地测量

出电流为 200mA（最大可达 350mA），放大器采用集电极开路输出，饱和压降 V_{CE} 约 1V 左右，耐压 BV_{CEO} 约为 36V，可用来驱动继电器，也可直接驱动白炽灯等器件。它内部还集成了一个消线圈反电动势的钳位二极管，以免放大器截止瞬间过电压损坏。ULN2003/μPA2003 /MC1413/TD62003AP/KID65004 的实物与内部构成见图 6-31 所示。在图 6-31b 内接三角形底部的引脚是输入端，接小圆圈的引脚是输出端。

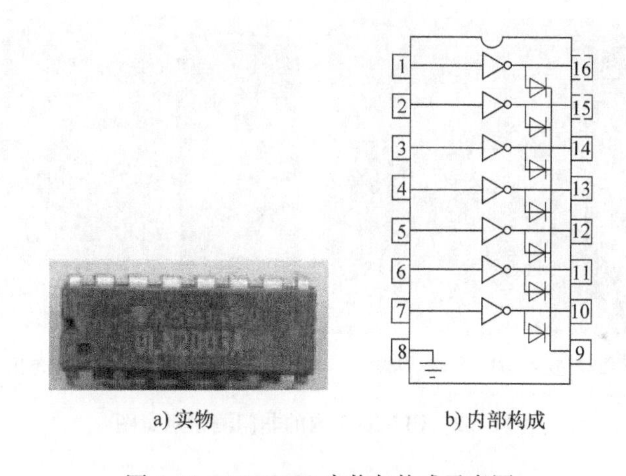

a) 实物　　b) 内部构成

图 6-31　ULN2003 实物与构成示意图

2. 检测

ULN2003/μPA81C/μPA2003//MC1413/TD62003AP/KID65004 内非门的检测。由于 ULN2003/μPA81C/μPA2003//MC1413/TD62003AP/KID65004 是由 7 个非门电路构成的，所以它们的 7 个非门的输入端、输出端对接地端⑧脚、对电源供电端⑨脚的导通压降值基本是相同的，下面以①～⑯脚内的非门为例介绍该电路的检测方法，如图 6-32 所示。

提示　空调器、电冰箱、打印机、全自动洗衣机还采用一种 8 个非门电路构成的驱动器 ULN2083/TD62083AP。它与 ULN2003 的工作原理和检测方法相同，仅多一路非门，所以它有 18 个引脚，如图 6-33 所示。

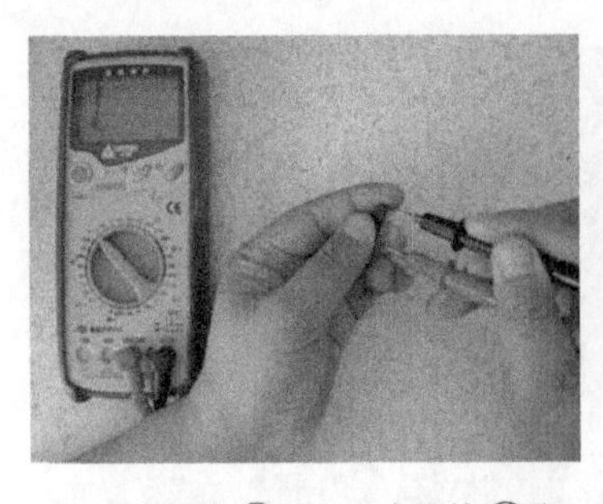

a）黑表笔接⑧脚、红表笔接①脚

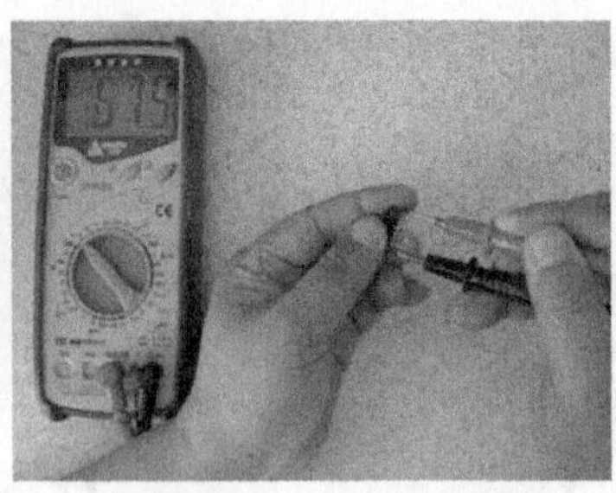

b）黑表笔接①脚、红表笔接⑧脚

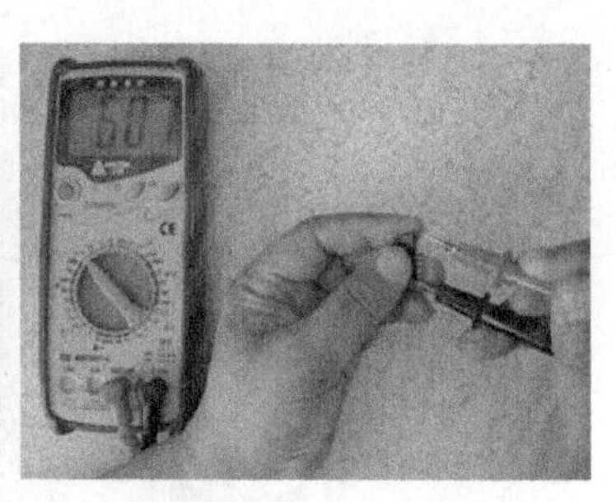

c）黑表笔接⑯脚、红表笔接⑧脚

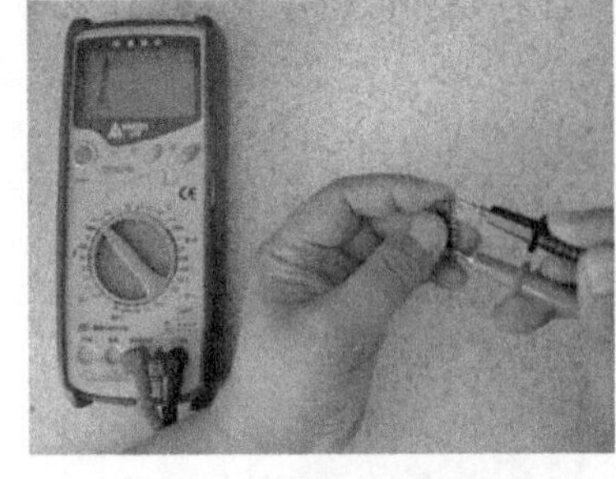

d）黑表笔接⑧脚、红表笔接⑯脚

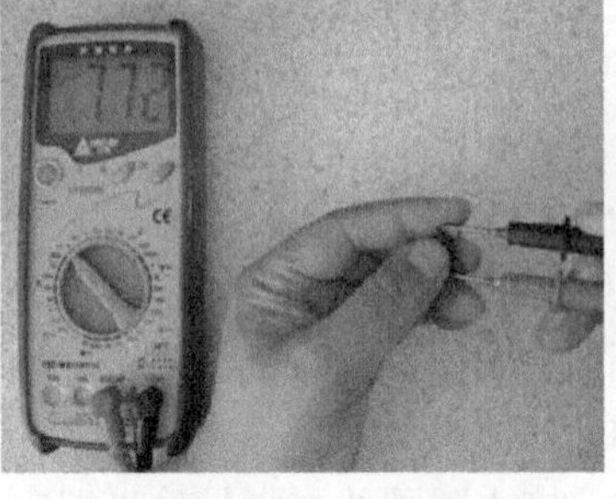

e）黑表笔接⑨脚、红表笔接⑯脚

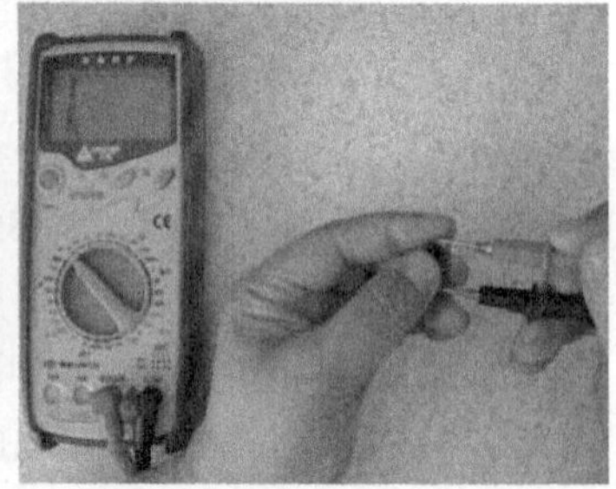

f）黑表笔接⑯脚、红表笔接⑨脚

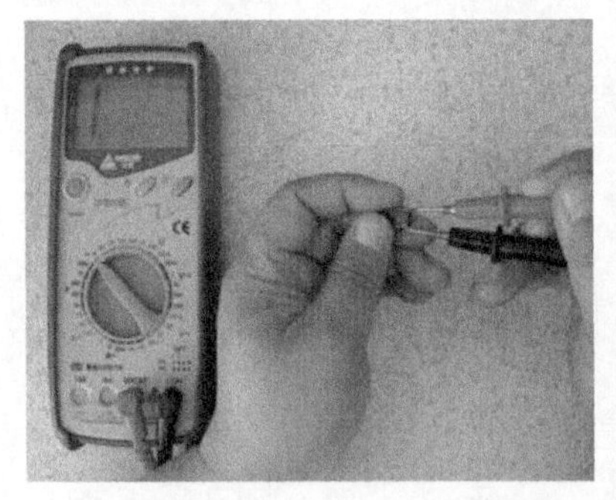

g）黑表笔接⑧脚、红表笔接⑨脚

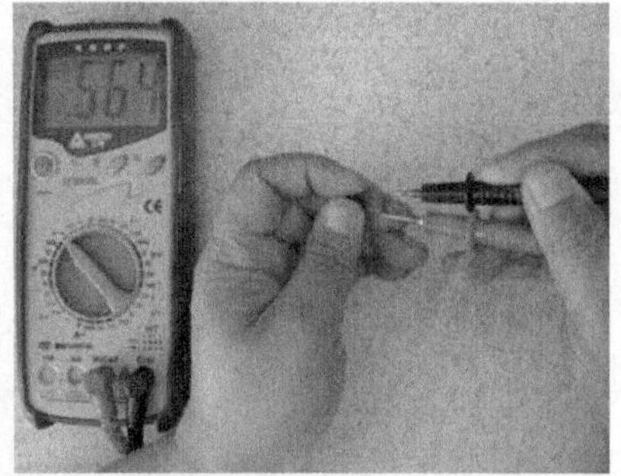

h）黑表笔接⑨脚、红表笔接⑧脚

图 6-32　ULN2003 内的非门测量示意图

图 6-33　TD62083AP 实物

第七章

数字万用表通断挡使用从入门到精通

为了便于测量线路、熔断器、开关等元器件，数字万用表都设置了通断测量挡（俗称蜂鸣挡），该功能多与二极管挡复合使用。

 提示　若它复合在二极管挡上，则使用方法、注意事项与二极管挡相同。不同的是，在检测时若线路、开关是接通的，或二极管、三极管等器件击穿，显示屏不仅显示较小的数值，并且面板上的蜂鸣器会发出鸣叫声，这样，使通断检测功能更方便直观。

第一节　数字万用表通断挡在路测量元器件从入门到精通

一、电路板铜箔的在路测量 

将数字万用表置于通断测量/二极管挡上，将两个表笔接在需要检测的线路两端，线路正常时不仅数值较小，而且蜂鸣器鸣叫，如图7-1a所示，说明线路板是连通的。若铜箔或导线断路，蜂鸣器不会鸣叫，如图7-1b所示；若蜂鸣器有时鸣叫，有时不鸣叫，多有接触不良的情况。

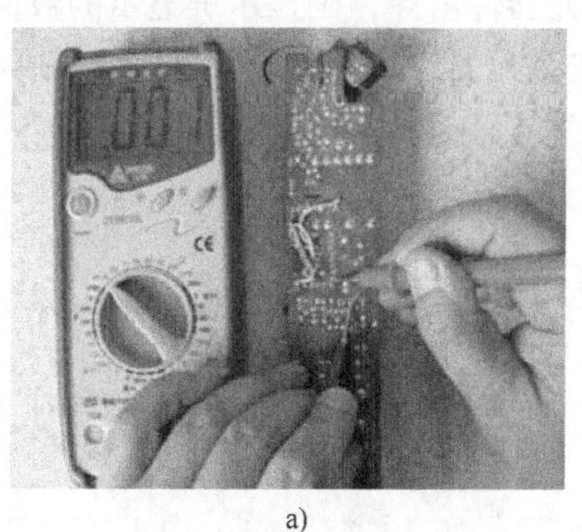

a)

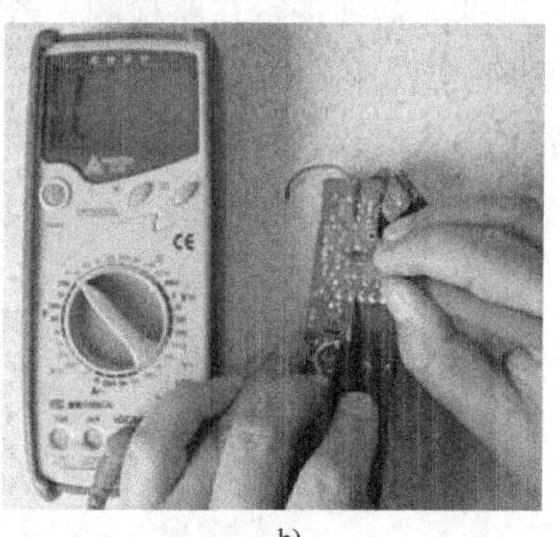

b)

图7-1　数字万用表通断挡测量线路板铜箔

二、直通类元器件的在路测量 

用通断测量挡测量熔断器、小电感、连接器等直通类元器件时，比较方便。下面以熔断器为例介绍直通类元器件的检测。

检测时，将数字万用表置于通断测量挡，将表笔接在它的两端，测它的阻值，若阻值为0，并且蜂鸣器鸣叫，说明它正常；若不鸣叫且阻值为无穷大，则说明它已开路，如图7-2所示。

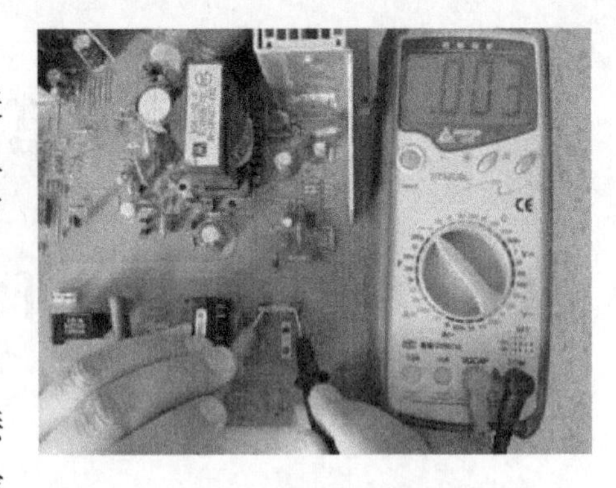

图7-2　万用表通断挡在路测量熔断器

三、开关类元器件的在路测量 ★

检测时，将数字万用表置于通断挡测，表笔接在触点的引脚上，在未按压开关时，显示的数值是无穷大，如图7-3a所示，说明触点断开；按压开关后使它的触点接通，蜂鸣器鸣叫且数值变为0，如图7-3b所示。否则，说明开关损坏。

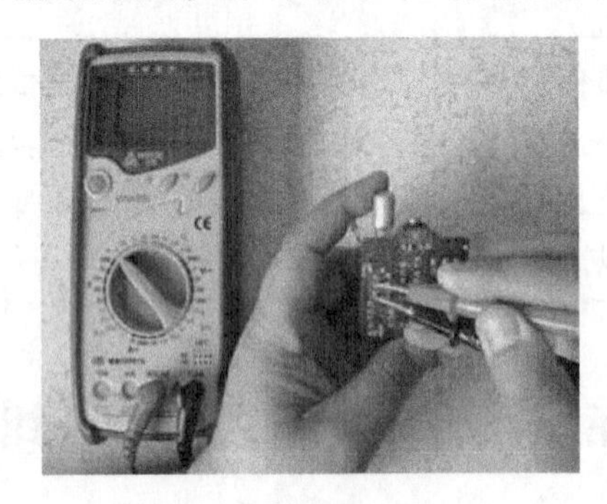

a) 触点断开

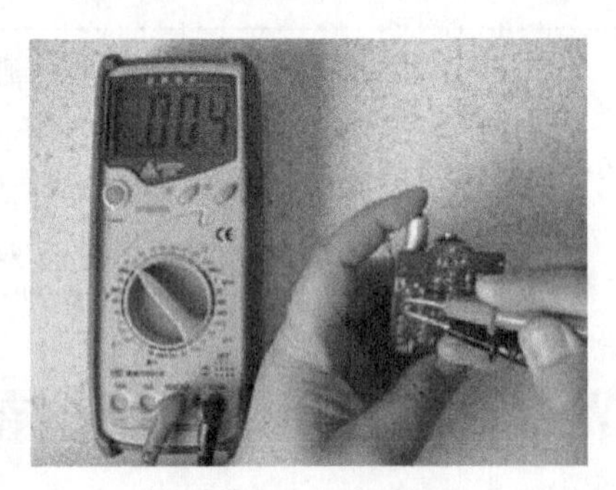

b) 触点接通

图7-3　机械开关的在路测量

四、击穿元器件的在路测量 ★

怀疑三极管、二极管、场效应晶体管等元器件击穿时，将万用表置于通断/二极管测量挡，对所怀疑的元器件进行在路检测，若被测的元器件击穿，则显示屏显示的数值为0或近于0，并且蜂鸣器鸣叫，如图7-4a所示，说明被测元器件或与其并联的元器件异常。若显示的数值为无穷大或较大，说明被测元器件未发生短路故障。

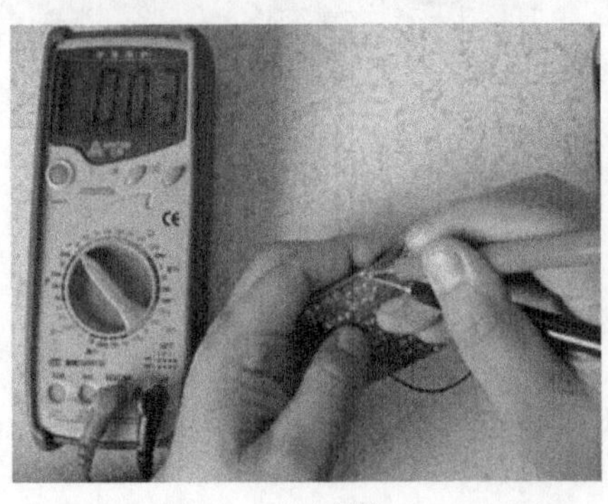

a) 短路

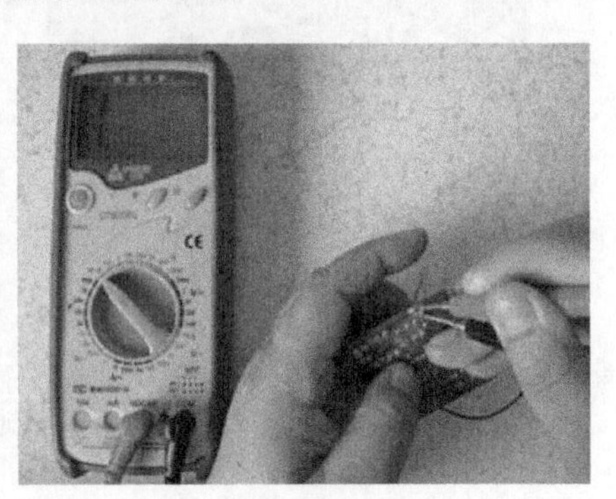

b) 未短路

图7-4　通断测量挡在路测量击穿的元器件

第二节 数字万用表通断挡非在路测量元器件从入门到精通

一、温度熔断器的非在路测量 ★

将万用表置于通断测量挡，两个表笔接在温度型熔断器（过热保护器）的两个引脚上，若数值较小且蜂鸣器鸣叫，说明该熔断器正常，如图 7-5 所示。

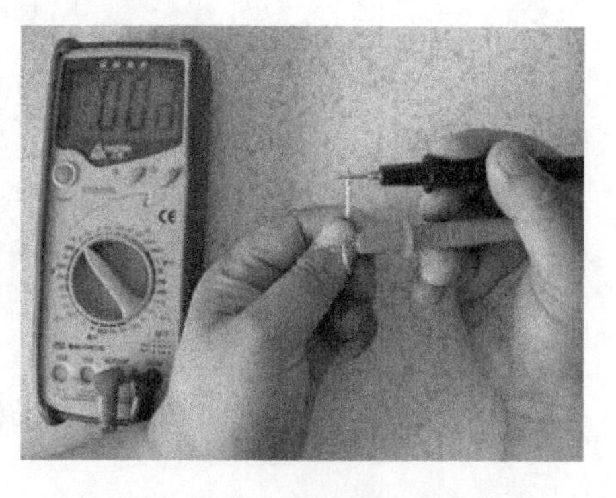

图 7-5 温度熔断器的非在路测量

二、双金属温控器的非在路测量

1. 电热器具的温控器检测 ★

用数字万用表测量电热器具的温控器时，应采用通断测量挡进行，测量方法与步骤如图 7-6 所示。

将万用表置于通断测量挡，两个表笔接在两个接线端子上，未受热时，若显示屏显示的数值近于 0，并且蜂鸣器鸣叫，说明其内部触点接通，如图 7-6a 所示；若蜂鸣器不能鸣叫，说明其已开路。

室温状态下正常后，为其加热，待温度达到标称后阻数值应变为 1，如图 7-6b 所示，说明触点可以断开，若触点不能断开，说明触点粘连。

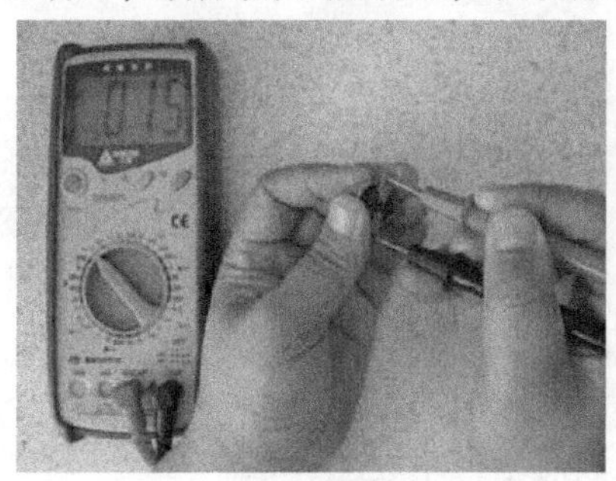

a) 触点接通

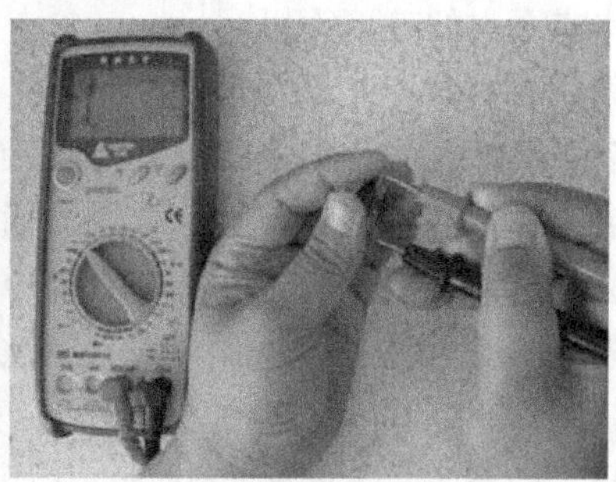

b) 触点断开

图 7-6 电热器件用双金属温控器检测示意图

2. 电动机用温控器检测

将万用表置于通断测量挡，两个表笔接在两个接线端子上，未受热时，若显示屏显示的数值近于 0，并且蜂鸣器鸣叫，说明其内部触点接通，如图 7-7a 所示；若蜂鸣器不能鸣叫，说明其已开路。

室温状态下正常后，为其加热，待温度达到标称后阻数值应变为 1，如图 7-7b 所示，说明触点可以断开，若触点不能断开，说明触点粘连。

三、干簧管的非在路测量 

1. 识别

干簧管是一种特殊的磁敏开关。典型的干簧管实物和电路符号如图 7-8 所示。

a) 常温下

b) 受热后

图7-7　电动机用双金属温控器检测示意图

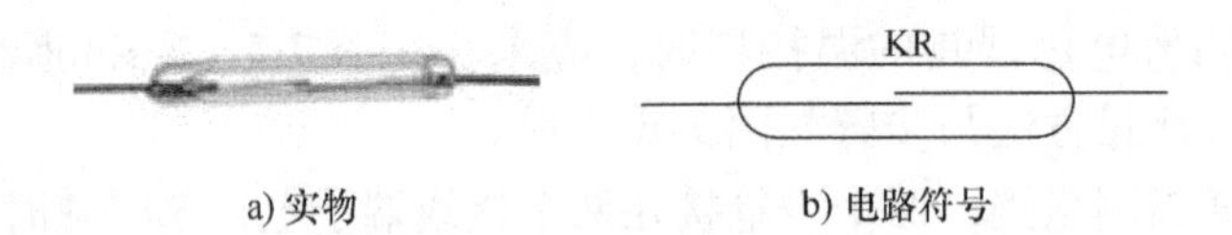

a) 实物　　b) 电路符号

图7-8　干簧管

(1) 构成

干簧管通常由两个或三个既导磁又导电的材料做成的簧片触点组成，被封装在充有氮、氦等惰性气体或真空的玻璃管里。

(2) 干簧管的分类

干簧管按触点形式分为常开型、常闭型和转换型三种。常开型干簧管内的触点未靠近磁场时断开，接近磁场被磁化时，触点才能接通；常闭型干簧管内的触点未靠近磁场时接通，接近磁场被磁化时，触点才能断开；转换型单簧管在结构上有三个簧片，第一片由导电不导磁的材料做成，第二、第三片用既导电又导磁的材料做成，上中下依次是1、3、2。当它不接近磁场时，1、3片上的触点在弹力的作用下吸合；当它接近磁场时，3片上的触点与1片上的触点断开，而与2片上的触点吸合，从而形成了一个转换开关。

(3) 干簧管的工作原理

下面以常开型干簧管为例简单介绍干簧管的工作原理。

当干簧管靠近磁铁时，或者由绕在干簧管上面的线圈通电后形成磁场使簧片磁化时，簧片就会感应出极性相反的磁极。由于磁极的极性相反而相互吸引，当吸引的磁力超过簧片的自身的弹力时，簧片移动使触点吸合；当磁力减小到一定值时，在簧片自身弹力的作用下触点断开。

(4) 干簧管的应用

干簧管可作为传感器使用，用于计数、限位、开关检测等。比如，许多门铃也使用了干簧管，将它装在门上，就可以实现开门时的报警、问候等。再比如，有的“断线报警器”中也使用了干簧管；又比如，部分加湿器的水位检测开关也采用了干簧管，并且全自动洗衣机的盖开关也是利用干簧管和磁铁构成的。

2. 检测

检测干簧管可以用指针万用表的电阻挡或数字万用表的二极管挡进行，下面以常开式两端干簧管为例介绍检测方法。

采用数字万用表检测干簧管时，应将它置于二极管挡，并将它的两根表笔接在干簧管的两根引线上，未靠近磁铁时，万用表显示的数字为1，说明干簧管内的触点断开，如图7-9a所示；靠近磁铁后，显示屏显示数字为0，并且蜂鸣器鸣叫，说明干簧管内的触点受磁后闭合。当脱离磁铁后，万用表的显示又回到1，说明干簧管的触点又断开。若干簧管的触点在受磁后仍旧不能吸合，说明触点开路；若未受磁时就吸合，则说明它内部的触点粘连。

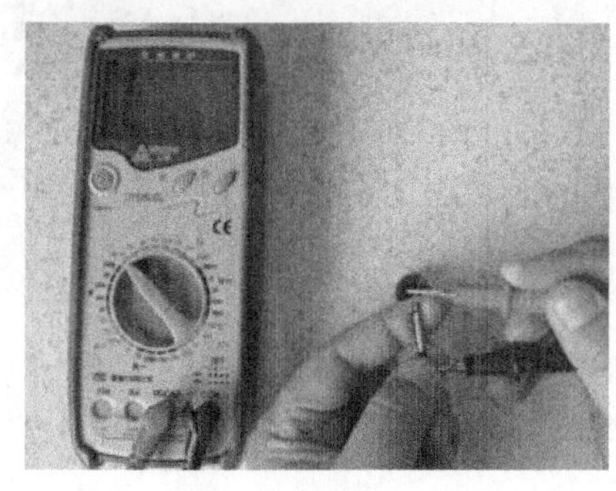

a) 未受磁

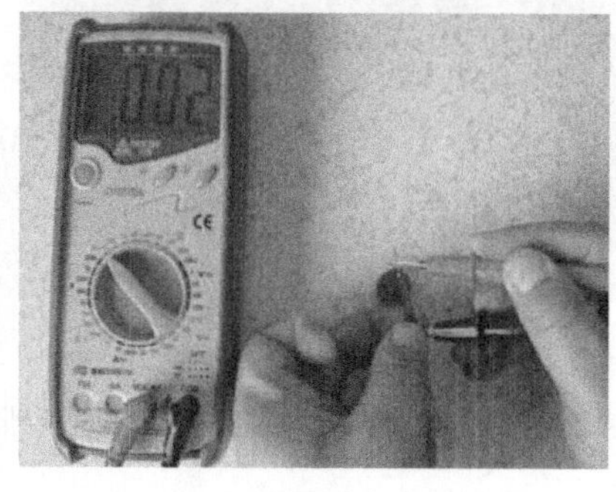

b) 受磁

图7-9 数字万用表检测干簧管

提示 图7-8测试的是常开型干簧管，而对于常闭型干簧管，应该在未受磁时内部的簧片是接通的，只有受磁后簧片才能断开。

四、定时器的非在路测量

1. 洗衣机洗涤定时器

将万用表置于通断测量挡，旋转定时器的旋钮后，将表笔接在触点的引线上，显示屏显示的数字交替为0、1，如图7-10所示。若始终为0，说明触点粘连；若始终为无穷大，说明触点不能闭合。

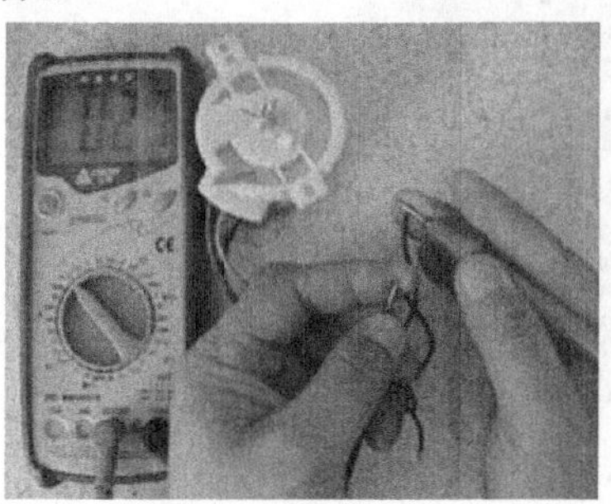

a) 接通

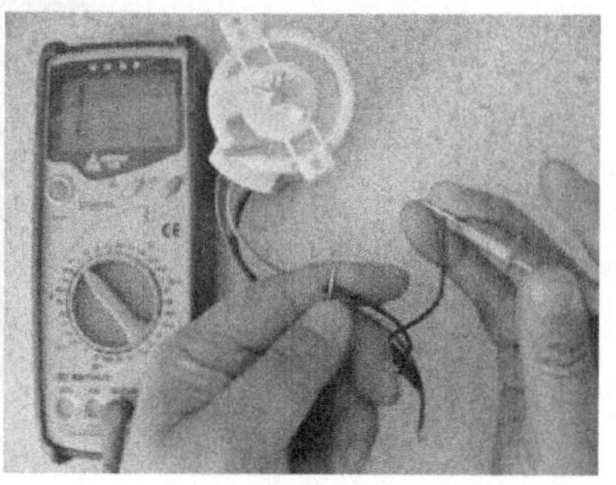

b) 断开

图7-10 万用表检测洗涤定时器

2. 洗衣机脱水定时器

将万用表置于通断测量挡，未旋转定时器旋钮时，将表笔接在触点的引线上，显示屏显示的数字应为1，如图7-11a所示，说明触点断开。旋转定时器的旋钮后，将表笔接在触点的引线上，显示屏显示的数字应为0，如图7-11b所示，说明触点接通。若始终为无穷大，说明触点不能闭合；若始终为0，说明触点粘连。

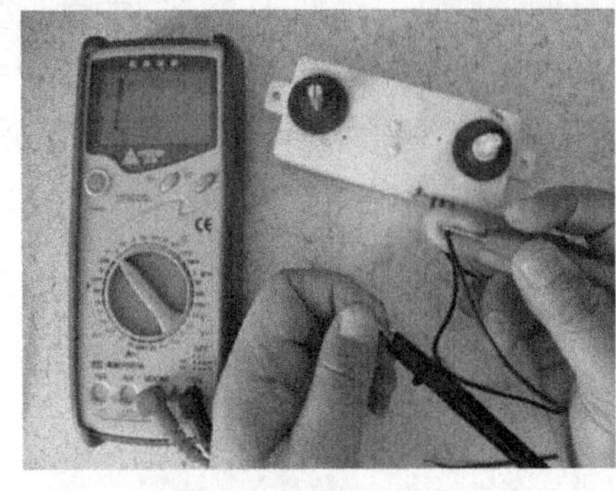
a) 断开

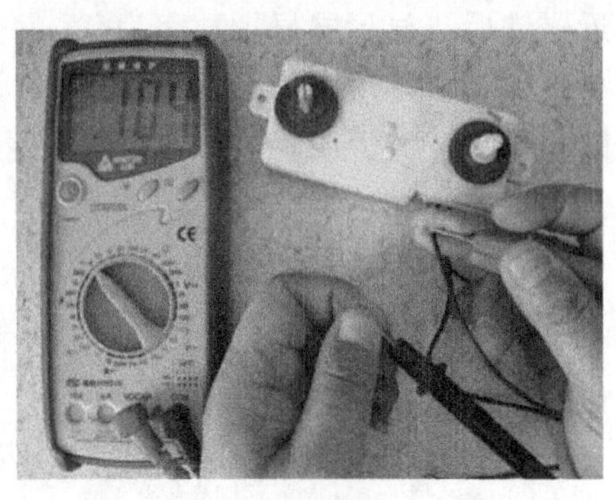
b) 接通

图7-11　万用表通断挡检测洗衣机脱水定时器

五、重锤起动器的非在路测量 

重锤起动器就是起动压缩机电动机运转的器件。重锤起动器的外形如图7-12所示。它在压缩机上的安装位置如图7-13所示。

图7-12　电冰箱典型重锤起动器

图7-13　重锤起动器的安装位置

1. 基本原理

典型的重锤起动电路如图7-14所示。

接通电源后，因起动器触点是分离的，起动绕组（CS 绕组）没有供电，电动机无法起动，导致流过运行绕组（MC 绕组）的电流较大，使起动器的驱动线圈产生较大的磁场，衔铁（重锤）被吸起，使触点闭合，接通压缩机起动绕组的供电回路，压缩机电动机起动，开始运转。当压缩机运转后，运行电流下降到正常值，驱动器驱动线圈产生的磁场减小，衔铁在自身重量和回复（复位）弹簧的作用下复位，切断起动绕组的供电回路，完成起动过程。

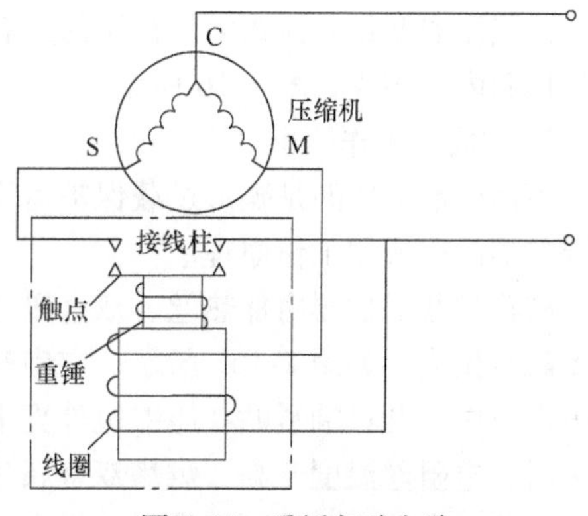

图 7-14　重锤起动电路

提示　压缩机功率不同，配套使用的重锤起动器的吸合和释放电流也不同。起动器触点的闭合、释放电流随压缩机的功率增大而增大。

2. 检测

将万用表置于通断测量挡，将起动器正置，把两个表笔接在它的两个引线上，数值近于0 且蜂鸣器鸣叫，如图 7-15a 所示；若显示 1，说明起动器开路或触点接触不良，如图 7-15b 所示；将正常的起动器倒置后不仅应听到重锤下坠发出的响声，而且接线端子间的数值应变为 1，说明触点可以断开，如图 7-15c 所示，否则说明触点短路。

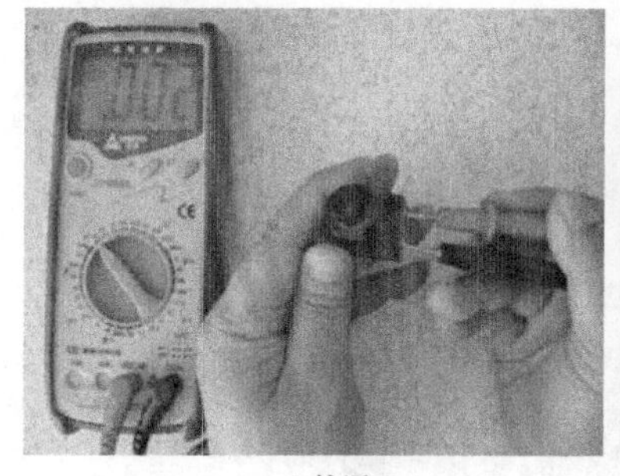

a) 接通

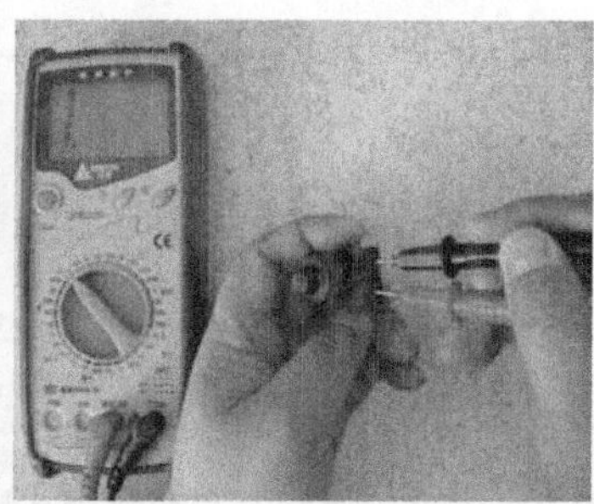

b) 故障

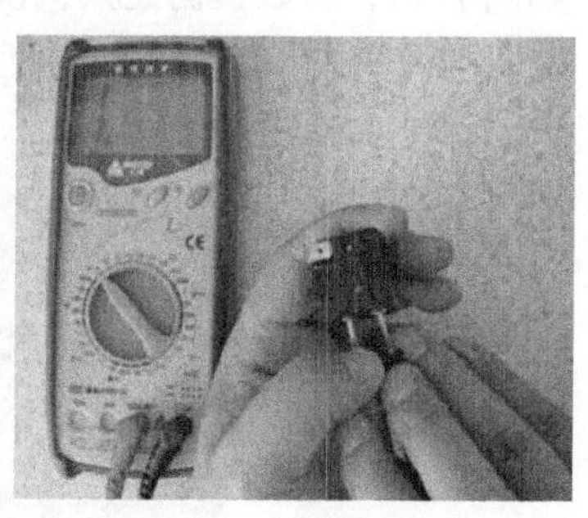

c) 断开

图 7-15　万用表通断挡检测重锤起动器

六、过载保护器的非在路测量 

1. 作用

过载保护器的全称为过载过热保护器或过热保护器。顾名思义，它就是为了防止压缩机因过热、过电流导致损坏而设置的。当压缩机运行电流正常时，过载保护器为接通状态，压缩机正常工作。当压缩机因供电异常、起动器异常等原因引起工作电流过大或工作温度过高时，过载保护器动作，切断压缩机的供电回路，使压缩机停止工作，实现保护压缩机的目的。它在压缩机上的安装位置如图 7-13 所示。

2. 分类

电冰箱采用的过电流保护区主要有外置式和内藏式两种。部分老式电冰箱使用的起动器、过载保护器是一体式的。常见的过载保护器实物外形和内部构成如图7-16所示。

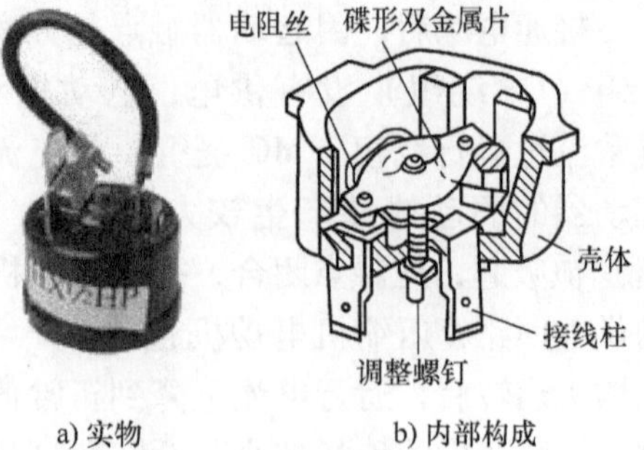

a) 实物　　b) 内部构成

图7-16　过载保护器

3. 构成和工作原理

下面以最常用的是碟形过载保护器为例介绍过载保护器的构成和工作原理。

碟形过载保护器由加热丝、双金属片及一对常闭型触点构成，如图7-16b所示。它串联于压缩机供电电路中，开口端紧贴在压缩机外壳上。当电流过大时，电阻丝温度升高，烘烤双金属片使其反向弯起，将触点分离，切断压缩机的供电回路。同样，当制冷系统异常等原因使压缩机外壳的温度过高时，双金属片受热变形，使触点分离，切断供电电路，实现压缩机过电流保护。

提示　压缩机功率不同，配套使用的过载保护器型号不同，接通和断开温度也不同，维修时需更换型号相同或参数相近的过载保护器，以免丧失保护功能，给压缩机带来危害。

4. 检测

将数字万用表置于通断测量挡，两个表笔接在它的接线端子上，正常时数值应接近0，如图7-17；若数值仍过大，说明触点开路，不能完成起动功能。为其加热或翻转后，数值应变为无穷大，说明达到温度后触点能断开，若数值仍为0，则说明其内部的触点粘连，失去了保护功能。

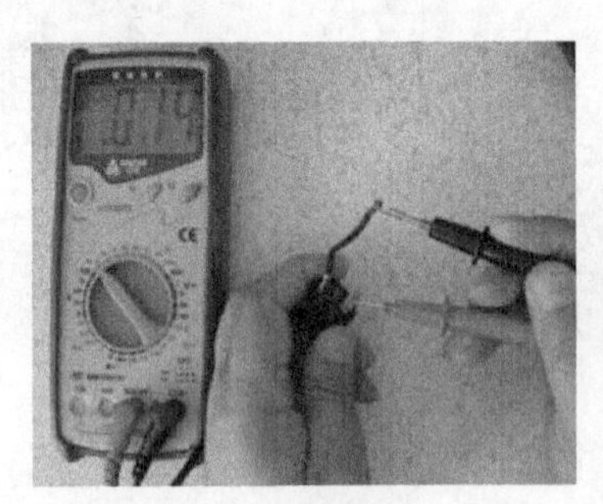

a) 碟形过载保护器

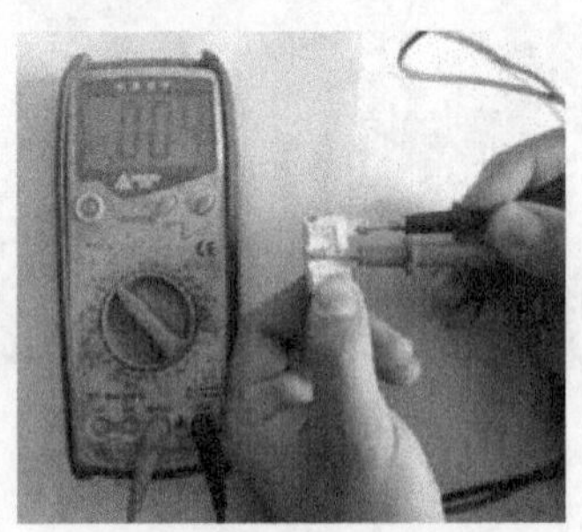

b) 插入式过载保护器

图7-17　万用表检测过载保护器

第八章

数字万用表电容挡使用从入门到精通

数字万用表的电容挡不仅可通过测量电容容量大小来判断电容是否正常，而且还可以通过测量声表面滤波器、晶振等特殊元器件的容量，估测它们是否正常。

第一节　数字万用表电容挡使用入门

一、数字万用表电容挡的使用方法

为了便于测量电容等元件，数字万用表都设置了电容测量挡。由于早期数字万用表与新型万用表的功能不同，导致它们测量电容的方法也不尽相同，下面分别介绍。

1. 早期数字万用表电容挡的使用

早期的数字万用表电容挡的测量范围多为 0 ~ 20μF 或 200μF，并且需要设置电容测量插孔，如图 8-1a 所示，测量电容时，需要测量电容时，将功能开关旋转到电容测量挡位，并将电容插入电容测量插孔后，屏幕上就会显示电容容量值，如图 8-1b 所示。

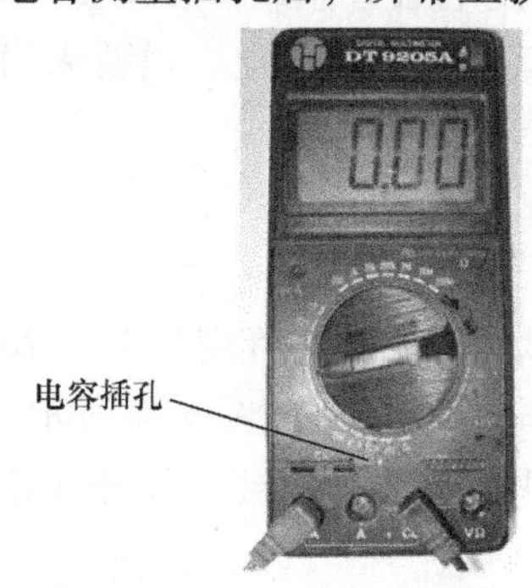

a) 电容插孔

b) 电容的测量

图 8-1　早期万用表测量电容

2. 新型万用表测量电容

目前的数字万用表不仅扩大了测量范围（0 ~ 2000μF，甚至更大），并且取消了电容测量插孔，利用表笔接在电容引脚上，就可以对电容的容量进行测量，如图 8-2 所示。

二、使用电容挡时的注意事项

一是，对被测电容进行测量前，需要确认它没有存储电压，若存储较高的电压，需将电压释放后才能进行检测，以免损坏万用表或被电击。

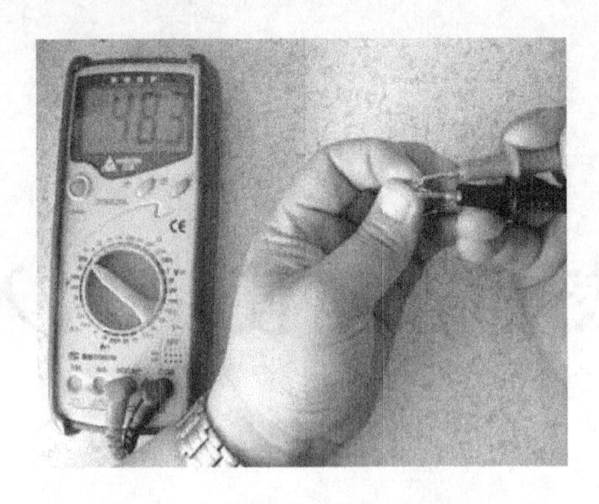

图 8-2　新型数字万用表测量电容

二是，测量时要选择合适的挡位，以免导致测量误差较大。

三是，采用早期万用表测量电容时，需确认被测电容的引脚与电容测量插孔内簧片能否可靠接触，若不能可靠接触，会导致测量数据误差较大。

第二节　数字万用表电容挡在路测量元器件从入门到精通

电容挡的在路测量就是通过测量电路板上电容的容量值大小来判断电容是否正常的方法。

一、瓷片电容的在路测量 

怀疑 33nF（0.033μF）电容异常，对它进行在路测量时，将万用表置于 200nF 挡，将两个表笔接在电容的引脚上，显示屏显示的数值就是电容容量，如图 8-3 所示。若数字较小，说明电容容量不足；如数值大，说明有电容与其并联或其漏电，需要采用非在路测量法确认。

二、电解电容的在路测量 

怀疑 33μF 的电解电容异常，对它进行在路测量时，首先将万用表置于 200μF 挡，将两个表笔接在电容的引脚上，显示屏显示的数值就是电容容量，如图 8-4 所示。若数字较小，说明电容容量不足；如数值大，说明有电容并联或电容漏电，需要采用非在路测量法确认。

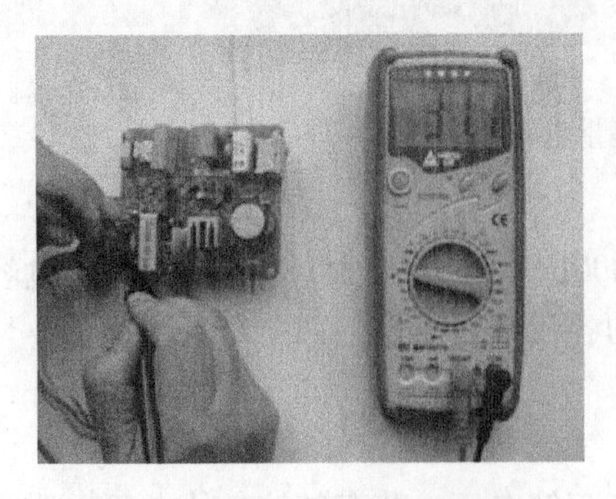

图 8-3　瓷片电容的在路测量

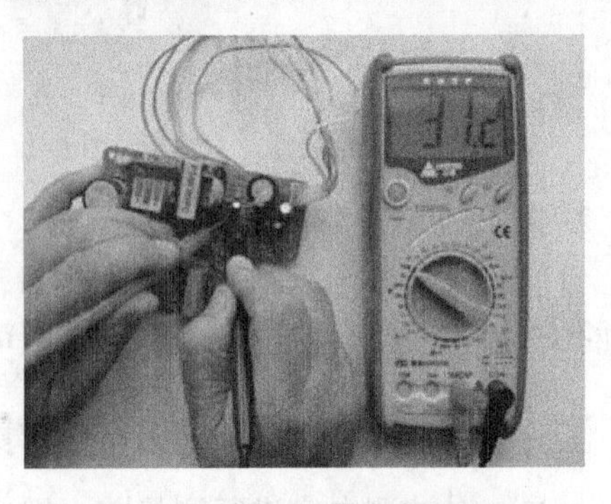

图 8-4　电解电容的在路测量

三、涤纶电容的在路测量 ★

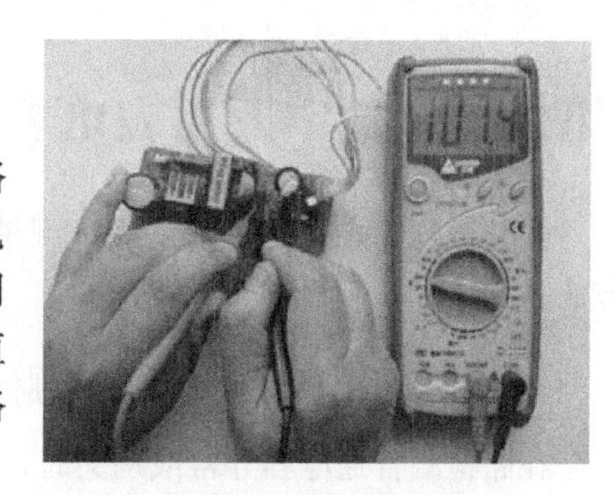

图 8-5 涤纶电容的在路测量

怀疑 100nF（0.1μF）电容异常，对它进行在路测量时，将万用表置于 200nF 挡，将两个表笔接在电容的引脚上，显示屏显示的数值就是电容容量，如图 8-5 所示。若数字较小，说明电容容量不足；如数值大，说明有电容与其并联或其漏电，需要采用非在路测量法确认。

四、MKP、MKPH 电容的在路测量 

下面以电磁炉的谐振电容、300V 供电滤波电容、高频滤波电容为例介绍 MKP、MKPH 电容的检测方法。

怀疑谐振电容（0.27μF）异常，对它进行在路测量时，首先断开线盘，将万用表置于 2μF 挡，将两个表笔接在电容的引脚上，显示屏显示的数值就是电容容量，如图 8-6a 所示。若数字较小，说明电容容量不足；如数值大，说明电容漏电。

怀疑 300V 供电滤波电容（5μF）异常，对它进行在路测量时，将万用表置于 200μF 挡，将两个表笔接在电容的引脚上，显示屏显示的数值就是电容容量，如图 8-6b 所示。若数字较小，说明电容容量不足；如数值大，说明电容漏电。

怀疑高频滤波电容（2μF）异常，对它进行在路测量时，将万用表置于 200μF 挡，将两个表笔接在电容的引脚上，显示屏显示的数值就是电容容量，如图 8-6c 所示。若数字较小，说明电容容量不足；如数值大，说明电容漏电。

a) 谐振电容

b) 300V供电滤波电容

c) 高频滤波电容

图 8-6 MKP、MKPH 电容的在路测量

第三节　数字万用表电容挡非在路测量元器件从入门到精通

电容挡的非在路测量就是通过测量电容、晶振等元器件的容量，判断它们是否正常的方法。

一、普通电容的非在路测量 

在路检测普通电容异常或购买时，都需要对其进行测量，下面以 1200μF、47μF、10μF 电解电容和 104（100nF）的瓷片电容为例介绍普通电容的检测方法。

测容量为 100μF 的电解电容时，用数字万用表的 200μ 挡量程检测，屏幕上就会显示被测电容的容量值为 113.1μF，如图 8-7a 所示。

测容量为 47μF 的电解电容时，用数字万用表的 200μ 挡量程检测，屏幕上就会显示被测电容的容量值为 19.6μF，如图 8-7b 所示。

测容量为 10μF 的电解电容时，用数字万用表的 200μ 挡量程检测，屏幕上就会显示被测电容的容量值为 9.2μF，如图 8-7c 所示。

测容量为 104 的瓷片电容时，用数字万用表的 200n 挡量程检测，屏幕上就会显示被测电容的容量值为 97.8nF，如图 8-7d 所示。

图 8-7a、c、d 所测得的容量值偏差较小，一般情况时不需要更换，而图 8-7b 所测的容量值偏差较大，说明该电容失容比较严重，需要更换。

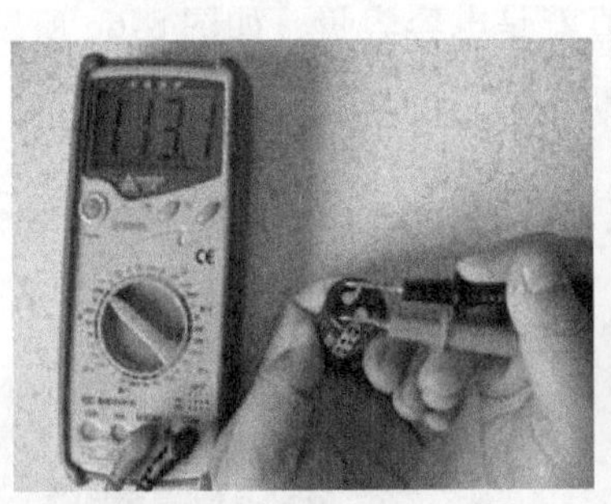

a) 100μF电容

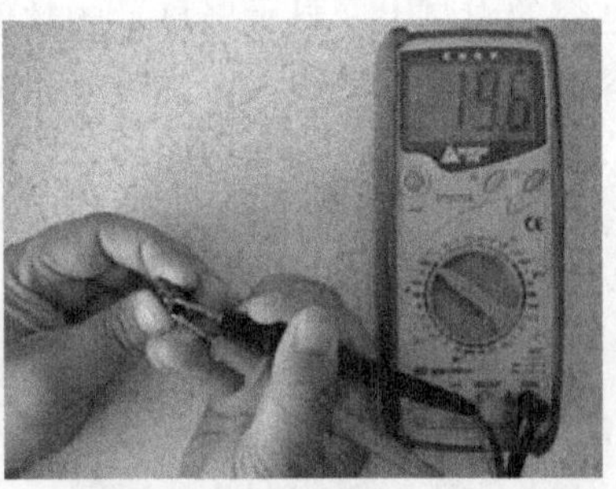

b) 47μF电容

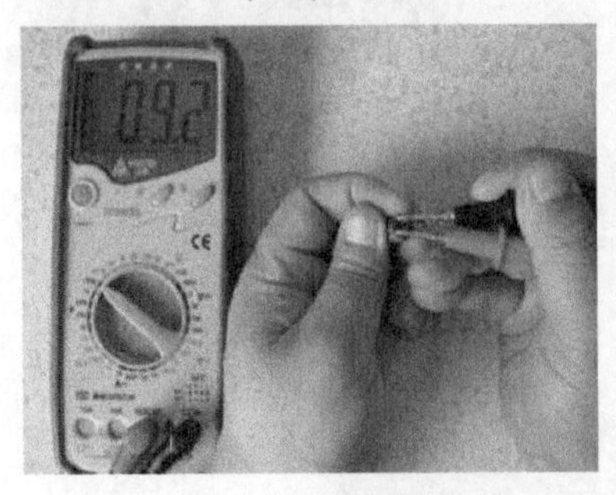

c) 10μF电容

d) 100nF电容

图 8-7　万用表电容挡非在路检测普通电容

二、洗衣机洗涤电动机运转电容的非在路测量 ★

用数字万用表的200μF电容挡测量15μF洗涤电动机运行电容时，显示屏显示的数值为14.7，说明该电容的容量值为14.7μF，如图8-8所示。若显示的数值异常，说明被测电容异常。

三、洗衣机脱水电动机运转电容的非在路测量 ★

脱水电动机运行电容和洗涤电动机运行电容的耐压基本相同，主要不同的是容量，脱水电动机运转电容的容量为3～6μF，耐压为450V或560V。下面以6μF/450V电容为例进行介绍。

用万用表的200μF电容挡测量该电容时，显示屏显示的数值为5.8，说明被测电容的容量值为5.8μF，如图8-9所示。若被测电容存电，也需要为它放电，放电方法与洗涤电动机运转电容一样。

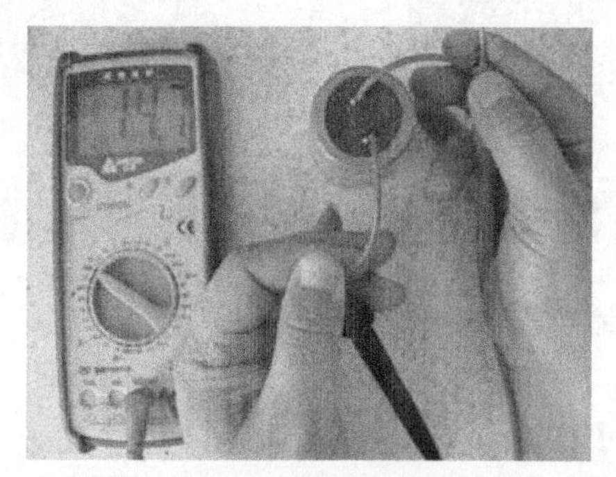

图8-8　万用表电容挡检测洗衣机洗涤电动机运行电容

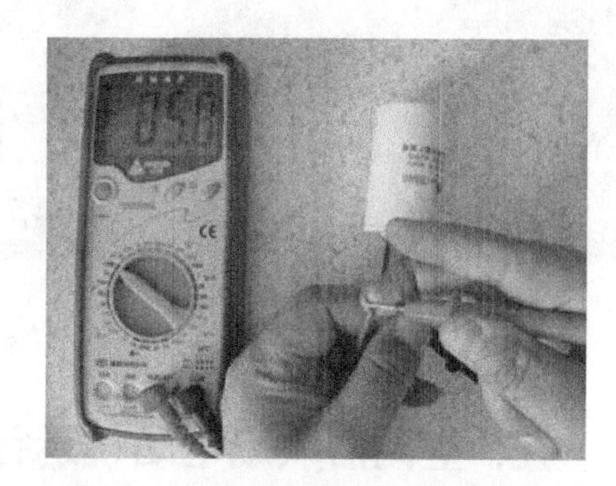

图8-9　脱水电动机6μF电容的测量

四、空调压缩机运转电容的非在路测量 ★

空调器压缩机的运转电容也叫起动电容，它采用耐压为400V或450V，容量为20～60μF的无极性电容。典型的起动电容实物如图8-10所示。

图8-10　空调器压缩机运转电容实物

1. 工作原理

图8-11是空调压缩机电路采用的典型电容式起动电路。起动电容（运转电容）串联在压缩机的起动绕组（辅助绕组）CS回路中，压缩机的主绕组CR和起动绕组的布局与冰箱压缩机是一样的，即空间位置成90°排列，利用电容与起动绕组形成了一个电阻、电感、电容的串联电路。当电源同时加在运行绕组和起动绕组的串联电路上时，由于电容、电感的移相作用，使得起动绕组上的电压、电流都滞后于运行绕组，随着电源周期的变化，在转子与定子之间形成一个旋转磁场，产生旋转力矩，促使转子转动起来。转动正常旋转后，由于电容的耦合作用，所以起动绕组始终有电流通过，使电动机的旋转磁场一直保

持，就可以使电动机有较大的转矩，从而提高了电动机的带载能力，增大了功率因数。

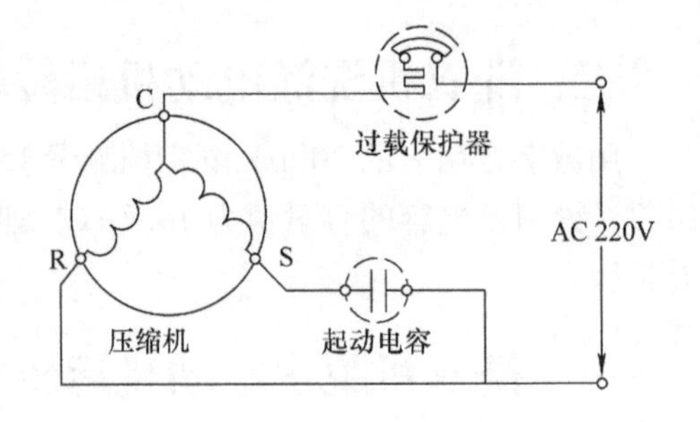

图 8-11 空调压缩机电容式起动电路

2. 检测

压缩机运行电容是故障率较高的元件，下面以 50μF/450V 的电容为例介绍压缩机运行电容的检测方法。第一步，用螺丝刀的金属部位短接电容的引脚，为电容放电，如图 8-12a 所示；第二步，用数字万用表的 200μF 电容挡进行测量，显示的数值为 44.8，说明被测电容的容量为 44.8μF，说明被测电容基本正常，如图 8-12b 所示；若测量的容量为 37.3μF，如图 8-12c 所示，说明被测电容的容量严重不足，需要更换。

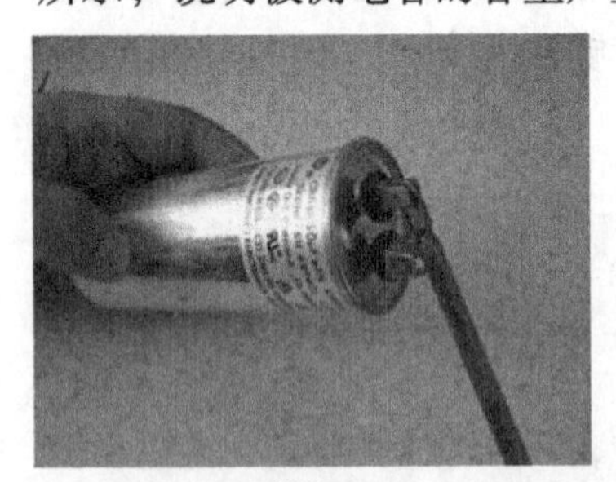

a) 放电

b) 容量基本正常

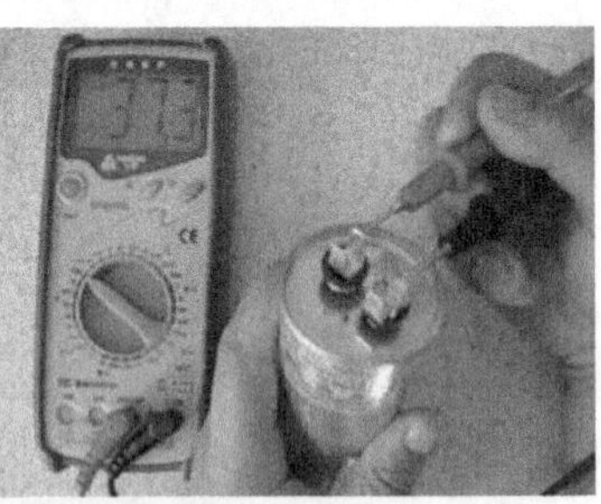

c) 容量不足

图 8-12 万用表检测空调压缩机电动机起动电容

五、空调器风扇电动机运行电容的非在路测量 ★

下面以 2μF/450V 的电容为例介绍空调器室内风扇电动机运行电容（起动电容）的检测方法。首先，用螺丝刀的金属部位短接电容的两个引脚，为被测电容放电，随后用数字万用表的 200μF 电容挡进行测量即可，如图 8-13 所示。若显示的数值异常，说明被测电容容量不足或漏电。

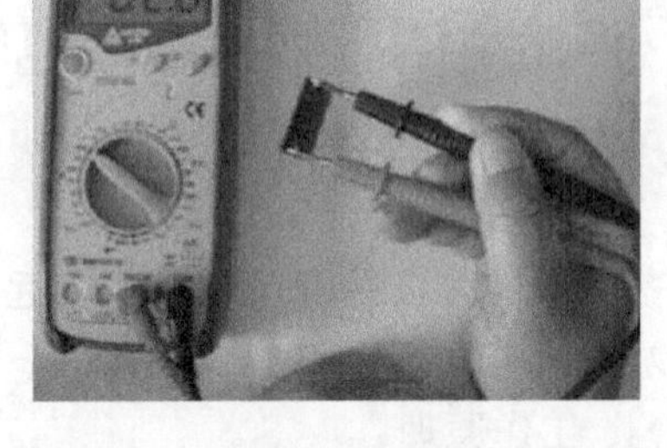

图 8-13 空调器室内风扇电动机运行电容的非在路测量

六、晶振的非在路测量 

由于晶振在结构上类似一只小电容，所以可以通过所测得容量值来判断其是否正常。下面以常见的 3.58MHz、4.43MHz、22.1MHz 晶振为例进行介绍。

1. 两端晶振的检测

将数字万用表置于 2nF 挡，两根表笔接在晶振的两个引脚上，容量值如图 8-14 所示。

2. 三端晶振的检测

将数字万用表置于 2nF 挡，两根表笔接在晶振的输入、输出脚上，测输入、输出脚间的容量值如图 8-15a 所示；测输入脚与接地脚间的容量值如图 8-15b 所示；测输出脚与接地脚间的容量值如图 8-15c 所示。

a) 3.58MHz晶振

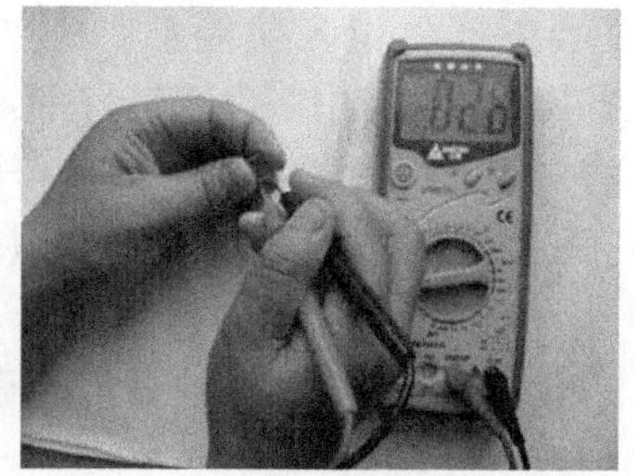

b) 4.43MHz晶振

图 8-14　两端晶振的容量检测

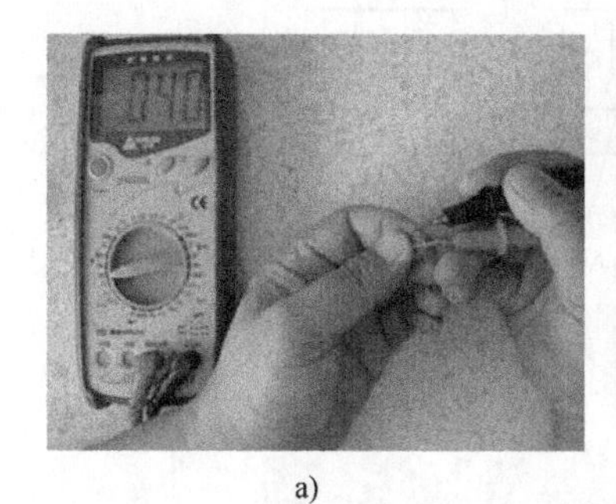

a)

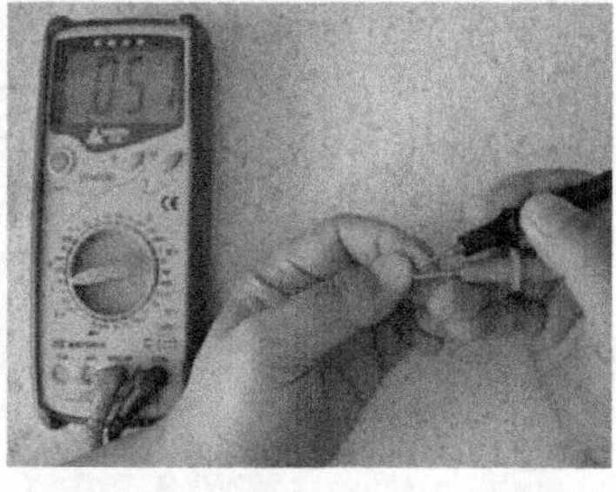

b)

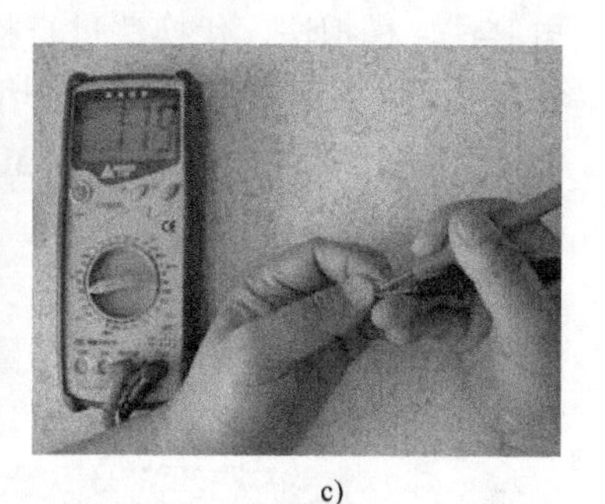

c)

图 8-15　万用表检测 22.1MHz 晶振的容量

提示　由于检测方法不能准确判断晶振是否正常，所以最可靠的方法还是采用正常的、同规格的晶振代换检查。

七、声表面波滤波器的非在路测量 

1. 识别

声表面滤波器是利用压电陶瓷、铌酸锂、石英等压电晶体振荡材料的压电效应和声表面波传播的物理特性制成的一种换能式无源带通滤波器，它的英文缩写为 SAWF 或 SAW。它用于电视机和录像机的中频输入电路中作选频元件，取代了中频放大器的输入吸收回路和多级调谐回路。

声表面滤波器在电路中用字母“Z”或“ZC”（旧标准用“X”、“SF”、“CF”）表示。它的实物和常见的电路符号如图 8-16 所示。

a) 实物外形

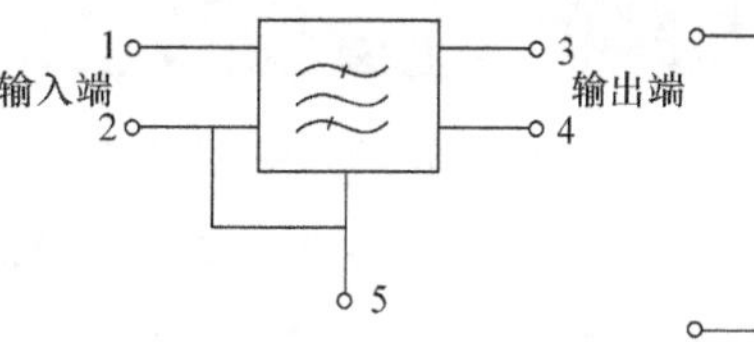

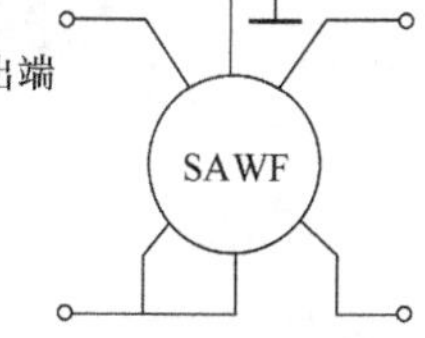

b) 电路符号

图 8-16　声表面滤波器

声表面滤波器内部由输入换能器、压电基片、输出换能器和吸声材料等组成，如图 8-17 所示。当其输入端有中频电视信号输入时，输入换能器将电信号转换为机械振动信号，在压电基片上产生声表面波信号。该信号经输出换能器转换为电信号并输出。因此，中频信号通过声表面滤波器对无用成分进行衰减或滤除，并将有用的成分选出。

提示　彩电采用的声表面滤波器的标称频率有 37MHz、38MHz 等多种。

2. 检测

声表面滤波器的检测可采用电阻法、电容法、模拟法、代换法进行检测。电阻法和代换法比较简单，下面介绍电容检测法。下面以彩色电视机用 38MHz 为例进行介绍。

将万用表置于 2n 电容挡，就可以测量输入端、输出端对地的容量值，如图 8-18 所示。

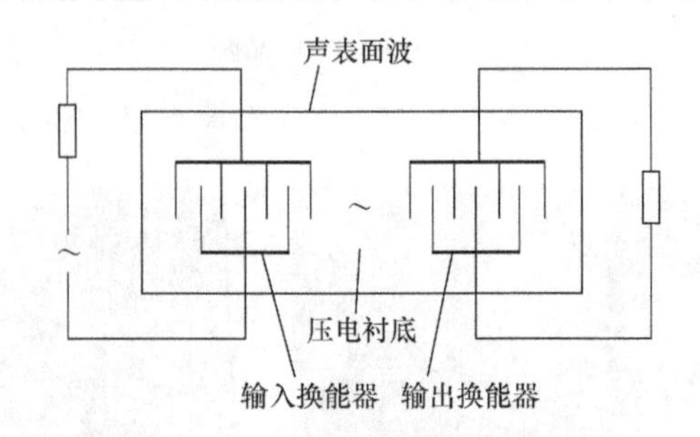

图 8-17　声表面滤波器的构成

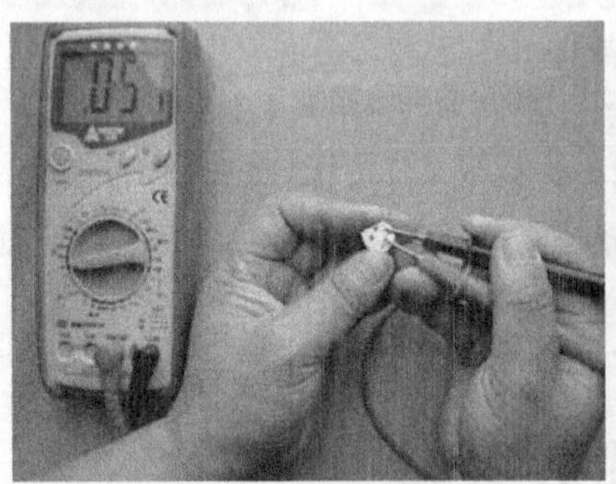

a) 红笔接信号输入端、黑笔接地

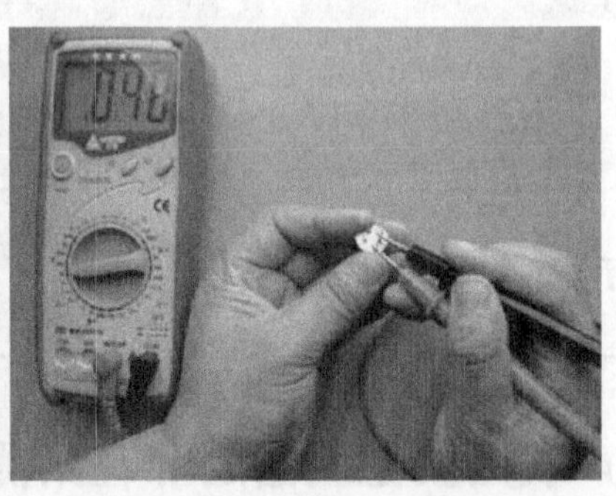

b) 黑笔接信号输入端、红笔接地

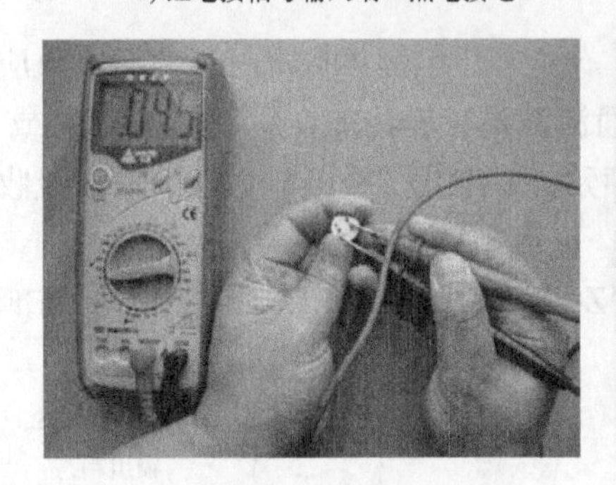

c) 红笔接信号输出端、黑笔接地

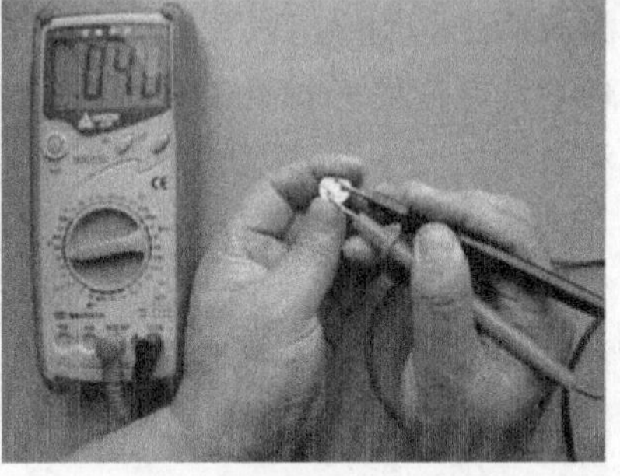

d) 黑笔接信号输出端、红笔接地

图 8-18　数字万用表电容挡测量声表面滤波器

提示　由于两个信号输出端对地的容量值基本相同，所以图 8-18 仅测出一个输出端对地的容量值。

第九章

数字万用表电压/电流挡使用从入门到精通

第一节　数字万用表直流电压挡使用从入门到精通

数字万用表的直流电压挡就是通过测量电路或元器件关键点电压是否正常，判断电路或元器件工作是否正常。下面以 DT9205L 型万用表介绍数字万用表直流电压挡使用方法从入门到精通。

一、直流电压挡使用方法 

1. 安装表笔

测量直流电压时，红表笔插入 VΩCAP 孔，黑表笔插入 COM 孔，如图 9-1 所示。

2. 量程选择

测量直流电压时，根据需要将量程开关拨至直流电压挡的合适量程，如图 9-2 所示。

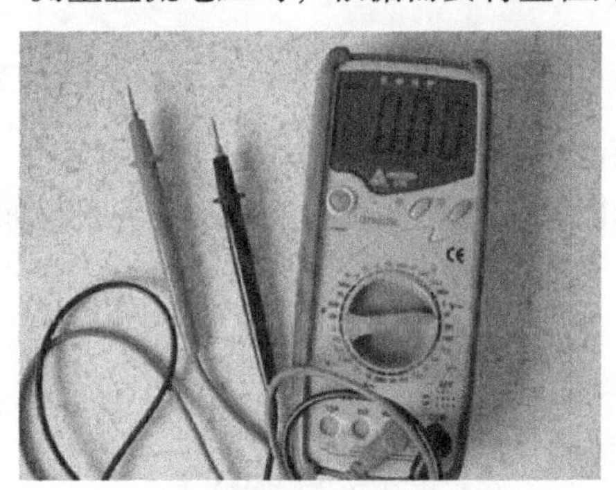

图 9-1　数字万用表直流电压挡表笔的安装

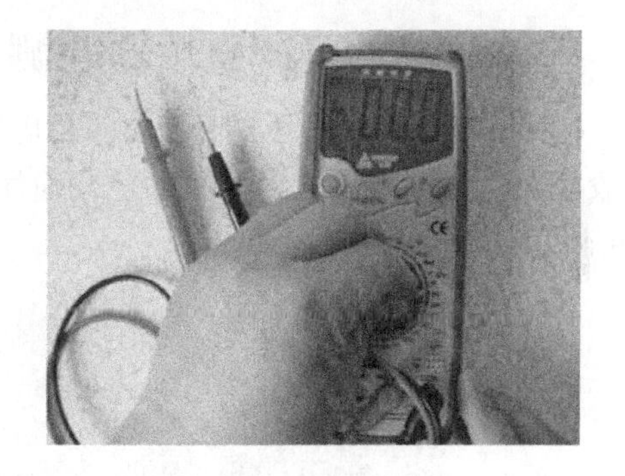

图 9-2　数字万用表直流电压挡量程的选择

3. 测量与读数

比如，测量直流电源输出的 10V 电压时，先将万用表置于 20V 直流电压挡，再将表笔接直流电源的正、负极输出电压柱上，此时显示屏显示的数值为 14.05，说明该电源的 10V 电压挡输出的空载电压为 14.05V，如图 9-3a 所示。如果显示屏显示 -1.5V，如图 9-3b 所示，说明表笔接反了。

再比如，用 2V 电压挡测量 14V 电压时，显示屏显示的数字是 1，如图 9-3c 所示，说明被测电压超过量程范围，需要增大量程。

a)

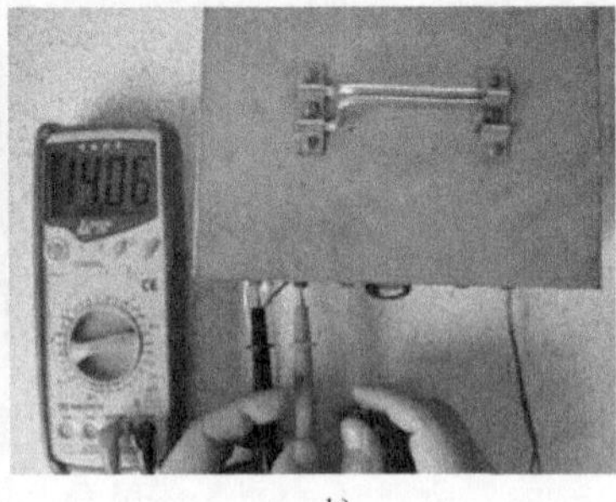
b)

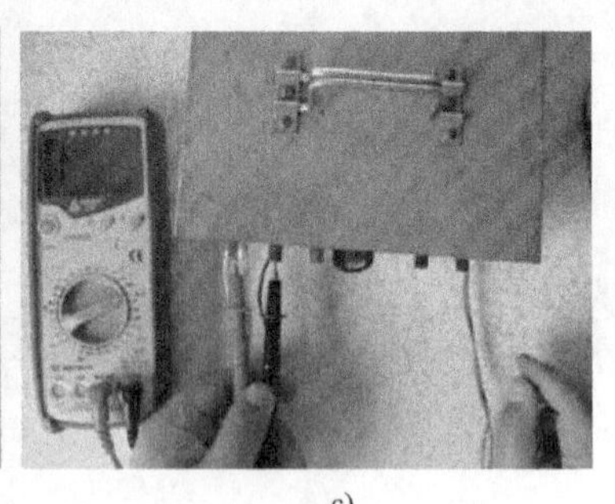
c)

图 9-3　数字万用表直流电压的测量与读数

二、使用直流电压挡时的注意事项

一是在不能确认被测直流电压范围时，应先选择较高的直流电压挡位，根据显示的数值再调整到合适的挡位。

二是在测量较高电压时不能转换量程，必须在表笔脱离电路后才能转换量程，以免量程开关的触点被大电流烧蚀。

三是测量开关电源输出电压，若开关电源稳压电路异常导致输出电压升高，在测量时发现电压升高，应迅速切断电源，以免负载过电压损坏。

四是测量彩电行输出管集电极的直流电压时，应接好表笔后再为彩电通电，以免在开机情况下出现，表笔接行输出管集电极时，因较高的反峰电压而产生拉弧或测量数值可能不准确等异常现象。

三、三端不可调稳压器的测量

检测三端不可调稳压器时，可采用电阻测量法和电压测量法两种方法。而实际测量中，一般都采用电压测量法。下面以空调通用板的 5V 电源电路为例进行介绍，测量过程如图 9-4 所示。

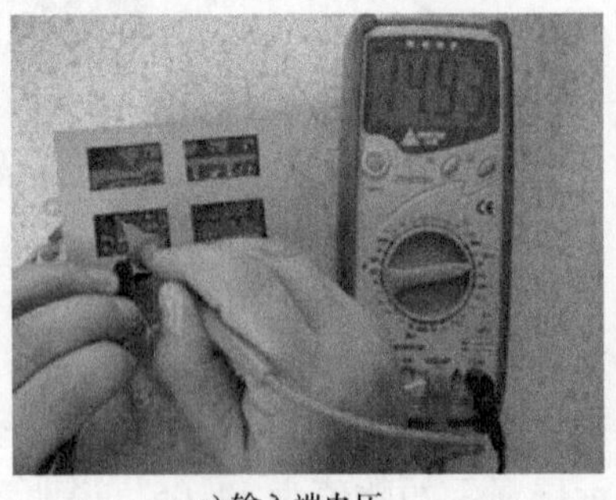

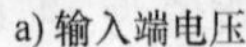
a) 输入端电压

b) 输出端电压

图 9-4　三端稳压器 78L05 的测量

为空调器通用板电路供电后，用 20V 直流电压挡测 78L05 的输入端对地电压为 14. 93V，测输出端与接地端间的电压为 5. 01V，说明该稳压器及相关电路正常。若输入端电压正常，而输出端电压异常，则为稳压器异常。

**提示** 若稳压器空载电压正常，而接上负载时，输出电压下降，说明负载过电流或稳压器带载能力差，这种情况对于缺乏经验的人员最好采用代换法进行判断，以免误判。

四、四端稳压器的测量

四端稳压器属于受控型稳压器，它的检测可采用电阻测量法和电压测量法两种方法。而实际测量中，通常采用电压测量法。下面以典型的 PQ3RD23 为例进行介绍。

参见图 9-5，将 PQ3RD23 的供电端①脚和接地端③脚通过导线接在稳压电源的正、负电压输出端子上，再将一只 10kΩ 电阻接在①脚和控制端④脚上，为④脚提供高电平控制信号。随后，将稳压电源调在 8V 直流电压输出挡上，测 PQ3RD23 的①脚与③脚之间的电压为8.07V，测它的④脚、③脚间电压为8.06V，测它的输出端②脚与③脚间电压也为3.28V，说明 PQ3RD23 正常。若②脚无电压输出，在确认①脚和④脚电压正常后，则说明它损坏。

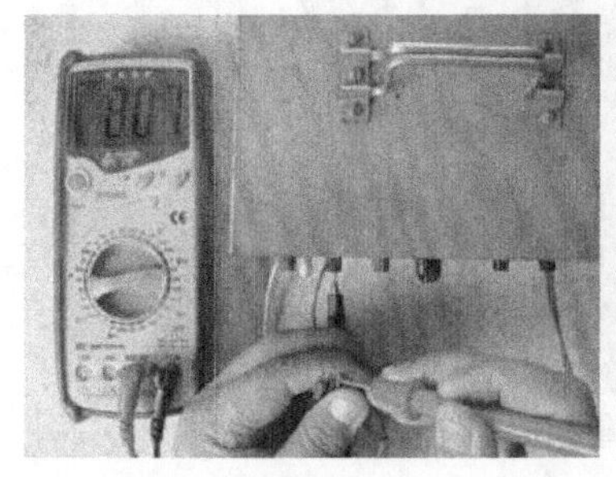
a) ①脚电压

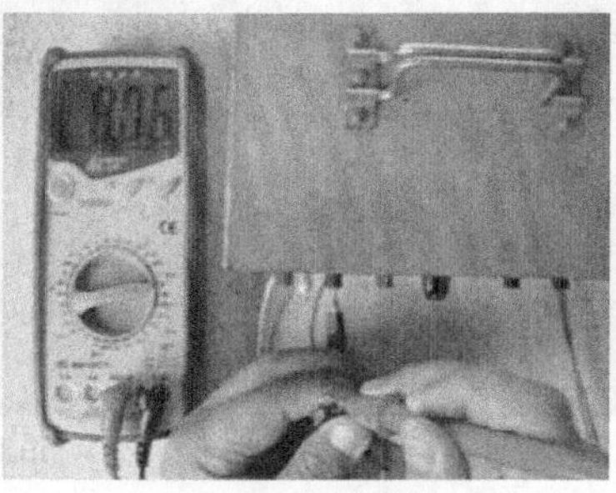
b) ④脚电压

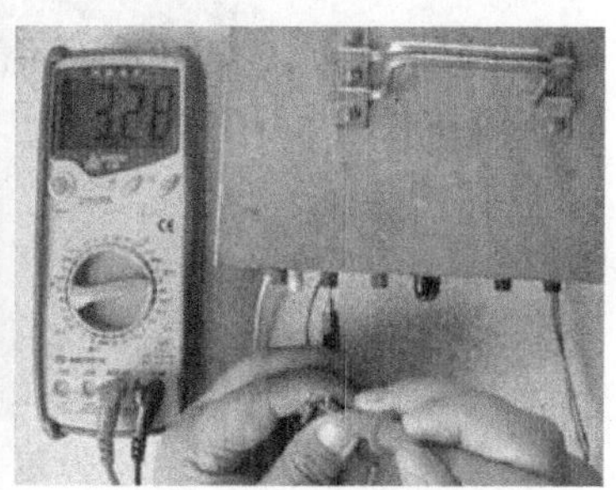
c) ②脚电压

图 9-5 四端稳压器 PQ3RD23 的测量

第二节 数字万用表交流电压挡使用从入门到精通

数字万用表的电容挡不仅可通过测量电容容量大小来判断电容是否正常，而且还可以通过测量声表面滤波器、晶振等特殊元器件的容量，估测它们是否正常。

一、交流电压挡的使用 

交流电压挡和直流电压挡的使用方法、注意事项基本相同，不同的是，使用时将功能/量程开关拨至交流电压挡位置。

二、市电电压的测量 

测量市电电压时，选择功能/量程开关使其处于交流 750V 电压位置，将表笔插入市电插座的插孔内，就可以测出市电电压了，如图 9-6 所示。

三、变压器输入/输出电压测量 

为电源变压器的一次绕组输入 229V 市电电压，如图 9-7a 所示，用万用表交流 20V 电

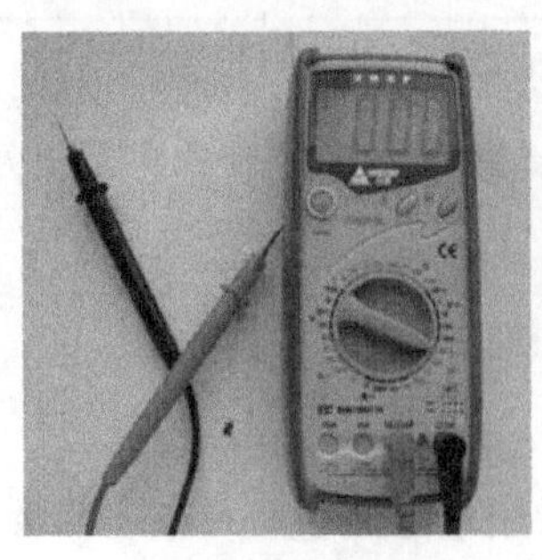

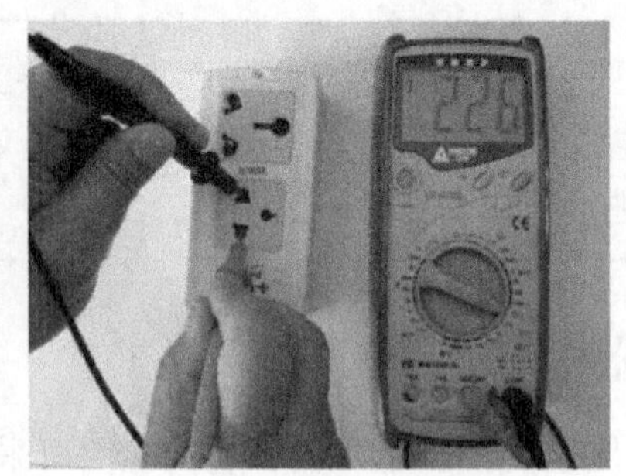

a) 选择电压挡位　　b) 220V市电电压的测量

图9-6　数字万用表的交流电压挡使用示意图

压挡测变压器二次绕组输出的交流电压值为12.77V，如图9-7b所示。若变压器的输入电压正常，输出电压异常，说明变压器或负载异常。

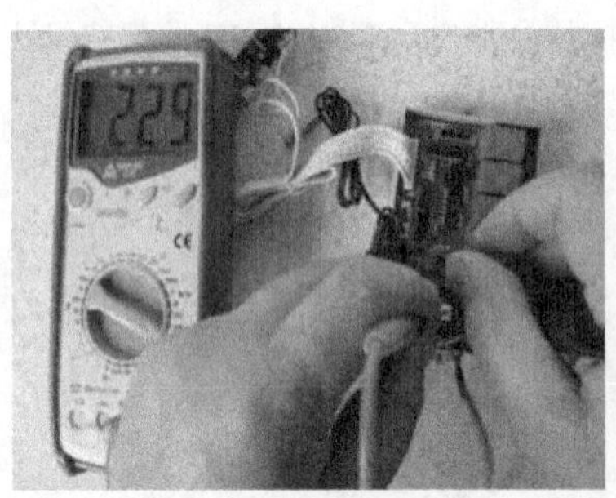

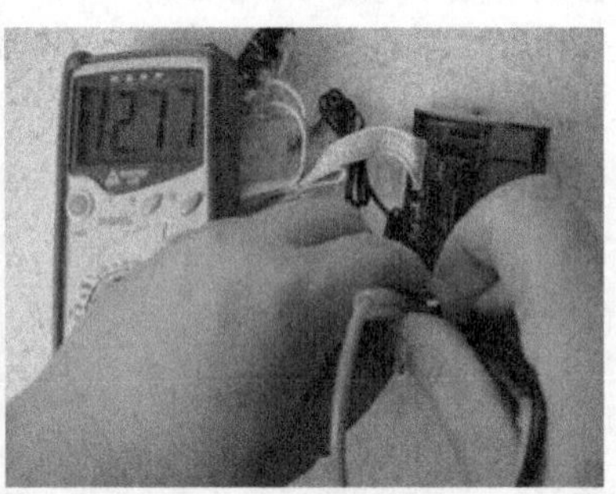

a) 输入电压　　b) 输出电压

图9-7　电源变压器二次绕组输出电压的测量

四、显像管灯丝电压的测量 

测量显像管灯丝电压时，将万用表置于交流20V电压挡，再将表笔接在显像管灯丝的引脚上，显示屏显示的数值是6.39，说明该机的显像管灯丝的供电电压为6.39V，如图9-8所示。

图9-8　显像管灯丝电压测量

提示　由于被测彩电的显像管灯丝供电由行输出变压器提供，使用该电压属于高频脉冲电压，因此采用指针万用表检测后，输出电压较正常值（27V_{PP}）低许多。

第三节　数字万用表直流电流挡使用从入门到精通

数字万用表的直流电流挡通过测量元器件或单元电路的直流电流值来判断元器件或电路件

是否正常。

一、表笔安装与挡位选择 ★

测量的直流电流不足500mA时，将黑表笔（负表笔）插入“COM”插孔内，将红表笔（正表笔）插入“mA”插孔内，如图9-9a所示。若需要测量超过200mA（0.2A）至10A范围内的大电流时，则需要将正表笔插入10A的插孔内，如图9-9b所示。

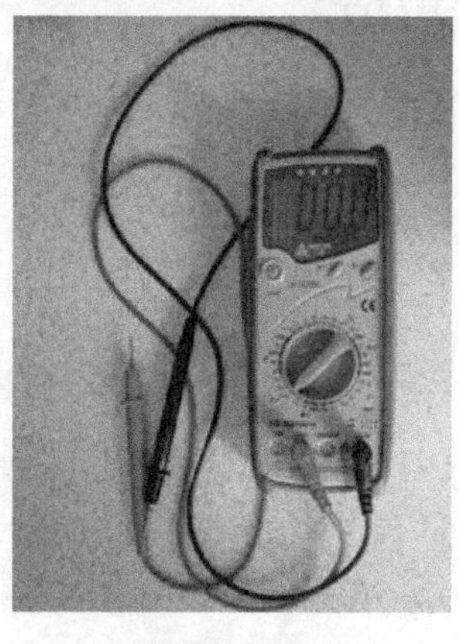

a) 测量200mA内电流

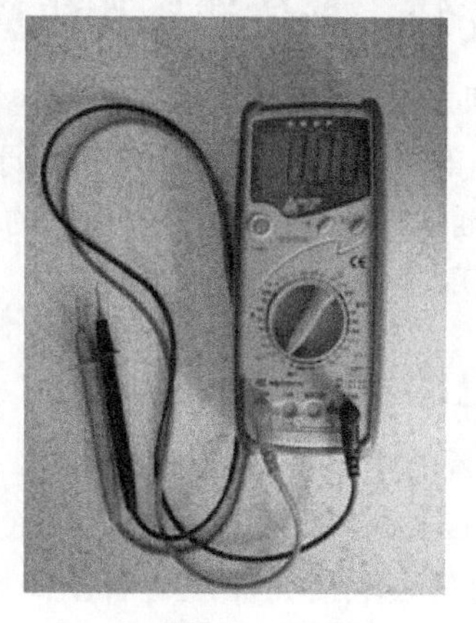

b) 测量0.2～10A电流

图9-9 数字万用表的表笔安装位置

二、使用直流电流挡时的注意事项 ★

下面以DT9205L型数字万用表为例介绍数字万用表直流电流挡使用的注意事项。

一是，需要拔掉红表笔后，才能旋转功能/量程旋钮，以免发生故障。

二是，测量时，表笔必须串联在电路中，不能并联在电路内。

三是，在不能确认被测直流电流范围时，应先选择较高的直流电流挡位，观察表针的摆动位置后再调整到合适的挡位。

三、直流电流挡的使用方法 ★

比如，测量一个指示灯电路的直流电流时，先选择20mA的直流电流挡位，随后将表笔串入电路，打开直流电源的开关，为指示灯电路提供12V直流电压后，显示屏显示的数值为1.22，说明该回路的直流电流为1.22mA，如图9-10所示。

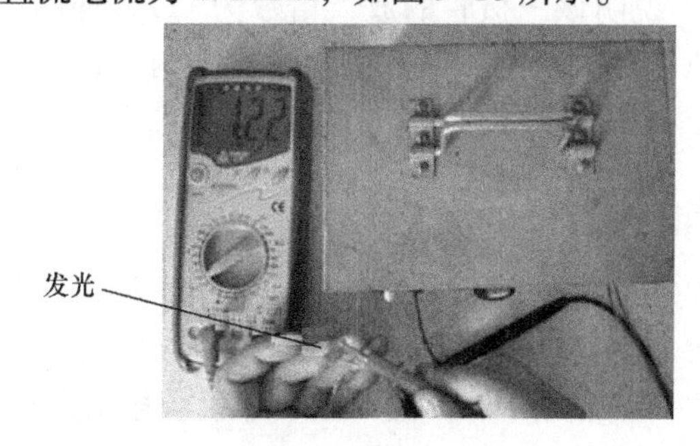

图9-10 数字万用表直流电流挡测量指示灯回路电流

第四节　数字万用表交流电流挡使用从入门到精通

数字万用表的交流电流测量挡通过测量元器件或单元电路的交流电流值来判断元器件或电路件是否正常。

一、表笔安装、挡位选择和注意事项 

测量交流电流时的操作规程和测量直流电流时基本相同，不同的是：将功能/量程旋钮拨至 ACA（交流）的合适量程，被测电流小于 200mA 时红表笔插入“mA”插孔，被测电流大于 200mA 时插入“10A”或“20A”的插孔内，黑表笔插入 COM 插孔内。

二、交流电流测量挡的使用 

比如，测量空调器电脑板的交流电流时，取下市电输入回路的熔断器（保险管），将万用表置于交流 200mA 挡，再将表笔接在保险管管座的两端，为该电脑板输入市电电压后，显示屏上就可以显示电流值。由于该电路板未接负载，所以显示屏显示的数字为 0，如图 9-11 所示。

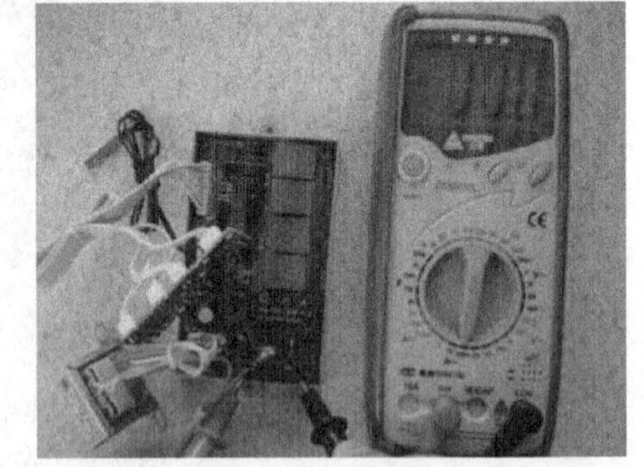

图 9-11　数字万用表交流电流挡使用

第五节　数字万用表的其他测量功能使用从入门到精通

一、晶体管放大倍数挡的使用 

数字万用表都具有三极管放大倍数测量功能，测量方法和指针万用表相似，区别是，采用数字万用表测量三极管的放大倍数时，步骤更简洁，并且显示的数值更直观。显示屏相似的数值越大，说明被测三极管的放大倍数就越大。

将一只 PNP 型三极管的 b、c、e 三个极插入对应的插孔后，显示屏显示的数值为 111，说明该三极管的放大倍数为 111，如图 9-12 所示。若显示的数值异常，在确认插入的引脚准确时，说明被测三极管异常。

图 9-12　数字万用表的 h_{FE} 挡使用

二、频率测量挡的使用

将量程开关拨至 Hz/% 的测量挡位，再将红表笔插入“Hz”插孔，将黑表笔插入 COM 插孔内，随后将两个表笔并联接在信号源上，显示屏上就会显示出被测信号的频率值。如果需要显示占空比，则点击 Hz/% 键，显示屏就会显示占空比（%）的大小，如图 9-13 所示。

三、温度测量挡的使用 

第一步，将量程开关拨至℃/℉的测量挡位，此时，显示屏会显示室温“OL”；第二步，将温度K型十字插头插入“+”、“-”插孔内；第三步将温度探头接在被测物体的表面，数秒后显示屏就会显示被测物体的温度，如图9-14所示。如果需要读取华氏温度，按一下SELECT键，显示屏就会显示℉值。

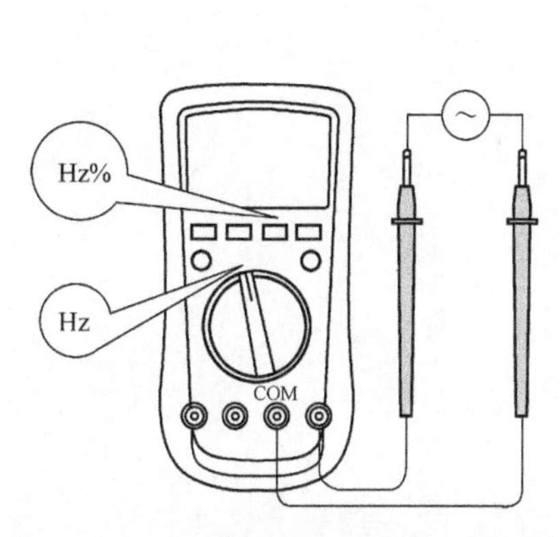

图9-13　数字万用表的频率测量挡的使用

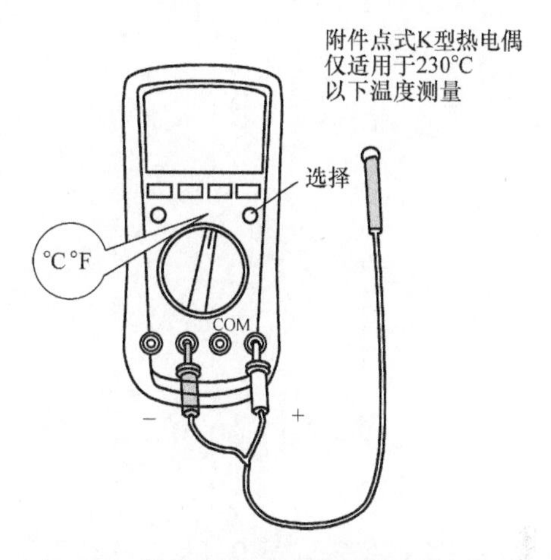

图9-14　数字万用表的温度测量挡的使用

四、电磁场感应测量挡的使用 

拔下表笔，将量程开关拨至“EF”的测量挡位，随后把万用表的前端标有“EF”的图标所指的方向靠近被测物体，当检测到电磁场或交流电压时，显示屏显示数字，同时指示灯发光，并且蜂鸣器鸣叫，以表示电磁场或交流电压的强弱程度，如图9-15所示。

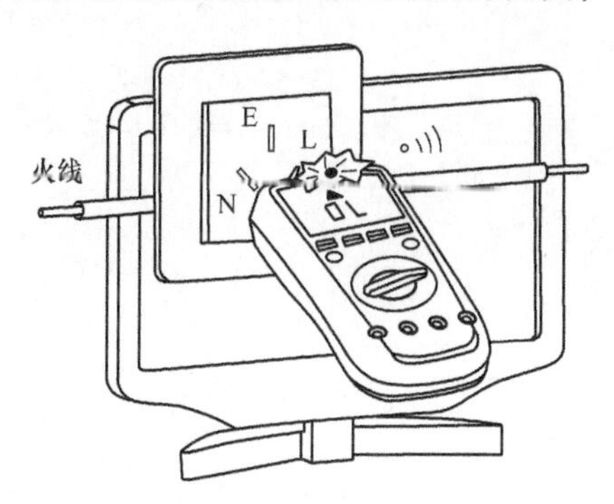

图9-15　数字万用表的电磁场感应测量挡的使用

用万用表检修小家电从入门到精通

第十章

用万用表检修普通小家电从入门到精通

第一节　用万用表检修普通电热类小家电从入门到精通

一、简易型电饭锅 ★

下面介绍用万用表检修简易型电饭锅电路（见图10-1）故障的方法与技巧。该电路由加热盘（电热板）EH、总成开关、磁性温控器、温度熔断器、保温器、指示灯、限流电阻等构成。

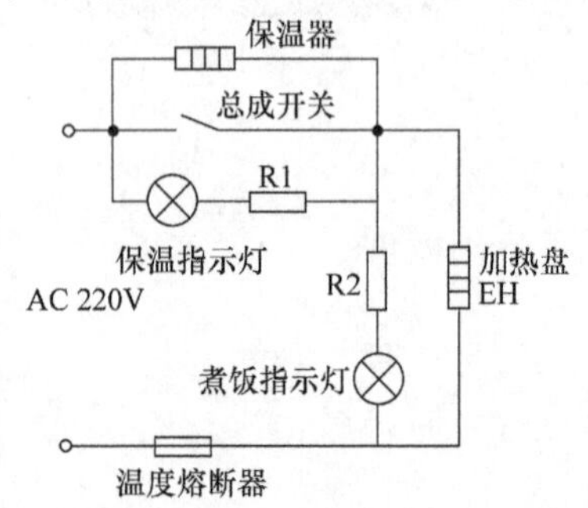

图10-1　简易型电饭锅电路

1. 加热电路

按下总成开关的按键，磁性温控器（俗称磁钢）内的永久磁铁在杠杆的作用下克服弹簧的推力，上移与感温磁铁吸合，通过杠杆使总成开关的触点闭合，220V市电电压第一路经总成开关的触点、加热盘EH、温度熔断器构成煮饭回路，使EH加热煮饭；第二路经R2、煮饭指示灯构成回路使煮饭指示灯点亮，表明电饭锅工作在煮饭状态。当煮饭的温度升至103℃时，饭已煮熟，磁性温控器的感温磁铁的磁性消失，感温磁铁在弹簧的作用下复位，通过杠杆将触点断开，此时市电电压通过保温器（电阻丝板）降压后，为加热盘供电，电饭锅进入保温状态。同时，市电电压通过保温指示灯、限流电阻R1、EH、温度熔断器构成回路，使保温指示灯点亮，表明电饭锅工作在保温状态。

2. 过热保护电路

过热保护电路由一次性温度型熔断器构成。当总成开关触点粘连使EH加热时间过长，导致加热温度达到180℃时，温度熔断器熔断，切断市电输入回路，EH停止加热，实现过热保护。

3. 常见故障检修

（1）不加热、指示灯不亮

如果两个指示灯都不亮，则说明供电线路、温度熔断器开路或加热盘EH开路。用万用表交流电压挡测量插座有无市电电压，若没有，维修插座及其线路；若有，接着测量电饭锅电源线插头有无电压输出，若没有，说明电源线异常；若有，说明电饭锅内部异常。拆开电饭锅底盖，用万用表通断挡或R×1挡测量温度熔断器和线路是否正常。如果线路开路，重新连接即可排除故障。如果温度熔断器开路，除了需要检查总成开关的触点是否粘连，还应该检查加热盘和内锅是否变形。若加热盘变形，则需要更换；若内锅变形，需要对内锅进行校正；如果它们都正常，更换温度熔断器即可。

注意 温度熔断器开路后，不能用导线短接，以免导致加热盘损坏或发生火灾等事故。

（2）不加热、指示灯亮

如果煮饭指示灯亮，但不加热，则说明加热盘 EH 或其供电线路开路。用交流电压挡测 EH 有无市电输入，若有，说明 EH 异常；若没有，检查供电线路。

（3）始终处于保温状态

对于该故障只要检查总成开关的触点即可。

（4）煮饭夹生

该故障的主要原因有三个：一是磁性温控器（磁钢）异常；二是加热盘变形；三是内锅变形。这三个原因内最常见的故障原因是磁性温控器异常。

若内锅变形，需要对内锅进行校正；若加热盘变形，需要更换；磁性温控器异常，更换即可排除故障。

二、普通电压力锅 

下面以苏泊尔普通电压力锅为例，介绍用万用表检修电压力锅故障的方法与技巧。该电路由加热盘（发热盘）、温控器（限温器、保温器）、加热器、定时器、温度熔断器、指示灯等构成，如图 10-2 所示。

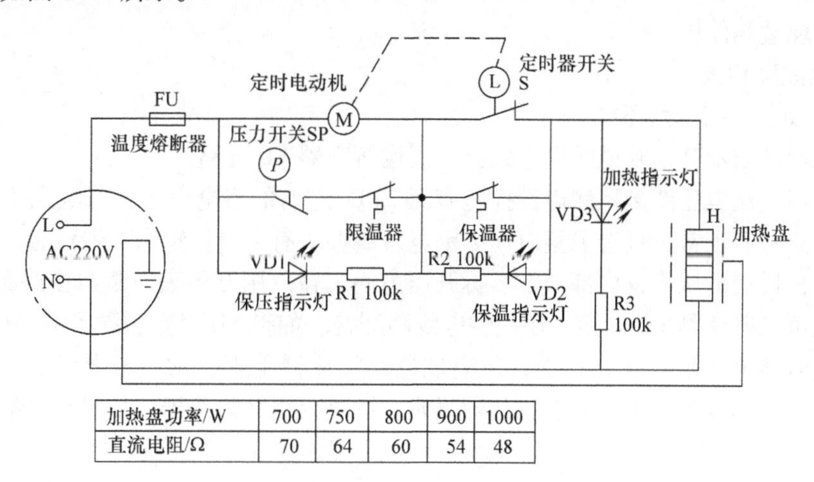

加热盘功率/W	700	750	800	900	1000
直流电阻/Ω	70	64	60	54	48

图 10-2　苏泊尔普通电压力锅电路

1. 加热、保压电路

旋转定时器旋钮，设置需要的保压时间，使定时器的触点 S 接通，同时未加热前由于锅内温度较低，所以压力开关 SP 的触点和限温器的触点接通，此时市电电压利用温度熔断器 FU 输入到锅内电路，不仅通过压力开关 SP、限温器、定时器开关的触点为加热盘 H 供电，使它开始加热，而且通过 R3 限流使加热指示灯 VD3 发光，表明压力锅进入加热状态。同时，SP1和限温器的触点将定时电动机和指示灯VD1短接，定时器开关将保温器和VD2短接，使它们不工作。随着H的不断加热，锅内温度和压力逐渐升高，当温度高于80℃时，保温器的触点断开，当压力达到70kPa时，压力开关SP的触点断开。SP的触点断开后，第一路切断加热盘H和指示灯VD3的供电回路，使H1停止加热，而且使VD3熄灭，表明加热结束；第二路使通过H和R2使指示灯VD1发光，表明进入保压状态；第三路通过H为定时器电动机M供电，使其开始运转，进入保压计时状态。保压期间，若压力低于40kPa后，压力开关SP的触点再次闭合，并为加热盘H供电，当压力达到70kPa后，SP的触点断开，H停止加热。这样，保压期间，H间断性加热，确保锅内的压力高于40kPa。由于保压期间，压力开关是间断性地闭合，所以指示灯VD1和VD3是交替发光的。

2. 保温电路

定时器定时结束后，定时器开关S的触点断开，解除对保温器和VD2的短路控制。220V市电电压通过加热盘H、R2使VD2发光，表明该压力锅进入保温状态。保温期间，当温度低于60℃时，保温器的触点闭合，H开始加热，使温度逐渐升高，当温度达到80℃时，保温器的触点再次断开，H停止加热。这样，压力锅在保温器的控制下，使温度保持在60～80℃。

3. 过热保护电路

过热保护电路由限温器和温度熔断器构成。当压力开关、保温器或定时器的触点粘连，使加热器H加热时间过长，导致加热温度升高并达到限温器的设置温度后，它内部的触点断开，切断H的供电回路，H停止加热，实现过热保护。

当限温器内的触点也粘连，不能实现过热保护功能后，使加热器H继续加热，导致加热温度达到150℃左右时FU熔断，切断市电输入回路，H停止加热，以免H等器件过热损坏，从而实现过热保护。

4. 常见故障检修

（1）不加热、指示灯不亮

如果指示灯都不亮，则说明供电线路或温度熔断器FU开路。

首先，用交流电压测量挡测电源插座有无220V左右的市电电压，若电压不正常，检修插座及其线路；若正常，接着测量电压力锅电源线插头有无电压输出，若没有，说明电源线异常；若有，说明电压力锅内部异常。拆开压力锅底盖，用万用表通断挡在路测量FU和供电线路，就可以确认是FU开路，还是供电线路开路。如果FU开路，除了需要检查限温器、保温器、定时器P的触点是否粘连，还应该检查加热器是否正常。若限温器、保温器或P的触点异常，维修或更换即可；若加热器异常，则需要更换加热器。如果它们都正常，更换FU即可。

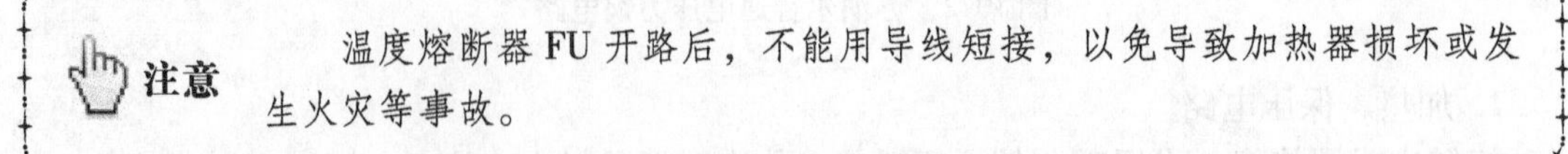

（2）指示灯D3发光正常，但不加热

对于该故障只要检查加热器H及其接线即可。

（3）始终处于保压状态

对于该故障只要检查保压开关、限温器或它们的接线是否正常。

（4）不能保压

该故障的主要原因有两个：一是定时器开关 S 或其连线异常，二是定时器电动机异常。

三、沸腾式饮水机 

下面以腾飞 FY－WR6－1（T）型沸腾式饮水机为例，介绍使用万用表检修沸腾式饮水机故障的方法与技巧。该机电路由加热电路、保温电路、再沸腾电路构成，如图 10-3 所示。浮子、开关、加热器及水箱结构如图 10-4 所示。

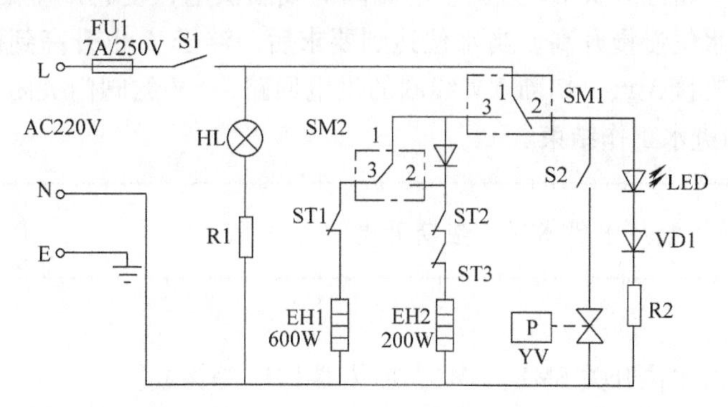

图 10-3　腾飞 FY－WR6－1（T）型沸腾式饮水机电路

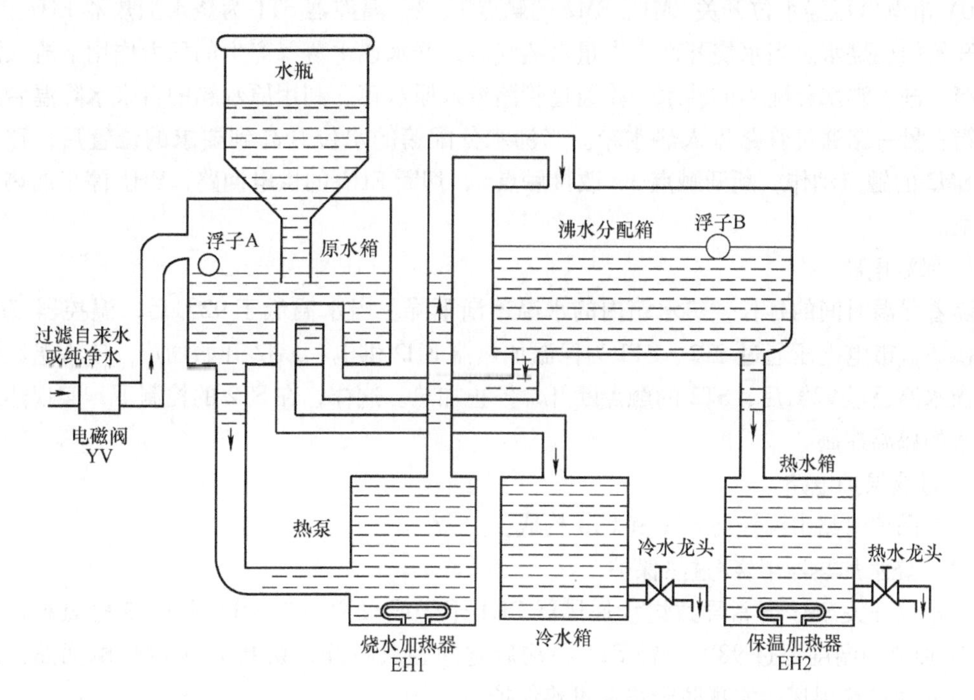

图 10-4　腾飞 FY－WR6－1（T）型沸腾式饮水机结构示意图

1. 供电电路

供电电路由熔断器 FU1、开关 S1 和指示灯电路构成。

接通开关 S1 后，市电电压通过 FU1 输入后，不仅为进水、加热电路供电，而且通过 R1

限流，使指示灯 HL 发光，表明该机输入市电。

2. 注水电路

该机注水（进水）系统有瓶装水和自来水两种。瓶装水进水系统和其他饮水机一样，不再介绍，仅介绍自来水进水电路原理。该机的进水电路由水位开关 SM1、进水电源开关 S2、进水电磁阀 YV、指示灯电路构成。

当原水箱内的水位低于设置水位后，浮子 A 控制水位开关 SM1 的触点接通 1、2 点，此时市电电压一路经 R2 限流，VD1 半波整流，为 LED 提供工作电压，使它发光，表明水位低，需要注水；另一路经开关 S2 为进水电磁阀的线圈供电，使它产生磁场，将阀门打开，为原水箱注水，使水位慢慢升高。当水位达到要求后，浮子 A 也升高到设置点，控制 SM1 的触点断开 2 点，改接 3 点，切断 YV 线圈的供电回路，YV 的阀门关闭，注水结束，同时使 LED 熄灭，表明进水工作结束。

提示 若采用瓶装水供水时，应断开电源开关 S2。

3. 烧水电路

烧水加热电路由水位开关 SM1、SM2，加热器 EH1 等构成。

原水箱进水结束后，热水箱内没有水或水位较低，使水位开关 SM1 的触点接 3 点，此时 220V 市电电压经水位开关 SM1、SM2 的触点 1、3，温控器 ST1 为烧水加热器 EH1 供电，使其开始加热烧水。当水烧开产生大量水蒸气后，开水在水蒸气产生的压力作用下流入沸水分配箱。进入沸水分配箱的沸水一路通过管路流入原水箱，利用原水箱的自来水降温后流入冷水箱；另一路通过管路流入热水箱。当沸水分配箱的水位升高到要求的位置后，浮子 B 控制 SM2 的触点动作，断开触点 3，改接触点 2，切断 EH1 的供电回路，EH1 停止加热，烧水结束。

4. 保温电路

随着保温时间的延长，热水箱内的水温逐渐下降。当水温低于 92℃后，温控器 ST2 的触点接通，市电电压通过 ST2、ST3 为保温加热器 EH2 供电，EH2 开始加热，使水温逐渐升高，当水温超过 92℃后，ST2 的触点断开，停止加热。这样，在 ST2 的控制下，实现热水箱内热水的保温控制。

5. 过热保护电路

过热保护电路由温控器 ST1 和 ST3 构成。

（1）烧水加热器干烧/过热保护

当水位开关 SM1 异常导致烧水加热器 EH1 干烧或水位开关 SM2 的 1、3 触点粘连，导致 EH1 加热的温度超过 98℃，被 ST1 检测后它的触点断开，切断 EH1 的供电回路，以免 EH1 等元件过热损坏，实现防干烧和过热保护。

（2）保温加热器过热保护

当温控器 ST2 异常，导致保温加热器 EH2 加热的温度超过 98℃，被 ST3 检测后它的触点断开，切断 EH2 的供电回路，以免 EH2 等元件过热损坏，实现 EH2 的过热保护。ST3 动作后，需要按它上面的手动复位按钮才能复位。

6. 常见故障检修

（1）不加热、指示灯 HL 不亮

如果指示灯都不亮，则说明供电线路、开关 S1 或温度熔断器 FU1 开路。

首先，用万用表交流电压测量挡测电源插座有无 220V 市电电压、且是否正常，若不正常，检修供电线路或插座；若正常，拆开饮水机后盖，用万用表通断挡或 R×1 挡在路测量 S1、FU1 和供电线路，就可以确认开路的原因。如果是 S1 线路开路，维修或更换即可；如果是 FU1 开路，应依次检查加热器和进水电磁阀是否正常。如果它们都正常，更换 FU1 即可。

（2）不进水

该故障主要是由于自来水系统、水位开关异常或 S2 开路所致。首先，检查注水指示灯 LED 是否发光，若不发光，检查水位开关 SM1。若 LED 发光，检查自来水系统是否正常，若不正常，检查自来水系统；若正常，检查 S2 和进水电磁阀即可。

（3）进水正常，但不加热

该故障主要原因：一是水位开关 SM1、SM2 异常，二是温控器 ST1 异常，三是加热器 EH1 开路。

首先，用万用表的交流电压挡测 EH1 有无 220V 左右的市电电压输入，若有，维修或更换 EH1；若没有电压，通过测量 SM1、SM2、ST1 引脚有无交流电压或用万用表通断挡测量它们的触点，就可以确认故障元件。

（4）加热正常，但不能保温

该故障的故障原因：一是加热器 EH2 异常，二是温控器 ST2 或 ST3 异常。

首先，用万用表的交流电压挡测 EH2 两端有无 220V 左右的市电电压，若有，维修或更换 EH2；若没有电压，通过测量 ST2、ST3 引脚上有无交流电压或用通断挡测量它们触点，就可以确认是 ST2 损坏，还是 ST3 异常。

四、普通电热水器/淋浴器 

下面以海尔 FCD－H65B 型电热水器为例，介绍用万用表检修自动断电式电热水器电路故障的方法。海尔 FCD－H65B 型电热水器电路如图 10-5 所示。

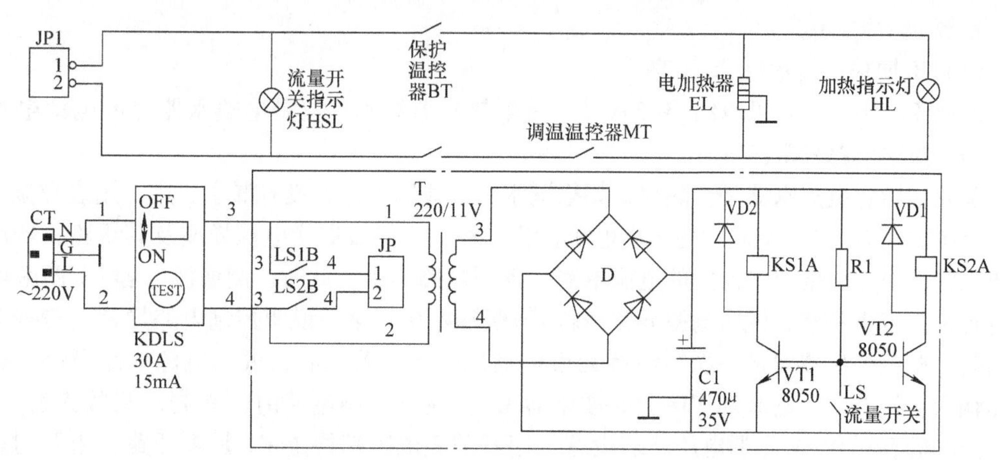

图 10-5　海尔 FCD－H65B 型电热水器电路

1. 电源电路

该机输入的220V市电电压经30A/15mA的剩余电流（漏电动作）保护器KDLS分两路输出：一路通过继电器的触点为加热器供电；另一路输出到电源电路。市电电压经变压器T降压，产生11V（与市电高低成正比）左右的交流电压，再通过全桥整流堆D整流，C1滤波产生12V直流电压。该电压为继电器LS1A、LS2A的线圈及其控制电路供电。

2. 供电控制电路

该机的供电控制电路由流量开关LS、晶体管VT1、VT2、R1构成。

在通电的情况下，若打开该电热水器的喷头放水，必然会导致进水管为电热水器注水，这样水流动产生的水压使流量开关的触点闭合，使VT1、VT2截止，致使继电器LS1A、LS2A的线圈无导通电流，所以它们的触点LS1B和LS2B的触点不能闭合，也就不能为加热电路供电。反之，若喷头不喷水，并且进水管也不注水，LS的触点不闭合，VT1和VT2导通，使LS1A和LS2A的线圈有导通电流，触点LS1B和LS2B闭合，可以为加热电路供电，同时点亮指示灯SL，表明该热水器不仅没有注水，而且有市电输入。

3. 加热控制电路

加热控制电路由调温温控器MT、电加热器EL、加热指示灯HL电路构成。

旋转MT，选择需要的温度后，它的触点闭合，市电电压通过保护温控器BT不仅为电加热器EL供电，使其发热开始对桶内的水进行加热，而且使加热指示灯HL点亮，表明热水器工作在加热状态。

贮水罐内的水温随着电加热器的不断加热而升高，当水温达到设置温度后，MT的触点断开，EL停止加热，而且使加热指示灯HL熄灭，表明加热结束。随着保温时间的延长，水的温度逐渐下降，当温度下降到一定值后，MT的触点再次闭合，EL再次进入加热状态。重复以上过程，电热水器就可以为用户提供热水。

调节调温温控器MT可改变电加热器EL的加热时间，也就可以实现水温的调节。

4. 过热保护电路

过热保护电路由保护温控器BT构成。当调温温控器MT异常导致电加热器EL长时间加热或桶内无水使EL干烧，导致EL加热的温度达到MT的设置值后，MT内的触点断开，切断EL的供电回路，以免EL等元件过热损坏，实现防干烧和过热保护。

5. 常见故障检修

（1）不加热、指示灯SL不亮

该故障原因：一是供电线路异常，二是电热水器漏水，三是电热水器内的电源电路异常，四是控制电路异常。

首先，检查电热水器是否漏水，如果漏水，维修即可；若没有漏水，用万用表交流电压挡测电源插座有无220V左右的市电电压，若没有，维修或更换电源插座及其线路；若市电电压正常，说明该电热水器内的电源电路、控制电路异常。此时，测滤波电容C1两端电压是否正常，若不正常，说明电源异常；若C1两端电压正常，说明控制电路异常。检查电源电路时，检测变压器T的一次绕组有无市电电压输入，若没有，说明电源线路开路；若有电压输入，检查T、整流堆VD和滤波电容C1。检查控制电路时，首先，测放大管VT1、VT2的b极有无0.6V导通电压，若没有，用万用表电阻挡检查R1是否开路，用万用表二极管/通断挡检查流量开关LS触点是否粘连，以及VT1、VT2的be结是否漏电，若是，更换即可。若 VT1、VT2 的 b 极有导通电压，检查 VT1、VT2 和继电器 KS1A、KS2A。

（2）指示灯 SL 亮，但不加热

该故障的主要故障原因：一是电加热器 EL 异常；二是调温温控器 MT 异常；三是温度控制器继电器 KA、放大管 VT 异常。

首先，察看加热指示灯 HL 是否点亮，若点亮，说明电加热器 EL 或其引线异常；若不发光，依次检查调温温控器 MT 和流量开关指示灯 HSL 是否正常即可。

五、普通消毒柜 

下面以康宝 ZTP－70B 型消毒柜为例，介绍机械控制型消毒柜。该消毒柜是立式上、下室结构，上室采用臭氧方式消毒，下室采用远红外方式消毒。而该机的电路由电加热器电路、臭氧发生器电路、指示电路等构成，如图 10-6 所示。

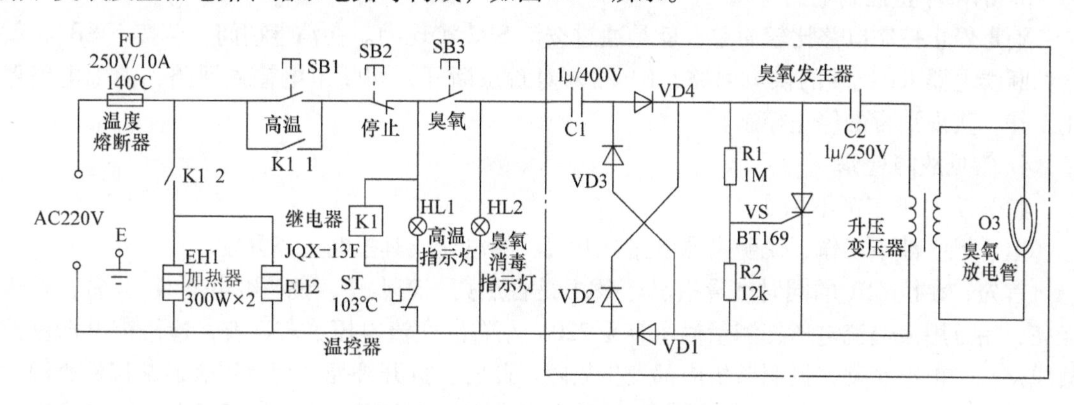

图 10-6 康宝 ZTP－70B 型消毒柜电路

1. 高温消毒电路

按下高温消毒开关（非自锁开关）SB1 后，市电电压通过 SB1、SB2、HL1、温控器 ST 的触点构成回路，回路中的电流不仅使 HL1 点亮，表明该机进入高温消毒状态，而且在 HL1 两端产生压降。该压降为继电器 K1 的线圈供电，使其内部的两对触点 K1－1、K1－2 闭合。触点 K1－1 闭合后取代 SB1 为 K1 的线圈供电，K1－2 闭合后，市电电压为远红外加热管 EH1、EH2 供电，EH1、EH2 开始发热，为下室进行高温消毒。当温度升高到 120℃时，ST 的触点断开，使 K1 的两对触点断开，不仅使 EH1、EH2 停止加热，而且 HL1 熄灭，表明消毒工作结束。当下室的温度低于 108℃后，ST 的触点再次闭合，但由于 SB1 没有被按下，高温消毒电路也不能工作。

过热保护电路是通过一次性温度熔断器 FU 构成的。当继电器 K1 的触点 K1－2 或温控器 ST 的触点粘连，使 EH1、EH2 加热时间过长，导致加热温度达到 140℃时 FU 熔断，切断市电输入回路，EH1、EH2 停止加热，以免它们和附件因过热而损坏，实现过热保护。

2. 臭氧消毒电路

在继电器 K1 的触点闭合期间，接通臭氧消毒开关 SB3 后，220V 市电电压一路为臭氧消毒指示灯 HL2 供电，使它点亮，表明该机处于臭氧消毒状态；另一路通过 C1 降压，再通过 VD1～VD4 组成的桥式整流电路整流产生脉动直流电压。该电压不仅加到单向晶闸管 VS 的阳极，而且通过升压变压器 T 的一次绕组、升压电容 C2 构成的回路为 C2 充电。在 C2 两端建立电压的同时，充电电流还使T的一次绕组产生上正、下负的电动势，使T的二次绕组相应产生上正、下负的电动势。C2充电结束后，通过R1、R2分压后为VS的G极提供触发电压，使VS导通。VS导通后，C2存储的电压通过VS放电，使T的一次绕组产生下正、上负的电动势，于是T的二次绕组感应出下正、上负的电动势。这样，C1不断地充电、放电，就使T的二次绕组产生3kV左右的脉冲高压，为臭氧放电管供电。这种间歇式的脉冲高压使臭氧放电管产生放电火花，激发周围空气中的氧气电离，从而产生臭氧，为上室进行臭氧消毒。臭氧放电管工作时，能看到电火花，并可以听到“嗒嗒”的电击声和闻到带腥味的臭氧气味。

由于臭氧消毒电路的供电受继电器K1的触点K1－1控制，所以高温消毒电路停止工作时，臭氧消毒电路也会停止工作。

3. 消毒停止控制电路

消毒停止控制电路比较简单，就是通过按键SB2实现的。在消毒期间，若按下SB2，就会切断继电器K1线圈的供电回路，K1的两对触点断开，切断市电输入回路，消毒电路停止工作，实现消毒的停止控制。

4. 常见故障检修

(1) 上、下室都不工作

上、下室都不工作，说明供电电路、开关、继电器或其控制电路异常。

首先，在按SB1的同时查看指示灯HL1是否点亮，若点亮，说明继电器K1异常；若未点亮，用万用表交流电压挡测量插座有无220V左右的交流电压，若没有，检修市电插座及其线路；若市电正常，说明该机内部发生故障。此时，拆开外壳，用万用表通断挡检查温度熔断器FU是否熔断，若没有熔断，检查开关SB1、SB2是否正常，若不正常，维修或更换即可；若SB1、SB2正常，检查温控器ST和线路。若FU熔断，说明有过流现象，用万用表通断挡检查触点K1－2是否粘连，若粘连，更换即可，若K1－2正常，检查ST即可。

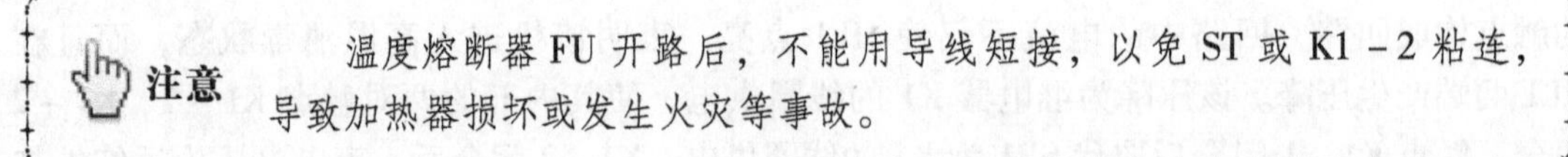

温度熔断器FU开路后，不能用导线短接，以免ST或K1－2粘连，导致加热器损坏或发生火灾等事故。

(2) 不能臭氧消毒

不能臭氧消毒说明臭氧放电管或其供电系统异常。

首先，检查臭氧消毒指示灯HL2是否点亮，若未点亮，说明SB3异常；若点亮，检查臭氧放电管是否正常，若不正常，更换即可；若正常，用万用表二极管挡或R×1挡检查晶闸管VS是否正常，若不正常，更换即可；若正常，检查电容C1、C2是否正常，若不正常，更换即可；如正常，检查R1和变压器T。

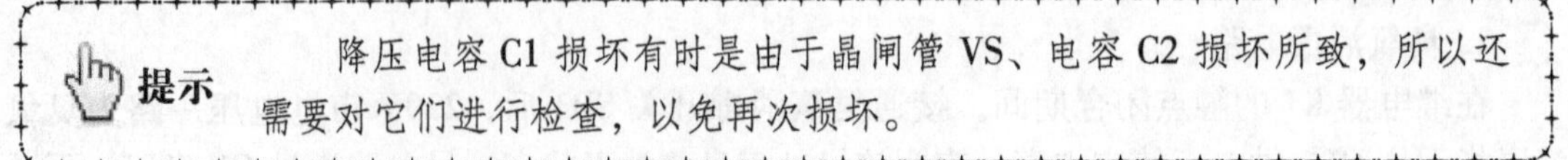

降压电容C1损坏有时是由于晶闸管VS、电容C2损坏所致，所以还需要对它们进行检查，以免再次损坏。

(3) 臭氧消毒效果差

臭氧消毒效果差主要是由于臭氧放电管老化或其供电电压低所致。

首先，检查臭氧放电管是否老化，若老化，更换即可；若正常，检查降压电容 C1 是否电容量不足，若是，更换即可；若正常，检查晶闸管 VS，若不正常，更换即可；如正常，检查谐振电容 C2 和高压变压器 T。

（4）高温消毒时温度低、加热时间长

该故障多因一根远红外加热管损坏，导致加热功率不足而引起。怀疑远红外加热管异常时，通过测量它有无供电或阻值是否正常就可以确认。

第二节　用万用表检修普通电动类小家电从入门到精通

一、手动/自动控制型吸油烟机 

下面以老板 YP6－8 型吸油烟机为例，介绍用万用表检修手动/自动控制型吸油烟机故障的方法与技巧。老板 YP6－8 型吸油烟机电路由电动机、照明灯、控制电路等构成，如图 10-7 所示。

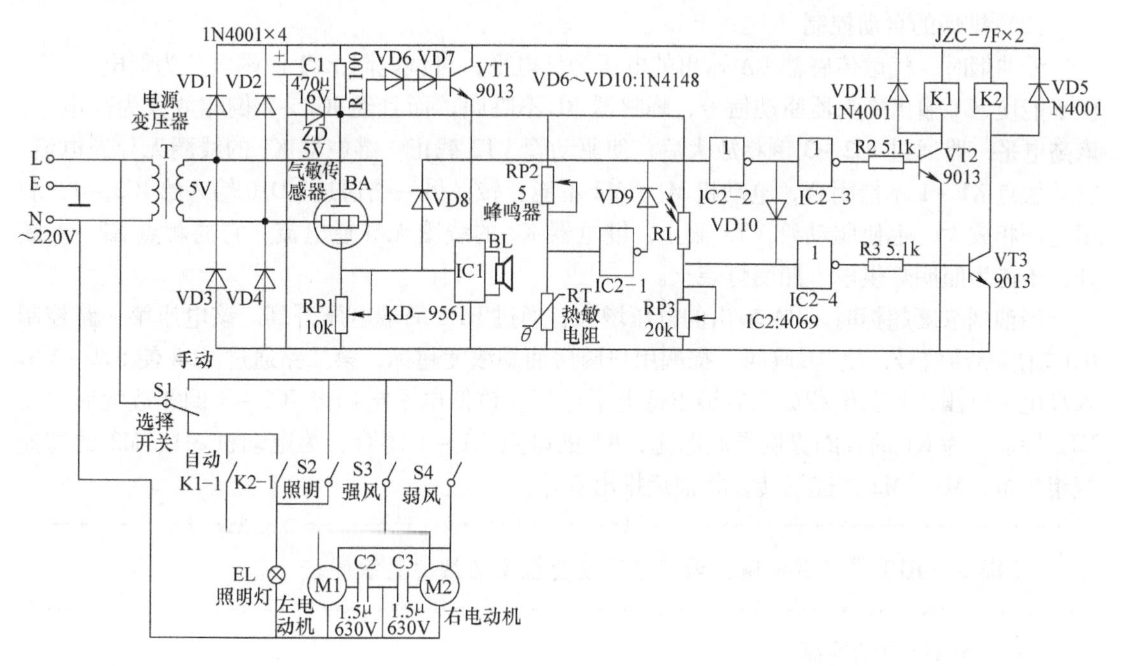

图 10-7　老板 YP6－8 型手动/自动控制型吸油烟机电路

1. 特点

该机不仅具有手动控制功能，还具有自动控制功能，用户采用何种操作方式，由转换开关 S1 进行控制。当 S 接通手动位置时，电动机运转方式和照明灯由按键 S2～S4 控制；当 S1 接通自动位置时，电动机和照明灯由芯片 IC2、气敏传感器、光敏电阻等构成的自动控制电路进行控制。

2. 手动控制电路

（1）电动机控制

按下弱风键 S4 时，接通左风道风机电动机 M1、右风道风机电动机 M2 的低风速端子的供电回路，在运行电容 C2、C3 的配合下，M1、M2 开始低速运转，进行排污；当按下高风速键 S3 时，接通 M1 和 M2 的高风速端子的供电回路，在 C2 和 C3 的配合下，M1、M2 开始高速运转。

（2）照明灯控制

按下照明灯按键 S2 时，接通照明灯 EL 的供电回路，EL 开始点亮，实现手动照明功能。

3. 自动控制电路

该机的自动控制电路由电源电路、气敏检测电路、温度检测电路、亮度检测电路构成。下面分别介绍。

（1）电源电路

该机输入的 220V 市电电压经变压器 T 降压，产生 5V（与市电电压高低成正比）左右的交流电压，再通过 VD1 ~ VD4 构成的全桥整流堆整流，C1 滤波产生 7V 左右的直流电压。该电压第一路为继电器 K1、K2 的线圈及其控制电路供电；第二路经 R1 限流，ZD 稳压产生 5V 电压。5V 电压除了为气敏传感器供电，还经 VD6、VD7 和 VT1 组成的稳压电路输出 3.6V 左右的电压，为蜂鸣器电路供电。

（2）排烟的自动控制

无油烟时，气敏传感器 BA 输出的电压为低电平，可调电阻 RP1 两端电位为低电平，不仅不能使 IC1 输出蜂鸣器驱动信号，蜂鸣器 BL 不鸣叫，而且经 IC2 - 2 倒相放大为高电平。该高电平一路通过 IC2 - 3 倒相放大后，使驱动管 VT2 截止，继电器 K1 的线圈无导通电流，它的触点 K1 - 1 不能闭合，电动机 M1、M2 不能运转；另一路通过 VD10 输入给 IC2 - 4，利用它倒相放大，也使驱动管 VT3 截止，继电器 K2 的线圈无导通电流，它的触点 K2 - 1 断开，不能为照明灯供电，照明灯熄灭。

当油烟浓度超标时，BA 输出的电压增大，通过 RP1 两端电压升高。该电压第一路控制 IC1 输出驱动信号，使 BL 鸣叫，提醒用户厨房油烟浓度超标；第二路通过 VD8 使 IC2 - 2 输入高电平电压，经其倒相放大后输出低电平电压。该低电平电压经 IC2 - 3 倒相放大后，使 VT2 导通，为 K1 的线圈提供导通电流，K1 的触点 K1 - 1 闭合，为电动机 M1、M2 的高速绕组供电，M1、M2 高速运转，将油烟排出室外。

提示 RP1 是可调电阻，调节它可改变检测油烟的灵敏度。

（3）照明灯自动控制

厨房内的光线较亮时，光敏电阻 RL 的阻值较小，5V 电压经 RL 与 RP3 取样后的电压较大，利用 IC2 - 4 倒相放大后变为低电平，使驱动管 VT3 截止，继电器 K2 的触点 K2 - 1 断开，照明灯 EL 因无供电而未点亮。厨房内的光线较暗时，RL 的阻值变大，5V 电压经 RL 与 RP3 取样后的电压较小，利用 IC2 - 4 倒相放大后变为高电平，使驱动管 VT3 导通，如上所述，K2 的触点 K2 - 1 闭合，EL 获得供电后开始点亮。这样，通过 RL 对光线的检测，就可以实现照明灯的自动控制。

提示 RP3 是可调电阻，调节它可改变检测光线的灵敏度。

（4）排热的自动控制

当厨房内的热量较低时，负温度系数热敏电阻 RT 的阻值较大，5V 电压经 RP2 与 RT 取样后的电压较高，利用 IC2－1 倒相放大变为低电平，为 IC2－2 提供的电压为低电平，如上所述，电动机 M1、M2 不运转。当热量较高时，RT 的阻值较小，5V 电压经 RP2 与 RT 取样后的电压较低，利用 IC2－1 倒相放大变为高电平，再利用 IC2－2 倒相放大变为低电平，如上所述，电动机 M1、M2 运转，将厨房内的热量。

 **提示** RP2 是可调电阻，调节它可改变检测热量的灵敏度。

4. 常见故障检修

（1）手动、自动都不工作

手动、自动都不工作说明供电电路或开关 S1 异常。

首先，用万用表交流电压挡测量插座有无 220V 左右的交流电压，若没有，检查市电插座和线路；若市电正常，说明开关 S1 或其所接线路异常。

（2）手动正常，自动不工作

手动正常，自动不工作的故障原因：一是转换开关 S1 异常；二是电源电路异常；三是芯片 IC2 异常。

首先，检查转换开关 S1 及其连线是否正常，若异常，维修或更换即可；若正常，检查稳压器 ZD 两端 5V 电压是否正常，若正常，检查芯片 IC2；若不正常，检查电源电路。此时，测变压器 T1 的二次绕组有无 5V 左右的交流电压输出，若有，检查 ZD、C1、R1；若 T1 没有 5V 电压输出，检查 T1。

（3）电动机不能低速运转

若两个电动机都不能低速运转，说明弱风操作键 S4 异常；若一个电动机不能低速运转，说明电动机的供电线路异常。

（4）照明灯亮，两个电动机不能高速运转

照明灯亮，两个电动机都不能高速运转的原因：一是强风操作键 S3 异常；二是电动机自动控制电路异常。

若自动正常，手动不转，说明按键 S3 或其连线异常；若手动正常，但自动不转，说明控制电路异常。控制电路异常还会分三种情况：第一种是高温时电动机转动，油烟大时不转动；二是油烟大时转动，高温时不转动；三是油烟大和高温时都不转动。下面分别介绍。

高温时运转，油烟大时不运转，说明气敏传感器 BA、可调电阻 RP1 或 VD8 异常。此时，若蜂鸣器鸣叫，说明 VD8 异常；若不鸣叫，说明 BA 或 RP1 异常。

油烟大时运转，高温时不运转，说明热敏电阻 RT、可调电阻 RP2 或IC2－1 异常。此时，测 IC2－1 的输入端是否输入低电平，若不是，检查 RP2 阻值减小，RT 是否阻值增大；若 IC2－1 输入的电压正常，检查 IC2－1。

油烟较大且温度较高时，电动机不转，说明 IC2－2 与继电器 K1 之间电路异常。此时，测驱动管 VT2 的 b 极有无 0.7V 的导通电压，若有，检查 VT2 和继电器 K1；若没有，测 IC2－3 能否输出高电平电压，若不能，检查 IC2；若能，检查 R2 和 VT2。

> **提示** 气敏传感器BA工作异常时。首先，查看监控器传感器表面是否油污过多，若是，清理后即可排除故障；若比较干净，测它的供电是否正常，若不正常，查它的供电电路；若供电正常，则维修或更换气敏传感器。

（5）一个电动机不能高速运转

一个电动机不能高速运转的原因主要有两个：一是电动机的起动电容电容量不足；二是电动机的高速运转端子连线异常。

（6）电动机运转，但照明灯不亮

电动机运转，照明灯不亮的故障主要有三种情况：一是照明灯损坏；二是操作键S2异常；三是照明灯自动控制电路异常。

首先，若手动、自动时照明灯都不亮，应检查照明灯及其所接线路；若自动正常，手动不亮，说明按键S2或其连线异常；若手动正常，但自动不亮，说明控制电路异常。此时，用万用表直流电压挡测驱动管VT3的b极有无0.7V的导通电压，若有，检查VT3和继电器K2；若没有，测IC2－4的输入端能否输入低电平电压，若不能，检查光敏电阻RL阻值能否减小，可调电阻RP3阻值是否增大；若IC2－4输入的是低电平电压，而它不能输出高电平电压，检查IC2－4；若能输出高电平电压，检查VT3的be结是否击穿，R3阻值是否增大。

（7）噪声大

该故障主要原因有三个：第一个是悬吊装置松动；第二个是风扇叶松动；第三个是电动机轴承缺油异常。前两个原因通过查看就可以确认，第三个原因通过拨动风扇叶就可以确认。

（8）蜂鸣器BL不能鸣叫

蜂鸣器BL不能鸣叫，说明BL或其驱动电路异常。首先，用R×1挡或1节电池检查蜂鸣器能否发出“咔咔”声，能发出正常，若不能，维修或更换BL；若能，检查IC1的供电是否正常，若正常，检查IC1；若供电异常，测VT1的b极电压是否正常，若不正常，检查VD6、VD7；若它们正常，检查VT1。

二、吸尘器 ★

下面以快乐VW－100G型吸尘器电路为例，介绍用万用表检修吸尘器故障的方法与技巧。该吸尘器电路由控制电路、显示电路、电动机三部分组成，如图10-8所示。

1. 电源电路

接通电源开关S1，220V市电电压经温度熔断器输入后，不仅通过双向晶闸管为电动机供电，而且加到变压器T1的一次绕组上，利用它降压输出9V左右的交流电压。该电压通过VP2～VP5桥式整流，第一路通过R2、R3分压限流，加到IC1（NE555）的②脚，确保IC1的③脚输出市电过零触发信号，使BCR在市电过零处导通，以免它在导通瞬间因功耗大而损坏；第二路经R4限流，使LED1发光，表明电源已工作；第三路经VD6整流，C3滤波产生10V左右的直流电压。该直流电压第一路通过R4加到IC2（LM324）的④脚，为IC2供电；第二路加到IC1的⑧、④脚，不仅为它供电，而且为它的复位端提供高电平控制信

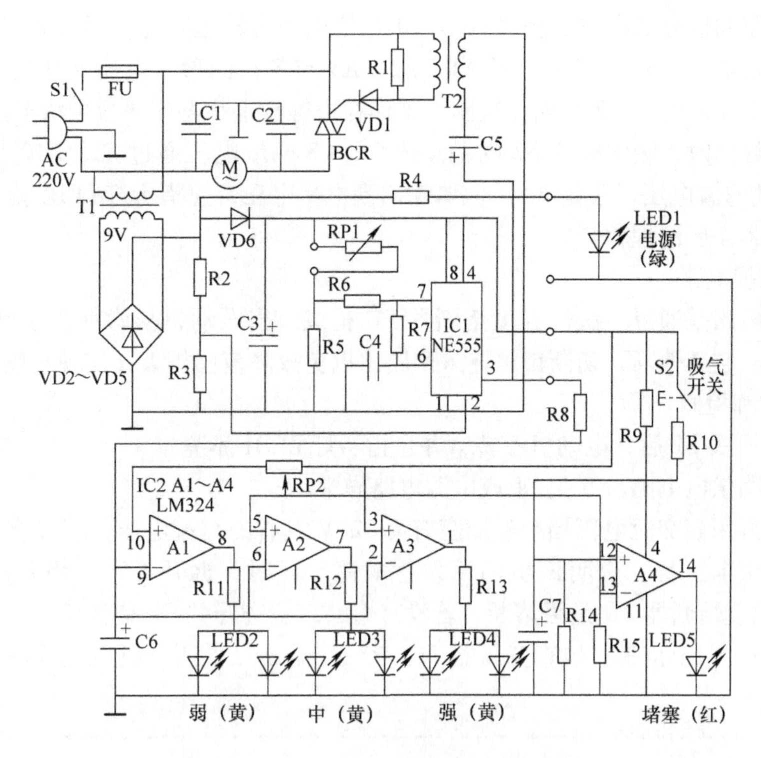

图 10-8　快乐 VW－100G 型吸尘器电路

号，使 IC1 能够工作在触发状态；第三路为 IC2 提供参考电压。

2. 触发信号形成电路

当 IC1（NE555）的②脚输入的市电过零信号不足 V_{CC} 的 1/3 时，NE555 的③脚可以输出高电平触发电压，该电压通过 C5 和 T2 耦合，使双向晶闸管 BCR 导通，为电动机 M 供电，M 开始旋转，进行吸尘。同时，C3 两端电压通过手柄内的转速调整电位器 RP1、R5 分压后，再利用 R5、R7 对 C4 充电。C4 两端电压不足 $2V_{CC}/3$ 时，NE555 的③脚仍输出触发信号，一旦 C4 两端电压达到 $2V_{CC}/3$ 时，NE555 的③脚输出低电平电压，BCR 过零阻断，使 M 停转，吸尘结束。

通过调整手柄内的 RP1，可改变 C4 的充电速度，也就可以改变 BCR 的导通程度。BCR 的输出电压与其导通程度成正比。当 BCR 输出电压增大后，电动机转速加快，反之相反。这样，通过调整 RP1 就可以改变电动机转速，也就调整了吸尘器的吸力大小。

3. 吸尘强度/堵塞指示电路

吸尘强度/堵塞指示电路由一块四运放芯片 IC2（LM324）和指示灯 LED2～LED5 等元器件组成。9V 直流电压经 R9、RP2 分别接到 IC2 的③、⑤、⑩脚，为 A1、A2、A3 的同相输入端提供参考电压，而 A1、A2、A3 的反相输入端输入的比较电压是来自 IC1 的③脚。

通过 RP1 设置为强吸尘状态时，IC1 的③脚输出的驱动信号的占空比较大，不仅使电动机转速最快，而且经 R8、C6 低通滤波产生的比较电压较高，再经 A1、A2、A3 与参考电压比较后，使 A1、A2 输出低电平电压，A3 输出高电平电压，致使 LED2 和 LED3 不发光，LED4 发光，表明它工作在强吸尘状态。同理，通过 RP1 设置为中度或弱吸尘状态时，IC1

的③脚输出的驱动信号的占空比相应减小，不仅使电动机转速降低，而且利用R8、C6低通滤波产生的比较电压也相应降低，经A1、A2、A3与各自的参考电压比较后，输出供电电压，使指示灯LED3或LED2发光，表明它工作在中等吸尘状态或弱吸尘状态。

当吸尘器堵塞时，吸气开关S2的触点闭合，C3两端电压通过S2、R10与R14取样后电压超过A4的⑫脚电压，于是A4的⑭脚输出高电平电压，使指示灯LED5点亮，表明该机处于堵塞状态，需要清理积尘。

4. 过热保护电路

过热保护电路是通过一次性温度熔断器FU构成。当电动机异常使温度升高，达到FU的标称温度后，它就熔断，切断市电输入回路，以免故障范围扩大，实现过热保护。

5. 常见故障检修

（1）接通开关S1后，电动机不转，并且指示灯LED1不亮

该故障说明供电电路、开关S1或电源电路异常。

首先，用万用表交流电压挡测量插座有无220V左右的交流电压，若没有，检查市电插座和线路；若市电正常，说明该机内部发生故障。此时，拆开外壳，用万用表通断挡或R×1挡检查温度熔断器FU是否熔断，若没有熔断，检查开关S1是否正常，若不正常，维修或更换即可；若S1正常，检查变压器T1。若FU熔断，说明有过电流现象，检查电动机及其供电电路。

注意 温度熔断器FU开路后，不能用导线短接，以免电动机异常而扩大故障。

（2）指示灯LED1，电动机不运转

LED发光，说明电源电路基本正常，而电动机不转，说明电动机供电电路异常或触发脉冲形成电路异常。此时，可以根据吸尘强度指示灯判断故障部位，若吸尘强度指示灯发光，说明C5、BCR、T2和VD1异常；若不能发光，测IC1的②脚有无交流电压输入，若没有，检查R2；若有，检查RP1、C4、R7和IC1。

（3）电动机转速过快

该故障的主要原因：一是双向晶闸管BCR击穿；二是电容C4的电容量不足或开路；三是电位器RP1异常；四是IC1异常。

BCR是否正常，在路测量就可以确认；怀疑C4异常时，可在电路板背面相应的位置并联一只相同的电容，若恢复正常，则说明C4异常。若它们正常，则检查电位器RP1和IC1。

（4）电动机转速慢

该故障的主要原因有两个：一是市电电压低；二是双向晶闸管BCR输出电压低。

首先，检测插座的市电电压是否不足，若是，待市电恢复正常后使用或检修插座。确认市电正常后，测C4两端电压是否正常；若不正常，检查R2、电位器RP1是否阻值增大，C4是否漏电；若C4两端电压正常，测BCR的G极输入的触发电压是否正常，若正常，检查BCR；若不正常，更换IC1（NE555）。

三、按摩器 

下面以千越QY150A型滚动按摩器为例，介绍用万用表检修电动按摩器故障的方法与技

巧。该电路由电动机供电电路、调速电路、转向控制电路构成，如图 10-9 所示。

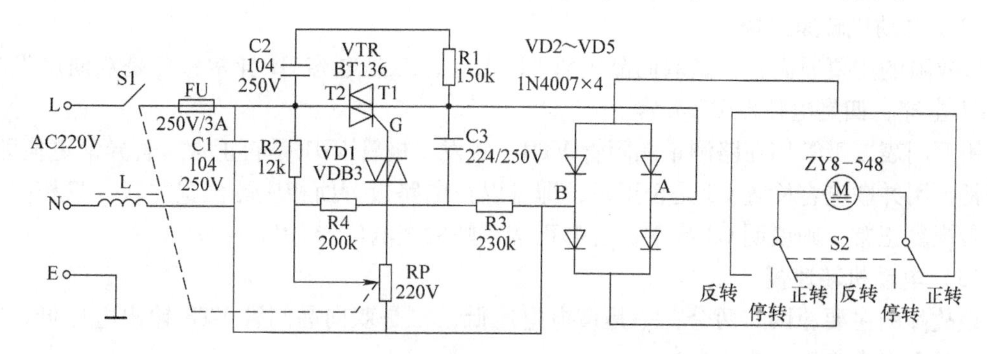

图 10-9　千越 QY150A 型滚动按摩器电路

1. 电动机供电电路

该电路由直流电动机 M、切换开关 S2、电源开关 S1、电位器 RP、整流管 VD2 ~ VD5、双向晶闸管 VTR、双向触发二极管 VD1 等构成。

接通电源开关 S1，220V 市电电压通过熔断器 FU 输入后，经 L 和 C1 组成的高频滤波器滤除市电内的高频干扰脉冲，以免导致双向晶闸管 VTR 误导通。经滤波后的市电电压一路加到 VTR 的 T2 极，为其供电；另一路通过 R2、R4、电位器 RP 为 C3 充电，在 C3 两端产生触发电压。该触发电压达到双向触发二极管 VD1 的转折电压后 VD1 导通，为 VTR 的 G 极提供触发电压，使 VTR 导通。VTR 导通后，从 T1 极输出的电压经 VD2 ~ VD5 桥式整流产生脉动直流电压，再经开关 S2 输出到电动机 M 的绕组后，M 开始旋转。

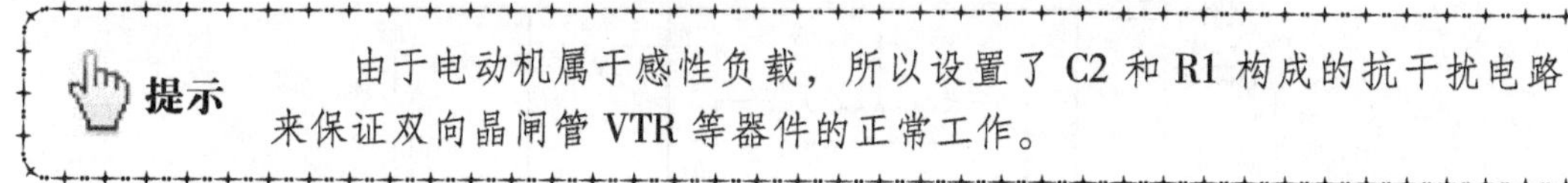
提示　由于电动机属于感性负载，所以设置了 C2 和 R1 构成的抗干扰电路来保证双向晶闸管 VTR 等器件的正常工作。

2. 调速电路

调整电位器 RP 可改变 C3 的充电速度，C3 充电速度越快，双向晶闸管 VTR 的导通角越大。VTR 的导通程度越大，为电动机 M 的绕组提供的电压越高，它的转速就越快。若 C3 充电速度变慢，VTR 导通程度减小，电动机转速就会变慢。

3. 转向控制电路

通过切换开关 S2 改变电动机 M 的供电极性，就可以改变 M 的旋转方向。

4. 常见故障检修

（1）电动机不运转

该故障的主要原因：一是电源开关 S1 开路，二是 C1 击穿或漏电异常，三是双向晶闸管 VTR 或其触发电路异常，四是切换开关 S2 异常，五是电动机 M 异常。

首先，用万用表通断挡或 R×1 挡检查熔断器 FU 是否熔断，若熔断，用通断挡检查 C1 是否击穿，若击穿更换即可；若 C1 正常，用万用表电阻挡检查电动机绕组是否正常，若不正常，更换即可；若正常，更换 FU。若 FU 正常，用万用表电压挡测电动机两端有无直流电压输入，若有，检查电动机；若没有，查 S2 是否正常，若不正常，更换即可；若正常，查 VTR 及其触发电路。此时，测 VTR 的 G 极有无正常的触发电压输入，若有，说明 VTR

异常；若无，查 R2、RP、VD1 是否开路，C3 是否漏电。

（2）电动机转速过快

该故障的主要原因：一是双向晶闸管 TR 击穿；二是电容 C3 异常；三是双向触发二极管 VD1 击穿；四是电位器 RP 异常。

用万用表二极管挡在路测量晶闸管 VTR、触发二极管 VD1 是否正常，若异常更换即可；若正常，用并联电容检查 C3 是否正常，即可以在电路板背面相应的位置并联一只相同的电容，若恢复正常，则说明 C3 异常。若都正常，则检查电位器 RP。

（3）电动机转速慢

该故障的主要原因有两个：一是市电电压低，二是双向晶闸管 VTR 输出电压低，三是 VD2 ~ VD5 构成的整流堆异常。

首先，用万用表交流电压挡检测插座的市电电压是否不足，若是，待市电恢复正常或检修插座。确认市电正常后，测 TR 输出的电压能否在 60 ~ 120V 间变化，若能，查 VD2 ~ VD5 和 S2；若变化异常，测 VTR 的 G 极输入的电压是否正常，若正常，查 VTR；若不正常，查 RP、R2、C3 和 VD1。

四、剃须刀 

下面以 RSCW－307 型充电式剃须刀为例，介绍用万用表检修充电式剃须刀电路故障的方法与技巧。该剃须刀电路主要由电动机、电动机供电电路、充电电路构成，如图 10-10 所示。

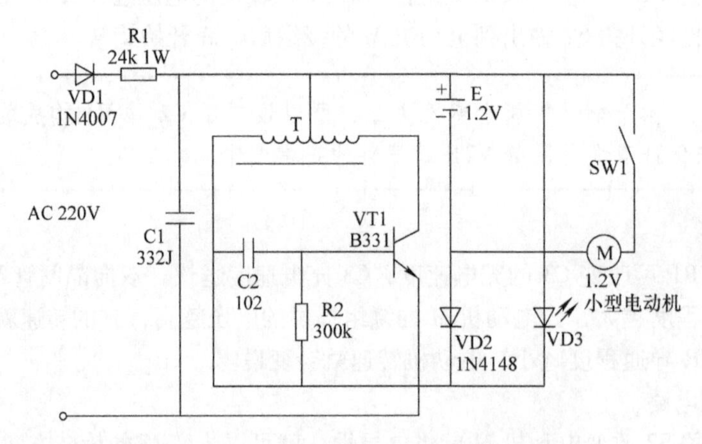

图 10-10　RSCW－307 型充电式剃须刀电路

1. 电动机供电电路

电动机供电电路比较简单，由电池和开关 SW1 构成。接通 SW1 后，电池存储的 1.2V 电压通过 SW1 为电动机供电，电动机旋转。断开 SW1 后，电动机停转。

2. 充电电路

充电电路由整流管 VD1、限流电阻 R1、滤波电容 C1、开关变压器 T、振荡管 VT1、启动电阻 R2、正反馈电容 C2 构成。

需要充电时，输入的 220V 市电电压经 VD1 半波整流、R1 限流、C1 滤波产生 100V 左右的直流电压。该电压不仅通过脉冲变压器 T 的一次绕组加到振荡管 VT1 的 c 极，而且通过正反馈绕组和 R2 为 VT1 的 b 极提供导通偏置电压，使 VT1 导通。VT1 导通后，它的 c 极电流使一次绕组产生左正、右负的电动势，致使正反馈绕组产生右负、左正的电动势，该电动势通过 C2 耦合到 VT1 的 b 极，使 VT1 因正反馈过程迅速饱和导通。VT1 饱和导通后，流过一次绕组的电流不再增大，因电感的电流不能突变，所以一次绕组通过自感产生反相电动势，使正反馈绕组相应产生反相的电动势，致使 VT1 因 be 结反偏置而迅速截止。VT1 截止后，T 的正反馈绕组产生右正、左负的电动势，不仅使 VD3 发光，表明剃须刀处于充电状态，而且通过 VD2 整流后为电池充电。随着充电的不断进行，T 的各个绕组的电流减小，于是它们再次产生反相电动势，如上所述，VT1 再次导通，重复以上过程，VT1 工作在振荡状态，T 就会不断地输出脉冲电压，满足电池充电的需要。

3. 常见故障检修

（1）电动机不能运转

该故障的主要原因：一是电池没电；二是开关 SW1 开路；三是电动机异常。

将剃须刀插入市电插座，并且指示灯 VD3 发光，接通 SW1 后电动机能否运转，若能，说明电池异常；若不能，说明电动机或其供电电路异常。用万用表通断挡或 R×1 电阻挡测量开关 SW1 触点是否正常，若不正常，更换即可；若 SW1 正常，说明电动机或线路异常。

（2）不能充电

该故障的主要原因：一是整流、滤波电路异常；二是振荡器异常。

首先，用万用表电压挡测滤波电容 C1 两端电压是否正常。若电压过低，用电阻挡检查 R1 是否阻值增大，若增大，还应检查 C1、VD1、VT1 是否击穿；若 R1 正常，检查 VD1 是否导通电阻大或 C1 开路。若 C1 两端电压正常，测 VT1 的 b 极有无起动电压，若无起动电压，检查 R2、VT1；若有，检查 VD2、C2 和开关变压器 T。

五、食品加工机 

下面以飞利浦 HR－2736 型食品加工机为例，介绍用万用表检修食品加工机故障的方法与技巧。该电路由电源开关 S、电动机 M、双向晶闸管 VS、电位器 RP 等构成，如图 10-11 所示。

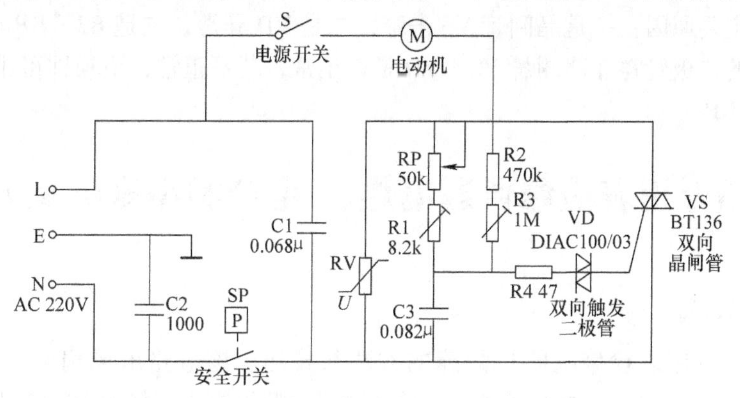

图 10-11 飞利浦 HR－2736 型食品加工机电路

1. 供电电路

将杯体旋转到位后，安全开关 SP 的触点接通，市电电压经 C1 滤波后，输入到机内电路，再按下电源开关S，220V市电电压通过开关S、电动机不仅加到双向晶闸管VS的一个阳极，而且经调速电位器RP、R1～R3向电容C3充电，在C3两端建立电压。当C3两端电压达到双向触发二极管VD的导通电压时其导通，进而触发双向晶闸管VS导通，接通电动机的供电回路，使电动机旋转，带动机械系统对食品进行粉碎加工。

2. 变速控制电路

该机的变速控制电路由双向晶闸管、双向触发二极管、电位器RP等构成。调整RP改变RC的充电速率，而VD的导通电压是恒定的，所以可改变它的触发时刻，从而改变VS的导通角大小，也就可以改变电动机供电电压的大小，从而实现对电动机两端电压的调整。电压高时，电动机转速快；电压低时，电动机转速慢。

3. 常见故障检修

（1）电动机不能运转

该故障的主要原因：一是供电线路异常，二是电源开关S或安全开关SP开路，三是VS等构成的电动机供电电路异常，四是电动机M异常。

首先，用万用表测插座有无220V市电电压，若没有或不正常，检修插座；若正常，接着测量加工机电源线插头有无电压输出，若没有，说明电源线异常；若有，说明加工机内部异常。拆开机壳，用万用表交流电压挡测电动机两端有无供电，若有，说明电动机异常；若没有，说明电动机供电电路异常。此时，用万用表通断测量挡检查S、SP是否开路，若开路，更换即可排除故障；若正常，检查C3两端电压是否正常，若正常，检查VD和VS；若不正常，检查RP、R1和C3。

（2）电动机转速调整范围窄

该故障的主要原因：一是VS异常，二是R1、RP阻值增大，三是C3、VD异常。

调整RP时，测VS的G极输入的电压是否正常，若正常，检查VS；若不正常，测C3两端电压是否正常，若正常，检查双向触发二极管VD；若不正常，检查R1、RP是否阻值增大、C3是否漏电或电容量不足。

（3）电动机转速过快

该故障的主要原因：一是晶闸管VS击穿，二是VD异常，三是R3、RP异常。

用万用表的二极管挡在路测量VS、VD是否正常，若不正常，更换即可排除故障；若正常，检查R3、RP。

第三节 用万用表检修普通电热、电动类小家电从入门到精通

一、电吹风 

下面介绍用万用表检修电吹风故障的方法与技巧。该电路由风扇电动机M、加热器EH、整流管VD1～VD4、转换开关S1、过热保护器ST等构成，如图10-12所示。

1. 高温控制

将开关S1拨到位置3后，市电电压一路通过S1－2的③脚、过热保护器S2为加热器EH供电，使EH开始全功率加热；另一路通过S1－1的③脚输入到电动机供电电路，通过R2限流，再通过VD1～VD4桥式整流产生脉动直流电压，为电动机供电，电动机开始旋转。

在此模式下，由于EH工作在全功率加热状态，所以电吹风吹出温度最高的热风。

2. 中温控制

将开关S1拨到位置4后，市电电压一路通过S1－2的④脚输入到二极管VD5正极，经其半波整流后，为加热器EH供电，使EH以半功率方式加热；另一路通过S1－1的④、③脚接通整流电路，如上所述，电动机开始旋转。此模式下，由于加热器工作在中功率加热状态，所以电吹风吹出的热风是中温的。

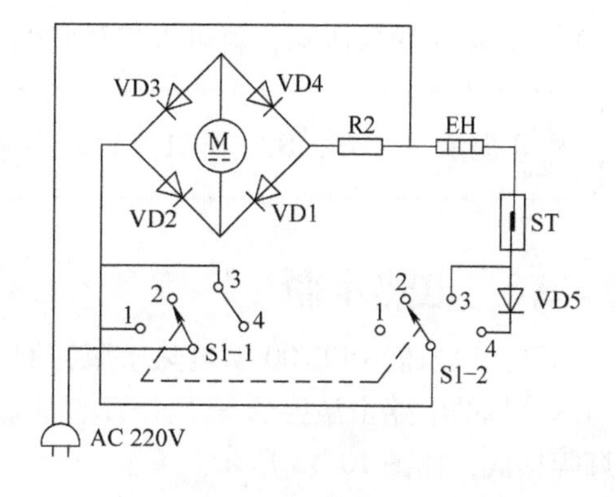

图10-12　典型的电吹风电路

3. 冷风控制

将开关S1拨到位置1后，不能接通加热器电路，但通过S1－1的①脚接通电动机供电电路。此时，市电电压通过R2限流，再通过VD1～VD4桥式整流产生脉动直流电压，为电动机供电，使其旋转。在此模式下，由于加热器不工作，所以电吹风吹出的是冷风。

4. 关闭控制

将开关S1拨到位置2后，不能接通电动机供电电路，也不能接通加热器电路，该机处于关闭状态。

5. 过热保护

为了防止风扇电动机或其供电电路异常，导致其不能旋转或旋转异常导致加热器或外壳等部件过热损坏，新型电吹风都设置了过热保护电路。该电吹风的保护功能由双金属片型过热保护器ST完成。

当电动机旋转正常时，加热器EH产生的热量被吹出，ST检测到的温度较低，它的触点闭合。当电动机旋转异常或不转时，EH产生的温度不能被吹出，电吹风内的温度急剧升高，被ST检测后，它的双金属片变形使其触点断开，切断EH的供电回路，EH停止加热，实现过热保护。

6. 常见故障检修

（1）只能吹出冷风，不能吹热风

该故障的主要原因：一是加热器EH开路；二是过热保护器ST开路；三是转换开关S1－2损坏。这三个故障原因中EH开路最常见。通过查看或测量阻值就可以确认EH是否开路。

（2）无中温模式

该故障的主要原因：一是切换开关S1－2异常；二是整流管VD5开路。VD5是否正常，用数字万用表的二极管挡在路测量它的导通压降就可以确认；S1－2的是否正常，用万用表通断测量挡在路测量就可以确认。

（3）电动机不转，不久就过热保护

该故障的主要原因：一是整流管VD1～VD4异常；二是电动机异常；三是限流电阻R2开路。

首先，测电动机两端供电电压是否正常，若是，则说明电动机异常；若无电压，在路测

VD1～VD4 的导通压降，就可以确认它们是否正常。R2 很少损坏，若开路，更换即可。

提示 另外，R2、VD1～VD4 异常还会产生电动机转速变慢的故障。

二、电热水瓶 

下面以乐能 DPL700 型电热水瓶为例，介绍用万用表检修电热水瓶电路故障的方法与技巧。该机的电路由温控器 ST1、ST2，加热器 EH1、EH2，温度熔断器 FU，电动机 M，指示灯等构成，如图 10-13 所示。

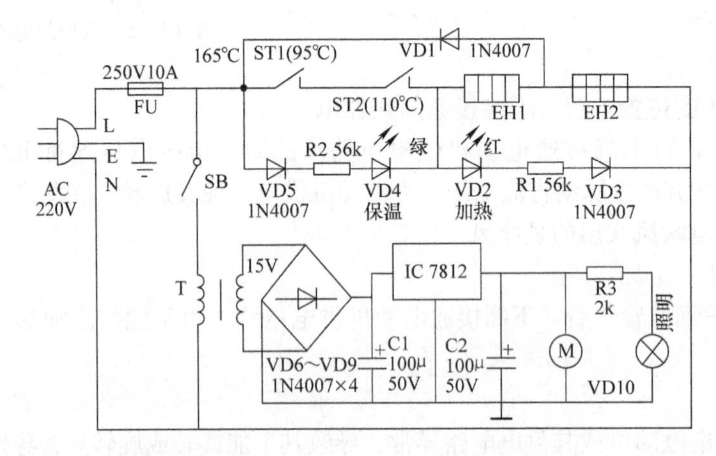

图 10-13 乐能 DPL700 型电热水瓶电路

1. 烧水、保温电路

该电热水瓶通电后，220V 市电电压经温度熔断器 FU 输入后，第一路经温控器 ST1、ST2 输入到主加热器 EH1、副加热器 EH2 的两端，使它们开始加热；第二路经 R1 限流，VD3 半波整流，使加热指示灯 VD2 发光，表明电热水瓶处于烧水状态。当水烧开并被 ST1 检测后，使其触点断开，切断 EH1 和 EH2 的供电回路，使它们停止工作，烧水结束，市电电压经 VD1 半波整流，为保温加热器 EH2 供电，该电热水瓶进入保温状态。保温期间，市电电压通过 VD5、R2、保温指示灯 VD4、EH1、EH2 构成的回路使 VD4 发光，表明电热水瓶处于保温状态。保温期间，由于回路中的电流较小，EH1 不会加热，仅 EH2 加热。

2. 出水电路

出水电路由出水开关 SB、12V 电源电路、12V 电动机电路构成。

当按下出水开关 SB 后，市电电压经变压器 T 降压后输出 15V 左右的交流电压，利用 VD6～VD9 整流、C1 滤波产生的直流电压，再经 IC7812 三端稳压器稳压输出 12V 直流电压，该电压经 C2 滤波后，不仅经 R3 限流，使照明灯点亮，便于接水，而且为电动机 M 供电，使其运转，带动水泵将水输送到出水口，完成出水任务。

3. 过热保护电路

过热保护功能由过热保护器（温控器）ST2 完成。当温控器 ST1 的触点粘连，使加热器 EH1、EH2 加热时间过长，导致加热温度达到 110℃后，ST2 的触点断开，切断市电输入回路，加热器停止加热，实现过热保护。

该电热水瓶为了防止过热保护器 ST2 异常不能实现过热保护功能，还设置了一次性温度熔断器 FU。当温控器 ST1 的触点粘连使加热器加热时间过长，并且在 ST2 失效的情况下，导致加热温度达到 FU 的标称值后其熔断，切断市电输入回路，加热器停止加热，实现过热保护。

4. 常见故障检修

（1）不加热、指示灯不亮

该故障的原因主要有三个：一是市电供电电路异常；二是温度熔断器 FU 开路；三是主加热器 EH1 开路。

首先，用万用表交流电压挡检查电源线和电源插座是否正常，若不正常，检修或更换；若正常，说明电热水瓶异常。拆开它的外壳后，用万用表通断测量挡测量 FU，用电阻挡测量 EH1、EH2 的阻值就可以确认它们是否正常。如果 FU 开路，应检查温控器 ST1、ST2 是否异常。如果 ST1 异常，更换即可；如果正常，更换 FU 即可。

（2）烧水指示灯亮，加热慢

该故障的原因主要有：一个是温控器 ST1、ST2 异常，导致加热器的加热时间短；二是整流管 VD1 击穿，导致 EH1 被短路，不能加热；三是主加热器 EH1 开路或其连线异常，使 EH1 不工作。EH1 不工作后，仅由功率小的副加热器 EH2 加热，所以加热慢。该故障比较好检修，只要测量 EH1、VD1 的电阻值就可以判断它们是否正常，而 ST1、ST2 可以通过短接法判断，若短接其一，水可以烧开，则说明被短接的温控器异常，更换即可。

（3）不能出水

该故障的原因主要有：一是供电线路异常；二是 12V 直流电动机异常。测量电动机两端供电正常时，则说明电动机异常；若供电异常，检查电源电路。此时，测 C1 两端电压是否正常，若正常，检查 IC7812；若不正常，检查 T 和 C1。

第四节　用万用表检修照明类小家电从入门到精通

照明类小家电也就是利用照明灯工作的小家电，常见的普通照明类小家电产品有台灯、荧光灯、护眼灯、节能灯、应急灯等。

一、节能灯/荧光灯电子镇流器 

下面介绍用万用表检修节能灯/荧光灯电子镇流器故障的方法与技巧。该电路由 300V 供电电路、振荡器构成；如图 10-14 所示。

1. 电路分析

（1）300V 供电电路

接通电源开关 SW1 后，220V 市电电压通过 R0 限流，再经 VD1 ~ VD4 桥式整流，利用 C1、C2 滤波产生 300V 左右的直流电压。C1、C2 两端并联的 R1、R2 是均压电阻，确保 C1、C2 两端电压相等。

（2）振荡电路

300V 电压第一路加到开关管 VT1 的 c 极为其供电；第二路通过 C3、R3、R4 加到开关

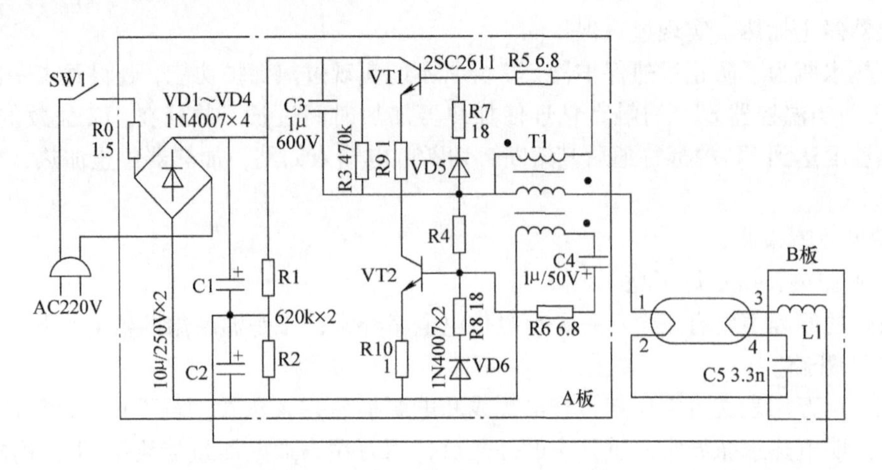

图 10-14　典型的荧光灯电子镇流器电路

管 VT2 的 b 极，使 VT2 导通。VT2 导通后，C2 两端电压通过 L1、灯管的灯丝 2、耦合电容 C5、灯管的灯丝 1、开关变压器 T1 的一次绕组、VT2、R10 构成导通回路，使 T1 的一次绕组产生右正、左负的电动势，于是 T1 的上边二次绕组产生左负、右正的电动势，而它的下边二次绕组产生左负、右正的电动势。上边绕组产生的电动势使 VT1 反偏截止，下边绕组产生的电动势通过 C4、R6 加到 VT2 的 b 极，使 VT2 因正反馈迅速饱和导通。VT2 饱和导通后，流过 T1 一次绕组的电流不再增大，因电感的电流不能突变，所以 T1 的一次绕组通过自感产生左正、右负的反相电动势，致使 T1 的两个二次绕组相应地产生反相电动势。此时，下边二次绕组产生的右负、左正的电动势使 VT2 迅速反偏截止，而上边二次绕组产生的右正、左负电动势通过 R5 加到 VT1 的 b 极，使 VT1 饱和导通。VT1 饱和导通后，C1 两端电压通过 VT1、R9、T1 的一次绕组、灯管的两个灯丝、C5、L1 构成导通回路，使 T1 的一次绕组产生左正、右负的电动势。当 VT1 饱和导通后，导通电流不再增大，于是 T1 的一次绕组再次产生反相电动势，如上所述，VT1 截止、VT2 导通，重复以上过程，振荡器工作在振荡状态，为灯管供电，使其发光。

2. 常见故障检修

(1) 灯管不亮

该故障的主要原因：一是电源开关 SW1 异常；二是整流、滤波电路异常；三是振荡器异常；四是灯管异常；五是电感 L1 或电容 C5 开路。

首先，检查灯管是否正常，若不正常，更换即可排除故障；若正常，检查限流电阻 R0 是否开路。若 R0 开路，则在路检查 C1、C2、VD1 ~ VD4 是否击穿；若它们正常，检查 VT1、VT2、C5 是否击穿。若 R0 正常，测 C1、C2 两端有无 300V 电压，若没有，检查电源开关 SW1；若有，测 VT2 的 b 极有无启动电压；若没有，检查 R3、R4 是否阻值增大，C3、C4 是否电容量不足或开路；若 VT2 的 b 极有启动电压，则检查 VT2、R6 ~ R10、VT1、T1 是否正常，若正常，则检查灯管、C5、L1。

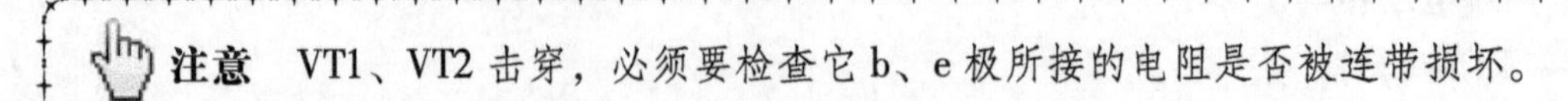
注意　VT1、VT2 击穿，必须要检查它 b、e 极所接的电阻是否被连带损坏。

（2）灯管亮度低

该故障的主要原因：一是灯管老化；二是 C4、C5 电容量不足；三是 VT1、VT2 性能下降。

首先，检查灯管是否老化，若老化，更换即可；若灯管正常，检查 C4、C5 是否正常；若异常，更换即可排除故障；若 C4、C5 正常，检查 VT1、VT2。

二、护眼灯 

下面以联创 DF－3028 型护眼台灯为例，介绍用万用表检修专业护眼灯故障的方法与技巧。该电路主要由 300V 供电电路、振荡器构成，如图 10-15 所示。

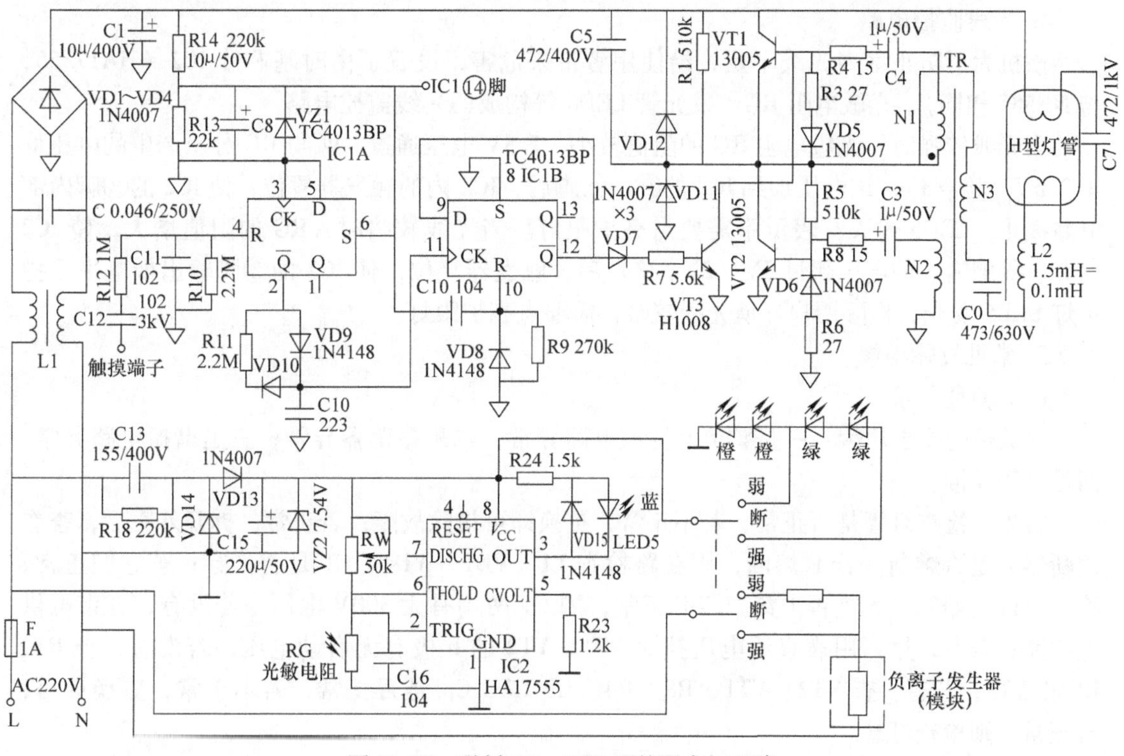

图 10-15 联创 DF－3028 型护眼台灯电路

1. 市电变换电路

通电后，220V 市电电压通过熔断器 F 输入，利用互感器 L1 和电容 C 滤除市电内的高频干扰脉冲后，经 VD1 ~ VD4 构成的整流堆桥式整流，C1 滤波产生 300V 左右的直流电压。该电压不仅为振荡器供电，而且通过 R14、R13 分压限流，C8 滤波，稳压管 VZ1 稳压产生 12V 电压，加到双 D 触发器 IC1（TC4013BP）的⑭脚，为其供电。

 **提示** C8 两端电压在灯管点亮时为 12V，而在灯管熄灭时为 7.5V 左右。

2. 灯管供电电路

灯管供电电路由开关管 VT1、VT2，启动电阻 R1、R5，正反馈电阻 R4、R8，正反馈电容 C3、C4，脉冲变压器 TR（包括 N1、N2、N3 三个绕组）、谐振电容 C0、电感 L2、灯管等构成。该电路将300V直流电压变换为高频的振荡脉冲电压，为两个灯管供电，从而使灯管发光。

3. 触摸式调光电路

触摸式调光电路由双D触发器IC1（TC4013BP）、晶体管VT3、触摸端子等构成。

当用手触摸触摸端子（感应端子）时，人体产生的感应信号通过C12、R12加到IC1的④脚，使IC1内的触发器翻转，从⑨、⑫脚输出控制信号。该信号通过VD7、R7使VT3饱和导通时，将VT1的b极对地短接，VT1停止工作，振荡器无脉冲电压输出，灯管熄灭。当VT3截止使VT1输入的正反馈电压达到最大时，灯管发出的灯光最亮。而灯光的发光强度与VT3的导通程度成反比。

4. 光线监控电路

该机为了防止室内光线不足，给使用者带来危害，设置了由时基芯片IC2（HA17555，与NE555相同）、光敏电阻RG、发光管LED5等构成的光线监控电路。

当光线较强时，光敏电阻RG的阻值较小，7.5V电压通过RW与RG分压产生的电压低于2.5V（$V_{CC}/3$），该电压加到IC2的②、⑥脚后，IC2内的触发器置位，使IC2的③脚内部电路截止，LED5熄灭，表示不需要点亮护眼灯。当光线较暗时，RG的阻值增大，使IC2的②、⑥脚输入的电压超过5V（$2V_{CC}/3$）后，触发器复位，使IC2的③脚输出低电平，指示灯LED5发光，提醒用户环境光线较暗，需要点亮护眼灯。

5. 常见故障检修

（1）灯管不亮

该故障的主要原因：一是整流、滤波电路异常；二是振荡器异常；三是谐振电路异常；四是灯管异常。

首先，检查灯管是否正常，若不正常，更换即可排除故障；若正常，拆开外壳后，查看熔断器F是否熔断，若F熔断，则在路检查L1、VD1～VD4、C1是否击穿；若它们正常，检查VT1、VT2、C5是否击穿。若F正常，测C1两端有无300V电压，若没有，查市电供电线路；若有，用万用表直流电压挡测VT1、VT2的b极有无启动电压，若没有，查R1、R5和VT3；若有，查VT2、VT1、R8、R4、L、C2、C_0是否正常，若不正常，更换即可；若正常，则检查灯管。

注意 VT1、VT2击穿，必须要检查它的b、e极所接的电阻是否被连带损坏。

（2）灯管亮度低

该故障的主要原因：一是灯管老化；二是C0、C7电容量不足；三是VT1、VT2性能下降；四是调光电路异常；五是C1两端电压不足。

首先，查看是否一个灯管亮度低，若是，检查灯管和串联的电容即可。若两个灯管都亮度低，断开VT3的c极后，能否恢复正常，若能，查调光电路；若不能，查C1两端电压是否正常，若低，查VD1～VD4、C1；若正常，查C2～C4是否正常，若不正常，更换即可；若正常，检查VT1、VT2。

（3）不能调光

该故障的主要原因：一是控制管VT3异常；二是IC1组成的控制电路异常。

首先，调光时，测 VT3 的 b 极有无变化的电压输入，若有，查 VT3；若没有，检查 IC1 外接元器件是否正常，若不正常，更换即可；若正常，更换 IC1（TC4013BP）。

（4）光线暗时 LED5 不能发光

该故障的主要原因一是光敏电阻 RG 或可调电阻 RW 异常；二是 IC2（HA17555）异常；三是指示灯 LED5 异常。

首先，在光线较暗时，测 LED5 两端有无导通电压，若有，说明 LED5 异常；若没有，测 IC2 的②、⑥脚电位是否超过供电电压的 2/3，若不是，检查 RG、RW；若是，检查 IC2。IC2 损坏后，可以用 NE555 更换。

三、声光控照明灯 

下面以逸海 SGK－86A 声光控照明灯为例，介绍用万用表检修声光控照明灯电路故障的方法与技巧。该电路主要由电源电路、光线检测放大电路、声音检测放大电路、晶闸管及其触发电路、照明灯构成，如图 10-16 所示。

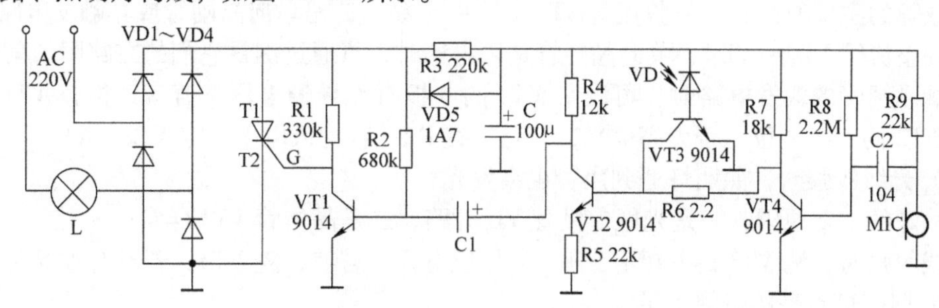

图 10-16　逸海 SGK－86A 声光控照明灯电路

1. 电路分析

（1）电源电路

市电电压通过照明灯 L 输入到 VD1～VD4 构成的桥式整流电路，经整流后产生的脉动直流电压不仅为单向晶闸管供电，而且通过 R3 限流，电容 C 滤波产生 15V 左右的直流电压，为声控电路和光控电路供电。由于该电源产生的电流较小，所以仅有微弱的电流流过照明灯 L，它不会发光。

（2）光控电路

光控电路由光敏二极管 VD、晶体管 VT3 构成。当光线较强时，光敏二极管 VD 的阻值较小，使 VT3 导通，致使 VT2 截止。VT2 截止后，VD1～VD4 输出的电压通过 R2 加到 VT1 的 b 极，使 VT1 导通，单向晶闸管因 G 极没有电压输入而阻断。此时，市电输入回路不能形成大电流，照明灯 L 不能发光，从而避免了 L 在光线较亮时点亮。当光线较暗时，VD 的阻值增大，使 VT2 截止，解除对放大管 VT2 的 b 极电位的控制，VT2 才能进入工作状态。

（3）声控电路

声控电路由驻极体传声器 MIC、电容 C2、放大管 VT4、电阻 R7～R9 构成。

光线较暗时，且有 MIC 接收到一定强度的声音后，MIC 输出低电平脉冲信号，通过 C2 使 VT4 截止，致使 VT2 导通。VT2 导通后，C1 存储的电压通过 VT2、R5 放电，为 VT1 的 be 结提供反偏置电压，使 VT1 截止，单向晶闸管 G 极有触发电压输入，单向晶闸管导通，使照明灯回路形成大电流，该电流将照明灯 L 点亮。

触发的声音消失后，VT4 恢复导通，致使 VT2 截止，但由于 C1 需要充电，使 VT1 维持 1min 左右的截止后导通，使单向晶闸管阻断，照明灯 L 因失去导通电流而熄灭。

2. 常见故障检修

（1）照明灯不亮

该故障的主要原因：一是照明灯损坏，二是光控电路异常，三是声控电路异常，四是单向晶闸管或其触发电路异常，五是电源电路异常。

首先，检查照明灯 L 是否正常，若不正常，更换即可排除故障；若正常，测电容 C 两端电压是否正常。若电压不正常，检查 R3 是否开路、C 是否击穿；若电压正常，测 VT2 的 b 极电位是否正常，若正常，检查 VT1、R1 和双向晶闸管；若不正常，说明光控电路或声控电路异常。此时，断开 VT3 的 c 极后，若电路恢复正常，说明 VD 或 VT3 击穿或漏电，通过测 VT3 的 b 极电位就可以确认；若不能恢复正常，拍手时，VT4 的 b 极能否为低电平，若能，查 R7、VT4；若不能，查 C2 和 MIC。

（2）照明灯常亮

该故障的主要原因：一是整流管 VD1 ~ VD4 击穿，二是单向晶闸管或其触发电路异常。

怀疑整流管 VD1 ~ VD4、单向晶闸管是否击穿时，可通过测量它们的在路阻值就可以确认。怀疑晶闸管的触发电路时，可测量 VT1 的 b 极有无导通电压，若有，检查 VT1；若没有，测 VT2 的 c 极电位是否为高电平，若是，查 R2；若为低电平，查 VT2、R4。

（3）光线较强时，照明灯遇到声音也会发光

该故障的主要原因：一是光敏二极管 VD 开路，二是晶体管 VT3 异常。

光线较强时，测 VT3 的 b 极有无 0.7V 导通电压，若有，查 VT3；若没有查 VD。

（4）照明灯点亮的时间不足

该故障的主要原因就是延时电容 C 的电容量不足。

四、应急灯 ★

下面以星辉 HQ1X36 型应急灯电路为例，介绍使用万用表检修应急灯故障的方法与技巧。该电路主要由充电电路、电源电路、振荡器、灯管构成，如图 10-17 所示。

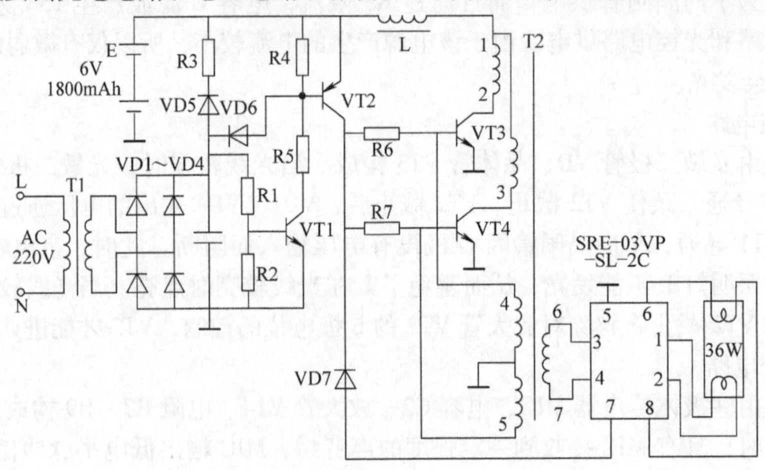

图 10-17 星辉 HQ1X36 型应急灯电路

1. 电路分析

市电电压正常时，市电电压经变压器 T1 降压后产生 7V 左右的交流电压。该电压通过 VD1 ~ VD4 桥式整流、电容滤波后变为 8V 左右的直流电压。该电压一路经 VD5、R3 输出后，不仅为蓄电池充电，而且为逆变器供电；另一路通过 R1、R2 分压限流，使 VT1 导通，致使 VT2 导通。VT2 导通后，它的 c 极输出的电压经 R6、R7 使开关管 VT3、VT4 导通，有电流流过开关变压器 T2 的 1 – 2、1 – 3 绕组，使它的正反馈绕组产生正反馈脉冲，VT3、VT4 在该脉冲作用下进入自激振荡状态。因此，T2 的二次绕组（6 – 7 绕组）输出的 220V 左右脉冲电压，为 36W 灯管供电，使其发光。

停电时，变压器 T1 不再输出 7V 交流电压，不仅停止对电池的充电。此时，电池存储的 6V 电压第一路通过 T2 为开关管 VT3、VT4 供电；第二路经 R4、VD6 使 VT1 导通，如上所述，灯管就会发光，实现应急照明功能。

2. 常见故障检修

（1）灯管始终不亮

首先，检查灯管是否正常，若不正常，更换即可排除故障；若正常，检查电池两端电压是否正常，若正常，检查 VT1 ~ VT4 是否正常，若不正常，更换即可；若正常，检查电阻 R1 ~ R7 是否正常；若不正常，更换即可；若正常，查 T2。

（2）停电时灯管不亮，有电时正常

故障的主要原因：一是电池没电；二是 VD6 异常。

首先，测蓄电池两端电压是否正常。若电压不正常，检查蓄电池及其充电电路；若电压正常，检查 VD6 即可。

（3）电池不能充电

该故障的主要原因：一是电源变压器损坏；二是整流、滤波电路异常；三是限流电阻 R3 开路；四是电池损坏。

首先，将它的电源线插入市电插座，测蓄电池两端有无充电电压输入，若有，说明电池损坏；若没有，测变压器 T1 的二次绕组有无 7V 左右的交流电压输出，若没有，检查 T1；若有，在路检查 R5 和 VD1 ~ VD4 即可。

注意 变压器的一次绕组开路，必须要检查 VD1 ~ VD4、VT3、VT4 和电池是否击穿，以免更换后的变压器再次损坏。

第十一章

用万用表检修电脑控制型小家电从入门到精通

第一节　用万用表检修电脑控制型电热类小家电从入门到精通

一、电脑控制型电饭锅 

下面以尚朋堂 SC－1253 电脑控制型电饭锅电路为例，介绍使用万用表检修电脑控制型电饭锅故障的方法与技巧。该电饭锅电路由电源电路、控制电路、加热盘供电电路等构成，如图 11-1 所示。

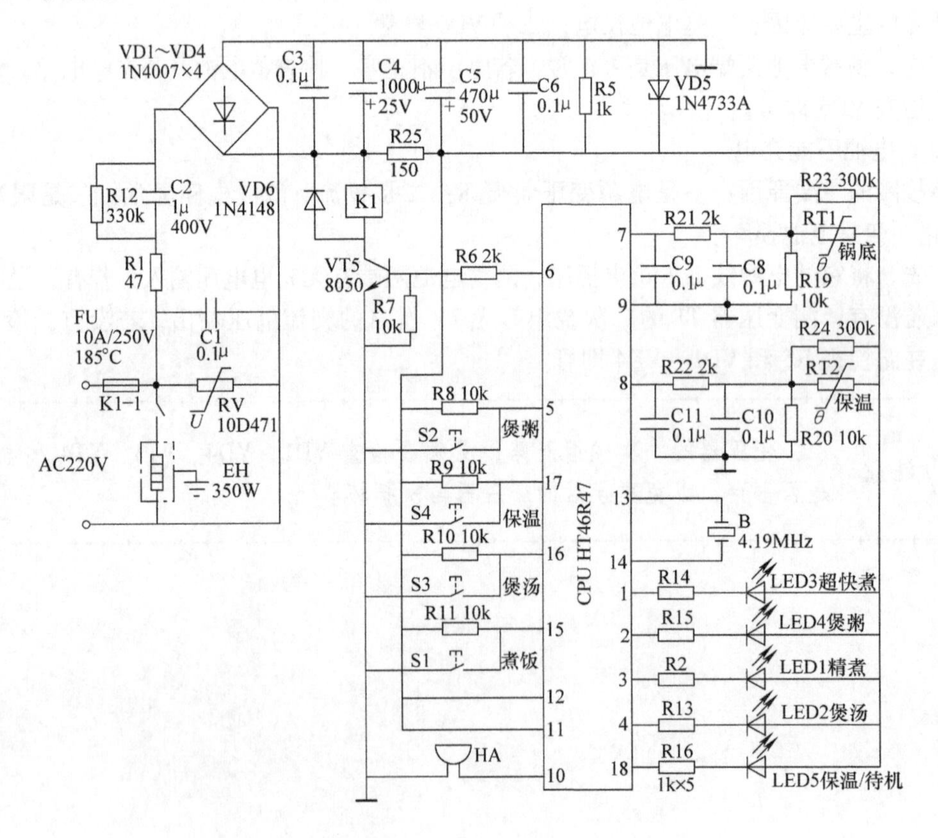

图 11-1　尚朋堂 SC－1253 电脑控制型电饭锅电路

1. 电源电路

该电饭锅输入的220V市电电压经C1滤除高频干扰后，一路通过继电器的触点K1－1为加热盘EH供电，另一路经R1限流、C2降压，再经VD1～VD4进行桥式整流，利用C3、C4滤波产生12V左右（与市电电压高低成正比）的直流电压。该电压不仅为继电器K1的线圈供电，而且经R25限流，VD5稳压，C5、C6滤波产生5.1V直流电压，为微处理器（CPU）、温度采样等电路供电。

市电输入回路的RV是压敏电阻，它在市电电压正常时，相当于开路；一旦市电电压升高，使其峰值电压超过470V时RV击穿，使FU过电流熔断，切断市电输入回路，以免电源电路等元器件因过电压而损坏。

2. 微处理器电路

微处理器电路由微处理器HT46R47、晶振B、操作键、指示灯等构成。

（1）微处理器工作条件电路

该电饭锅的微处理器基本工作条件电路由供电电路、复位电路和时钟振荡电路构成。

当电源电路工作后，由其输出的5V电压经电容C5、C6滤波后，加到微处理器HT46R47的⑪、⑫脚，为其供电。HT46R47获得供电后，它的内部复位电路产生一个复位信号，使HT46R47内的存储器、寄存器等电路复位后，开始工作。同时，HT46R47内部的振荡器与⑬、⑭脚外接的晶振B通过振荡产生4.19MHz的时钟信号。该信号经分频后协调各部位的工作，并作为HT46R47输出各种控制信号的基准脉冲源。CPU在保温状态下的引脚电压数据见表11-1。

表11-1 微处理器HT46R47的引脚电压值

引脚	1	2	3	4	5	6	7	8	9	10	11	12	13	14	15	16	17	18
电压/V	5	5	5	5	0	0	0.65	0.72	0	0	5.1	5.1	2.3	2.2	5	0	0	0

（2）操作显示电路

微处理器HT46R47的②、⑮～⑰脚外接的按键是煲粥、煮饭、煲汤、保温操作键，按下每个按键时，HT46R47的相应引脚输入一个低电平的操作信号，被HT46R47识别后控制信号使该电饭锅进入相应的工作状态。

HT46R47的①～④、⑱脚外接的发光二极管是功能指示灯，HT46R47根据用户操作或内部固化的数据，输出不同的指示灯控制信号，哪个引脚电位为低电平时，相应的指示灯发光，表明该电饭锅的工作状态。

HT46R47的⑩脚外接的HA是蜂鸣器，HT46R47根据用户操作或内部固化的数据，在完成每次控制时，都会控制⑩脚输出蜂鸣器信号，驱动HA鸣叫，提醒用户操作信号被接收或电饭锅已完成用户需要的功能。

3. 加热控制电路

加热控制电路由微处理器HT46R47、温度传感器（负温度系数热敏电阻）、继电器K1等构成。由于煲粥、煮饭、煲汤的控制过程相同，下面以煮饭控制为例进行介绍。

按下煮饭键S1，微处理器HT46R47的⑮脚输入低电平信号，被HT46R47识别后，输出控制信号使煮饭指示灯发光，表明该机工作在煮饭状态，同时从⑥脚输出高电平信号。该信号经R6限流，再经VT5倒相放大，为继电器K1的线圈供电，使K1的触点K1－1闭合，为加热盘 EH 供电，EH 发热，使锅内温度逐渐升高。当锅底的温度升至 103℃左右时，锅底温度传感器 RT1 的阻值减小到需要值，5V 电压通过 RT1、R19 取样后，产生的取样电压经 C9 滤波，再经 R21 输入到 HT46R47 的⑦脚，HT46R47 将该电压与内部存储器固化的温度/电压数据比较后，判断饭已煮熟，控制⑥脚输出低电平信号，VT5 截止，K1 的线圈失去供电，触点 K1－1 断开，同时输出控制信号使煮饭指示灯熄灭。若米饭未被食用，则进入保温状态。此时，HT46R47 的⑱脚输出低电平信号，使 LED5 发光，表明该机进入保温状态。保温期间，锅内的温度逐渐下降，当锅底的温度低于设置值（多为 60℃）时，保温传感器 RT2 的阻值增大到需要值，5V 电压经 RT2 与 R20 分压后，利用 C10 滤波，再经 R22 输入到 HT46R47 的⑧脚，HT46R47 将该电压与内部存储器固化的温度/电压数据比较后，判断锅内温度低于保温值，于是控制⑥脚输出高电平，重复以上过程，开始加热。随着加热的不断进行，达到温度后，RT2 的阻值减小到需要值，为 HT46R47 的⑧脚提供的电压升高到设置值，于是 HT46R47 的⑥脚再次输出低电平信号，加热盘 EH 停止加热。这样，继电器 K1 的触点 K1－1 在 RT2、HT46R47 的控制下间断性闭合，使加热盘间断性地加热，确保米饭的温度保持在 65℃左右，实现保温控制。

4. 过热保护电路

过热保护电路是通过一次性温度熔断器 FU 构成的。当继电器 K1 的触点粘连或驱动管 VT5 的 ce 结击穿或微处理器 HT46R47 工作异常，使加热盘 EH 加热时间过长，导致加热温度达到 185℃时，温度熔断器 FU 熔断，切断市电输入回路，EH 停止加热，实现过热保护。HT46R47 工作异常，应先确认温度传感器和晶振正常后，才能检查 HT46R47 是否正常。

5. 常见故障检修

(1) 不加热、指示灯不亮

该故障是由于供电线路、电源电路、微处理器电路异常所致。

首先，用万用表的交流电压挡测量市电插座有无 220V 左右的市电电压，若没有，检修电源插座及其线路；若有，接着测量电饭锅电源线插头有无电压输出，若没有，说明电源线异常；若有，说明电饭锅内部异常。拆开电饭锅后盖，检查温度熔断器 FU 是否熔断，若熔断，检查 VT5、K1－1 是否正常，若正常，更换 FU；若 FU 正常，用直流电压挡测 C5 两端有无 5.1V 的直流电压，若有，检查按键 S1～S5 是否漏电，若漏电，更换即可；若正常，检查晶振 B 和芯片 HT46R47；若 C5 两端没有 5.1V 电压，说明电源电路异常。检查电源电路时，首先，测 C4 两端有无 12V 左右的直流电压，若有，检查 R25 是否开路，若是，检查稳压管 VD5 及电容 C5、C6 是否击穿或漏电；若 C4 两端电压异常，检查 R1 是否开路，若开路，多因整流二极管 VD1～VD4 击穿或电容 C3、C4 漏电所致。若 R1 正常，检查 C2 是否电容量不足。

注意 更换后的 FU 再次熔断，应依次检查温度传感器 RT1、晶振 B 和微处理器 HT46R47。

(2) 不加热、但指示灯亮

该故障主要是由于加热盘、加热盘供电电路、微处理器电路异常所致。

首先，按功能键时，检查相应指示灯是否发光，若不发光，检查操作键和微处理器

HT46R47；若发光，说明加热盘或其供电电路异常。

确认加热盘或其供电电路异常时，进行煮饭操作时，能否听到继电器 K1 的触点 K1－1 发出闭合声，若能，检查加热盘 EH 及其供电线路；若不能，用直流电压挡测 HT46R47 的⑥脚能否输出高电平电压；若不能，检查温度传感器 RT1、C8、C9 是否漏电，R8、R21 是否阻值增大；若能，测 K1 的线圈两端有无电压，若电压正常，检查 K1；若不正常，检查 VT5 和 R6。

（3）操作显示正常，但米饭煮不熟

操作、显示都正常，但米饭煮不熟，说明煮饭时间不足，导致加热温度过低所致。该故障的主要原因有：一是放大管 VT5 的热稳定性能差；二是温度传感器 RT1 及其阻抗信号/电压信号变换电路异常；三是继电器 K1 异常；四是内锅或加热盘变形。

首先，检测内锅和加热盘 EH 是否变形，若内锅变形，校正或更换即可；若加热盘变形，则需要更换。确认它们正常后，在加热过程中，检测微处理器 HT46R47 的⑦脚电位是否提前升高为保温值，若是，则检测 RT1 是否漏电，R19 是否阻值增大；若⑦脚电位正常，测⑥脚电位是否正常；若正常，检查 VT5 和 K1；若⑥脚电位不正常，检查 HT46R47。

注意 加热盘变形，必须要检查继电器 K1 的触点 K1－1 是否不能释放，并且还要检查温度传感器 RT1 及其阻抗信号/电压信号变换电路是否正常，以免加热盘再次过热损坏。

（4）操作显示正常，但米饭煮煳

操作、显示都正常，但米饭煮煳，说明煮饭时间过长，导致加热温度过高所致。该故障的主要原因有：一是放大管 VT5 异常；二是继电器 K1 异常；三是温度传感器 RT1 或 R21 阻值增大；四是微处理器 HT46R47 异常。

首先，测 HT46R47 的⑦脚电位能否升高到设置值，若不能，则检测 RT2、R21、C8、C9；若能，测⑥脚能否输出低电平电压；若不能，检查 HT46R47；若能，检查 VT5 和 K1。

（5）按某功能键无效故障

按某功能键无效的故障多是该功能键开关接触不良所致。拆出电脑板，用万用表的 R×1 挡或通断挡测量该开关触点的同时，按压该开关，看阻值能否在 0 与无穷大之间变化，若不能，说明该开关异常，更换即可排除故障。

二、电脑控制型电炖锅/蒸炖煲 

下面以天际 ZZG－50T 电脑控制型电炖锅/蒸炖煲为例，介绍使用万用表检修电脑控制型电炖锅/蒸炖煲故障的方法与技巧。该电炖锅/蒸炖煲的电路由电源电路、加热盘供电电路、微处理器电路等构成，如图 11-2 所示。

1. 电源电路

该电炖锅/蒸炖煲输入的 220V 市电电压，一路通过继电器的触点 K1－1 为加热盘 EH 供电，另一路经 C1 降压，R2 限流、再经 VD1～VD4 进行桥式整流，利用 C2、C3 滤波，ZD 稳压产生 10V 直流电压。该电压不仅为继电器 K1 的线圈供电，而且经三端稳压器 U1 稳压输出 5V 电压，利用 C4、C5 滤波后，不仅为数码管显示屏、温度采样电路供电，还加到微处理器 U2（HT46R064）的⑫脚，为其供电。

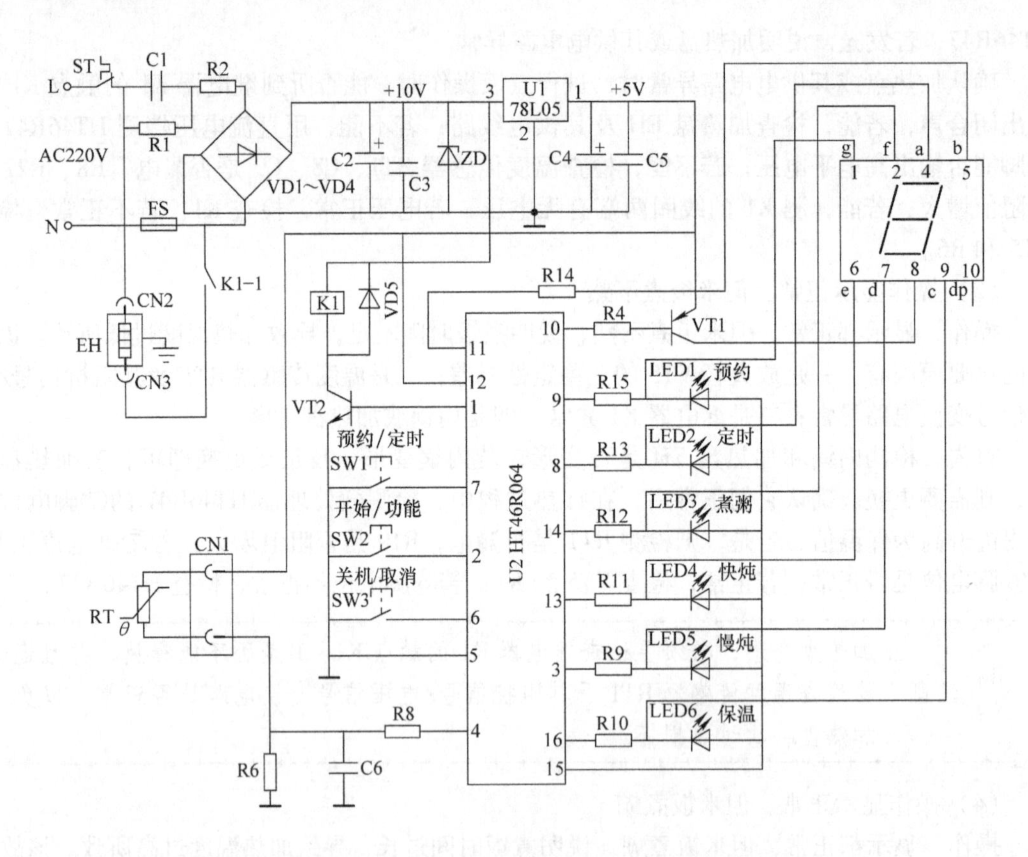

图 11-2 天际 ZZG－50T 电脑控制型电炖锅/蒸炖煲电路

2. 微处理器电路

微处理器电路由微处理器 U2（HT46R064）、操作键、指示灯、显示屏等构成。HT46R064 的引脚功能和待机时的引脚电压参考数据见表 11-2。

表 11-2 HT46R064 的引脚功能和待机时的引脚电压参考数据

引脚	功能	电压/V	引脚	功能	电压/V
1	加热盘供电控制信号输出	0	9	预约指示灯/数码管 g 驱动信号输出	2.8
2	开始/功能操作信号输入	4.8	10	数码管供电控制信号输出	2.8
3	慢炖指示灯/数码管 d 驱动信号输出	2.8	11	数码管 b 驱动信号输出	2.8
4	温度检测信号输入	0.5	12	5V 供电	5
5	接地	0	13	快炖指示灯/数码管 e 驱动信号输出	1
6	关机/取消控制信号输入	4.8	14	煮粥指示灯/数码管 f 驱动信号输出	1.8
7	预约/定时控制信号输入	4.8	15	指示灯供电输出	1.1
8	定时指示灯/数码管 a 驱动信号输出	4.8	16	保温指示灯/数码管 c 驱动信号输出	2.8

（1）微处理器工作条件电路

该电炖锅/蒸炖煲的微处理器基本工作条件电路由供电电路、复位电路和时钟振荡电路构成。

当电源电路工作后，由其输出的 5V 电压经电容 C4、C5 滤波后，加到微处理器 U2

（HT46R064）的⑫脚，为其供电。U2 获得供电后，它内部的复位电路产生一个复位信号，使 U2 内的存储器、寄存器等电路复位后，开始工作。同时，U2 内部的振荡器产生时钟信号。该信号经分频后协调各部位的工作，并作为 HT46R47 输出各种控制信号的基准脉冲源。

（2）操作键电路

微处理器 U2 的、②、⑥、⑦脚外接的是操作键，按下每个按键时，U2 的相应引脚输入一个低电平的操作信号，被 U2 识别后控制信号使该机进入相应的工作状态。

（3）显示屏、指示灯电路

U2 的③、⑧～⑩、⑬～⑯脚外接指示灯和数码管显示屏。需要指示灯显示工作状态时，U2 的③、⑧、⑨、⑬、⑭、⑯脚输出驱动信号，使相应的指示灯闪烁发光 6s 后，输出低电平，指示灯发光变为长亮。

若需要显示屏显示时，U2 的⑩脚输出低电平驱动信号，该信号经 R4 限流，再经 VT1 倒相放大，从其 c 极输出的电压加到数码管的⑧脚，为数码管内的笔段发光二极管供电，需要相应的笔段发光时，U2 的③、⑧、⑨、⑬、⑭、⑯脚相应的引脚就会输出低电平驱动信号，使该笔段发光。

3. 加热控制电路

加热控制电路由微处理器 U2（HT46R064）、温度传感器（负温度系数热敏电阻）RT、继电器 K1 等构成。由于煮粥、快炖、慢炖的控制过程相同，下面以煮粥控制为例进行介绍。

通过开始/功能键 SW1 选择煮粥功能时，预约到时或再次按下 SW1 键，被微处理器 U2 识别后，从⑭脚输出低电平控制信号使煮粥指示灯 LED3 发光，表明电饭锅工作在煮粥状态，同时从①脚输出高电平信号。该信号经 VT2 倒相放大，为继电器 K1 的线圈供电，使 K1 的触点 K1－1 闭合，为加热盘 EH 供电，EH 发热，开始煮粥。随着加热的不断进行，锅内温度逐渐升高，当煮粥温度升至设置值后，温度传感器 RT 的阻值减小到需要值，5V 电压通过 RT、R6 取样后，产生的取样电压经 C6 滤波，再经 R8 输入到 U2 的④脚，U2 将该电压与内部固化的温度/电压数据比较后，判断粥已煮熟，控制①脚输出低电平信号，VT2 截止，K1 的线圈失去供电，触点 K1－1 断开，同时⑭脚输出高电平控制信号，使煮粥指示灯 LED3 熄灭。若粥未被食用，则进入保温状态。此时，U2 的⑯脚输出低电平信号，使 LED6 发光，表明该电炖锅/蒸炖煲进入保温状态。保温期间，锅内的温度逐渐下降，当温度低于设置值时，保温传感器 RT 的阻值增大到需要值，为 U2 的④脚提供的电压升高，U2 将该电压与内部固化的温度/电压数据比较后，判断锅内温度低于保温值，于是控制①脚输出高电平，重复以上过程，开始加热。随着加热的不断进行，达到温度后，RT 的阻值减小到需要值，为 U2 的④脚提供的电压升高到设置值，于是 U2 的①脚再次输出低电平信号，加热盘 EH 停止加热。这样，在 RT、U2 的控制下，继电器 K1 的触点 K1－1 间断性闭合，使加热盘间断性地加热，确保粥的温度保持在 65℃左右，实现保温控制。

4. 过热保护电路

过热保护电路由温控器 ST 和温度熔断器 FS 构成。当继电器 K1 的触点 K1－1 粘连，或驱动管 VT2 的 ce 结击穿或微处理器 U2 工作异常，使加热盘 EH 加热时间过长，导致加热温度升高并达到 ST 的设置温度后，其内部的触点断开，切断 EH 的供电回路，EH 停止加热，实现过热保护。

当ST内的触点也粘连，不能实现过热保护功能后，使加热器EH继续加热，导致加热温度达到FS的标称值后熔断，切断市电输入回路，EH停止加热，以免EH等元器件过热损坏，从而实现过热保护。

5. 常见故障检修

（1）不加热、指示灯不亮

该故障是由于供电线路、电源电路、微处理器电路异常造成的。

首先，用万用表的交流电压挡测量市电插座有无220V左右的市电电压，若没有，检修电源插座及其线路；若有，接着测量电炖锅/蒸炖煲电源线插头有无电压输出，若没有，说明电源线异常；若有，说明电炖锅/蒸炖煲内部异常。拆开电炖锅/蒸炖煲后盖，检查温度熔断器FS是否熔断，若熔断，检查VT2、K1－1是否正常，若正常，更换FS；若FS正常，用直流电压挡测C5两端有无5V的直流电压，若有，检查按键SW1～SW3是否漏电，若漏电，更换即可；若正常，检查微处理器U2；若C5两端没有电压或电压异常，说明电源电路异常。此时，测C2两端有无10V左右的直流电压，若有，检查C4、C5、稳压器U1及其负载；若C2两端电压异常，检查R2是否开路，若开路，多因二极管VD1～VD4击穿或电容C2、C3漏电所致。若R2正常，检查C1是否电容量不足。

注意　若更换后的FS再次熔断，应依次检查温度传感器RT、微处理器U2。

（2）不加热、但指示灯亮

该故障主要是由于加热盘、加热盘供电电路、微处理器电路异常所致的。

首先，按功能键时，检查相应指示灯是否发光，若不发光，检查操作键和微处理器U2；若发光，说明加热盘或其供电电路异常。

确认加热盘或其供电电路异常时，进行煮粥操作时，能否听到继电器K1的触点K1－1发出闭合声，若能，检查加热盘EH及其供电线路；若不能，用直流电压挡测U2的①脚能否输出高电平电压；若不能，检查温度传感器RT、C6是否漏电，R6是否阻值增大；若能，检查VT2和K1。

（3）操作显示正常，但米饭煮不熟

操作、显示都正常，但米饭煮不熟，说明是煮饭时间不足，导致加热温度过低所致的。该故障的主要原因有：一是放大管VT2的热稳定性能差；二是温度传感器RT及其阻抗信号/电压信号变换电路异常；三是继电器K1异常；四是内锅或加热盘变形。

首先，检测内锅和加热盘EH是否变形，若内锅变形，校正或更换即可；若加热盘变形，则需要更换。确认它们正常后，在加热过程中，检测微处理器U2的④脚电位是否提前升高为保温值，若是，则检测RT、R6是否阻值增大；若④脚电位正常，测①脚电位是否正常；若正常，检查VT2和K1；若⑥脚电位不正常，检查U2。

注意　加热盘变形，必须检查继电器K1的触点K1－1是否不能释放，并且还要检查温度传感器RT及其阻抗信号/电压信号变换电路是否正常，以免加热盘再次过热损坏。

（4）操作显示正常，但米饭煮糊

操作、显示都正常，但米饭煮煳，说明是煮饭时间过长，导致加热温度过高所致的。该故障的主要原因有：一是放大管 VT2 异常；二是继电器 K1 异常；三是温度传感器 RT 或 R8 阻值增大、C6 漏电；四是微处理器 U2 异常。

首先，测 U2 的④脚电位能否升高到设置值，若不能，则检测 RT、C6、R8；若能，测①脚能否输出低电平电压；若不能，检查 U2；若能，检查 VT2 和 K1。

三、电脑控制型电压力锅 

下面以苏泊尔 CYSB60YD2－110 电脑控制型电压力锅为例，介绍用万用表检修电脑控制型电压力锅故障的方法与技巧。该电路由电源电路、微处理器电路、加热盘及其供电电路构成，如图 11-3 所示。

1. 电源电路

插好电源线，220V 市电电压经熔断器 FU 输入后，不仅通过继电器为加热盘供电，而且通过 R1、C1 降压，再通过 VD1～VD4 桥式整流，利用 R3 限压后，一路通过 R5、R4 分压产生的取样电压经 C2 滤波，再经 R7 加到微处理器 IC 的⑥脚，为其提供市电取样信号；另一路通过 R6 限流，VD5 稳压，C3、C4 滤波产生 12V 直流电压。该电压不仅为继电器 K 的线圈供电，而且通过 78L05 三端稳压器稳压产生 5V 电压，经 C5、C6 滤波后不仅为微处理器 IC 和温度检测等电路供电，而且通过 R23 限流使指示灯 H13 发光，表明 5V 电源已工作。

电容 C1 两端并联的 R2 是 C1 的阻尼电阻。

2. 微处理器电路

（1）基本工作条件电路

该电压力锅的微处理器基本工作条件电路由供电电路、复位电路和时钟振荡电路构成。

当电源电路工作后，由其输出的 5V 电压经电容 C5、C6、C10～C12 滤波后，加到微处理器 IC 的供电端⑩、⑪脚为其供电。IC 得到供电后，其内部的振荡器与⑫、⑬脚外接的晶振 G 通过振荡产生时钟信号。该信号经分频后协调各部位的工作，并作为 IC 输出各种控制信号的基准脉冲源。开机瞬间，IC 内部的复位电路产生复位信号使其内部存储器、寄存器等电路复位，当复位信号为高电平后，复位结束，开始工作。

（2）操作显示电路

该机的操作显示电路由菜单操作键和指示灯 H1～H12 构成。

通过按压菜单键就可选择用户所需要的功能，需要的功能被确定后，微处理器 IC 通过①～④脚、⑮～⑱脚输出指示灯控制信号，控制相应的指示灯发光，表明该电压力锅的工作状态。

（3）蜂鸣器电路

该机的蜂鸣器电路由蜂鸣器 HA、放大管 VT2、微处理器 IC 等构成。

当进行功能操作时，IC 的⑩脚输出脉冲信号，该信号经 R18 限流，放大管 VT2 倒相放大后，通过 R20 驱动蜂鸣器 HA 发出声音，表明该操作功能已被微处理器接受，并且控制有效。当加热等功能结束后，IC 也会输出驱动信号使蜂鸣器 HA 鸣叫，提醒用户加热等功能结束。

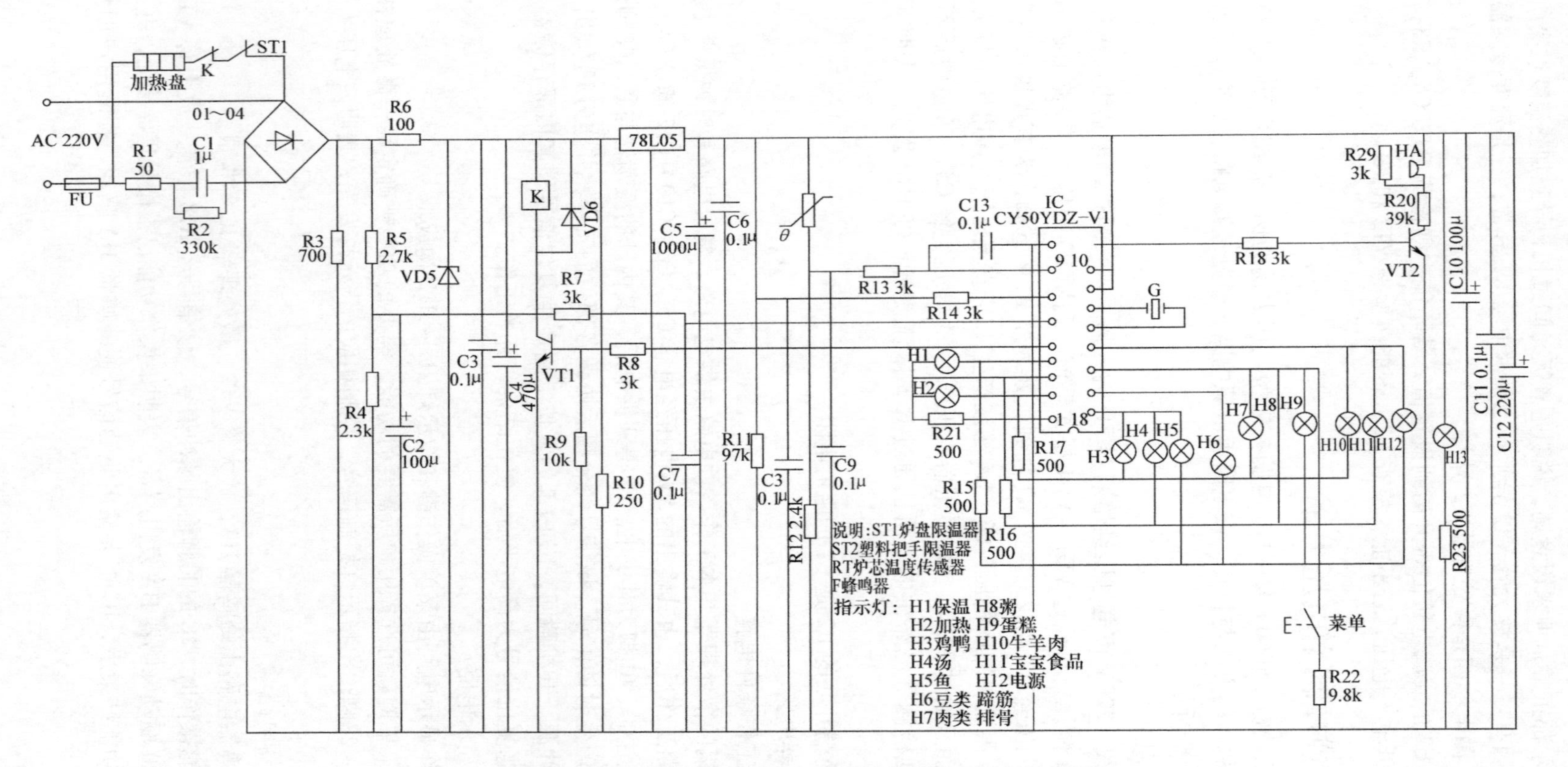

图 11-3 苏泊尔 CYSB60YD2－110 电脑控制型电压力锅电路

3. 加热电路

加热电路由微处理器IC、继电器K、温度传感器（负温度系数热敏电阻）RT、加热盘为核心构成。

当按下菜单键，被微处理器IC识别后，IC就会选择加热、粥、保温等功能，确定需要的功能后，IC第一路输出驱动信号使蜂鸣器HA鸣叫，提醒用户操作有效；第二路控制相应的指示灯发光，表明该电压力锅的工作状态；第三路从内部存储器调出该状态的温度值所对应的电压值，以便实现自动控制。下面以煮粥为例进行介绍。

选择煮粥功能时，被微处理器IC识别后，不仅通过②、⑯脚输出控制信号使煮粥指示灯H8发光，表明其工作在加热状态，而且从⑤脚输出的高电平信号经R8限流，再经放大管VT1倒相放大，为继电器K的线圈供电，使K的触点闭合，加热盘得到供电后发热，开始煮粥。当煮粥的温度升至需要温度并持续一定时间后，温度传感器RT的阻值减小到需要值，5V电压通过RT和R12取样的电压增大到设置值。该电压经C9滤波后，通过R13加到IC的⑧脚，IC将⑧脚输入的电压与内部存储的该电压对应的温度值比较后，判断粥已煮熟，输出三路控制信号：第一路控制⑤脚输出低电平信号，VT1截止，K的触点释放，加热盘停止加热；第二路控制加热指示灯H8熄灭；第三路输出驱动信号使蜂鸣器HA鸣叫，提醒用户粥已煮熟。若粥未被食用，则自动进入保温状态，此时，不仅保温指示灯H1发光，表明其进入保温状态，而且K在RT、IC的控制下间断性地为加热盘供电，使粥的温度保持在65℃左右。

4. 过热保护电路

过热保护电路由过热保护器ST1构成。当驱动管VT1的ce结击穿或继电器K的触点粘连导致加热盘加热时间过长，使加热盘温度升高，当温度超过150℃时ST1内的触点断开，切断供电回路，避免加热盘和相关器件过热损坏，从而实现了过热保护。

5. 常见故障检修

（1）不加热，指示灯H13不亮

不加热，指示灯H13不亮，说明供电线路、电源电路异常。

首先，用万用表交流电压挡测电源插座有无220V市电电压，若没有或电压过低，检修或更换电源插座、线路；若有，接着测量电压力锅的电源线插头有无电压输出，若没有，说明电源线异常；若有，说明电压力锅内部异常。此时，拆开该电压力锅的外壳，检查熔断器FU是否熔断，若熔断，在路检查VD1～VD4整流管是否击穿、电容C1和加热盘是否异常，若不正常，更换即可；若FU正常，说明故障发生在电源电路。此时，测C3两端电压是否正常，若不正常，测VD1～VD4输入的交流电压是否正常，若不正常，检查C1、R1；若正常，检查R6、VD5和C3、C4；若C3的电压正常，检查三端稳压器78L05及其负载和滤波电容C5、C6。

（2）指示灯亮，但加热盘不加热

指示灯亮，但加热盘不加热的故障原因：一是加热盘或供电电路异常；二是温度检测电路异常；三是微处理器电路异常。

首先，测加热盘两端有无市电电压，若有，检查加热盘；若没有，检查继电器K的触点是否吸合，若吸合，检查过热保护器ST1；若不吸合，说明加热盘的供电电路异常。此时，测放大管VT1的b极有无0.6V的导通电压，若有，检查VT1和继电器K；若没有，测微处理器 IC 的⑤脚有无高电平信号输出，若有，检查 R8 和 VT1；若没有，检查菜单键是否正常，若不正常，更换即可；若正常，检查晶振 G、温度传感器 RT、R13、C13 是否正常，若不正常，更换即可；若正常，检查微处理器 IC。

(3) 操作、显示都正常，但米饭煮不熟

操作、显示都正常，但米饭煮不熟，说明煮饭时间不足，导致加热温度过低所致。该故障的主要原因有：一是放大管 VT1 的热稳定性能差；二是温度传感器 RT 或 R12 阻值增大；三是继电器 K 异常；四是内锅或加热盘变形。

首先，检测内锅和加热盘是否变形，若内锅变形，校正或更换即可；若加热盘变形，则需要更换。确认它们正常后，在加热过程中，检测微处理器 IC 的⑧脚电位是否提前升高到设置值，若是，则检测 RT 和 R1；若⑧脚电位正常，测⑤脚电位是否正常；若正常，检查放大管 VT1、继电器 K；若不正常，检查 IC。

注意　加热盘变形，必须检查继电器 K 的触点是否不能释放，并且还要检查温度传感器 RT 是否正常，以免加热盘再次过热损坏。

(4) 操作、显示都正常，但米饭煮煳

操作、显示都正常，但米饭煮煳，说明是煮饭时间过长，导致加热温度过高所致的。该故障的主要原因有：一是放大管 VT1 的 ce 结击穿；二是继电器 K 的触点粘连；三是温度传感器 RT 阻值增大；四是微处理器 IC 异常。

首先，测继电器 K 的线圈有无供电，若无，检查 K；若有，测微处理器 IC 的⑤脚能否输出低电平电压，若能，检查放大管 VT1；若⑤脚为高电平，说明温度检测电路或 IC 异常。此时，测 IC 的⑧脚电位能否下降到设置值，若不能，则检查 RT；若能，说明温度检测电路正常，查 IC。

第二节　用万用表检修电脑控制型电动类小家电从入门到精通

一、电脑控制型电风扇

下面以水晶宫 FS40－2B 型电脑控制型电风扇为例，介绍用万用表检修电脑控制型电风扇故障的方法与技巧。该电风扇的主控电路由微处理器（单片机）RTS51B－000、双向晶闸管、电动机、遥控接收头、指示灯等元器件构成，如图 11-4 所示。

1. 电源电路

将电源线插入市电插座后，220V 市电电压经熔断器 FU1 进入电路板，一路经双向晶闸管为主电动机 M1 和摇头电动机供电；另一路经 R1、R2、C1 降压，利用 VD1、VD2 全波整流，C2 滤波，R4 限流，VDW 稳压产生 －5.1V 直流电压。该电压通过 C3 ~ C5 滤波后，第一路经 R11 为发光二极管 LED11 供电，使其发光，表明该机输入市电，并且电源电路已工作；第二路加到微处理器 IC1 的⑦、⑩脚，为其供电；第三路加到遥控接收电路的供电端（实为接地端，它们的供电端接地），为它们供电。

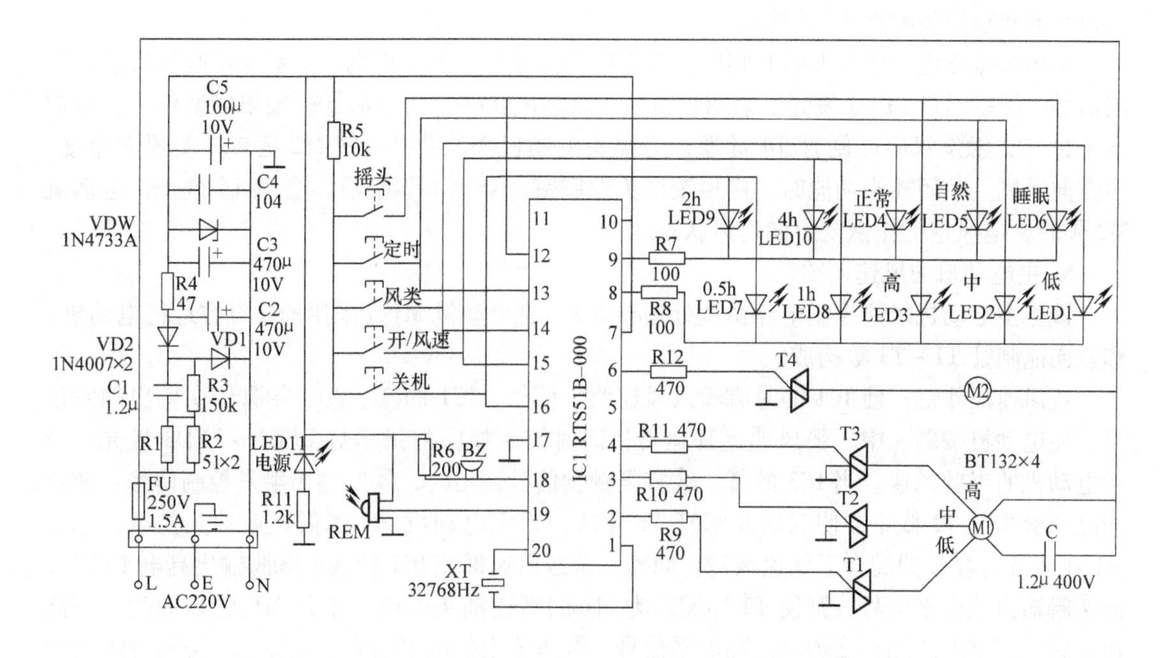

图 11-4 水晶宫 FS40－2B 型电脑控制型电风扇主控制电路

2. 微处理器电路

微处理器电路采用微处理器 IC1（RTS51B－000）为核心构成，RTS51B－000 的引脚功能见表 11-3。

表 11-3 微处理器 RTS51B－000 的引脚功能

引脚	功 能	引脚	功 能
1	外接 32768Hz 晶振	11	未用，悬空
2	弱风驱动信号输出	12	摇头控制信号输入/指示灯控制信号输出
3	中风驱动信号输出	13	定时控制信号输入/指示灯控制信号输出
4	强风驱动信号输出	14	风类控制信号输入/指示灯控制信号输出
5	未用，悬空	15	开机、风速调整信号输入/指示灯控制信号输出
6	摇头电动机驱动信号输出	16	关机控制信号输入/指示灯控制信号输出
7	供电电压（－5V）输入	17	接地
8	输入键扫描信号/指示灯控制信号输出	18	蜂鸣器驱动信号输出
9	输入键扫描信号/指示灯控制信号输出	19	遥控信号输入
10	供电电压（－5V）输入	20	外接 32768Hz 晶振

3. 时钟振荡电路

微处理器 IC1（RTS51B－000）得到供电后，其内部的振荡器与①、⑳脚外接的晶振 XT 通过振荡产生 32768Hz 的时钟信号。该信号经分频后协调各部位的工作，并作为 IC1 输出各种控制信号的基准脉冲源。

4. 摇头电动机控制

该机摇头电动机控制电路由微处理器 IC1、摇头电动机 M2（采用的是同步电动机）、摇头控制键和双向晶闸管 T4 等构成。

按摇头操作键，使 IC1 的⑫脚输入摇头控制信号，被 IC1 识别后，不仅控制⑲脚输出控制信号，使指示灯 LED5 发光，表明该机处于自然风状态，而且从⑥脚输出触发信号，该信号通过 R12 触发双向晶闸管 T4 导通，为摇头电动机 M2 供电，使 M2 运转，实现大角度、多方向送风。关闭摇头功能时，则再按摇头控制键，被 IC1 识别后，会使 T4 截止，电动机 M2 停转，电风扇工作恢复定向送风状态。

5. 主电动机的风速调整

该机主电动机风速控制电路由微处理器 IC1、主电动机 M1（采用的是电容运行电动机）和双向晶闸管 T1 ~ T3 等构成。

按风速操作键，使 IC1 的⑭脚输入风速调整信号，IC1 的②、③、④脚依次输出触发信号，使电动机按弱、中、强风速循环运转，同时控制相应的指示灯 LED1 ~ LED3 发光，指示电动机的当前风速。当 IC3 的②、③脚无触发信号输出时，④脚输出触发控制信号，使双向晶闸管 T3、T2 截止，使双向晶闸管 T1 导通，为主电动机 M1 的低风速抽头供电，于是 M1 在运行电容 C 的配合下低速运转。同理，若按风速键使 IC1 的④、③脚输出高电平信号，而②脚输出低电平信号，则使 T3 导通，为 M1 的高速抽头供电，于是 M1 在 C 的配合下高速运转。若 IC1 的④、②脚输出高电平信号，③脚输出低电平信号，则使 T2 导通，M1 会中速运转。

6. 过热保护

主电动机 M1 的供电回路串联了一只过热熔断器 FU。当 M1 运行电流正常时，FU 为接通状态，M1 正常工作。当 M1 因供电、运行电容 C 异常等原因引起工作电流过大或工作温度升高，使 M1 的外壳温度达到 90℃时，FU 过热熔断，切断 M1 的供电回路，M1 停止工作，以免 M1 过热损坏。

7. 蜂鸣器电路

微处理器 IC1 的⑯脚是蜂鸣器驱动信号输出端。每次进行操作时，IC1 的⑱脚输出蜂鸣器驱动信号，驱动蜂鸣器 BZ 鸣叫一声，提醒用户电风扇已收到操作信号，并且此次控制有效。

8. 定时控制

微处理器 IC1 的⑬脚为定时控制信号输入端。当按压面板上的“定时”键时，IC1 的⑬脚输入定时控制信号，就可以设置定时的时间。每按压一次定时键，定时时间会从 0.5h 递增，最大定时时间为 4h。同时，IC1 还会控制相应的定时指示灯发光，提醒用户该机的定时时间。

9. 遥控电路

该电风扇的遥控电路由编码芯片 IC2（RTS715 -2）、红外发射管 LED1 等元器件构成，如图 11-5 所示。

(1) 编码芯片的引脚功能

编码控制芯片 RTS715 -2 的引脚功能

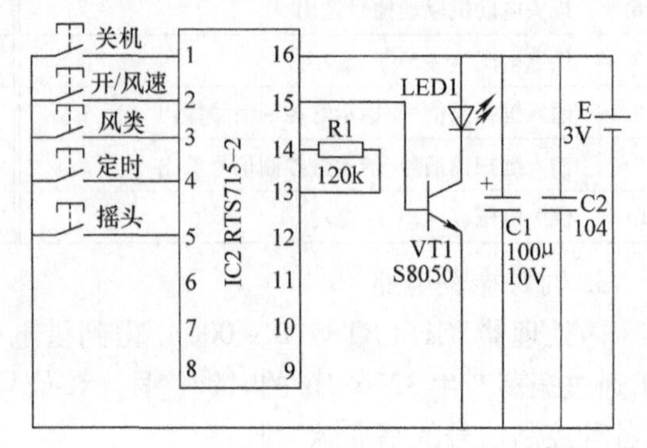

图 11-5　水晶宫 FS40 -2B 型遥控落地式电风扇遥控电路

见表11-4。

表11-4 编码芯片RTS715－2的引脚功能

引脚	功 能	引脚	功 能
1	关机控制信号输入	6～12	悬空
2	开机/风速调整信号输入	13、14	外接电阻
3	风类控制信号输入	15	编码信号输出
4	定时控制信号输入	16	供电
5	摇头控制信号输入		

（2）遥控发射原理

3V电压加到IC2（RTS715－2）供电端⑯脚，为其供电，IC2获得供电后，⑬、⑭脚内部的振荡器与外接电阻产生时钟脉冲，通过分频产生38kHz载波脉冲信号。当按动遥控器上的功能键时，IC1对操作功能键进行识别和编码，该编码以调幅形式调制在38kHz载波上，后从⑮脚输出，经晶体管VT1放大，利用红外发射管LED1以红外信号的形式发射出去。

（3）遥控接收电路

遥控接收电路由遥控接收电路REM和微处理器IC1为核心构成。

遥控器发射来的红外信号经过REM选频、放大、解调后，输出符合IC1内解码电路要求的脉宽数据信号，再经IC1解码后，IC1就可以识别出用户的操作信息，再通过相应的端子输出控制信号，使电风扇工作在用户所需要的状态。

10. 常见故障检修

（1）不工作、电源指示灯不亮

该故障是由于供电线路、电源电路异常所致。首先，用交流电压挡测电源插座有无220V左右的市电电压，若没有，检查电源线和电源插座；若有，拆开电风扇的外壳后，用通断挡在路测熔断器FU是否开路，若开路，应检测电动机M1是否正常；若FU正常，说明电源电路异常。此时，测C2两端电压是否正常，若正常，检查R4是否开路，VDW、C3～C5是否击穿；若C2两端电压也不正常，击穿R1、R2是否阻值增大，C1是否容量不足。

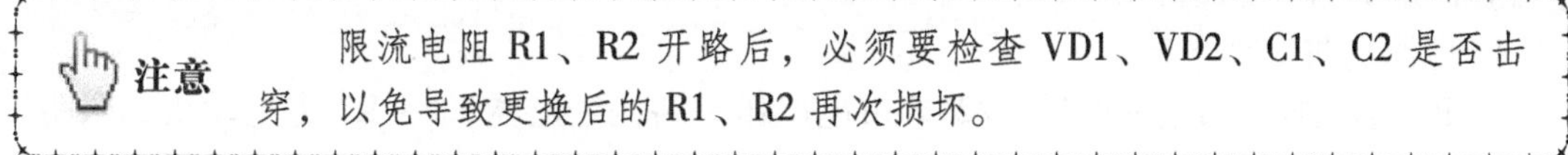

注意 限流电阻R1、R2开路后，必须要检查VD1、VD2、C1、C2是否击穿，以免导致更换后的R1、R2再次损坏。

（2）不工作、电源指示灯亮

该故障是由于微处理器电路异常所致。首先，要检查微处理器IC1的供电是否正常，若不正常，检查线路；若正常，检查按键开关和晶振XT是否正常，若不正常，更换即可；若正常，检查IC1即可。

（3）摇头电动机不运转，主电动机运转正常

该故障的主要故障原因：一是摇头电动机M2异常；二是双向晶闸管T4异常；三是摇头控制键异常；四是微处理器IC1异常。

首先，检查摇头电动机M2有无供电，若有，更换或维修摇头电动机；若无供电，测微

处理器 IC1 的⑥脚有无驱动信号输出；若没有，检查摇头控制键和 IC1；若有，则检查 R12 和双向晶闸管 T4。

注意 双向晶闸管 T4 是否正常可采用测量阻值和触发性能的方法进行判断，也可以采用代换法进行判断。

（4）摇头电动机转，但主电动机不运转

该故障的主要故障原因：一是主电动机 M1 或其运行电容 C 异常；二是开机/风速控制键异常；三是微处理器 IC1 异常。

首先，用遥控器操作能否恢复正常，若能，查开机/风速控制键；若不能，用交流电压挡测电动机 M1 两端有无供电；若有，用电容挡测运行电容 C 是否正常，若不正常，更换即可；若正常，用电阻挡检查 M1 的阻值是否正常。若 M1 没有供电，查微处理器 IC1。

（5）通电后，主电动机就高速运转

该故障的故障原因就是双向晶闸管 T3 击穿。而 T3 开路，则会产生主电动机可以中速运转，但不能高速运转的故障。T3 是否击穿用万用表的二极管/通断挡在路就可以测出，而其开路应该采用测量触发性能的方法进行判断。

（6）遥控功能失效

遥控器功能失效说明遥控器、遥控接收头 REM 或微处理器 IC1 异常。

首先，更换遥控器的电池能否恢复正常，若能，说明电池失效；若不能，检测遥控器是否正常，若正常，检查 REM 和 IC1；若不正常，检查红外发射管 LED1 和放大管 VT1。

提示 若遥控器出现有时能正常遥控，有时不正常遥控的故障时，主要检查遥控器内的元器件引脚有无脱焊，若有脱焊，重新补焊后就可以排除故障。

二、电脑控制型吸油烟机 

下面以华帝 CXW－200－204E 型吸油烟机为例介绍用万用表检修电脑控制型吸油烟机故障的方法与技巧。该机的控制电路由电源电路、微处理器 IC2（HA48R05A－1）、继电器等构成，如图 11-6 所示。

1. 电源电路

将电源插头插入市电插座后，220V 市电电压一路经继电器 K1～K3 为电动机、照明灯（图中未画出）供电；另一路通过电源变压器 T 降压输出 11V 左右的（与市电高低有关）交流电压。该电压经 VD1～VD4 构成的桥式整流器进行整流，通过 C6 滤波产生 12V 直流电压。12V 电压不仅为 K1～K3 的线圈供电，而且通过三端稳压器 78L05 稳压产生 5V 直流电压。5V 电压通过 C4、C5、C7 滤波后，为微处理器 IC2（HA48R05A－1）和蜂鸣器供电。

2. 微处理器电路

（1）微处理器工作条件

5V 电压经电容 C7、C5 滤波后加到微处理器 IC2（HA48R05A－1）的供电端⑫脚为其供电。IC2 得到供电后，它内部的振荡器与⑬、⑭脚外接的晶振 B 通过振荡产生 4.19MHz 的时钟信号，该信号经分频后协调各部位的工作，并作为 IC2 输出各种控制信号的基准脉冲源。同时，5V 电压还作为复位信号加到 IC2 的⑪脚，使其内部的存储器、寄存器等电路复位后开始工作。

（2）按键及显示

微处理器 IC2 的①～④、⑨脚外接操作键和指示灯电路，按压操作键时，IC2 的①～④、⑨脚输入控制信号，被其识别后，就可以控制该机进入用户需要的工作状态。

（3）蜂鸣器控制

微处理器 IC2 的⑯脚是蜂鸣器驱动信号输出端。每次进行操作时，它的⑥脚就会输出蜂鸣器驱动信号。该信号通过 R12 限流，再经 VT1 倒相放大，驱动蜂鸣器 HA 鸣叫，提醒用户吸油烟机已收到操作信号，并且此次控制有效。

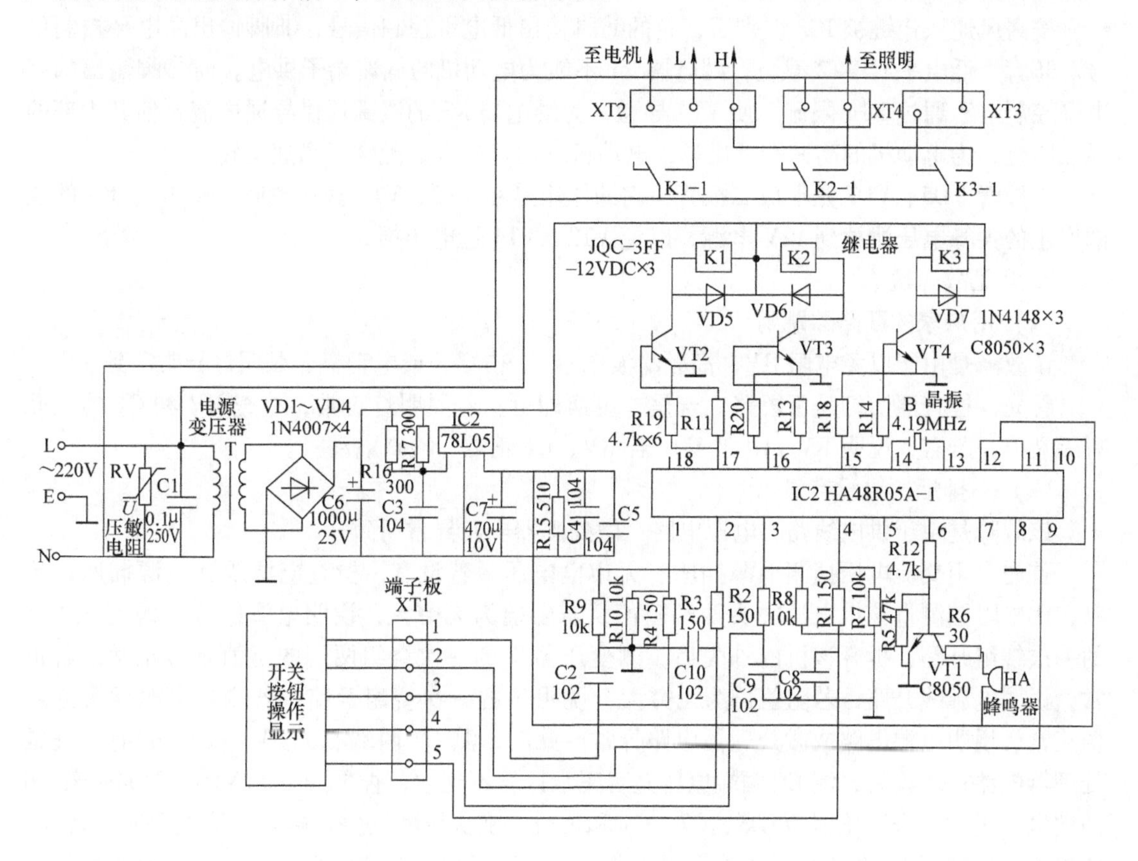

图 11-6 华帝 CXW－200－204E 型吸油烟机电路

3. 照明灯电路

该机照明灯电路由微处理器 IC2、照明灯操作键、继电器 K2 及其驱动电路、照明灯（图中未画出）构成。

按照明灯控制键被 IC2 识别后，它的⑯脚输出高电平电压。该电压经 R13 限流使激励管 VT3 导通，为继电器 K2 的线圈供电，使 K2 内的触点闭合，接通照明灯的供电回路，使其发光。照明灯发光期间，按照明灯键后 IC2 的⑯脚电位变为低电平，使 K2 内的触点释放，照明灯熄灭。

二极管 VD6 是保护 VT2 而设置的钳位二极管，它的作用是在 VT2 截止瞬间，将 K2 的线圈产生的尖峰电压泄放到12V电源，以免VT2过电压损坏，实现过电压保护。

4. 电动机电路

该机电动机电路由微处理器IC2，电动机风速操作键，继电器K1、K3及其驱动电路、电动机（采用的是电容运行电动机，在图中未画出）构成。电动机风速操作键具有互锁功能。

按低风速操作键被IC2识别后，它的⑯脚输出高电平控制信号，⑮脚输出低电平控制信号。⑮脚为低电平时VT4截止，继电器K3不能为电动机的高速端子供电。而⑯脚输出的高电平控制电压通过R11限流，使VT2导通，为继电器K1的线圈提供导通电流，使其内部的触点闭合，为电动机的低速端子供电，电动机在运行电容的配合下低速运转。

按高风速操作键被IC2识别后，它的⑯脚输出低电平控制信号，⑮脚输出高电平控制信号。⑯脚为低电平时VT2截止，继电器K1不能为电动机的低速端子供电。而⑮脚输出的高电平控制电压通过R14限流，使VT4导通，为继电器K3的线圈提供导通电流，使其内部的触点闭合，为电动机的高速端子供电，电动机在运行电容的配合下高速运转。

二极管VD5、VD7是泄放二极管，它的作用是在VT2、VT4截止瞬间，将K1、K3的线圈产生的尖峰电压泄放到12V电源，以免VT2、VT4过电压损坏。

5. 常见故障检修

（1）用户家的断路器跳闸

该故障是由于以免电阻RV、高频滤波电容C1击穿，或电动机、照明灯异常所致。

首先，检查照明灯是否短路，若是，更换即可；若照明灯正常，检查RV和C1的表面有无裂痕，若有，说明RV、C1击穿；若RV、C1正常，检查电动机。

（2）不排烟，也没有显示

该故障是由于供电线路、电源电路、微处理器电路异常所致。

首先，用交流电压挡测电源插座有无市电电压，若没有，检查电源线和电源插座；若有，用电阻挡测量该机电源插头两端阻值，若阻值为无穷大，说明电源线或电源变压器T的一次绕组开路，拆开该机的外壳后，测变压器T的一次绕组两端的阻值是否正常，若正常，说明电源线开路；若阻值仍为无穷大，说明T的一次绕组开路。若测量电源插头的阻值正常，说明电源电路或微处理器电路异常。此时，测C7两端有无5V电压，若有，查微处理器电路；若没有，测C6两端电压是否正常；若不正常，查T、C6和VD1～VD4；若C6两端电压正常，查稳压器78L05、C7、C4和负载。确认故障发生在微处理器电路时，首先，要检查微处理器HA48R05A－1供电是否正常，若不正常，检查线路；若正常，检查按键开关和晶振B是否正常，若不正常，更换即可；若正常，检查HA48R05A－1即可。

（3）电动机运转，但照明灯不亮

电动机运转，照明灯不亮，说明照明灯或其供电电路异常。

首先，检查照明灯是否损坏，若是，更换即可排除故障；若正常，说明照明灯供电电路异常。此时，按照明灯操作键时测CPU的⑯脚能否输出高电平电压，若不能，检查照明灯操作键和CPU；若能，用直流电压挡测继电器K2的线圈有无供电，若有，检查K2及其触点所接线路；若没有，检查驱动管VT3和R13。

（4）电动机始终不运转，但照明灯亮

电动机始终不运转，但照明灯亮，说明操作键、电动机、运行电容、继电器或微处理器异常。

首先，确认电动机能否发出“嗡嗡”声，若有，说明电动机有供电，首先用电容挡测量起动电容是否正常，若不正常，更换即可。若电容正常，则检查电动机的转子旋转是否灵活，若不是，维修或更换电动机；若是，测的绕组阻值是否正常，若不正常，维修或更换电动机。若电动机不能发出“嗡嗡”声，测电动机有无供电，若有，维修或更换电动机；若没有供电，检查操作键和微处理器。

（5）电动机不能低速运转

如果电动机不能低速运转，说明继电器 K1、低速控制键、微处理器 HA48R05A－1 异常。

首先，按低速操作键时，用万用表交流电压挡测电动机低速供电端子有无电压输入，若有，维修或更换电动机；若没有，用直流电压挡测放大管 VT2 的 b 极有无导通电压，若有，查 VT2 和继电器 K1；若没有，测⑰脚有无驱动电压输出，若有，检查 R11、VT2；若没有，检查低速操作键和 CPU。

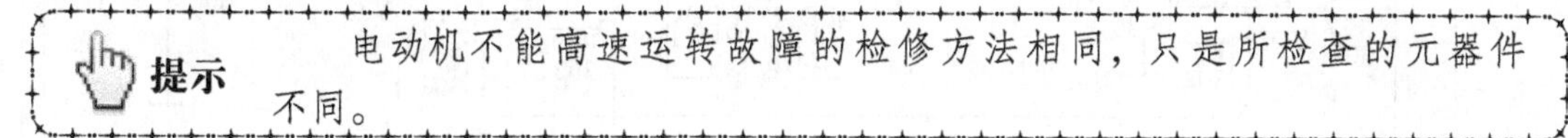
提示 电动机不能高速运转故障的检修方法相同，只是所检查的元器件不同。

（6）通电后电动机就高速运转

该故障主要是由于继电器 K3 的触点粘连，放大管 VT4 的 ce 结击穿、高速操作键漏电、微处理器异常所致。首先，用数字万用表的二极管/通断测量挡或指针万用表的 R×1 挡在路测 K1、VT4、高速操作键是否异常；若异常，更换即可；若正常，更换微处理器。

三、多功能按摩腰带 

下面以力明 LM－339C 型多功能按摩腰带电路为例介绍使用万用表检修按摩器故障的方法与技巧。该电路由电源电路、微处理器电路、振动电路构成，如图 11-7 所示。

1. 电源电路

将该机自带的 24V/1500mA 的电源适配器（直流稳压电源电路）插入市电插座后，由其输出的 24V 直流电压经 C1 滤波后分四路输出：第一路为场效应晶体管 VT12、VT14 供电；第二路经 10V 稳压管 VDZ2 降为 14V，为场效应晶体管 VT13、VT15 的驱动电路供电；第三路经 R1 限流，再经稳压器 U1 稳压产生 5V 电压，经 C4、C7 滤波后，为蜂鸣器和微处理器 IC1（HT48R05A－1）供电；第四路通过 R9 为 DC－DC 直流电源供电。

2. 微处理器电路

微处理器 IC1 在⑫脚获得供电的同时，而且加到 IC1 的复位端⑪脚，使其内部的复位电路输出复位信号使存储器、寄存器等电路复位后开始工作。IC1 工作后，其内部的振荡器与外接的晶振 TX 产生 4MHz 的时钟信号，该信号经分频后协调各部位的工作，并作为 IC2 输出各种控制信号的基准脉冲源。

IC1 工作后，其⑦脚输出的蜂鸣器驱动信号驱动蜂鸣器 BZ1 鸣叫一声，表明 IC1 开始工作，并进入待机状态。待机期间，若按开关键 SW5 为 IC1 的⑯脚输入开机信号时，IC1 控制相关电路进入开机状态。在开机状态时，若按 SW5 键，IC1 会输出控制信号使该机进入待机状态。

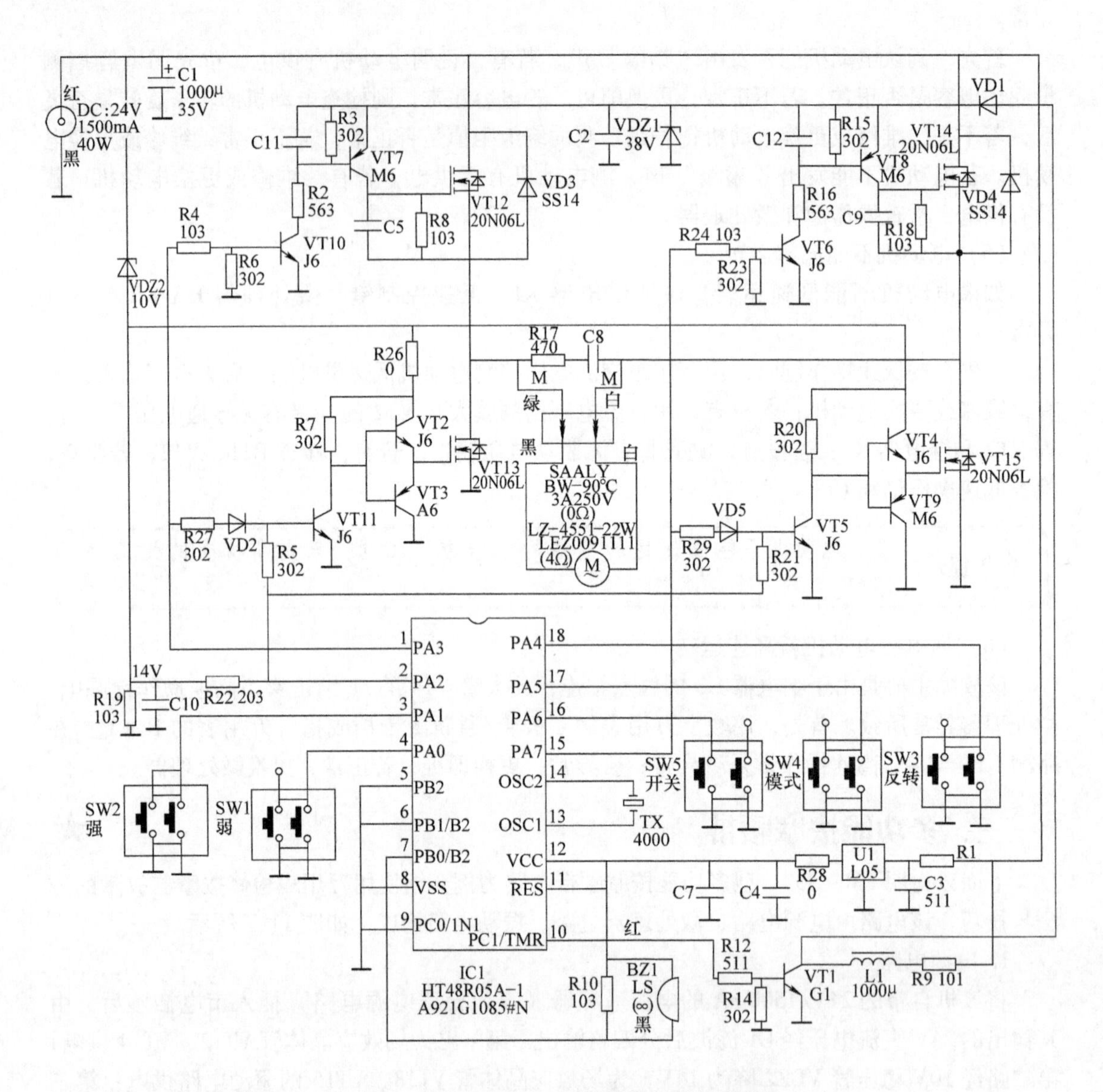

图 11-7 力明 LM－339C 型多功能按摩腰带电路

3. DC－DC 直流电源电路

按开机键 SW5 后，微处理器 IC1 的⑩脚输出 PWM 激励信号。当该信号为高电平时，通过 R12、R14 分压限流使开关管 VT1 导通，24V 电压经 L1、VT1 的 ce 结到地构成导通回路，在 L1 两端产生左负、右正的电动势。当激励信号为低电平，使 VT1 截止，L1 会产生左正、右负的电动势，该电动势经 VD1 整流与 24V 电源叠加后，经 C2 滤波，VDZ1 稳压产生 38V 直流电压。该电压为 VT7、VT8 的驱动电路供电。

4. 振动电路

振动电路由振动电动机及其供电电路和机械系统构成，下面介绍电动机及其供电电路的原理。

（1）电动机正转供电

需要振动电动机正向运转时，微处理器 IC1 的①脚输出高电平信号，⑮脚输出低电平信号。①脚输出的高电平信号一路经 R4、R6 分压限流，使 VT7 导通，从 VT7 的 c 极输出电压使场效应晶体管 VT12 导通；另一路经 R27、D2 使 VT11 导通，致使 VT3 导通、VT2 截止，也就使 VT13 截止。⑮脚输出的低电平信号一路经 R29、VD5 使 VT5 导通，致使 VT4 导通、VT9 截止，VT4 导通后，从其 e 极输出电压使场效应晶体管 VT19 导通；另一路经使 VT6 截止，相继使 VT8 和 VT14 截止。此时，C1 两端电压经 VT12、电动机、VT15 构成回路，回路中的电流使电动机正向运转。

需要振动电动机反向运转时，微处理器 IC1 的①脚输出低电平信号，⑮脚输出高电平信号。⑮脚输出的高电平信号使 VT14 导通、VT15 截止；①脚输出的低电平信号使 VT12 截止、VT15 导通，电动机获得反向供电，于是电动机反向旋转。

（2）调速

转速调整电路由微处理器 IC1 的②脚内外电路构成。需要增大转速时，IC1 的②脚输出的电压增大，经 R5、R21 使 VT11、VT5 导通加强，致使 VT3、VT9 导通加强，导致流过电动机绕组的电流增大，使电动机正转或反转的转速增大。反之，若 IC1 的②脚电压减小时，VT3、VT9 导通程度下降，流过电动机绕组的电流减小，转速下降。电动机转速增大时，振动感加强，反之减弱。

 **提示** 调整加速、减速键可使 IC1 的②脚电压在 0.4～2.8V 之间变化。

5. 过热保护电路

过热保护电路是由安装在电动机表面上的热熔断器构成的。当电动机运转异常，导致电动机表面的温度达到 90℃时热熔断器熔断，切断电动机供电线路，电动机停止工作，以免故障扩大，实现过热保护。

6. 常见故障检修

（1）整机不工作

该故障的主要原因：一是没有 24V 电源输入；二是 5V 电源异常；三是微处理器电路异常。

首先，测电源适配器有无 24V 电压输出，若没有，检修电源适配器；若有 24V 输出，而接入按摩腰带后无输出，说明电动机的供电电路异常。此时，应检查场效应晶体管 VT13、VT14 及其驱动电路是否正常。若按摩腰带电路有 24V 电压输入，测滤波电容 C7 两端有无 5V 电压，若没有，检查稳压器 U1 的输入端供电是否正常，若不正常，检查限流电阻 R1；若正常，检查 U1。若 C7 两端 5V 电压正常，检查按键 SW1～SW5、晶振 TX 是否正常，若不正常，更换即可；若正常，检查 IC1。

（2）按 SW2～SW5，电动机都不运转，但蜂鸣器鸣叫

该故障的主要原因：一是 38V 电源异常；二是电动机异常；三是微处理器 IC1 异常。

首先，测电动机的供电端子有无电压输入，若有，检查热熔断器是否开路，若开路，还需要检查过热的原因；若热熔断器正常，检修或更换电动机；若电动机无供电，说明电源电路或微处理器电路异常。测 VDZ1 两端有无 38V 电压，若没有，说明 38V 电源异常；若有，说明微处理器 IC1 异常。确认 38V 电源异常后，若 VDZ1 两端电压约为 24V，说明 38V 电源

未工作，此时，测 IC1 的⑩脚有无激励信号输出，若没有，检查 IC1；若有，检查 VT1、R12、L1。若 VDZ1 两端电压为 0，检查 R9 是否开路，若开路，检查 VT1、VDZ1、C2 是否击穿即可；若 R9 正常，检查 L1 和线路。

（3）电动机能正转，但不能反转

该故障的主要原因：一是反转键 SW3 异常；二是 VT13、VT14 构成的供电电路异常；三是微处理器 IC1 异常。

首先，按反转键 SW3 时，测微处理器 IC1 的⑱脚电位能否变为低电平，若不能，检查 SW3 和线路即可；若可以为低电平，测 IC1 的①、⑮脚输出电压是否正常，若不正常，检查 IC1；若正常，检查 VT13、VT14 组成的供电电路即可。

提示 电动机可以反转，但不能正转的检修方法相同，仅元器件不同。

第三节 用万用表检修智能型电热、电动类小家电从入门到精通

一、豆浆机/米糊机 ★

自动豆浆机、米糊机构成基本相同，都是采用微电脑控制技术，具有粉碎、加热煮沸防溢及缺水保护等功能，实现制浆、米糊的自动化，是现代生活中早餐理想的厨房用具。下面以九阳 JYDZ－22 型豆浆机为例介绍用万用表检修豆浆机故障的方法与技巧。该机电路由电源电路、微处理器电路、打浆电路、加热电路构成，如图 11-8 所示。

提示 改变图中 R19 的阻值，该电路板就可以应用于多种机型。该电路的工作原理与故障检修方法还适用于九阳 JYZD－15（R19 为 100）、JYZD－17A（R19 为 750）、JYZD－20B、JYZD－20C、JYZD－22、JYZD－23（R19 为 8.2k）等机型。

1. 供电、市电过零检测电路

将机头装入桶体，使开关 SB 接通后，再将电源插头插入市电插座，220V 市电电压经 SB 和熔断器 FU 输入到机内电路，不仅通过继电器为加热器和电动机供电，而且经变压器 T 降压，从其二次绕组输出 10V 左右的交流电压。该电压一路经 R8、R14 分压限流，利用 C12 滤波产生市电过零检测信号，加到微处理器 IC1 的⑳脚，被 IC1（SH69P42M）识别后就可以实现市电过零检测；另一路通过 VD1～VD4 桥式整流，再通过 C1、C2 滤波产生 12V 直流电压。12V 电压不仅为继电器、蜂鸣器供电，而且经三端稳压器 IC2（78L05）输出 5V 电压。5V 电压经 C3、C4 滤波，再经 R4 加到 IC1 的⑬脚，为其供电。

提示 由于 12V 直流供电未采用稳压方式，所以待机期间 C1 两端电压可升高到 15V 左右。

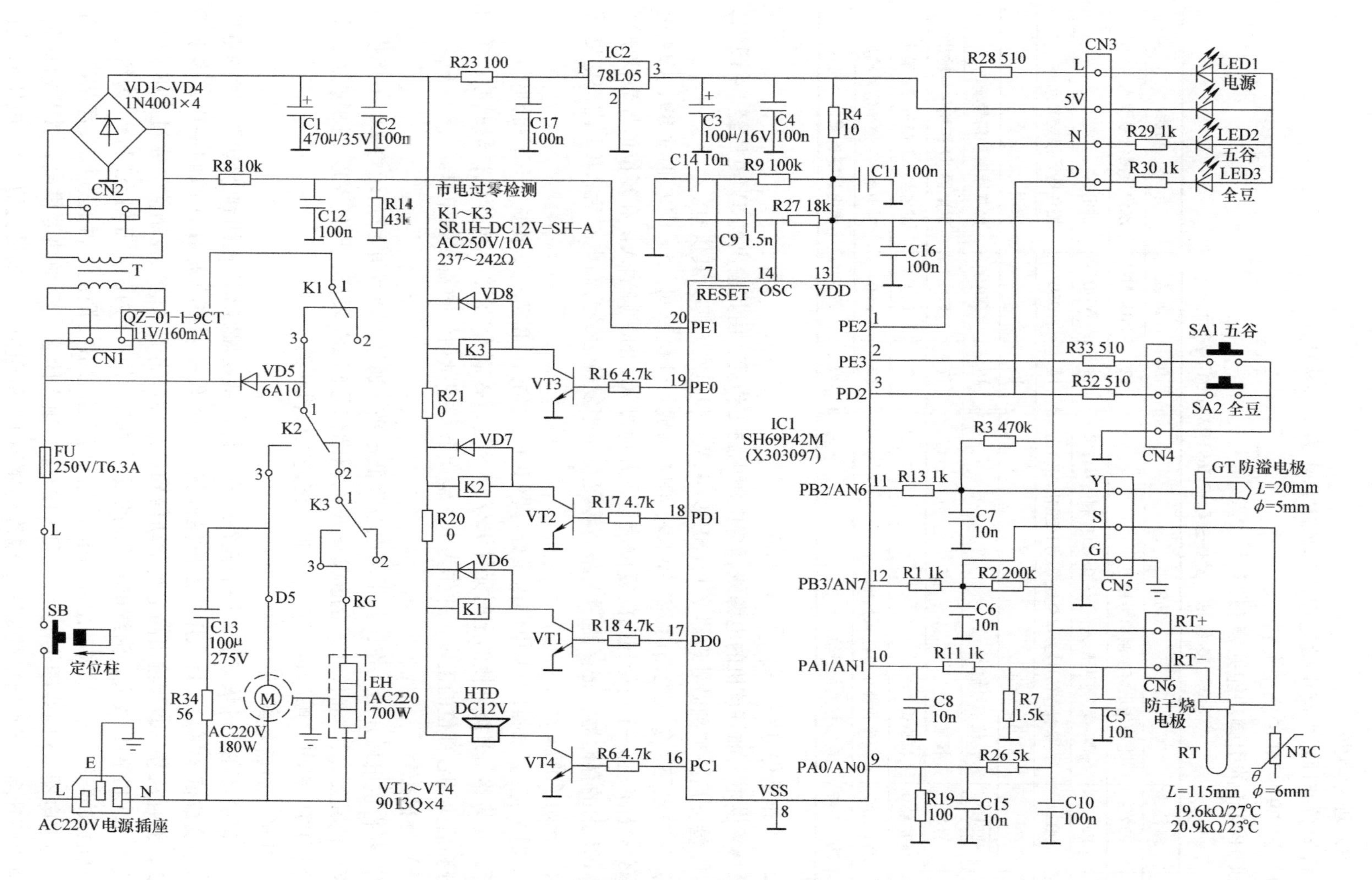

图11-8 九阳JYDZ-22型豆浆机电路

2. 微处理器电路

该机的微处理器电路由微处理器 SH69P42M 为核心构成。

（1）SH69P42M 的实用资料

SH69P42M 的引脚功能见表 11-5。

表 11-5　微处理器 SH69P42M 的引脚功能

引脚	脚名	功能	引脚	脚名	功能
1	PE2	电源指示灯控制信号输出	12	PB3/AN7	水位检测信号输入
2	PE3	AN1 操作信号输入/五谷指示灯控制信号输出	13	VDD	供电
3	PD2	AN2 操作信号输入/全豆指示灯控制信号输出	14	OSC	振荡器外接定时元件
4~6		未用，悬空	15		未用，悬空
7	$\overline{RESET}$	复位信号输入	16	PC1	蜂鸣器驱动信号输出
8	VSS	接地	17	PD0	继电器 K1 控制信号输出
9	PA0/AN0	机型设置	18	PD1	继电器 K2 控制信号输出
10	PA1/AN1	温度检测信号输入接地	19	PE0	继电器 K3 控制信号输出
11	PB2/AN6	防溢检测信号输入	20	PE1	市电过零检测信号输入

（2）工作条件电路

1）5V 供电　插好该机的电源线，待电源电路工作后，由其输出的 5V 电压经 R4 限流，再经 C11 滤波后，加到微处理器 IC1（SH69P42M）供电端⑬脚为其供电。

2）复位电路　复位电路由 IC1 和 R9、C14 构成。开机瞬间，5V 供电通过 R9、C14 组成的积分电路产生一个由低到高的复位信号，并通过 IC1 的⑦脚输入。在复位信号为低电平期间，IC1 内的存储器、寄存器等电路清零复位；当复位信号为高电平后，IC1 内部电路复位结束，开始工作。

3）时钟振荡　时钟振荡电路由微处理器 IC1 和外接的 R27、C9 构成。IC1 得到供电后，其内部的振荡器与⑭脚外接的定时元件 R27、C9 通过控制 C9 充、放电产生振荡脉冲。该信号经分频后协调各部位的工作，并作为 IC1 输出各种控制信号的基准脉冲源。

（3）待机控制

IC1 获得供电后开始工作，其①脚电位为低电平，通过 R28 为电源指示灯 LED1 提供导通回路，使其发光，同时，IC1 的⑯脚输出的驱动信号经 R6 限流，再经 VT4 倒相放大，驱动蜂鸣器 HTD 发出“嘀”的声音，表明电路进入待机状态。

3. 打浆、加热电路

杯内有水且在待机状态下，按下五谷或全豆键，微处理器 IC1 检测到②脚或③脚的电位由高电平变成低电平后，确认用户发出操作指令，不仅控制蜂鸣器 HDT 鸣叫一声，表明操作有效，而且从⑰、⑲脚输出高电平驱动信号。⑰脚输出的高电平控制信号通过 R18 限流，再经放大管 VT1 倒相放大，为继电器 K1 的线圈供电，使 K1 内的常开触点闭合，为继电器 K2 的动触点端子供电；⑲脚输出的高电平控制信号通过 R16 限流，再通过放大管 VT3 倒相放大，为继电器 K3 的线圈供电，使 K3 内的常开触点闭合，为加热器供电，其开始加热，使水温逐渐升高。当水温超过 85℃，温度传感器 RT 的阻值减小到设置值，5V 电压通过其与 R7 取样后电压升高到设置值，该电压加到 IC1 的⑩脚，IC1 将该电压值与存储器存储的不同电压对应的温度值进行比较，判断加热温度达到要求，控制⑲脚输出低电平控制信号，控制⑱脚输出高电平控制电压。⑲脚输出的低电平电压使 VT3 截止，K3 的常开触点断开，加热器停止加热；⑱脚输出的高电平电压经 R17 限流使驱动管 VT2 导通，为继电器 K2 的线圈供电，使其常开触点闭合，为电动机供电，使电动机高速旋转，开始打浆，经过 4 次（每次时间为 15s）打浆后，IC1 的⑱脚电位变为低电平，VT2 截止，电动机停转，打浆结束。此时，IC1 的⑰脚又输出高电平电压，如上所述，加热器再次加热，直至五谷或豆浆沸腾，浆沫上溢到防溢电极，就会通过 R13 使 IC1 的⑪脚电位变为低电平，被 IC1 检测后，就会判断豆浆已煮沸，控制⑰脚输出低电平电压，使加热器停止加热。当浆沫回落，离开防溢电极后，IC1 的⑪脚电位又变为高电平，IC1 的⑰脚再次输出高电平电压，加热器又开始加热，经多次防溢延煮，累计 15min 后 IC1 的⑰脚输出低电平，停止加热。同时，⑯脚输出的驱动信号经 VT4 放大，驱动蜂鸣器报警，并且控制②脚或③脚输出脉冲信号使指示灯闪烁发光，提示用户自动打浆结束。

提示 若采用半功率加热或电动机低速运转时，微处理器 IC1 的⑯脚输出的控制信号为低电平，使放大管 VT1 截止，继电器 K1 的常闭触点接通，整流管 VD6 接入电路，市电通过其半波整流后为电动机和加热器供电，不仅使电动机降速运转，而且使加热器以半功率状态加热。

4. 防干烧保护电路

当杯内无水或水位较低，使水位探针不能接触到水时，5V 电压通过 R2、R1 使微处理器 IC1 的⑫脚电位变为高电平，被 IC1 识别后，输出控制信号使加热管停止加热，以免加热管过热损坏，实现防干烧保护。同时，控制⑯脚输出报警信号，通过 VT4 放大后使蜂鸣器 HDT 长鸣报警，提醒用户该机加热防干烧保护状态，需要用户向杯内加水。

5. 常见故障检修

（1）不工作、指示灯不亮

该故障的主要故障原因：一是供电线路异常；二是电源电路异常；三是微处理器电路异常。

首先，用万用表交流电压挡测市电插座有无 220V 左右的交流电压，若不正常，检修电源插座及其线路；若正常，用电阻挡测量该机电源插头两端阻值，若阻值为无穷大，说明电源线、熔断器 FU 或电源变压器 T 的一次绕组开路。确认电源线正常，就可以拆开外壳检修。此时，测 FU 是否开路，若开路，则检查电动机和电加热管；若 FU 正常，测 T 的一次绕组两端的阻值是否正常，若正常，说明电源线开路；若阻值仍为无穷大，说明 T 的一次绕组开路。若测量电源插头的阻值正常，说明电源电路或微处理器电路异常。此时，测 C3 两端有无 5V 电压，若有，查操作键 SA1、SA2 及微处理器 IC1；若 C3 两端无电压，说明电源电路或负载异常。此时，测 C1 两端有无 12V 电压，若无电压，检查线路；若有，测 C3 两端阻值是否正常，若正常，检查三端稳压器 IC2（78L05）；若异常，检查滤波电容 C3、C4 及负载。

（2）加热温度低、打浆慢

该故障说明继电器 K1 不工作，供电由整流管 VD6 提供所致。该故障的主要原因：一是放大管 VT1 异常；二是 K1 异常；三是微处理器 IC1 异常。

加热期间，测继电器 K1 的线圈两端有无 12V 左右的直流电压，若有，检查 K1；若没有，测 VT1 的 b 极有无 0.7V 导通电压，若有，检查 VT1、K1；若没有，测微处理器 IC1 的⑰脚能否为高电平，若能，检查 R18、VT1；若不能，检查 IC1。

(3) 能打浆，但不加热

该故障的主要原因：一是加热器开路；二是放大管 VT3 或 VT2 异常；三是继电器 K3、K2 异常；四是温度传感器 RT 异常；五是微处理器 IC1 异常。

加热时，测加热器（加热管）两端有无市电电压输入，若有，检查加热器；若没有，测继电器 K3 的②脚有无供电，若没有，说明 K2 及其供电异常；若有，说明 K3 及其供电电路异常。确认 K3 及其供电异常后，测 VT3 的 b 极有无 0.7V 导通电压，若有，检查 VT3、K3；若没有，测微处理器 IC1 的⑲脚能否为高电平，若能，检查 R16、VT3；若不能，检查 IC1 的⑩脚输入的电压是否正常，若不正常，检查传感器 RT 是否漏电，R7 是否阻值增大，若它们异常，更换即可；若正常，则检测 IC11。若 IC1 的⑩脚输入的电压正常，测 IC1 的⑫脚电位是否为低电平，若不是，检查水位电极和 R1；若正常，检查 IC1。

确认 K2 及其供电异常后，测 VT2 的 b 极有无 0.7V 导通电压，若有，检查 VT2、K2；若没有，测 IC1 的⑱脚能否为高电平，若能，检查 R17、VT2；若不能，检查 IC1。

提示 温度传感器 RT 的阻值在环境温度为 27℃ 时的阻值为 19.5kΩ 左右，以上元件异常还会产生加热不正常的故障。

注意 加热器损坏，必须要检查 IC1 的⑫脚电位在无水状态下是否为高电平，否则还可能导致更换的加热器再次损坏；若 IC1 的⑫脚电位不能为高电平，则检查水位电极、R2 是否开路、C6 是否漏电。

(4) 能加热，但不打浆

该故障的主要原因：一是电动机 M 异常；二是放大管 VT2 异常；三是继电器 K2 异常；四是微处理器 IC1 异常。

执行打浆程序时，测电动机 M 的绕组有无供电，若有，维修或更换电动机；若没有，测放大管 VT2 的 b 极有无 0.7V 导通电压，若有，检查 VT2、K2；若没有，测 IC1 的⑱脚能否为高电平，若能，检查 R17、T2；若不能，检查 IC1。

(5) 不加热，蜂鸣器长鸣报警

该故障的主要故障原因：一是水位探针异常；二是微处理器 IC1 异常。

首先，检查水位探针是否锈蚀，接线是否开路，若探针正常，检查 IC1。

(6) 加热时有泡沫溢出

该故障的主要故障原因：一是防溢电极异常；二是继电器 K3 的常开触点粘连；三是放大管 VT3 的 ce 结击穿；四是微处理器 IC1 异常。

首先，在路测继电器 K3 的①、③脚间的阻值、VT3 的 c、e 极间的阻值，判断它们是否击穿；若异常，更换即可排除故障；若正常，测 IC1 的①脚电位能否为低电平，若不能，检查防溢电极；若能，查 IC1。

二、干衣暖风扇（机） 

下面以格力 QG15A 型干衣暖风扇（机）为例介绍用万用表检修干衣暖气扇常见故障的方法与技巧。该机电路由供电电路、微处理器电路、冷风电路、摆叶电动机电路、低温电路、高温电路、过热保护电路构成，如图 11-9 所示。

1. 供电电路

输入的市电电压通过熔断器 FU1、FU2 分三路输出：第一路经继电器 K1、K2 为加热器供电；第二路经双向晶闸管为风扇电动机供电；第三路通过电源变压器 T1 降压输出 9V 左右的（与市电高低有关）交流电压。该电压经 VD1 ~ VD4 桥式整流，再经 C1 滤波产生 -9V 电压。-9V 电压不仅为 K1、K2 的线圈供电，而且通过 R1 限流，VD5 稳压产生 -5V 直流电压。R2 是限压电阻。

-5V 电压经 C2 滤波后，不仅为微处理器 IC（BA3205A4M）和蜂鸣器供电，而且通过 R3 限流，为发光二极管 LED1 供电使其发光，表明电源电路已工作。

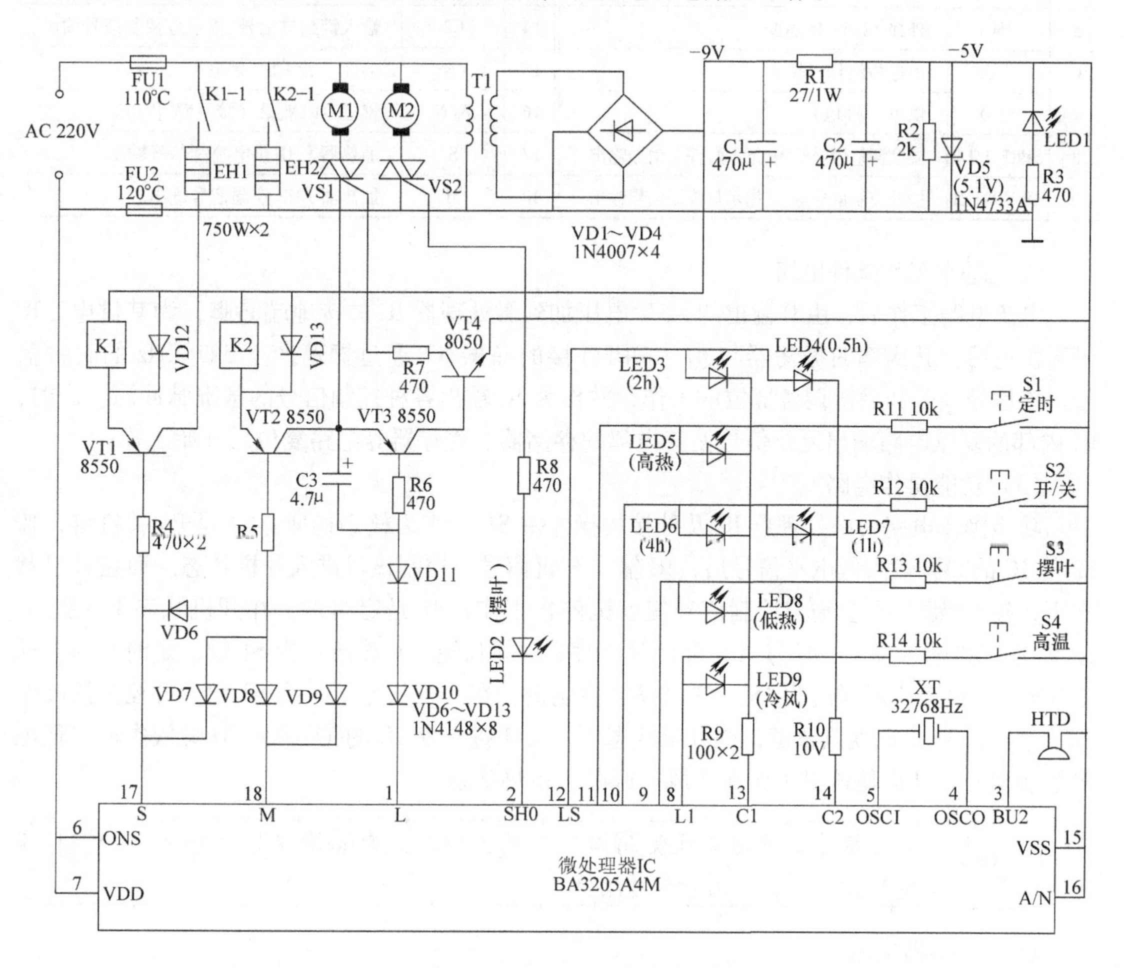

图 11-9　格力 QG15A 型干衣暖风扇电路

提示 由于该机采用负压供电方式，所以供电电压实际加到了IC的接地端，而它们的供电端接地。

2. 微处理器电路

该机的微处理器电路由芯片BA3205为核心构成。

（1）控制芯片的引脚功能

控制芯片BA3205的引脚功能见表11-6。

表11-6 控制芯片BA3205的引脚功能

引脚	脚名	功能	引脚	脚名	功能
1	L	主电动机供电控制信号输出	10	ON/OFF/L3	开关机信号输入/指示灯控制信号输出
2	SHO	摆叶电动机供电控制信号输出	11	TIMER/LA	定时控制信号输入/指示灯控制信号输出
3	BU2	蜂鸣器驱动信号输出	12	LS	指示灯控制信号输出
4	OSCO	外接32768Hz晶振	13	C1	输入键扫描信号/指示灯控制信号输出
5	OSCI	外接32768Hz晶振	14	C2	输入键扫描信号/指示灯控制信号输出
6	ONS	市电检测信号输入	15	VSS	接地（接-5V供电）
7	VDD	供电（接地）	16	A/N	累进定时效果（接-5V供电）
8	SPEED/L1	温度调整信号输入/指示灯控制信号输出	17	S	加热器EH1供电控制信号输出
9	SWING/L2	摆叶控制信号输入/指示灯控制信号输出	18	M	加热器EH2控制信号输出

（2）基本工作条件电路

电源电路工作后，由其输出的-5V电压加到微处理器IC的接地端⑮脚，为其供电。IC得到供电后，其内部的振荡器与④、⑤脚外接的晶振XT通过振荡产生32768Hz的时钟信号。该信号经分频后协调各部位的工作，并作为IC输出各种控制信号的基准脉冲源。同时，IC内部的复位电路输出复位信号使其内部的存储器、寄存器等电路复位后开始工作。

（3）功能操作电路

功能操作电路由微处理器IC及外接的操作键S1～S4为核心构成。S2是开/关机键，按S2使IC的⑩脚输入低电平信号后，IC输出开机信号，控制该机进入开机状态。而在开机状态下，按S2键，IC会输出控制信号使该机停止工作；S1是定时键，在开机状态下，按S1使IC的⑪脚输入高电平信号后，可设置定时的时间长短，每按压一次S1键，定时时间会递增30min，最大定时时间为4h；S3是摆叶控制键，在开机状态下，按S3键，可控制摆叶电动机运转；S4是温度调整键，在开机状态下，按该键可使IC的①、⑱、⑰脚依次输出低电平控制信号，从而使该机工作在冷风、低温、高热状态。

提示 累计定时功能还受⑯脚电位的控制，只有⑯脚接地（输入-5V供电）后，累计定时功能才有效。

（4）蜂鸣器电路

微处理器IC工作后，IC的③脚输出蜂鸣器驱动信号，驱动蜂鸣器HTD鸣叫一声，表明该机进入待机状态。同样，若进行开机等功能操作时，IC的③脚也会输出驱动信号，驱动蜂鸣器 HTD 鸣叫一声，表明微处理器接收到操作信号。

3. 冷风电路

该机的冷风电路由微处理器 IC（BA3205）、主电动机 M1、双向晶闸管 VS1、放大管 VT3、VT4 等构成。

需要该机工作在冷风模式时，微处理器 IC 的①脚输出驱动信号。该信号通过 VD10、VD11、R6 使 VT3 导通，从其 c 极输出的电压使 VT4 导通，利用 R7 触发双向晶闸管 VS1 导通，为主电动机 M1 供电，M1 旋转，带到扇叶为室内吹冷风。

4. 摆叶电动机电路

该机摆叶电动机电路由摆叶电动机 M2（采用的是交流同步电动机）、由微处理器 IC（BA3205）、摆叶控制键 S3 和双向晶闸管 VS2 等构成。

按操作键 S3 使 IC 的⑨脚输入转叶操作信号，致使 IC 的②脚输出驱动信号。该信号不仅使摆叶指示灯 LED2 发光，表明该机的摆叶电动机进入工作状态，而且通过 R8 触发双向晶闸管 VS2 导通，为摆叶电动机 M2 供电，使摆叶电动机运转，实现大角度、多方向送风。

5. 加热电路

加热电路由微处理器 IC（BA3205）、放大管 VT2、继电器 K1/K2、加热器 EH1/EH2、风扇电动机 M1 等构成。

（1）电动机供电

需要该机工作在低温模式时，微处理器 IC 的②脚输出低电平电压，该电压一路通过 VD9 为电动机 M1 的供电回路输出控制信号，使 M1 旋转；另一路通过 VD8、R5 使 VT2 导通，为继电器 K2 的线圈供电，使 K2 内的触点 K2－1 吸合，接通加热器 EH2 的供电回路，使其开始加热。该模式下，由于仅加热器 EH2 工作，所以风扇吹出的是热风温度较低。

需要该机工作在高温模式时，IC 的③脚输出低电平电压，该电压一路通过 VD6 为电动机 M1 的供电回路输出控制信号，使 M1 旋转；第二通过 VD7 为 EH2 的供电回路输出控制信号，使 EH2 开始加热；第三路通过 R4 使 VT1 导通，为继电器 K1 的线圈供电，使 K1 内的触点 K1－1 吸合，接通加热器 EH1 的供电回路，使其开始加热。该模式下，由于加热器 EH1、EH2 都加热，所以风扇吹出的热风温度最高。

（2）过热保护

当电动机 M1 工作异常，导致加热器过热后，温度熔断器 FU1、FU2 过热熔断，切断加热器的供电回路，加热器停止工作，以免加热器和其他部件过热损坏。

6. 常见故障检修

（1）电动机不转，电源指示灯不亮

电动机不转的故障原因：一是供电异常；二是电源电路异常；三是电动机 M1、M2 异常使熔断器 FU1、FU2 过热熔断。

首先，测量市电插座有无 220V 左右的交流电压，若没有，检修电源插座和线路；若正常，说明电风扇电路异常。拆开电风扇的外壳后，测熔断器 FU1、FU2 是否开路，若开路，则检查风道是否堵塞，若是，清理即可；若不是，按下面的电动机不转故障检修。若熔断器正常，说明电源电路异常。此时，测 C1 两端有无－9V 电压，若有，检查 R1、VD5、C2；若没有，测变压器 T1 的一次绕组有无市电电压输入，若没有，检查电源线；若有，检查 T1。

> **注意** 变压器T1的一次绕组开路后，必须要检查VD1～VD4、C1是否击穿，以免导致更换后的变压器再次损坏。

（2）主电动机不转，电源指示灯亮

该故障的主要原因：一是5V电源异常；二是操作键S2异常；三是双向晶闸管VS1异常；四是主电动机M1异常；五是微处理器IC异常。

首先，察看指示灯LED9是否发光，若不发光，检查S2和IC；若发光，测主电动机M1两端有无供电；若有，检查M1；若没有，检查供电电路。此时，测VT4的b、e极间有无0.7V电压，若有，检查VT4、R7和VS1；若没有，测IC的①脚电位能否为低电平，若不能，检查IC；若能，则检查VT3、VD10、VD11、C3。

（3）摆叶电动机不运转，其他正常

该故障的主要故障原因：一是摆叶电动机M2异常；二是双向晶闸管VS2异常；三是摆叶控制键S3异常；四是微处理器IC异常。

首先，检查指示灯LED2是否发光，若是，检查VS2和电动机M2；若LED2不发光，测微处理器IC的⑩脚有无控制信号输入，若没有，检查S3；若有，测IC的②脚有无低电平电压输出，若没有，检查IC；若有，检查LED2、R8、VS2。

> **提示** 主电动机不转，会导致加热温度升高，引起温度熔断器FU1、FU2熔断，最终产生不工作，电源指示灯不亮的故障。

（4）通电后，主电动机就高速运转

该故障的主要故障原因：一是放大管VT3、VT4的ce结击穿；二是双向晶闸管VS1击穿。通过在路测量就可以确认是它们中间的哪个击穿。

（5）低温模式时吹出的是冷风

该故障的主要故障原因：一是加热器EH2开路；二是继电器K2异常；三是放大管VT2异常。

低温模式，由于风扇电动机转，所以说明操作键和微处理器正常，故障就发生在加热器HE2或其供电电路上。首先，测EH2两端有无市电电压输入，若有，检查EH2；若没有，检查VT2、K2。

> **提示** 若VT1、K1、EH1组成的加热电路异常使EH1不发热，不仅会产生低温不加热故障，而且会产生高温加热期间温度低的故障。

三、足疗养生机/足浴盆 ★

下面以溢泉YQ－3018型足疗养生机为例介绍用万用表检修足疗养生机/足浴盆故障的方法与技巧。该电路由电源电路、控制电路、加热电路、振动电路、冲浪电路等构成。

1. 电源电路

该机的电源电路是由新型绿色电源模块Viper－12（U1）为核心构成的并联型开关电源，如图11-10所示。Viper－12的内部构成框图如图11-11所示，它的引脚功能见表11-7。

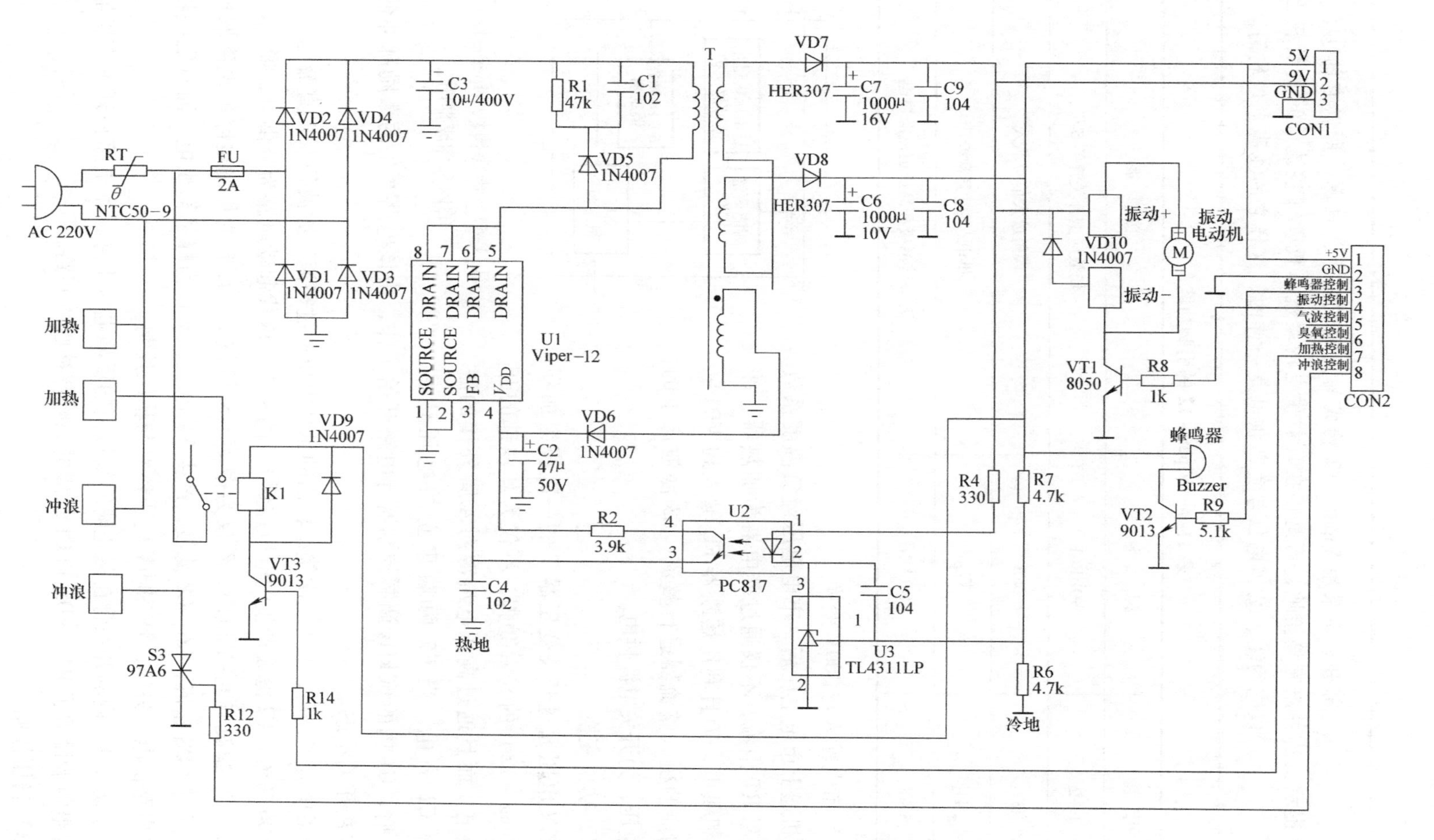

图 11-10 溢泉 YQ－3018 型足疗养生机功率板电路

> **提示** 部分设备采用 Viper－12 构成的是串联型开关电源，所以它的①、②脚并未直接接地，而是接在负载供电的续流二极管（整流管）的负极上，所以它的①、②脚电位与负载供电是一样的，这样它的④脚电位较高。

表 11-7　Viper－12 的引脚功能

引　脚	脚　　名	功　　能
1、2	SOURCE	场效应型开关管的 S 极
3	FB	误差放大信号输入
4	V_{DD}	供电/供电异常检测
5～8	DRAIN	开关管漏极和高压恒流源供电

（1）市电输入与 300V 变换

该机通上市电电压后，市电电压经负温度系数热敏电阻 RT 限流，不仅通过继电器为加热器、冲浪电动机供电，而且利用熔断器 FU 输入到 VD1～VD4 构成的桥式整流器进行整流，C3 滤波产生的 300V 电压，为开关电源供电。

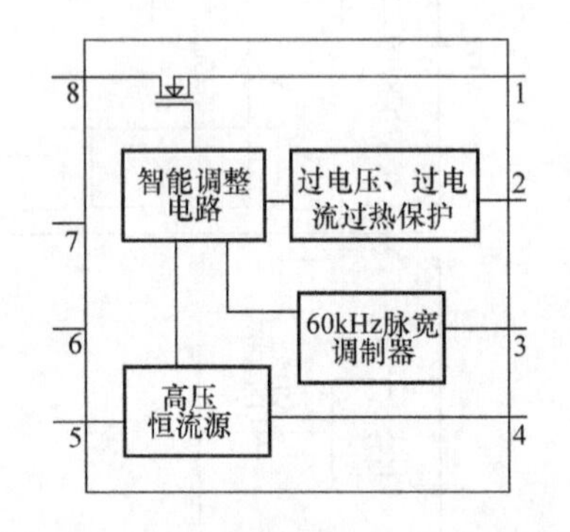

图 11-11　电源模块 Viper－12 的内部构成框图

（2）功率变换

300V 电压通过开关变压器 T 的一次绕组加到 U1（Viper－12）的⑤～⑧脚，不仅为其内部的开关管供电，而且通过高压电流源对④脚外接的滤波电容 C2 充电。当 C2 两端建立的电压达到 14.5V 后，U1 内的 60kHz 调制控制器等电路开始工作，由该电路产生的激励脉冲使开关管工作在开关状态。

开关电源工作后，T 的二次绕组输出的脉冲电压通过整流、滤波便获得直流电压。一路通过 VD6 整流，C2 滤波产生的电压加到 U1 的④脚，取代起动电路为其供电；通过 VD7 整流，C7、C9 滤波产生 9V 电压，不仅为振动电动机供电，而且为控制电路的温度取样电路供电；通过 VD8 整流，C6、C8 滤波，产生 5V 电压，不仅为蜂鸣器供电，而且继电器、微处理器电路供电。另外，5V 和 9V 电压还参与稳压控制。

为了防止 U1 内的开关管在截止瞬间被过高的反峰电压击穿，本电路在开关变压器 T 的一次绕组两端设置了 R1、VD5 和 C1 组成的尖峰脉冲吸收回路。

（3）稳压控制

当市电电压升高或负载变轻引起开关电源输出电压升高时，滤波电容 C9 两端升高的电压通过 R4 为光耦合器 U2（PC817）的①脚提供的电压升高，同时 C6 两端升高的电压经 R7、R6 取样的电压超过 2.5V，再经三端误差放大器 U3（TL431ILP）放大后，使 U2 的②脚电位下降，U2 内的发光管因导通电压增大而发光加强，其内部受控的光敏管因受光加强而导通加强，从其④脚输出的电压升高，该电压被 U1 的③脚内部电路处理后，使开关管导通时间缩短，开关变压器 T 存储的能量下降，开关电源输出电压下降到正常值，反之，稳压控制过程相反。因此，通过该电路的控制确保开关电源输出电压的稳定。

（4）欠电压保护

当 C2 漏电使 IC1 的④脚在开机瞬间不能建立 14.5V 以上的电压时，U1 内部的电路不能起动；若 VD6 导通电阻大或 T 异常，为 U1 提供起动后的工作电压低于 8V 时，U1 内的欠电压保护电路动作，避免了开关管因激励不足而损坏。另外，U1 还具有过电压和过电流保护电路。

2. 微处理器电路

该机的微处理器电路由微处理器 HT46R47/HT46C47（U4）和移位寄存器 HT74HC164M 为核心构成，如图 11-12 所示。

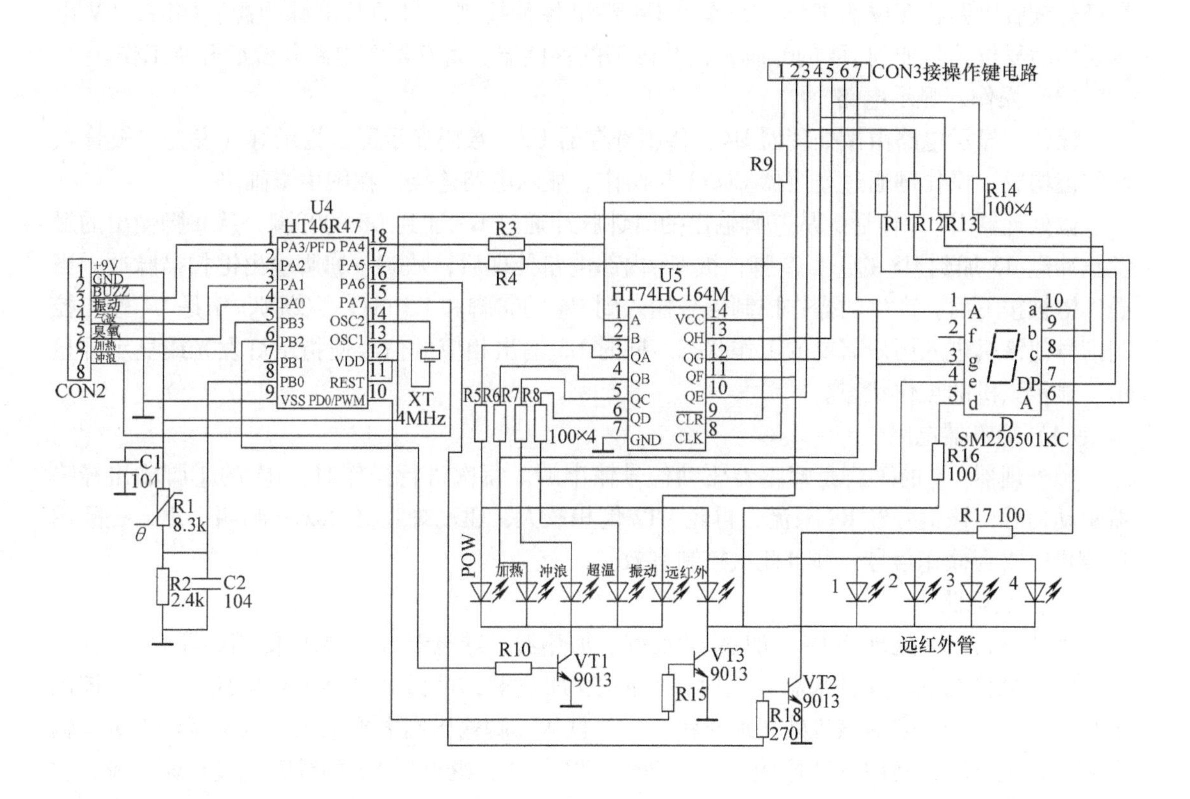

图 11-12　溢泉 YQ－3018 型足疗养生机微处理器电路、显示电路

（1）HT46R47/HT46C47 的简介

专用芯片 HT46R47/HT46C47 的引脚功能见表 11-8。

表 11-8　HT46R47/HT46C47 的引脚功能

脚号	功　　能	脚号	功　　能
1	蜂鸣器驱动信号输出	10	远红外灯/显示屏控制信号输出
2	振动电动机供电控制信号输出	11	复位信号输入
3	气波形成控制信号输出	12	5V 供电
4	臭氧形成控制信号输出	13	外接晶振
5	加热器供电控制信号输出	14	外接晶振
6	冲浪指示灯/操作显示信号输出	15	冲浪水泵电动机供电控制信号输出
7	未用，悬空	16	显示屏驱动信号输出
8	水温检测信号输入	17	时钟脉冲信号输出
9	接地	18	触发脉冲输出/操作信号输入

（2）微处理器的工作条件

5V 电压经电容滤波后加到微处理器 U4（HT46R47）的供电端⑫脚为其供电。U4 得到供电后，其内部的振荡器与⑬、⑭脚外接的晶振 XT 通过振荡产生 4MHz 的时钟信号，该信号经分频后协调各部位的工作，并作为 U4 输出各种控制信号的基准脉冲源。同时，5V 电压还作为复位信号加到 U4 的⑪脚，使其内部的存储器、寄存器等电路复位后开始工作。

（3）操作、显示电路

操作、显示电路由微处理器 U4、移相寄存器 U5、数码显示屏、指示灯（发光二极管）、操作键构成。操作键通过连接器 CON3 与操作、显示电路连接，在图中未画出。

微处理器 U4 工作后，从⑰脚输出的时钟脉冲通过 R4 加到 U5 的⑧脚，从⑱脚输出的触发脉冲经 R3 加到 U5 的①、②脚，被 U5 内部电路处理后，从⑩～⑬脚输出键扫描脉冲，当操作键被按下后，产生的操作控制信号输入到 U4 的⑱脚和 U5 的①、②脚，于是 U4 输出控制信号使该机进入用户需要的工作状态，同时 U5 输出相应的信号使指示灯发光或显示屏显示，显示该机的工作状态。

（4）蜂鸣器电路

微处理器 U4 的①脚是蜂鸣器驱动信号输出端。每次进行操作时，U4 的①脚输出蜂鸣器驱动信号，该信号经 R9 限流，再经 VT2 倒相放大，驱动蜂鸣器 Buzzer 鸣叫一声，提醒用户该机已收到操作信号，并且此次控制有效。

3. 加热电路

加热电路由微处理器 U4、加热/冲浪键、加热器、继电器 K1、温度传感器等构成。

在开机状态下，并且水温较低时，按冲浪/加热键，被微处理器 U4 识别后，不仅控制加热指示灯发光，表明该机处于加热状态，而且从⑤脚输出高电平电压。该电压经 CON2 输入到功率板电路，利用 R14 限流，使驱动管 VT3 导通，继电器 K1 的线圈流过导通电流，它的常开触点闭合，为加热器供电，其开始发热，使水温逐渐升高。当水温达到设置值（42℃左右）时，温度传感器 RT 的阻值减小到设置值，5V 电压经 RT、R2 分压后升高到设置值，该电压被 U4 与内部存储器固化的电压/温度数据比较后，判断温度达到要求后，控制⑤脚输出低电平信号，使 VT3 截止，K1 的触点断开，加热器停止加热。同时，输出控制信号使加热指示灯熄灭。

4. 冲浪电路

冲浪电路由微处理器 U4、加热/冲浪键、冲浪水泵、单向晶闸管 S3 等构成。

在水温达到要求时，按冲浪/加热键，被微处理器 U4 识别后，不仅控制冲浪指示灯发光，表明该机进入冲浪状态，同时控制⑮脚输出高电平控制电压。该电压经 CON2 输入到功率板，利用 R12 限流，使单向晶闸管 S3 导通，接通冲浪水泵电动机的供电回路，冲浪水泵电动机获得供电后开始运转，带动水泵产生冲浪效果，实现脚部的立体按摩。

5. 振动电路

振动电路由微处理器 U4、振动/远红外键、直流电动机等构成。

当需要振动按摩功能时，按振动/远红外键，被微处理器 U4 识别后，从②脚输出高电平控制电压，该电压经 CON2 输入到功率板，利用 R8 限流，使驱动管 VT1 导通，接通振动电动机的供电回路，该电动机获得供电后开始运转，带动机械对脚部进行振动按摩。

6. 远红外电路

振动电路由微处理器 U4、振动/远红外键、远红外发光管等构成。

当需要远红外按摩功能时，按振动/远红外键，被微处理器 U4 识别后，从⑩脚输出 PWM 控制电压，该电压经 R15 限流，再经 VT3 倒相放大，为远红外发光管供电，使其发光，实现远红外按摩功能。

7. 常见故障检修

（1）整机不工作

该故障的主要原因：一是没有市电电压输入，二是熔断器 FU 熔断，三是电源电路异常，四是微处理器电路异常。

首先，用万用表交流电压挡检测电源插座有无 220V 市电电压，若没有，检查插座和线路；若有，说明该机内部电路异常。首先，检查熔断器 FU 是否熔断，若未熔断，检查电源电路和微处理器电路；若 FU 熔断，说明开关电源有过电流现象。

确认 FU 过电流熔断时，首先测 C3 两端阻值是否正常，若阻值小，说明 C3 或 U1 内的开关管击穿，悬空引脚后再测，就可以确认；若 C3 两端阻值正常，在路检测 VD2 ~ VD4 是否正常即可。

确认 FU 正常时，首先测 C6 两端有无 5V 电压，若没有，检查开关电源；若正常，检查微处理器电路。检查开关电源时，测 U1 的④脚对地电压是否正常，若不正常，检查 VD5 ~ VD8、C2 是否正常，若不正常，更换即可；若正常，检查 U1。若④脚电压正常，测③脚电压是否正常，若不正常，检查 U2；如正常，检查 U1、T。若 C6 两端有 5V 电压，测微处理器 U4 的⑫脚有无 5V 供电，若没有，检查线路；若有，检查电源开关键及其他按键是否正常，若不正常，更换即可；若正常，依次检查晶振 XT、U4 和 U5。

（2）没有振动功能，其他正常

该故障的主要原因：一是振动电动机及其供电电路异常；二是微处理器电路异常。

首先，查看振动指示灯是否发光，若发光，说明微处理器电路基本正常，测电动机的供电端子有无 9V 直流电压输入，若有，检修或更换电动机；若没有，测 CON2 的④脚有无高电平电压输入，若有，检查 VT1 和 R8；若没有，测微处理器 U4 的②脚有无高电平电压输出；若有，检查线路；若没有，检查 U4。若振动指示灯不发光，则依次检查按键、U4 和 U5。

（3）无冲浪功能

该故障的主要原因：一是冲浪水泵电动机或其供电电路异常，二是微处理器电路异常，三是水泵的扇叶被异物缠住。

首先，检查冲浪指示灯是否发光，若发光，检查水泵的扇叶是否被异物缠住，若是，清理异物；若没有异物，测冲浪水泵电动机有无供电，若正常，检修或更换水泵电动机；若没有供电，说明供电电路异常。此时，用万用表电压挡测单向晶闸管 S3 的 G 极有无 0.7V 导通电压输入，若有，检查 S3 和线路；若没有，测 CON2 的⑧脚有无高电平电压输入，若有，检查 VT3 和 R12；若没有，测微处理器 U4 的⑮脚有无高电平电压输出，若有，检查线路；若没有，检查 U4。若振动指示灯不发光，则依次检查按键、U4 和 U5。

（4）不能加热

该故障的主要原因：一是加热器或其供电电路异常，二是温度检测电路异常，三是微处理器电路异常。

首先，查看加热指示灯是否发光，若发光，检查加热器有无供电，若有，检查加热器及其保护器；若没有供电，测驱动管 VT3 的 b 极有无导通电压，若有，检查 VT3 和继电器 K1；若没有导通电压，测微处理器 U4 的⑤脚有无供电电压，若没有，检查 U4；若有，检查 U4 与 VT3 间电路。若加热指示灯不发光，则检查按键、U4 和 U5。

第四节　用万用表检修电磁炉从入门到精通

一、LM339 为核心构成的电磁炉 

下面以富士宝 IH－P190B 型电磁炉为例介绍用万用表检修 LM339 构成的电磁炉故障的方法与技巧。该机电路由市电滤波、300V 供电电路、低压电源电路、主回路（谐振回路）、功率管驱动电路、保护电路、操作与控制电路等构成，如图 11-13 所示。

1. 市电滤波、300V 供电电路

该机输入的市电电压通过保险管 FUSE 进入主板，经 C21 滤除干扰脉冲后，一路送到低压电源电路；另一路通过电流互感器 T2 的一次绕组送给整流堆 VD 进行桥式整流，产生的脉动电压通过扼流圈 L1 和 C22 滤波产生 300V 左右的直流电压，为功率变换器（主回路）供电。

市电输入回路所接的压敏电阻 RZ 用于市电过电压保护。市电电压正常时，RZ 相当于开路；市电过电压（峰值达到 470V）时 RZ 击穿，使 FUSE 过电流熔断，以免 300V 供电等元器件过电压损坏。

2. 低压电源电路

该机的低压电源采用的是变压器降压、线性稳压电源电路。

输入到变压器 T1 一次绕组的市电电压通过它降压后，从 T1 二次绕组输出 10V 和 18V（与市电电压高低有关）交流电压。其中，10V 电压通过 VD4～VD7 组成的整流堆桥式整流，C12 滤波产生 14V 左右的直流电压，该电压经三端稳压器 VL1（7805）稳压，C13 滤波获得的 5V 直流电压，为微处理器、温度取样、操作键电路、指示灯等供电。18V 交流电压通过 VD13 整流，C15 滤波产生 25V 左右直流电压，该电压通过 R27 限流，稳压管 VZD2 稳

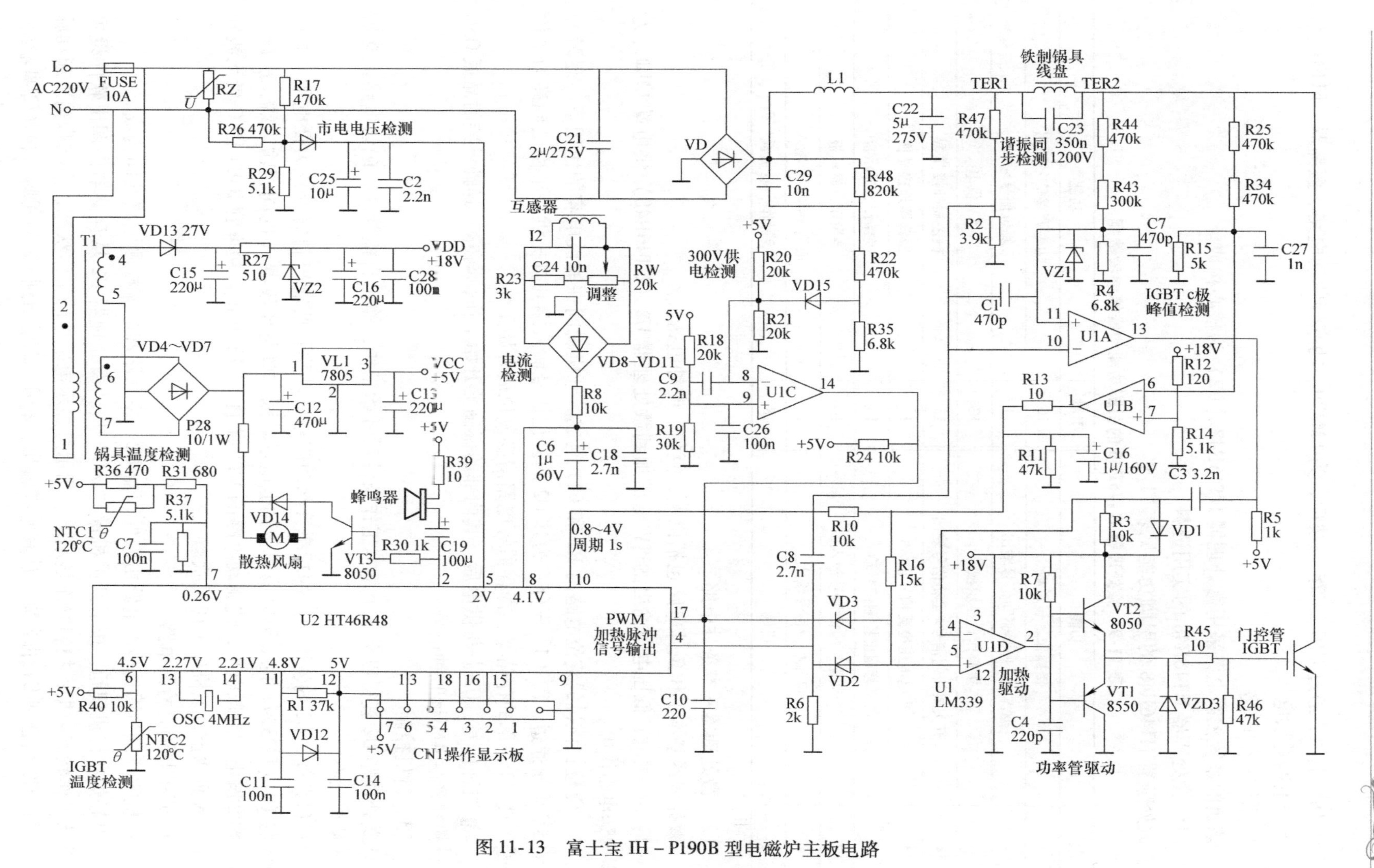

图 11-13 富士宝 IH－P190B 型电磁炉主板电路

压产生18V电压，通过C16、C28滤波后，为LM339、功率管驱动电路、振荡器、风扇电动机、保护电路等供电。

3. 系统控制电路

该机的系统控制电路采用微处理器HT46R48（U2）为核心构成。

（1）微处理器HT46R48的实用资料

微处理器HT46R48的引脚功能见表11-9。

表11-9　微处理器HT46R48的引脚功能和维修参考数据

引脚	功能	引脚	功能
1	接操作、显示板	10	功率调整信号输出
2	风扇/蜂鸣器驱动信号输出	11	复位信号输入
3	接操作、显示板	12	5V供电
4	开关机控制信号/起动信号输出	13	振荡器外接晶振
5	市电电压检测信号输入	14	振荡器外接晶振
6	功率管温度检测信号输入	15	接操作、显示板
7	炉面温度检测信号输入	16	接操作、显示板
8	电流检测信号输入	17	浪涌检测信号输入
9	接地	18	接操作、显示板

（2）微处理器基本条件电路

微处理器基本工作条件电路包括供电、复位、时钟电路。

1）5V供电：低压电源输出的5V电压加到微处理器U2（HT46R48）供电端⑫脚，为U2内部电路供电。

2）复位：该机的复位电路由R1和C11组成。开机瞬间在滤波电容的作用下，逐渐升高的5V电压通过R1、C11积分，为其U2的复位信号输入端⑪脚提供一个由低到高的复位信号，使U2内部的存储器、寄存器等电路清零复位后开始工作。

3）时钟信号：U2获得供电后，其内部的振荡器开始工作，与⑬、⑭脚外接的晶振OSC通过振荡产生4MHz时钟信号。

（3）待机控制

微处理器U2获得以上3个基本工作条件后开始工作，输出自检脉冲，确认电路正常后进入待机状态。

待机期间，U2的④脚输出的功率管起动信号（功率管使能控制信号）为低电平，通过VD3将U1（LM339）的⑤脚电位钳位到低电平。因⑤脚是比较器A的同相输入端，所以其输出端②脚电位为低电平，使驱动电路的VT1导通、VT2截止，功率管IGBT因G极无激励电压输入而截止，该机处于待机状态。

4. 开机与锅具检测电路

该机的开机与锅具检测电路由微处理器U2、主回路和电流检测电路共同构成。

电磁炉在待机期间，按下开关机键“I/O”后，微处理器U2从存储器内调出软件设置的默认工作状态数据，控制操作显示屏、指示灯显示电磁炉的工作状态，由④脚输出起动脉冲，通过C8耦合到U1的⑩脚，从其⑬脚输出，利用C3返回到U2的④脚，再从②脚输出，经驱动电路 VT1、VT2 推挽放大，R45 限流使功率管 IGBT 导通，线盘和谐振电容 C23 产生电压谐振。主回路工作后，市电输入回路产生的电流被互感器 T2 检测并耦合到二次绕组后，通过电容抑制干扰脉冲，再通过 R23 和可调电阻 RW 进行限压，利用 VD8 ~ VD11 桥式整流，通过 C18 滤波产生直流取样电压，加到 U2 的⑧脚。当炉面上放置了合适的锅具，因有负载使流过功率管的电流增大，电流检测电路产生的取样电压，被 U2 检测后判断炉面已放置了合适的锅具，输出加热信号使电磁炉进入加热状态。反之，判断炉面未放置锅具或放置的锅具不合适，控制电磁炉停止加热，U2 通过②脚输出报警信号，该信号通过电容 C19 耦合后驱动蜂鸣器发出警报声，同时还控制显示屏显示故障代码，提醒用户未放置锅具或放置的锅具不合适。R39 是蜂鸣器的供电电阻。

5. 同步控制、振荡电路

该机同步控制、振荡电路由主回路脉冲取样电路，U1（LM339）的⑩、⑪、⑬脚内的比较器 A（U1A），U1 的④、⑤、②脚内的比较器 A（U1D），以及定时电容 C3、定时电阻 R5、R6 等构成。

线盘下端电压通过 R44、R43、R4 取样产生的取样电压加到比较器 U1A 的同相输入端⑪脚，同时其上端电压通过 R42、R2 取样产生的取样电压加到 U1A 的反相输入端⑩脚。开机后，微处理器 U2 输出的起动脉冲通过驱动电路放大使功率管导通，线盘产生上正、下负的电动势，使 U1A 的⑩脚电位高于其⑪脚电位，经 U1A 比较后使其⑬脚内部导通，使 U1D 的反相输入端④脚电位为低电平，致使 U1D 的②脚电位为高电平，驱动电路的 VT2 导通、VT1 截止，从 VT2 的 e 极输出的电压通过 R45 限流使 IGBT 继续导通，同时 5V 电压通过 R5、C3、U1A 的⑬脚内部电路构成的回路对 C3 充电。当 C3 所充电压使 U1A 的④脚超过其⑤脚电位后，U1A 的②脚内部导通使②脚电位变为低电平，使 VT1 导通、VT2 截止，IGBT 迅速截止，流过线盘的导通电流消失，于是线盘通过自感产生下正、上负的电动势，使 U1D 的⑪脚电位高于⑩脚电位，于是 U1A 的⑬脚电位变为高电平，致使 U1A 的④脚电位超过⑤脚电位，U1A 的②脚电位为低电平，确保 IGBT 截止，同时 C3 两端电压通过 VD1、R5 构成的放电回路放电，使 U1A 的④脚电位开始下降。在主回路的谐振期间，无论线盘对谐振电容 C23 充电期间，还是 C23 对线盘放电期间，线盘的下端电位都会高于上端电位，IGBT 都不会导通，只有线盘通过 C22、IGBT 内的阻尼管放电期间，使 U1A 的⑩脚电位高于⑪脚电位，U1A 的⑬脚电位变为低电平，C3 开始放电使 U1A 的④脚电位开始下降。当线盘通过阻尼管放电结束，并且 U1D 的④脚电位低于⑤脚电位后，U1D 的②脚再次输出高电平电压，通过驱动电路放大使 IGBT 再次导通，从而实现同步控制。因此，该电路不仅实现功率管的零电压导通控制，而且为 PWM 电路提供了锯齿波脉冲。该脉冲是由 C3 通过充放电产生的，C3 充电期间产生锯齿波的上升沿，C3 放电期间产生锯齿波的下降沿。

提示 由于 C3 不仅充电需要采用 5V 电压通过电阻完成，而且放电也需要通过 5V 电源才能构成回路，所以会对锯齿波脉冲产生一些不良影响，增加了功率管的故障。

6. 功率调整电路

该机的功率调整分手动调整和自动调整两部分。

(1) 手动调整

该机的功率手动调整电路由微处理器 U2 和 U1（LM339）的②、④、⑤脚内的比较器 A（U1D）等元器件构成。

需要减小输出功率时，U2 的 PWM 端子⑩脚输出的功率调整信号占空比减小，通过 R10、C16 平滑滤波产生直流的控制电压减小。该电压通过 R16 为 U1D 的⑤脚提供的电压降低，由于 U1D 的反相输入端④脚输入的是锯齿波信号，所以 U1D 的②脚输出的激励脉冲的低电平时间延长，使 VT1 导通时间延长，VT2 导通时间缩短，致使功率管 IGBT 导通时间缩短，为线盘提供的能量减小，输出功率减小，加热温度低。反之，若功率调整信号占空比增大，使 U1D 的⑤脚输入的直流电压升高时，IGBT 导通时间延长，电磁炉输出功率增大，加热温度升高。

(2) 自动调整

该机的功率自动控制电路由电流互感器 T2、整流管 VD8 ~ VD11、微处理器 U2 等构成。

当主回路电流增大使 T2 二次绕组输出电压升高后，通过电容抑制干扰脉冲，再通过 R23 和可调电阻 RW 进行限压，利用 VD8 ~ VD11 桥式整流，通过 C18 滤波后为 U2 的⑧脚提供的直流取样升高，被 U2 识别后判断主回路过电流，使⑩脚输出的调整信号的占空比减小，如上所述，功率管导通时间缩短，流过线盘的电流减小，加热功率减小，反之控制过程相反，从而实现电流自动调整。

提示 RW 是用于设置最大取样电流的可调电阻，调整它就可改变输入到 U2 的⑧脚电压高低，也就可改变 U2 的⑩脚输出的功率调整信号的占空比。

7. 风扇散热系统

开机后，微处理器 U2 的风扇、蜂鸣器驱动端②脚输出的风扇驱动信号通过 R30 限流，再经 VT3 倒相放大，为风扇电动机的绕组供电，风扇电动机开始旋转，对散热片进行强制散热，以免功率管、整流堆过热损坏。

VD14 是钳位二极管，它用于限制 VT3 截止瞬间产生的反峰电压，以免 VT3 过电压损坏。

8. 保护电路

该机为了防止功率管因过电压、过电流、过热等原因损坏，设置了多种保护电路。保护电路通过两种方式来实现保护功能：一种是通过 PWM 电路切断激励脉冲输出，使功率管停止工作；另一种是通过 CPU 控制功率调整信号的占空比，使功率管截止。

(1) 功率管 C 极过电压保护电路

功率管 C 极过电压保护电路由取样电路和 U1（LM339）的⑥、⑦、①脚内的比较器 B（U1B）为核心构成。

18V 电压通过取样电路 R12、R14 取样后产生 6V 电压，作为参考电压加到 U1B 的同相输入端⑦脚，同时功率管 IGBT c 极产生的反峰电压通过 R25、R34、R15 产生取样电压，加到 U1B 的反相输入端⑥脚。当 IGBT c 极产生的反峰电压在正常范围内时，U1B 的⑦脚电位高于⑥脚电位，于是 U1B 的①脚内部电路为开路状态，不影响 U1 的⑤脚电位，电磁炉正常工作。一旦功率管 c 极产生的反峰电压过高时，通过取样使 U1B 的⑥脚电位超过⑦脚电位后 U1B 的①脚内部电路导通，通过 R13 将 C16 两端电压钳位到低电平，于是 U1D 的②脚输出的激励电压占空比降为0，使功率管截止，避免了过电压损坏。当功率管c极电压恢复正常使U1B截止后，功率管再次进入工作状态。

（2）浪涌保护电路

浪涌保护电路由取样电路和U1（LM339）的⑧、⑨、⑭脚内的比较器C（U1C）为核心构成。

5V电压通过取样电路R18、R19取样产生3V电压，作为参考电压加到U1C的同相输入端⑨脚，同时300V直流电压通过R48、R22、R35分压限流，再通过二极管VD15加到U1C的反相输入端⑧脚。当市电电压没有干扰脉冲时，U1C的⑨脚电位高于⑧脚电位，于是U1C的⑭脚内部电路为开路，使二极管VD2截止，不影响U1的⑤脚电位，PWM电路正常工作，电磁炉工作在加热状态。一旦市电窜入干扰脉冲，300V直流电压内叠加了大量尖峰脉冲，通过取样使U1C的⑧脚电位超过⑨脚电位，于是U1C的⑭脚内部电路导通，通过VD2将U1的⑤脚电位钳位到低电平，U1的②脚不能输出激励脉冲，最终使功率管IGBT截止，避免了过电压损坏。另外，U1的⑬脚内电路导通后还会把U2的⑰脚电位变为低电平，被U2检测后也会使电磁炉停止工作。

（3）市电检测电路

市电电压检测电路由取样电路和微处理器U2构成。

220V市电电压通过R16、R17、R29分压限流，再由二极管整流（图中未画出），利用C25滤波后产生市电取样电压加到U2的⑤脚。当市电电压过高或过低时，相应升高或降低的取样被U2检测后，U2判断市电电压异常输出停止加热的控制信号，避免了功率管等元器件因市电异常而损坏。同时，驱动蜂鸣器报警，并控制显示屏显示故障代码，提醒用户该机进入市电异常保护状态。

（4）功率管温度检测电路

功率管温度检测电路由功率管温度传感器（负温度系数热敏电阻）NTC2、微处理器U2等构成。

功率管温度传感器NTC2安装在功率管、整流堆的散热片上。当散热片的温度在正常范围内时，NTC2的阻值较大，与R40对5V供电分压，为U2的⑥脚提供的检测电压较高，被U2检测后判断功率管温度正常，控制电磁炉正常工作；若功率管过热后，NTC2的阻值减小，使U2的⑥脚电位下降，被U2检测后判断功率管过热，输出停止加热的信号，使功率管停止工作，同时驱动蜂鸣器鸣叫报警，并控制显示屏显示故障代码，提醒用户该机进入功率管过热保护状态。

（5）炉面温度检测电路

该机的炉面温度检测电路由炉面温度传感器NTC1、微处理器U2等构成。

炉面温度传感器NTC1紧贴在炉面下面安装。当炉面的温度正常时，NTC1的阻值较大，与R31、R37对5V供电分压，为U2的⑦脚提供的检测电压较低，被U2检测后判断炉面温度正常，控制该机正常工作；当因干烧等原因使炉面过热后，NTC1的阻值急剧减小，使U2的⑦脚输入的电压增大，被U2检测后判断炉面过热输出控制信号停止加热，并驱动蜂鸣器报警，控制显示屏显示故障代码，提醒用户该机进入炉面温度过热保护状态。

9. 常见故障检修

（1）整机不工作且熔断器FUSE熔断

整机不工作且熔断器熔断故障，说明有元器件击穿导致熔断器过电流熔断。该故障的主要原因：一是高频滤波电容 C21、压敏电阻 RZ 击穿；二是整流堆 VD 击穿；三是功率管 IGBT 击穿；四是滤波电容 C22 击穿。

首先，用通断测量挡在路测 C21，若蜂鸣器鸣叫，说明 C21 或 RZ 击穿；若不鸣叫，在路测 VD 内各个二极管，若蜂鸣器鸣叫，说明 VD 击穿；若 VD 正常，接着在路测 C22，若蜂鸣器鸣叫，说明 C22 或 IGBT 击穿。此时，测 IGBT 的 G、S 极，若蜂鸣器也鸣叫，说明 IGBT 击穿；若不鸣叫，说明 C22 击穿。

提示

若整流堆 VD 击穿，必须要检查 IGBT 是否击穿，以免更换后的整流堆过电流损坏。

若功率管 IGBT 击穿，还必须测量 C16 两端的 18V 供电是否正常，若不正常，检查 C15 两端电压是否正常，若正常，检查 R27、VZD2、C16、C28 和负载；若 C15 两端电压也不正常，检查 VD13 和 C15。若 C16 两端的 18V 供电正常，说明谐振电路、同步控制等电路异常。此时，检查谐振电容 C23 是否异常；若异常，必须更换；若正常，检查限流电阻 R44、R43、R47 是否阻值增大，若阻值增大，必须更换；若正常，检查 C3、VD1、R5、R6、C24、RW、C4 是否正常，若不正常，更换即可；若正常，更换 LM339。

(2) 整机不工作，但熔断器 FUSE 正常

熔断器正常，整机不工作故障，说明电源电路、微处理器电路未工作。

首先，在路测三端稳压器 VL1 的输出端③脚有无 5V 电压输出，若有，检查微处理器电路；若没有，说明电源电路异常。

确认电源电路异常时，测 C12 两端电压是否正常，若正常，检查 VL1、C13 和负载；若不正常，测变压器 T1 输出的交流电压是否正常，若正常，检查整流管 VD4 ~ VD7 是否导通性能差，C12 是否异常；若 T1 输出电压异常，检查 T1 及其供电。

确认微处理器电路异常后，检查微处理器 U2 的⑪脚有无复位信号输入，若没有，检查 C11、R1；若有，则检查晶振 OSC 和 U2。

(3) 不加热，报警无锅具

该故障的主要原因：一是放置的锅具不合适；二是 300V 供电电路异常；三是 18V 供电电路异常；四是同步控制电路异常；五是保护电路异常；六是驱动电路异常。

首先，检查使用的锅具是否不符合要求，若是，更换合适的锅具；若锅具正常，说明机内电路发生故障。拆开外壳后，测 18V 供电是否正常，若不正常，按前面介绍的方法 18V 供电电路。若 18V 供电正常，测 C22 两端 300V 电压是否正常，若不正常，检查 C22、L1、VD；若正常，检查电流检测电路。此时，检查 C18 两端电压是否正常，若正常，检查 U2；若不正常，检查 VD8 ~ VD11、RW 和 T1。

(4) 不加热，显示功率管或炉面过热的故障代码

该故障的主要原因：一是温度检测电路异常；二是 300V 供电电路异常；三是 18V 供电电路异常；四是同步控制电路异常；五是保护电路异常；六是驱动电路异常；七是风扇散热系统异常。

首先，检查风扇运转是否正常，若不正常，测风扇电动机供电是否正常，若正常，检查风扇电动机；若没有，检查 R28、VT3、R30 和 U2；若电动机运转正常，测 18V 供电和 300V 电压是否正常，若不正常，检查供电电路；若正常，检查限流电阻 R44、R43、R47 是否正常，若不正常，更换即可；若正常，检查 VT12、VT11 是否正常，若不正常，更换即可；若正常，检查 LM339、IGBT、微处理器 U2。

（5）不加热，显示市电电压异常的故障代码

该故障的主要原因：一是市电电压异常；二是市电供电系统异常；三是市电检测电路异常；四是微处理器异常。

首先，测市电电压是否正常，若不正常，待市电恢复正常使用；若市电正常，而插座的市电电压不正常，检查插座及线路；若插座的市电电压正常，测微处理器 U2 的⑤脚输入的电压是否正常，若正常，检查 U2；若电压低，检查 R17、R26 是否阻值增大，C25、C2 是否漏电；若电压高，检查 R29 是否阻值增大即可。

二、单片机为核心构成的电磁炉 

下面以美的 TS－S1－D 机芯电磁炉为例介绍用万用表检修单片机为核心构成的电磁炉故障的方法与技巧。该机采用超级芯片 LC87F2L08 为核心构成，如图 11-14 所示。

1. 市电输入电路

该机的市电电压输入及 300V 供电电路与美的 TS－S1－A/B 机芯相同，不再介绍。

2. 电源电路

该机的电源电路采用了由电源模块 VIPer12A（U92）、开关变压器 T90 等元器件构成的并联型开关电源。

（1）市电变换

市电电压通过 VD1 和 VD2 全波整流，再通过 VD90 隔离、R90 限流，EC90 滤波产生 300V 直流电压。该电压通过开关变压器 T90 的一次绕组（1－2 绕组）加到厚膜电路 U92 的⑤～⑧脚，不仅为其内部的开关管供电，而且通过高压电流源对④脚外接的滤波电容 EC95 充电。当 EC95 两端建立的电压达到 14.5V 后，U92 起动，其内部的 60kHz 调制控制器等电路开始工作，由该电路产生的激励脉冲使开关管工作在开关状态。开关电源工作后，便通过 T90 的二次绕组输出的脉冲电压通过整流、滤波后获得直流电压。其中，5－7 绕组输出的脉冲电压通过 VD93 整流，C92 滤波产生的电压第一路通过 VD94 加到 U92 的④脚，取代起动电路为 U92 供电；第二路为风扇电动机供电；第三路通过 R93 限流产生 18V 电压，为功率管的驱动电路供电。6－7 绕组输出的脉冲电压通过 VD92 整流，EC92 滤波产生的电压通过 R92 为三端 5V 稳压器 U90 供电，由 U90 稳压输出 5V 电压，为 CPU、操作显示电路、指示灯等电路供电。

开关变压器 T90 的一次绕组两端接的 R91、VD91 和 C93 组成了尖峰脉冲吸收回路，通过该电路对尖峰脉冲进行吸收，以免开关管在截止瞬间被过高的尖峰脉冲击穿。

（2）稳压控制电路

当市电电压下降或负载变重引起开关电源输出电压下降时，滤波电容 C92 两端下降的电压通过稳压管 VZ90 为 U92 的③脚提供的误差电压减小，被 U92 内部电路处理后，使开关管导通时间延长，开关变压器 T90 存储的能量增大，开关电源输出电压升高到正常值，实现稳压控制。反之，稳压控制过程相反。

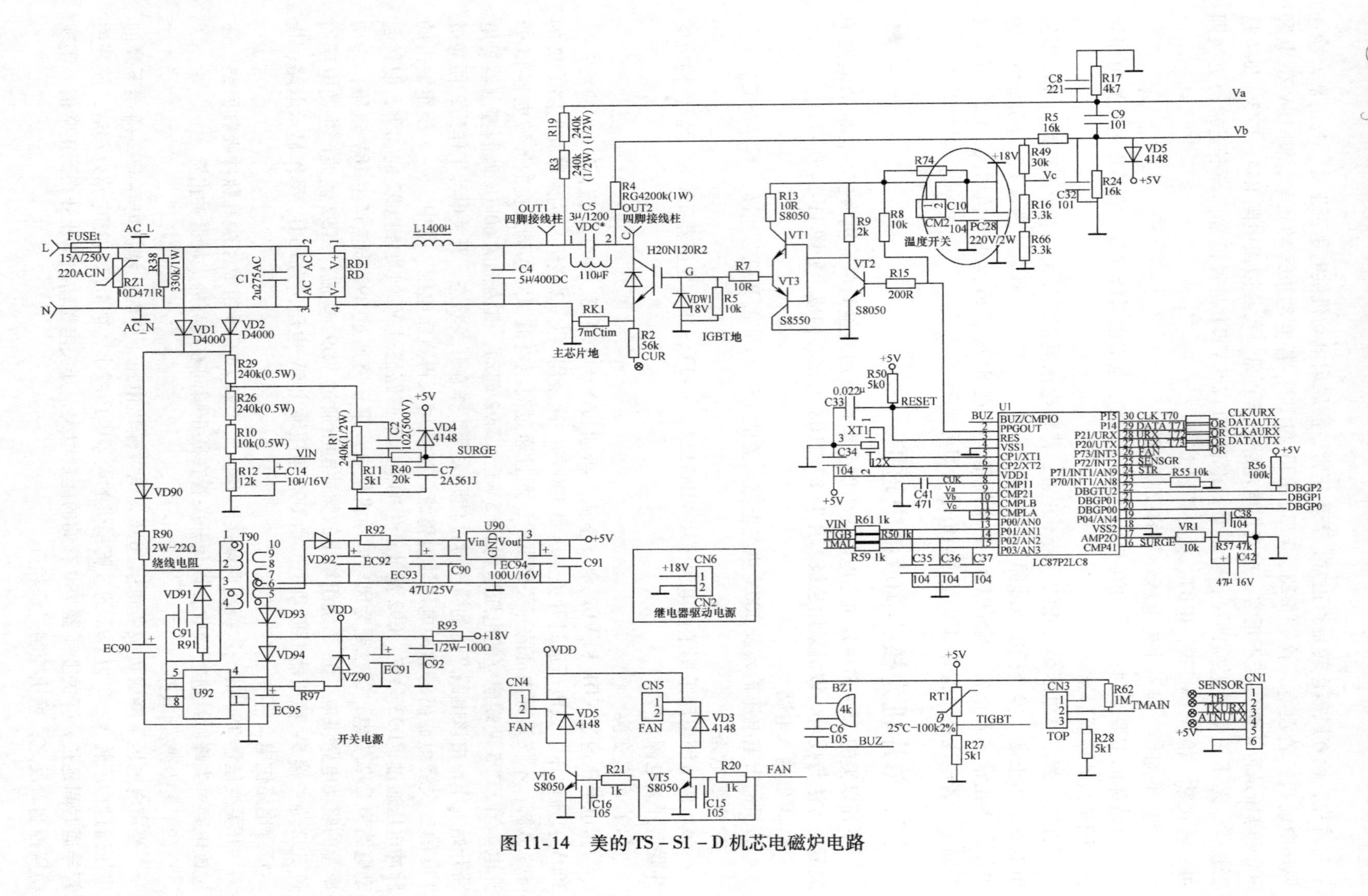

图 11-14 美的 TS－S1－D 机芯电磁炉电路

（3）保护电路

当EC95击穿使U92的④脚在开机瞬间不能建立14.5V以上的电压时，U92内部的电路不能起动；若VD93、VD94开路或T90异常为U92提供起动后的工作电压低于8V时，U92内的欠电压保护电路动作，避免了开关管因激励不足而损坏。另外，U92还具有过电压和过流保护电路。

3. 芯片LC87F2LC8的简介

LC87F2LC8是电磁炉专用芯片，其由微处理器、同步控制电路、振荡器、保护电路等电路构成的大规模集成电路，它不仅能输出功率管激励脉冲，还具有完善的控制、保护功能。它的引脚功能见表11-10。

表11-10 芯片LC87F2LC8的引脚功能

引脚	脚名	功能	引脚	脚名	功能
1	BUZ	蜂鸣器驱动信号输出	16	SURGE	市电浪涌电流/电压检测信号输入
2	PPGOUT	功率管激励激励信号输出	17、19	AMP2O	接RC滤波网络
3	RES	复位信号输入	18	VSS2	接地2
4	VSS1	接地1	20	DBGP0	显示屏信号输出
5	CP1/XT1	振荡器外接晶振端子1	21	DBGP1	显示屏信号输出
6	CP2/XT2	振荡器外接晶振端子2	22	DBGP2	显示屏信号输出
7	VDD1	5V供电	23		外接电阻
8	CMP11	功率管电流检测信号输入	24	STB	待机控制信号输入
9	CMP21	加热线圈左端谐振脉冲取样信号输入	25	SENSOR	传感器信号输入
10	CMPLB	加热线圈右端谐振脉冲取样信号输入	26	FAN	风扇驱动信号输出
11、12	Vc	功率管C极脉冲电压检测信号输入	27	UTX	数据信号输入
13	VIN	市电电压检测信号输入	28	URX	时钟信号输入
14	TIGB	功率管温度检测信号输入	29	DAL	数据信号输出
15	TMAIN	炉面温度检测信号输入	30	CLK	时钟信号输出

4. 微处理器电路

（1）基本条件电路

该机的微处理器基本工作条件电路由供电电路、复位电路和时钟振荡电路构成。

① 电源电路：当电源电路工作后，由其输出的5V电压经电容EC94、C91、C34滤波后，加到芯片U1（LC87F2L08）的供电端⑪、⑫脚为其供电。

② 复位电路：复位电路由U1、C33和R50构成。开机瞬间，5V电压通过R50对C33充电，从而为U1的复位信号端③脚提供一个由0V逐渐升高到5V的复位信号，在复位信号为低电平期间，U1内的存储器、寄存器等电路开始复位；当复位信号变为高电平后U1内部电路复位结束，开始正常工作。

③ 时钟振荡：时钟振荡电路由U1内的振荡器和外接晶振构成。U1得到供电后，其⑥、⑦脚内部的振荡器与外接的晶振X1通过振荡产生12MHz的时钟信号。该信号经分频后协调各部位的工作，并作为U1输出各种控制信号的基准脉冲源。

（2）芯片的起动

芯片 U1 工作后，并输出自检脉冲，确认电路正常后进入待机状态，同时输出蜂鸣器驱动信号使蜂鸣器鸣叫一声，表明该机起动并进入待机状态。

待机期间，U1 的②脚输出的信号为高电平，通过 R15 加到倒相放大器 VT2 的 b 极，经其倒相放大后，使推挽放大器的 VT1 截止、VT3 导通，功率管 IGBT 截止。

（3）蜂鸣器电路

当该机起动瞬间、用户进行操作或进入保护状态后，芯片 U1 内的 CPU 通过①脚输出蜂鸣器信号，该信号经 C6 耦合后，就可以驱动蜂鸣器 BZ1 发出声音。根据需要的不同，BZ1 鸣叫声也不同。

5. 锅具检测电路

电磁炉在待机期间，按下面板上的“开/关”键后，产生的开机信号通过 CN1 的②脚加到 U1 的㉔脚，被 U1 内的 CPU 识别后，CPU 从存储器内调出软件设置的默认工作状态数据，首先输出蜂鸣器驱动信号使蜂鸣器鸣叫一声，其次是控制显示屏显示该机的工作状态，最后由②脚输出的起动脉冲通过 R15 限流，VT2 倒相放大，VT1、VT3 推挽放大产生驱动信号，该信号利用 R7 限流驱动功率管 IGBT 导通。IGBT 导通后，加热线圈（谐振线圈）和谐振电容 C5 产生电压谐振。谐振回路工作后，有电流流过电流取样电阻 RK1，在它两端产生左负、右正的压降。该压降通过 R2 限流，利用 C41 滤波后加到 U1 的⑧脚。当炉面上放置了合适的锅具时，因有负载使流过功率管的电流增大，电流检测电路产生的取样电压较高，使 U1 的⑧脚输入的电压升高，被 U1 检测后，判断炉面已放置了合适的锅具，于是控制②脚输出受控的激励信号，该机进入加热状态。反之，若 U1 判断炉面未放置锅具或放置的锅具不合适，控制电磁炉停止加热，U1 通过⑥脚输出报警信号，使蜂鸣器 BZ1 鸣叫报警，提醒用户未放置锅具或放置的锅具不合适。

6. 同步控制电路

加热线圈两端产生的脉冲电压经 R3 ~ R5、R17、R24 分压产生的取样电压，利用 C8、C34 和 C9 滤波后加到芯片 U1 的⑨、⑩脚，U1 内的同步控制电路通过对⑨、⑩脚输入的脉冲进行判断，确保无论加热线圈对谐振电容 C5 充电期间，还是 C5 对加热线圈放电期间，②脚均输出低电平脉冲，使功率管截止，只有加热线圈通过 C4、功率管内的阻尼管放电结束后，U1 的②脚才能输出高电平信号，通过驱动电路放大后使功率管再次导通，因此，通过同步控制就实现了功率管的零电压开关控制，避免了功率管因导通损耗大和关断损耗大而损坏。

二极管 VD5 是保护二极管，若取样电路异常使 U1 的⑩脚电位升高后，当电压达到 5.4V 时它们导通，将⑩脚电位钳位到 5.4V，从而避免了 U1 因过电压损坏。

7. 功率调整电路

（1）手动调整

该机的手动功率调整电路由芯片 U1 内的 CPU 为核心构成。

需要增大输出功率时，U1 内的 CPU 对其内部的驱动电路进行控制后，使 U1 的②脚输出的激励脉冲信号的占空比减小，经 VT2 倒相放大后，再通过 VT1、VT3 推挽放大后，使功率管导通时间延长，为加热线圈提供的能量增大，输出功率增大，加热温度升高。反之，若 U1 的②脚输出的激励信号的占空比增大时，功率管导通时间缩短，电磁炉的输出功率减小，加热温度减小。

（2）自动调整

该机的功率自动调整电路由取样电阻 RK1、芯片 U1 为核心构成。

功率管导通后产生的电流在取样电阻 RK1 两端产生的左负、右正的压降。该电压通过 R2、加到 U1 的⑧脚。当市电增大引起加热功率增大时，RK1 两端电压增大，使 U1 的⑧脚输入的电流检测信号较大，被 U1 内的 CPU 检测后，控制②脚输出的激励信号的占空比增大，如上所述，使加热功率减小。当加热功率过小时，功率管的导通电流相应减小，使 RK1 两端产生的压降减小，被 U⑧脚内部的 CPU 检测并处理后，使 U1②脚输出的激励脉冲占空比减小，如上所述，使功率管导通时间延长，使加热功率减小。

8. 风扇电路

该机的风扇电动机电路由芯片 U1、风扇电动机等构成。

开机后，芯片 U1 的㉖脚输出风扇运转高电平指令时，通过 R20 限流，再通过 VT5 倒相放大，为风扇电动机供电，使其开始旋转，为散热片进行强制散热，以免该机进入过热保护状态而影响使用。

9. 保护电路

该机为了防止功率管因过电压、过电流、过热等原因损坏，设置了功率管 C 极过电压保护、市电异常保护、浪涌电压保护、过电流保护、炉面过热保护、功率管过热保护等保护电路。

（1）功率管 C 极过电压保护电路

该机的功率管 C 极过电压保护电路由电压取样电路和芯片 U1 内的 CPU 等构成。

功率管 C 极电压通过 R4、R49、R16、R66 分压产生的取样电压，再通过 R61 加到 U1 的⑬脚。当功率管 C 极产生的反峰电压在正常范围内时，U1 的⑬脚输入的电压也在正常范围内，U1 的②脚输出正常的激励脉冲，该机可正常工作。一旦功率管 C 极产生的反峰电压过高时，使 U1 的⑬脚输入的电压达到保护电路动作的阈值后，U1 内的保护电路动作，使它的②脚不再输出激励脉冲，功率管截止，避免了过电压损坏，实现过电压保护。

（2）市电电压异常保护电路

该机的市电电压异常保护电路由整流电路、电压取样电路和 U1 内的 CPU 为核心构成。

220V 市电电压通过 VD1、VD2 全波整流产生脉动电压，由 R29、R26、R10、R12 取样，利用 C14 滤波后产生与市电电压成正比的取样电压 VIN。该电压通过 U1 的⑬脚送给其内部的 CPU 进行识别。当市电电压欠电压或过电压时，降低的 VIN 信号或过高的 VIN 信号被 CPU 检测后，CPU 输出控制信号使该机停止工作，避免了功率管等元器件因市电欠电压或过电压而损坏，同时驱动蜂鸣器报警，并控制显示屏显示故障代码，表明该机进入市电欠电压或过电压保护状态。

（3）浪涌电压、电流大保护电路

该机的浪涌电压大保护电路由整流、滤波电路、电压取样电路和芯片 U1 内的 CPU 等构成。

市电电压通过整流管 VD1、VD2 全波整流产生的取样电压经 R29、R1、R11 取样后，通过 R40 加到 U1 的①脚。

当市电电压没有浪涌脉冲时，U1 的㉕脚输入的电压在正常范围内，被 U1 内的 CPU 识别后控制该机正常工作。当市电出现浪涌电流或浪涌电压时，U1 的㉕脚输入的电压升高，被CPU识别后，判断市电内有浪涌电流或浪涌电压，切断②脚输出的激励信号，使功率管截止，避免了功率管过电压损坏，实现浪涌电压或浪涌电流大保护。

（4）功率管过电流保护电路

该机为了避免功率管因过电流损坏，还设置了由芯片U1、电流取样电阻RK1等元器件构成的功率管过电流保护电路。

该机工作后，RK1两端产生左负、右正的压降。该电压通过R2限流，C41滤波后，加到U1的⑧脚。当功率管没有过电流时，RK1两端电压较小，使U1的⑧脚输入的电流检测电压较低，被U1内部的CPU识别后，控制该机正常工作。当功率管因市电升高等原因过电流时，RK1两端产生的压降增大，通过R2为U1的⑧脚提供的电压达到过电流保护电路动作的阈值后，被U1内部的CPU检测，它输出控制信号使U1的②脚不再输出激励脉冲，使功率管截止，避免了功率管过电流损坏。

（5）功率管过热保护电路

该机的功率管过热保护电路由温度传感器RT1、芯片U1内的CPU为核心构成。

RT1是负温度系数热敏电阻，用于检测功率管的温度。当功率管的温度正常时，RT1的阻值较大，5V电压经RT1、R27取样后的电压较小，该电压经C36滤波后，通过R60加到U1的⑭脚，被U1内的CPU识别后，判断功率管温度正常，输出控制信号使电磁炉正常工作。当功率管过热（温度达到100℃）时，RT1的阻值急剧减小，5V电压通过它与R27分压，使U1的⑭脚输入的取样电压升高，被其内部的CPU识别后使②脚不再输出激励脉冲，功率管停止工作，并驱动蜂鸣器报警，控制显示屏显示故障代码，表明该机进入功率管过热保护状态。

提示 由于温度传感器RT1损坏后就不能实现功率管温度检测，这样容易扩大故障范围，为此该机还设置了RT1异常保护功能。若RT1、R60开路或C36击穿，使U1输入的取样电压TIGBT过小，被U1内的CPU识别后，执行功率管温度传感器开路保护程序，使该机停止工作，并控制显示屏显示故障代码，表明该机进入功率管温度传感器开路保护状态。若RT1击穿或R27开路，使取样电压TIGBT过大，被U1内的CPU识别后，执行功率管温度传感器短路保护程序，输出控制信号使显示屏显示故障代码，表明该机进入功率管温度传感器短路保护状态。

（6）炉面过热保护电路

该机的炉面过热保护电路由连接器CN9外接的温度传感器RT2（符号由编者加注）、U1内的CPU为核心构成。

RT2是负温度系数热敏电阻，其安装在加热线圈的中间，炉面的底部。当炉面温度正常时，RT2的阻值较大，5V电压经R28、RT2取样后的电压较大，该电压R29限流，利用C37滤波后加到U1的⑮脚，经U1内的CPU识别，判断炉面温度正常，输出控制信号使该机正常工作。当炉面因干烧等原因过热时，RT2的阻值急剧减小，5V电压通过R28与其分压，使U1的⑮脚输入的取样电压减小，被其内部的CPU识别后使②脚不再输出激励脉冲，功率管停止工作，并驱动蜂鸣器报警，控制显示屏显示故障代码，表明该机进入炉面过热保护状态。

> **提示** 由于温度传感器 RT2 损坏后就不能实现炉面温度检测，这样容易扩大故障范围，为此该机还设置了 RT2 异常保护功能。若 RT2、C37 漏电或 R28、CN3 开路，使取样电压 TMAIN 过小，被 U1 内的 CPU 识别后，执行炉面温度传感器短路保护程序，延迟 1min 切断②脚输出的激励信号，使该机停止工作，并控制显示屏显示故障代码，表明该机进入炉面温度传感器短路保护状态。若 RT2 开路，使取样电压 TMAIN 过大，被 U1 内的 CPU 识别后，执行炉面温度传感器开路保护程序，输出控制信号使显示屏显示故障代码，表明该机进入炉面温度传感器开路保护状态。

10. 常见故障检修

(1) 整机不工作，且熔断器熔断

整机不工作且熔断器 FUSE1 熔断，说明有元器件过电流。此时，用万用表的二极管/通断测量挡或 R×1 挡在路测量功率管是否击穿，若击穿，继续在路检查整流堆 DB1 是否正常，若异常，则需要更换；若正常，用电容挡在路电容 C4、C5 是否正常，若异常，非在路测量确认后更换即可；若它们正常，检查 R3、R4 和 R19 是否正常，若异常，更换即可；若正常，则检查 VT1～VT3、R15 和 R7 是否正常，若不正常，更换即可，若正常，则要检查 U1。若功率管正常，则用通断测量挡或 R×1 挡在路测压敏电阻 RZ1 两端阻值是否正常，若不正常，检查 RZ1 和电容 C1；若正常，在路测量 C4、C5 是否击穿，若击穿，更换即可；若正常，则检查 BD1。

(2) 整机不工作，但熔断器正常

整机不工作，但熔断器正常，查 5V 供电是否正常，若正常，说明微处理器电路异常；若不正常，说明电源电路异常。

确认 5V 供电正常后，检查操作键是否正常，若不正常，更换即可；若正常，检查 R50、C33 是否正常，若不正常，更换即可，若正常，检查晶振 X1 和 U1。

若 5V 供电异常，测开关电源输出电压是否正常，若正常，脱开负载后是否正常，若正常，检查负载；若不正常，检查 EC94、C91 和 U90。若开关电源输出电压低，主要检查 VD92、EC95、Z90、U90。若开关电源输出电压为 0，说明开关电源未工作，测电源厚膜块 U92 的⑧脚电压是否正常，若为 0，检查 R90、U92；若正常，检查 EC95、VZ90、VD92 是否正常，若不正常，更换即可；若正常，检查 EC90、U92 和 T90。

(3) 不加热、报警无锅具

该故障主要是由于 300V 供电、谐振回路、低压电源、电流控制电路、保护电路等异常，不能形成锅具检测信号所致。

首先，用万用表电压挡测 18V 供电是否正常，若不正常，检查 R93、EC93；若 18V 供电正常，测 C4 两端 300V 电压是否正常，若不正常，检查 BD1、C4 和 L1；若 C4 两端电压正常，检查 U1 有无输入正常的 CUR 电压，若不能，检查 RK1、R2 和 C41；若 CUR 信号正常，检查 VT1～VT3、R7、VDW1 是否正常，若不正常，更换即可；如正常，检查 VD5、R3～R5、R17、R19 是否正常，若不正常，更换即可；若正常，检查 C8、C9、C32 是否正常，若不正常，更换即可；若正常，检查功率管和芯片U1。

 **提示**　加热温度低和不加热故障也可参考该流程进行检修。

（4）不加热，报警功率管过热

该故障说明300V供电、风扇散热系统、低压电源、同步控制电路、电流控制电路、驱动电路等异常使功率管过热，引起功率管过热保护电路动作或该保护电路误动作。

首先，检查风扇运转是否正常，若不正常，检查VT5、R20和风扇电动机；若正常，检查18V、300V供电电路，若不正常，维修即可；若正常，检查温度传感器RT1和R27是否正常，若不正常，更换即可；若正常，检查VD5、R3～R5、R17、R19是否正常，若不正常，更换即可；若正常，检查功率管和芯片U1。

（5）不加热、报警市电过电压

该故障说明市电过高、市电检测电路或CPU异常。

首先，用万用表交流电压挡测量市电电压是否过高，若是，待市电电压恢复后使用；若电压正常，检查R12是否阻值增大，若增大，更换即可；若正常，检查U1。

（6）不加热、报警炉面过热

该故障说明锅具干烧、炉面过热保护电路异常或U1内的CPU损坏。

首先，炉面是否过热，若是，按功率管过热故障维修方法维修；若不是，检查温度传感器RT2是否正常，若不正常，更换即可；若正常，检查CN3和U1。

（7）不加热、报警市电欠电压

该故障说明市电电压过低或供电系统、市电检测电路、CPU异常。

首先，用万用表交流电压挡测量其他插座的市电电压是否过低，若是，待市电电压恢复后使用；若电压正常，使用该插座为该机供电，若可以工作，检修或更换插座、连线；若还不正常，说明机内的市电检测电路异常。检查VD1、VD2是否正常，若不正常，更换即可；若正常，检查R26、R29、R10是否正常，若不正常，更换即可；若正常，检查芯片U1。

第五节　用万用表检修微波炉从入门到精通

一、电脑控制非变频微波炉 

下面以安宝路傻瓜智慧型微波炉为例介绍用万用表检修电脑控制非变频微波炉电路故障的方法与技巧。该机的电气系统构成如图11-15所示，控制电路构成如图11-16所示。

1. 电源电路

参见图11-16，插好微波炉的电源线，市电电压利用电源变压器T降压后，产生8V和12V两种交流电压，其中，8V交流电压经VD5～VD8桥式整流，C3、C4滤波产生的电压，再通过L7905稳压输出－5V直流电压，利用C2、C5滤波后为微处理器等电路供电；－12V交流电压通过VD1～VD4桥式整流，再经C1、C2滤波产生12V左右的直流电压，为继电器等电路供电。

变压器T一次绕组两端并联的ZR是压敏电阻，市电电压正常时，ZR相当于开路；市

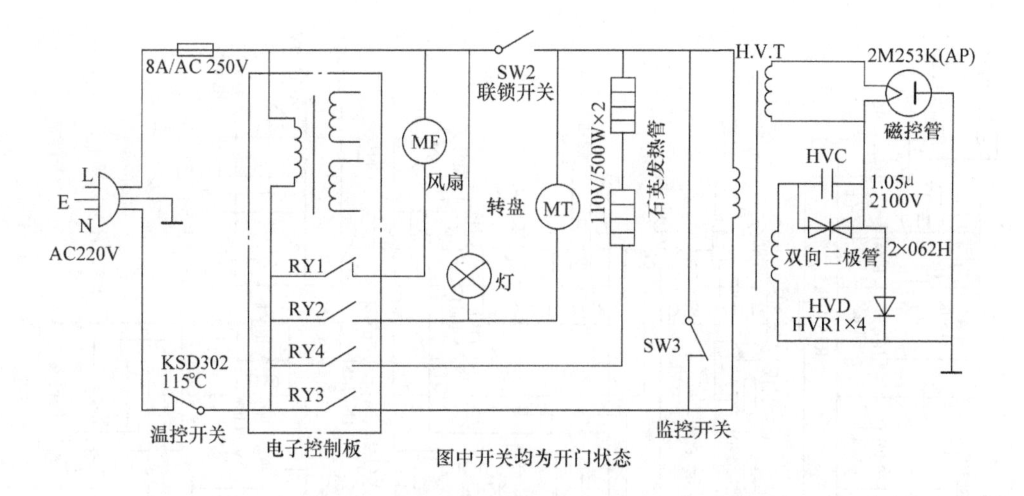

图 11-15 安宝路傻瓜智慧型微波炉电气构成示意图

电电压过高时其击穿短路，使市电输入回路的 8A 熔断器过电流熔断，切断市电输入回路，以免负载过电压损坏，从而实现过电压保护。

2. 微处理器电路

参见图 11-16，该机的微处理器由微处理器 TMP87PH47U（IC1）为核心构成的。

（1）TMP87PH47U 的引脚功能

TMP87PH47U 的引脚功能见表 11-11。

表 11-11 TMP87PH47U 的引脚功能

脚位	功能	脚位	功能
1、3～8	显示屏驱动信号输出	32	蜂鸣器驱动信号输出
9～12	显示屏驱动信号输出/操作信号输入	34	使能控制信号输出
13、17	接地	36	微波控制信号输出
14	复位信号输入	37	烧烤控制信号输出
15、16	时钟振荡器	38	风扇电动机供电控制输出
18	供电	39	LED 控制信号输出
19～22	键盘操作信号输入	40	供电
23～25	编码器信号输入	41～43	显示屏驱动信号输出
26、30	蒸汽传感器信号输入	44	炉门控制信号输入

（2）CPU 工作条件电路

5V 供电：该机的电源电路工作后，由其输出的 -5V 电压经电容 C5、C2 滤波，加到微处理器 IC1（TMP87PH47U）的供电端⑱、㊵脚，为其供电。

复位：该机的复位电路由微处理器 IC1 和三极管 VT1、稳压二极管 VZD1、R1 和 R2 等元器件构成。开机瞬间，由于 -5V 供电是逐渐升高的，当它低于 4.6V 时，VT1 截止，为 IC1 的⑭脚提供低电平复位信号，使 IC1 内的存储器、寄存器等电路清零复位。当 -5V 供电超过 4.6V 后 VT1 导通，由其 c 极输出的高电平电压加到 IC1 的⑭脚后，IC4 内部电路复位结束，开始工作。

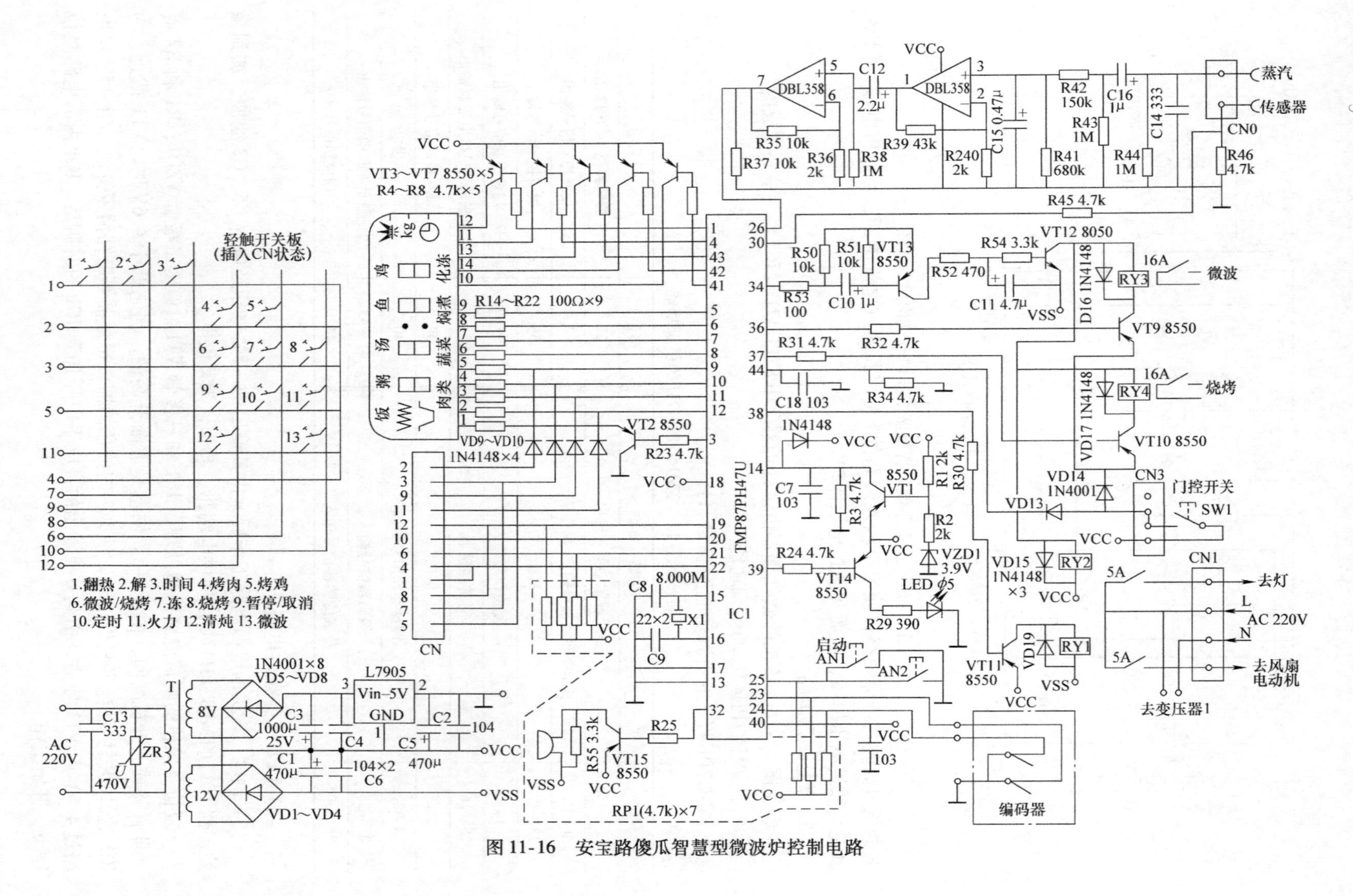

图 11-16　安宝路傻瓜智慧型微波炉控制电路

时钟振荡：微处理器 IC1 得到供电后，其内部的振荡器与⑮、⑯脚外接的晶振 X1 和移相电容 C8、C9 通过振荡产生 8MHz 的时钟信号。该信号经分频后协调各部位的工作，并作为 IC1 输出各种控制信号的基准脉冲源。

（3）蜂鸣器电路

微处理器 IC1 的㉜脚是蜂鸣器驱动信号输出端。每次进行操作时，㉜脚输出的蜂鸣器驱动信号经 R25 限流，再经 VT15 放大后，驱动蜂鸣器鸣叫，提醒用户微波炉已收到操作信号，并且此次控制有效。

3. 炉门开关控制电路

参见图 11-15、图 11-16，关闭炉门时，联锁机构相应动作，使联锁开关 SW1、SW2 的触点接通，而使门监控开关 SW3 的触点断开。SW2 接通后，接通转盘电动机、高压变压器、烧烤加热器（石英发热管）的一根供电线路。联锁开关 SW1 接通后，一方面 VCC 电压可以通过 VD14 为三极管 VT10、VT9 的 e 极供电；另一方面通过 VD13 为微处理器 IC1 的㊹脚提供高电平信号，被 IC1 检测后识别出炉门已关闭，控制微波炉进入待机状态。若打开炉门，SW1、SW2 的触点断开，不仅切断市电到转盘电动机、加热器、高压变压器的供电线路，而且使 IC1 的㊹脚电位变为低电平，被 IC1 确认后，不再输出微波或烧烤的加热信号，但㉞脚仍为输出控制信号，使放大管 VT12 继续导通，为继电器 RY2 的线圈供电，使 RY2 内部的触点仍接通，为炉灯供电，使炉灯发光，以方便用户取、放食物。

4. 微波加热控制电路

在待机状态下，首先选择微波加热功能，再选择好时间后按下启动（开始）键，被微处理器 IC1 识别后，IC1 从内部存储器调出烹饪程序并控制显示屏显示时间，同时控制㊱、㊳脚输出高电平控制信号。㊳脚输出的低电平控制电压通过 R30 使 VT11 导通，为继电器 RY1 的线圈供电，RY1 内的触点吸合，为风扇电动机供电，风扇电动机运转后为微波炉散热降温；㊱脚输出的低电平信号通过 R32 限流，使 VT9 导通，为继电器 RY3 的线圈供电，RY3 内的触点吸合，接通转盘电动机和高压变压器一次绕组的供电回路，不仅使转盘电动机带动转盘旋转，而且使高压变压器的灯丝绕组和高压绕组输出交流电压。其中，灯丝绕组向磁控管的灯丝提供 3.3V 左右的工作电压，点亮灯丝为阴极加热，高压绕组输出的 2000V 左右的交流电压，通过高压电容和高压二极管组成半波倍压整流电路，产生 4000V 的负压，为磁控管的阴极供电，使阴极发射电子，磁控管产生的微波能经波导管传入炉腔，通过炉腔反射，最终产生高热，为食物加热。

5. 烧烤加热控制电路

烧烤加热控制电路与微波加热控制电路的工作原理基本相同，不同的是使用该功能时需要按下面板上的烧烤键，被微处理器 IC1 识别后，IC1 不仅控制㉞脚输出控制信号，而且 37、㊳脚输出低电平控制信号。如上所述，风扇电动机和转盘电动机开始旋转。而㊲脚输出的低电平控制信号通过 R31 限流，使 VT10 导通，为继电器 RY4 的线圈供电，RY4 内的触点吸合，接通烧烤加热器的供电回路，使它开始发热，将食物烤熟。

6. 过热保护

当磁控管工作异常使其表面的温度超过 115℃后，温控开关的触点断开，切断整机供电，以免磁控管过热损坏或产生其他故障，从而实现过热保护。

7. 蒸汽自动检测电路

该机蒸汽自动检测电路由传感器和放大器等构成。传感器是一个压电陶瓷片，其安装在一个塑料盒子内。将这个塑料盒安装在蒸汽通道内，就可以通过对蒸汽进行检测。当炉内的水烧开后出现蒸汽，通过蒸汽通道排出时，被传感器检测到并产生控制信号。该信号经 C16 耦合，利用 R42 限流，再经 DBL358 放大，产生的控制信号加到 IC1 的㉖脚，IC1 就可以根据该信息控制显示屏显示剩余时间和加热火力。

8. 常见故障检修

（1）8A 熔断器熔断

8A 熔断器熔断的故障原因主要有：一是压敏电阻击穿；二是监控开关 SW3 的触点不能断开；三是高压变压器异常；四是高压整流管、滤波电容异常；五是烧烤加热器异常；六是转盘电动机、风扇电动机或炉灯短路。

压敏电阻、开关触点是否异常可以用万用表的通断挡检测后确认，而高压变压器、高压整流管、烧烤加热器、转盘电动机、炉灯是否正常可采用开路法、电阻法或代换法进行确认。

（2）熔断器正常，但显示屏不亮

熔断器正常，但显示屏不亮的故障原因主要有：一是温控开关开路异常；二是电源电路异常；三是微处理器电路异常。

首先，检查温控开关是否开路，若开路，更换并检查其开路的原因即可；若温控开关正常，测滤波电容 C2 两端有无 5V 供电电压，若不正常，测 C3 两端电压是否正常，若正常，说明 C5、C2、稳压器 L7905 或它的负载异常。怀疑 C5、C2、L7905 异常时，可采用电阻测量法判断或代换法检查；怀疑 5V 负载短路时，可利用万用表电阻挡测该器件的供电端对地阻值，若阻值较小，则说明该器件短路。若短路点不好查找，可结合开路法，即分别断开单元电路的供电端子，再通过测供电端子对地电阻的阻值，就可查出故障点。若 C3 两端电压不正常，测 C1 两端电压是否正常，若正常，检查 VD5 ~ VD8、C3；若不正常，检查变压器 T。

若 5V 供电电路正常，检查操作键是否正常，若不正常，更换即可；若正常，则检查微处理器电路。检查微处理器电路时，首先要检查它的供电是否正常，若不正常，检查供电线路；若正常，检查⑭脚有无复位信号输入，若有，检查晶振 X1、C8、C9；若没有，检查 VT1、C7、R2、VZD1、R1。

（3）显示屏亮，炉灯不亮且不加热

显示屏亮，但炉灯不亮且不加热故障的原因主要有：一是 12V 供电异常；二是启动控制键电路异常；三是炉门关闭检测电路异常；四是使能控制电路异常。

首先，用万用表直流电压挡测 C1 两端电压是否正常，若不正常，检查 VD1 ~ VD4、C1 及负载电路；若 C1 两端电压正常，关闭炉门后，测微处理器 IC1 的㊹脚有无高电平信号输入，若没有，检查 SW1、C18、VD13；若㊹脚有高电平，测 IC1 的㉞脚能否输出控制信号，若不能，检查启动键和 IC1；若㉞脚能输出控制信号，则检查 VT12 等构成的使能控制电路。

（4）炉灯亮，但不加热、不烧烤

炉灯亮但不加热、不烧烤的故障原因主要有：一是联锁开关 SW2 异常；二是供电线路异常。

首先，用万用表的通断挡或 R×1 挡检测 SW2，若蜂鸣器不鸣叫或阻值过大，说明其触点接触不良或开路，需要更换；若蜂鸣器鸣叫或阻值为 0，说明其正常，检查供电线路。

（5）不加热，但可以烧烤

不加热，但可以烧烤的故障原因主要有：一是高压形成电路或磁控管异常；二是微波加热供电控制电路异常。

先用万用表的交流电压挡测高压变压器 H. V. T 的一次绕组有无 220V 市电电压输入，若没有，测继电器 RY3 的线圈有无供电；若有，检查 RY3；若没有市电输入，检查微处理器电路及继电器线圈的供电电路。首先，测微处理器 IC1 的㊱脚能否为低电平，若不能，检查微波控制键和 IC1；若能，检查 R32 和 VT9。若 H. V. T 的一次绕组有 220V 左右的交流电压，说明高压形成电路或磁控管 AP 异常。此时，在断电后用万用表电阻当检查磁控管的灯丝是否正常，若开路，需要更换磁控管；若磁控管灯丝正常，测 H. V. T 的二次绕组输出电压是否正常，若不正常，需要检查 H. V. T，若输出电压正常，检查高压电容 HVC、高压二极管 HVD 是否正常，若不正常，更换即可；若正常，则检查磁控管。

（6）能加热，但不烧烤

微波能加热、但不烧烤的故障原因主要有：一是烧烤加热器异常；二是烧烤加热器的供电控制电路异常。

先用万用表的交流电压挡测烧烤加热器两端有无 220V 市电电压输入，若有，说明加热器开路，断电后用电阻挡测量它的阻值确认即可；若无供电，测微处理器 IC1 的㉛脚的电位能否为低电平，若不能，检查烧烤控制键和 IC1；若能，检查 VT10、RY4。

提示 能加热但散热风扇不转的故障，和能加热但不能烧烤的故障检修方法是一样的，不再介绍。

（7）能加热，但转盘不转、炉灯不亮

能加热，但转盘不转、炉灯不亮的故障主要原因是供电控制电路异常。维修时，检查 RY2 即可。

（8）炉灯不亮，其他正常

炉灯不亮，其他正常的故障主要原因是炉灯或其供电线路异常。

直观检查炉灯的灯丝是否开路或用万用表的电阻挡测量灯丝的阻值，就可以确认灯丝是否正常；若灯丝断，更换即可；若灯丝正常，查供电线路。

二、电脑控制变频型微波炉 

由于变频微波炉可以根据食物多少、种类的不同改变磁控管的功率输出，自由地控制火力的强弱，不仅充分保留了食物的营养，使食物的口感格外的好，而且采用了变频器取代高压变压器，既减轻了重量，又增大了烹饪空间。下面以松下变频微波炉为例，介绍用万用表检修变频微波炉故障的方法与技巧。松下变频微波炉的电气原理图如图 11-17 所示，控制电路如图 11-18、图 11-19 所示。

> **提示** 其代表机型有NN－K5540M、NN－K5541F、NN－K5542MF、NN－K5544MF、NN－K5640MF、NN－K5740MF、NN－K5741JF、NN－K5840SF、NN－K5841JF等。

1. 电源电路

该机的电源电路由变压器T10、整流滤波电路、稳压电路构成，如图11-18所示。

（1）电压变换

为微波炉通上市电电压后，市电电压经电源变压器T10降压，从S1－S2绕组输出15V左右交流电压。该电压通过VD10～VD13桥式整流，再经C10滤波产生18V左右的直流电压。该18V电压不仅为继电器等电路供电，而且通过VT10、R10、R11和VZD10组成的5V稳压器输出5V电压，为微处理器等电路供电。

（2）市电过电压保护电路

市电输入回路的压敏电阻R25用于市电过电压保护。当市电异常升高时，其过电压击穿，使10A熔断器过电流熔断，切断市电输入回路，以免电源变压器T10等元器件因过电压损坏。

（3）变压器T10过热保护电路

在变压器T10内部，一次绕组串联了温度熔断器用于过热保护。当T10后面所接的整流、滤波等电路异常，导致T10过电流时，它的温度会异常升高，当温度达到该熔断器的设置值后，其内部的熔断器熔断，切断T10的供电回路，避免了T10等器件因过热损坏，实现过热保护。

2. 微处理器工作条件电路

（1）5V供电

如图11-18所示，插好微波炉的电源线，待电源电路工作后，由其输出的5V电压经电容C12滤波后，加到微处理器IC1（MN101C54CFX）的供电端⑰、⑲、㉙、㊼脚，为IC1供电。

（2）复位

如图11-19所示，开机瞬间，由复位电路产生的低电平复位信号加到微处理器IC1的⑱脚，使IC1内的存储器、寄存器等电路清零复位。当复位电路为IC1的⑱脚提供高电平电压后，IC1内部电路复位结束，开始工作。

（3）时钟振荡

如图11-19所示，微处理器IC1得到供电后，其内部的振荡器与⑫、⑬脚外接的晶振CX320和移相电容C320、C321通过振荡产生6MHz的时钟信号。该信号经分频后协调各部位的工作，并作为IC1输出各种控制信号的基准脉冲源。

3. 蜂鸣器电路

该机的蜂鸣器电路由蜂鸣器BZ310、带阻三极管VT224、微处理器IC1等构成。每次进行操作时，微处理器IC1的⑧脚输出蜂鸣器驱动信号。该信号通过VT224倒相放大，驱动蜂鸣器BZ310鸣叫，提醒用户微波炉已收到操作信号，并且此次控制有效。

4. 炉门开关控制电路

如图11-18、图11-19所示，关闭炉门时，联锁机构相应动作，使一次碰锁开关和二次

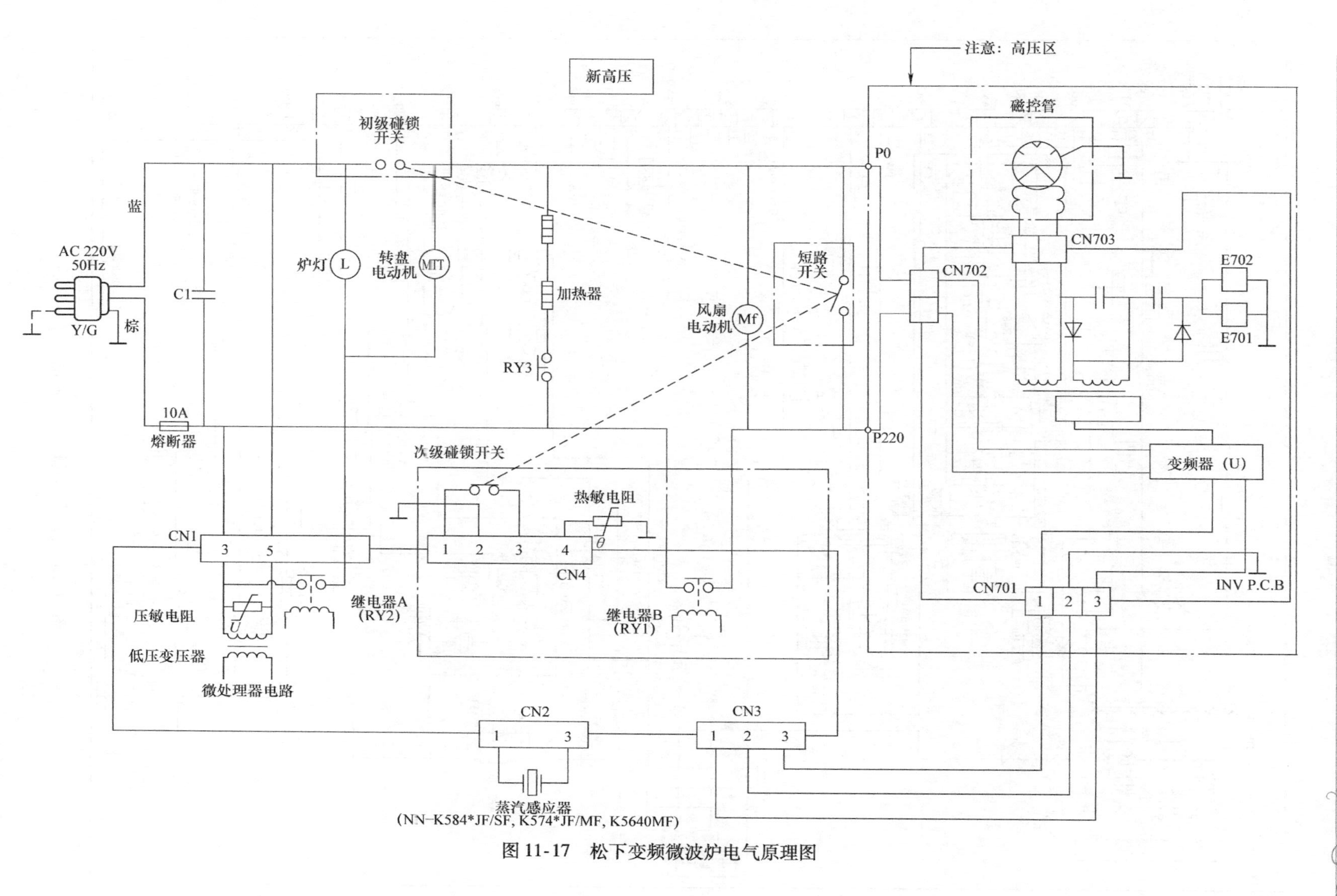

(NN-K584*JF/SF, K574*JF/MF, K5640MF)

图 11-17 松下变频微波炉电气原理图

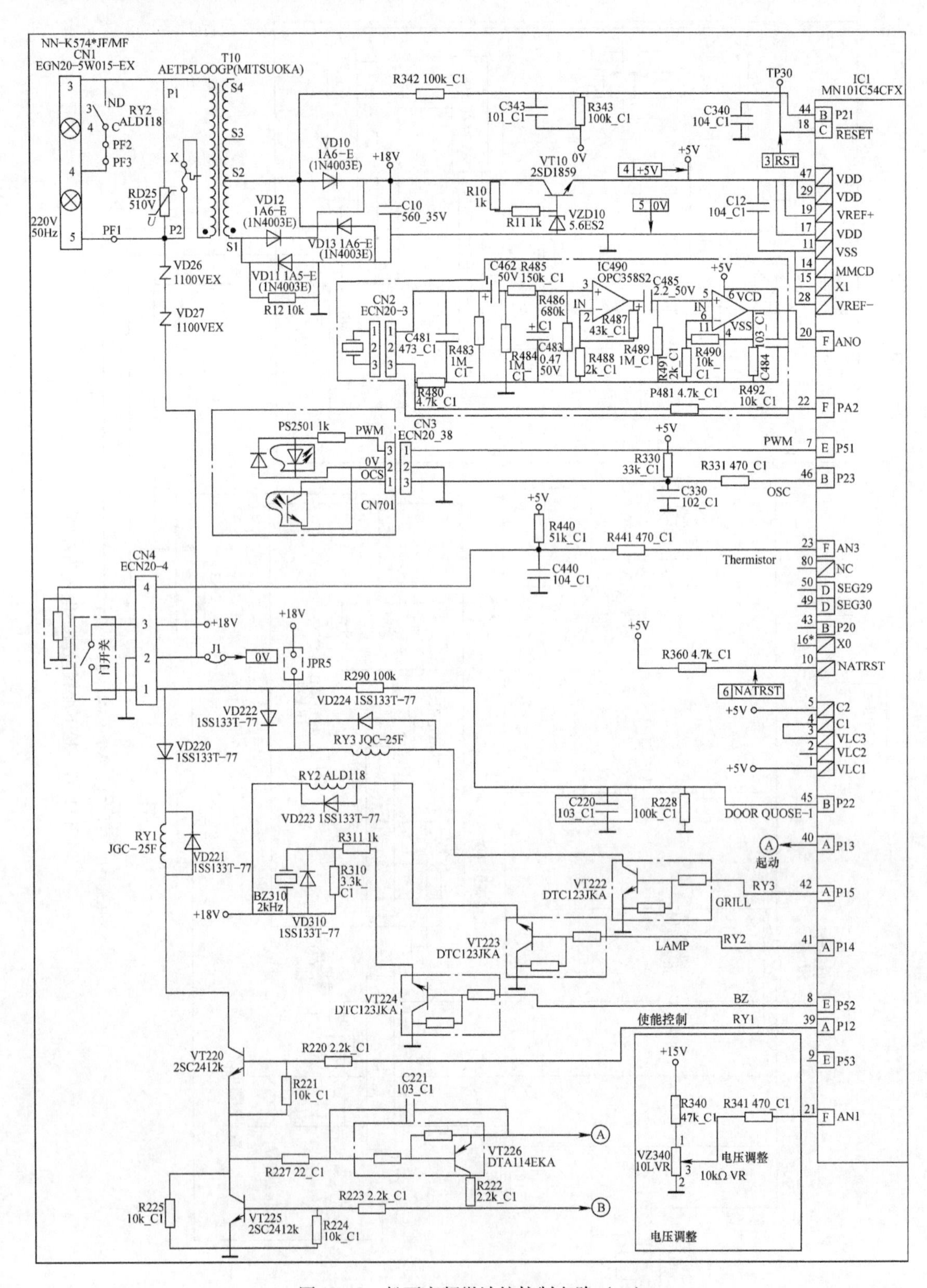

图 11-18　松下变频微波炉控制电路（一）

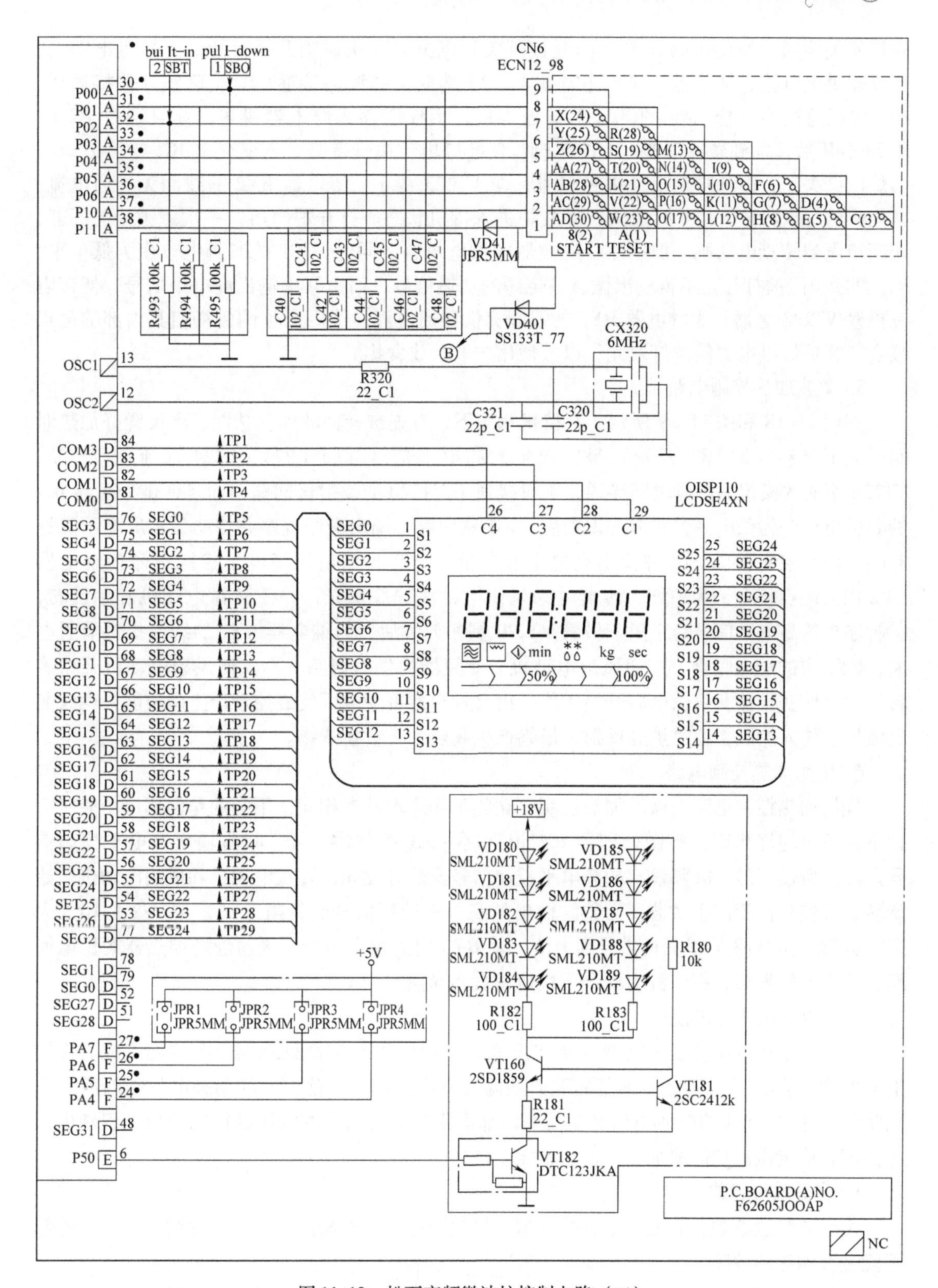

图 11-19 松下变频微波炉控制电路（二）

碰锁开关接通，而使短路开关（门监控开关）断开。一次碰锁开关接通后，转盘电动机、变频器供电电路、加热器、风扇电动机与10A熔断器的线路接通；二次碰锁开关接通后，18V电压通过连接器CN4的③、①脚输入后，不仅能够为继电器供电，而且通过R290、R228分压后，加到微处理器IC1的㊺脚，使㊺脚电位由低变高，该变化被IC1检测后识别出炉门已关闭，由㊶脚输出低电平信号，使VT223截止，继电器RY2的线圈无导通电流，其内部的触点释放，使炉灯熄灭，微波炉进入待机状态。打开炉门后，一次碰锁开关断开，切断市电到转盘电动机、加热器、变频器的供电电路。同时，IC1的㊺脚电位变为低电平，IC1判断炉门被打开，不再输出微波或烧烤的加热信号，而由㊶脚输出高电平信号，使带阻三极管VT223导通，为继电器RY2的线圈提供导通电流，线圈产生的磁场使其内部的触点吸合，为炉灯供电，使炉灯发光，以方便用户取、放食物。

5. 微波加热控制电路

如图11-18和图11-19所示，在待机状态下，首先选择微波加热功能，再设置好加热时间后按下起动（START开始）键，产生的高电平信号通过R223、R224限流使VT225、VT226组成的模拟晶闸管电路导通，不仅接通了VT220的发射极回路，而且使微处理器IC1的㊵脚电位变为低电平，被IC1识别后，IC1从内存中调出烹饪程序并控制显示屏显示烹饪时间，同时控制㊴脚、㊶脚输出高电平控制信号。㊶脚输出的高电平控制信号使继电器RY2内的触点闭合，为炉灯、转盘电动机供电，使炉灯发光，并使转盘电动机开始旋转；㊴脚输出的高电平信号经带阻三极管VT220倒相放大后，为继电器RY1的线圈提供导通电流，RY1内的触点吸合，接通风扇电动机、变频器的供电回路，不仅使风扇电动机开始旋转，而且使变频器获得供电后开始工作，由其输出的可变电压使磁控管产生微波能，微波能经波导管传入炉腔，通过炉腔反射，最终产生高热，将食物煮熟。

6. 烧烤加热控制电路

烧烤加热控制电路与微波加热控制电路的工作原理基本相同，不同的是使用该功能时需按下面板上的烧烤键，被微处理器IC1识别后，IC1控制㊴、㊶、㊷脚输出高电平控制信号。如上所述，㊴、㊶脚输出的高电平控制信号使炉灯发光，转盘电动机和风扇电动机开始旋转，并使磁控管产生微波。而㊷脚输出的高电平控制信号经带阻三极管VT222倒相放大后，为继电器RY3的线圈提供导通电流，使RY3内的触点闭合，接通烧烤加热器的供电回路，使其开始发热，在微波的配合下快速将食物烤熟。

7. 自动温度控制电路

自动温度控制由温度传感器（负温度系数热敏电阻）和微处理器IC1共同完成。连接器CN4的④脚外接的温度传感器的阻值随温度升高而减小，使IC1的㉓脚电位随温度升高而降低。这样，IC1将㉓脚电压数据与其内部固化的不同温度的电压数据比较后，识别出炉内温度，确定微波炉需要加热，还是不需要加热。

8. 常见故障检修

由于变频微波炉和非变频电脑控制型常见故障检修基本相同，下面仅介绍用万用表检修不能微波加热的故障。

能烧烤，不加热的主要故障原因：一是加热供电电路异常；二是变频器异常；三是磁控管异常；四是微处理器IC1异常。

首先，听继电器 RY1 的触点能否发出闭合声，若不能，测驱动管 VT220 的 b 极有无导通电压，若有，检查 VT220、RY1；若没有，测 IC1 的㊶脚能否输出高电平电压，若有，检查 VT220、RY1；若没有，检查 IC1 的㊵脚有无控制电压输入，若没有，检查外接元器件；若有，检查 IC1。若 RY1 能发出闭合声，检查变频器有无供电，若没有，检查供电电路；若有，检查变频器能否输出正常的电压，若不能，检查变频器；若能，则检查磁控管。

提示

由于变频器输出的电压，以及磁控管输入的电压超过 2000V，所以维修时最好不要测量电压，而应采用测量电阻等方法进行判断，以免被高压电击，发生危险。并且在检查高压电容时，即使在断电的情况下，也要先对其放电，再进行测量。

用万用表检修洗衣机、电冰箱、空调器从入门到精通

第十二章

用万用表检修洗衣机从入门到精通

第一节　用万用表检修普通洗衣机从入门到精通

一、普通双桶洗衣机 

下面介绍用万用表检修机械控制型洗衣机的电路故障的方法与技巧。该电路由洗涤电动机、脱水电动机、定时器、安全开关、起动电容等构成，如图 12-1 所示。

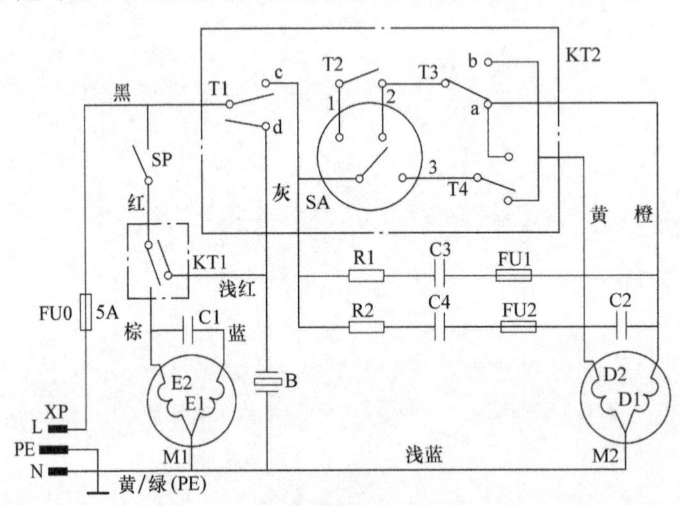

图 12-1　典型机械控制型洗衣机电路

1. 洗涤电路

该机的面板上安装了洗涤定时器 KT2，它的轴上安装了功能旋钮，通过该旋钮就可以选择“强”、“中”、“弱”洗三种方式。当旋转到强洗位置时，SA 内的开关 T1 接通触点 c，开关 T2 的触点接通，开关 SA 接通触点 1，开关 T3、T4 的触点接 a 或 b。此时，220V 市电电压经 T1、SA、T2、T3、T4 的触点、洗涤电动机 M2 构成回路，在起动电容 C2 的配合下，洗涤电动机开始运转，实现衣物的洗涤。强洗期间，由于 T3、T4 不做切换，所以强洗状态下电动机是连续且单向运转的。

当旋转中洗或弱洗位置时，KT2 内的 T1 仍接 c，T2 断开，SA 接 2 或 3，T3 和 T4 接替接通 a 或 b，这样，分别为洗涤电动机两个端子轮流供电，所以洗涤电动机是正转、反转交替运行的。

在洗涤结束时，KT2 内的 T1 断开 c 点，而改接 d 点。断开 c 点后，使洗涤电动机停转，而接通 d 点后，为蜂鸣器 H 供电，蜂鸣器开始鸣叫，提醒用户洗涤结束。

2. 脱水电路

当盖严脱水桶的上盖使盖开关 SP 接通，并且旋转脱水定时器 KT1 使其触点接通后，市电电压不仅加到脱水电动机 M1 的主绕组两端，而且在运转电容 C1 的作用下，使流过副绕组的电流超前主绕组 90°的相位差，于是主、副绕组形成两相旋转磁场，驱动转子运转，带动脱水桶旋转，实现衣物的甩干脱水。

在脱水结束时，KT1 内的触点断开接 M1 的触点，而接通蜂鸣器 H 的触点，蜂鸣器获得供电后开始鸣叫，提醒用户脱水结束。

提示 脱水期间，若打开桶盖，使安全开关 SP 的触点断开后，脱水电动机会因失去供电而停转，实现误开盖保护。

3. 常见故障检修

（1）两个电动机都不转

电动机不转，照明灯不亮的故障说明该机没有市电输入或熔断器开路。

首先，测量市电插座有无 220V 左右的交流电压，若没有，检修电源插座和电源线；若正常，说明洗衣机电路异常。拆开洗衣机的外壳后，查看熔断器 FU0 是否正常，若熔断，检查两个电动机的绕组是否短路；若 FU0 正常，用万用表通断挡检测供电线路是否断路即可。

（2）脱水电动机转，但洗涤电动机不转

脱水电动机转，但洗涤电动机不转的故障原因主要有：一是洗涤定时器 KT2 异常；二是运行电容 C2 异常；三是洗涤电动机 M2 或其供电线路开路。

首先，测洗涤电动机 M2 两端有无 220V 供电，若有，检查 C2 是否正常，若不正常，更换即可；若 C2 正常，修复或更换电动机。若 M2 没有供电，用万用表的通断挡或 R×1 挡测量洗涤定时器 KT2 各个凸轮组触点，若蜂鸣器不鸣叫或阻值过大，说明其损坏，需要更换；若鸣叫或阻值为 0，说明其正常，检查供电线路即可。

（3）强洗正常，但中洗或弱洗时电动机不转

强洗正常，但中洗时电动机不转的故障原因主要有一是洗涤定时器异常；二是供电线路开路。检查方法如上所述。

（4）洗涤正常，但不能脱水

洗涤正常，但不能脱水的故障原因主要有：一是脱水桶盖 SP 开关异常；二是运行电容 C1 异常；三是脱水定时器 KT1 损坏；四是脱水电动机或其供电线路开路。

首先，测脱水电动机 M1 两端有无 220V 供电，若有，检查 C1 是否正常，若不正常，更换即可；若 C1 正常，修复或更换电动机。若 M1 没有供电，用万用表的通断挡或 R×1 挡测量安全开关 SP 时，若蜂鸣器不鸣叫或阻值过大，说明其损坏，维修或打磨触点；若 SP 正常，用同样方法测量洗涤定时器 KT1 的触点，若不正常，更换即可；若正常，检查供电线路即可。

> **提示** 电动机绕组短路时，通常通常会发出“嗡嗡”的声音，并且电动机的表面会烫手，甚至发出焦味，而运行电容异常时，电动机也发出“嗡嗡”的声音。

二、普通全自动洗衣机 

下面以海尔小神童 XQB40－F 型全自动洗衣机为例介绍用万用表检修普通全自动洗衣机故障的方法与技巧。该机的控制电路由电动式程序控制器、安全开关、水位开关、蜂鸣器等构成，如图 12-2 所示。

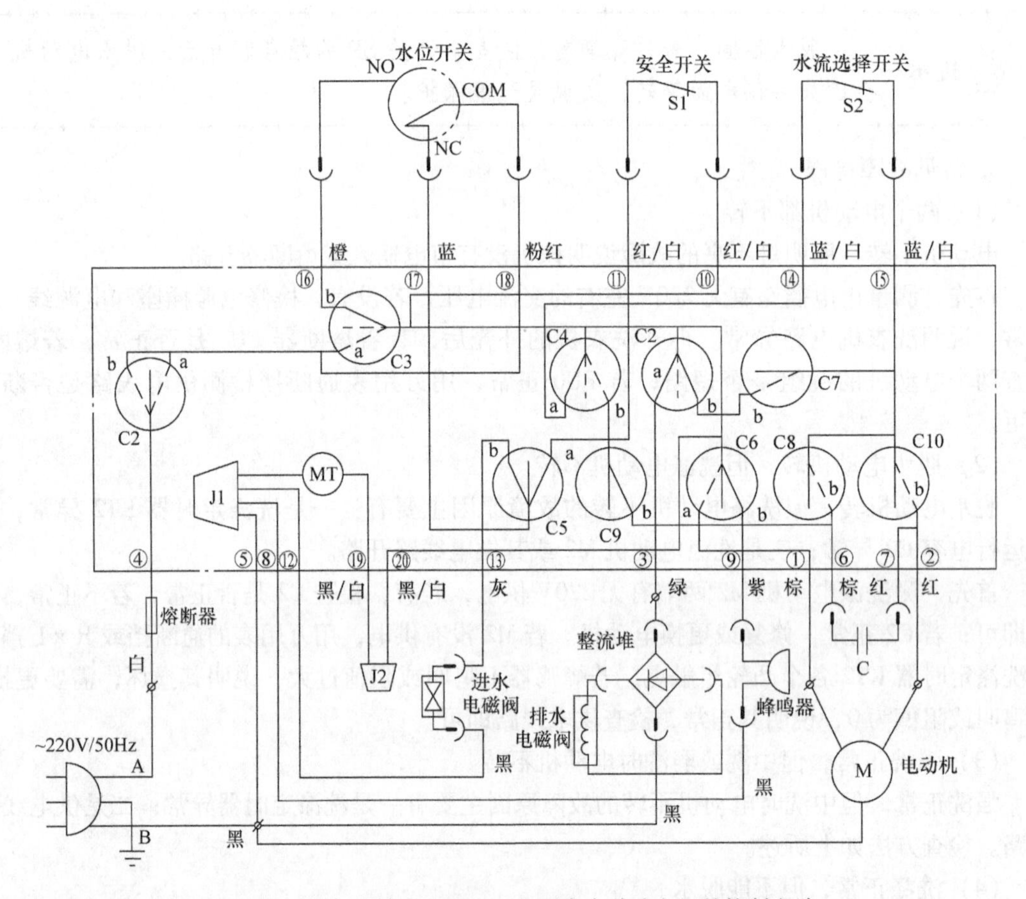

图 12-2 海尔小神童 XQB40－F 型全自动洗衣机的控制电路

该机的程序控制器和有标准洗涤、节约洗涤和单洗涤三种程序。另外，该机有标准洗、轻柔洗两种洗涤方式，洗涤时可根据衣物多少选择洗涤方式。洗衣机通电后，就会按表12-1所示的时序工作。

1. 进水控制

该机输入市电电压且若桶内无水或水位太低，被水位开关（水位传感器）检测后，它的动触点 COM 与静触点 NC 接通。通过表 12-1 可知，进水时 C1 的动触点与静触点 a 接通，

表 12-1　海尔小神童 XQB40－F 型全自动洗衣机电动式程序控制器时序

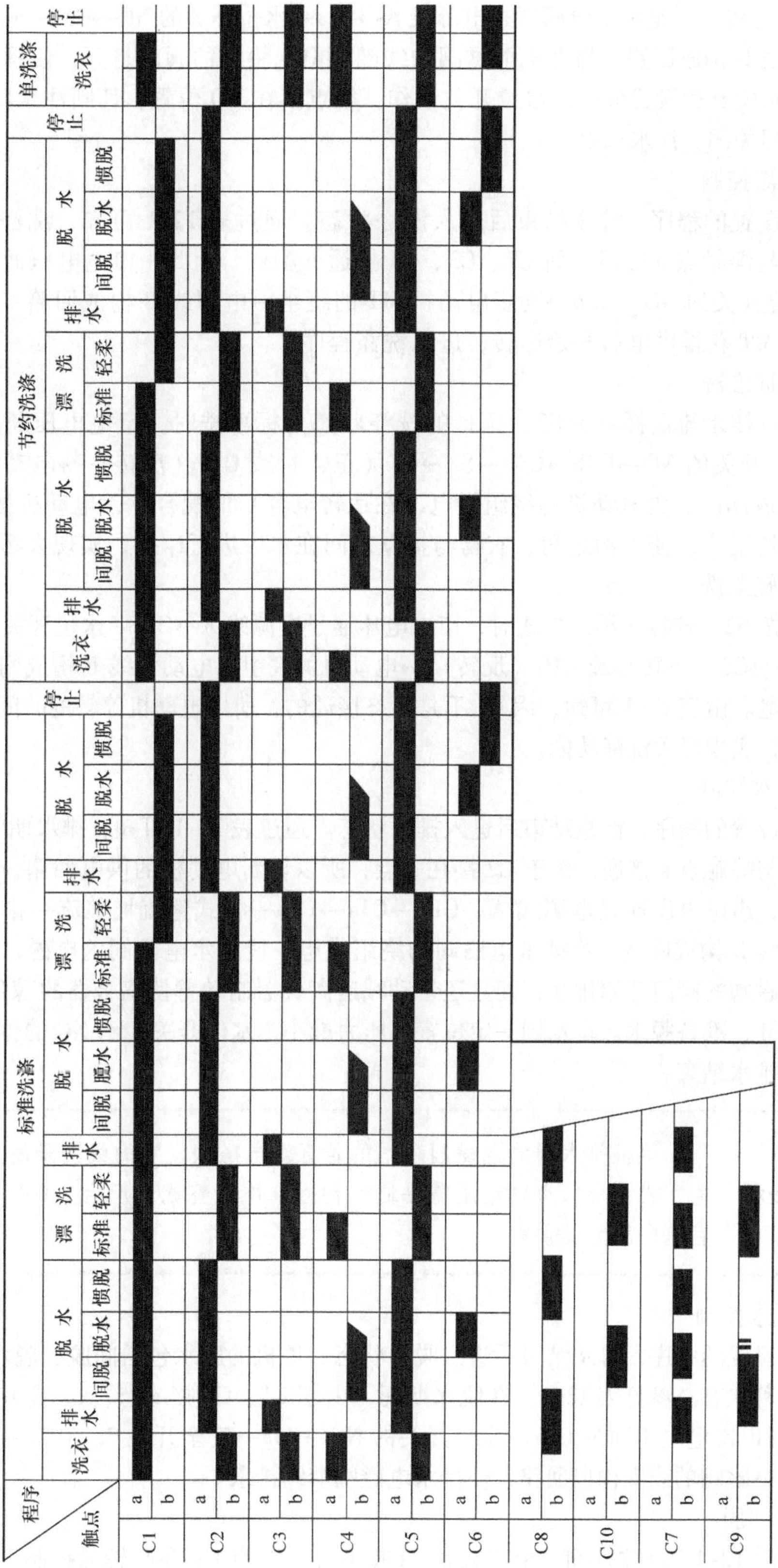

程序 / 触点		标准洗涤																		节约洗涤												单洗涤	
		洗衣	排水	脱水			漂洗		排水	脱水			漂洗		排水	脱水			停止	洗衣	排水	脱水			漂洗		排水	脱水			停止	洗衣	停止
				间脱	脱水	惯脱	标准	轻柔		间脱	脱水	惯脱	标准	轻柔		间脱	脱水	惯脱				间脱	脱水	惯脱	标准	轻柔		间脱	脱水	惯脱			
C1	a																																
	b																																
C2	a																																
	b																																
C3	a																																
	b																																
C4	a																																
	b																																
C5	a																																
	b																																
C6	a																																
	b																																
C8	a																																
	b																																
C10	a																																
	b																																
C7	a																																
	b																																
C9	a																																
	b																																

C5 接在 b 位置，于是市电电压通过电源线 A→C1a→水位开关的 NC→C5b→进水电磁阀的线圈→电源线 B 构成回路，为进水电磁阀的线圈供电，将它的阀门打开，使桶内的水位逐渐升高。当水位到达设置值后，水位开关动作，触点接在 NO 位置，切断注水阀的供电回路，使它的阀门关闭，注水结束。

2. 洗涤控制

根据设置的程序，注水结束后进入洗涤状态。通过表 12-1 可知，洗涤时 C1、C4 的动触点都与静触点 a 接通，而 C2、C3、C7 接通 b 触点。因此，市电电压通过电源线 A→C1a→水位开关的 NO→C3b→同步电动机 MT 的绕组→电源线 B 构成回路，为 MT 的绕组供电，使 MT 获得供电后开始运转，进入洗涤程序。

（1）标准洗

若用户按水流选择开关 S2，选择的洗涤状态为标准洗时，市电电压通过电源线 A→C1a→水位开关的 NO→C3b→C4a→S2→C8（正转）或 C10（反转）→电动机的绕组→电源线 B 构成回路，为电动机的绕组供电，在运转电容 C 的配合下，电动机按正转、停止、反转的周期工作，使衣物之间、衣物与桶壁之间在水中进行摩擦，实现去污清洗的目的。

（2）轻柔洗

用户按 S2，选择轻柔洗方式时，市电电压通过电源线 A→C1a→水位开关的 NO→C3b→C2b→C7b→C8（正转）或 C10（反转）→电动机的绕组→电动源线 B 构成回路，为电动机的绕组供电。由表 12-1 可知，因 C7 不是始终接通的，所以电动机停转的时间较长，使运转时间缩短，实现轻柔洗涤功能。

3. 排水控制

根据设置的程序，洗涤结束后进入排水状态。通过表 12-1 可知，排水期间，C1 ~ C3 的动触点都与静触点 a 接通。由于 C2 接在 a 点，所以切断电动机的供电回路，电动机停止运转。同时，市电电压通过电源线 A→C1a→C3a→C2a→桥式整流堆整流→排水电磁阀的绕组→电源线 B 构成回路，为排水电磁阀的绕组供电，使排水电磁阀的电磁铁动作，不仅打开排水电磁阀的阀门开始排水，而且还带动减速离合器制动臂使离合器的棘爪和棘轮分离，制动带松开，准备脱水。排水到一定位置，压力减小，水位开关转到 NC 的位置，再延迟一段时间，排水结束。

提示 该机排水阀的电磁阀采用的是直流电磁铁，它的线圈采用直流电压供电方式，所以市电电压需要通过整流堆桥式整流，产生 210V 左右的脉动直流电压为其供电。

4. 脱水控制

根据设置的程序，排水结束后进入脱水状态。该机的脱水包括间脱、脱水（连续脱水）和惯脱三种状态。参见表 12-1，在脱水期间，由于 C1、C5 接 a 点，C2 接 b 点，水位开关接 NC，所以市电电压通过 C1a→水位开关的 NC→C5a→安全开关 S1→C2a→整流堆桥式整流→排水电磁阀的线圈构成回路，使排水电磁阀继续排水。

（1）间脱

参见表 12-1，间脱期间，由于触点 C4 接 b 点，触点 C9 在凸轮的控制下轮流闭合、断开，所以市电电压通过 C1a→水位开关的 NC→C5a→安全开关 S1→C4b→C9b 为电动机的绕组断续供电，使电动机交替工作在转、停状态，实现间脱控制。

（2）脱水

参见表 12-1，脱水（连续脱水）期间，由于 C6 接 a 点，所以市电电压始终通过 C1a→水位开关的 NC→C5a→安全开关 S1→C6a 为电动机的绕组供电，使电动机连续高速运转，实现连续脱水控制。

（3）惯脱

参见表 12-1，惯脱期间，触点 C6 断开，切断电动机的供电，使电动机处于惯性运转状态，降低对制动组件的磨损。

> **提示** 脱水期间，若打开桶盖，使安全开关 S1 的触点断开后，电动机会因失去供电而停转，实现误开盖保护。

5. 漂洗控制

漂洗控制和洗涤控制基本相同，不再介绍。

6. 蜂鸣器控制

参见表 12-1，洗衣机工作在最后一次惯脱时，触点 C1、C6 接 b 点，C2、C5 接 a 点，所以市电电压通过 C1b→水位开关的 NC→C5a→安全开关 S1→C6b 为蜂鸣器供电，蜂鸣器开始鸣叫，提醒用户洗涤即将结束。

7. 常见故障检修

（1）整机不工作

整机不工作故障的主要原因：一是供电线路异常；二是熔断器熔断。

首先，测量市电插座有无 220V 左右的交流电压，若没有，检修电源插座和线路；若正常，说明洗衣机内部电路异常。拆开洗衣机的外壳后，测熔断器是否开路，若开路，则检查电动机运行电容 C 是否正常，若不正常，更换即可；若正常，依次检查电动机、进水电磁阀、排水电磁阀是否漏电，若漏电，维修或更换；若正常，检查电动式程控器和线路是否漏电即可。

（2）供电正常，但不能进水

指示灯亮，但不能进水的主要故障原因：一是供水管路异常；二是水位开关异常；三是进水电磁阀或其供电异常；四是程序控制器异常。

首先，检查自来水供水系统是否正常，若不正常，维修供水系统；若正常，说明洗衣机内部异常。此时，用万用表交流电压挡测量进水电磁阀的线圈有无 220V 左右的交流电压，若有，说明电磁阀异常；若没有，说明供电系统异常。检查供电系统时，测程序控制器有无电压输出，若有，检查线路；若没有，检查水位开关和程控器。

（3）进水正常，但不能洗涤

进水正常，但不能洗涤的主要故障原因：一是电动机不转；二是传动带损坏；三是波轮被卡死；四是减速离合器异常；五是程序控制器异常。

首先，用手拨动波轮时，若不能转动，检查离合器；若能转动，查看传动带是否正常，若异常，更换即可；若正常，通电后电动机能否发出“嗡嗡”声，若有，用电容挡或代换法检查运行电容 C 是否正常，若不正常，更换即可；若正常，检修电动机。若电动机没有嗡嗡声，测电动机有无供电，若有，检修电动机；若没有，检修程控器。

提示 电动机发出“嗡嗡”声，多是由于绕组短路所致。绕组短路时通常会发出焦煳味并且电动机的表面会烫手。

（4）能洗涤，但波轮转速低

能洗涤，但波轮转速低的主要故障原因：一是桶内的衣物过多；二是传动带过松；三是传动轮的紧固螺钉松动；四是电动机或其运转电容异常；五是减速离合器异常。

首先，查看桶内的衣物是否过多，若是，取出多余的衣物；若衣物量正常，说明洗衣机异常。此时，检查传动带是否过松，若过松，更换皮带；若正常，用万用表电容挡检测运行电容 C 是否容量不足，若是，更换即可；若正常，检查减速离合器、电动机。

（5）轻柔洗正常，标准洗时波轮不转

轻柔洗正常，但标准洗时波轮不转的主要故障原因：一是洗涤方式（水流）开关异常；二是供电异常；三是程序控制器异常。

首先，用通断挡检查洗涤方式开关是否正常，若不正常，维修或更换；若正常，检查供电线路是否正常，若不正常，维修或更换；若正常，检查程控器。

（6）不能排水

不能排水的主要故障原因：一是排水电磁阀异常；二是排水电磁阀的供电异常；三是程序控制器异常。

首先，用万用表直流电压挡测排水电磁阀的供电是否正常，若正常，检修或更换电磁阀；若没有供电，用万用表交流电压挡测整流堆有无 220V 交流电压输入，若有，检查整流堆；若没有，检查程控器和线路。

（7）不能脱水

不能脱水的主要故障原因：一是安全开关异常；二是电动机运转电容容量不足；三是程序控制器损坏。

首先，用万用表通断挡检测安全开关是否正常，若不正常，更换即可；若正常，用万用表的电容挡检查电动机运行电容 C 是否容量不正常，若不足，更换即可；若正常，检查程控器。

提示 由于脱水时电动机的负荷较大，所以电容容量不足时，会产生洗涤时电动机运转正常（或转速慢）、脱水时电动机不转的故障。

（8）漏水

漏水的主要故障原因：一是进水、排水管有裂痕；二是进水电磁阀、排水电磁阀异常；三是减速离合器的密封圈异常，四是盛水桶有裂痕。

首先，查看进水管、排水管有无裂痕，若有，维修或更换即可；若正常，检查盛水桶是否漏水，若是，维修；若正常，检查进水电磁阀、排水电磁阀。

> **提示** 如果盛水桶有裂痕或被磨漏，可采用 AB 胶进行修补；若无法修复，再更换。排水管开裂可采用防水胶带缠绕修复。

（9）漏电

漏电的主要故障原因：一是接地线不良；二是电源线开裂；三是电动机绕组的绝缘性能差；四是进水、排水电磁阀漏电。

首先，检查洗衣机的接地线是否正常，若不正常，重新连接；若正常，检查电源线是否开裂，若是，维修或更换；若正常，检查电气元器件。首先，检查电动机是否漏电，若漏电，烘干或更换；若正常，检查进水、排水电磁阀。

第二节　用万用表检修电脑控制型洗衣机电路从入门到精通

一、电脑控制型双桶洗衣机 

下面以威力 XPB55－553S 型双桶洗衣机为例介绍用万用表检修电脑控制型双桶洗衣机故障的方法与技巧。该机电路以东芝公司 47C400RN－GD87（IC1）为核心构成，如图 12-3 所示。

1. 电源电路

接通电源后，220V 市电电压通过 C1 滤波后，不仅为双向晶闸管供电，而且通过变压器 T1 降压产生 10V 左右的交流电压。该电压通过 VD1～VD2 全桥整流，R1 限流，在 C4 两端产生 12V 左右的直流电压，再通过三端稳压器 IC2（7805）稳压输出 5V 电压，为 CPU 电路、指示灯电路等供电。

市电输入回路的压敏电阻 ZM1 用于市电过电压保护。当市电电压过高使峰值电压达到 470V 时其击穿，使熔断器过电流熔断，切断市电输入回路，从而避免了变压器 T1 等元器件因过电压损坏。

2. 微处理器电路

微处理器电路是以微处理器 IC1（47C400RN－GD87）、晶振 X1 为核心构成的，47C400RN－GD87 的主要引脚功能见表 12-2。

（1）基本工作条件电路

1）5V 供电：接通电源开关，待电源电路工作后，由三端稳压器 IC2（7805）输出的 5V 电压经电容 C7 滤波后，再通过 R6 限流，C6 滤波后，加到微处理器 IC1 的供电端㊷脚，为其供电。

2）复位：该机的复位电路由 IC1 和其㉝脚外接的 VT11、R47、R48、C27 构成。由于 C27 在开机瞬间需要充电，所以其两端电压是逐渐升高的。在其充电期间，使 VT11 截止时，为 IC1 的㉝脚提供高电平的复位信号，使 IC1 内的存储器、寄存器等电路清零复位。当 C27 两端电压超过 5V 后，通过 VT11 放大，使 IC1 的㉝脚电位变为低电平，使 IC1 完成复位并开始工作。

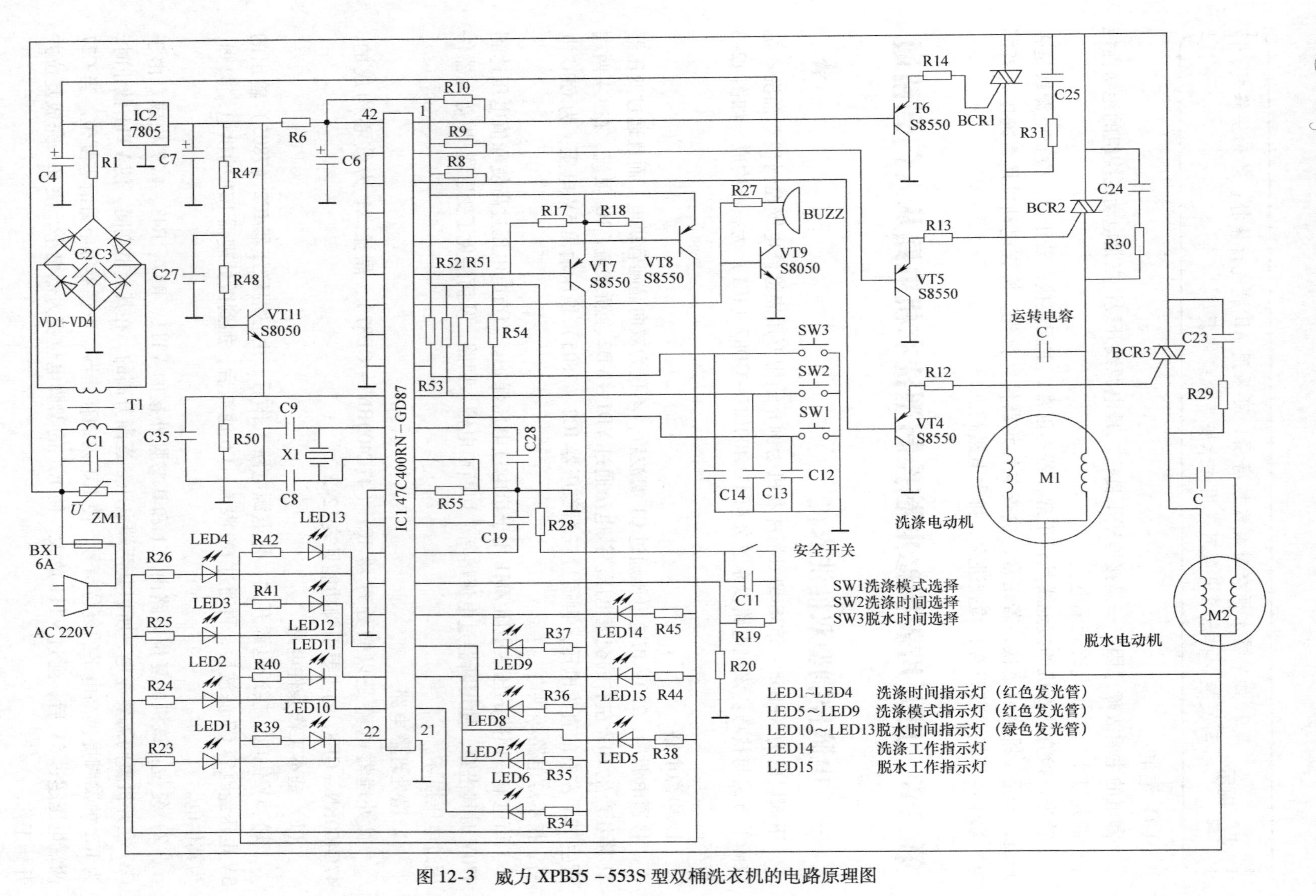

图 12-3　威力 XPB55－553S 型双桶洗衣机的电路原理图

表 12-2 微处理器 47C400RN－GD87 的主要引脚功能

引脚	功能	引脚	功能
1、2	洗涤电动机供电控制信号输出	21	接地
3	脱水电动机供电控制信号输出	22～25	指示灯控制信号输出
5、6	键扫描信号输出	26～30	接地
7	蜂鸣器控制信号输出	31、32	振荡器外接晶振
9～11	操作键信号输入	33	复位信号输入
12	接地	34～41	接地
16	脱水桶桶盖检测信号输入	42	5V 供电
17～20	指示灯控制信号输出		

（2）操作键电路

操作电路由微处理器 IC1、操作键 SW1～SW3 构成。未按 SW1～SW3 时 IC1 的⑨～⑪脚电位为高电平，IC1 不执行操作命令。一旦按压 SW1～SW3 使 IC1 的⑨～⑪脚输入低电平的操作信号后，IC1 执行操作程序。

（3）显示电路

显示电路以微处理器 IC1、VT7、VT8 和发光二极管 LED1～LED15 为核心构成。如果需要 LED14 发光时，IC1 的⑥、⑱～⑳、㉒～㉕脚输出高电平，⑤、⑰脚输出低电平控制信号。⑥脚输出的高电平控制电压使 VT7 截止，同时由于㉒～㉕脚为高电平，所以指示灯 LED1～LED13、LED15 都不能发光，而⑤脚输出的低电平电压使 VT8 导通，从其 c 极输出高电平电压，该电压通过 R45、LED14 和 IC1 的⑰脚内部电路构成回路，使 LED14 发光。

（4）蜂鸣器电路

当程序结束或需要报警时，微处理器 IC1 的⑦脚输出激励信号。该信号通过 VT9 倒相放大，驱动蜂鸣器 BUZZ 开始鸣叫。

3. 洗涤电路

洗涤电路由微处理器 IC1、洗涤电动机、电动机运转电容、双向晶闸管 BCR1、BCR2 及其驱动电路构成。

当设置好洗涤方式和洗涤时间后，微处理器 IC1 不仅控制指示灯 LED14 和相应的洗涤方式、洗涤时间指示灯发光，同时 IC1 还从①、②脚交替输出触发信号。②脚输出高电平控制信号时，VT5 截止，双向晶闸管 BCR2 截止，而①脚输出的触发信号经驱动管 VT6 放大后，通过 R14 使双向晶闸管 BCR1 导通，为洗涤电动机供电，洗涤电动机在运转电容 C 的配合下按正转。当①脚输出高电平控制信号后，VT6 和 BCR1 相继截止，而②脚输出的触发信号通过 VT5 放大后，再通过 R13 触发双向晶闸管 BCR2 导通，为洗涤电动机供电，洗涤电动机在运转电容的配合下反转。这样，在 IC1 的控制下，洗涤电动机按正转、停止、反转的周期运转。

4. 脱水电路

脱水电路由微处理器 IC1、双向晶闸管 BCR3、驱动管 T4、安全开关、脱水电动机等构成。

当设置好脱水时间后，微处理器 IC1 不仅控制指示灯 LED15 和相应脱水时间指示灯发光，IC1 的③脚输出触发信号。该信号经 VT4 放大后，通过 R12 限流使双向晶闸管 BCR3 导通，脱水电动机在运转电容 C 的配合下高速运转，实现脱水电动机的控制。

脱水期间若打开桶盖，安全开关的触点断开，使 IC13 的⑯脚电位在脱水期间变为低电平，IC1 判断桶盖被打开，切断③脚输出的触发信号，使脱水电动机停转，实现开盖保护。另外，若脱水期间，振动过大，引起安全开关动作时，该保护电路也会动作。

5. 常见故障检修

漏水、漏电、噪声大的故障检修参考本章第一节内容，下面介绍其他故障的检修方法。

（1）整机不工作

整机不工作故障的主要原因：一是供电线路异常；二是熔断器熔断；三是电源电路异常；四是微处理器电路异常。

首先，测市电插座有无 220V 市电电压，若没有，检查插座与线路；若市电正常，说明洗衣机发生故障。拆开后，检查熔断器 FU1 是否熔断，若 FU1 熔断，说明有过电流现象；若 FU1 正常，说明电源电路或微处理器电路未工作。

确认 FU1 熔断后，先检查压敏电阻 ZM1 是否击穿，若是，与 BX1 一起更换即可；若正常，检查高频滤波电容 C1 是否击穿，若击穿，与 FU1 一起更换即可；若 C1 正常，检查两个电动机的运转电容是否正常，若不正常，与 FU1 一起更换；若正常，检查脱水电动机和洗涤电动机。

确认 FU1 正常后，测滤波电容 C7 两端电压是否正常，若不正常，说明电源电路异常；若正常，说明微处理器电路异常。确认电源电路异常后，首先，测 C4 两端电压是否正常，若正常，检查 IC2、C7 及负载；若 C4 两端电压不正常，测变压器 T1 两端输出的交流电压是否正常，若不正常，测 T1 的一次绕组有无 220V 市电电压输入，若没有，检查线路；若有，说明 T1 异常。若 T1 输出电压正常，检查电阻 R1、整流管 VD1 ~ VD4 和滤波电容 C4 及 IC2。确认微处理器电路异常后，首先，测 IC1 的㉝脚有无复位信号输入，若没有，检查 VT11、C27、R47 和 C35；若有，检查按键开关 SW1 ~ SW3 是否正常，若不正常，更换即可；若正常，检查晶振 X1 和移相电容 C8、C9 是否正常，若不正常，更换即可；若正常，检查 IC1。

方法与技巧 变压器 T1 一次绕组内有一个过热保护器，当整流管 VD1 ~ VD4，滤波电容 C4 或 5V 稳压器 IC2（7805）击穿，导致 T1 过电流而使温度急剧升高，当温度达到过热保护器的标称温度值后，过热保护器熔断，实现过热保护，避免了故障范围扩大。维修时，可拆开 T1 的一次绕组，更换该过热保护器，再更换故障元器件后即可排除故障。

（2）不能洗涤

不能洗涤故障的主要原因：一是洗涤时间选择键异常；二是洗涤电动机的运转电容异常熔断；三是洗涤电动机异常；四是微处理器电路异常。

首先，在按洗涤时间键 SW2 时，查看洗涤时间指示灯显示是否正常，若不正常，检查 SW2 和微处理器 IC1；若正常，听洗涤电动机有无“嗡嗡”声，若有，检查它的运转电容

C；若没有，检查洗涤电动机有无供电，若没有，检查微处理器 IC1；若有供电，检查洗涤电动机。

（3）不能脱水

不能脱水故障的主要原因：一是以双向晶闸管 BCR3 为核心的供电电路异常；二是安全开关异常；三是微处理器 IC1 异常。

首先，在按脱水键 SW3 时，查看脱水指示灯显示是否正常，若不正常，检查 SW3 和微处理器 IC1；若正常，听脱水电动机有无“嗡嗡”声，若有，检查它的运转电容 C；若没有，检查脱水电动机有无供电，若有供电，检查脱水电动机；若没有，说明供电电路异常。此时，测 VT4 的 c 极有无驱动信号输出，若有，检查电阻 R12 和双向晶闸管 BCR3；若没有，检查 IC1 的⑯脚输入的电压是否正常，若不正常，检查安全开关、R19 和线路；若⑯脚电位正常，检查 VT4 和 IC1。

二、电脑控制型波轮全自动洗衣机 

下面以小鸭 XQB60－815B1 型全自动洗衣机为例介绍用万用表检修电脑控制型全自动洗衣机故障的方法与技巧。该机电路由电源电路、微处理器、进水电路、洗涤电路、排水电路、自动断电电路等构成。

1. 电源电路

该机的电源电路采用变压器降压式串联稳压电源，如图 12-4 所示。

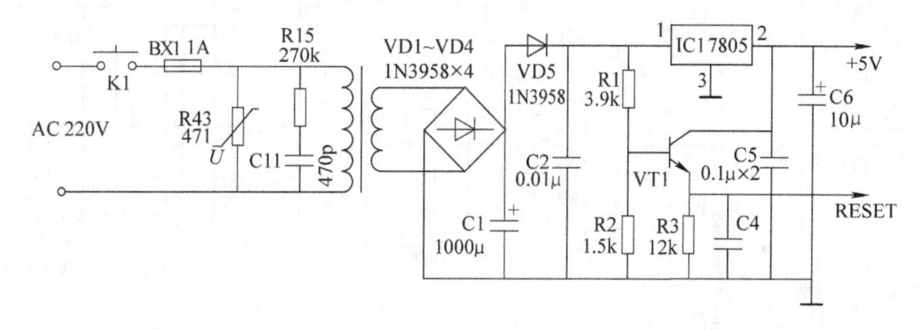

图 12-4　小鸭 XQB60－815B1 型全自动洗衣机电源电路

接通电源开关 K1 后，市电电压通过熔断器 BX1 输入，再经滤波电容 C11 和 R15 滤波后，加到电源变压器的一次绕组上，由其降压后输出 12V 左右（与市电高低有关）的交流电压。该电压经 VD1～VD4 全桥整流，C1 滤波产生 13V 左右直流电压。该电压通过 VD5 不仅送到复位电路，而且通过 IC1 稳压输出 5V 电压。5V 电压经 C6 滤波后为蜂鸣器、微处理器等电路供电。

市电输入回路的 R43 是压敏电阻。市电正常时它相当于开路，不影响电路工作状态；一旦市电升高时它会击穿，使熔断器 BX1 熔断，切断市电输入回路，以免变压器等元器件因过电压损坏，从而实现市电过电压保护。

2. 微处理器电路

微处理器（CPU）电路是以微处理器 IC2（MCS8049）为核心构成的，如图 12-5 所示。MCS8049 主要的引脚功能见表 12-3。

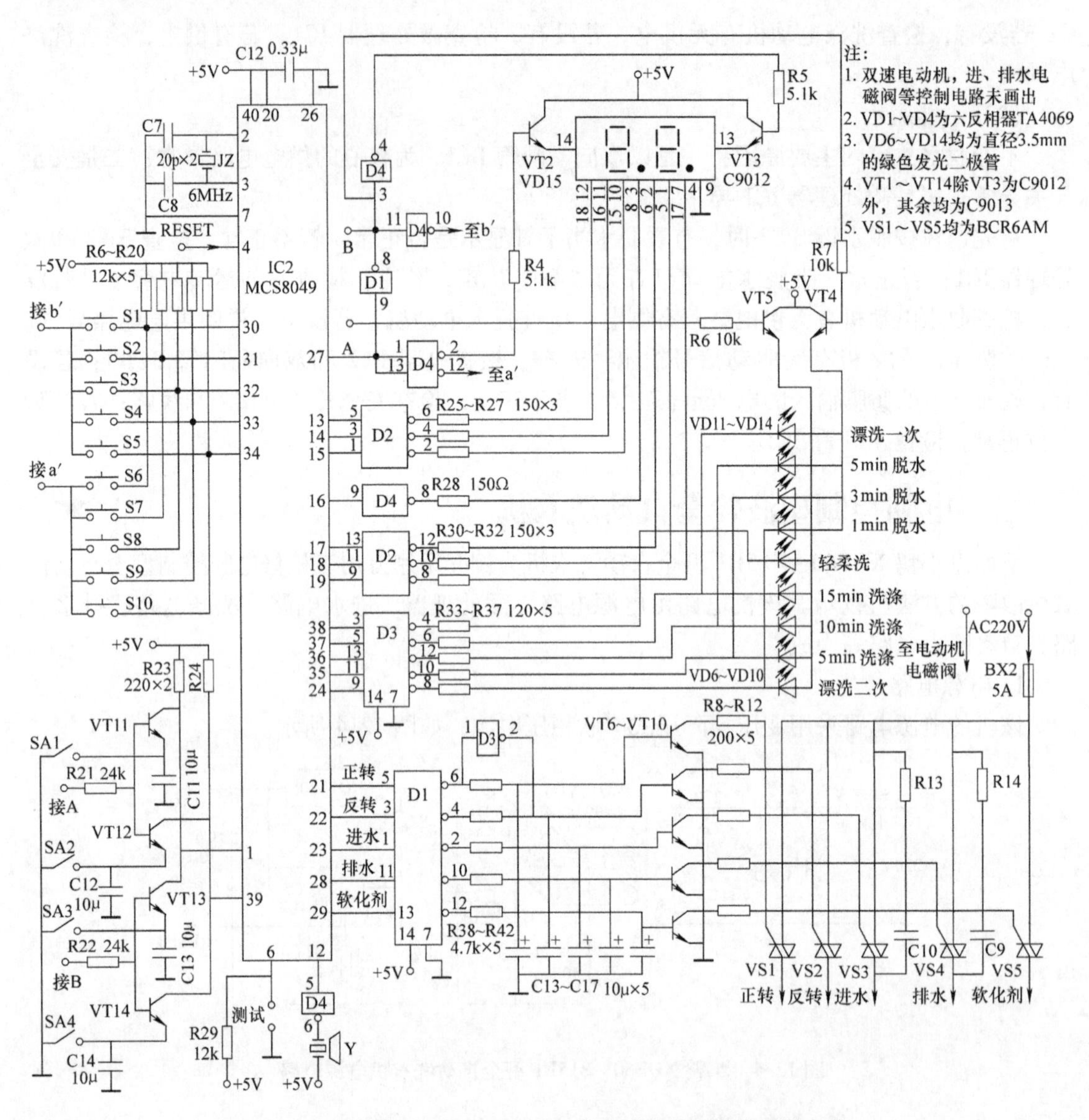

图 12-5　小鸭 XQB60－815B1 型全自动洗衣机微处理器电路

表 12-3　微处理器 MCS8049 主要的引脚功能

引脚	功能	引脚	功能
1	水位检测/漂洗控制信号输入	13～19	显示屏个位驱动信号输出
2、3	振荡器外接晶振	20	内部存储器编程供电
4	复位信号输入	21	电动机正转驱动信号输出
6	测试	22	电动机反转驱动信号输出
7	接地	23	进水电磁阀触发信号输出
12	蜂鸣器驱动信号输出	24	漂洗 2 次/1min 脱水指示灯控制信号输出

（续）

引脚	功能	引脚	功能
26	接地	36	10min 洗涤/5min 脱水指示灯控制信号输出
27	键扫描脉冲信号输出	37	15min 洗涤/漂洗 1 次指示灯控制信号输出
28	排水电磁阀触发信号输出	38	轻柔洗指示灯控制信号输出
29	软化剂电磁阀触发信号输出	39	安全开关/不平衡检测开关信号输入
30 ~ 34	操作键信号输入	40	5V 供电
35	5min 洗涤/3min 脱水指示灯控制信号输出		

（1）基本工作条件电路

5V 供电：接通电源开关，待电源电路工作后，由 5V 稳压器 IC1 输出的 5V 电压经电容 C12 滤波后，加到微处理器 IC2 的供电端㊵脚，为其供电。

复位：该机的复位电路由微处理器 IC2 和其④脚外接电路构成。因 C1 需要充电，所以在开机瞬间 C1 两端电压是逐渐升高的，当 C1 两端电压低于 7V 时，经 R1、R2 取样后使 VT1 的 e 极输出低电平电压，使 IC2 内的存储器、寄存器等电路清零复位。当 C1 两端电压达到 13V 时，通过取样使 VT1 的 e 极输出 3.8V 高电平，该电压经 C4 滤波后加到 IC2 的④脚后，IC2 内部电路复位结束，开始工作。

时钟振荡：微处理器 IC2 得到供电后，其内部的振荡器与②、③脚外接的晶振 JZ 和移相电容 C7、C8 通过振荡产生 6MHz 的时钟信号。该信号经分频后协调各部位的工作，并作为 IC2 输出各种控制信号的基准脉冲源。

（2）功能操作电路

功能操作电路以微处理器 IC2、操作键 S1 ~ S10、反相器 VD1 和 VD4 为核心构成。

微处理器 IC2 工作后，其㉗脚输出键扫描脉冲信号，一路通过 VD4 倒相放大后，为操作键 S6 ~ S10 提供键扫描扫描；另一路通过 VD1、VD4 两级倒相器倒相后，为操作键 S1 ~ S5 提供扫描脉冲。当没有按键按下时，IC2 的㉚ ~ ㉜脚没有操作信号输入，IC2 不执行操作命令。一旦按压操作键 S1 ~ S10 使 IC2 的㉚ ~ ㉞脚输入操作信号（键扫描信号）后，IC2 控制执行操作程序。其中，S1 是“加强洗”操作键，按压该键可以选择“加强洗涤”的功能。S2 是单洗操作键，按该键可选择单独洗功能。S3 是洗、漂操作键，按压该键可使洗衣机工作在洗涤、漂洗状态，而不进行脱水。S4 是标准操作键，按该键洗衣机工作在标准洗涤状态，即洗涤、漂洗、脱水。S5 是轻柔操作键，按该键时洗衣机工作在轻柔洗涤状态。S6 是轻脱水操作键，按压该键可实现轻脱水功能。S7 是漂洗次数操作键，按该键时可设置该机的漂洗次数为 1 次还是 2 次。S8 是脱水时间设置键，通过该键可设置脱水时间。S9 是洗涤时间设置键，通过该键可设置洗涤时间长短。S10 是起动/暂停键，在停机状态时按压该键可起动，在工作中按该键时洗衣机会暂停工作。暂停期间，按压该键会再次运行。

另外，IC2 的㉗脚输出的键扫描脉冲还送到水位开关、安全开关等控制电路。

（3）显示电路

显示电路以微处理器 IC2、发光二极管 VD6 ~ VD14、数码管为核心构成。

1）发光二极管显示：微处理器 IC2 的㉗脚输出的键扫描脉冲一路经 R6 限流，再经 VT5 射随放大，从其 e 极输出后，加到发光二极管的 VD6 ~ VD10 的正极；另一路经 VD1 倒相，再经 VT4 射随放大后，加到发光二极管的 VD11 ~ VD14 的正极。如果需要 VD6 发光时，IC2 的㉔脚输出高电平信号，经 VD3 内的倒相器变为低电平，就可以使 VD6 导通发光。

2）数码管显示：微处理器 IC2 的㉗脚输出的键扫描脉冲一路经 VD4 倒相，再经 R4 加到 VT2 的 b 极，由其射随放大后，通过数码管的⑭脚为十位数笔段的发光二极管正极供电；另一路经 VD1、VD4 倒相，再经 VT3 射随放大后，通过数码管的⑬脚为个位数笔段发光二极管的正极供电。而 IC2 的⑬ ~ ⑲脚输出的笔段高电平信号经 VD2 ~ VD4 反相后，加到数码管的笔段输入端，即笔段发光二极管的负极，就可以驱动数码管内的发光二极管发光，显示洗涤时间。

（4）蜂鸣器电路

当程序结束或需要报警时，微处理器 IC2 的⑫脚输出的蜂鸣器驱动信号经 VD4 倒相放大后，驱动蜂鸣器 Y 鸣叫，实现提醒和报警功能。

3. 进水电路

进水电路由起动/暂停键 S10、水位开关 SA1、微处理器 IC2、进水电磁阀、双向晶闸管 VS3、反相器 VD1 等元器件构成。

微处理器电路工作后，按起动/暂停键 S10，使该机开始工作，当盛水桶内无水或水位太低，被水位开关 SA1 检测后它的触点不能吸合，VT11 截止，微处理器 IC2 的①脚没有键扫描脉冲输入，IC2 识别出桶内无水或水位太低，其㉓脚输出触发信号。该触发信号通过 VD1 内的一个反相器反相，再经驱动管 VT8 倒相放大，使双向晶闸管 VS3 被触发导通，为进水电磁阀的线圈供电，使其阀门打开，开始注水，使桶内的水位逐渐升高。当水位达到设置值后，水的压力增大，使 SA1 的触点吸合，此时 VT11 因发射极接地而导通，于是 IC2 的㉗脚输出的键扫描脉冲通过 VT11 倒相放大后，加到 IC2 的①脚，被 IC2 识别后判断水已到位，切断㉓脚输出的触发信号，VS3 关断，进水电磁阀的阀门关闭，进水结束，实现进水控制。

4. 洗涤电路

洗涤电路以微处理器 IC2、电动机、电动机运转电容、双向晶闸管 VS1/VS2、反相器 VD1 为核心构成。

当微处理器 IC2 的①脚输入水到位的信号后，IC2 自动控制该机进入洗涤状态，其从㉑、㉒脚交替输出电动机触发信号。当 IC2 的㉑脚输出高电平信号时经 VD1 倒相，使驱动管 VT6 截止，双向晶闸管 VS1 截止，而㉒脚输出的触发信号经 VD1 倒相后，再经驱动管 VT7 倒相放大，使双向晶闸管 VS2 导通，为电动机的绕组供电，电动机在运转电容的配合下逆向运转。当㉒脚输出的高电平信号经 VD1 倒相，使驱动管 VS7 截止，进而使 VS2 截止，而㉑脚输出的触发信号经 VD1 反相，再经 VT6 倒相放大，使 VS1 导通，为电动机供电，电动机在运转电容的配合下正向运转，而㉑、㉒脚都无驱动信号输出时，电动机停转。这样，在 IC2 的控制下，电动机按正转、停转、反转的规律周而复始的工作，通过波轮传动后，就可以完成衣物的洗涤。

5. 排水电路

排水电路由微处理器 IC2、排水电磁阀、双向晶闸管 VS4、水位开关 SA1 等构成。

洗涤结束后，微处理器 IC2 控制该机进入排水状态，于是其㉘脚输出的驱动信号通过 VD1 反相，再经 VT9 倒相放大，使双向晶闸管 VS4 导通，为排水电磁阀的线圈供电，使其阀门打开，进行排水，而且将离合器组件转换为脱水状态，准备脱水。排水进行到一半时，水位开关SA1的触点断开，使IC2的①脚无扫描脉冲输入，IC2判断排水正常，继续排水。如果IC2的①脚在设置时间仍有扫描脉冲输入，则IC2会判断排水不良，使该机进入保护状态，并控制蜂鸣器鸣叫，提醒用户该机出现排水异常的故障。

6. 脱水电路

当排水结束后，进入脱水状态。脱水期间，微处理器IC的㉘脚仍输出50Hz过零驱动信号，使排水电磁阀继续排水，同时控制㉒脚输出的触发信号使VS2间歇导通，进而使电动机间歇逆时针运转，该机处于间歇脱水状态。当设置的间歇脱水时间结束后，IC2的㉒脚输出连续的触发信号，使VS2始终导通，电动机开始高速运转，实现快速脱水。

脱水期间若出现不平衡现象，导致洗涤桶晃动并且碰到不平衡开关的控制杆，使不平衡检测开关SA2的触点闭合，此时VT12因发射极接地而导通，于是IC2的㉗脚输出的键扫描脉冲通过VT12倒相放大后，加到IC2的㊴脚，被IC2识别后判断该机发生不平衡现象，控制㉒脚停止输出触发信号，使电动机停转并关闭排水电磁阀的阀门，随后，输出控制信号使进水电磁阀重新进水，水到位后，执行漂洗程序，以便校正不平衡，然后再进行脱水，若仍存在不平衡现象，则停止脱水，并驱动蜂鸣器鸣叫报警，提醒该机发生不平衡故障。

脱水期间若打开桶盖，安全开关（盖开关）SA4的触点断开，使VT14截止，导致IC2的①脚在脱水期间无键扫描信号输入，IC2识别后判断桶盖被打开，切断㉒脚输出的触发信号，不仅使电动机停转，而且使排水电磁阀复位，控制离合器制动，实现开盖保护。

7. 软化剂投放电路

软化剂（柔顺剂）投放电路由微处理器IC2、软化剂投放电磁阀、双向晶闸管VS5及其驱动电路构成。

需要投放软化剂时，微处理器IC2的㉙脚输出的驱动信号通过VD1反相，再经VT10倒相放大，触发双向晶闸管VS5导通，为软化剂投放电磁阀的线圈供电，使其阀门打开，为洗涤液投放软化剂。当IC2的㉙脚不再输出触发信号后，VS5关断，软化剂投放电磁阀的阀门关闭，投放结束。

8. 常见故障检修

漏水、漏电、噪声大的故障检修参考本章第一节内容，下面介绍其他故障的检修方法。

（1）整机不工作

该故障的主要原因：一是供电线路异常；二是熔断器熔断；三是电源电路异常；四是微处理器电路异常。

首先，测市电插座有无220V市电电压，若没有，检查插座与线路；若市电正常，说明洗衣机发生故障。拆开后，检查熔断器BX1是否熔断，若熔断，说明市电输入电路、电动机等负载电路有过电流现象。此时，在路测量压敏电阻R43是否击穿，若击穿，将其和BX1一起更换即可；若正常，检查电动机、电磁阀等负载。若BX1正常，测C6两端电压是否正常，若不正常，说明电源电路异常；若正常，说明微处理器电路异常。

确认电源电路异常时，测C2两端电压是否正常，若正常，检查C6、IC1（7805）及负载；若不正常，测变压器的一次绕组有无220V市电电压，若有，检查变压器和C1、VD1～VD5、C2；若没有，检查线路。

确认微处理器电路异常后，先测操作键S1～S10是否短路或漏电，若是，更换即可；若正常，检查IC2的④脚有无复位信号输入，若没有，检查R1、R2、VT1、C4；若有复位信号输入，则检查晶振JZ和C7、C8是否正常，若不正常，更换即可；若正常，检查IC2。

（2）指示灯亮，但不能进水

该故障的主要原因：一是供水管路异常；二是起动/暂停键异常；三是水位开关异常；四是进水电磁阀或其供电电路异常；五是微处理器异常。

首先，听进水电磁阀能否发出叫声，若能，检查供水管路；若不能，测进水电磁阀的线圈有无供电，若有，说明进水电磁阀或管路异常；若没有，说明供电电路异常。此时，测微处理器IC2的㉓脚有无触发信号输出，若有，检查放大管VT8、晶闸管VS3是否正常，若不正常，更换即可；若正常，检查VD1、R10、R40。确认IC2的㉓脚无信号输出时，检查起动/停止键S10是否正常，若异常，更换即可；若正常，检查水位开关SA1是否正常，若不正常，维修或更换；若正常，检查VT11、R23和IC2。

（3）始终进水

该故障的主要原因：一是水位开关异常；二是进水电磁阀或其供电电路异常；三是微处理器IC2异常。

首先，测进水电磁阀的线圈有无供电，若无，检查进水电磁阀；若有，说明供电或控制电路异常。测微处理器IC2的㉓脚有无触发信号输出，若没有，检查VT8和双向晶闸管VS3；若有，检查水位开关SA1是否正常，若不正常，更换即可；若正常，检查VT11和IC2。

（4）进水正常，但不能洗涤

该故障的主要原因：一是电动机或其供电电路异常；二是传动带损坏；三是波轮被卡死；四是减速离合器损坏；五是微处理器异常。

首先，用手拨动波轮能否转动，若不能，检查波轮和减速器；若能，传动带是否正常，若不正常，更换即可；若正常，听电动机能否发出“嗡嗡”声，若不能，检查微处理器IC2；若能，检查运行电容是否正常，若不正常，更换即可；若正常，检查电动机。

提示 电动机发出“嗡嗡”声，多是由于绕组或双向晶闸管短路所致。电动机绕组短路时通常会发出焦味并且电动机的表面会烫手。

（5）洗涤时波轮只能正向运转

该故障的主要原因：一是以双向晶闸管VS2为核心构成的供电电路异常；二是微处理器异常。

首先，测微处理器IC2的㉒脚有无触发脉冲输出，若没有，检查IC2；若有，检查VT7和R9是否正常，若异常，更换即可；若正常，检查双向晶闸管VS2是否正常，若不正常，更换即可。

（6）波轮转速低

该故障的主要原因：一是衣物过多；二是传动带过松；三是传动轮的紧固螺丝松动；四是洗涤电动机或其运转电容异常；五是减速离合器异常。

首先，检查放入的衣物是否过大，若是，取出多余的衣物；若不是，检查传动带是否正常，若松动，更换即可；若正常，传动轮的紧固螺钉是否松动，若是，紧固即可；如正常，检查电动机的运行电容的容量是否不足，若容量不足，更换即可排除故障；若正常，检查离合器和电动机。

（7）不能脱水

该故障的主要原因：一是不平衡检测开关 SA2；二是安全开关 SA4 异常；三是电动机运转电容 C 容量不足；四是微处理器 IC2 异常。

首先，用万用表交流档测电动机有无供电，若有，用电容档检查电动机运行电容 C 的容量是否不足，若不足，更换即可；若正常，用通断挡检查安全开关 SA4 和不平衡检测开关 SA2 是否正常，若异常，更换即可；若正常，检查微处理器 IC2。

提示　由于脱水时电动机的负荷较大，所以电容容量不足时，会产生洗涤时电动机运转正常（或转速慢），脱水时电动机不转的故障。

（8）不能排水

该故障的主要原因：一是排水电磁阀异常；二是排水电磁阀的供电电路异常；三是微处理器异常。

在排水期间，用万用表交流电压挡测排水电磁阀有无供电，若有，维修或更换排水电磁阀；若没有供电，测微处理器 IC2 的㉘脚有无排水触发信号输出，若没有，检查 IC2；若有，用二极管挡检查放大管 VT9 和双向晶闸管 VS4 是否正常，若不正常，更换即可；若正常，检查 VD1 和 VD1 与 VS4 间的电阻。

第十三章 用万用表检修电冰箱从入门到精通

第一节　用万用表检修普通电冰箱从入门到精通

一、采用重锤起动的普通电冰箱 

下面介绍用万用表检修图 13-1 所示的重锤起动式普通电冰箱故障的方法与技巧。该系统由机械式温控器、开关、起动器、压缩机、保护器、加热器等构成。

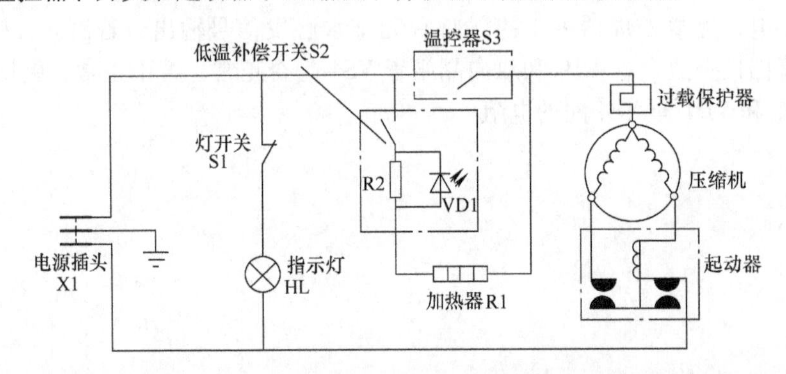

图 13-1　采用重锤起动普通电冰箱的电气系统

1. 起动电路

温控器的触点 S3 接通期间，220V 市电电压通过温控器的触点、起动器的驱动绕组、压缩机电动机的运行绕组 CM、过载保护器构成导通回路，导通电流（2. 5A 左右）使起动器的驱动绕组产生较强磁场，将起动器的衔铁（重锤）吸起，触点接通，压缩机电动机的起动绕组 CS 得到供电，使电动机起动转动。当电动机运作后，回路中的电流在反电动势作用下开始下降，使起动器驱动绕组产生的磁场减小。当磁场不能吸动衔铁时，起动器的触点断开，起动绕组停止工作，电动机完成起动，开始正常运转。当压缩机电动机正常运转后，运行电流降到额定电流（1A 左右）。

2. 温度控制电路

压缩机电动机运转后，驱动制冷剂实现制冷，使箱内温度逐渐下降。当箱内温度达到设置的温度后，被温控器的感温管检测，使其触点断开，切断压缩机电动机的供电回路，压缩机停转，电冰箱进入保温状态。随着保温时间的延长，使箱内温度逐渐升高。当箱内温度升高到设置的温度后，被温控器的感温管检测到使其触点再次接通，压缩机电动机获得供电再次运转，该机进入下一轮制冷状态。

3. 低温补偿电路

当环境温度过低，需要进行温度补偿时，接通低温补偿开关 S2，市电电压通过压缩机的运行绕组、过载保护器、加热器 R1、电阻 R2 和开关 S2 构成的回路使 R1 加热，冷藏室温度升高，以免环境温度过低时冷藏室的温度低，导致压缩机运行时间不足，产生冷冻室不能到达制冷要求的异常现象，实现温度补偿。同时，R2 两端产生的压降使指示灯 VD1 发光，表明该机工作在低温补偿状态。由于加热器的阻值远远大于压缩机电动机绕组的阻值，所以压缩机的电动机绕组仅为加热器提供导通回路，对压缩机没有任何影响。

4. 压缩机过载/过热保护电路

压缩机电动机正常运行时，过载过热保护器的触点接通，相当于导线。一旦当压缩机过载时电流增大，使过载保护器内的电阻丝产生的压降增大而使其发热，双金属片会因受热迅速变形，使触点断开，切断压缩机电动机的供电回路，压缩机停止转动，以免电动机绕组过电流损坏。另外，因过载保护器紧固在压缩机外壳上，当压缩机的壳体温度过高时，也会导致过载保护器内的触点断开，切断压缩机供电电路，以免电动机绕组过热损坏，实现过热保护。过几分钟后，随着温度下降，过载保护器内双金属片恢复到原位，又接通压缩机的供电回路，压缩机再次运转。但故障未排除前，过载保护器会再次动作，直至故障排除。过载保护器接通、断开时，会发出“咔嗒”的响声。因此，检修压缩机不能正常运转且过载保护器有规律地发出响声故障时，说明压缩机工作异常，导致过载保护器进入保护状态。当然过载保护器异常也会产生该故障。

5. 照明灯电路

照明灯是方便用户存取食物而设置的。打开箱门后灯开关（门开关）S1 接通，接通照明灯的供电回路，照明灯发光；关闭箱门时 S1 断开，照明灯熄灭。

6. 常见故障检修

（1）压缩机不转，照明灯不亮故障

压缩机不转，照明灯不亮的故障说明该机没有市电输入。该故障原因：一是电冰箱的电源线损坏；二是供电线路开路。

用万用表交流电压挡测量市电插座有无市电电压，若没有，检修插座和线路；若插座市电正常，用通断挡或电阻挡检查电冰箱内外的电源线即可。

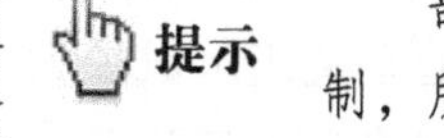

部分电冰箱不仅压缩机供电受温控器控制，而且照明灯也受温控器控制，所以检修此类电冰箱的该故障时，还需要检查温控器是否正常。

（2）压缩机不转，照明灯亮故障

压缩机不转，照明灯亮的故障说明该机温控器异常或压缩机及其起动器、过载保护器异常。该故障原因主要有：一是温控器损坏；二是起动器损坏；三是过载保护器损坏；四是供电线路开路。

将温控器的旋钮调至最大，若压缩机起动，说明温控器调整不当；若不能，说明压缩机或其起动、保护电路异常。断电后，用通断挡测或 R×1 挡检测起动器、过载保护器，若蜂鸣器不能鸣叫或阻值过大，说明其已开路损坏，需要更换；若鸣叫或阻值为 0，说明它们正常，用电阻挡测压缩机的阻值是否正常，若正常，检查供电线路；若异常，检查压缩机。

> **提示** 起动器异常时，压缩机不转，但有“嗡嗡”声。另外，有的过载保护器损坏，是由于压缩机绕组短路，导致其重复保护所致。

（3）冷藏室结冰，压缩机不停机故障

冷藏室结冰，但压缩机不停机故障原因主要是温控器异常。

首先，将温控器旋钮左旋到头，再用指针万用表的 R×1 挡或数字万用表的二极管/通断测量挡，测温控器触点值，若蜂鸣器鸣叫且数值仍然为 0，说明触点短路；若蜂鸣器不鸣叫，并且数值较大，说明温控器感温管等损坏。

（4）不能进行温度补偿

不能进行温度补偿的故障原因主要有两个：一是补偿开关开路；二是补偿加热器开路。

接通补偿开关，用万用表交流电压挡测补偿加热器两端有无 220V 市电电压，若有，说明补偿加热器开路；若没有，断电后用通断挡测补偿开关，若蜂鸣器不鸣叫，说明开关损坏；若鸣叫，检查供电线路。

（5）照明灯不亮

照明灯不亮，说明照明灯或灯开关（门开关）异常。首先，检查照明灯的灯丝是否开路，若是，更换照明灯即可；若照明灯正常，检查灯开关、照明灯卡座及线路即可。

> **提示** 若照明灯的触点粘连会导致关闭箱门时，照明灯仍发光，从而产生制冷效果差的故障。

二、采用 PTC 热敏电阻起动的普通电冰箱 

下面介绍用万用表检修图 13-2 所示的 PTC 起动式电冰箱故障的方法与技巧。该电路和图 13-1 相比，主要的区别起动电路和温度补偿，下面分别介绍。

1. 起动电路

温控器的触点接通期间，因 PTC 式起动器内的正温度系数热敏电阻的冷态阻值较小（多为 22～33Ω），所以通电瞬间 220V 市电电压通过热敏电阻、压缩机起动绕组形成较大的起动电流，使压缩机电动机开始运转，同时热敏电阻因流过大电流，温度急剧升至居里点以上，进入高阻状态（相当于断开），断开起动绕组的供电回路，完成起动。完成起动后，起动回路的电流迅速下降到 30mA 以内，运转回路的电流下降到 1A 左右。

2. 低温补偿电路

该电路采用的是自动低温补偿电路。当环境温度过低时，被自感应开关检测后其触点接

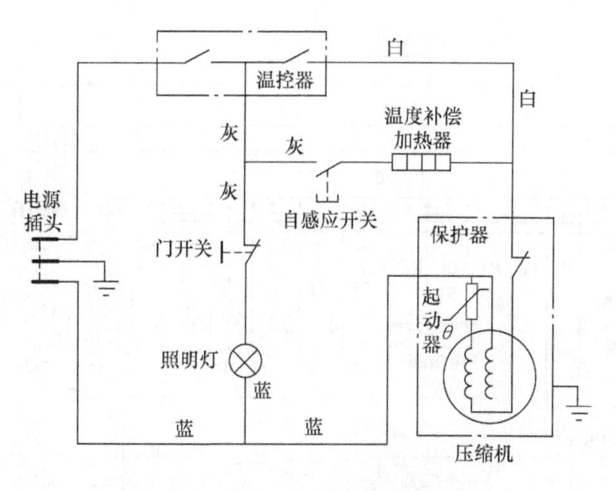

图 13-2　典型 PTC 起动的普通电路

通，温度补偿加热器开始加热，冷藏室温度升高，实现温度补偿控制。当环境温度升高，被温度感应开关检测后使其触点断开，温度补偿加热器不加热，无补偿功能，从而实现温度补偿的自动控制。

3. 常见故障检修

该电路的常见故障和图 13-1 所示电路发生的故障基本相同，下面仅介绍压缩机不转、无温度补偿故障检修方法。

（1）压缩机不转，照明灯亮

该故障说明该机温控器异常或压缩机及其起动器、过载保护器异常。该故障原因主要有：一是温控器损坏；二是起动器损坏；三是过载保护器损坏；四是供电线路开路。

温控器、过载保护器、压缩机的检测方法和图 13-1 所示电路一样，区别就是起动器的检测方法，PTC 型起动器的检测可采用电阻挡测量阻值，也可以通过温度法摸温度，还可以采用代换法完成。

（2）不能进行温度补偿

不能进行温度补偿的故障原因主要有两个：一是自动感应开关异常；二是补偿加热器开路。

环境温度较低时，用万用表交流电压挡测补偿加热器两端有无 220V 市电电压，若有，说明补偿加热器开路；若没有，检查感应温度补偿开关及其接线即可。

第二节　用万用表检修电脑控制型电冰箱从入门到精通

下面以 LG GR－S24NCKE 型电冰箱为例介绍用万用表检修电脑控制型电冰箱故障的检修方法与技巧。LG GR－S24NCKE 型一款采用制冷剂 R600a（59g）的新型三门直冷式电冰箱，它的电气系统由按键板、显示板（操作、显示板）、主控板（电脑板）、压缩机、风扇电动机、电磁阀、温度检测传感器、门灯、门开关等构成，如图 13-3 所示。电路板实物如图 13-4 所示。

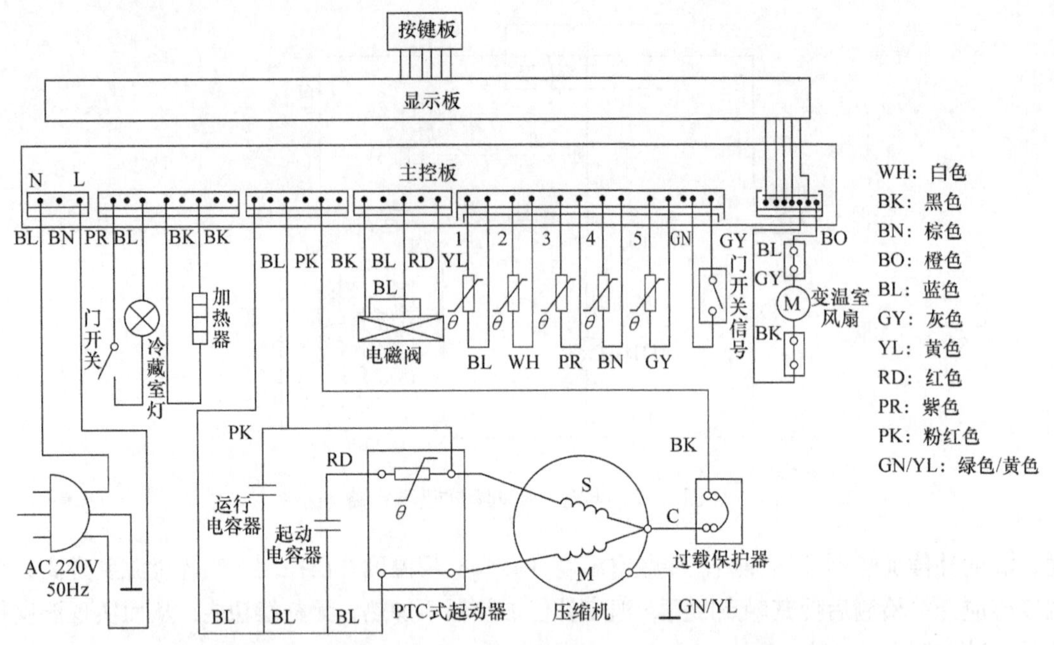

图 13-3　LG GR－S24NCKE 型电冰箱电气系统连接示意图

1—冷冻室温度传感器　2—冷藏室温度传感器　3—冷藏室蒸发器传感器

4—变温室温度传感器　5—变温室蒸发器传感器

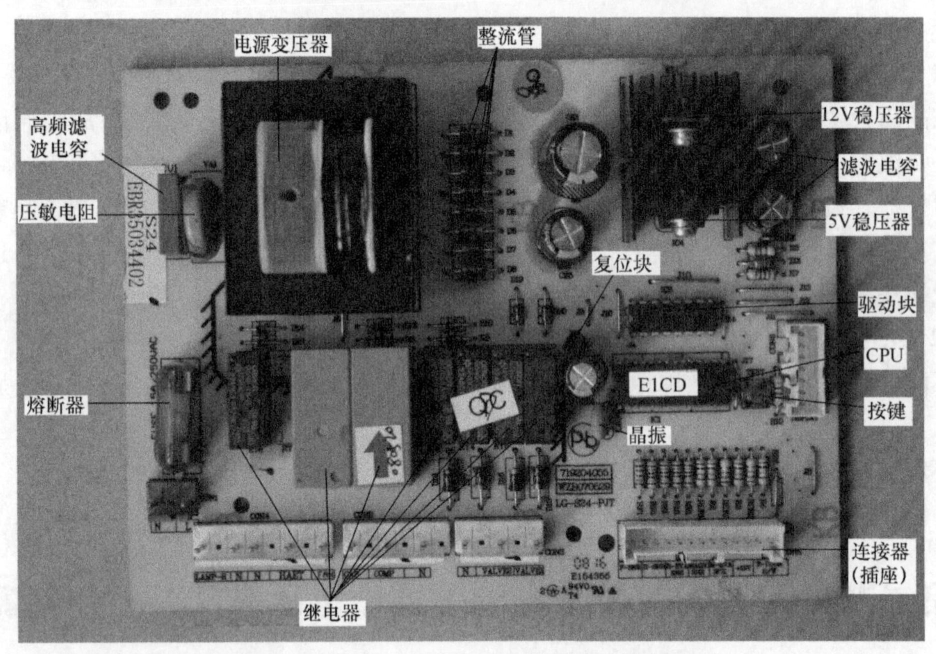

图 13-4　LG GR－S24NCKE 型电冰箱电路板正面

一、低压电源电路

该机电脑板采用由变压器 TRANS，整流管 VD1～VD8、滤波电容 CE1、CE2、CE5，稳压器 IC2 和 IC4 为核心构成的变压器降压式线性直流稳压电源，如图 13-5 所示。

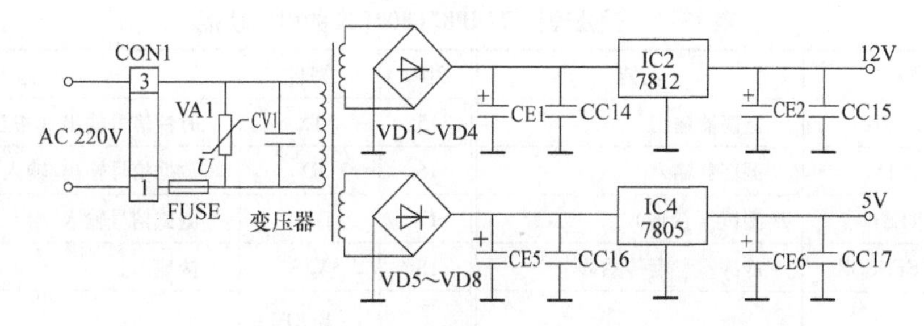

图 13-5　LG GR-S24NCKE 型电冰箱电脑板低压电源电路

插好电冰箱的电源线后，220V 市电电压经连接器 CON1 进入电脑板，经 CV1 滤除市电电网中的高频干扰脉冲，再通过变压器 TRANS 降压，从它的二次绕组输出 15V、9V 左右（与市电电压高低成正比）的两个交流电压。其中，15V 左右的交流电压通过 VD1～VD4 组成的桥式整流电路进行整流，利用滤波电容 CE1 滤波产生 18V 左右的直流电压，再经三端稳压器 IC2（7812）稳压输出 12V 直流电压，该低压经 CE2 滤波后不仅为继电器 RY1～RY8 的线圈和驱动块 IC6 供电，而且为变温室电动机供电。9V 左右交流电压通过 VD5～VD8 组成的桥式整流电路进行整流，利用滤波电容 CE5、CC16 滤波产生 12V 左右的直流电压，再经三端稳压器 IC4（7805）稳压输出 5V 电压，为主板微处理器和操作显示板等电路供电。

市电输入回路并联的 VA1 是压敏电阻，市电电压正常时其相当于开路，该机可正常工作；当市电电压过高使峰值电压达到 470V 时，VA1 击穿短路，使 FUSE 过电流熔断，切断市电输入回路，从而避免了电源电路和压缩机等元器件因过电压损坏。

二、系统控制电路 

该机的系统控制电路以微处理器 TMP87P809NG（IC1）为核心构成，如图 13-6 所示。

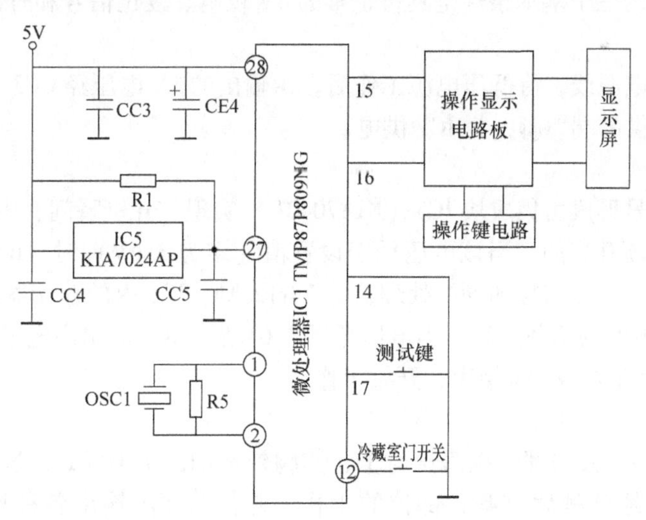

图 13-6　LG GR-S24NCKE 型电冰箱微处理器工作基本条件电路

1. 微处理器 TMP87P809CN 的引脚功能

微处理器 TMP87P809CN 的引脚功能见表 13-1。

表 13-1 微处理器 TMP87P809CN 的引脚功能

引脚	脚名	功能	引脚	脚名	功能
1	X OUT	振荡器输出	15	TX	时钟信号输出（去显示屏）
2	X IN	振荡器输入	16	RX	数据信号输出/输入（去显示屏）
3	TEST	测试（接地）	17	TEST	测试信号输入
4	F - SENSOR	冷冻室温度传感器	18	VSS	接地
5	R - SENSOR	冷藏室温度传感器	19	M - ROOM - HEATER	变温室化霜加热器
6	R - EVA - SENSOR	冷藏室蒸发器温度传感器	20		未用
7	MAGIC - SENSOR	变温室温度传感器	21	COMP	压缩机起动电压控制信号输出
8	M - EVA - SENSOR	变温室蒸发器温度传感器	22	COMP	压缩机运行电压控制信号输出
9	P65	低温补偿设置电阻	23	VALVE2	电磁阀 2 反向供电控制信号输出
10	P66	低温补偿设置电阻	24	M - FAN	变温室风扇供电控制信号输出
11	P67	低温补偿设置电阻	25	VALVE2	电磁阀 2 正向供电控制信号输出
12	DOOR S/W - R	冷藏室门开关信号输入	26	VALVE1	电磁阀 1 反向供电控制信号输出
13	VALVE1	电磁阀 1 正向供电控制信号输出	27	RES	复位信号输入
14	VSS	接地	28	VCC	5V 供电

2. 基本工作条件

CPU 能够工作的三个基本条件是具备正常的 5V 供电、复位信号和时钟振荡信号。

（1）5V 供电

插好电冰箱的电源线，待低压电源工作后，由输出的 5V 电压经 CC3 和 CE4 滤波后，加到微处理器 IC1 的供电端㉘脚，为 IC1 供电。

（2）复位电路

该机的复位信号形成由集成块 IC5（KIA7042P）实现。开机瞬间，由于 5V 电源在滤波电容的作用下是逐渐升高的，当该电压低于设置值（多为 3.6V）时，IC5 的输出端输出一个低电平的复位信号。该信号加到微处理器 IC1 的㉗脚，IC1 内的存储器、寄存器等电路清零复位。随着 5V 电源的不断升高，当电压超过 3.6V 后，IC5 输出高电平信号。该信号加到 IC1 的㉗脚，IC1 内部电路复位结束，开始工作。

（3）时钟振荡

IC1 得到供电后，其内部的振荡器与①、②脚外接的晶振 OSC1 通过振荡产生 4MHz 的时钟信号。该信号经分频后协调各部位的工作，并作为 IC1 输出各种控制信号的基准脉冲源。

3. 操作控制

进行温度设置等操作时，按操作键产生的控制信号被操作显示板上的微处理器处理后，产生的数据信号输入到微处理器 IC1 的⑯脚，被 IC1 内部电路处理后，执行相应的控制程序，使该机进入用户所需的工作状态。

4. 显示屏控制

该机采用了液晶显示屏。微处理器 IC1 的⑮、⑯脚输出的显示电路所需的时钟信号、数据信号，经操作显示板上的微处理器、移位寄存器等电路处理后，控制显示屏显示该机的工作状态和制冷温度。

5. 蜂鸣器电路

该机的蜂鸣器电路由蜂鸣器 BUZ1、操作显示板上的微处理器 IC1 和带阻三极管 VT6、VT7 等构成，如图 13-7 所示。

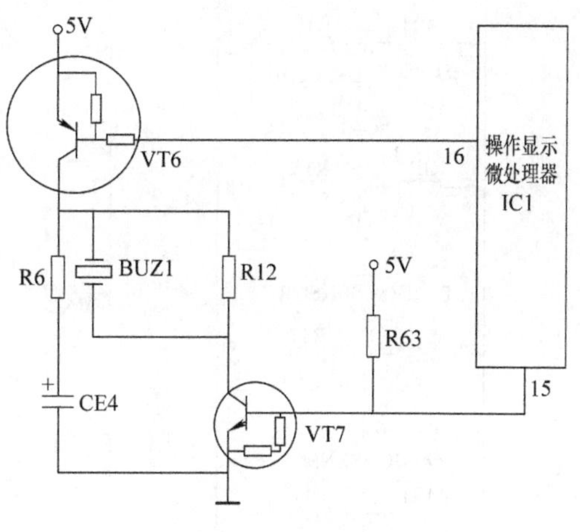

图 13-7　蜂鸣器电路

每次进行操作时，操作显示板上的微处理器 IC1 的⑯脚输出蜂鸣器使能信号为低电平，并且由⑮脚输出蜂鸣器驱动信号。⑯脚输出的使能控制信号使 VT6 导通，从 VT6c 极输出的电压为 BUZ1 供电。⑮脚输出的驱动信号通过 VT7 倒相放大后，驱动 BUZ1 发出“叮咚”的鸣叫声，提醒用户该机已收到操作信号，并且此次控制有效。

若该机进入开门超时报警期间，蜂鸣器 BUZ1 发出“滴滴”的声音。

6. 门开关控制电路

微处理器 IC1 的⑫脚外接的门开关不控制照明灯的亮灭，仅为微处理器提供冷藏室箱门是否关闭的控制信号，以便实现该箱门开门超时保护。

当打开冷藏室的箱门超时（多为 1min），被 IC1 检测后，IC1 执行开门超时保护程序，输出驱动信号使蜂鸣器鸣叫报警，提醒用户冷藏室箱门打开的时间超时，需要关闭箱门；如果箱门仍未关闭，则在 30s 内，蜂鸣器会再次鸣叫报警。

三、温度检测电路

该机的温度检测电路由微处埋器 IC1、温度传感器（负温度系数热敏电阻）及其阻抗信号 - 电压信号变换电路构成，如图 13-8 所示。

1. 冷冻室温度检测电路

冷冻室温度检测电路由冷冻室温度传感器、阻抗信号 - 电压信号变换电路、微处理器 IC1 构成。

随着压缩机和风扇电动机的不断运行，冷冻室的温度开始下降。当冷冻室的温度达到要求后，冷冻室温度传感器 F - SENSOR 的阻值增大，5V 电压通过 RF1 与它分压产生的电压增大，通过 R14 限流，CC9 滤波后加到 IC1 的④脚，IC1 将该电压与内部固化的电压/温度数据比较后，确认冷冻室的温度达到要求后，命令压缩机控制端子输出停机信号，使压缩机停转，冷冻室制冷结束，进入保温状态。随着保温时间的延长，冷冻室温度升高，被 F - SENSOR 检测后，其阻值减小，使 IC1 的④脚输入的电压减小，IC1 确认后，输出控制信号使压缩机旋转，冷冻室再次制冷。

若 F - SENSOR 开路或断路，不能为 IC1 的④脚提供正常的温度检测信号，导致该机不

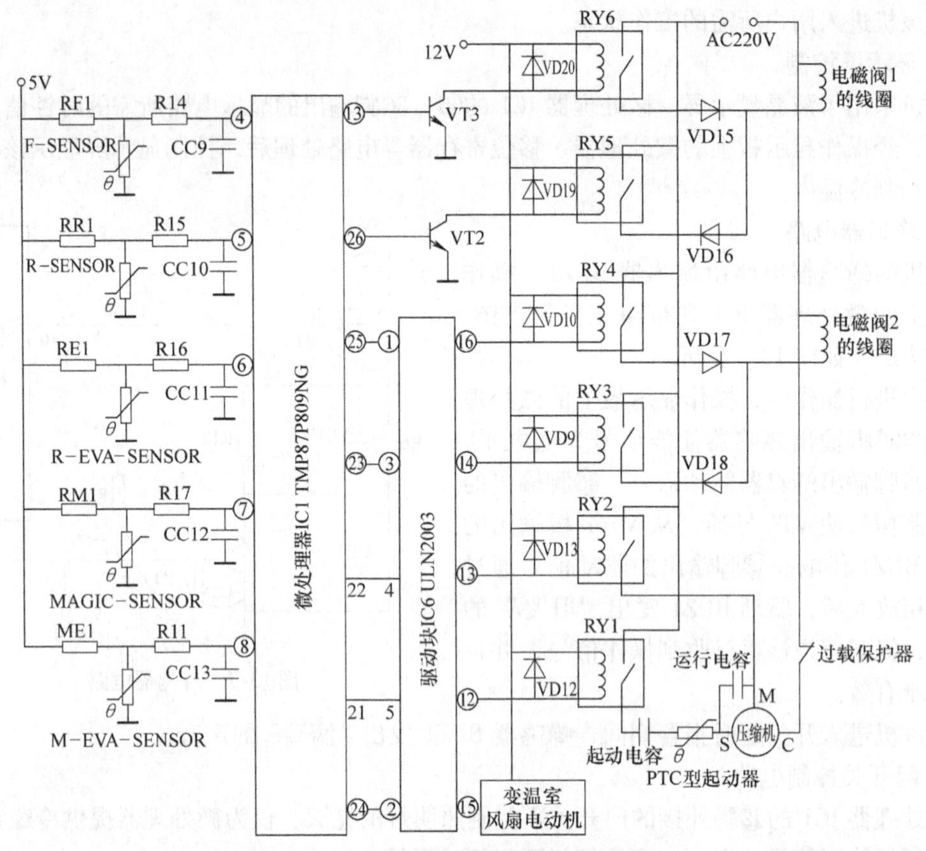

图 13-8　温度检测与负载供电电路

能正常工作，所以该机设置了 F - SENSOR 异常检测功能。当 F - SENSOR 或 RF1、R14、CC9 异常，为微处理器 IC1 的④脚提供的电压低于 0.5V 或超过 4.5V 时，IC1 就会识别为 F - SENSOR 开路或短路，开始执行冷冻室温度传感器开路或短路程序，控制显示屏显示“E3”的故障代码，提醒用户、维修人员该机的冷冻室温度传感器开路或短路。

2. 冷藏室温度检测电路

冷藏室温度检测电路由冷藏室温度传感器、冷藏室蒸发器温度传感器、阻抗信号 - 电压信号变换电路、微处理器 IC1 构成。该机的冷藏室温度取样方式根据环境温度不同有两种：一种是环境温度较低时，通过检测冷藏室箱内温度来实现；另一种是环境温度较高时，被微处理器 IC1 识别后切换冷藏室的温度检测方式，不再检测冷藏室箱内温度，而改为检测冷藏室蒸发器温度，确保环境温度变化较大时，冷藏室的制冷温度也能满足用户的需要。

(1) 环境温度较低

当环境温度较低时，随着压缩机的不断运行，冷藏室的温度逐步下降。当冷藏室的温度达到要求后，冷藏室温度传感器 R - SENSOR 的阻值增大，5V 电压通过 RR1 与它分压产生的电压增大，通过 R15 限流，CC10 滤波后加到微处理器 IC1 的⑤脚，IC1 将该电压与内部固化的电压 - 温度数据比较后，确认冷藏室的温度达到要求后，命令电磁阀控制端子输出切换信号，使电磁阀的阀芯动作，切断冷藏室蒸发器的制冷回路，冷藏室制冷结束，进入保温状态。随着保温时间的延长，冷藏室温度升高，被 R - SENSOR 检测后，其阻值减小，使

IC1⑤脚输入的电压减小到设置值，被IC1确认后，输出控制信号使电磁阀动作，接通冷藏室蒸发器回路，冷藏室再次制冷。

若R－SENSOR开路或断路，不能为IC1的⑤脚提供正常的温度检测信号，导致冷藏室或该机不能正常工作，所以该机设置了R－SENSOR异常检测功能。当R－SENSOR或RR1、R15、CC10异常，为IC1的⑤脚提供的电压低于0.5V或超过4.5V时，IC1就会识别为R－SENSOR开路或短路，开始执行冷藏室温度传感器开路或短路程序，控制显示屏显示“E1”的故障代码，提醒用户、维修人员该机的冷藏室温度传感器开路或短路。

（2）环境温度较高

当环境温度较高时，随着压缩机的不断运行，冷藏室的蒸发器温度逐步下降。当冷藏室蒸发器的温度达到要求后，冷藏室蒸发器传感器R－EVA－SENSOR的阻值增大到设置值，5V电压通过RE1与它分压产生的电压增大，通过R16限流，CC11滤波后加到IC1的⑥脚，IC1将该电压与内部固化的电压－温度数据比较后，确认冷藏室的蒸发器温度达到要求后，命令电磁阀控制端子输出切换信号，使冷藏室停止制冷，进入保温状态。

由于冷藏室蒸发器温度传感器R－EVA－SENSOR开路或断路，就不能为IC1的⑥脚提供正常的温度检测信号，导致冷藏室或该机不能正常工作，所以该机设置了R－SENSOR异常检测功能。当R－EVA－SENSOR或RE1、R16、CC11异常，为IC1的⑥脚提供的电压低于0.5V或超过4.5V时，IC1就会识别为R－EVA－SENSOR开路或短路，开始执行冷藏室蒸发器温度传感器开路或短路程序，控制显示屏显示“E2”的故障代码，提醒用户、维修人员该机的冷藏室蒸发器温度传感器开路或短路。

3. 变温室温度检测电路

变温室温度检测电路由变温室温度传感器MAGIC－SENSOR、阻抗信号－电压信号变换电路、微处理器IC1构成。

随着压缩机和风扇电动机的不断运行，变温室的温度开始下降。当变温室的温度达到要求后，变温室温度传感器MAGIC－SENSOR的阻值增大到设置值，5V电压通过RM1与它分压产生的电压增大到设置值，通过R17限流，CC12滤波加到微处理器IC1的⑦脚，IC1将该电压与内部固化的电压/温度数据比较后，确认变温室的温度达到要求后，命令电磁阀控制端子输出切换信号，使电磁阀动作，切断变温室蒸发器的制冷回路，变温室制冷结束，进入保温状态。随着保温时间的延长，变温室温度升高，被MAGIC－SENSOR检测后，其阻值减小，使IC1的⑦脚输入的电压减小，IC1确认后，输出控制信号使电磁阀动作，接通变温室蒸发器回路，变温室再次制冷。

由于变温室温度传感器MAGIC－SENSOR开路或断路，就不能为IC1的⑦脚提供正常的温度检测信号，导致变温室或该机不能正常工作，所以该机设置了MAGIC－SENSOR异常检测功能。当MAGIC－SENSOR或RM1、R17、CC12异常，为IC1的⑦脚提供的电压低于0.5V或超过4.5V时，IC1就会识别为MAGIC－SENSOR开路或短路，开始执行变温室温度传感器开路或短路程序，控制显示屏显示“E5”的故障代码，提醒用户、维修人员该机的变温室温度传感器开路或短路。

4. 变温室化霜温度检测

变温室化霜温度检测电路由变温室蒸发器温度传感器、阻抗信号－电压信号变换电路、微处理器IC1构成。

变温室化霜期间，随着加热器的不断加热，变温室蒸发器温度逐渐升高，当变温室蒸发器的温度升高到5℃时，变温室蒸发器传感器 M－EVA－SENSOR 的阻值减小，5V 电压通过 ME1 与它分压产生的电压减小，通过 R11 限流，CC13 滤波后输入到 IC1 的⑧脚，被 IC1 识别后，确认化霜达到要求，输出停止化霜的控制信号，切断化霜加热器的供电回路，化霜结束。

由于变温室蒸发器温度传感器 M－EVA－SENSOR 开路或断路，就不能为 IC1 的⑧脚提供正常的温度检测信号，导致变温室不能正常化霜，所以该机设置了 M－EVA－SENSOR 异常检测功能。当 M－EVA－SENSOR 或 ME1、R11、CC13 异常，为 IC1 的⑧脚提供的电压低于 0.5V 或超过 4.5V 时，IC1 就会识别为 M－EVA－SENSOR 开路或短路，开始执行变温室蒸发器温度传感器开路或短路程序，控制显示屏显示“E6”的故障代码，提醒用户、维修人员该机的变温室蒸发器温度传感器开路或短路。

四、负载供电电路 

该机的负载供电电路由微处理器 IC1、驱动电路、继电器等构成，如图 13-8 所示。

1. 压缩机电动机电路

该机的压缩机电路由压缩机、驱动块 IC6、继电器 RY1/RY2、微处理器 IC1、起动电容、PTC 起动器、过载保护器、运行电容等构成。

需要压缩机运行时，IC1 由其㉑脚输出高电平控制电压，由㉒脚输出低电平电压。㉒脚输出低电平时，经驱动块 IC6 的④、⑬脚内的非门倒相放大后，使 IC7 的⑬脚电位为高电平，RY2 的触点不能吸合，不能为压缩机的运行端子 M 供电；㉑脚输出的高电平电压加到 IC6 的⑤脚，经其内部的非门倒相放大后，使⑫脚的电位为低电平，为 RY1 的线圈供电，RY1 内的触点闭合，通过起动电容和 PTC 起动器为压缩机的起动端子 S 供电，压缩机电动机开始起动。压缩机电动机起动后，IC1 的㉒脚输出高电平控制电压，㉑脚输出低电平电压。㉑脚输出低电平时，经驱动块 IC6 的⑤、⑫脚内的非门倒相放大后，使 IC6 的⑫脚电位为高电平，RY1 的触点断开，不再为压缩机的起动电路供电；㉒脚输出的高电平电压加到 IC6 的④脚，经其内部的非门倒相放大后，使⑬脚的电位为低电平，为 RY2 的线圈供电，RY2 内的触点闭合，除了为压缩机的运行端子 M 供电，还通过运行电容为 S 端子供电，压缩机得电运行。由于该机使用了运行电容，可以为起动绕组耦合电流，使电动机能够一直保持旋转磁场，增大了电动机的转矩，提高了压缩机电动机的带载能力，也就增大了其功率因数。

当 IC1 的㉒脚电位变为低电平、㉑脚电位变为高电平后，经 IC6 内的非门倒相放大后使 RY2 内的触点断开，RY1 的触点吸合，切断压缩机运行绕组的供电回路，压缩机停转。

2. 电磁阀电路

该机为了满足冷冻室、冷藏室、变温室的制冷、关闭需要，设置了两个电磁阀对制冷系统进行切换控制。由于两个电磁阀的控制电路的构成和控制原理相同，下面仅介绍电磁阀 VALVE1、继电器 RY5、RY6 等构成的控制电路的工作原理与故障检修。

需要改变 VALVE1 内阀芯的工作状态时，IC1 由其⑬脚输出高电平控制电压、㉖脚输出低电平控制信号。㉖脚输出的控制信号为低电平时 VT2 截止，不能为 RY5 线圈供电，使其内部的触点释放；⑬脚输出的控制信号为高电平时 VT3 导通，为 RY6 线圈供电，使其触点吸合，为VALVE1的线圈提供正向的工作电压，其内部的阀芯动作，实现管路的切换控制，也就实现了受控室制冷或关闭的需要。当IC1由其⑬脚输出低电平电压、㉖脚输出低电平电压时，RY6的触点释放、RY5的触点吸合，为VALVE1的线圈提供反向供电，其阀芯再次动作。这样，通过关闭电磁阀的供电方向，就可以实现受控室管路的接通或关闭，也就实现了受控室制冷、保温需要。另外，若用户不使用某个受控室（如冷藏室）时，可以通过电磁阀关闭该室，实现节能控制。

3. 变温室风扇电动机电路

该机为了提高变温室的制冷效果，设置了直流电风扇电动机。变温室制冷期间，微处理器IC1由其㉔脚输出高电平控制电压，经驱动块IC6的②、⑮脚内的非门倒相放大，接通变温室风扇电动机（12V直流电动机）的供电回路，该风扇电动机旋转，不仅加快了变温室的制冷速度，并且使变温室各个角落的温度更均匀。

4. 变温室化霜电路

变温室化霜电路由微处理器IC1、驱动电路IC6、继电器RY8、电加热器等元器件构成，如图13-9所示。

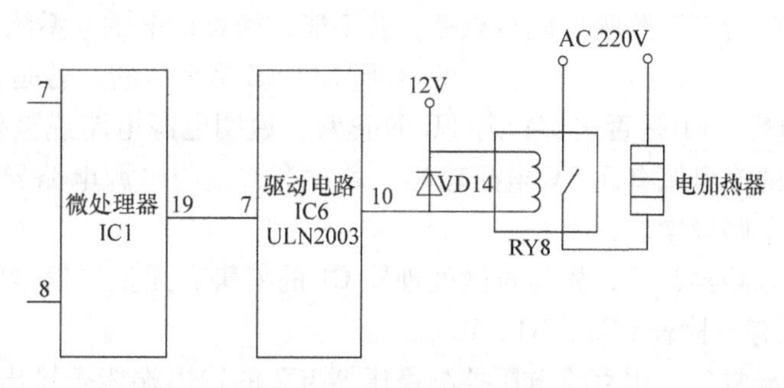

图13-9 变温室化霜电路

需要为变温室蒸发器化霜时，微处理器IC1的⑲脚输出的高电平控制电压经驱动块IC6的⑦、⑩脚内的非门倒相放大，为继电器RY8的线圈供电，RY8内的触点吸合，接通电加热器的供电回路，其开始加热，为变温室的蒸发器进行化霜。当达到化霜温度并被变温室蒸发器温度传感器检测到后，IC1的⑲脚输出低电平控制信号，使RY8内的触点断开，化霜结束。

5. 照明灯电路

该机的冷藏室照明灯电路由照明灯、冷藏室门开关构成。

打开冷藏室箱门，被冷藏室门开关的触点闭合，接通照明灯的供电回路，照明灯发光。关闭箱门时，冷藏室门开关的触点断开，照明灯熄灭。

五、系统自我测试 

为了便于生产和维修过程中的检测，该系统设置了系统自我检测功能（简称为自检功能）。按下测试键TEST S/W就可以进入测试状态，此时各功能操作键失效。系统自检步骤和内容见表13-2。

表 13-2 系统自检步骤和内容

测试模式	进入方法	测试内容
模式 1	按测试键 1 次	压缩机运行，冷冻室制冷
模式 2	在模式 1 的基础上按测试键 1 次	压缩机运行，冷藏室和变温室交替制冷
模式 3	在模式 2 的基础上按测试键 1 次	压缩机运行，变温室制冷
模式 4	在模式 3 的基础上按测试键 1 次	压缩机运行，冷藏室制冷
复位	在模式 4 的基础上按测试键 1 次	恢复到初始状态

六、常见故障检修

1. 整机不工作

该故障的主要原因：一是市电供电系统异常；二是电脑板上的低压电源、微处理器电路异常。

首先，打开箱门后，看照明灯能否点亮，若不能，检查市电供电系统；若照明灯亮，说明电路板电路异常。此时，检查电脑板上的熔断器 FUSE 是否熔断，若是，用通断档测压敏电阻 VA1 和滤波电容 CV1 是否击穿；若 FUSE 正常，说明电源电路或微处理器未工作。此时，测稳压器 IC4 的输出端有无 5V 电压输出，若没有，说明电源电路异常；若 5V 电压输出，说明微处理器电路异常。

确认微处理器电路异常后，先检查微处理器 C1 的㉗脚有无复位信号输入，若有，检查 QSC1 和 IC1；若没有，检查 CC5、R1、IC5。

确认电源电路异常后，用直流电压挡测稳压器 IC2 的输出端能否输出 12V 电压，若能，检查 IC4 及其负载；若不能，用交流电压挡测变压器 TTANS 有无市电输入，若有，检查变压器及其所接的整流管；若不能，检查线路。

注意 变压器 TRANS 的二次绕组无交流电压输出，多为一次绕组串联的过热保护器开路所致。因此，维修时还必须检查整流管 VD1～VD8，电容 CE1、CE5、CC14、CC16 和稳压器 IC2、IC4 是否击穿，以免导致更换后的变压器再次损坏。

方法与技巧 检查复位电路时，若 IC1 的㉗脚电压为 0V 或较低时，应检查 CC5、IC5 是否击穿，R1 是否开路；若电压超过 4. 8V，可用正常的 KIA7042AP 代换 IC5 进行检查，也可以用 220Ω 电阻将 IC1 的㉗脚对地短接，若 IC1 能够工作，说明 IC5 异常；若不能工作，故障多因时钟振荡等电路异常所致。

2. 显示屏亮，压缩机不转

该故障的主要原因：一是继电器 RY1/RY2 异常；二是压缩机及其起动器、过载保护器异常；三是驱动块 IC6 异常；四是微处理器 IC1 异常。

首先，听继电器 RY1 的触点能否发出闭合的声音，若不能，说明 RY1 的驱动电路异常；若可以闭合，听继电器 RY2 的触点能否发出闭合的声音，若不能，说明 RY2 的驱动电路异常；若可以闭合，说明压缩机电路异常。

若 RY2 的触点闭合，用通断档测量过载保护器是否正常，若不正常，更换即可；若正常，用电阻挡检测 PTC 起动器是否正常，若不正常，更换即可；若正常，用电容挡检测起动电容是否正常，若不正常，更换即可；若正常，检查压缩机。

若 RY1、RY2 的触点不能闭合的检修方法相同，以 RY1 不能闭合为例介绍。首先，测 RY1 的线圈有无供电，若有，说明 RY1 异常；若线圈无供电，测 IC1 的㉑脚有无高电平电压输出，若没有，检查温度检测电路和 IC1；若正常，检查驱动块 IC6。

3. 冷冻室过冷

通过故障现象分析，主要的故障原因：一是说明冷冻室温度调整不正常；二是压缩机供电电路异常；三是冷冻室传感器或其阻抗信号/电压信号变换电路异常；四是微处理器 IC1 异常。

首先，检查冷冻室温度调整是否正常，若不正常，重新调整即可；若调整正常，检测 IC1 的④脚输入的电压是否正常，若不正常，检查冷冻室温度传感器 F - SENSOR 是否正常，若不正常，更换即可；若正常，依次检查 RF1、R14、CC9 和 IC1。若④脚输入电压正常，说明压缩机供电电路异常。此时，测继电器 RY2 的线圈有无供电，若没有，说明 RY2 的触点粘连；若没有，检查驱动块 IC6 和 IC1。

4. 显示 E3 故障代码

通过故障现象分析，该故障主要原因：一是冷冻室传感器 F - SENSOR 或其阻抗/电压信号变换电路异常；二是微处理器 IC 异常。

首先，用直流电压挡检测 IC1 的④脚输入的电压是否正常，若正常，检查 IC1；若不正常，检查冷冻室温度传感器 F - SENSOR 是否正常，若不正常，更换即可；若正常，依次检查 RF1、R14、CC9 和 IC1。

提示 显示 E2、E3、E5、E6 故障代码的故障检修思路与该故障相同。另外，该机冷冻室温度传感器的阻值在 15℃时为 3.9kΩ 左右，在 25℃时为 2.4kΩ 左右；冷藏室温度传感器、冷藏室蒸发器传感器、变温室温度传感器、变温室蒸发器温度传感器的阻值在 15℃时为 16kΩ 左右，在 25℃时为 11kΩ 左右。

5. 仅冷藏室不能制冷

通过故障现象分析，故障主要原因：一是冷藏室误设置在关闭状态；二是电磁阀异常；三是电磁阀控制电路异常。

首先，冷藏室是否被设置在关闭状态，若是，改设为打开状态；若冷藏室设置正常，检测电磁阀的供电是否正常，若正常，检查制冷系统；若不正常，检测继电器 RY3 ~ RY6 的线圈供电是否正常，若正常，更换继电器；若不正常，测微处理器 IC1 输出的电磁阀控制信号是否正常，若不正常，检查 IC1；若正常，检查驱动电路。

> **提示** 仅变温室不制冷故障和该故障的故障检修思路与该故障相同，检修时可参考该流程进行。

6. 变温室风扇始终运转

通过故障现象分析，故障原因是微处理器 IC1 或驱动块 IC6 异常。首先，测 IC6 的②脚是否输入高电平信号，若是，检查 IC1；若不是，更换驱动块 IC6。

第十四章

用万用表检修空调器从入门到精通

第一节　用万用表检修定频空调器电路从入门到精通

下面以海信 KFR－25GW/57D、KFR－32GW/57D 型空调器电路为例介绍用万用表检修定频空调器电路故障的方法与技巧。该机电路由电源电路、微处理器电路、制冷/制热控制电路、风扇调速电路、保护电路等构成，如图 14-1 所示（见书后插页）。室内机和室外机电气接线图分别如图 14-2 和图 14-3 所示。

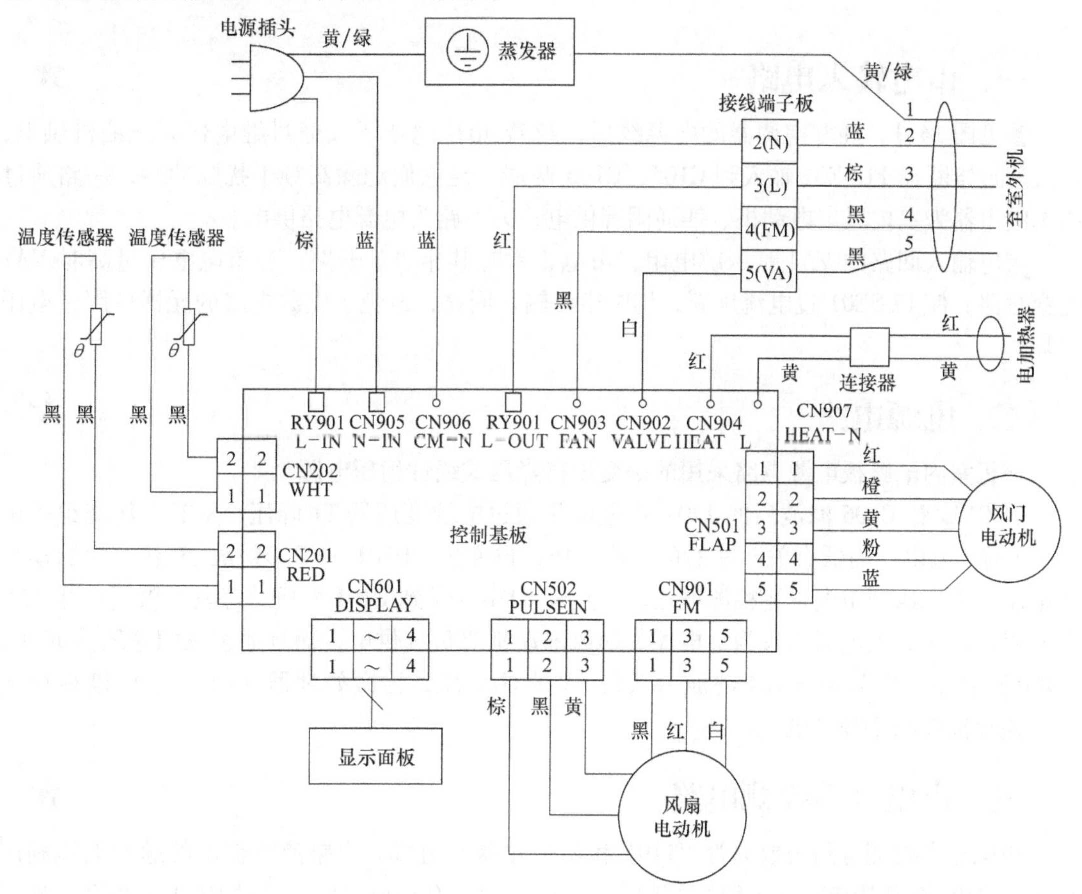

图 14-2　海信 KFR－25GW/57D、KFR－32GW/57D 型空调器室内机电气接线图

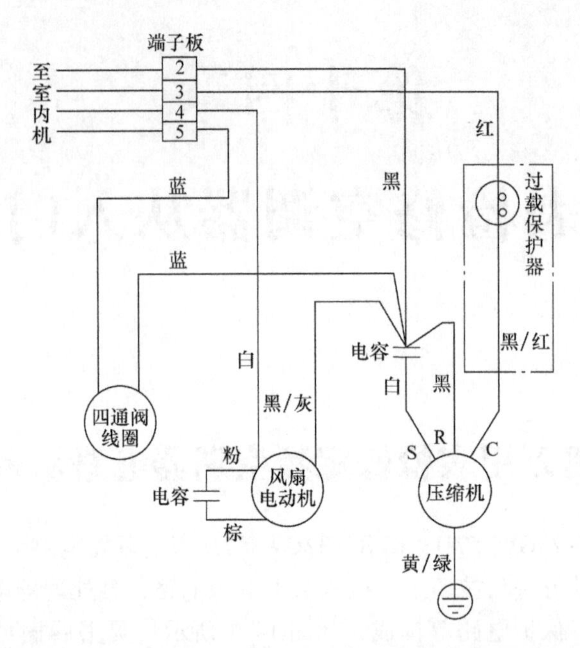

图 14-3　海信 KFR－25GW/57D、KFR－32GW/57D 型空调器室外机电气接线图

一、市电输入电路 

参见图 14-1，插好空调器的电源线后，220V 市电电压不仅通过继电器为压缩机供电，而且通过熔断器 FUSE01 输入到 C105、C106 两端，经它们滤除高频干扰脉冲后，一路通过固态继电器为室内风扇电动机、四通阀等供电；另一路为电源电路供电。

市电输入回路的 VA1 是压敏电阻，市电正常时其相当于开路；当市电电压过高时 VA1 击穿短路，使 FUSE01 过电流熔断，切断市电输入回路，避免了电源电路的元器件因过电压损坏。

二、电源电路 

该机室内电路板电源电路采用的是变压器降压式线性稳压电源。

经 C105 和 C106 滤波后的 220V 市电电压通过电源变压器 T1 降压，从其二次绕组输出 12V（与市电电压高低有关）左右的交流电压，再通过 VD101 ~ VD104 桥式整流产生脉动直流电压，不仅送到市电过零检测电路，而且经 VD105 送到 E101 两端，经其滤波后产生 12V 左右直流电压。该电压不仅为继电器、摆风电动机等负载供电，而且通过三端稳压器 IC101（7805）稳压，E102 和 C104 滤波后获得 5V 直流电压，为微处理器（CPU）、温度检测电路、遥控接收电路等供电。

三、市电过零检测电路 

市电过零检测电路由放大管 VT101 和相关元器件组成。由整流管输出的脉动电压利用 R103、R104 分压限流，由 C102 滤波后，再经 VT101 倒相放大后，通过 R101 加到微处理器 IC601 的⑫脚。IC601 对⑫脚输入的信号检测后，确保室内风扇电动机供电回路中的固态继电器 IC901 在市电的过零点处导通，以免 IC901 内的双向晶闸管在导通瞬间可能因导通损耗大而损坏，实现同步控制。

四、微处理器电路 

该机的微处理器电路以微处理器 IC601（MBWT89F202）为核心构成。

1. 基本工作条件

微处理器 IC1 的基本工作条件电路包括供电电路、复位电路、时钟振荡电路。

（1）5V 供电

该机通上市电电压，待电源电路工作后，由其输出的 5V 电压经 C602 滤波后，加到微处理器 IC601 的供电端㉜脚，同时经 C301 滤波后加到存储器 IC301 的⑧脚，为它们供电。

（2）复位

该机的复位电路以微处理器 IC601 和复位芯片 IC401 为核心构成。开机瞬间，由于 5V 电源在滤波电容的作用下逐渐升高。当该电压低于 4.2V 时，IC401 输出低电平电压，该电压加到 IC601 的⑦脚，使 IC601 内的存储器、寄存器等电路清零复位。随着 5V 电源的逐渐升高，当其超过 4.2V 后，IC401 输出高电平电压，经 E401 滤波后加到 IC601 的⑦脚后，IC601 内部电路复位结束，开始工作。另外，R401 和 E401 构成的积分电路也有复位功能。

（3）时钟振荡

微处理器 IC601 得到供电后，其内部的振荡器与⑧、⑨脚外接的晶振 X601 通过振荡产生 8MHz 的时钟信号。该信号经分频后作为基准脉冲源协调各部位的工作。

2. 功能操作控制

用遥控器进行工作模式设置、温度调节、风速控制等操作时，遥控接收电路将红外信号进行解码、放大后，输入到 IC601 的⑭脚，被 IC601 处理后，控制相关电路进入用户所调节的状态。

五、压缩机供电电路 

压缩机电路以微处理器 IC601、存储器 IC301、压缩机及其供电继电器 RY901 为核心构成。

制冷、制热期间，微处理器 IC601 的㉓脚输出高电平控制电压，该电压通过 IC501 的⑤、⑭脚内的非门倒相放大后，为电磁继电器 RY901 的线圈供电，使其内部的触点吸合，接通压缩机的供电回路，压缩机在运行电容的配合下运转，驱动制冷剂通过气化、液化来实现制冷或制热。

六、电磁阀电路 

电磁阀电路以微处理器 IC601、存储器 IC301、四通阀及其供电继电器 RY902 为核心构成。

制冷期间，微处理器 IC601 的㉒脚输出低电平控制信号。该信号通过 IC501 的⑥、⑬脚的非门倒相放大后，不能为电磁继电器 RY902 的线圈供电，使 RY902 内的触点释放，切断四通阀线圈的供电回路，于是四通阀内的阀芯不动作，使室内热交换器用作蒸发器，室外热交换器用作冷凝器，从而将系统置于制冷状态。反之，制热期间，㉒脚为高电平，RY902

的触点闭合，电磁阀线圈得电，其阀芯动作，改变制冷剂的流向，使室内热交换器用作冷凝器，而室外热交换器用作蒸发器，从而将系统置于制热状态。

七、室内风扇电动机电路 

该机室内风扇电动机电路以微处理器 IC601、固态继电器 IC901、运行电容 C905、风扇电动机（图中未画出）为核心构成，如图 14-1 和图 14-2 所示。

1. 运转电路

需要室内风扇电动机运转时，微处理器 IC601 的⑮脚输出的 PWM 激励脉冲信号经 R906 限流，再经三极管 VT901 倒相放大，使固态继电器 IC901 内的发光二极管导通发光，致使其内部的双向晶闸管导通，为室内风扇电动机供电，使室内风扇电动机在 C905 的配合下开始旋转。当 IC601 的⑮脚无激励脉冲输出时，IC901 内的发光二极管熄灭，IC901 内的双向晶闸管截止，室内风扇电动机停转。

室内风扇电动机旋转后，使霍尔传感器输出端输出相位检测信号，即 PG 脉冲信号。该脉冲信号通过连接器 CN502 的②脚输入到电脑板，利用电阻 R501 限流，C502 滤波后加到微处理器 IC601 的⑬脚。IC601 通过识别⑬脚输入的 PG 信号，就可以确认室内风扇电动机能否正常运转。

2. 调速电路

当用户通过遥控器提高风速时，遥控器发出的信号被微处理器 IC601 识别后，使其⑮脚输出的控制信号的占空比增大，通过 VT901 倒相放大，为固态继电器 IC901 内的发光二极管提供的导通电流增大，发光二极管发光加强，致使双向晶闸管导通程度增大，为室内风扇电动机提供的交流电压增大，室内风扇电动机转速升高。若需要降低风速时，控制过程相反。

八、摆风电动机电路 

该机的摆风电动机电路以微处理器 IC601、驱动块 IC501 和步进电动机为核心构成。

需要摆风电动机工作时，微处理器 IC601 的㉘～㉛脚输出的驱动信号加到 IC501 的④～①脚，经其内部的 4 个非门倒相放大后，从 IC501 的⑮～⑱脚输出，通过连接器 CN501 的②～④脚驱动步进电动机旋转，实现摆风功能。

九、电加热电路 

电加热电路以微处理器 IC601、室内盘管温度传感器、8 非门 IC501（TD62083）、电加热器及其供电继电器 RY904 为核心构成。

1. 制冷/化霜期间

制冷或化霜期间，微处理器 IC601 的⑱脚输出的控制信号为低电平，其经驱动器 IC501 的⑧、⑪脚内的非门倒相放大后，不能为继电器 RY904 的线圈提供导通电流，于是 RY904 内的触点不能吸合，电加热器无供电，不能加热。

2. 制热期间

制热期间，微处理器 IC601 的⑱脚输出高电平控制信号，其经 IC501 内的非门倒相放大后，为 RY904 的线圈提供导通电流，RY904 内的触点吸合，为电加热器供电，其开始发热，对进入室内机的空气进行加热，使室内热交换器的温度快速升高。

> **提示** 电加热器加热必须同时满足的条件：一是室内风扇电动机运转，二是非化霜期间，三是设定温度高于室内温度超过5℃，四是室内温度低于20℃，五是室内盘管温度低于40℃。

十、制冷/制热电路

制冷/制热电路以微处理器IC601、存储器IC301、室温传感器（室内环境温度传感器）、室内盘管温度传感器、8非门IC6（TD62083）、压缩机及其供电继电器RY901、四通阀及其供电继电器RY902、室外风扇电动机及其供电继电器RY903、电加热器及其供电继电器RY904为核心构成。

1. 制冷控制

当室内温度高于设置温度时，连接器CN201外接的室温传感器的阻值较小，5V电压通过其与R201取样后产生的电压较大，通过R203限流，再通过C201滤波，为微处理器IC601的㉔脚提供的电压较小。IC601将该电压数据通过I^2C总线与存储器IC301内固化的不同温度的电压数据比较后，识别出室内温度，确定该机需要制冷工作，不仅输出控制信号使室内风扇电动机运转，而且其㉓、㉑脚输出高电平控制信号，而其⑱、㉒脚输出低电平控制信号。⑱脚输出的控制信号为低电平时，电加热器不能加热。㉒脚输出的低电平信号使四通阀内的阀芯不动作，使系统工作在制冷状态；㉓脚输出的高电平信号时，压缩机在运行电容的配合下运转，实施制冷。同时，㉑脚输出的高电平信号通过IC501的⑦、⑫脚内的非门倒相放大，为电磁继电器RY903的线圈提供导通电流，使RY903内的触点吸合，接通室外风扇电动机的供电回路，室外风扇电动机在运行电容的配合下开始运转，为室外热交换器、压缩机散热，使室内的温度开始下降。当温度达到要求后，室温传感器的阻值增大到设置值，经取样后为IC601的㉔脚提供的电压下降到设置值，IC601根据该电压判断室内的制冷效果达到要求，输出停机信号，使压缩机和风扇电动机停止运转，制冷工作结束，进入保温状态。随着保温时间的延长，室内的温度逐渐升高，使室温传感器的阻值逐渐减小，重复以上过程，空调器再次工作，进入下一轮的制冷循环状态。

2. 制热控制

制热过程和制冷过程基本，不同之处主要有：一是微处理器IC601的㉒脚输出高电平控制信号，使四通阀的阀芯动作，改变制冷剂的流向，将系统置于制热状态；二是制热初期，室内盘管温度较低，被室内盘管传感器检测后，再通过变换电路将阻抗信号变换为电压信号，该信号被IC601识别后，IC601不输出室内风扇电动机驱动信号，实现防冷风控制，随着制热的不断进行，室内盘管的温度升高，被管温传感器检测后并提供给IC601后，IC601输出室内风扇电动机驱动信号，使室内风扇电动机旋转，将室内热交换器产生的热风吹入室内；三是IC601的⑱脚输出高电平控制信号，使电加热器得电后开始发热，对进入室内机的空气进行加热，实现辅助加热功能。

十一、应急开关控制功能

由于该机的微处理器IC601不仅功能强大，而且外置了存储量大的存储器IC301，所以

该机的应急开关的功能也不再是单一的开机功能。它的主要功能如下。

一是按一次应急开关，该机就会进入自动工作模式，风速和摆风处于自动状态；再按一次，则会关机。

二是停机时，连续按应急开关5s，蜂鸣器鸣叫6声后，进入强制制冷状态。

三是在应急工作状态下，如果操作遥控器时，该机会自动接收遥控信号，进入遥控控制状态。

四是在开机状态下，连续按应急开关5s，蜂鸣器鸣叫3声，显示故障代码。

五是按住应急键的同时为该机通电，蜂鸣器鸣叫3声后，进入缩时试机工作状态。

十二、保护电路 

为了确保该机正常工作，或在故障时不扩大故障范围，设置了多种保护电路。

1. 制冷防冻结保护

制冷期间，若室内热交换器的温度低于或等于－2℃且维持3min时，被微处理器IC601识别后，输出控制信号使压缩机停转，进入防冷冻保护状态，使室内热交换器的温度逐渐升高，当室内热交换器的温达到7℃，被IC601识别后，退出防冷冻状态，输出控制信号使压缩机再次运转。

2. 制热放冻结保护

制热期间，若室内热交换器的温度高于或等于65℃时，被微处理器IC601识别后，输出控制信号使压缩机停转，进入防过载保护状态，使室内热交换器的温度逐渐下降，当室内热交换器的温达到45℃，被IC601识别后，退出防过载状态，输出控制信号使压缩机再次运转。

十三、故障自诊断功能 

为了便于生产和维修，该机微处理器具有故障自诊断功能。当被保护的某一器件或电路发生故障时，被微处理器检测后，通过室内机面板上的指示灯或显示屏显示故障代码，来提醒故障发生部位。故障代码与故障原因见表14-1。

表14-1 故障代码与故障原因

故障代码				故障原因
高效灯	运行灯	定时灯	电源灯	
亮	灭	灭	闪烁	室内环境温度传感器或其阻抗信号/电压信号变换电路异常
灭	亮	灭	闪烁	室内盘管温度传感器或其阻抗信号/电压信号变换电路异常
亮	亮	亮	闪烁	室内 E^2PROM 存储器工作异常
亮	亮	灭	闪烁	室内风扇电动机或其供电电路、运行电容异常
亮	灭	亮	亮	市电过零检测信号异常

十四、常见故障检修 

1. 整机不工作

整机不工作是插好电源线后，用遥控器开机无反应，蜂鸣器不鸣叫，并且显示板上的指示灯也不亮。该故障的主要原因：一是由于市电供电系统异常；二是电脑板上的电源电路、微处理器异常。

首先，用万用表交流电压挡测电源插座有无220V左右的交流电压，若无电压，检查市电供电系统；若有电压，检查熔断器FUSE01是否熔断，若熔断，检查压敏电阻VA1和电容C105、C106是否击穿，若击穿，更换即可；若正常，检查其他负载。若FUSE01正常，说明电源电路、微处理器电路异常。此时，测E102两端5V电压是否正常，若正常，检查微处理器电路的IC301、X601和IC601；若不正常，测E101两端12V电压是否正常，若正常，检查IC101、E102和C104及5V电源的负载；如不正常，测变压器T1的一次绕组有无市电电压输入，若有，检查T1、VD101～VD104、E101；若没有，检查供电线路。

2. 显示屏亮，遥控操作后，机组不工作

该故障的主要原因：一是遥控器异常；二是遥控接收电路异常；三是驱动块异常；四是温度检测电路；五是微处理器、存储器异常。

用遥控器操作时，蜂鸣器能否鸣叫，若不鸣叫，说明遥控器或微处理器异常。此时，若用具有红外接收功能的万用表检测遥控器是否正常，若正常，检查微处理器电路。此时，空调器上的应急开关能否开机，若能，检查遥控接收电路；若不能，测驱动块IC501有无驱动信号输入，若有，检查IC501；若没有，检查温度检测电路是否正常，若不正常，检查温度检测电路；若温度检测电路正常，检查微处理器IC601、存储器IC301。

3. 室外风扇电动机转，压缩机不转

该故障的主要原因：一是压缩机运行电容异常；二是压缩机过载保护器异常，三是压缩机供电电路异常；四是压缩机异常。

首先，用万用表直流电压挡测继电器RY901的线圈有无供电电压，若有，用万用表电容挡检测压缩机运行电容是否正常，若不正常，更换即可；若正常，用通断挡测量过载保护器是否正常，若不正常，更换即可；若正常，检查压缩机。若RY901的线圈无供电，测微处理器IC601的㉓脚有无高电平控制电压输出，若有，检查IC501的⑭脚电位是否正常，若不正常，检查IC501；若正常，检查线路；若㉓脚无高电平电压输出，检查IC601和存储器IC301。

4. 室外风扇电动机不转

该故障的主要原因：一是室外风扇电动机运行电容异常；二是室外风扇电动机供电电路异常；三是风扇电动机异常。

首先，用万用表直流电压挡测继电器RY903的线圈有无供电电压，若有，用万用表电容挡检测室外风扇电动机运行电容是否正常，若不正常，更换即可；若正常，检查风扇电动机。若RY903的线圈无供电，测微处理器IC601的㉑脚有无高电平控制电压输出，若有，检查IC501及线路；若㉑脚无高电平电压输出，检查IC601和存储器IC301。

5. 室内风扇电动机不转

该故障的主要原因：一是室内风扇电动机的驱动电路异常；二是市电过零检测电路异常；三是风扇电动机异常。

首先，查看室内风扇电动机在调整风速后，能否短时间内运转或抖动，若能，检查

PG 信号电路的 C502、R501 是否正常，若不正常，更换即可；若正常，检查 IC601；若室内风扇电动机没有反应，说明电动机运行电容、电动机或其供电电路异常。此时，测室内风扇电动机有无供电，若有，用万用表电容挡检查运行电容是否正常，若不正常，更换即可；若正常，检查电动机。若电动机无供电，说明供电电路异常。检查该电路时，检查 IC901 的发光二极管有无供电，若有，检查 IC901；若没有，检查微处理器 IC601 有无驱动信号输出，若有，检查驱动块 IC501；若没有，检查 IC601 的⑫脚有无市电过零检测信号输入，若有，检查 R101、C101、IC601；若没有，检查 VT101、C102、R103、R102。

6. 摆风电动机不转

该故障的主要原因：一是摆风电动机的驱动电路；二是摆风电动机（步进电动机）异常。

首先，测摆风电动机的阻值是否正常，若不正常，更换电动机；若正常，测量驱动块 IC501 的阻值是否正常，若异常，更换即可；若正常，检查微处理器 IC601 和存储器 IC301。

7. 制冷过载保护

该故障的主要原因：一是压缩机供电电路异常；二是温度检测电路异常；三是制冷系统异常。

首先，检查室内热交换器是否过冷，若不是，检查温度检测电路和微处理器 IC601；若过冷，检查压缩机能否停机，若可以停机，检查制冷系统；若不停机，测继电器 RY901 的线圈有无供电，若没有供电，说明 RY901 的触点粘连，更换即可；若有供电，检查 IC501 有无驱动信号输入，若没有，检查 IC501；若有，检查温度检测电路是否正常，若不正常，检查温度检测电路；若正常，检查 IC601 和存储器 IC301。

8. 蜂鸣器不能鸣叫

该故障的主要原因：一是蜂鸣器异常；二是蜂鸣器及其驱动电路异常。

首先，检查放大管 VT601 是否正常，若异常，更换即可；若正常，检查蜂鸣器是否正常，若不正常，更换即可；若正常，检查微处理器 IC601。

第二节　用万用表检修变频空调电路从入门到精通

下面以海尔 KFR－26/35GW/CA 型变频空调器为例介绍用万用表检修变频空调器电路故障的方法与技巧。该机控制电路由室内机电路、室外机电路、通信电路、压缩机驱动电路等构成。

一、室内机电路 

室内机电路由电源电路、温度检测电路、显示电路、室内风扇电动机电路等构成，电气接线图如图 14-4 所示，电路原理图如图 14-5 所示。

1. 微处理器 MB89F202 的引脚功能

该机室内机电路板以微处理器 MB89F202（IC3）为核心构成，所以它的引脚功能是分析室内电路板工作原理和故障检修的基础。MB89F202 的引脚功能见表 14-2。

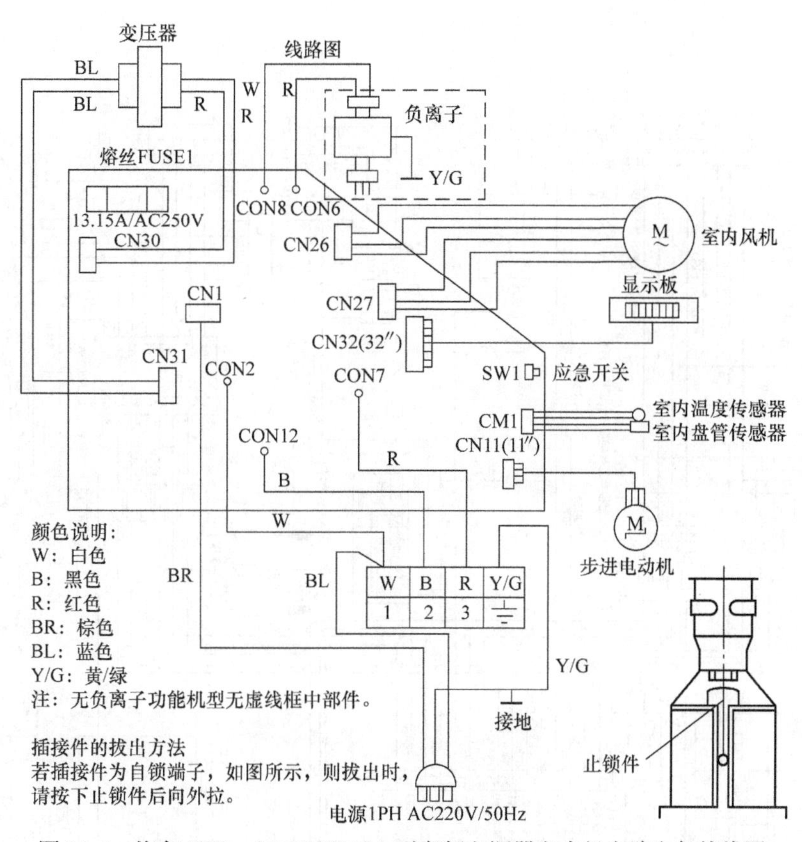

图 14-4 海尔 KFR－26/35GW/CA 型变频空调器室内机电路电气接线图

表 14-2 室内微处理器 MB89F202 的引脚功能

引脚	脚名	功能	引脚	脚名	功能
1	COMM TX1	室内外通信信号输出	17	STEP B	步进电动机驱动信号 B 输出
2	COMM RX2	室内外通信信号输入	18	STEP C	步进电动机驱动信号 C 输出
3	P06	面板选择 2	19	STEP D	步进电动机驱动信号 D 输出
4	POW ON	室外机供电控制信号输出	20	SCL	I^2C 总线时钟信号输出
5	CHECK/S TIME	自检信号输入/缩时控制信号输入	21	SDA	I^2C 总线数据信号输入/输出
6	SWITCH	应急开关控制信号输入	22	HEAT/SRCK	显示屏/负离子示灯信号输出
7	RSI	复位信号输入	23	DRY/RCK	显示屏/压缩机指示灯信号输出
8	OSC1	晶振	24	COOL/SER	显示屏/定时指示灯控制输出
9	OSC2	晶振	25	RUN	运行指示灯控制信号输出
10	VSS	接地	26	TIMER/COM2	显示屏/电源指示灯控制信号输出
11	BUZZ	蜂鸣器驱动信号输出	27	HEALTH/COM3	加热控制信号输出
12	IRO	市电过零检测信号输入	28	PIPE	室内盘管温度检测信号输入
13	PG BACK	室内风扇电动机相位检测信号输入	29	ROOM	室内环境温度检测信号输入
14	IR	遥控信号输入	30	PG OUT	室内风扇电动机驱动信号输出
15	STEP A	步进电动机驱动信号 A 输出	31	FLZ	负离子供电控制信号输出
16	C	滤波	32	VCC	供电

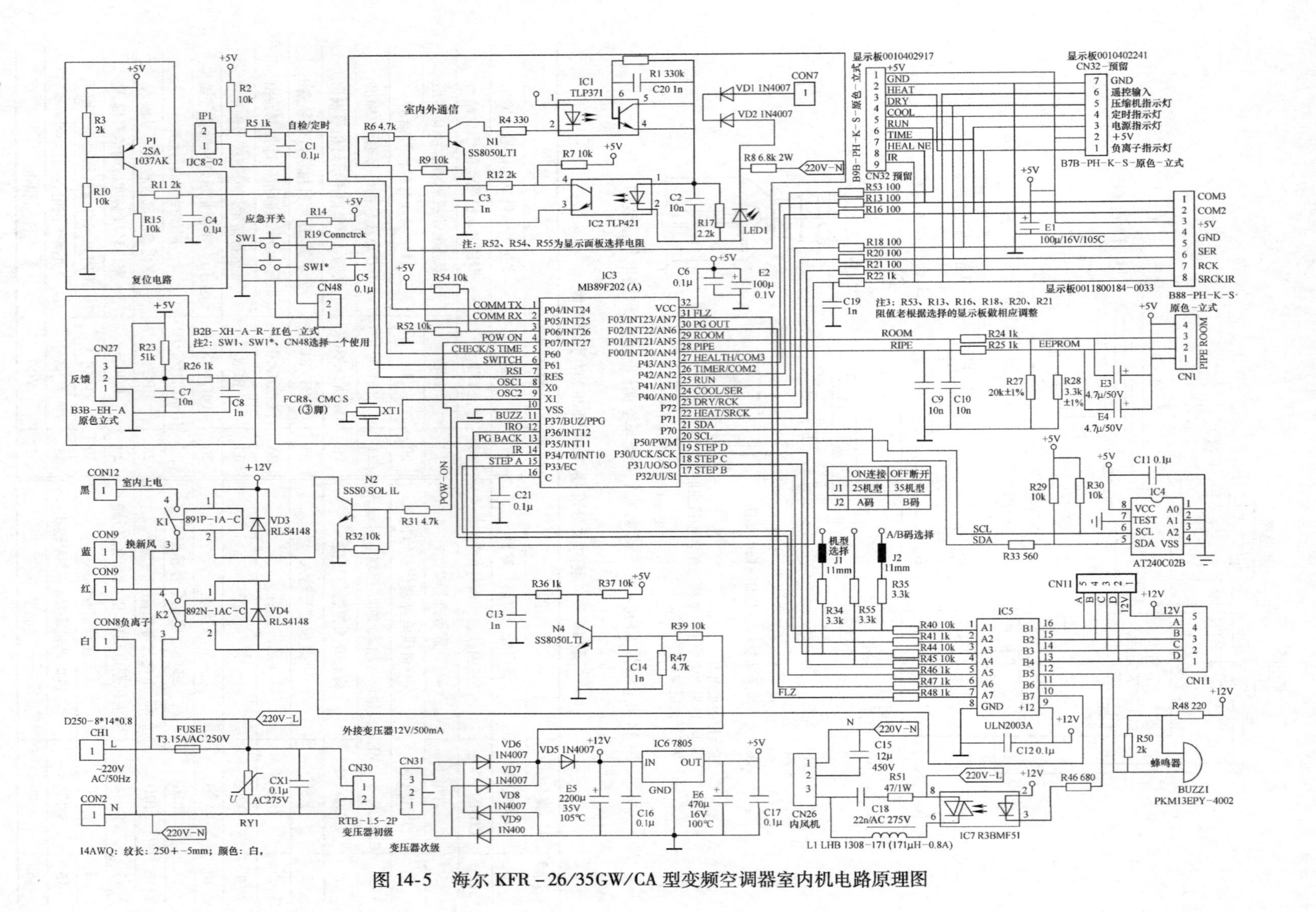

图 14-5 海尔 KFR-26/35GW/CA 型变频空调器室内机电路原理图

2. 电源电路

室内机的电源电路采用变压器降压式直流稳压电源电路。该电源主要以变压器、稳压器IC6（7805）为核心构成，如图14-4和图14-5所示。

插好空调器的电源线后，220V市电电压通过熔断器FUSE1输入，利用CX1滤除市电电网中的高频干扰脉冲后，经变压器降压产生12V左右的交流电压，经VD6～VD9组成的桥式整流堆整流产生脉动电压。该电压不仅送到市电过零检测电路，而且通过VD5隔离降压，再利用E5、C16滤波产生12V左右的直流电压。12V电压不仅为电磁继电器、驱动块等电路供电，而且利用IC6稳压输出5V电压。5V电压利用E6、C17滤波后，为微处理器、存储器、复位电路、温度检测电路等供电。

市电输入回路并联的RV1是压敏电阻，用于市电过电压保护。当市电电压正常时RV1相对于开路，不影响电路正常工作。一旦市电异常时RV1击穿短路，使FUSE1过电流熔断，切断市电输入回路，以免CX1、电源变压器等元器件因过电压损坏。

3. 市电过零检测电路

市电过零检测电路由整流电路和放大管N4为核心构成。由整流管VD6～VD9输出的脉动电压经R39、R43分压限流，利用C14滤除高频干扰脉冲，再经放大管N4倒相大产生100Hz交流信号。该信号作为基准信号通过R36、C13低通滤波后，加到微处理器IC3的⑫脚。IC3对⑫脚输入的信号检测后，输出的驱动信号使固态继电器IC7内的双向晶闸管在市电过零点处导通，从而避免了其在导通瞬间可能因导通损耗大而损坏，实现晶闸管导通的同步控制。

4. 微处理器基本工作条件

CPU正常工作需具备5V供电、复位、时钟振荡正常的三个基本条件。

（1）5V供电

插好空调器的电源线，待室内机电源电路工作后，由其输出的5V电压经E2、C6滤波后加到微处理器IC3的供电端㉜脚和存储器IC4的⑧脚，为它们供电。

（2）时钟振荡

IC3得到供电后，其内部的振荡器与⑧、⑨脚外接的晶振XT1通过振荡产生8MHz的时钟信号。该信号经分频后协调各部位的工作，并作为IC3输出各种控制信号的基准脉冲源。

（3）复位

复位信号由三极管P1和电阻R3、R10组成的复位电路产生。开机瞬间，由于5V电源在滤波电容的作用下是逐渐升高。当该电源低于3.6V时，P1截止，微处理器IC3的⑦脚输入低电平信号，使其内部的只读存储器、寄存器等电路清零复位。当5V电源超过3.6V后，P1导通，从其c极输出电压经R11限流，C4滤波后加到IC3的⑦脚，使IC3内部电路复位结束，开始工作。

5. 存储器电路

由于该机不仅需要存储与温度相对应的电压数据，还要存储室内风扇转速、故障代码、压缩机F/V控制、显示屏亮度等信息，所以需要设置电可擦写存储器（E^2PROM）IC4。下面以调整室内风扇电动机转速为例介绍它的储存功能。

进行室内风扇电动机转速调整时，微处理器IC3通过I^2C总线从存储器IC4内读取数据后，改变室内风扇电动机驱动信号的占空比，也就改变了室内电动机供电电压的高低，从而实现电动机转速的调整。

6. 遥控操作

遥控操作电路由遥控器、遥控接收组件（接收头）和微处理器共同构成。微处理器 IC3 的⑭脚是遥控信号输入端，CN32 的⑧脚外接遥控接收头。用遥控器对该机进行温度高低、风速大小等调节时，接收头将红外信号进行解调、放大后产生数据控制信号。该信号从 CN32 的⑧脚输入，通过 R22 限流，C19 滤波，加到 IC3 的⑭脚，经 IC3 内部电路识别到遥控器的操作信息后，它就会输出指令，不仅控制机组进入用户所需要的工作状态，而且控制显示屏显示该机的工作状态等信息，同时 IC3 的⑪脚还输出蜂鸣器驱动信号，该信号通过 R46 加到驱动块 IC5 的⑤脚，经其内部的非门倒相放大后，从其⑫脚输出，驱动蜂鸣器 BUZZ1 鸣叫，表明操作信号已被 IC3 接收。

7. 应急开关控制功能

由于该机的微处理器 IC4 不仅功能强大，而且外置了储存量大的存储器 IC4，所以该机的应急开关的功能也不再是单一的开机功能。它的主要功能如下。

一是停机时，按应急开关不足 5s，该机就开始应急运转。

二是停机时，连续按应急开关 5 ~ 10s，该机开始试运转。

三是停机时，连续按应急开关 10 ~ 15s，开始工作并显示上一次故障的方式。

四是按应急开关超过 15s，可以接收遥控信号。

五是运转过程中，按应急开关时，该机停机。

六是出现异常情况后，按应急开关时停机，并解除异常情况。

七是故障提示中按应急开关时，会解除故障提示。

8. 室内风扇电动机电路

室内风扇电动机电路由室内微处理器 IC3、固态继电器 IC7、运行电容 C15、风扇电动机等元器件构成。室内风扇电动机的速度调整有手动调节和自动调节两种方式。

（1）手动调节

当用户通过遥控器降低风速时，遥控器发出的信号被微处理器 IC3 识别后，使其㉚脚输出的控制信号的占空比减小，通过 R47 加到 IC5 的⑥脚，经其内部的非门倒相放大，再经 R49 为固态继电器 IC7 内发光二极管提供的导通电流减小，发光二极管发光变弱，使双向晶闸管导通程度减小，为室内风扇电动机提供的交流电压减小，室内风扇电动机转速下降。反之，控制过程相反。

（2）自动控制方式

温度控制方式是通过该机室内温度传感器、室内盘管温度传感器检测到的温度来实现的。该电路由微处理器 IC3、室内温度传感器、室内盘管温度传感器、连接器 CN1 等元器件构成。室内温度传感器、室内盘管温度传感器是负温度系数热敏电阻，它们在图中未画出。下面以制热时的风速控制为例进行介绍。

制热初期，室内热交换器（盘管）温度较低，被室内盘管温度传感器检测后，其阻值较大，5V 电压通过该传感器、R28 取样后的电压较小，经 C9 滤波后，为微处理器 IC3 的㉘脚提供的电压较小，被 IC3 识别后，其㉚脚不能输出室内风扇电动机驱动信号，室内风扇微转停转，以免为室内吹冷风。随着制热的进行，室内盘管温度逐渐升高，当室内热交换器的温度达到设置值，使 IC3 的㉘脚输入的电压升高到设置值后，IC3 的㉚脚输出驱动信号，驱动室内风扇电动机运转，并且㉚脚输出的驱动信号的占空比大小还受㉘脚输入电压高低的控制，实现制热期间的室内风扇转速的自动控制。

当室内热交换器的温度低于35.2℃时，室内风扇电动机以微弱风速运行；室内热热交换器的温度在35.2～37℃之间时，室内风扇电动机以弱风速运行；当室内热交换器的温度超过37℃后，风扇电动机按设定风速运行。

（3）电动机旋转异常保护

当室内风扇电动机旋转后，其内部的霍尔传感器就会输出相位正常的检测信号，即PG脉冲信号。该脉冲信号通过连接器CN27的②脚输入到室内电路板，利用R26限流，C18滤波后加到微处理器IC3的⑬脚。当IC3的⑬脚有正常的PG脉冲信号输入，IC3就会判断室内风扇电动机正常，继续输出驱动信号使其运转。当室内风扇电动机旋转异常或检测电路异常，导致IC3的⑬脚不能输入正常的PG脉冲信号，IC3就会判断室内风扇电动机异常，发出指令使该机停止工作，并通过显示屏显示故障代码E14，提醒该机进入室内风扇电动机异常保护状态。

9. 导风电路

该机导风电路由步进电动机、驱动块IC5和微处理器IC3构成。在室内风扇电动机旋转的情况下，使用导风功能时，IC3的⑮、⑰～⑲脚输出的激励脉冲信号经R40～R43加到IC5的①～④脚，分别经其内部的4个非门倒相放大后，从IC5的⑮～⑬脚输出，再经连接器CN11输出给步进电动机的绕组，使步进电动机旋转，带动室内机上的风叶摆动，实现大角度、多方向送风。

10. 空气清新电路

空气清新电路由室内微处理器IC3、负离子放大器、继电器K2及其驱动电路构成。

需要对空气进行清新，IC3的㉛脚输出高电平控制信号，该信号经R38加到驱动块IC5的⑦脚，经其内部的非门倒相放大后，为继电器K2的线圈提供导通电流，使K2的触点吸合，此时市电电压通过CON6、CON9为负离子发生器供电，使其开始工作。负离子发生器工作后，产生的臭氧对室内空气进行消毒净化，实现空气清新的目的。

若IC3的㉛脚电位为低电平后，K2的触点释放，切断负离子发生器的供电回路，空气清新功能结束。

11. 室外机供电控制电路

室外机供电控制电路由室内微处理器IC3、继电器K1、放大管N2等构成。当IC3工作后，从其④脚输出室外机供电的高电平控制信号经R31限流，再经N2倒相放大，使K1内的触点吸合，接通室外机的供电线路，为室外机供电。

二、室外机电路 

室外机电路由电源电路、温度检测电路、室外风扇电动机驱动电路、压缩机驱动电路等构成，电气接线图如图14-6所示，电路原理图如图14-7所示。

1. 室外微处理器的引脚功能

该机室外机电路板以微处理器IC9为核心构成，所以其引脚功能是分析室外电路板工作原理和故障检修的基础。IC9的引脚功能见表14-3。

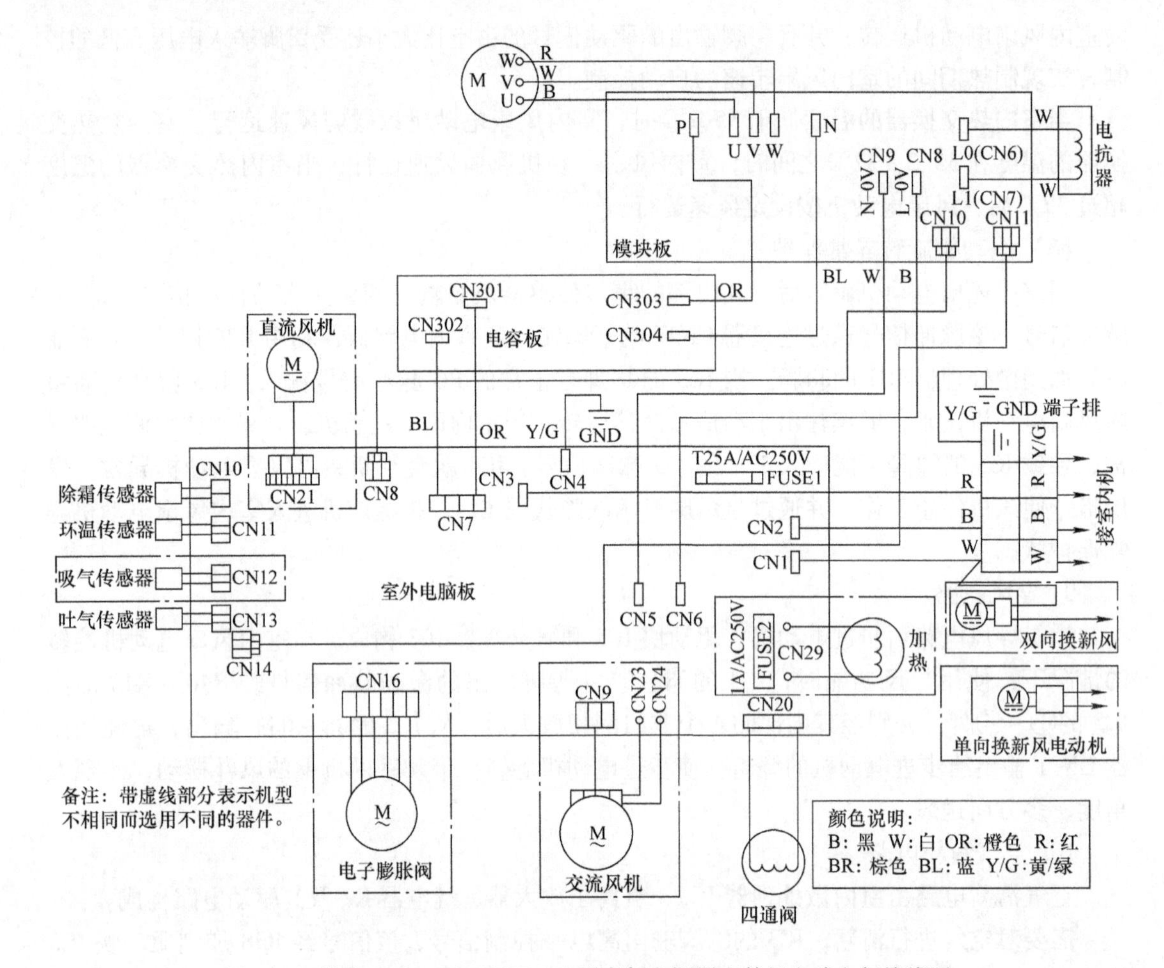

图 14-6 海尔 KFR-26/35GW/CA 型变频空调器室外机电路电气接线图

2. 供电电路

300V 供电电路由限流电阻 PTC、桥式整流堆和滤波电容（图中未画出）构成，如图 14-6和图 14-7 所示。

市电电压通过 PTC 限流后，一路通过继电器为交流风扇电机、四通阀的线圈供电；另一路通过 CN5、CN6 进入模块板（压缩机驱动电路板），通过该板上的整流、滤波电路（图中未画出）变换为 300V 直流电压。300V 电压不仅为功率模块供电，而且通过 CN7 返回到室外电路板。该电压第一路通过 R66 限流，使 LED2 发光，表明 300V 供电已输入；第二路为直流风扇电动机供电；第三路为开关电源供电。

3. 限流电阻及其控制电路

由于 300V 供电电路的滤波电容的容量较大，其在充电初期会产生较大的冲击电流，不仅容易导致整流堆、熔断器等元器件因过电流损坏，而且还会污染电网，所以需要通过限流电阻对冲击大电流进行抑制。但是，电容充电结束后，限流电阻不仅因长期过热而损坏，而且其阻值增大后会导致 300V 供电大幅度下降，影响 IPM 等电路的正常工作。因此，还需要设置限流电阻控制电路。

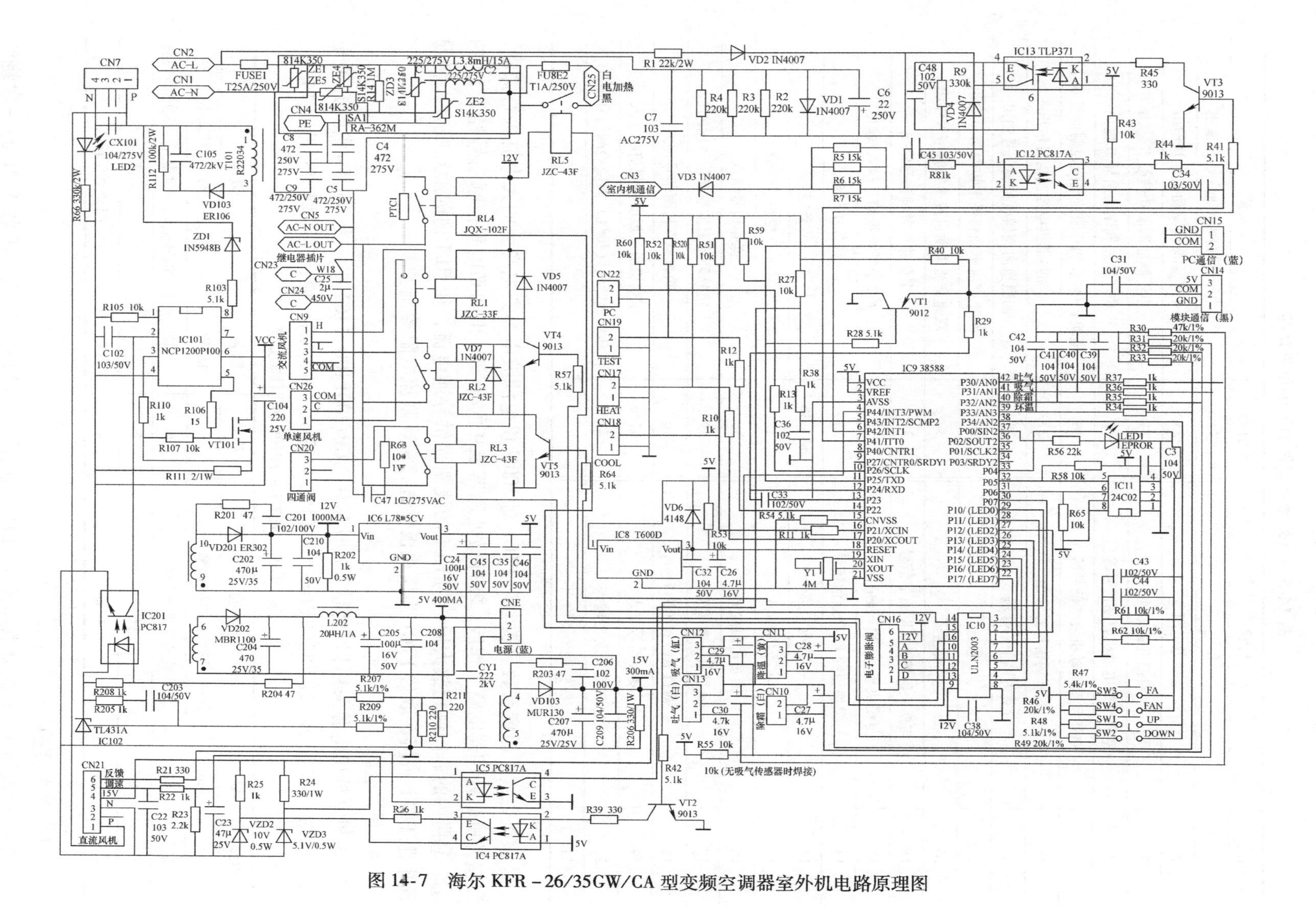

图 14-7 海尔 KFR-26/35GW/CA 型变频空调器室外机电路原理图

表 14-3 室外微处理器 IC9 的引脚功能

引脚	功能	引脚	功能
1	供电	22	电子膨胀阀驱动信号 A 输出
2	参考电压	23	电子膨胀阀驱动信号 B 输出
3	模拟电路接地	24	电子膨胀阀驱动信号 C 输出
4	室外风扇电动机驱动信号输出	25	电子膨胀阀驱动信号 D 输出
5	室外风扇电动机检测信号输入	26	模块板供电/PTC 限流电阻控制信号输出
6	室外通信信号输出	27	电加热器供电控制信号输出
7	室内通信信号输入	28	四通换向阀供电控制信号输出
8、9	悬空	29	双速交流电动机供电控制信号输出
10	悬空	30	双速交流电动机转速控制信号输出
11	与模块板的 SCLK 通信信号	31	I^2C 总线时钟信号输出
12	与模块板的 TXD 通信信号	32	I^2C 总线数据信号输入/输出
13	与模块板的 RXD 通信信号	33	操作信号输入
14	接地	34~36	悬空
15	测试信号输入	37	指示灯控制信号输出
16	通过电阻接地	38	操作信号输入
17	通过 R11 接 CN18	39	室外环境温度检测信号输入
18	通过 R10 接 CN17	40	除霜温度检测信号输入
19	复位信号输入	41	压缩机吸气温度检测信号输入
20	时钟振荡器输入	42	压缩机吐气（排气）温度检测信号输入
21	时钟振荡器输出		

该机通过正温度系数热敏电阻 PTC1 对 300V 供电滤波电容充电产生的大电流进行抑制，当室外机微处理器电路工作后，室外微处理器 IC9 的㉖脚输出的高电平控制信号经 IC10 的①、⑭脚内的非门倒相放大后，为 RL4 的线圈提供导通电流，使 RL4 内的触点吸合，将限流电阻 PCT1 短接，取代 PTC1 为模块板供电，实现限流电阻控制。

4. 开关电源

该机室外机电源采用以电流控制型芯片 NCP1200P100（IC101）为核心构成的开关电源，如图 14-7 所示。NCP1200P100 是 NCP1200 系列产品中的一种，其引脚功能见表 14-4。

表 14-4 NCP1200P100 的引脚功能

引脚	脚名	功能	引脚	脚名	功能
1	Adj	跳峰值电流调整	5	DRV	开关管激励信号输出
2	FB	稳压反馈信号输入	6	VCC	工作电压输入，过电压、欠电压检测
3	CS	一次电流检测信号输入	7	NC	空脚
4	GND	接地	8	HV	起动电压输入

（1）功率变换

CN7 输入的 300V 直流电压经 CX101 滤波后，一路通过开关变压器 T101 的一次绕组

（1-2绕组）加到开关管VT101的D极，为其供电；另一路通过稳压管VZD1、R103降压限流，加到IC101的⑧脚，为IC101提供起动电压。此时，IC101的⑧脚内的7mA高压恒流源开始为⑥脚外接的C104充电。当C104两端电压达到11.4V后，IC101内部的电源电路开始工作，由其输出的电压为振荡器等电路供电，振荡器工作后产生100kHz振荡脉冲，该脉冲控制PWM电路产生激励脉冲，再经放大器放大后从⑤脚输出，利用R106限流驱动VT101工作在开关状态。VT101导通期间，T101存储能量；VT101截止期间，T101的二次绕组输出的电压经整流、滤波后产生的直流电压，为它们的负载供电。

为了防止VT101在截止瞬间过电压损坏，该电源设置了VD102、C1058和R106构成尖峰脉冲吸收回路。

（2）稳压控制

当市电升高或负载变轻引起开关电源输出的电压升高时，C204两端升高的电压通过R204限流为光耦IC201的①脚提供的电压升高，同时C205两端升高的电压通过R207、R209取样后的电压高于2.5V，经IC102比较放大后，使IC201的②脚电位下降。此时，IC201内的发光二极管因导通电压增大而发光强度加强，使IC201内的光敏二极管导通加强，将IC101的②脚电位拉低，被IC101内的跳周期比较器等控制电路处理后，使其⑤脚输出的激励脉冲的占空比减小，开关管VT101导通时间缩短，T101存储能量减小，输出端电压下降到规定值。当输出端电压因市电下降或负载变重下降时，稳压控制过程相反。

（3）欠电压保护

IC101初始起动期间，若其⑥脚电压低于11.4V（典型值）时不能起动；IC101起动后，若⑥脚电压低于9.8V后停止工作，从而避免了开关管VT101因激励不足而损坏。IC101停止工作后，若C104两端电压低于6.3V（典型值），IC101内的恒流源会再次为C104充电，当C104两端电压超过11.4V，IC101会重新进入起动状态，所以进入该保护状态后，开关变压器T101会发出高频叫声。

（4）过电流保护

开关管VT101因负载短路等原因功率过电流时，必然会导致IC101的⑥脚电位下降，IC101内部的超载电路动作，使IC101不再输出开关管激励脉冲，VT101截止，避免了VT101因过电流损坏，从而实现开关管过电流保护。

5. 微处理器基本工作条件电路

CPU正常工作需具备5V供电、复位、时钟振荡正常的三个基本条件。

（1）5V供电

当室外机的开关电源工作后，由其输出的5V电压经C24等电容滤波，加到微处理器IC9的供电端①脚，为IC9供电。

（2）复位

该机的复位电路由复位芯片IC8（T600D）、C36、C37等元器件构成。开机瞬间，由于5V电源在滤波电容的作用下逐渐升高。当该电压低于4.1V时，IC8的③脚输出低电平电压，该电压加到微处理器IC9的⑱脚，使IC9内的存储器、寄存器等电路清零复位。随着电容的不断充电，当5V电源超过4.1V后，IC8的①脚输出高电平电压，经C36、C37滤波后加到IC9的⑱脚，使IC9内部电路复位结束，开始工作。

（3）时钟振荡

微处理器 IC9 得到供电后，其内部的振荡器与⑲、⑳脚外接的晶振 Y1 通过振荡产生 4MHz 的时钟信号。该信号经分频后协调各部位的工作，并作为 IC9 输出各种控制信号的基准脉冲源。

6. 存储器电路

由于该机不仅需要存储与温度相对应的电压数据，还要存储室外风扇转速、故障代码、压缩机 F/V 控制等信息，所以需要设置电可擦写存储器 IC11。下面以调整室外风扇电动机转速为例进行介绍。

微处理器 IC9 通过 I^2C 总线从存储器 IC11 内读取数据后，输出控制信号，改变室外风扇电动机的供电，实现室外风扇电动机转速的调整。

7. 室外风扇电动机电路

参见图 14-7，该机的室外风扇电动机不仅可以采用交流电动机，也可以采用直流电动机。下面分别进行介绍。

（1）交流电动机

该机的交流电动机采用的是双速电动机，所以采用了两个继电器为其两个供电端子供电。其中，RL2 决定电动机是否运转，而 RL1 决定电动机的转速。

需要该电动机运行时，IC9 的㉙脚输出高电平控制信号，该信号经 R64 加到 VT5 的 b 极，经 VT5 倒相放大后，使 RL2 的内的触点吸合，为 RL1 的动触点供电，此时，即使 RL1 的线圈无供电，RL1 的常闭触点也会输出电压，使交流电动机旋转。而需要改变该电动机转速时，则需要 IC9 的㉚脚输出高电平控制信号，该电压经 VT4 放大后，使 RL1 内的动触点改接常开触点，为电动机另一个供电端子供电，通过改变电动机不同供电端子的供电，来实现电动机转速的调整。

（2）直流电动机

直流电动机的供电由光耦合器 IC4、IC5，放大管 VT2 等构成，该电路的工作原理与室内风扇电动机相同，仅电路符号不同，读者可自行分析。不过，它的调速受室外温度传感器所检测的温度高低控制。

8. 四通换向阀控制电路

由于该机是冷暖型空调，所以设置了四通换向阀对制冷剂的走向进行切换。该电路的控制过程是：当 IC9 的㉘脚输出的控制信号为低电平时，经 IC10 内的非门倒相放大后，不能为 RL3 的线圈供电，RL3 的触点不吸合，不为四通换向阀的线圈供电，四通阀的阀芯不动作，不改变制冷剂的流向；当 IC9 的㉘脚输出高电平后，RL3 的触点吸合，为四通换向阀供电，使四通换向阀的阀芯动作，改变制冷剂的流向。这样，通过控制四通换向阀线圈的供电，就可以实现制冷或制热状态的切换。

9. 电子膨胀阀电路

由于该机是变频空调，所以需要该机制冷剂的压力在不同的制冷温度期间是可变的，并且为了获得更好的制冷、制热效果，该机采用了电子膨胀阀作为节流器件。

需要改变制冷剂的压力时，IC9 的㉒～㉕脚输出的激励脉冲信号加到 IC10 的⑦～④脚，分别经其内部的 4 个非门倒相放大后，从 IC10 的⑩～⑬脚输出，再经连接器 CN16 输出给电子膨胀阀的步进电动机，使步进电动机旋转，带动阀塞上下运动，通过改变制冷剂的流量大小来改变制冷剂的压力，从而实现了制冷/制热期间得到最佳制冷/制热效果。

10. 电加热器电路

该机的电加热器电路由电加热器、继电器 RL4 及其驱动电路构成。制热期间，需要电加热器辅助加热时，IC9 的㉗脚输出高电平控制信号，它经 IC10 的②、⑮脚内的非门倒相放大后，为 RL5 的线圈提供导通电流，使 RL5 内的触点吸合，电加热器得到供电后开始对冷空气加热，确保该机在温度较低的地区也能正常制热。当 IC9 的㉗脚输出低电平控制信号时，RL5 内的触点释放，切断电加热器的供电回路，其停止加热。

三、室内、室外机通信电路 

该机的通信电路由市电供电系统、室内微处理器 IC3、室外微处理器 IC9 和光耦合器 IC1、IC2、IC12、IC13 等元器件构成。电路见图 14-6 和图 14-7。

1. 供电

市电电压通过 R1 限流，利用 VD04 半波整流，再经 C6 滤波后，为光耦合器 IC13 内的光敏二极管供电。

2. 信号传输过程

（1）室外接收、室内发送

室外接收、室内发送期间，室外微处理器 IC9 的⑥脚输出高电平控制信号，室内微处理器 IC3 的①脚输出数据信号（脉冲信号）。IC9 的⑥脚输出的高电平电压经 R41 使 VT3 导通，致使 IC13 内的发光二极管发光，IC13 内的光敏二极管相继导通。而 IC3 的①脚输出的脉冲信号经 N1 倒相放大，再经 IC1 耦合放大，利用 R17、LED1、R8、VD1 加到 IC13 的⑤脚，通过 IC13 的④脚输出，再通过 IC12 耦合后，从其④脚输出的信号经 R44 限流，C24 滤波，加到 IC9 的⑦脚。这样，IC9 就会按照室内机微处理器的要求输出控制信号使机组运行，完成室内发送、室外的接收控制功能。

（2）室外发送、室内接收

室外发送、室内接收期间，室内微处理器 IC3 的①脚输出高电平控制信号，室外微处理器 IC9 的⑥脚输出脉冲信号。IC3 的①脚输出的高电平电压经 R6 使 N1 导通，致使 IC1 内的发光二极管开始发光，IC1 内的光敏二极管受光照后开始导通。而 IC9 的⑥脚输出的数据信号通过 VT3 倒相放大，IC13 耦合，再通过 R8、C49、R5 ~ R7、VD3、CN3/CON7、VD1 加到 IC1 的⑤脚，由于 IC1 内的光敏二极管处于导通状态，所以信号从 IC1 的④脚输出，再经 IC2 耦合后从其④脚输出，利用 R12 限流，C3 滤波，加到 IC3 的②脚。这样，IC3 确认室外机工作状态后，便可执行下一步的控制功能，实现了室外发送、室内接收的控制功能。

提示 只有通信电路正常，室内微处理器和室外微处理器进行数据传输后，整机才能工作，否则会进入通信异常保护状态，同时显示屏显示故障代码 E7。

四、制冷/制热电路 

该机的制冷、制热电路由温度传感器、微处理器、存储器、压缩机驱动电路、压缩机、四通换向阀、风扇电动机及其供电电路等元器件构成。电路见图 14-4 ~ 图 14-7。

1. 制冷电路

当室内温度高于设置的温度时，CN1 的③脚外接的室温传感器阻值减小，5V 电压通过其与R27取样后产生的电压增大，再通过R24限流，C10滤波后，加到室内微处理器IC3的㉙脚。IC3将该电压数据与存储器IC4内部固化的不同温度的电压数据比较后，识别出室内温度，确定该机需要进入制冷状态。此时，其㉚脚输出室内风扇电动机驱动信号，使室内风扇电动机运转，同时通过通信电路向室外微处理器IC9发出制冷指令。IC9接到IC3发出的制冷指令后，第一路通过输出室外风扇电动机供电信号，使室外风扇电动机运转；第二路通过㉘脚输出控制信号，使四通阀的阀芯不动作，将系统置于制冷状态，此时室内热交换器用作蒸发器，而室外热交换器用作冷凝器；第三路通过总线系统输出驱动脉冲，通过模块板上的电路解码并放大后，驱动压缩机运转；第四路通过㉒～㉕脚输出电子膨胀阀驱动信号，使膨胀阀的阀门开启度较大，实现快速制冷。随着制冷的不断运行，室内的温度开始下降，使室温传感器的阻值随室温下降而阻值增大，为IC3的㉙脚提供的电压逐渐减小，IC3识别出室内温度逐渐下降，通过通信电路将该信息提供给IC9，于是IC9通过总线使功率模块输出的驱动脉冲电压减小，压缩机降频运转，同时IC9的㉒～㉕脚输出的信号使电子膨胀阀的阀门开启度减小，进入柔和的制冷状态。当温度达到要求后，室温传感器将检测结果送给IC3进行判断，IC3确认室温达到制冷要求后，不仅使室内风扇电动机停转，而且通过通信电路告诉IC9，IC9输出停机信号，切断室外风扇电动机的供电回路，使其停止运转，而且使压缩机停转，制冷工作结束，进入保温状态。随着保温时间的延长，室内的温度逐渐升高，使室温传感器的阻值逐渐减小，为IC3的㉙脚提供的电压再次增大，重复以上过程，机组再次运行，该机进入下一轮的制冷工作状态。

2. 制热电路

制热电路与制冷电路工作原理基本相同，主要的不同点主要有四个：一是室内微处理器IC3通过检测㉙脚电压，识别出室内温度较低，通过通信电路告知室外微处理器IC9需要进入制热状态。二是IC9接收到制热的指令后，通过㉘脚输出控制信号，使四通阀的阀芯动作，改变制冷剂流向，将系统置于制热状态，即室内热交换器用作冷凝器，而室外热交换器用作蒸发器。三是通过室内盘管温度传感器和室内微处理器的控制，使室内风扇电动机只有在室内盘管温度升高到一定温度后才能旋转，以免为室内吹冷风。四是需要定期为室外热交换器除霜。

提示 如果四通阀不能正常切换或在制热过程中，若室外热交换器的温度低于“THHOTLTH”（-4.5℃）并持续90s，则微处理器输出控制信号使压缩机停转，进入3min待机的保护状态；当热交换器的温度升高并达到“THHOTLTH”的温度时复位，压缩机可再次运行。此控制不包括除霜状态。

五、故障自诊断功能 

为了便于生产和维修，该机的室内机、室外机电路板具有故障自诊断功能。当该机控制电路中的某一器件发生故障时，被微处理器检测后，通过电脑板上的指示灯显示故障代码，来提醒故障发生部位。

1. 室内机故障代码

室内机的故障代码与含义见表14-5。

表 14-5　室内机故障代码

故障代码	含义	故障代码	含义
E1	室温传感器异常	E9	过载
E2	室内盘管传感器异常	E10	湿度传感器异常
E4	E^2PROM 存储器异常	E14	室内风机故障
E7	室内机、室外机通信异常		

2. 室外机故障代码

室外机的故障代码与含义见表 14-6。

表 14-6　室外机故障代码

故障代码（室外机传给室内机，通过室内机液晶屏显示）	室外机指示灯闪烁次数	含义	备注
F12	1	E^2PROM 存储器异常	立即报警，断电后才能开机
10min 内确认 3 次后显示 F1	2	IPM 异常保护	来自模块板
30min 内确认 3 次后显示 F22	3	AC 电流过电流保护	室外板 AC 电流过电流
F3	4	室外机电路板与模块板通信异常	
F20	5	压缩机过热/压力过高保护	来自模块板
F19	6	电源过电压/欠电压保护	模块的 300V 供电
10min 内确认 3 次后显示 F27		压缩机堵转/瞬停保护	来自模块板
F4	8	压缩机排气温度异常保护	30min 内确认 3 次
30min 内确认 3 次后显示 F8	9	室外风机异常保护	
F21	10	室外除霜温度传感器异常	249≤Te；Te≤05H
F7	11	室外吸气温度传感器异常	249≤Ts；Ts≤05H
F6	12	室外环境温度传感器异常	249≤Tao；Tao≤05H
30min 内确认 3 次后显示 F25	13	压缩机排气温度传感器异常	249≤Td；Td≤05H 开机 4min 后检测，30min 内确认 3 次故障，则有断电后才能再次起动
F30	14	压缩机吸气过高	开机 10min 后检测 Ts 持续 5min 大于 40℃（压缩机停转，不检测）
E7	15	室内机、室外机通信异常	
F31	16	压缩机振动过大	瑞萨方案无
F11	17	压缩机起动异常	
F11	18	压缩机运行失步/脱离位置	来自模块板
10min 内确认 3 次后，显示 F28	19	位置检测回路故障	
F29	20	压缩机损坏	瑞萨方案无
E9	21	室内机过载停机	室外灯闪，向室内机传送
无	22	室内机防冰霜停机	室外灯闪，不向室内机传送
	23	室内 Tc1 异常	Tc1 为 FF，表明有故障。故障现象为不停机，制冷时默认为 5℃，制热时默认为 40℃
	24	压缩机电流过电流	来自模块板
	25	相电流过电流保护	室外电路板相电流过电流

六、室内机单独运行的方法

先将遥控器设定为制热高风，温度设定为30℃，通电后，在7s内连续按6次睡眠键，蜂鸣器鸣叫6声后，就可以使室内机单独运行了。

室内机单独运转期间，不对室外机通信信号进行处理，但始终向室外机发送通信信号，通信信号是输出频率为58Hz、室内热交换温度固定在47℃等信息。

需要退出单独运行模式时的方法有三种：一是用遥控器关机；二是按应急键关机；三是拔掉电源线再插入即可。

七、主要零部件的检测

1. 风扇电动机

下面以章丘产海尔空调风扇电动机为例的检测方法。

（1）室内风扇电动机的阻值：主绕组的阻值为285（1±10%）Ω，副绕组的阻值为430（1±10%）Ω。

（2）室外风扇电动机的阻值：主绕组的阻值为269（1±10%）Ω，副绕组的阻值为336（1±10%）Ω。

（3）步进电动机的阻值：常州雷利型步进电动机的红线与其他几根接线间阻值都为300（1±20%）Ω。

测量这三个电动机绕组阻值时，若阻值为无穷大，说明绕组或接线开路；若阻值过小，说明绕组短路。

2. 传感器

该机室内环境温度传感器、室内盘管温度传感器在5～35℃时的阻值见表14-7。若测量的阻值不能随温度升高而减小，则说明被测的传感器异常。

表14-7　室内环境温度传感器、室内盘管温度传感器典型温度时的阻值

室内温度/℃	5	10	15	20	25	30	35
室内环温传感器/kΩ	61.51	47.58	37.08	29.1	23	18.3	14.65
室内盘管传感器/kΩ	24.3	19.26	15.38	12.36	10	8.141	6.668
说明	不同温度下传感器阻值的误差为±3%						

八、常见故障检修

1. 整机不工作

整机不工作是插好电源线后室内机上的指示灯、显示屏不亮，并且用遥控器也不能开机。该故障主要是由于室内机电源电路、微处理器电路异常所致。

首先，确认市电供电系统正常后，可拆机，用直流电压挡测E6两端有无5V电压，若没有，说明供电线路、电源电路异常或市电输入系统、室内电路板上的电源电路异常；若5V供电正常，说明微处理器电路异常。

确认没有5V供电后，检查熔断器FUSE1是否熔断，若熔断，通断挡在路检测压敏电阻RV1，若蜂鸣器鸣叫，检查RV1和CX1；若蜂鸣器不鸣叫，检查变压器等负载。若FUSE1

正常，测量E5两端有无12V电压，若有，检查IC6及其负载；若没有电压，用交流电压挡测室内机有无市电电压输入，若没有，检查线路；若有市电输入，测量变压器有无正常的交流电压输出，若有，检查整流管；若没有，检查变压器。

确认5V正常后，通电瞬间测微处理器IC3的⑦脚有无复位信号输入，若没有，检查复位电路的P1、C4、R3、R11、R10；若有，则检测IC3的⑫脚有无过零检测信号输入，若没有，检查N4、R36、C14、R39、R37；若有，则检查晶振XT1和IC3。

2. 显示故障代码E1

通过故障现象分析，该机进入室内温度传感器异常保护状态。该故障的主要原因：一是室内温度传感器阻值偏移；二是连接器的插头接触不好；三是阻抗信号－电压信号转换电路异常；四是室内存储器IC4或微处理器IC3异常。

首先，查看连接器CN1是否连接良好，若连接不好，重新连接或处理后连接即可；若连接正常，测微处理器IC3的㉙脚输入的电压是否正常，若正常，检查IC3；若不正常，检查室内温度传感器是否正常，若不正常，更换即可；若正常，检查E3、C10、R24、R27。

注意 室温传感器或E3、C10、R24、R27异常还产生制冷/制热温度偏离设置值的故障，也就是制冷/制热不正常的故障。

3. 显示故障代码E2

通过故障现象分析，该机进入室内盘管传感器异常保护状态。该故障的主要原因：一是室内盘管温度传感器异常；二是连接器的插头接触不好；三是阻抗信号－电压信号转换电路异常；四是室内存储器IC4或微处理器IC3异常。

首先，查看连接器CN1是否连接良好，若连接不好，重新连接或处理后连接即可；若连接正常，测微处理器IC3的㉘脚输入的电压是否正常，若正常，检查IC3；若不正常，检查室内盘管传感器是否正常，若不正常，更换即可；若正常，检查E4、C9、R25、R287。

4. 显示故障代码E4

通过故障现象分析，该机进入室内存储器异常保护状态。该故障的主要原因：一是室内存储器异常；二是室内存储器IC4与微处理器IC3之间电路异常；三是IC3异常。

首先，检查IC4与IC3之间是否正常，若不正常，重新连接；若正常，检查IC4及其供电是否正常，若不正常，维修或更换；若正常，检查IC3。

5. 显示故障代码E7

通过故障现象分析，说明该机进入室内机、室外机通信异常保护状态。引起该故障的主要原因：一是附近有较强的电磁干扰；二是室内机与室外机的连线异常；三是室内电脑板的微处理器异常；四是室外电路板的电源电路异常；五是室外微处理器电路异常；六是IPM模块电路异常；七是300V供电异常；八是通信电路异常。

首先，测室内机有无220V市电电压输出，若没有，检查220V市电电压输出电路；若有，检查室外机电源电路、微处理器电路，以及室内机、室外机的通信电路。

确认室内机的220V市电输出电路异常后，测继电器RL1的线圈有无正常的供电，若有，检查RL1及触点所接的线路；若没有，测微处理器IC3的④脚有无高电平电压输出，若有，检查驱动管N2和RL1；若没有检查IC3和存储器IC4。

确认室外机有市电电压输入后，测滤波电容 C24 两端 5V 电压是否正常，若不正常，检查电源电路；若正常，检查微处理器电路和通信电路。

确认电源电路异常时，测 C202 两端电压是否正常，若正常，检查 C24、稳压器 IC6 及其负载；若不正常，说明开关电源异常。此时，检查熔断器 FUSE1 是否熔断，若是，检查 IPM 是否正常，若不正常，更换即可；若正常，维修 300V 供电电路。若 FUSE1 正常，查看指示灯 LED2 能否发光，若不能，插 PTC1 与 300V 供电电路；若能发光，说明开关电源异常。此时，听高频变压器 T101 有无高频叫声，若没有，检查稳压管 VDZ1 和 R103、C104 是否正常，若不正常，更换即可；若正常，检查 IC101 和 T101。若 T101 无高频叫声，检查 VD201、VD202、VD103 是否正常，若不正常，更换即可；若正常，检查 IC102、IC201 和 IC101。

确认微处理器电路异常后，检查晶振 Y1 是否正常，若不正常，更换即可；若正常，检查复位芯片 IC8 能否输出复位信号，若不能，检查 IC8、C36、C37；若能，检查通信电路的光耦合器、电阻和电容。

提示 如果 300V 供电在开机初期正常，后期不正常，应检查 PTC1 是否温度过高，如果是，则要检查 RL4 及其驱动电路。

6. 显示故障代码 E14

通过故障现象分析，该机进入室内风扇电动机异常保护状态。该故障的主要原因：一是室内风扇电动机异常；二是室内风扇电动机的供电电路异常；三是室内风扇电动机运行电容异常；四是 PG 信号检测电路异常；五是市电过零检测电路异常；六是室内存储器 IC4 或微处理器 IC3 异常。

首先，用遥控器调整风速时，看室内风扇电动机能否摆动，若不能摆到，说明电动机或没有供电；若能摆动，说明 PG 信号检测电路异常。

确认电动机不能摆动后，测室内风扇电动机有无正常的供电，若有，用电容挡或代换法检测运行电容 C15 是否正常，若异常，更换即可；若正常，检查电动机。若没有供电，测微处理器 IC3 的⑬脚有无市电过零检测信号输入，若没有，检查 N4、R37、C13、C14 和 R39；若有，检查 IC3 的㉚脚有无驱动信号输出，若没有，检查 IC3、存储器 IC4；若有，检查 IC7 的②、③脚供电是否正常，若正常，检查 IC7；若不正常，检查 IC5、R10、R47 及线路。

确认室内能摆动时，检查连接器 CN27 是否正常，若不正常，维修；若正常，检查微处理器 IC3 的⑬脚有无 PG 信号输入，若有，检查 IC3、IC4；若没有，检查室内风扇电动机有无 PG 信号输出，若没有，检查电动机的 PG 传感器；若有，检查 R23、C7、R26、C8。

7. 显示故障代码 F1

通过故障现象分析，该机进入 IPM 模块异常保护状态。引起该故障的主要原因：一是 300V 供电异常；二是 15V 供电异常；三是自举升压供电电路异常；四是功率模块异常；五是室外微处理器 IC9 或存储器 IC11 异常。

首先，用万用表直流电压挡测 300V 供电电压是否正常，若异常，检查 300V 供电电路；若正常，检测 15V 供电是否正常，若不正常，检查 VD103 和 C207；若正常，代换模块板能否排除故障，若不能，检查 IC11 和 IC9；若能排除故障，维修模块板。

8. 显示故障代码 F3

通过故障现象分析，说明该机进入室外机电路板与模块通信异常保护状态。该故障的主要原因：一是室外机电路板与模块间线路异常；二是模块板电路异常；三是室外存储器 IC11 或室外微处理器 IC9 异常。

首先，检查连接器 CN14、CN15 是否正常，若不正常，重新连接；若正常，代换模块板能否排除故障；若能，则维修模块板；若无效，则检查 VT1、R29、R28、R59 是否正常，若不正常，更换即可；若正常，检查 IC11 和 IC9。

9. 显示故障代码 F4

通过故障现象分析，说明该机进入压缩机排气温度过高保护状态。该故障的主要原因：一是制冷系统异常；二是压缩机排气管温度检测电路异常；三是压缩机异常；四是室外存储器 IC11 或室外微处理器 IC9 异常。

首先，检测压缩机的排气管温度是否过高，若是，检查制冷系统是否正常，若不正常，维修制冷系统；若正常，检查压缩机及其供电电路。若排气管的温度正常，检测 IC9 的㊷脚输入的电压是否正常，若正常，检查 IC11 和 IC9；若不正常，检查连接器 CN12 连接是否正常，若不正常，重新连接；若正常，检查排气管温度传感器是否正常，若不正常，更换即可；若正常，检查 C30、R27、C39、R30。

10. 显示故障代码 F19

通过故障现象分析，说明该机进入供电异常保护状态。该故障的主要原因：一是市电电压异常；二是电源插座、电源线异常；三是市电检测电路异常异常；四是室外存储器 IC11、室外微处理器 IC9 异常。

首先，用万用表交流电压挡测量市电插座的电压是否正常，若不正常，检修插座和线路；若正常，测机内有无市电电压输入，若没有，检查线路；若有，用直流电压挡测 300V 供电是否正常，若不正常，检查整流滤波电路；若正常，检测供电检测电路是否正常，若不，维修该电路；若正常，检查 IC11 和 IC9。

用万用表检修彩色电视机从入门到精通

第十五章

用万用表检修 CRT 彩电从入门到精通

下面以超级单片 TMPA880×为核心构成的 CRT 彩电为例介绍用万用表检修 CRT 彩电故障的方法与技巧。

第一节　TMPA880X 特点和实用资料

一、特点 

超级单片 TMPA880X 是日本东芝公司 2000 年后推出的产品。它由 CPU 和 TV 处理器两部分构成，从而简化了电路结构。另外，它增加了许多新的功能，如将 CPU 部分的 ROM 存储器的存储容量增大至 64～128KB，并提供了 1～11 页图文信息，在 TV 部分增加了直接数字频率合成器（DDS）、连续阴极电流控制（CCC）、动态聚焦等新电路。

TMPA880X 系列芯片有 TMPA8803、TMPA8807、TMPA8809 三种。其中 TMPA8803 属于经济型产品，广泛被 21、25in 彩电采用，而 TMPA8807、TMPA8809 主要应用于 29、34in 彩电内。

二、TMPA8803 实用资料 

TMPA8803 内部构成如图 15-1 所示。它的引脚功能和维修数据见表 15-1。

三、TMPA8807/TMPA8809 与 TMPA8803 的区别 

由于 TMPA8807、TMPA8809 功能强于 TMPA8803，所以它们与 TMPA8803 的引脚功能有一定的区别，有区别的引脚见表 15-2。

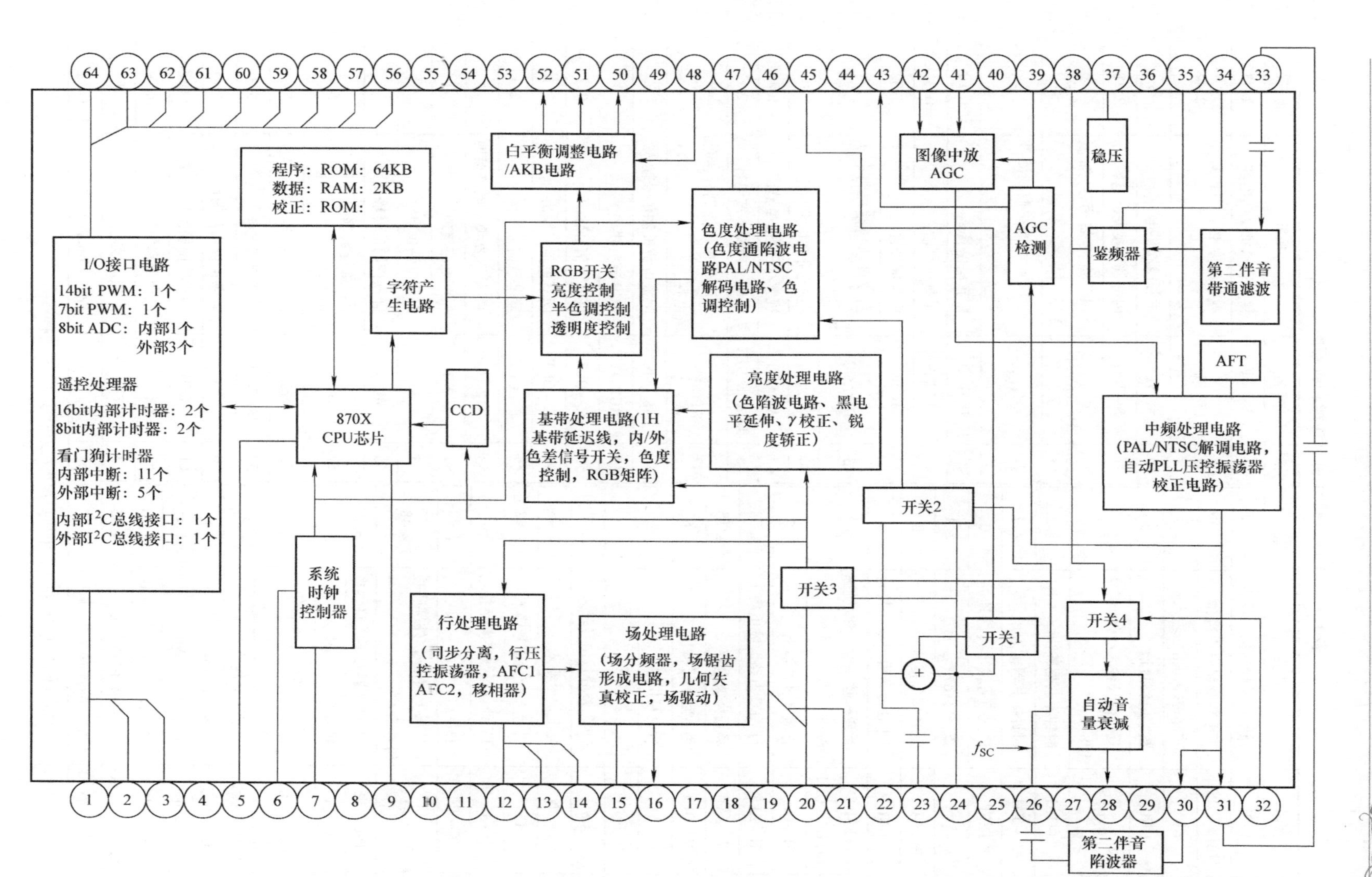

图 15-1 TMPA8803 内部构成框图

表 15-1　TPMA8803 引脚功能和维修数据

引脚	脚名	功能	电压/V	引脚	脚名	功能	电压/V
1	U/V	频段切换控制信号输出	0（V 段）	34	DC NF	伴音直流负反馈电容	2.13
2	MAIN - DET	主电源输出电压检测	2.46	35	PIF PLL	视频检波 PLL 锁相环滤波电容	2.42
3	KEY	功能键操作信号输入	5.1	36	IF Vcc	中频电路供电	5
4	GND	数字电路接地	0	37	S - Reg	内部偏置接滤波电容	2.18
5	RESET	复位信号输入/时钟信号输出	5.1	38	Deemphasis	SIF 检波信号去加重电容	4.42
6	X - TAL	时钟振荡器输出	2.2	39	IF AGC	中放自动增益控制滤波电容	1.72
7	X - TAL	时钟振荡器输入	2.2	40	IF GND	中频电路接地	0
8	TEST	测试信号输出（接地）	0	41	IF IN	中频信号输入	0.32
9	5V	数字电路供电	5.1	42	IF IN	中频信号输入	0.32
10	GND	CCD 部分接地	0	43	RF AGC	高放自动增益控制电压输出	2.94
11	GND	TV 处理器模拟电路接地	0	44	YC 5V	亮/色分离电路供电	5
12	FBP In/SCP - OUT	行逆程脉冲输入/沙堡脉冲输出	1.1	45	AV OUT	视频/亮度信号输出	1.85
13	H - OUT	行激励脉冲输出	1.52	46	BLACK DET	黑电平检测滤波电容	2.6
14	H - AFC	行 AFC 电路滤波电容	6.58	47	APC FIL	自动色相位控制外接滤波电容	2.63
15	V - SAW	场锯齿波电容	4.16	48	IK - IN	阴极电流检测信号输入	0
16	V - OUT	场激励信号输出	4.65	49	RGB 9V	RGB 部分供电	9
17	H - VCC	行电路供电	9	50	R - OUT	红基色信号输出	2.1
18	NC			51	G - OUT	绿基色信号输出	2.1
19	Cb	Cb 色差分量信号输入	2.48	52	B - OUT	蓝基色信号输出	2.1
20	Y - IN	亮度信号输入	2.48	53	GND	TV 处理器模拟电路接地	0
21	Cr	Cr 色差分量信号输入	2.48	54	GND	振荡电路接地	0
22	TV - GND	TV 处理器数字电路接地	0	55	5V	振荡电路供电	5
23	C - IN	色度信号输入	2.48	56	MUTE	静噪控制信号输出	0
24	EXT - IN	外部视频信号/外部亮度信号输入	2.48	57	SDA	I^2C 总线数据信号输入/输出	5.1
25	DIG. 3V3	TV 处理器数字电路供电	3.3	58	SCL	I^2C 总线时钟信号输入	5.1
26	TV IN	机内视频信号输入	2.48	59	SYSTEM	伴音制式选择	5.1
27	ABCL - IN	亮度、对比度限制信号输入	4.91	60	VT	高频调谐信号输出	0 ~ 5
28	AUDIO - OUT	音频信号输出	3.53	61	L/H	频段切换控制信号输出	5（H 段）
29	IF - VCC	中频电路供电	9	62	TV Sync	电台识别信号输入	4.5
30	TV - OUT	全电视信号输出	3.52	63	RMT - IN	遥控信号输入	5
31	SIF - OUT	第二伴音中频信号输出	1.76	64	POWER	待机/开机控制信号输出	0（开机）
32	EXU - AUDIO	外部音频信号输入	4.35				
33	SIF - IN	第二伴音中频信号输入	3				

注：引脚采用 TCL 2135S 彩电图纸标注符号，电压数据是在无信号输入时测得

表 15-2 TMPA8807、TMPA8809 与 TMPA8803 引脚功能的区别

脚号	脚名	功能	脚名	功能
1	U/V	频段切换控制信号输出	POWER DET	CPU 供电检测
2	MAIN - DET	主电源输出电压检测	LED/SCL3	工作状态指示输出
9	5V	数字电路供电	CPU - 5V	CPU 电路 5V 供电
18	NC		Fsinout	通过电阻接地
26	TV IN	TV 视频信号输入	CK OUT	基准时钟信号输出
28	AUDIO - OUT	音频信号输出	EW - OUT	行水平几何失真校正信号输出
32	EXU - AUDIO	外部音频信号输入	HET	极高压补偿信号输入
38	Deemphasis	SIF 检波信号去加重电容	AUDIO	音频信号输出
45	AV OUT	视频/亮度信号输出	SVM	扫描速度调制信号输出
55	5V	振荡电路供电	VDD 5V	I^2C 总线接口电路供电
59	SYSTEM	伴音制式选择	SDA2	I^2C 总线数据信号输入/输出
60	VT	高频调谐信号输出	VT/DG	调谐/消磁控制信号输出
61	L/H	频段切换控制信号输出	SCL2	I^2C 总线时钟信号输入

第二节 TMPA8803 超级单片彩电的构成和单元电路作用

一、构成

由于 TCL 2135S 彩电根据采用的高频头不同，有两种电路结构：一种是采用电压合成式高频头，如图 15-2 所示；另一种是采用频率合成式高频头，如图 15-3 所示。

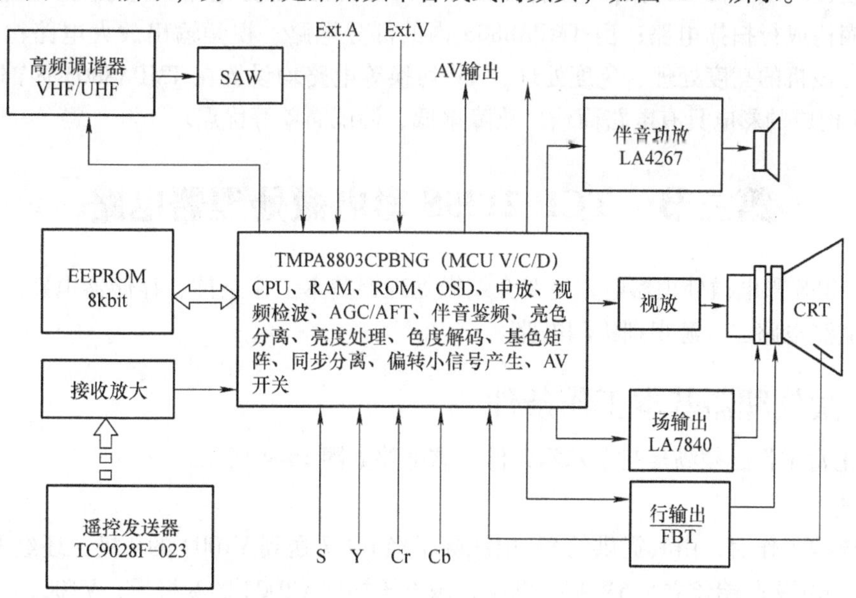

图 15-2 TCL 2135S 彩电构成框图之一

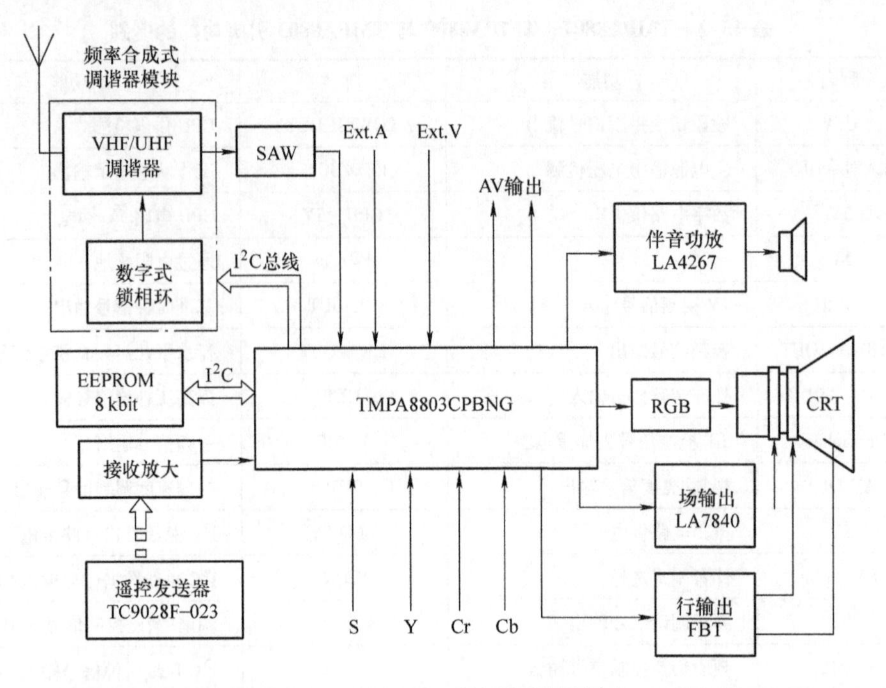

图 15-3 TCL 2135S 彩电构成框图之二

二、单元电路的作用 

由 TMPA8803 内的微处理器电路、存储器 IC001、高频调谐器、遥控接收放大组件构成遥控及选台电路；由 TMPA8803 内的部分电路，声表面滤波器 SAW 和相关电路构成中频电路；由 TMPA8803 的部分电路和 LA4267 构成伴音电路；由 TMPA8803 内的部分电路、场输出电路、场偏转线圈构成场扫描电路；由 TMPA8803 内的部分电路、行激励、行输出电路、行偏转线圈构成行扫描电路；由 TMPA8803 内的部分电路、视频输出放大电路构成视频电路。另外，该机的亮度处理、色度处理、AV 切换等电路均设置在 TMPA8803 内部，所以由 TMPA8803 构成的彩电具有电路简洁、故障率低、调试简单等优点。

第三节　TCL 2135S 彩电微处理器电路

TCL 2135S 彩电微处理器电路主要介绍微处理器基本工作条件、存储器电路、操作键电路、电源监测电路、电源识别检测电路。

一、微处理器基本工作条件 

CPU 正常工作必须满足三个基本条件。该电路如图 15-4 所示。

1. 供电

开关电源工作后，由其提供的 8V 电压除了经 R027 送到 VT002 的 c 极，还经 R028 限流在 VD001、R029 两端建立 5. 6V 基准电压，该电压加到 VT002 的 b 极后，VT002 的 e 极输出 5V 电压。5V 电压经 C016、L002、C023 滤波后，加到 IC201（TMPA8803）的⑨脚，为其内

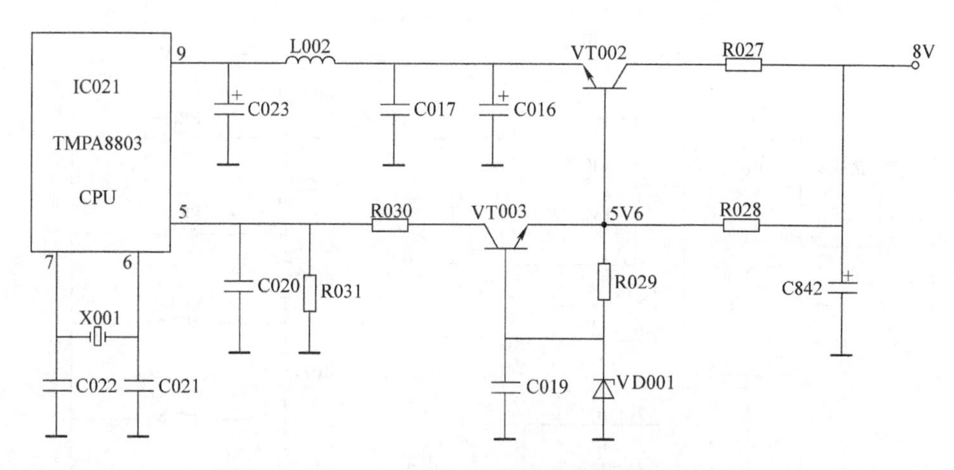

图 15-4 TCL 2135S 彩电微处理器基本工作条件电路

部微处理器供电。

2. 时钟振荡

TMPA8803 得电后，其内部的振荡器和⑥、⑦脚外接的晶振 X001 和电容 C021、C022 通过振荡获得 8MHz 时钟信号。该脉冲不但作为 CPU 电路的主时钟信号，而且经分频后，不仅作为字符时钟振荡脉冲，还作为色解码的基准副载波、1H 延迟线控制脉冲、行频脉冲 AFC1 锁相环的时钟信号和各种开关信号。

3. 复位

复位电路由 IC201 的⑤脚内外电路构成。开机瞬间，C842 两端建立的电压较低，使 VT003 的 e 极电位低于 5.6V 时 VT003 截止，IC201（TMPA8803）的复位信号输入端⑤脚输入低电平信号，使 IC201 内 CPU 部分电路清零复位，随着 C842 两端建立的电压逐渐升高后，使 VT003 的 e 极供电电压逐渐升高时 VT003 导通，由其 c 极输出电压，此时，由于 R030、C020 的积分作用，确保 IC201 的⑤脚输入的低电平复位信号保持 3μs 后，再为⑤脚提供高电平电压，至此复位结束，开始工作。

二、功能操作及存储器 

该机的功能操作和存储器电路，如图 15-5 所示。

1. 功能操作电路

该机 IC201（TMPA8803）的③脚外接 6 个轻触式开关。它们一端接地，一端接精密型分压电阻，当不同的按键接通瞬间，5V 电压通过相应的电阻分压后，获得不同的预置电压输入到 IC201 的③脚，被其内部的微处理器检测后，由控制端或通过 I^2C 总线输出不同的控制信号，对被控电路实施控制，实现操作键控制功能。

IR001 是遥控信号接收头，由其接收用户通过遥控器发出的操作信息，将接收的信号送到 IC201 的63脚，被 IC201 内的 CPU 识别后，对被控电路实施控制，实现遥控控制功能。

2. 存储器

IC201（TMPA8803）的57、58脚通过 I^2C 总线接存储器 IC001（24C08）。24C08 是新型的大容量电可擦写只读存储器，由其存储频道、模拟量等数据。24C08 引脚功能和维修数据见表 15-3。

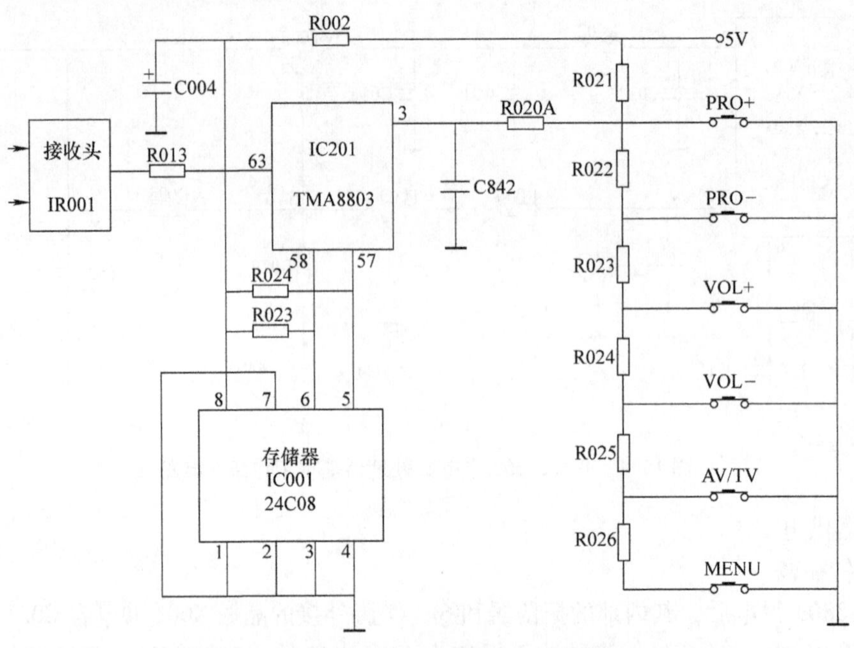

图 15-5　TCL 2135S 彩电功能操作和存储器电路

表 15-3　24C08 引脚功能和维修数据

引脚	脚名	功能	电压/V	引脚	脚名	功能	电压/V
1	PRE	接地	0	5	SDA	I^2C 总线数据信号输入/输出	5
2	GND	接地	0	6	SCL	I^2C 总线时钟信号输入	5
3	GND	接地	0	7	WP	写保护信号输入	0
4	GND	接地	0	8	VCC	5V 电压供电	5

三、电台识别信号形成电路 ★

该机的电台识别信号形成电路，如图 15-6 所示。

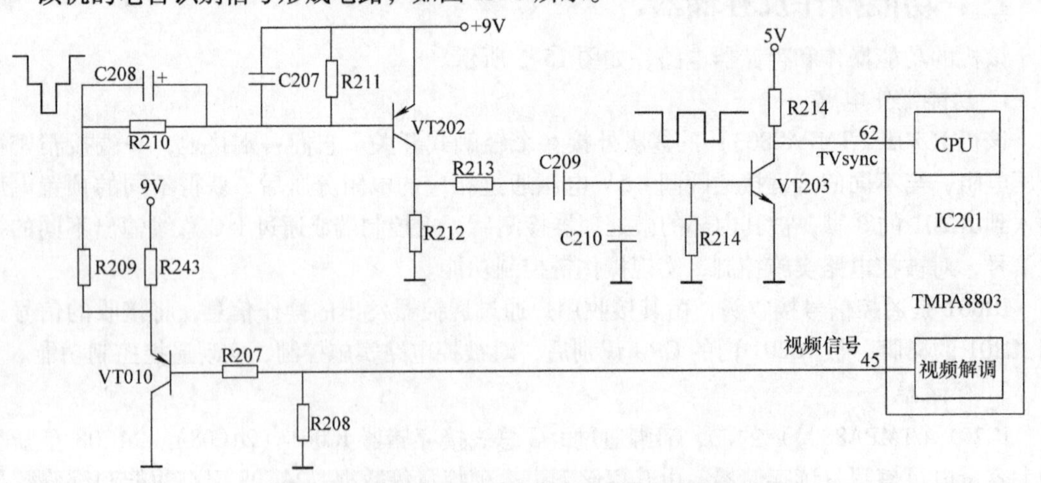

图 15-6　TCL 2135S 彩电电台识别信号形成电路

由 IC201 的㊺脚输出的视频信号经 R207 输入到 VT010 的 b 极，当视频信号的同步头脉冲（负脉冲）到来时，VT010 导通加强，C208 开始充电，使 VT202 导通。VT202 导通后，经其倒相放大后的同步头脉冲从其 c 极输出，再经 R213、C209 耦合，由 VT203 倒相放大后，从其 c 极输出负极性同步头脉冲。当同步头脉冲消失后，VT010 导通程度下降，其 e 极电位升高，使 VT202 截止，C208 通过泄放电阻 R210 放电，直至下一个同步头脉冲的到来，重复以上过程，便形成了电台识别信号。该信号由 TMPA8803 的㊷脚输入到 CPU 电路，被 CPU 识别后，不仅用于自动搜台时节目的存储，而且还用于无信号输入静噪和无信号自动关机。

第四节　TCL 2135S 彩电节目接收及图像公共通道

一、选台及中频幅频特性曲线形成电路 ★

该机的选台及中频幅频特性曲线形成电路如图 15-7 所示。

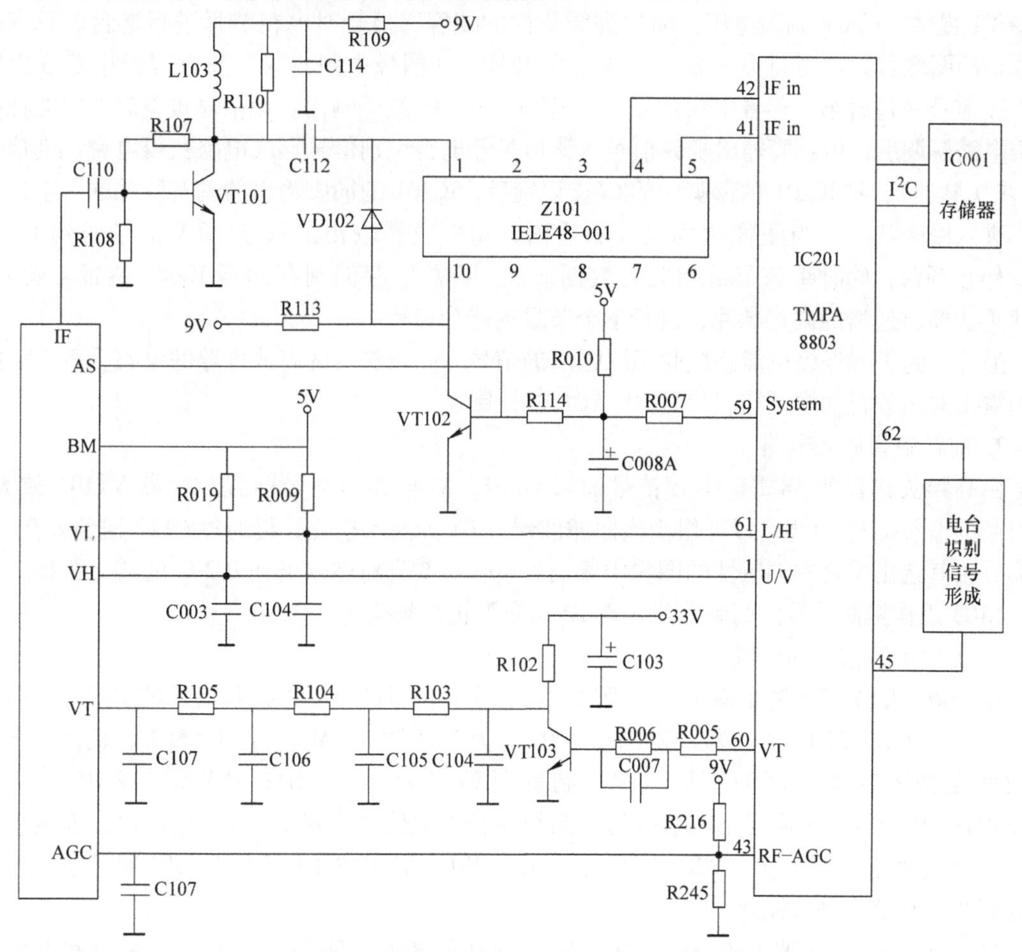

图 15-7　TCL 2135S 彩电选台及中频幅频特性曲线形成电路

1. 选台电路

高频电路就是调谐选台电路，该机采用了TELE48－011、UV1355V、TCL9901X－3型号的电压合成式选台调谐器（高频头）。进行调谐器选台时，由TMPA8803内的CPU通过①、(61)脚输出频段切换电压，对高频头工作频段进行切换。控制信号与高频头的关系见表15-4。

表15-4　频段切换与高频头的关系

高频头工作频段 / 控制信号	VHF－L	VHF－H	UHF
L/H（(61)脚）	L	H	H
U/V（①脚）	H	L	H

进行自动选台时，IC201（TMPA8803）的①脚输出高电平控制信号、(61)脚输出低电平控制信号时，高频头工作在VHF－L频段。同时，IC201的(60)脚输出调谐调宽脉冲，该脉冲经R005、R006限流，再经VT103倒相放大后，将C103两端的33V电压通过R102、C104、R103、C105、R104、C106、R105、C107组成的低通滤波器平滑后，为高频头的调谐电压输入端VT提供0～30V调谐电压，通过高频头内的变容二极管对电视节目进行选台。只有被选电台的图像载频与高频头本振频率差频为38MHz（图像中频）时，通过混频电路取出图像中频信号（包含第一伴音中频信号），由高频头的IF端子输出。该信号被IC201内的视频解调电路解调后，由㊺脚输出视频信号。该信号经电台识别信号形成电路获得电台识别信号（同步头脉冲），被IC201的(62)脚内的CPU识别后，IC201的(60)脚输出的调宽脉冲的占空比减小，进入慢调状态，当图像达到最佳状态时，AFT电路输出的数字AFT信号送到CPU，CPU停止调台，同时将该节目相关的数据通过I^2C总线存储到存储器IC001内部。随后，CPU再次输出递增的调宽脉冲，进行下个节目的选台过程。

另外，为了确保该机能够接收不同强度的信号，高频头内的高放电路的增益受IC201的㊸脚输出的高放自动增益控制信号RF AGC的控制。

2. 前置中频放大电路

由高频头输出的38MHz中频信号通过C110、R106耦合，经前置放大器VT101放大，将信号的增益提高20dB，以补偿声表面滤波器Z101的插入损耗，再通过C112送到Z101的①脚，由其选出符合中频特性的图像中频信号由④、⑤脚对称输出到IC201的㊶、㊷脚。

L103用作提高信号的高频分量，R110用来阻止高频振荡。

3. 图像中频信号的形成

由于该机的图像中频是固定的，而第一伴音中频信号的频率因接收信号的制式不同而不同，D/K制为31.5MHz、I制为32MHz、B/G制为32.5MHz、M制为33.5MHz；色信号中频的频率也会因制式不同而不同，PAL制彩色频率为33.57MHz，NTSC制彩色频率为34.2MHz。因此，为了满足不同信号的中频幅频特性曲线和正确的图像/伴音比，该机采用复合型声表面滤波器Z201。Z201工作方式由IC201（TMPA8803）内的CPU通过(59)脚输出伴音制式控制信号进行控制。

当IC201识别出接收的信号为PAL或SECAM制式时，(59)脚输出的高电平控制电压经R007限流，C008滤波后，一路加到高频头AS端，使其工作在普通接收方式；另一路使VT102导通，VD102截止，Z201因①脚和⑩脚不能接通而工作在宽带工作方式，以保证

PAL、SECAM 制式的 33.57MHz 色副载波有足够的幅度，满足接收 B/G、I、D/K 等信号中频幅频特性的要求。当接收信号为 M 或 N 制时，IC201 的㊾脚变为低电平，除了控制高频头工作在超强接收方式外，还使 VT102 截止，VD102 导通，Z201 因①脚和⑩脚被接通而工作在窄带工作方式，满足接收 M、N 信号中频幅频特性的要求。

二、中放和视频检波（解调）电路 

该机的中频放大、视频检波、第二伴音中频陷波电路如图 15-8 所示。

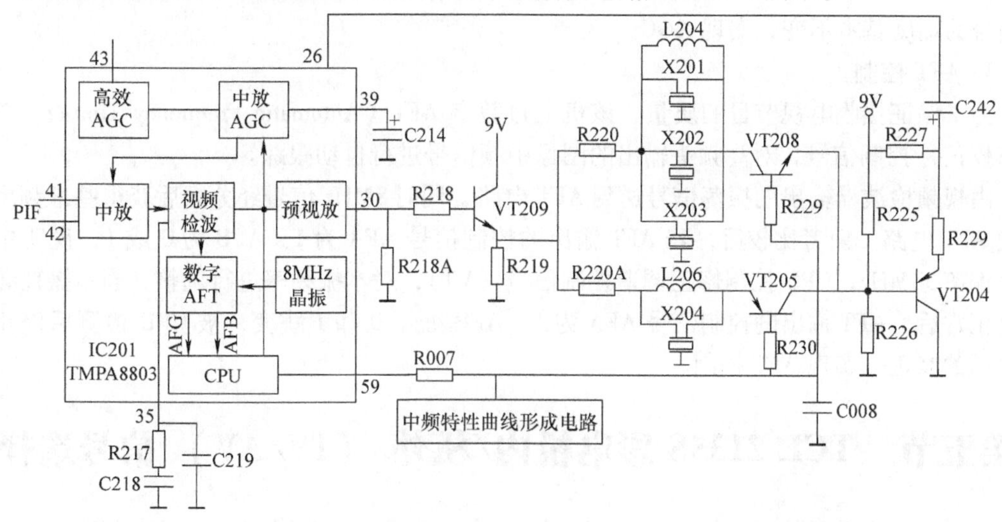

图 15-8　TCL 2135S 彩电中频放大、视频检波、第二伴音中频陷波电路

1. 中频放大与视频检波

图像中频信号 PIF 由 IC201（MPA8803）的㊶、㊷脚差分输入后，通过 3 级受控中频放大器放大后，利用视频检波电路（模拟乘法电路）解调。解调后的复合视频信号（全电视信号）通过预视放电路放大后，从㉚脚输出。该信号通过 R218 限流，VT209 射随放大后，利用伴音陷波电路滤除第二伴音中频信号，再经 VT204 倒相放大，由 C242 耦合到 TMPA8803 的㉖脚，作进一步的处理。

视频检波电路采用 PLL 方式，检波所需要的 38MHz 载波信号由内置的压控振荡器 VCO 形成。VCO 产生的振荡信号经移相后分别送到自动相位比较器（APC）和视频检波器。在 APC 电路中，中频放大器输出的 PIF 信号与移相的 VCO 振荡信号进行相位比较，产生的误差电流由㉟脚外接的双时间滤波器 R217、C218、C219 转换为直流误差控制电压，对 VCO 实施控制，使其产生频率为 38MHz 的振荡脉冲。

由于该机的视频检波采用了 PLL 方式，所以中频 VCO 未设置外接 L、C 谐振回路（中周），从而实现免调试化。由于该机通过 I^2C 总线的设定，可实现不同的中频频率（38MHz、38.9MHz、39.5MHz）的切换，所以为了确保 VCO 产生相应的载波信号，PLL 检波系统设置了自动校准电路。TMPA8803 通过分频器将 8MHz 时钟信号分频后获得基准频率源，对 VCO 产生的振荡频率进行校准，在校准期间输出未锁定/锁定信号 LOCK DET 送到 CPU，当 CPU 接收到锁定信号后停止校准过程。

2. AGC

由于复合视频信号的同步顶电平能够反映出经中频放大器放大的中频信号强弱，所以利用 AGC 电路检测同步顶电平便可实现自动增益控制（AGC）。AGC 电路包括中放 AGC 和高放 AGC 两部分。中放 AGC 电压经㊴脚外接的 C214 平滑后，由后向前对三级中频放大器进行逐级控制，若信号增益超过中放 AGC 的控制范围后，经一段时间延迟（延迟量的调整由 CPU 通过 I^2C 总线调整）后，高放 AGC 电路起动，由㊸脚输出高放 AGC 电压，对多高频头内的高放电路的增益实施控制，确保该机在接收不同强度电视信号时，中频放大器输出的中频信号的幅度基本不变，实现 AGC。

3. AFT 控制

为了保证接收电视节目的质量，该机通过数字 AFT（Automatic Frequency Tuning，自动频率校正）控制信号，对高频头输出的图像中频信号进行自动跟踪。

由视频检波器输出的振荡信号送到 AFT 电路，同时 8MHz 信号经分频后获得基准频率也送到 AFT 电路，两者比较后，若 AFT 输出的控制信号 AFA 为 1，AFB 为 0 或 1，说明中频频率偏离 38MHz，CPU 控制修正调谐控制信号（VT），对本振频率进行调整，当本振荡频率恢复正常后，AFT 输出的控制信号 AFA 为 1，AFB 处于 0 和 1 跳变，被 CPU 检测后停止调谐电压的修正，实现 AFT 控制。

第五节　TCL 2135S 彩电机内/机外（TV/AV）信号选择

该机具有多路机内/机外（TV/AV）输入/输出端子：一路视频、音频输出端子；一路视频、音频输入端子；一路 S－VHS 输入端；一路分量信号输入端子，如图 15-9 所示。

TV/AV 开关设置在 IC201（TMPA8803）内部，信号输入方式选择由遥控器进行切换控制，控制信号被 CPU 识别后通过 I^2C 总线进行操作。

一、音频开关及信号流程 

音频开关（Audio SW）采用的是一掷二单路电子开关。它在 CPU 控制下，用于外部输入的音频信号和内部 TV 电视节目的伴音信号的切换控制。

TV 模式时，伴音解调电路输出的音频信号经音频开关、音频衰减器 ATT 从㉘脚输出，不仅送到伴音功放电路，而且经 C915 耦合，VT904 和 VT905 缓冲放大，再经 C916 分两路输出：一路经 R924 送到 R OUT 插口；另一路通过 R925 送到 L OUT 接口。

AV 模式时，VCD 视盘机等外部设备输出的左、右声道的音频信号通过 R922 和 R923 合并后，利用 C903、R919 送到 TMPA8803 的㉜脚，通过㉜脚内的音频开关对其进行切换选择，再经音频衰减器 ATT 进行音量控制后由㉘脚输出，由伴音功放电路放大，驱动扬声器发声。9.1V 稳压管 VD207 用作保护，防止 TMPA8803 因感应高压等意外情况而损坏。

> **提示**　由于该音频切换电路仅能处理单声道信号，所以采用该芯片构成的大屏幕彩电，通常外部设置的 TV/AV 开关进行切换。

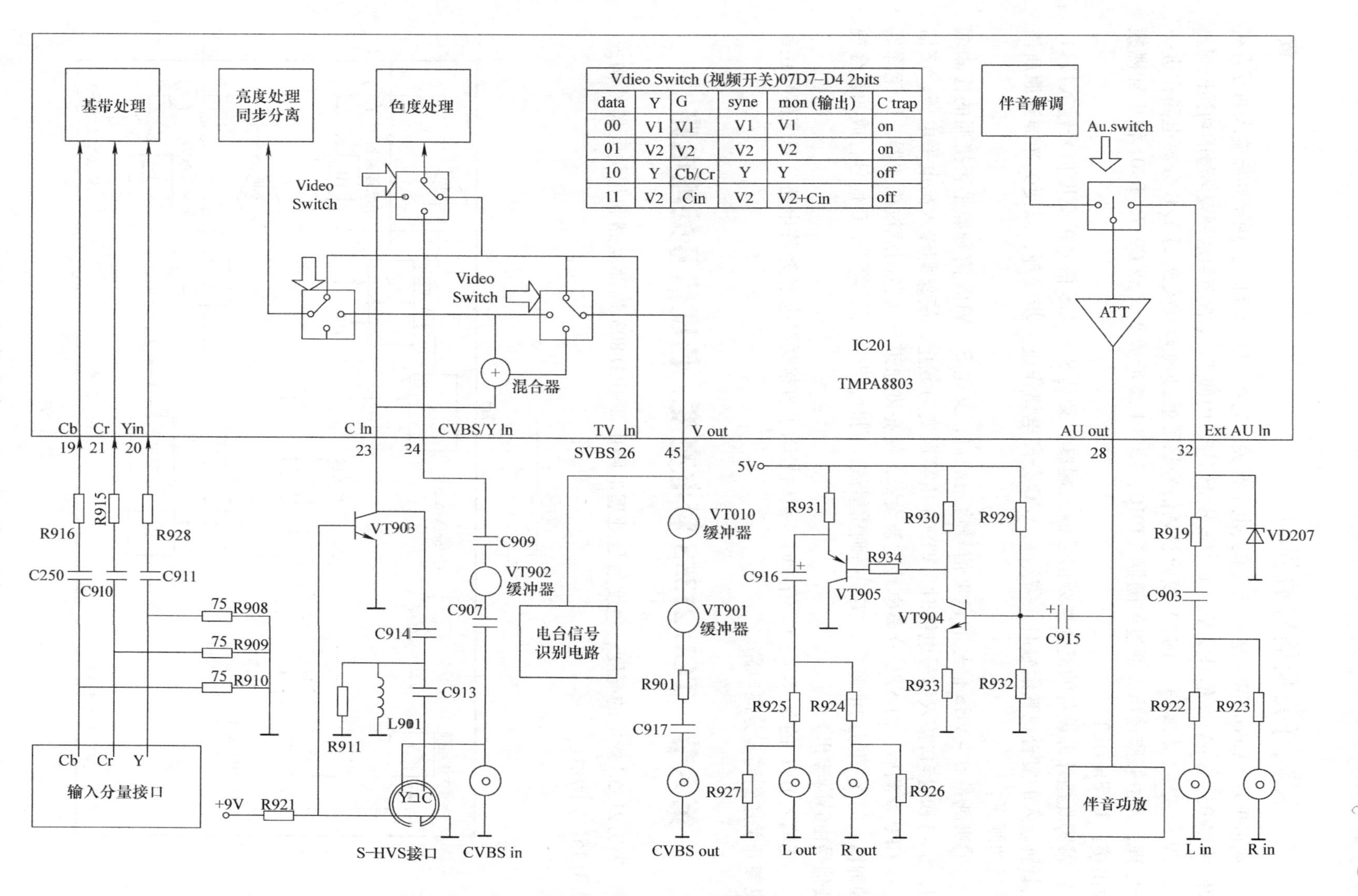

图 15-9 TCL 2135S 彩电 TV/AV 信号选择与接口电路

二、视频开关及信号流程 

视频开关（Video SW）是一掷三单路电子开关。它在 CPU 控制下，用于外部输入的复合视频信号 CVBS、S－VHS 信号及 Y、Cb、Cr 分量信号、内部 TV 电视节目的视频信号的切换控制。

TV 模式时，㉖脚输入的 TV 复合视频信号除了通过视频开关送到 Y/C 分离电路作进一步处理，还由㊺脚输出，通过射随器 VT010、VT901 缓冲放大，经 C917、R901 输出到视频输出接口 CVSB OUT。

㉔脚既是外部设备的复合视频信号输入端口，又是 S－VHS 信号的亮度信号输入接口。当㉔脚输入的复合视频信号时，需送到 Y/C 分离电路作进一步处理，以便荧光屏还原所需节目的画面。

㉓脚既是 S－VHS 信号的色度信号输入端口，又是 S－VHS 信号源是否接通的检测端口。S－VHS 接口接入信号电缆时，VT903 由导通变为截止，使㉓脚输入高电平电压，该信息被 CPU 检测后，对 Y/C 分离电路重新设置，使亮度通道不接色副载波陷波器，以免降低㉔脚输入的 Y 信号的清晰度，实现高画质播放。同时，混合器还将 Y、C 信号合成的复合视频信号由㊺脚输出。

当输入 DVD 的 Y、Cb、Cr 信号时，该信号除了直接送到彩色矩阵电路，亮度信号还经视频开关送到同步分离电路。

第六节　TCL 2135S 彩电亮度、色度信号处理电路

TCL 2135S 彩电的亮度、色度信号处理电路由 TMPA8803 局部电路和相关元器件构成，如图 15-10 所示。

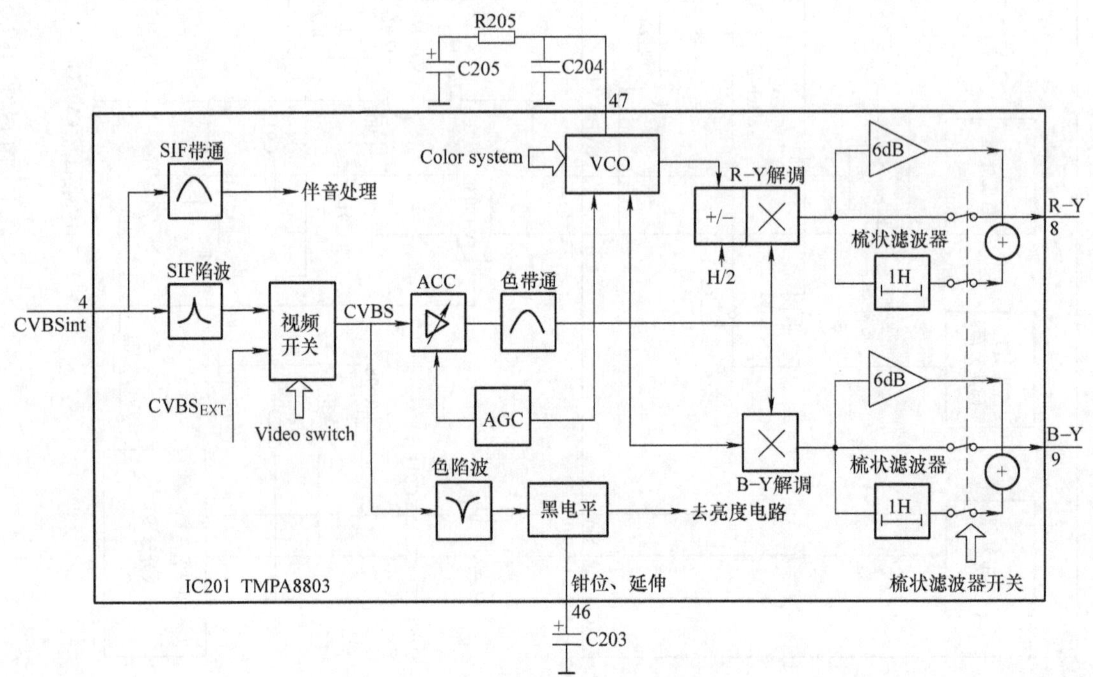

图 15-10　TCL 2135S 彩电亮度、色度信号处理电路

一、Y/C 分离电路 

由于复合视频信号包含亮度、色度信号及复合同步信号，所以必须通过 Y/C 电路取出亮度、色度信号，才能作进一步的处理。

TMPA8803 内设有陷波器和带通滤波器，利用陷波器吸收色度信号，取出亮度信号 Y，而用带通滤波器取出色度信号 C。分离后的亮度信号送到亮度信号处理电路，色度信号送到色度处理电路。

提示 该机采用的 Y/C 分离电路的优点是电路简单、成本低，集成度高，但存在 Y、C 信号分离不彻底，并且在分离亮度信号时 4MHz 以上的亮度信号被陷波器衰减，导致图像清晰度下降的缺点。因此，仅 21in 和大部分 25in 彩电采用 TMPA8803 内置的 Y/C 分离电路，而 29in 以上的彩电为了提高清晰度，采用外置的数字梳状滤波器来完成 Y、C 信号分离。

二、亮度信号处理电路 

亮度信号处理电路用来对色陷波器取出亮度信号或 S－VHS 接口输入的亮度信号进行黑电平钳位、勾边、黑电平延伸、白峰限制等处理，以提高画面质量。㊻脚外接的电容 C203 为黑电平检测滤波电容。

三、色度信号处理电路 

色度信号处理电路用来对色带通滤波器取出的色度信号或 S－VHS 接口输入的色度信号进行两级受控色度放大器放大和色同步分离电路来获得色度信号、色同步信号。色度信号送到 R－Y、B－Y 解调器；色同步信号除了送到 APC 电路，还经 ACC 电路获得自动色度控制信号，对色度信号放大器进行增益控制，确保色度放大器输出的信号稳定。

TMPA8803 内置色副载波压控振荡器（VCXO），该振荡器自由振荡频率为 4.43MHz，而其时钟基准频率由 8MHz 时钟经分频获得，所以不必外设晶振。得到 4.43MHz 基准信号后，可使 3.58VCO 形成 3.58MHz 色副载波信号。由 VCXO 输出的振荡经 90°移相后送到 APC 电路，同时色同步信号也送到 APC 电路，两者经相位比较后得到的误差电流，利用㊼脚外接双时间滤波器 C204、R205、C205 滤波产生的直流电压对 VCXO 实施控制，确保其输出的脉冲与同步信号准确同步。

4.43MHz 或 3.58MHz 色副载波经移相（4.43MHz 需逐行到相、3.58MHz 要进行色相位旋转即色调控制）送到 PAL/NTSC 解调器，对输入的色度信号进行解调，分离出 PAL/NTSC 制式的 R－Y 和 B－Y 色差信号。1H 延迟线对解调后的 PAL 制基带信号进行 1H 延迟，对 NTSC 信号进行梳状处理后，送到 G－Y 色差矩阵和 R、G、B 基色矩阵。

四、RGB 矩阵变换电路 

经 1H 延迟线处理和色差开关切换的 R－Y、B－Y 色差信号送到绿色差矩阵，恢复未传送的 G－Y 信号，三路色差信号同时进入相应的 R、G、B 矩阵，与经对比度调整和钳位的亮度信号相加，还原出 R、G、B 三基色信号，R、G、B 三基色信号与芯片内 OSD 电路送来的 RGB 字符信号在 I^2C 总线控制下，通过选择开关切换选择后由 TMPA8803 的㊿ ~ ㊷脚输出，送到视频输出放大电路。

第七节 TCL 2135S 彩电视频输出及附属电路

一、视频输出放大电路 

该机的视频输出放大电路采用分立元器件构成，如图 15-11 所示。

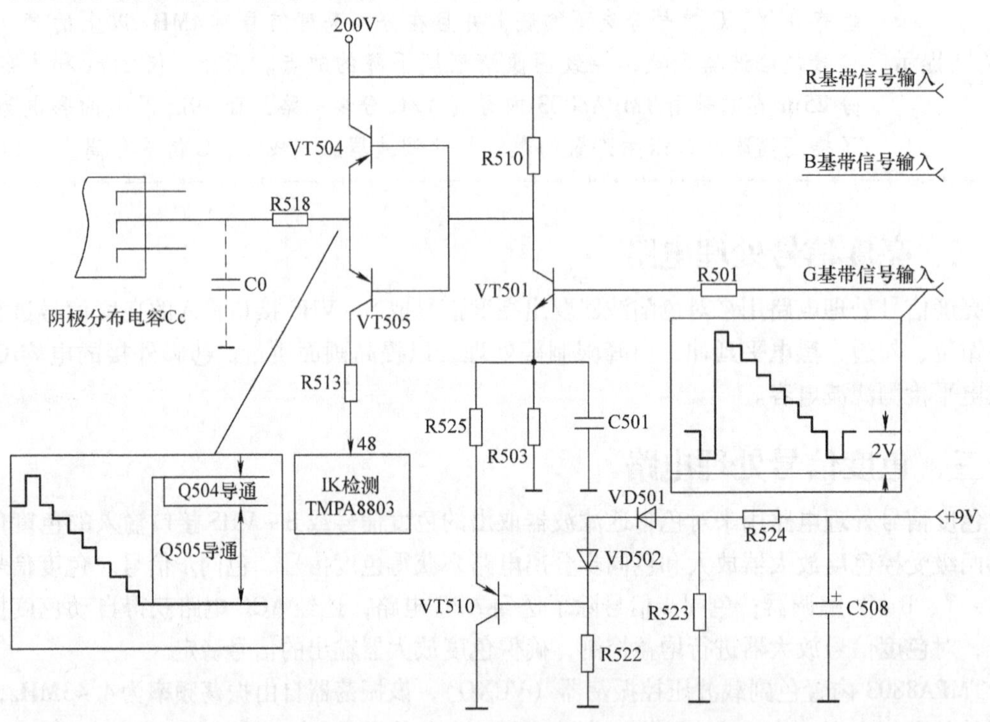

图 15-11 TCL 2135S 彩电视频输出放大电路

由于视频输出放大电路采用三路对称放大器，所以图 15-11 仅画出 G 信号放大通道。VT501 组成共发射极放大器，VT510 组成共基极放大器，通过它们的组合实现展宽视频带宽的频率。VT504 和 VT505 组成互补型射随放大器，有足够的电流增益，保证足够的功率激励显像管阴极。同时，利用 VT505 的 c 极电流为 TMPA8803 内的 AKB 电路提供阴极检测电流。

R503、C501 用作高频补偿，VD501、VD502 用作温度补偿。

二、白平衡调整 

由于显像管三个阴极的调制特性和三基色荧光粉的发光率不同，所以需要通过调整暗平衡和亮平衡，保证画面亮暗变化时光栅不偏色。

1. 暗平衡调整

由于视频输出放大器采用直接耦合输出方式，所以只要调整了放大器的静态工作点，便可实现暗平衡调整。调整方法是：CPU 通过 I^2C 总线调整 R、G、B 的截止偏置选项 Cut Off 的数据，使光栅在暗场时不偏色即可。也可在水平一条亮线时进行调整，在低亮度时，使水平亮线为白色即可。

2. 亮平衡调整

亮平衡调整是以红色阴极发光率为基准调整的。调整方法是：CPU 通过 I^2C 总线调整 G、B 的激励增益选项 Drive 的数据，使光栅在亮场时不偏色即可。

三、自动阴极偏置（AKB）控制 

参见图 15-11，该机的自动阴极偏置控制由 TMPA8803 内部电路和视频放大器构成。

由视频输出放大电路取得的束电流信号 I_K 输入到 TMP8803 的㊽脚，在㊽脚内通过保持电路转换为取样电压，该电压与基准电压在比较器比较后，获得对截止偏置（Cut Off）及驱动增益（Drive）的修正数据，经总线写入输出驱动单元，调整 RGB 输出放大器的偏置和增益，从而避免了显像管因放大器元件老化而带来的偏色现象。

由于该电路不仅自动调整显像管阴极的偏置，还能够自动调整阴极激励电流，所以目前许多资料将该电路称为连续阴极电流控制电路（CCC 电路）。

四、自动亮度、对比度限制（ABCL） 

由于显像管亮度增大时，会导致显像管束电流增大，引起高压降低，产生光栅增大的现象，反之，会引起光栅缩小的现象。为了避免画面亮暗场变化引起光栅垂直方向抖动或水平方向扭曲现象，该机设置了自动亮度、对比度限制（ABCL）电路，如图 15-12 所示。

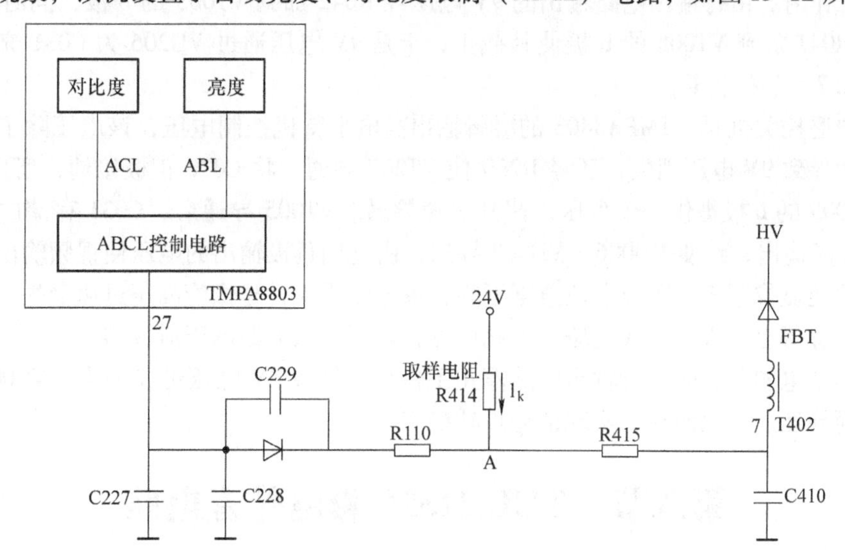

图 15-12　TCL 2135S 彩电 ABCL 电路

当画面亮度增大，引起显像管束电流增大时，行输出变压器 T402 的⑦脚电位下降，使 A 点电位相继下降，引起 VD206 导通，TMPA8803 的㉗脚电位下降，TMPA8803 内的 ABCL

电路启控，由其输出的控制信号 ABL、ACL 分别送到亮度控制电路和对比度控制电路，致使 TMPA8803 输出的 RGB 信号的幅度下降，最终限制显像管束电流的增大，实现 ABCL 控制。

五、消亮点电路 

该机为了防止进入待机或关机瞬间，由于阴极不能及时停止发射电子而产生关机亮点或色斑现象，设置消亮点电路，如图 15-13 所示。

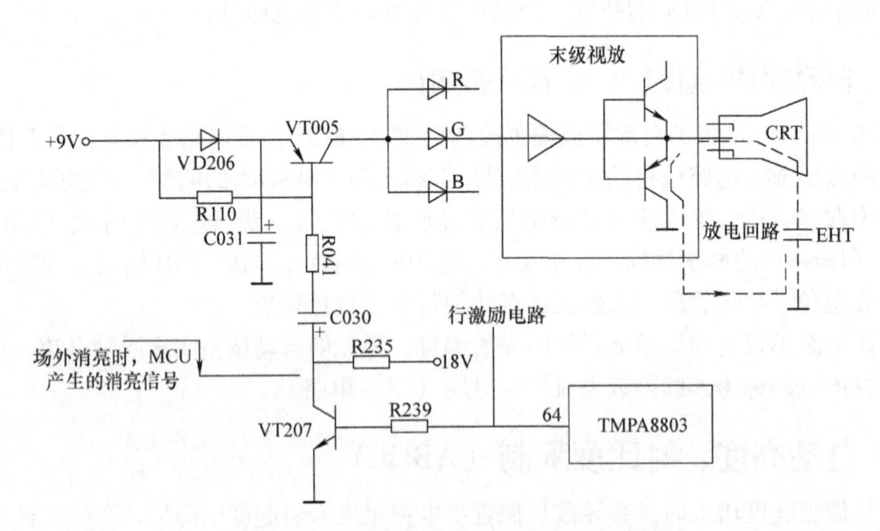

图 15-13　TCL 2135S 彩电消亮点电路

正常工作时，由行输出电路输出的 9V 电压经 R042 加到 VT005 的 b 极，同时 18V 电压经 C930、R041 加到 VT005 的 b 极使其截止，于是 9V 电压通过 VD206 为 C031 充电，使其两端建立 8.7V 左右电压。

当用户遥控关机时，TMPA8803 的㊿脚输出高电平待机控制电压，该电压除了使行激励停止工作，导致 9V 电压消失，还经 R239 使 VT207 导通，将 C030 正极接地，所以 C030 相当于为 VT005 的 b 极提供一个负压，使其迅速导通。VT005 导通后，C031 存储的电压通过 VT005 的 c 极输出，致使 VD006 ~ VD008 导通，由它们负极输出的电压使视频输出放大管导通加强，致使显像管三个阴极电位急剧下降，束电流增大，显像管高压迅速消失，避免了进入待机瞬间屏幕上出现亮点或色斑。由此可见，该消亮点电路属于泄放型。

用户切断电源开关时，行输出电路停止工作后，导致 9V 电压迅速消失，VT005 因 b 极电位下降而导通。如上所述，实现消亮点功能。

第八节　TCL 2135S 彩电伴音电路

TCL 2135S 彩电伴音电路由伴音小信号处理电路和伴音功放电路构成，如图 15-14 所示。

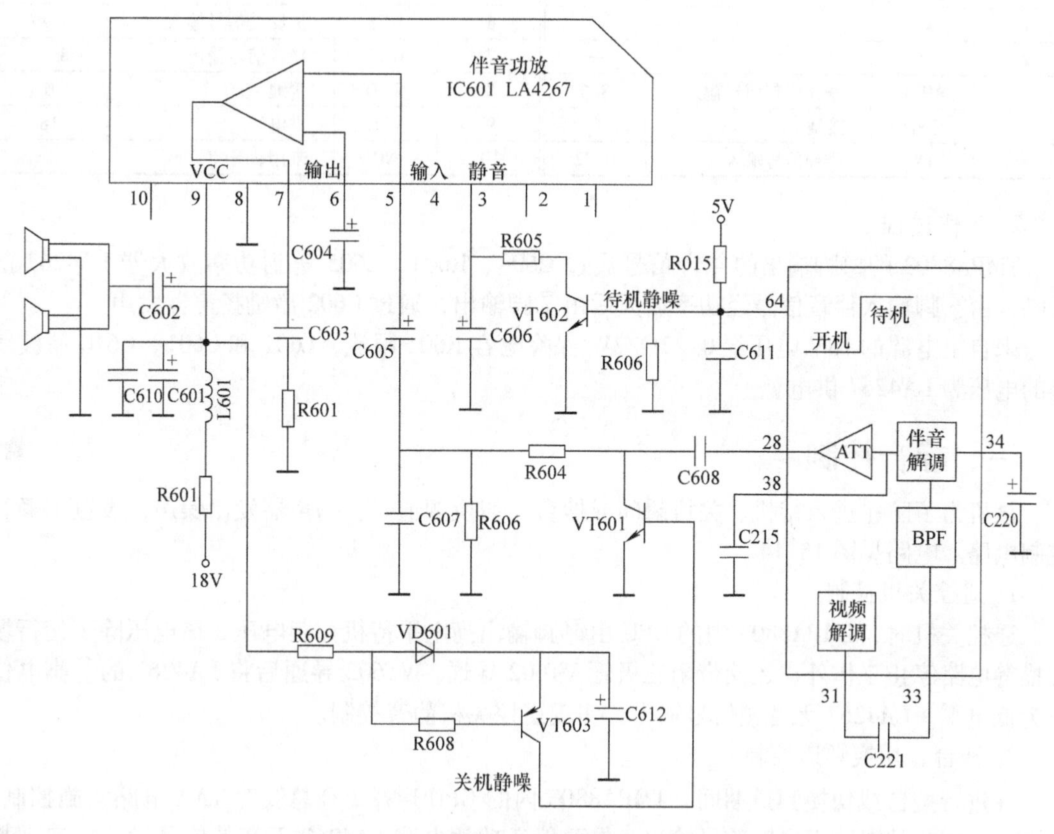

图 15-14 TCL 2135S 彩电伴音信号处理电路

一、伴音小信号处理 

视频检波器解调的复合视频信号由带通滤波器分离出第一伴音中频信号，该信号与38MHz 图像载频差频获得第二伴音中频 SIF 由 TMPA8803 的㉛脚输出。该信号由 C221 耦合到 TMPA8803 的㉝脚，㉝脚输入的 SIF 信号送到伴音中频带通滤波器 BPF，经 BPF 滤波产生的第二伴音中频信号通过 PLL 型伴音解调电路输出伴音信号，㉞脚外接的 C220 是 PLL 解调器的滤波电容，由其获得的误差控制电压对内置的伴音中频 VCO 进行控制，确保解调器解调出正常的伴音信号。

伴音信号经去加重处理后（㊳脚外接的 C215 是去加重电容），送到音频衰减器 ATT，在 I^2C 总线控制下由 ATT 电路进行音量控制后，由㉘脚输出。

二、伴音功放 

参阅图 15-15，伴音功放电路采用厚膜电路 LA4267 构成的 OTL 型功率放大器。

1. LA4267 实用数据

LA4267 引脚功能和维修参考数据见表 15-5。

表 15-5 LA4267 引脚功能和维修参考数据

引脚	脚名	功能	电压/V	引脚	脚名	功能	电压/V
1	NC	空	—	6	NF2	负反馈信号输入	1.17
2	NC	空	—	7	OUT	伴音信号输出	8.48
3	MUTE	静音控制信号输入	8.6	8	GND	接地	0
4	GND	接地	0	9	VCC	供电	18
5	IN	伴音信号输入	0.72	10	NC	未用，悬空	

2. 工作过程

TMPA8803 的㉘脚输出的伴音信号通过 C608、R604、C605 送到功率放大器 LA4267 的⑤脚，由⑤脚输入伴音信号经功率放大后由⑦脚输出，通过 C602 激励扬声器发声。

来自主电源的 18V 电压经 0.22Ω/2W 保险电容 R601 限流，L601 和 C601、C610 滤波获得的电压为 LA4267 供电。

三、静音控制 

该机为了防止进入待机、关机瞬间或搜台、切换频道时，扬声器发出噪声，设置了静音控制电路。电路见图 15-14。

1. 遥控关机控制

遥控关机时，TMPA8803 内的 CPU 由㊿脚输出高电平待机控制电压，该电压除了使行场扫描等电路停止工作外，还使带阻三极管 VT602 导通。VT602 导通后将 LA4267 的③脚电位拉为低电平，LA4267 无音频信号输出，实现遥控关机静音控制。

2. 搜台、切换频道控制

在进行搜台或切换频道期间，TMPA8803 内的 CPU 通过 I^2C 总线对 TAA 电路实施控制，使 TMPA8803 的㉘脚无音频信号输出，导致伴音功放电路 LA4267 无音频信号输出，实现静音控制。

3. 关机控制

该静音控制由 VT603、VD601、C612、VT601 及相关元器件组成。

该机正常工作期间，由主电源输出的 18V 电压经 R601、L601 在 C601 两端建立的 18V 电压，该电压不仅通过 R609、R608 加到 VT603 的 b 极使其截止，而且通过 VD601 对 C612 充电。当切断电源开关后，18V 电压迅速消失，使 VT603 因 b 极电位下降而导通，此时 C612 存储的电压经 VT603 输出后使带阻三极管 VT601 导通，将 TMPA8803 的㉘脚输出的伴音信号被短路到地，LA4267 无音频信号输出，实现关机静音控制。

4. 开机静噪控制

该静音控制由 C606 完成。开机瞬间，由于 LA4267 的③脚内部电路对 C606 充电，C606 充电期间使 LA4267 的③脚电位逐渐升高到正常，从而实现开机静音控制。

第九节 TCL 2135S 彩电行场扫描处理电路

一、行、场扫描小信号处理电路 

该机的行场扫描小信号处理由 IC201（TMPA8803）内部电路完成，如图 15-15 所示。

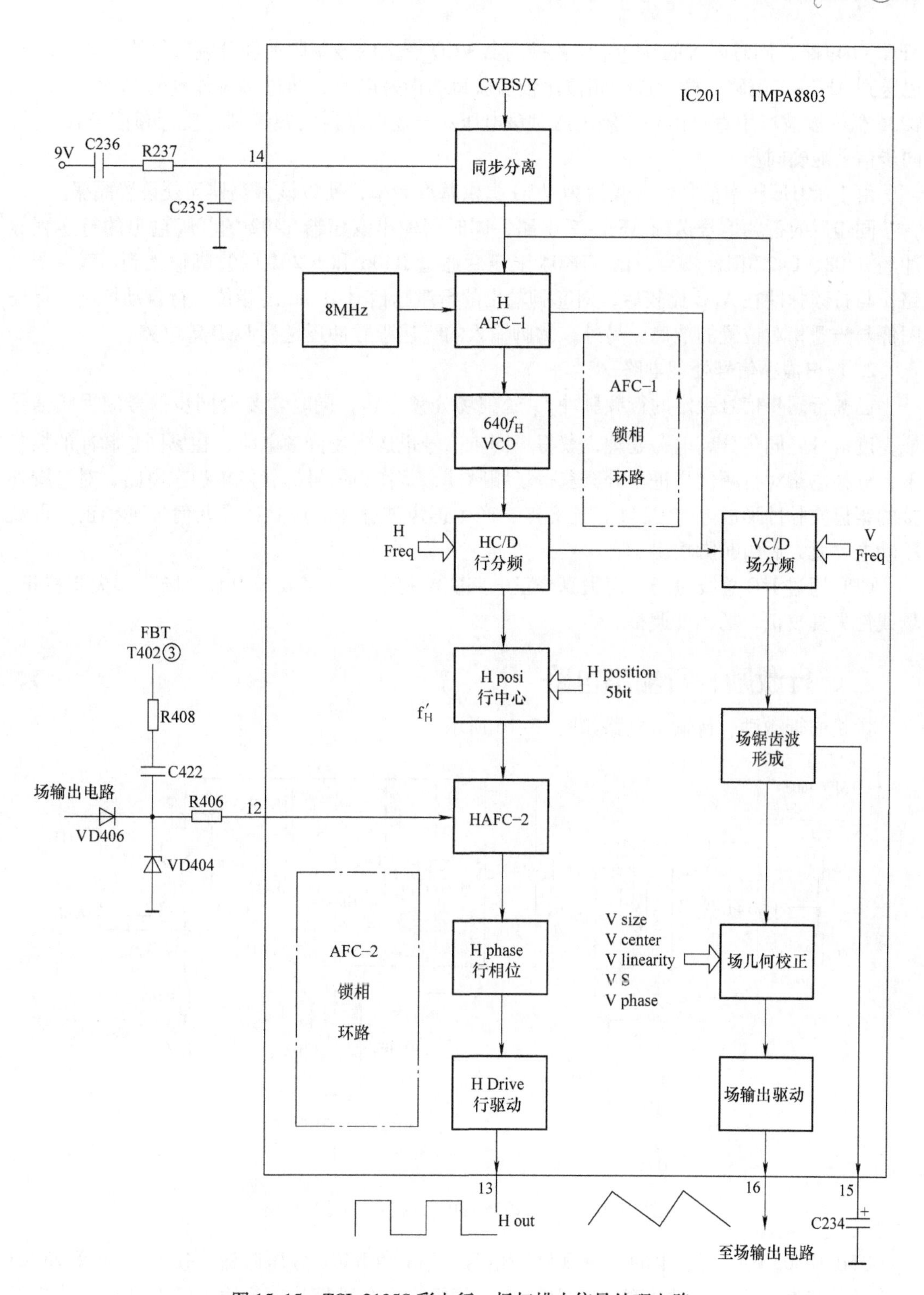

图 15-15　TCL 2135S 彩电行、场扫描小信号处理电路

1. 行扫描小信号处理电路

含复合同步信号的视频信号或亮度信号经同步分离电路处理，获得行同步信号 f_{SY} 送到

AFC－1 电路，同时内置的 $640f_H$ 压控振荡器 VCO 产生的振荡脉冲经分频获得的行频脉冲 f_H 也送到 AFC－1 电路，两者进行相位比较后获得的误差电流，通过⑭脚外接的 C235、R237、C236 低通滤波产生直流误差控制电压。该电压对压控振荡器实施控制，使行频信号 f_H 与行同步信号准确同步。

由于 8MHz 频率信号经分频后为 VCO 提供基准频率，所以该振荡器无须设置晶振。

同步后的行频信号送到 AFC－2 电路，同时行输出变压器 T402 的③脚输出的行逆程脉冲经 R408、C422 限流耦合，由 VD404 限压后通过 R406 和 IC201 的⑫脚输入到 AFC－2 电路，与行频脉冲在 AFC 比较后，对⑬脚输出的行激励信号 H out 的相位进行自动控制，保证图像与光栅相对位置的准确。另外，⑫脚输入的行逆程脉冲还送到 OSD 等电路。

2. 场扫描小信号处理电路

已被行同步信号锁定的行频脉冲 f_H 送到场分频电路，同时含复合同步信号的视频信号或亮度信号经同步分离电路处理，获得场同步信号也送到场分频电路，在场同步脉冲的控制下，分频电路对行频信号进行分频获得场频脉冲，其作为信号源触发单稳态电路，对⑮脚外接的锯齿波脉冲形成电容 C234 恒流充电，产生锯齿波脉冲。该脉冲经几何失真校正，再经驱动电路放大后由⑯脚输出。

CPU 通过 I^2C 总线对场几何失真校正电路实施控制，可完成场中心、场 S 形失真校正、场线性失真校正、场幅度调整。

二、行激励、行输出电路 ★

该机的行激励、行输出电路如图 15-16 所示。

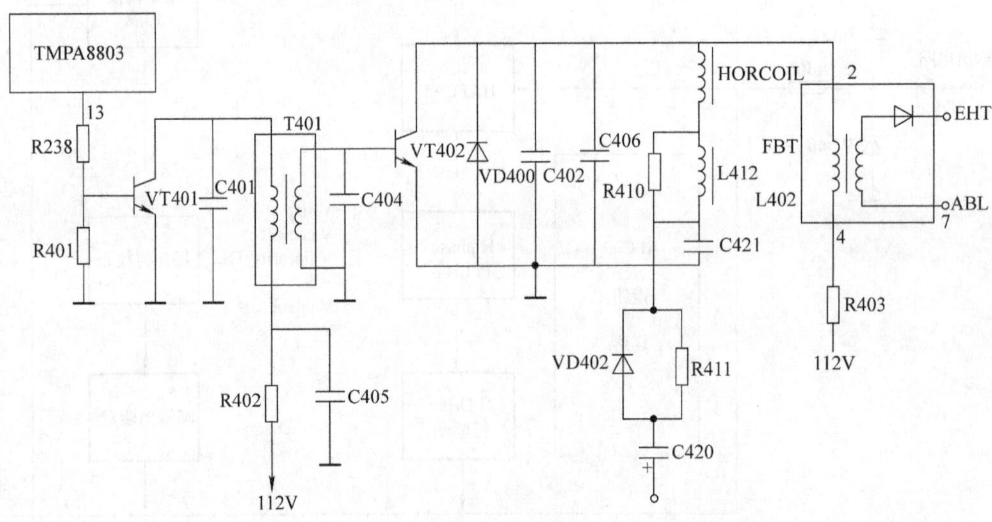

图 15-16 TCL 2135S 彩电行激励、行输出电路

TMPA8803 的⑬脚输出的行激励脉冲信号 R238 和 R401 分压限流，使行激励管 VT401 工作开关状态，于是行激励变压器 T401 二次绕组输出激励信号使行输出管 VT402 工作在开关状态。主电源输出的 112V 电压经 R402 限流，C405 滤波后为行激励电路供电。C401、C404 用来抑制 T401 可能产生的高频振荡。

由于该机是21in彩电，未设置水平枕形失真校正电路，所以采用普通单阻尼管型行输出电路。T402是行输出变压器，HORCOIL是行偏转线圈，L412是行线性校正变压器，C402和C406是行逆程电容，VD400是阻尼管，C421是S形失真校正电容。

行输出管VT402工作在开关状态后，行偏转线圈与行逆程电容通过连续交换能量，不仅为偏转线圈提供行频锯齿波电流完成行扫描，而且VT402截止期间，VT402的c极输出行逆程脉冲。该脉冲经T402变换为多种脉冲电压，这些脉冲电压经整流后，除了为显像管提供阳极、加速极等提供电压，还为视频输出、场输出等电路供电。

三、场输出电路 

该机采用三洋公司生产的LA7840为核心构成的OTL型场输出电路，如图15-17所示。LA7840引脚功能和维修数据见表15-6。

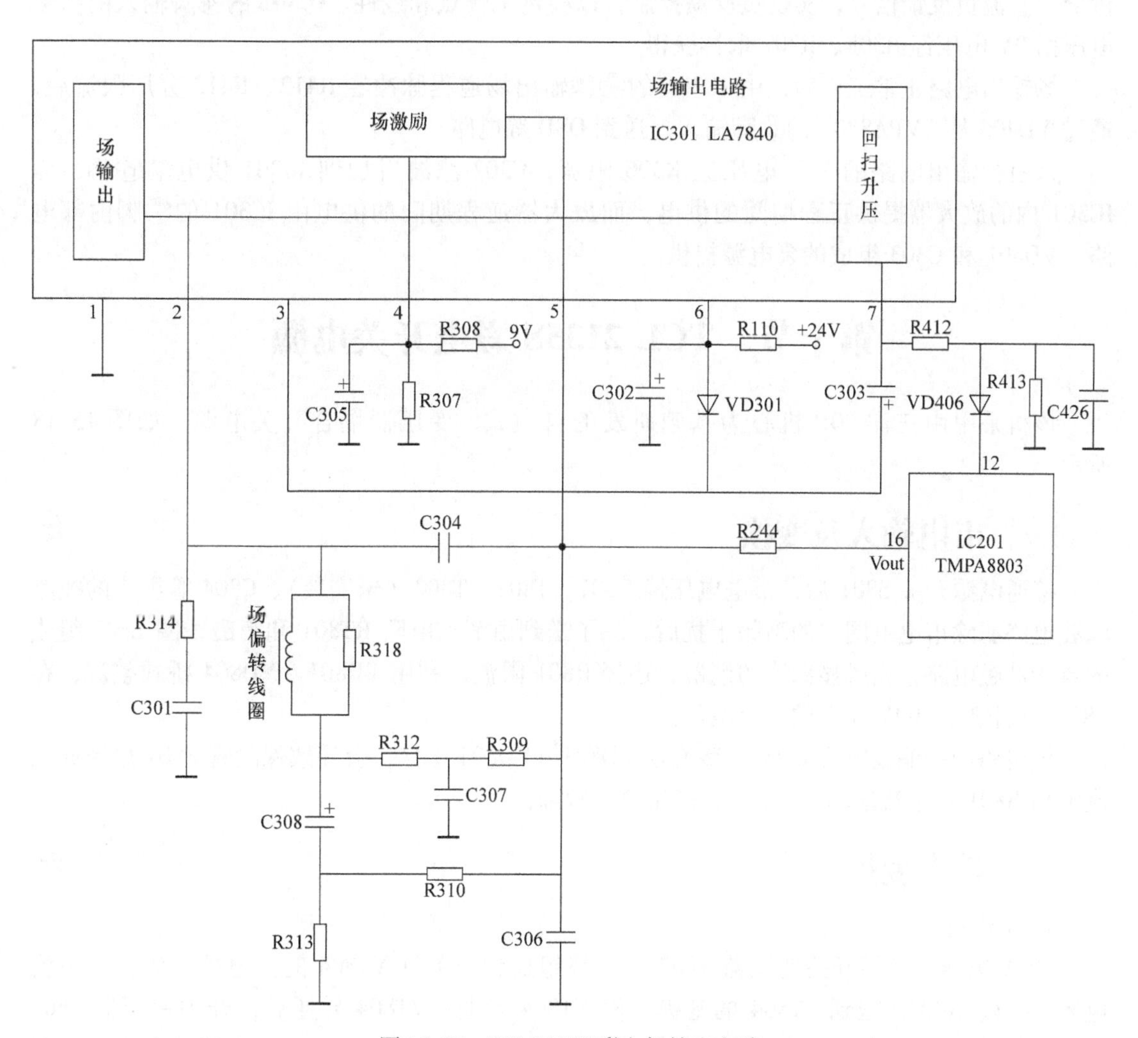

图15-17 TCL 2135S彩电场输出电路

表 15-6 LA7840 引脚功能和实用数据

引脚	脚名	功能	电压/V	引脚	脚名	功能	电压/V
1	GND	采用 OUT 输出形式为接地端；采用 OCL 输出显示时为负压供电	0	4	VREF	参考电压输入	4
				5	InV	场激励信号输入	4
2	OUT	场锯齿波信号输出	16	6	VCC	供电	23.25
3	VCC	供电	23.5	7	pump	泵电源输出	2.4

TMPA8803 的⑯脚输出的场频锯齿波脉冲信号经 R244 送到 IC301（LA7840）的⑤脚，与④脚输入的参考电压经 IC301 内的功率放大器比较放大后由②脚输出，通过场偏转线圈 VERT COIL、场输出电容 C308 和 R313 构成回路，回路中的电流利用场偏转线圈实现垂直扫描。场扫描电流在 R313 两端获得的交流电压通过 R310 送到 IC301 的⑤脚，同时 C308、R313 两端的交、直流电压经 R312、R309 也送到 IC301 的⑤脚，为 IC301 内的功率放大器提供交、直流负反馈信号，实现负反馈控制，以稳定工作点和线性。IC301 的④脚输入的参考电压由 9V 电压经 R308、R307 取样获得。

场输出电路正常工作后，由 IC301 的⑦脚输出场逆程脉冲经 R412、R413 分压限流后，通过 VD406 从 TMPA8803 的⑫脚输入，送到 OSD 等电路。

来自行输出电路的 24V 电压经 R306 限流，C302 滤波后加到 IC301 供电端⑥脚，为 IC301 内的放大器提供正程期间的供电，而放大器逆程期间的供电由 IC301 的⑦脚内部电路、VD301 和 C303 组成的泵电源提供。

第十节 TCL 2135S 彩电开关电源

该机采用由三洋 80P 机心为基础研发的自激式、变压器耦合开关电源，如图 15-18 所示。

一、市电输入及变换

接通电源开关 S801 后，市电电压经 C801、T801、T802（未安装）、C804 等组成的线路滤波电路滤除市电电网中的高频干扰后，除了送到由消磁电阻 RT801 和消磁线圈 L803 组成的自动消磁电路，完成显像管的消磁，还经 R801 限流，利用 VD801 ~ VD804 桥式整流，在 C806 两端建立 300V 左右的直流电压。

该电路中的滤波电容 C806、整流管 VD801 ~ VD804 击穿，会导致保险管 F801 熔断或限流电阻 R801 过电流损坏（开路），产生全无故障。

二、功率变换

1. 工作过程

300V 电压不仅经开关变压器 T802 一次绕组加到开关管 VT804 的集电极，而且经限流电阻 R803、R803A 送到 VT804 的基极，使 VT804 导通。VT804 导通后，开关变压器 T802 正反馈绕组（5 - 6 绕组）产生的脉冲电压经 VT804 的 be 结、R814、C808 形成回路，回路中的电流使 VT804 通过正反馈雪崩过程而进入开关状态。完成初始振荡后，由 VT806 取代

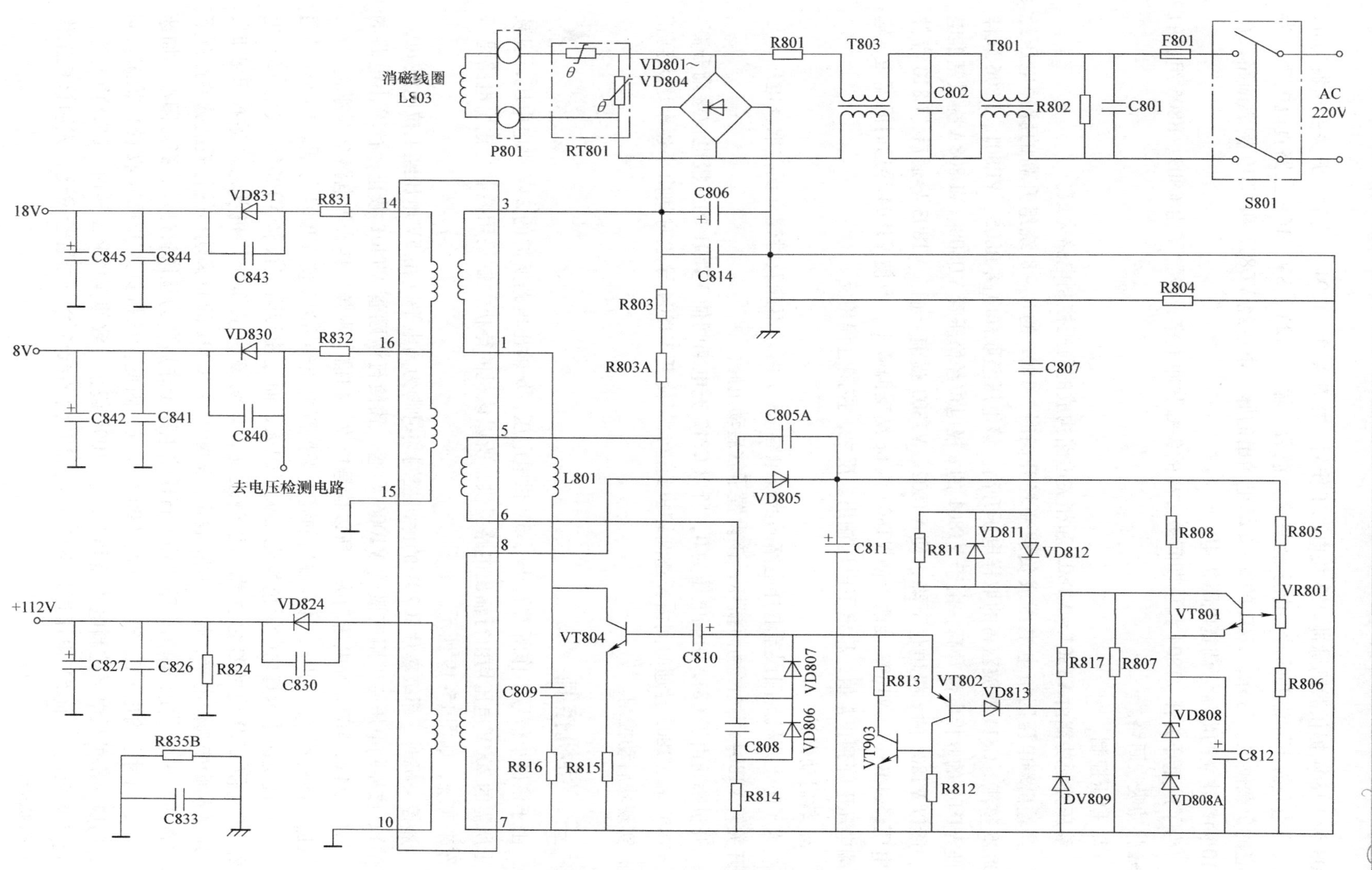

图 15-18 TCL 2135S 彩电开关电源电路

C808 为 VT804 提供激励脉冲。开关电源工作后，在开关管 VT804 截止后，开关变压器 T802 二次绕组获得不同幅度的脉冲电压经整流滤波后，输出 112V、8V、16V 三路直流电压，为相应的负载供电。另外，T802 的 5－6 绕组输出的脉冲电压经 VD807 和 C810 构成回路，在 C810 两端建立的电压为调宽电路供电。

为了避免开关管 VT804 截止期间被过高的尖峰脉冲击穿，设置了由 C809、R806 组成的尖峰脉冲吸收回路。

2. 稳压控制

稳压控制功能由 VT801～VT803 和相关电路构成的稳压控制电路完成。

当输出端电压因市电电压或负载变轻升高时，T802 的 7～8 绕组升高的脉冲电压经 VD805 整流，C811 滤波获得的取样电压升高。该电压经取样电路 R805、VR801、R806 取样后使 VT801 的 b 极电位升高，由于 VT801 的 c 极电位经稳压管 VD808、VD808A 提供基准电压，所以 VT801 的 e 极电位下降，使 VT802、VT803 提前导通。VT803 导通后，C810 存储的电压经过 R813、VT803 接地，使 VT804 因 be 结反偏截止，致使 VT804 导通时间缩短，输出端电压下降到正常值，稳定了电压输出。反之，控制过程相反。

3. 软启动保护

为了防止开机瞬间误差取样电路的滤波电容 C811 两端不能及时建立误差取样电压，导致开关管 VT804 因过激励而损坏，该设置了软启动电路。

开机瞬间由于 C812 两端电压为 0，所以 C812 充电期间使 VT801 的 e 极电位逐渐升高，使 VT802 和 VT803 导通时间由长逐渐缩短到正常，使开 VT804 导通时间由小逐渐增大到正常，实现软启动控制。

三、待机控制

由于该机小信号工作所需的 9V、5V 供电电压，场输出电路所需的 24V 供电电压，视频输出所需的 200V 电压均由行输出电路提供，所以该机的待机控制采用控制行输出电路是否工作来实现，如图 15-19 所示。

遥控关机时，超级芯片 IC201 的待机控制端㊹脚为高电平（由 5V 电压经上拉电阻 R015 提供)。该控制电压使带阻三极管 VT006 导通，致使行激励管 VT401 截止，行输出电路的 9V、5V、24V、200V 等电压消失，所以信号接收、扫描、视频、伴音等电路全部停止工作，整机进入待机状态。同时，㊹脚输出的高电平控制电压经 R012 使 VT004 导通。VT004 导通后，不仅使电源指示灯内的绿色发光二极管熄灭，而且使带阻三极管 VT004A 截止，5V 电压经 R014 使 LED 内的红色发光二极管发光，表明该机工作在待机状态。遥控开机时，IC201 的㊹脚变为低电平，使 VT006 截止，VT401 在 IC201 的⑬脚输出的行激励脉冲控制下工作在开关状态，使行输出电路工作。行输出电路工作后，为显像管灯丝、高压阳极、加速极供电，同时还输出 9V、5V、24V、200V 电压。因此，该机进入开机（收看）状态。同时，㊹脚输出的低电平控制电压经 R012 使 VT004 截止，致使 VT004A 导通，LED 内的红色发光二极管熄灭，而 5V 电压通过 R014A 使 LED 内的绿色发光二极管发光，表明该机工作在收看状态。

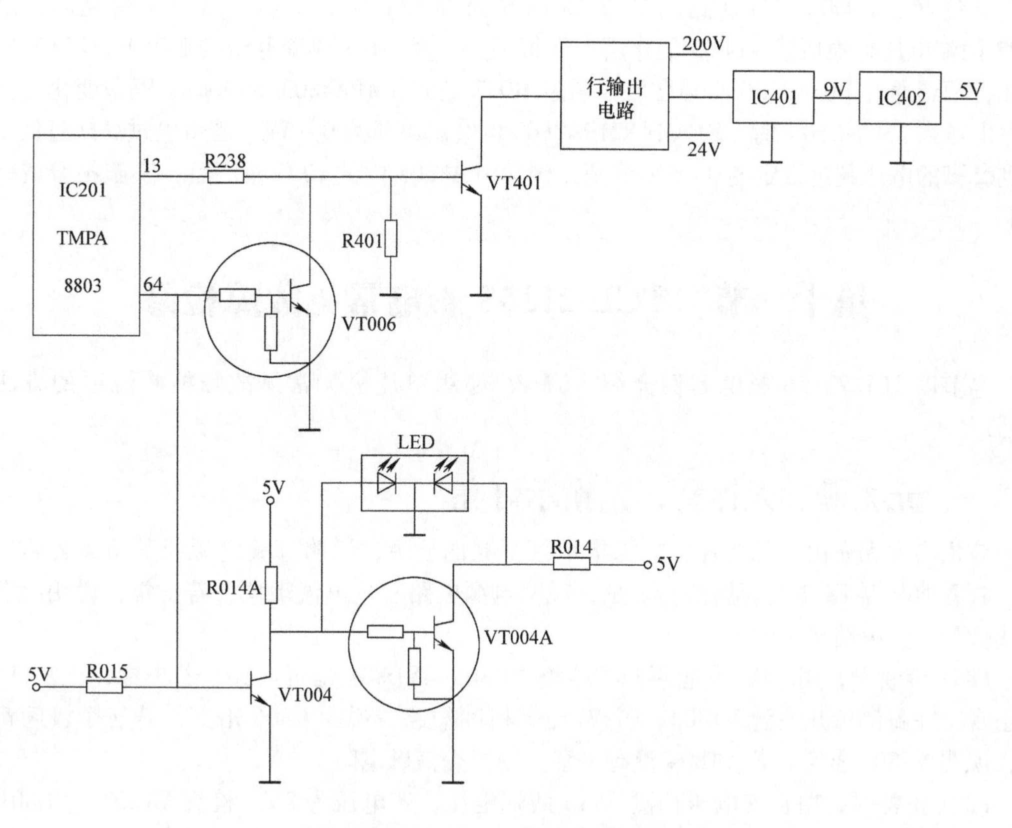

图 15-19　TCL 2135S 彩电待机控制电路

四、电压检测 

电压检测功能是通过 TMPA8803 内的微处理器通过②脚对开关电源输出的电压进行检测实现，如图 15-20 所示。

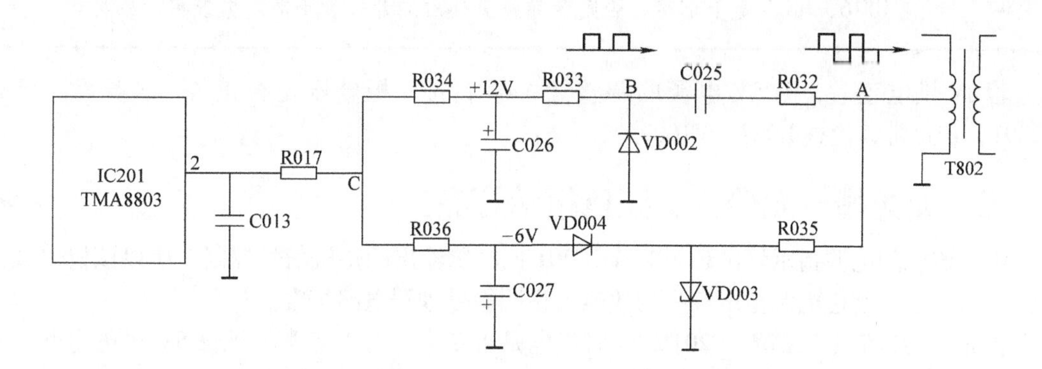

图 15-20　TCL 2135S 彩电电源检测电路

开关管导通期间，开关变压器 T802 二次绕组输出的脉冲为下正、上负，该脉冲经 C027、VD004、R035 构成整流、滤波回路，再经 VD003 稳压，在 C027 两端获得 -6V 电压。当开关管截止期间，该绕组输出的脉冲电压为上正、下负，该脉冲电 R、032、C025、

R033、C026、VD002 构成回路，在 C026 两端获得 12V 左右电压。当市电变化时，由于 C027 两端电压在稳压管 VD003 的作用下保持不变，而 C026 两端电压是随市电升高而升高。因此，两者通过 R034、R036 会合后，通过 R017 送到 TMPA8803 的②脚电压是变化的。在市电电压在 130 ~ 260V 时，输入到 TMPA8803 的②脚电压为 0 ~ 5V，若市电过高或过低，输入到②脚的电压超过设定的 0 ~ 5V 范围，经 TMPA8803 内的 CPU 检测后，实施报警或保护控制。

第十一节　TCL 2135S 彩电常见故障检修

本节以 TCL 2135S 彩电为例介绍“TMPA 超级单片机”常见故障检修流程的方法和技巧。

一、无光栅、无伴音、无指示灯亮 

该机出现无光栅、无伴音、电源指示灯不亮的故障，说明开关电源或其负载异常。首先，查看熔断器 F801 是否熔断，若是，说明电源电路有过电流现象；若正常，说明电源电路或微处理器电路未工作。

F801 熔断时，用二极管/通断档在路测 VD801 ~ VD804 是否击穿，若击穿，更换即可；若正常，在路测量开关管 VT804，若仅 c、e 极间短路，说明 C806 击穿；若三个极间都短路，说明 VT804 击穿；若 VT804 没有击穿，则检查消磁电阻。

F801 正常时，用直流电压档测 C842 两端电压，若电压为 8V，检查 VT002、VD001 组成的 5V 供电电路；若电压为 0，测 C806 两端有无 300V 左右的直流电压，若没有，检查整流、滤波电路；若有，测 VT804 的 b 极有无起动电压，若没有，检查 R803 和 R803A；若有，检查 R814、C808、VD809。

> **提示**　开关管 VT804 击穿后，必须检查 C810、C811、R813、VT803、C809、R816、R815 是否正常，否则会导致更换后的开关管不能起振或再次损坏。

若 8V 供电正常，测 5V 电源的调整管 VT002 的 b 极电压是否正常，若异常，检查 VD001，若正常，检查 R027、VT002。

二、无光栅、无伴音、红色指示灯亮 

由于该机的电源指示灯由超级芯片 IC201 的64脚输出的待机信号控制，所以该机出现无光栅、无伴音、红色电源指示灯亮的故障，说明微处理器电路异常。

首先，用直流电压档测 IC201 的⑨脚供电是否正常，若不正常，维修 5V 供电电路；若正常，在开机瞬间测 IC201 的⑤脚有无由低到高的复位信号输入，若没有，检查 VT003、VD001 和 C020 等元器件组成的复位电路；若⑤脚有复位信号输入，检查晶振 X001 和 C021、C022 是否正常，若异常，更换即可；若正常，检查 I^2C 总线接口电路是否正常，若不正常，更换即可；若正常，更换 IC201（TMPA8803）。

 **提示** X001异常还可能会产生无彩色、行输出管击穿等故障。

三、无光栅、无伴音、绿色指示灯亮 

该机出现无光栅、无伴音、绿色电源指示灯亮的故障，说明开关电源、微处理器电路基本正常，故障是由于行扫描电路、9V供电等电路异常所致。

首先，断电后，用二极管/通断挡在路测行输出管VT402是否击穿，若击穿，用直流电压挡测开关电源输出的B+电压是否过高，若是，检查开关电源的稳压控制电路和调宽电路；若正常，检查行激励、行输出电路。若VT402正常，测IC201的行供电端⑰脚、㉕脚的供电是否正常，若不正常，检查由VT206、VT207、VD205等元件构成的9V稳压电源电路；若供电正常，检查IC201的⑬脚有无行激励信号输出，若没有，检查IC201及其⑭脚外接元器件；若有，检测行激励变压器T401有无激励脉冲输出，若有，检查行输出电路；若没有检查VT402、R402、T401。

方法与技巧

行输出管击穿主要是由于过电压、过电流或功耗大所致。对于该机，引起过电压的原因主要是由于供电高或行逆程电容容量下降；引起过电流的原因主要是行输出变压器T402、行偏转线圈匝间短路等；引起功耗大损坏的原因主要是行激励不足。

首先，为开关电源接假负载后，测开关电源输出的电压是否过高，若是，检查稳压控制电路；若开关电源输出的电压正常，检查行逆程电容C402和C406、S校正电容C421等元器件正常后，更换行输出管后再判断其是否因过电流损坏，还是因功耗大损坏。过电流时行输出管不仅温度升高而且引起B+电压下降，而功耗大时行输出管的温度升高而B+电压基本正常。

确认过电流时，首先行输出变压器T402的负载是否正常，若正常后，再检查T402。

确认功耗大时，可依次检查行激励电路的R402、R402A、C401、C405、R230、VT401、T401。

行输出管VT402击穿后会导致保险电阻R403过电流熔断，而避免过电流给开关电源带来危害，所以维修时必须采用同规格的保险电阻更换。

确认开关电源输出电压高时，首先应检查C810、C811、VR801、R813，随后，再检查VT801～VT803及相关的二极管。

四、无光栅、有伴音 

该故障主要是由于亮度信号处理、显像管电路、场扫描电路、沙堡脉冲形成电路等异常所致。检修该故障前应确认对比度、亮度未被误调到最小。

首先，查看显像管灯丝是否发光，若没有发光，检查灯丝供电电路；若亮，测IC201的⑫脚输入的行逆程脉冲是否正常，若不正常，检查R406、VD404、C422和R408；若正常，测⑫脚输入的场逆程脉冲是否正常，若不正常，检查场扫描电路；若正常，测IC201输出的

RGB 信号是否正常，若正常检查视频电路和 AKB 电路；若不正常，检查 IC201 及其㊻、㉗、㊹、㊽脚外接元器件。

方法与技巧

怀疑场扫描电路异常时，通常可采用加大加速极供电，通过荧光屏上有无水平一条亮线，判断场扫描电路是否异常。若出现光栅而⑫脚无场逆程脉冲输入，检查场输出电路 IC301 的⑦脚与 IC201 的⑫脚之间的 R412、C426、VD406。当然有时，IC301 内部电路异常也会产生光栅基本正常，而 IC201 的⑫脚输入的场逆程脉冲异常，产生此类故障。

当光栅为一条水平亮线或亮带时，确认场扫描电路异常时，将万用表置于 R×100Ω 挡或 R×10Ω 挡，红色表笔接地，用黑表笔点击场输出电路 IC301 的输入端⑤脚，若水平亮线有展开的现象，基本说明场输出电路正常，故障在场锯齿波形成电路。此时，确认 IC201 的⑮脚外接的场锯齿波电容 C234 正常后，则检查 IC201。若确认故障部位在场输出电路时，检查 IC301 的③、⑥脚供电是否正常，若正常，检查 R313、C308、IC301；若供电异常，检查 R306 是否熔断。若 R306 熔断，检查 C302 和 IC301；若 R306 正常，检查 24V 电压供电电路。故障排除后，需将加速极电位器复原。

五、蓝屏、无图像、无伴音

高频头、图像公共通道、视频检波电路、电台识别信号形成电路异常，均会产生蓝屏静噪的故障。

首先，查看其他频段的节目是否正常，若正常，切换频段时，用直流电压档测量高频头 VL、VH 端电压是否正常，若正常，检查高频头；若不正常，检查频段切换电路。若其他频段也没有节目，解除静噪功能后，能否恢复正常，若能，检查 IC201 的㊺脚与62脚之间电路；若无效，用万用表直流电压档测高频头、IC201 的㉙、㊱脚的供电是否正常，若不正常，检查 5V 稳压器 IC402 及其负载；若正常，测 IC201 的㊶、㊷脚有无信号输入，若有，检查 IC201 及其㊴脚外接的 C214；若没有信号输入，检查 IC201。

六、有图像、无伴音

该故障主要是由于 TMPA8803 内的伴音小信号处理电路、伴音滤波电路、伴音功放电路异常所致。

首先，点击伴音功放 IC601 的⑤脚，扬声器能否发出噪声，若能，说明前级电路异常；若不能发出噪声，说明伴音功放电路异常。若前级电路异常，检查 C605、C608 和 R604 是否正常，若不，更换即可；若正常，检查 IC201 的㉛、㉞、㊳脚外接元器件是否正常，若不正常，更换即可；若正常，检查 IC201。若功放电路异常，用万用表直流电压档测 IC601 的供电是否正常，若不正常，检查供电电路；若供电正常，断开 VT601、VT602 的 c 极后有无伴音，若有，检查 VT601、VT602 等组成的伴音静噪电路；若仍无伴音，检查 C606、IC601。

> **提示** IC201的㉞脚外接电容C220异常除了会引起无伴音故障，还会引起音轻故障。

七、自动搜索不存台 

AFT电路、电台识别信号形成电路、存储器异常，均会产生选台后不存台的故障。

首先，用电容档测IC201的㉟脚外接的C218、C219是否正常，若不正常，更换即可；若正常，测IC201的㊺、㊷脚间电路是否正常，若不正常，更换即可；若正常，检查IC001是否正常，若不正常，更换即可；若正常，检查IC201。

八、逃台 

高频头、调谐电路、AFT电路异常，均会产生在收看过程中节目消失直至出现蓝屏的逃台故障。

首先，查IC201的㉟脚外接元器件是否正常，若不正常，更换即可；若正常，为高频头外接调谐电压后，能否恢复正常，若不能，检查高频头；若恢复正常，检查调谐电路是否正常，若不正常，更换故障元器件；若正常，检查IC001和IC201。

> **方法与技巧** 外接调谐电压的方法是：断开高频头的调谐供电电路，将一只10kΩ电阻与一只47kΩ可调电阻（一端接地）串接后，将可调端通过导线接在高频头的调谐端上，调整可调电阻便可为高频头提供独立的调谐电压。

对于调谐电路的判断方法是：断开R005并在外接调谐电压时通电，可分别测C103～C107两端电压，若热机后，再分别测C103～C107两端电压，根据电压对比便可判断出故障部位。

九、无彩色 

色度控制电路、色副载波恢复电路、1H延迟线电路、色饱和度控制电路异常，均会产生该故障。

首先，检测IC201的⑥、⑦、㊼脚外接元器件是否正常，若不正常，更换即可；若正常，检查IC201即可。

十、场线性差 

场锯齿波形成电路、场输出电路异常，均会产生该故障。

首先，用电容档检测C234、C304、C308是否正常，若不正常，更换即可；若正常，进入工厂模式调整场线性和S、C形失真校正数据，能否恢复正常，若能，说明总线数据出错；若不能，检查IC301和IC201。

第十六章

用万用表检修液晶彩电从入门到精通

液晶彩电也叫液晶电视、LCD 电视等。液晶彩电因不再使用 CRT 型显像管，所以具有无辐射、超薄、节能、重量轻等优点。随着成本的较低和技术的成熟，液晶彩电正在逐步取得 CRT 彩电，成为彩电市场的主流产品。

由于液晶彩电的高/中频电路、机内/机外信号输入电路、伴音电路、微处理器电路与 CRT 彩电基本相同，所以本章主要介绍使用万用表检修液晶彩电的电源电路、背光灯供电电路故障的方法与技巧。

第一节　用万用表检修液晶彩电电源电路从入门到精通

下面以康佳 34005553/34006236 型电源为例介绍用万用表检修液晶彩电电源电路故障的方法与技巧。该电源电路以 NCP1653A、L6599D 和 FSQ0265 为核心构成。其中，NCP1653A 为功率因数校正芯片，L6599D 为主电源控制芯片，FSQ0265 为待机电源模块。

一、市电整流滤波电路 

参见图 16-1，220V 左右的市电电压经熔断器 F901 输入到由 L902 ~ L904、C901 ~ C904、C907、C908 组成交流抗干扰电路，利用其滤除市电中的高频干扰脉冲后，再利用整流堆 BD901 桥式整流后，再经 C911 ~ C913 滤波产生直流电压。

RV901 为压敏电阻，市电正常时，RV901 相当于开路，不影响电源电路正常工作；一旦市电的峰值电压超过 470V 后其击穿短路，使 F901 过电流熔断，避免了功率因素校正电路和开关电源的元器件因过电压损坏。

二、5V 电源 

参见图 16-1，该机的副电源不仅为微处理器电路提供 5V 供电，而且为主电源芯片、PFC 芯片供电。该电源以 NB901（FSQ0265）为核心构成，其作用是将 PFC 电路输出的 400V 左右的直流电压变换为 5V 稳定直流电压。

1. FSQ0265 的简介

FSQ0265 是一种新型的电源厚膜电路，其内部的开关管采用的是新型大功率场效应晶体管，而控制芯片采用了电流模式调制器，在电源负载空载的情况下具有最小的控制漏极开/关切换的驱动能力，还设有过电压锁定保护、自动恢复短路保护、过热保护等电路。其引脚功能见表 16-1。

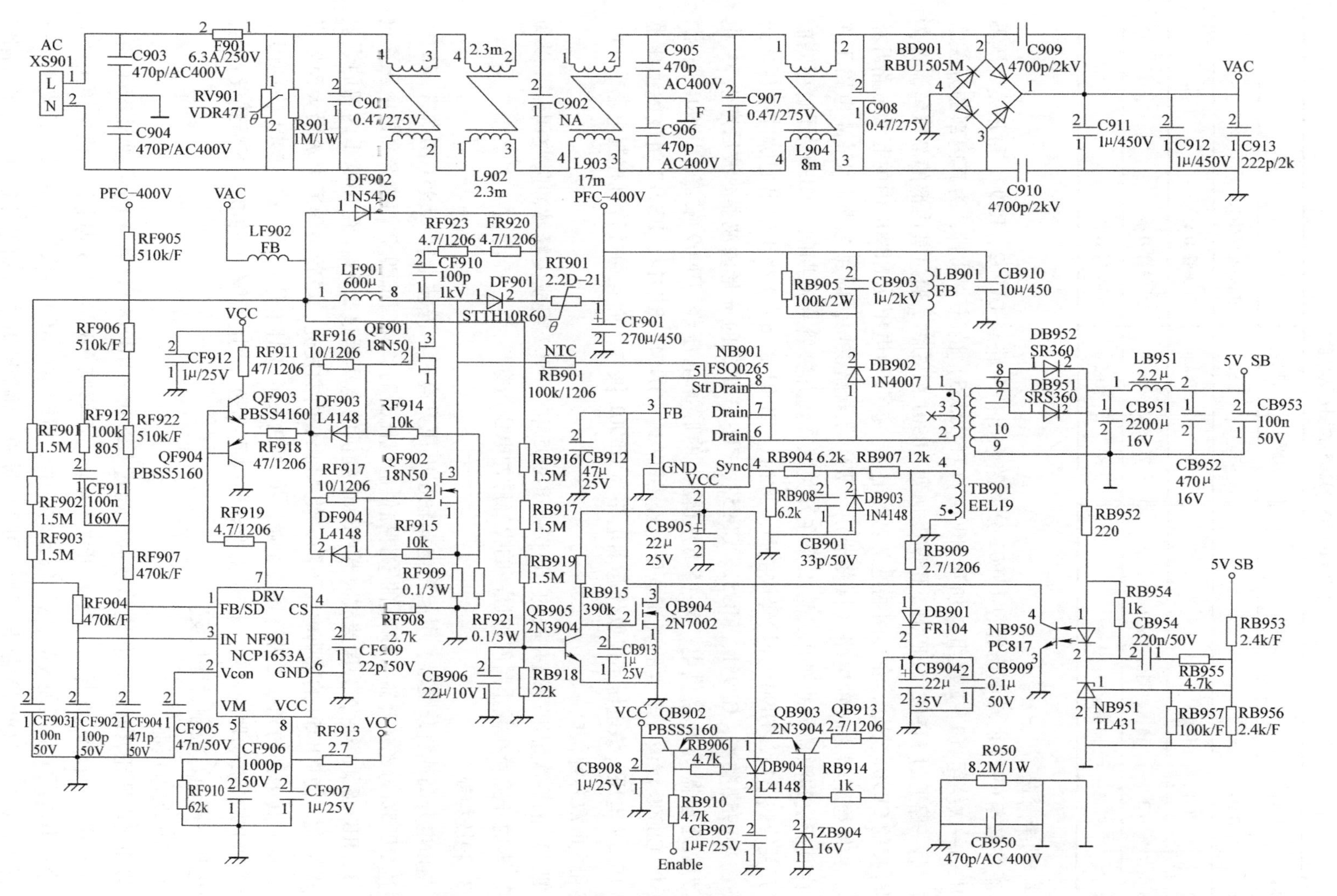

图 16-1 康佳 34005553/34006236 型电源的 5V 电源、PFC 电路

表 16-1 FSQ0265 的引脚功能

引脚	脚名	功能	引脚	脚名	功能
1	GND	地	5	Str	起动电压输入
2	VCC	供电	6	Drain	开关管 D 极
3	FB	稳压控制信号输入	7	Drain	开关管 D 极
4	Sync	同步信号输入	8	Drain	开关管 D 极

2. 功率变换

滤波电容 C913 两端电压通过 LF902 分两路输出：一路经 DF902、RT901 和开关变压器 TB901 的一次绕组（1-2 绕组）加到 NB901（FSQ0265）的⑥~⑧脚，为其内部的开关管供电；另一路通过 LF902、LF901、RB901 加到 NB901 的⑤脚，通过其内部的高压恒流源为②脚外接的 CB901 充电，在其两端建立起动电压。该起动电压使 NB901 内的起动电路开始工作，控制稳压器为时钟电路（振荡器）、PWM 等电路供电。时钟电路和 PWM 电路工作后，由其产生的激励脉冲使开关管工作在开关状态。开关管导通期间，TB901 开始存储能量；开关管截止后，TB901 开始释放能量。此时，TB901 的 6-9 绕组输出的脉冲电压通过 DB951、DB952 整流，CB951、LB951、CB952、CB953 组成的 π 形滤波器滤波后产生 5V 电压，为微处理器等电路供电；4-5 绕组输出的脉冲电压经 RB909 限流，DB901 整流，CB904、CB909 滤波，产生的直流电压再经 QB903、ZD904、RB914、RB913 组成的稳压器输出 15.3V 电压，该电压不仅取代起动电路为 NB901 供电，而且通过待机控制电路为 PFC 电路和主电源芯片供电。

TB901 的一次绕组两端并联的 CB903、RB905 和 DB902 组成尖峰脉冲吸收回路，以免 NB901 内的开关管在截止瞬间被过高的尖峰脉冲电压击穿。

3. 稳压控制

当市电升高或负载变轻，引起副电源输出电压升高时，滤波电容 CB951 两端升高的电压通过 RB952 为光耦合器 NB950 的①脚提供的电压升高，同时 CB952 两端升高的电压通过 RB953、RB956 取样后，为误差放大器 NB951 提供的电压超过 2.5V，经 NB951 内部的误差放大器放大，使 NB950 的②脚电位下降，使 NB950 内的发光二极管因导通电流增大而发光加强，促使其内部的光敏二极管导通加强，将 NB901 的③脚电位拉低，被 NB901 内的误差放大器和 PWM 调制器处理后，使开关管导通时间缩短，副电源输出的电压下降到设置值。输出电压下降时，控制过程相反。

4. 市电欠电压保护

当市电电压正常时，VAC 电压较高，通过 RB916~RB918 取样，CB906 滤波产生的电压超过 0.6V，使 QB905 导通，致使 QB904 截止，不影响 NB901 的③脚电位，副电源正常工作。当市电电压欠电压使 VAC 电压较低时，通过 RB916~RB918 取样，CB906 滤波产生的电压低于 0.6V，使 QB905 截止，致使 QB904 导通，将 NB901 的③脚电位拉到低电平，副电源停止工作，实现市电欠电压保护。

三、功率因数校正（PFC）电路 

该机的功率因数校正电路以 PFC 芯片 NF901（NCP1653A）为核心构成。NCP1653 的引脚功能和维修数据见表 16-2。

表 16-2 芯片 NCP1653A 的引脚功能和维修数据

脚位	功能	电压/V	脚位	功能	电压/V
1	稳压取样信号输入	1.8	5	电压乘法器外接滤波网络	2.8
2	软起动控制	0.1	6	接地	0
3	乘法器控制信号输入	4.8	7	驱动信号输出	0.1
4	过电流保护信号输入	0.1	8	供电	12.8

1. 校正过程

受控供电电压 VCC 经 RF913 限流，再经 CF907 滤波后，加到芯片 NF901（NCP1653A）的供电端⑧脚，同时 VAC 电压经 RF901 ~ RF904 限流，CF902 滤波，加到 NF901 的③脚，使 NF901 内部电路开始工作，从其⑦脚输出激励脉冲。该脉冲电压通过 RF919 限流后，再经 QF903、QF904 推挽放大，利用 RF916 ~ RF918、DF903、DF904 使开关管 QF901、QF902 工作在开关状态。QF901、QF902 导通期间，VAC 电压通过 LF9012、QF901、QF902 的 D/S 极、RF909 和 RF921 到地构成回路，在 LF901 两端产生左正、右负的电动势。QF901 和 QF902 截止期间，LF901 通过自感产生左负、右正的电动势，该电动势通过 DF901、RT901、CF901 构成回路，在 CF901 两端产生 400V 左右电压，为主、副电源电路供电。经过该电路的控制，不仅提高了开关电源利用市电的效率，而且提高了功率因数。

2. 软启动控制

开机瞬间，NF901 的②脚外接的软起动电容 CF905 两端电压为 0，NF901 内部电路对其充电，使②脚电压逐渐升高，被 NF901 检测后，使驱动电路输出的激励脉冲的占空比逐渐增大到正常，避免了开关管 QF901、QF902 在通电瞬间可能过激励损坏，实现软起动控制。

3. 稳压控制

稳压控制电路由取样电阻和 NF901（NCP1653A）等元器件构成。

当市电升高等原因引起 PFC 电路输出电压升高后，CF901 两端升高的电压通过 RF905、RF906、RF922、RF907 限流，经 CF904 滤波后，为 NF901 的①脚提供的取样电压升高，经其内部的误差放大器放大后，使 NF901 的⑦脚输出的激励脉冲的占空比减小，开关管 QF901、QF902 导通时间缩短，LF901 存储能量减小，输出电压下降到设置值。反之控制过程相反。

四、主电源电路 

该机的主电源电路以 NW901（L6599D）、开关变压器 TW901 为核心构成，如图 16-2 所示。该电源的作用是将 PFC 电路输出的 400V 直流电压变换为 24V、12V 两种稳定的直流电压。L6599D 的引脚功能和维修参考数据见表 16-3。

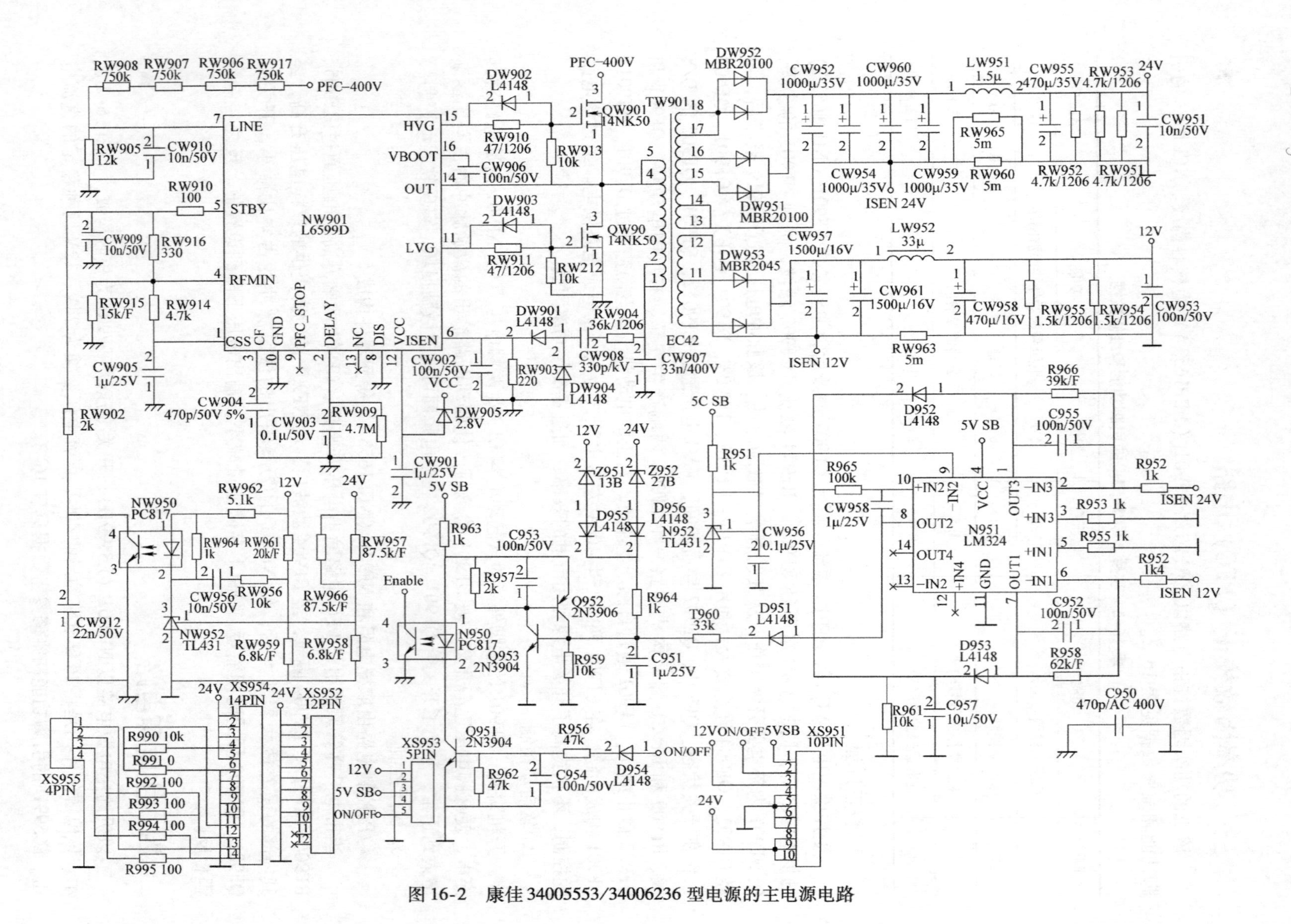

图 16-2 康佳 34005553/34006236 型电源的主电源电路

表 16-3 L6599D 引脚功能与维修参考数据

引脚	脚名	功能	开机电压/V
1	CSS	软启动控制	2.2
2	DELAY	过载电流延迟关断设置	0
3	CF	振荡器频率设定	2.6
4	RFMIN	振荡频率设定	2.2
5	STBY	间歇工作模式设置，当该脚电压低于 1.25V 后，进入待机状态；大于 1.25V 后重新工作	1.8
6	ISEN	电流检测信号输入	0
7	LINE	输入电压检测	1.8
8	DIS	半桥封锁使能，未用，接地	0
9	PFC_ STOP	打开 PFC 控制器的信号输出，未用，悬空	1.4
10	GND	接地	0
11	LVG	低端驱动信号输出	5.6
12	VCC	电源电压	12.2
13	NC	未用，悬空	0
14	OUT	高端驱动器悬浮地（半桥输出）	201（抖动）
15	HVG	高端驱动信号输出	207（抖动）
16	VBOOT	自举电源电压	208（抖动）

1. 功率变换器

参见图 16-2，来自 PFC 电路的 400V 直流电压不仅为开关管 QW901、QW902 供电，而且经 RW917、R905 ~ R908 取样后，加到 NW901 的⑦脚，同时受控电压 VCC 经 DW905 降压产生 12.2V 左右电压。该电压经 CW901 滤波后，加到 NW901（L6599D）的⑫脚，NW901 内部的基准电压发生器开始工作并输出基准电压，为振荡器等电路供电，振荡器与③脚外接的 CW904 通过振荡，产生锯齿波脉冲信号。该信号控制 RS 触发器等电路产生开关管激励脉冲。激励脉冲经驱动电路放大后从⑪、⑮脚交替输出，通过 RW910、DW902 和 RW911、DW903 加到 QW901、QW902 的 G 极，使它们交替工作在开关状态。QW901、QW902 导通后，开关变压器 TW901 的一次绕组和谐振电容 CW907 形成谐振，使得 TW901 的二次绕组输出的两个脉冲电压通过 DW951 ~ DW953 整流，CW952、CW954、CW959、LW951、CW955 和 CW957、CW961、LW952、CW958 组成的两个 π 形滤波器滤波后，产生 12V 和 24V 两种直流电压，不仅为逆变器和伴音功放电路供电，而且稳压后产生低压电源为小信号处理电路供电。

2. HVCC 形成电路

为了确保高端开关管 QW901 能正常工作，就需要为其驱动电路设置单独的供电电路，该电路采用自举升压方式，由 NW901 内部电路和⑯脚外接的 CW906 构成。

3. 稳压控制

稳压控制电路由三端误差放大器 NW952、光耦合器 NW950、芯片 NW901 和取样电阻等构成，如图 16-2 所示。

当负载变轻等原因引起主电源输出电压升高后，CW951 两端升高的 12V 电压不仅通过 RW962 为 NW952 的①脚提供的电压升高，而且经 RW961 和 RW959 取样后的电压超过 2.5V，通过三端误差放大器 NW951 放大后，使 NW950 的②脚电位下降，NW950 内的发光二极管因导通电压增大而发光加强，NW950 内的光敏二极管导通程度加大，通过 RW902、RW916 使 NW901 的④脚电位下降，被 NW901 内的放大器等电路处理后，最终使 NW901 的⑪、⑮脚输出的激励脉冲占空比减小，QW901、QW902 导通时间缩短，主电源输出的电压下降到规定值。反之，稳压控制过程相反。

4. 欠电压保护

欠电压保护由 NW901 的⑦脚内外电路构成。当 PFC 电路正常时，PFC－400V 较高，经 RW917、RW905～RW908 取样后，为 NW901 的⑦脚提供的电压超过 1.25V，被 NW901 检测后可正常输出激励信号，主电源正常工作。当 PFC 电路异常使 PFC－400V 较低时，经取样后为 NW901 的⑦脚提供的电压低于 1.25V，被内部电路检测后使 NW901 停止工作，实现欠电压保护。

5. 软起动控制

开机瞬间，NW901 的①脚外接的软起动电容 CW905 两端电压为 0，NW901 内部电路对其充电，使①脚电压逐渐升高。①脚逐渐升高的电压被 NW901 检测后，使驱动电路输出的激励脉冲的占空比逐渐增大到正常，避免了开关管 QW901、QW902 在开机瞬间可能过激励损坏，实现软起动控制。

6. 过电流保护

过电流保护功能由 NW901 的⑥、②脚内外电路构成。当负载异常引起开关变压器 TW901 的①脚输出的脉冲电压升高，经 RW904 限流，CW908 耦合，DW901 整流，CW902 滤波后，为 NW901 的⑥脚提供的电压超过 0.8V，NW901 内的过电流保护电路动作，控制 NW901 内电路对②脚外接的 CW903 充电，当 CW903 两端电压达到 2V 后，NW901 不再输出激励信号，开关管停止工作，实现过电流保护。

五、收看/待机控制电路 

参见图 16-1，遥控开机时，连接器 XS951 的②脚输入的电源控制信号 ON/OFF 为高电平，该控制电压经 D954、R956、R962 分压限流后使 Q951 导通。Q951 导通后，使光耦合器 N950 的②脚电位下降，N950 内的发光二极管开始发光，其内部的光敏二极管受光照后开始导通，产生低电平的控制信号 Enable。

参见图 16-2，低电平的控制信号 Enable 通过 RB910 使 QB902 导通，从其 c 极输出的 15V 电压就是受控电压 VCC。该电压为 PFC 芯片 NF901 和主电源芯片 NW901 供电，使 PFC 电路和主电源电路开始工作，为逆变器、伴音功放和小信号处理电路供电，于是该机进入收看状态。

当控制信号 ON/OFF 为低电平，Q951 截止，使 N950、QB902 相继截止，受控电压 VCC

变为0V，PFC电路和主电源及其负载停止工作，该机进入低功耗的待机状态。

六、保护电路 

为了确保开关电源和负载正常工作，该机还设置了光耦合器N950、模拟晶闸管Q953/Q952、电压运算放大器N951（LM324）、稳压管等构成的保护电路。

1. 过电压保护电路

当主电源的稳压控制电路异常导致24V、12V供电升高到设置值时，稳压管ZD951或ZD952击穿导通，通过D955或D956、R964使模拟单向晶闸管Q952、Q953被触发导通。Q952和Q953导通后，切断光耦合器N950的供电，N950停止工作，如上所述，该机进入保护性待机状态，避免了高压逆变器等负载电路的元器件因过电压损坏。

2. 主电源负载过电流保护电路

当高压逆变器异常导致24V供电过电流时，取样电阻RW960、RW965两端的产生的取样电压升高，也就使N951的②脚电位低于③脚电位，于是N951的①脚输出高电平电压。该电压经D952、R965使N951的⑩脚电位高于⑨脚的电位，于是N951的⑧脚输出高电平电压，该电压经D951、R960触发Q952、Q953构成的模拟晶闸管电路导通，如上所述，该机进入保护性待机状态，避免了逆变器异常导致主电源的开关管过电流损坏。

当伴音功放等负载异常导致12V供电过电流时，取样电阻RW963两端的产生的取样电压升高，也就使N951的⑥脚电位低于⑤脚电位，于是N951的⑦脚输出高电平电压。该电压经D953、R965使N951的⑩脚电位高于⑨脚的电位，如上所述，该机进入保护性待机状态，避免了伴音功放等负载异常导致主电源开关管过电流损坏。

七、常见故障检修 

1. 5V电源始终无电压输出

5V电源无电压输出，说明5V电源电路未工作或其负载电路异常。

首先，查看熔断器F901是否熔断，若熔断说明有过电流现象；若正常，说明5V电源电路或其负载异常。

确认F901熔断后，用二极管/通断档在路测量整流堆BD901内的二极管是否击穿，若是，更换即可；若不是，在路测量C911～C913是否击穿，若击穿，更换即可；若正常，测副电源的开关管是否击穿，若击穿，更换并查原因；若正常，测主电源的开关管是否击穿，若击穿，更换并查原因；若正常，检查PFC开关管是否击穿，若击穿，更换并查原因；若正常，在路测量C901是否短路，若不是，检查LF902～LF904；若是，检查C901、C902、C907、C908和RV901。

若F901正常，用直流电压档测模块NB901的⑤脚有无起动电压，若没有，检查RB901、NB901；若有起动电压，测NB901的②脚有无电压；若没有，检查CB901和NB901；若②脚有电压，测B901的电压能否为0，若不能，检查NB901；若为0，检查QB904的G极有无导通电压，若没有，检查QB904和NB950；若有，检查QB905、RB916、RB917、RB919。

提示 首先，在路测量 C901 两端阻值较小时，说明 C901、C902、C907、C908 或压敏电阻 RV901 击穿；若共模滤波器 LF901 ~ LF904 的绕组变色，说明绕组异常，需要更换；若它们正常，说明市电输入电路正常，需要检查开关电源电路。此时，在路测量 DB901 内的 4 个整流管是否正常，若阻值较小，说明击穿；若阻值正常，在路测量 C913 两端阻值，若阻值较小，说明 C911 或 C912、C913 击穿；若阻值正常，多为开关管击穿。此时，在路测每个开关管的 3 个极间阻值，若阻值较小，就可以说明被测的开关管击穿。悬空 NB901 的⑥脚或①脚，再测它们间阻值过小时，则说明其内接的开关管击穿。

注意 若开关管 QF901、QF902 击穿，还应检查 RF909、RF921、RF916 ~ RF918、DF903、DF904、QF903、QF904、RF901 和 NF901；若开关管 QW901、QW902 击穿，除了应检查 RW910、RW911、DW902、DW903，还应检查 NW901 是否正常。若 NB901 内部的开关管击穿，应检查 CB903、RB905 和 DB902 是否正常，以免更换后 NB901 再次损坏。

2. 5V 电源能起动，但不能正常工作

5V 电源能起动，但不能正常工作，说明 5V 电源电路或其负载异常，当然保护电路异常也会产生该故障。

首先，用直流电压挡在通电瞬间测 CB953 两端电压是否过高，若是，说明稳压控制电路异常；若不是，说明稳压控制电路、自馈供电电路、负载等异常。

确认 CB953 两端电压过高时，短接光耦合器 NB950 的③、④脚，电压能否下降，若不能，说明 NB901 异常；若下降，测 NB901 的①脚输入的电压是否正常，若不正常，检查 RB953；如正常，测 NB950 的①、②脚电压是否正常，若不正常，检查 NB950；若正常，检查 RB952、NB950。

确认 CB953 两端电压不高时，断开负载后能否恢复正常，若能，说明负载过电流，检查负载；若不能，用电阻挡测 R909 的阻值是否增大，若是，更换即可；若阻值正常，用二极管检测 DB951、DB952 是否正常，若异常，更换即可；若正常，检测 DB901 和 CB904 是否正常，若异常，更换即可；若正常，检查 CB903、QB903、ZB904 是否正常，若异常，更换即可；若正常，检查 NB901。

3. PFC 电路不能工作

PFC 电路不能工作的主要故障原因：一是待机控制电路异常；二是 PFC 电路异常。

首先，用直流电压挡检测开机/待机控制信号 ON/OFF，若为低电平，检查主板上的微处理器电路；若为高电平，说明 PFC 电路或其供电电路异常。此时，测 N950 的①、②脚间电压，若电压为 0，检查 Q951、R956、D954；若有导通电压，测 NF901 的供电电压是否正常，若不正常，检查 QB902、RF913、N950；若供电正常，测 NF901 的①、③脚输入的电压是否正常，若不正常，检查外接的电阻、电容；若正常，测 NF901 的⑦脚输出的电压是否正常，若不正常，则检查 CF905、CF909 和 NF901；若正常，检查 NF901 与 CF901 间的元器件。

4. PFC 电路正常，主电源不起动

PFC 电路正常，但主电源不起动的故障，说明主电源电路或其供电电路异常。

首先，用直流电压档测芯片 NW9014 的⑫脚有无正常的供电，若没有，用二极管/通断挡检查 DW905；若有，测 NW901 有无开关管激励信号输出，若没有，检查 NW901 的⑦脚输入的电压是否正常，若不正常，检查 RW917、RW905 ~ RW908；若正常，检查 CW903 ~ CW905 和 NW901。若 NW901 有激励信号输出，检查 QW901、QW902 是否正常，若不正常，更换即可；若正常检查 RW910、RW911、CW906。

5. 遥控开机后不久就保护性待机

遥控开机后不久就保护性待机，说明主电源电路的稳压控制电路或其负载异常，当然保护电路误动作也会产生该故障。

首先，在通电瞬间用直流电压档测 CW951 两端电压是否过高，若是，说明稳压控制电路异常；若不是，说明保护电路或负载异常。

确认 CW951 两端电压过高时，短接 CW912，输出电压能否恢复正常，若不能，检查 RW901、R902 和 NW901；若不能，短接 NW 952 的②、③脚，电压能否下降，若不能，检查 NW950；若下降，检查 NW952 输入电压是否正常，若不正常，检查 RW961、R966、RW957；若能，检查 NW952。

若 CW951 两端电压低于正常值，断开连接器 XP951 后，电压能否恢复正常，若能，说明负载过电流，检查过电流的元器件即可；若不能，断开 R960 能否恢复正常，若能恢复，则检查过电流保护电路；若不能，断开 R964 能否恢复正常，若能恢复，则检查 Z951、Z952；若不能，检查 Q952、Q953 和 N950。

第二节 用万用表检修液晶彩电背光灯供电电路从入门到精通

液晶彩电背光灯供电电路和开关电源电路一样，也是故障率较高的部位，所以下面介绍高压逆变器工作原理与常见故障检修方法。目前，液晶彩电采用的背光灯供电电路根据液晶屏使用的背光灯不同，主要有灯管式和 LED 式两种，下面介绍用万用表检修液晶彩电背光灯供电电路的故障方法与技巧。

一、典型灯管供电电路分析 

由于液晶屏内的灯管（CCFL）供电电压较高，所以灯管式供电电路也叫高压逆变电路，不同品牌、型号的灯管式采用的高压逆变器不一定相同，但它们的构成和工作原理基本相同。

1. 典型高压逆变板简介

液晶彩电液晶屏内灯管使用的高压逆变板主要有两种结构，一种是背光灯（灯管）采用并联供电方式的，需要高压逆变板上有许多体积相对小的高压变压器为灯管供电；另一种是背光灯采用串联供电方式的，需要高压逆变板上有 1 个或 2 个体积相对大的高压变压器为灯管供电。

2. 典型灯管式高压逆变电路分析

下面以康佳 LC22ES61GV 等型号液晶彩电采用的 34005503 型逆变器为例介绍灯管式高压逆变电路构成与工作原理。该逆变电路以驱动芯片 OZ9939 和两个半桥模块为核心构成的，框图如图 16-3 所示，电路原理图如图 16-4 所示。

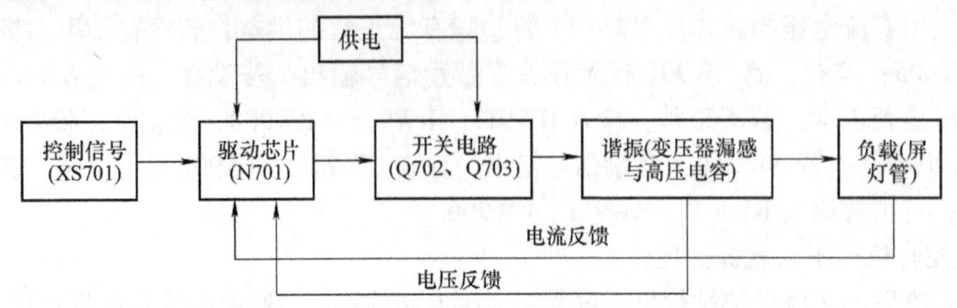

图 16-3 康佳液晶彩电采用的 34005503 型逆变器构成框图

（1）OZ9939 的简介

OZ9939 是一种新型的 CCFL 背光灯驱动芯片，其内部设有振荡器（振荡频率范围是 20～150kHz），还有 PWM 电路、灯管开路保护、过电流保护、过电压保护电路等电路。OZ9939 的引脚功能见表 16-4。

表 16-4 OZ9939 的引脚功能

引脚	脚名	功能	引脚	脚名	功能
1	DRV1	功率管驱动信号 1 输出	9	NC	空脚
2	VDDA	模拟电路供电	10	ENA	逆变器开/关控制信号输入
3	TIMER	定时设定（振荡器频率设定）	11	LCT	低频振荡器锯齿波信号形成
4	DIM	亮度控制信号输入	12	SSTCMP	软启动时间设置/环路补偿
5	ISEN	电流检测信号输入	13	CT	高频振荡器锯齿波信号形成
6	VSEN	电压检测信号输入	14	GNDA	模拟电路接地
7	OVPT	过电流、过电压保护阈值设定	15	DRV2	功率管驱动信号 2 输出
8	NC1	空脚	16	PGND	接地

（2）功率变换

连接器 XS701 的①脚输入的 12V 电压 VCC_ Inverter 一路经 L701、C704、C705 滤波后，通过高压变压器 T701、T703 为功率模块 Q702、Q703 供电；另一路不仅通过 R725 加到调整管 Q701 的 c 极，为其供电，而且经 R704 限流，在稳压管 ZD701 两端产生 5.6V 基准电压，该电压加到 Q701 的 b 极后，Q701 的 e 极就会输出 5V 电压 VDD。该电压经 C701 滤波后，一路加到芯片 N701（OZ9939）的供电端②脚，为其供电，使其内部电路开始工作；另一路通过 R708、R709、C710、C708、C717 和 N701 的⑪、⑬脚内的振荡器通过振荡，在 C710、C708、C717 两端产生两个不同频率的锯齿波电压。这两个锯齿波电压控制 PWM 电路输出两个对称的矩形脉冲激励信号，再经放大后从 N701 的①、⑮脚。其中，①脚输出的信号经 R710 限流产生激励信号 DRV1 加到 Q702 和 Q703 的②脚，⑮脚输出的激励信号经 R711 限流产生激励信号 DRV2 加到 Q702、Q703 的④脚。当 DRV1 为高电平时，Q702 和 Q703 内的高端功率管（场效应型开关管）导通，12V 电压经 T701、T703 的 1－3 绕组，Q702、Q703

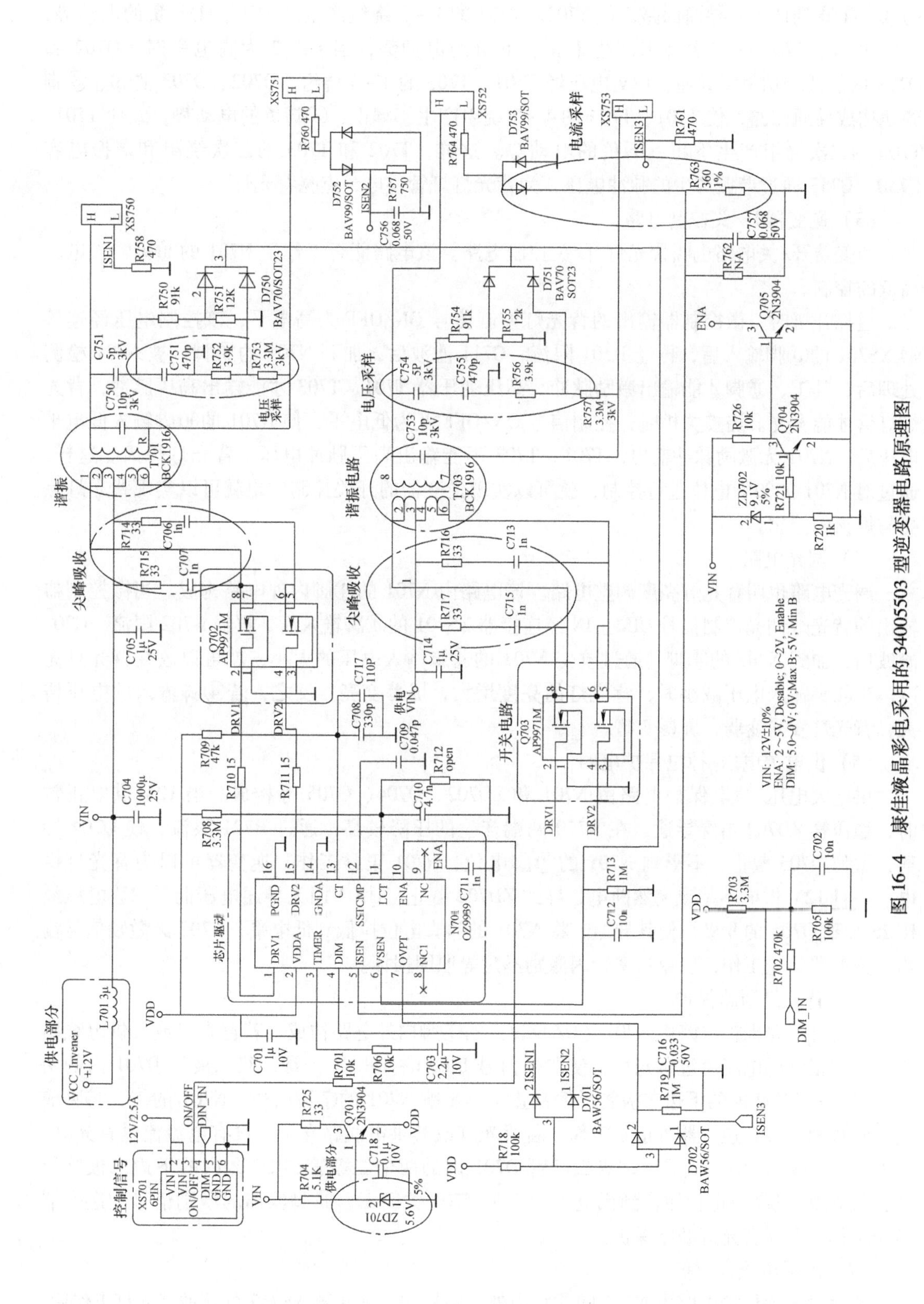

图 16-4 康佳液晶彩电采用的34005503型逆变器电路原理图

的⑧、①脚到地构成导通回路，使T701、T703的1－3绕组产生③脚正、①脚负的电动势，致使T701、T703的二次绕组产生上正、下负的电动势；当DRV2为高电平时，Q702和Q703内的低端功率管导通，12V电压经T701、T703的4－5绕组，Q702、Q703的⑤、③脚到地构成导通回路，使T701、T703的4－5绕组产生④脚正、⑤脚负的电动势，致使T701、T703的二次绕组产生下正、下负的电动势。这样，T702和T703的二次绕组和谐振电容C750、C753通过谐振产生的脉冲电压，为背光灯灯管供电，点亮背光灯。

（3）逆变器开/关控制电路

逆变器开/关电路也叫背光灯开/关控制电路。该电路能否工作受N701的⑩脚输入电压高低的控制。

遥控开机时，微控制器输出的背光灯控制信号ON/OFF为高电平，该控制电压经连接器XS701的③脚输入后，再经R701限流，C711滤波后，加到N701的⑩脚，被N701检测处理后，其①、⑮脚才能输出激励脉冲，高压变压器T701、T703才能输出高压脉冲，背光灯灯管才能发光。遥控关机时，控制信号ON/OFF变为低电平，使N701的⑩脚输入低电平电压后，N701无激励脉冲输出，T701、T703不能输出高压脉冲电压，背光灯熄灭。这样，通过对N701的⑩脚电位进行控制，就可以实现逆变器的开关控制，也就可以实现背光灯点亮与熄灭的控制。

（4）调光电路

调光电路也叫背光灯亮度调整电路。该电路由N701的④脚内外电路构成。当微控制器输出的背光灯调光控制信号DIM_ IN经连接器XS701的④脚输入后，再经R702限流，C702滤波后，加到N701的④脚。通过改变N701的④脚输入电压的大小，就可以改变背光灯亮度。当④脚输入电压减小时，背光灯的亮度增大，屏幕变亮。反之，若④脚输入的电压增大，背光灯发光变弱，屏幕变暗。

（5）供电欠电压/掉电保护电路

供电欠电压/掉电保护电路由N701和ZD702、Q704、Q705等构成。当12V供电正常时，稳压管ZD702击穿导通，在R720两端产生的压降较高，通过R721限流，使Q704导通，致使Q705截止，不影响N701的⑩脚电位，N701正常工作，逆变器可以为背光灯供电。一旦12V供电不足或突然断电，导致ZD702截止，Q704因无导通电压而，12V电压经R726加到Q705的b极，使其导通，将N701的⑩脚电位拉低到低电平，N701无激励信号输出，逆变器停止工作，以免功率管因激励不足等原因损坏。

（6）背光灯断路保护

背光灯断路保护电路由N701（OZ9939）的⑦脚内外电路构成。若背光灯或其供电线路正常，有正常的电流流过背光灯，使取样信号ISEN1～ISEN3正常，双二极管D701内的两个二极管和D702内的下边二极管反偏截止，不影响N701的⑦脚电位，N701的①、⑮脚输出正常激励信号，逆变器可正常工作。若背光灯或其供电线路异常，没有电流流过背光灯，使ISEN1～ISEN3消失或减小，双二极管D701内的两个二极管和D702内的下边二极管导通，将N701的⑦脚电位钳位到低电平，于是N701关闭①、⑮脚输出的激励信号，逆变器停止工作，实现背光灯断路保护。

（7）浪涌电流大保护

浪涌电流大保护电路由N701的⑤脚内外电路构成。连接器XS752外接的背光灯工作后，流经它的导通电流利用R764限流，再经D753整流，由R763限压，C757滤波，产生取样信号ISEN1并加到N701的⑤脚。当灯管过电流时，ISEN1升高，被N701的⑤脚内部电路处理后，使①、⑮脚输出的激励信号占空比减小，功率管导通时间缩短，T703为背光灯提供的电压减小，使浪涌电流减小，实现了稳定背光灯工作电流的目的，确保背光灯不闪烁。

（8）过电压保护

过电压保护电路由N701的⑥脚内外电路构成。由于该机产生两路电压取样信号，下面以高压变压器T703所接电路为例进行介绍。高压变压器T703的7－8绕组输出的高压脉冲电压除了给背光灯供电外，还经C754、C755分压，R754和R755分压，同时还经R757和R756分压产生两路取样电压，它们经D751整流，C712滤波后，加到N701的⑥脚。当灯管过电压时，取样电压较高，使N701的⑥脚输入的电压超过3V后，其内部的过电压保护电路动作，关闭①、⑮脚输出的激励信号，逆变器停止工作，以免背光灯、功率管等元器件过压损坏，实现电过压保护。

二、典型LED供电电路分析 

不同品牌、型号的LED式彩电液晶屏采用的供电电路不一定相同，但它们的构成和工作原理基本相同。

1. LED驱动方式简介

采用白色LED灯作为液晶屏的背光源，一个液晶屏需要数十只，甚至数百只LED灯。由于LED的光学性能、使用寿命等参数不尽相同，所以对LED灯采用均流的驱动方式。因每个LED灯的导通电压为2.9～3.5V（导通电流为20mA左右），为了让供电电路输出较低的电压就可以驱动LED灯发光，需要将串联后的LED串进行并联后安装，典型的24in液晶屏LED灯条示意图如图16-5所示。

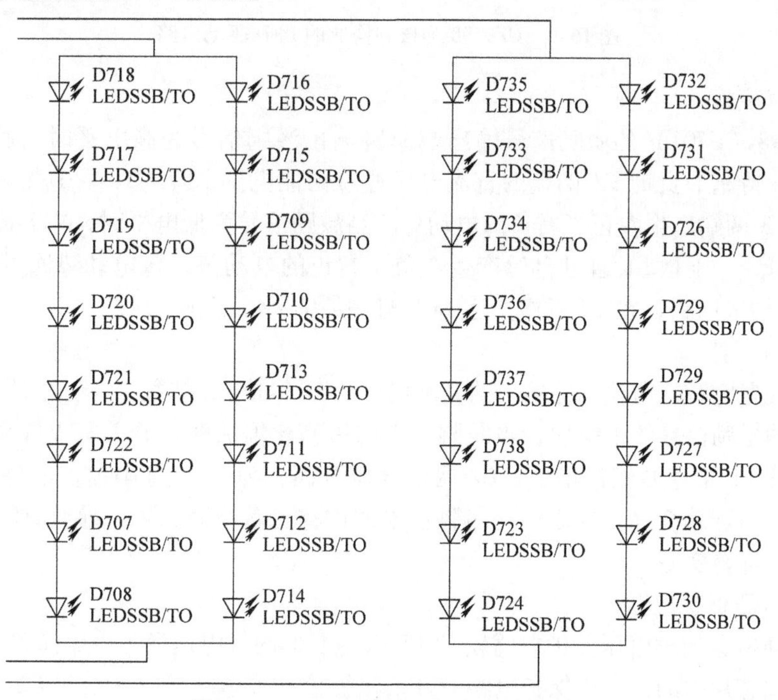

图16-5 24in液晶屏LED灯条示意图

2. 典型 LED 供电电路分析

LED 驱动电路也叫 LED 供电电路。图 16-6 是一种典型 LED 灯驱动电路（逆变器）简化电路图。在该电路内，芯片 QZ9998 和 CCFL 式逆变器的芯片一样，负责产生驱动信号，并且它们的振荡器电路、开/关控制电路与过电流保护、过电压保护电路工作原理也一样，不过，LED 逆变器的电路更简洁。下面介绍 LED 驱动电路的基本原理。

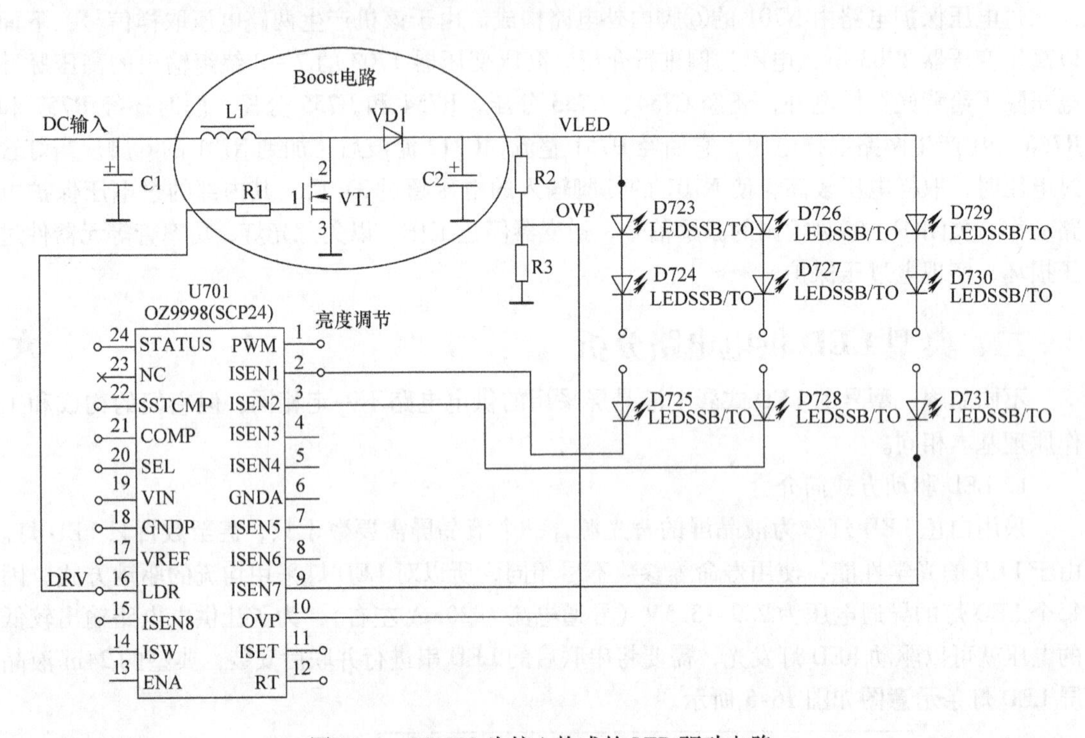

图 16-6　OZ9998 为核心构成的 LED 驱动电路

（1）功率变换

当 OZ9998（U701）的激励信号输出端⑯脚输出激励信号为高电平时，通过 R1 限流，使开关管 VT1 导通，此时 C1 两端的直流电压通过储能电感 L1、VT1 的 D/S 极到地构成导通回路，在 L3 两端产生左正、右负的电动势。当激励信号为低电平时，VT1 截止，流过 L1 的导通电流消失，于是 L1 通过自感产生左负、右正的电动势，该电动势通过整流管 VD1、滤波电容 C2 构成回路，在 C2 两端产生 LED 灯串所需要的工作电压。

（2）电压调整

需要增大亮度时，微控制器输出的亮度信号从 U701 的①脚输入，经内部电路处理后改变⑯脚输出的激励信号的占空比，当⑯脚输出的占空比增大时，开关管 VT1 的导通时间延长，储能电感 L1 储存的能量增大，C2 两端电压升高，为 LED 灯串提供的导通电压增大，LED 发光加强，屏幕变亮。反之，若⑯脚输出的占空比减小时，VT1 导通时间缩短，C2 两端电压减小，屏幕变暗。

（3）过电压保护电路

LED 驱动电路的过电压保护电路较 CCFL 式逆变器的过电压保护电路简单许多。仅设置了取样电路和芯片内的过电压保护电路 OVP。当振荡器等电路异常，引起 C2 两端的输出电压升高后，经 R2、R3 取样产生的电压，该电压加到 U701 的⑩脚后，U701 内的 OVP 电路动作，关闭⑯脚输出的激励脉冲，以免 LED 等因过电压损坏，从而实现过电压保护。

（4）LED 电流检测电路

每个 LED 串都会产生电流检测信号，芯片 U701 通过检测该信号就可以识别 LED 的工作情况，进一步实施控制，以免扩大故障范围。若电流检测信号的电压值过小，说明 LED 串接触不良或 LED 灯开路；若电压值大，说明有的 LED 灯击穿，导致其他 LED 灯的导通电压增大。

提示 有的 LED 驱动电路还设置了开关管过电流保护电路。该电路和其他开关电源的开关管过电流保护电路的构成和故障原理一样，也是在开关管的 S 极与接地间接一只大功率小阻值电阻。若开关管过电流时，该电阻两端产生的压降增大，将该取样电压送给芯片后，芯片就会停止输出激励信号或减小激励信号的占空比，使开关管停止工作或导通时间缩短，以免开关管因过电流损坏。

三、背光灯供电电路常见故障检修 

由于 LED 的供电电路比较简单并且故障率低，下面主要介绍灯管的逆变器常见故障的检修方法。下面以图 16-4 所示电路进行介绍。

1. 灯管始终不发光

灯管始终不发光故障也就是不能点灯故障。该故障因高压逆变器未工作或没有供电所致。

首先，测连接器 XS701 的①脚有无 12V 电压输入，若没有，检查电源电路和供电线路；若有 12V 供电，测 XS701 的③脚有无高电平的逆变器开启控制信号输入，若没有，检查系统控制电路和线路；若 XS701 的①、③脚电压正常，测 N701 的②脚有无 5V 供电，若没有，说明 5V 电源异常，此时检查 Q701 的 b 极有无 5.6V 基准电压，若有，检查 R725、Q701、L701、C704 和 N701；若没有，检查 ZD701、C718 和 R704。若 N701 的②脚供电正常，测⑩脚有无高电平点灯的控制信号输入，若没有，断开 Q705 的 c 极后，测⑩脚电位是否恢复正常，若仍不正常，检查 R701 是否开路、C711 是否短路；若电压恢复正常，测 Q704 的 b 极有无导通电压输入，若有，检查 Q705、R726；若没有，检查 ZD702、R721 是否开路，Q704 的 be 结是否短路。

确认 N701（OZ9939）的②、⑩脚电压正常后，测①、⑮脚有无 0~5V 的矩形波脉冲信号，若有，说明功率模块 Q702、Q703 或高压变压器 T701、T703 异常；若没有，说明 N701 的振荡器、锯齿波形成电路异常。首先，检查⑫脚外接的 C709 是否正常，若不正常，更换即可；若正常，测量⑬脚有无 0~2.5V 的锯齿波信号，若没有，检查 R709、C708、C717；若⑬脚波形正常，测⑪脚有无锯齿波信号，若没有，检查 C710 和 R708。

若没有示波器，不能测量⑪、⑬脚波形时，也可以在确认 R709、C708、C717、R708、C710 后，就可以检查 N701。

> **提示**
> 怀疑背光灯不亮时，用手电筒照射液晶屏，如果照射部位能显示暗淡的图像，说明液晶屏有图像信号输入，故障是由于背光灯未点亮所致。
> 逆变器的Q702、Q703内的功率管（开关管）击穿后也会产生背光灯不发光的故障，不过，它们击穿通常会导致主电源进入过电流保护状态。

2. 开机瞬间屏幕亮，随后黑屏

该故障多因背光灯管、高压逆变器异常，被芯片N701（OZ9939）检测后，启动保护电路，不再输出激励脉冲，使开关管Q702、Q703停止工作所致。

如果进入保护状态前，屏幕的上半部或下半部发暗（多支背光灯不亮），或水平暗带（单支背光灯不亮），都可以说明故障是由于高压板高压输出部分异常引起；如果出现背光灯未点亮的故障现象，首先检查背光灯与连接插座是否松动，高压变压器T701、T703和功率模块Q702、Q703的引脚是否脱焊，然后再检查驱动电路；如果背光灯发光正常，则说明保护电路误动作，怀疑保护电路误动作时，在保护前测量N701的⑦、⑤、⑥脚电压是否正常，来判断保护电路误动作的原因；如果背光灯虽然都发光，但发光亮度不正常，则检查调光电路、振荡电路和软起动电路。此时，测N701的④脚电压是否为高电平，若是，检查R705是否脱焊或开路；若④脚电位为低电平，检查⑫脚外接的C709是否正常，若不正常，更换即可；若正常，检查⑪、⑬脚外接的R709、C708、C717、R708、C710是否正常，若不正常，更换即可；若正常，就可以检查N701。

> **提示**
> 许多液晶彩电发生保护性关机后，不能马上开机，这是因为电源电路中滤波电容所储存的电量未放净，保护电路仍动作，致使彩电不能开机。因此，保护电路动作后，应关闭电源开关，待3min后再接通电源开关，查看屏幕在保护电路动作前能否显示正常或不正常的光栅。

3. 热机后黑屏，关机后过一段时间可重新点亮

该故障的主要故障原因：一是背光灯管的引脚接触不良；二是高压逆变器有的元器件接触不良或性能差；三是逆变器的供电电路有的元器件接触不良或性能差。

首先，查看高压逆变器上的Q702、Q703、T701、T703、XS750 ~ XS754的引脚有无脱焊，若有，补焊后即可排除故障；若没有脱焊的引脚，检查逆变器的供电是否正常，若不正常，检查供电电路；若正常，代换检查逆变器是否排除故障，若能，则检查逆变器上性能差的元器件；若代换逆变器无效，检查背光灯管的引脚接触是否不良，若接触不良，清理干净并重新连接即可。

4. 屏幕闪烁

该故障主要是由于背光灯管老化所致，极少数是由于高压逆变器或其供电电路异常所致。

5. 干扰

主要有水波纹干扰、画面抖动/跳动、星点闪烁（该现象属少数，多数均为液晶屏问题）等现象，主要是逆变器的工作频率异常干扰图像所致。

读者需求调查表

亲爱的读者朋友：

您好！为了提升我们图书出版工作的有效性，为您提供更好的图书产品和服务，我们进行此次关于读者需求的调研活动，恳请您在百忙之中予以协助，留下您宝贵的意见与建议！

个人信息

姓名：		出生年月：		学历：	
联系电话：		手机：		E-mail：	
工作单位：				职务：	
通讯地址：				邮编：	

1. 您感兴趣的科技类图书有哪些？

□自动化技术 □电工技术 □电力技术 □电子技术 □仪器仪表 □建筑电气

□其他（ ）以上个大类中您最关心的细分技术（如 PLC）是：（ ）

2. 您关注的图书类型有：

□技术手册 □产品手册 □基础入门 □产品应用 □产品设计 □维修维护

□技能培训 □技能技巧 □识图读图 □技术原理 □实操 □应用软件

□其他（ ）

3. 您最喜欢的图书叙述形式：

□问答型 □论述型 □实例型 □图文对照 □图表 □其他（ ）

4. 您最喜欢的图书开本：

□口袋本 □32 开 □B5 □16 开 □图册 □其他（ ）

5. 图书信息获得渠道：

□图书征订单 □图书目录 □书店查询 □书店广告 □网络书店 □专业网站

□专业杂志 □专业报纸 □专业会议 □朋友介绍 □其他（ ）

6. 购书途径

□书店 □网站 □出版社 □单位集中采购 □其他（ ）

7. 您认为图书的合理价位是（元/册）：

手册（ ） 图册（ ） 技术应用（ ） 技能培训（ ）

基础入门（ ） 其他（ ）

8. 每年购书费用：

□100 元以下 □101～200 元 □201～300 元 □300 元以上

9. 您是否有本专业的写作计划？

□否 □是（具体情况： ）

非常感谢您对我们的支持，如果您还有什么问题欢迎和我们联系沟通！

地址：北京市西城区百万庄大街 22 号 机械工业出版社电工电子分社 邮编：100037

联系人：张俊红 联系电话：13520543780 传真：010－68326336

电子邮箱：buptzjh@163.com（可来信索取本表电子版）

编著图书推荐表

姓名	出生年月		职称/职务		专业		
单位				E－mail			
通讯地址						邮政编码	
联系电话			研究方向及教学科目				

个人简历（毕业院校、专业、从事过的以及正在从事的项目、发表过的论文）

您近期的写作计划有：

您推荐的国外原版图书有：

您认为目前市场上最缺乏的图书及类型有：

地址：北京市西城区百万庄大街 22 号　机械工业出版社电工电子分社

邮编：100037　网址：www. cmpbook. com

联系人：张俊红　电话：13520543780/010－68326336（传真）

E－mail：buptzjh@163. com（可来信索取本表电子版）